식물자원 보전을 위한 생태조사와 분석
- 자연생태조사 및 환경영향평가 실무서 -

Ecological Survey and Analysis for Plant Resource Conservation
- Practice Manual for Natural Ecosystem Survey and Environmental Impact Assessment -

이 율 경 지음
Lee, Youl-Kyong

참 생 태 연 구 소
Institute of Chamecology

| 인용방법 | 이율경 (2025) 식물자원 보전을 위한 생태조사와 분석 : 자연생태조사 및 환경영향평가 실무서. 참생태연구소. 안양. 439p.

| Citation | Lee, Y.K. (2025) Ecological Survey and Analysis for Plant Resource Conservation : Practice Manual for Natural Ecosystem Survey and Ecosystem Impact Assessment. Institute of Chamecology. Anyang. 439p.

Prologue | 식물생태연구 길라잡이 자연환경조사 및 환경영향평가 실무서

우리 국토를 덮고 있는 다양한 생태계에서 식물이 갖는 기능은 매우 중요하다. 다양한 야생생물의 서식공간은 물론 인간들에게 심미적 안정감 등 직·간접적인 기능을 한다. 이러한 식물(식물종, 식생)에 대한 생태적 원리를 이해하고, 그 중요성을 파악하고, 각종 연구사업(자연환경조사) 및 개발사업(환경영향평가)에서의 정확한 적용은 중요하다. 자연환경조사 및 환경영향평가에서 식물생태학적 조사의 원리와 방법, 분석과 해석, 서술, 영향예측 및 저감방안 등에 대해 쉬운 접근이 가능해야 한다. 하지만 이를 종합적으로 담은 도서가 부재한 것이 현실이다. 또한 저자는 오랫동안 자연환경조사 및 환경영향평가업에 종사하면서 식물에 대한 편견있고 잘못된 정보를 바로 잡아야 했다. 이를 위해 논리적이고 발전적인 연구와 적용의 필요성을 느껴 이 책을 집필하게 되었다.

제1장은 자연환경조사에 대한 기초와 더불어 식물분야의 핵심 연구주제인 식물상과 식생에 대한 기초 이해를 돕는 내용들이다. 식물종과 식생의 분류 기본단위, 비용-효율성, 조사범위와 조사경로의 설정, 현장조사 시에 각종 유의사항 등에 대한 내용을 담았다.

제2장은 연구자는 기후요소에 영향을 받는 한반도의 식물지리를 반드시 이해해야 한다. 기후에 의해 고유의 식물사회가 어떻게 형성되는지를 알아야 하는데 산지 삼림식생, 하천 습지식생, 해안염습지 및 사구식생, 임연식생 등에 대한 식생분류체계는 물론 주요 진단종군에 대해 서술하였다.

제3장은 식물군집 및 개체군 생태를 이해하기 위한 현장 생태조사방법 및 각종 분석법을 실용적으로 제시하였다. 특히 분류분석 및 서열분석과 같은 수리·통계 분석을 구체적으로 서술하였다. 나아가 현장조사에서 유용하게 사용할 수 있는 각종 장비 및 어플에 대해서도 소개하였다.

제4장은 조사지역의 식물상을 구체적으로 이해하기 위한 내용이다. 식물상 현황 파악 및 식물표본 제작, 법정보호종, 보호수, 귀화식물, 생태계교란식물과 같은 주요 분석항목 등을 서술하였다.

제5장은 조사지역의 식생을 이해하기 위한 내용이다. 식생 현황 파악, 식생조사표 작성법, 식물군락의 명명, 드론의 활용, 현존식생도와 같은 지도 제작, 식생보전등급의 보전생태학적 가치 평가 등에 대한 내용을 매우 심도있게 서술하였다.

제6장은 현황 조사와 분석을 통해 획득된 각종 식물상 및 식생 정보의 서술과 적용에 대한 내용이다. 자연환경조사는 물론 환경영향평가에서의 현황, 영향예측 및 저감방안을 포함한다. 현황은 조사지역의 관속식물상에 대한 서술, 중요종의 서술, 현존식생 및 식생보전등급의 서술 등이다. 영향예측 및 저감방안은 훼손수목의 예측과 이식수목량의 산출, 이식의 주요 절차 및 내용, 대형수목의 이식,

멸종위기야생식물과 같은 중요종의 불가피한 훼손에 따른 이식, 생태계교란식물의 영향 등이다. 또한 식생의 보전과 복원에 대한 여러 내용들을 포함하고 있으며 발생 사면 또는 나지의 빠른 녹화, 생태모델숲 또는 환경보전림과 같은 숲의 복원, 생태정화습지와 같은 생태습지의 조성 및 관리, 기타 생물다양성 보전을 위한 여러 내용들을 담고 있다.

자연환경 현장조사에서 연구자는 궁금증을 갖고 있는 현상 또는 대상 식물에 대한 생태를 이해하기 위해 합리적인 조사계획의 수립이 필요하다. 흔히 개체 또는 개체군, 식물군집에 대한 개체수, 밀도, 빈도, 피도, 생체량 등을 조사하는 것이 일반적이다. 이를 위해 방형구법 또는 대상법 등을 통한 조사가 이루어진다. 식생분야는 우리나라에서 보편적으로 사용하는 식물사회학적 방법(B-B방법, Relevé법)으로 조사하지만 그 원리와 실무적인 적용 방법의 이해는 어렵다.

또한 환경영향평가 제도는 1977년에 도입된 이후 지속적인 변화와 발전을 거듭해 왔다. 특히 생태계분야는 각종 개발사업의 성공 여부를 결정짓는 중요한 잣대로 여겨져 왔으며 거짓·부실에 대한 논란이 지속적으로 있었다. 논란이 발생할 때마다 해당 문제의 원론적 해결이 아닌 땜질식 해결로 대응해 왔기 때문에 식물분야가 갖고 있는 생태적 원리 및 특성, 여러 특수성 등을 담지 못했다.

이에 여기에는 식물생태에 대해 학술적 연구를 희망하는 연구자(대학원생 포함)은 물론, 각종 자연환경 조사를 수행하는 국·공립·민간 기관 및 시민단체, 환경영향평가에 종사하는 행정가, 1종 환경영향평가업 종사자, 특히 2종 환경영향평가업에 종사하는 식물분야 연구원이 반드시 이해해야 하는 필수적이고 구체적인 내용들을 담았다. 실무에 적용 가능한 흩어져 있는 여러 정보들을 이 책에 오롯이 담기 위해 국내·외의 여러 도서를 참조하였고 저자의 다양한 현장 경험과 노하우들을 담았다. 내용 전개에 많은 국내의 사진과 관련 그림들을 사용하여 쉽게 이해하도록 노력했다.

이상의 내용들은 『식물사회학적 식생조사와 평가방법(2006, 월드사이언스)』과 일부 중복 또는 수정·보완되었다. 학술적 내용보다는 실무적 내용이 주를 이룬다. 저자가 집필을 시작하면서 항상 왜? 어떻게?라는 질문을 먼저 던졌고 이런 질문에 대한 고민들과 해결, 향후 과제들을 담고자 하였다. 약 3년에 걸쳐 이 책을 준비했지만 아직 담지 못한 주제나 정보들이 있을 수 있다. 식생의 보전과 복원 등에 대한 보다 구체적 내용을 보강해 나갈 것을 기약하며 마무리했음을 밝혀둔다. 향후 더 나은 자료와 명쾌한 의미 전달을 위해 노력할 것이며 도움을 주신 여러 분들께 감사드립니다.

2025년5월　생명이 태동하는 봄에　이 율 경

책의 구성과 내용의 흐름

2. 현장 식생조사

3. 현존식생도의 조사와 작성

4. 현존식생의 보전생태학적 가치 평가

5. 식생도 작성 및 분석 활용 자료

제 6 장 현황 서술 | 영향예측 | 저감방안

| 사진 설명 | 우리나라는 백두대간을 포함하여 영남알프스 등지에 고위평탄지가 발달하고 있다. 역사적으로 고위평탄지는 완만한 지형조건 때문에 토지이용압이 높아 화전농업을 포함하여 고랭지농업을 많이 한다. 사진은 강원도 태백시 매봉산 상부 일대의 고위평탄지로 고랭지채소농업은 물론 많은 육상풍력발전시설이 설치되어 있다. 풍력발전단지 뒤로 보이는 능선이 백두대간에 해당된다.

우리나라는 근대화라는 명목으로 많은 국토 공간을 개발하였다. 특히 한국전쟁 이후 현재까지 집중적인 개발이 이루어졌다. 지형적으로 완만한 충적지 또는 고위평탄지(아래 사진), 완경사지 등에 대한 개발이 집중되었으며 수도권 및 대도시 주변지역은 더욱 강한 개발압력이 작용하였다. 최근에는 환경적으로 건전하고 지속가능한 개발을 도모하기 위한 친생태적 개발을 한다. 이를 위해 지표공간에 내재된 생태적 속성 및 가치를 올바르게 판단하는 것은 중요하다. 특히 야생생물을 부양하는 핵심 우산자원인 식물종 및 식생에 대한 올바른 파악은 더욱 중요하며 이 책에는 다음 내용들을 포함한다. 자연환경조사는 왜 하는가? 식물상 및 식생연구는 어떤 내용들인가? 우리나라의 식물지리와 주요 식물사회는 무엇인가? 어떤 조사와 분석으로 식물종과 식물군집을 이해하는가? 식물종과 식생정보를 어떻게 획득하는가? 현존식생도는 어떻게 작성하는가? 획득한 정보들은 어떤 방법으로 분석하는가? 식물에 대한 보전생태학적 가치를 어떻게 평가하는가? 분석 결과들을 어떻게 정리하고 기술하는가? 각종 개발에 따른 환경영향평가에서 영향예측 및 저감방안과 같은 적용에는 어떤 것들이 있는가? 식생의 보전과 복원 방안들은 무엇인가? 등이다.

냉온대 지역에 위치한 산지가 많은 우리나라는 참나무류가 우점하는 낙엽활엽수림으로 이루어진 식생이 발달하고 있다. 한반도의 핵심 생태축인 백두대간에 위치한 덕유산(무주군) 정상에서 바라본 겨울철의 식생 전경으로 신갈나무가 우점하는 낙엽활엽수림이 우점하고 있다.

제1장

자연환경조사 | 식물상 | 식생

Chapter | ONE

1. 자연환경과 식물생태조사의 기초

2. 조사의 범위와 경로 설정, 현지조사표

1. 자연환경과 식물생태조사의 기초

자연환경에서 야생생물의 중요 서식공간이 되는 식물상과 식생에 대한 연구는 매우 중요하다.

자연환경과 국토 개발 | 자연환경은 인류가 터를 잡고 살아가는 기초공간으로 그 중요성은 날로 증대되고 있다. 자연환경은 기후, 지형·지질, 토양과 같은 무생물적 요소와 식물, 동물, 미생물과 같은 생물적 요소로 구분할 수 있다. 이들은 상호작용을 하면서 잘 어우러져 있는데 이를 생태계(生態系, ecosystem)라고 한다. 지구 생태계의 생물적 토대(matrix)를 형성하는 것은 다양한 식물종 및 식물사회이다. 이에 의존한 종속생물사회의 구조와 기능 역시 다양하며 독특하다(Kim

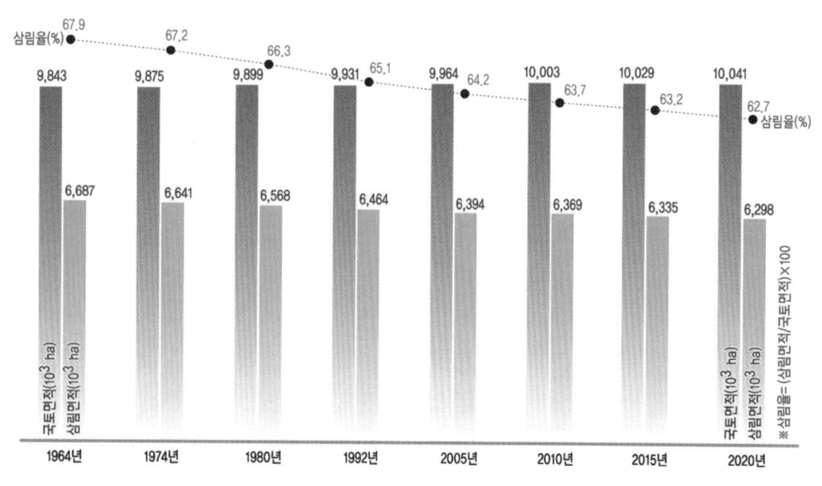

그림 1-1. 우리나라 국토 및 삼림의 면적 변화(자료: NIFOS 2020). 우리나라는 근대화를 통해 많은 삼림공간이 개발되었고 삼림율은 지속적으로 감소하였다.

그림 1-2. 수도권 남서지역 일대의 도시개발(영상: 구글어스). 과거(위: 1984년12월)와 최근(아래: 2023년4월)의 위성 사진을 비교해 보면 도시개발사업이 집중적으로 진행된 것을 알 수 있다. 붉은색 선이 개별사업의 지구경계(2024.3.31 기준)이다. 대부분 개발이 완료되었거나 거의 완료 단계이며 일부는 개발 초기에 해당된다.

and Lee 2006). 이러한 식물종 및 식물사회에 대한 현황 파악과 유형화는 국토의 건전하고 지속가능한 이용과 관리에 가장 필수적인 과정이다. 우리나라 국토(생태계)는 크고 작은 산지로 이루어진 내륙지역과 3,200여개의 도서지역으로 이루어져 있다. 국토는 한국전쟁으로 폐허가 된 이후 1960년대부터 고도의 경제성장과 더불어 산업화, 도시화가 진행되어 우리나라의 삼림과 녹지공간은 크게 감소하였다. 다양한 형태의 개발은 삼림공간은 물론 경작지, 초지 등과 같은 많은 녹지공간을 포함하는데 지형적으로 완경사지 또는 평지가 대부분이다. 2020년 기준 국토면적은 10,041천ha로 1974년(9,876천ha) 대비 약 17만ha가 증가하였지만 삼림(산림)면적은 약 34만ha(여의도의 약 1,172배)가 감소하여 삼림율(삼림면적/국토면적)은 67.2%에서 62.7%로 약 5%가 감소하였다(NIFOS 2020)(그림 1-1). 국토는 선(도로, 철도), 면(택지, 산업단지 등)의 형태로 개발되어 자연생태계 공간들은 단순화 또는 파편화되어 지역 및 국가의 생태계 건강성과 생물다양성이 약화되었다. 우리나라의 많은 지역들은 크고 작은 규모로 산업화, 도시화의 형태로 개발되었다. 과거와 현재의 위성사진을 비교해 보면 그 변화를 뚜렷이 알 수 있다. 수도권 남서지역 일대의 완만한 충적지형(alluvial landform) 지역인 화성시, 안산시, 인천시, 부천시, 김포시, 의왕시, 군포시, 광명시, 과천시 등에 상대적으로 집중된 개발이 이루어졌다(그림 1-2).

개발제한구역의 지정과 변화 | 개발제한구역(開發制限區域) 또는 그린벨트(green belt)는 법적으로 개발을 제한하고 자연을 보존하도록 하는 구역을 의미한다. 우리나라는 1960년대부터 산업화, 도시화로 서울을 비롯한 주요 도시의 무분별한 팽창, 교통, 주택, 환경문제 해결과 국가 안보 여건 등을 고려하여 영국의 그린벨트 제도, 일본의 근교지대(近郊地帶)와 시가화조정구역(市街化調整區域) 제도를 참고하여 1971년에 「도시계획법」을 개정하고 '개발제한구역 제도'를 도입했다. 1971년 7월~1977년 4월까지 총 8차례에 걸쳐 전국 14개 도시권역에 대해 전국토의 5.4%(5,397.1㎢) 면적을 개발제한구역으로 지정했다(Ryu 2021). 개발제한구역은 김대중 정부(1998~2003) 이후 많은 변화를 거쳐 현재 수도권, 대전시, 광주시, 대

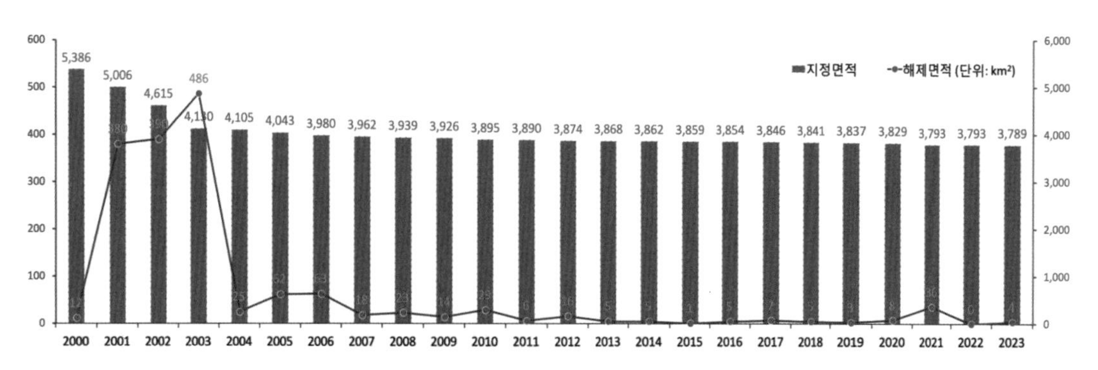

그림 1-3. 우리나라의 개발제한구역의 면적 변화(자료: e-Nara 2024). 1970년대에 지정된 개발제한구역은 2000~2006년 사이에 비교적 많이 해제되었고 최근에는 2021년에 상대적으로 많이 해제되었다.

그림 1-4. 수도권 일대의 개발제한구역과 도시개발사업지역 현황(2024.3.31 기준). 서울을 중심으로 환상 형태의 녹색이 현재의 개발제한구역이며 붉은색이 도시로 개발된(일부 개발 중) 지역이다. 개발제한구역 내에 산발적으로 흩어져 있는 붉은색들 중에 개발제한구역을 해제한 이후 도시로 개발한 경우가 많다.

구시, 울산시, 부산시, 창원시 일대를 제외하고 다른 지역들은 해제되었다. 개발제한구역은 이들 도시 주변을 환상 형태로 지정하였다. 하지만 현재는 많은 지역이 도시개발사업(택지, 산업단지 등) 등으로 해제되어 개발되었거나 개발 중에 있어 본래 환상 형태의 거시생태적 기능이 많이 약화되었다(Lee 2021)(그림 1-3, 1-4).

생물다양성 보전과 국가 생태계 조사 | 20세기 후반부터 우리나라는 무분별한 개발을 방지하고 자연환경을 보전, 복원하기 위한 다양한 노력을 하고 있다. 이를 위해 선행되어야 하는 것은 그 기초가 되는 고등생물자원에 대한 기초자료의 파악과 축적, 분석이다. 환경부(환경청)는 1973년부터 수행하고 있는 "일본의 자연환경보전기초조사"를 탐색하여 국토의 자연현황에 대한 기초자료 축적의 필요성을 인식하였다. 이에 제1차 "자연생태계 전국조사"를 1977년에 제정된 「환경보전법」에 의거하여 1986년부터 시작하였다. 이후 환경부는 현재까지 다양한 자연환경조사사업들(전국자연환경조사, 전국무인도서 자연환경조사, 전국자연동굴조사, 전국해안사구 정밀조사, 하구역 생태계 정밀조사, 전국내륙습지조사, DMZ 일원 생태계조사, 백두대간 생태계 정밀조사, 생태·경관우수지역 발굴조사, 생태·경관보전지역 정밀조사, 특정도서 정밀조사, 독도 생태계 정밀조사 및 모니터링, 겨울철 조류 동시센서스,

철새 이동경로 및 도래 실태조사, 외래생물 정밀조사, 생태계교란생물 모니터링, 국가장기생태연구)을 수행하였거나 지속하고 있다(NIE 2016). 이러한 다양한 조사·연구사업들에서 야생생물의 서식 기반이 되는 식물(식물종, 식생)생태계에 대한 이론적 기초 및 조사방법 등을 잘 이해할 필요가 있다. 이 때문에 이 책에서는 식물연구에 관련한 전반적인 조사·분석 방법, 결과 서술, 보전·복원 등에 대해 중점적으로 다루었음을 밝혀둔다.

환경영향평가와 제도 도입 | 환경영향평가(環境影響評價, Environmental Impact Assessment, EIA)는 난개발을 방지하기 위해 개발계획을 수립함에 있어 해당 사업의 시행으로 각종 환경(자연생태환경, 대기환경, 수환경, 토지환경, 생활환경, 사회경제환경 등) 분야에 미치는 영향을 미리 예측·분석하여 해로운 환경영향을 줄이는 방안을 강구하는 절차이다. 이에 대해 「환경영향평가법」에서 '환경영향평가등'(전략환경영향평가, 환경영향평가 및 소규모 환경영향평가, 사후환경영향조사)의 내용을 규정하고 있다. 환경영향평가제도는 1969년 미국에서 「연방환경정책법」에서 최초로 법제화된 이후 여러 나라에서 널리 채택되었다. 우리나라에서는 1977년 「환경보전법」을 제정하면서 동법 제5조에 '사전협의'라는 명목 하에 환경영향평가제도를 도입하였다. 이후 「환경보전법」의 개정(1979년 12월)을 통해 제5조 제목을 '환경영향평가 및 협회'로 바꾸어 현재와 같은 환경영향평가제도를 확립하였다(Encyclopedia 2023). 이후 환경영향평가제도는 시대적 요구와 관련 기술 발달 등을 반영하여 지속적으로 변하고 있다. 환경영향평가등에는 다양한 분야의 환경영향을 조사하는데 특히 '자연생태환경'은 다른 분야보다 개발사업의 가능 여부를 결정하는데 중요한 역할을 한다.

환경영향평가 내의 자연생태환경 조사분야 | 환경영향평가 분야별 조사·분석의 관련 내용은 「환경영향평가법」과 「환경영향평가서등의 작성 등에 관한 규정」에서 제시하고 있다. 환경영향평가에 대한 사회적 인식과 중요성, 필요성, 결과의 신뢰성 등이 부각되고 과학기술이 더욱 발전하면서 특히 자연생태환경(생태계) 분야는 점점 체계화되고 고도화되고 있다. 자연생태환경 분야는 동·식물상, 자연환경자산으로 대구분할 수 있다. 동·식물상의 현지조사는 식물상, 식생, 포유류, 조류, 양서류, 파충류, 육상곤충류, 어류, 저서성 대형무척추동물, 플랑크톤 및 부착조류 등의 분류군을 대상으로 한다. 특히 플랑크톤과 부착조류는 하천정비사업 등 특별히 필요한 경우에만 실시하며(정수역은 플랑크톤, 유수역은 부착조류 조사) 나머지 9개 분야는 서식환경이 있으면 항상 조사하도록 한다.

식물분야 조사의 기초와 방향 | 자연생태환경 분류군에 대한 조사는 무작위 추출(random sampling) 원리를 토대로 조사 시간과 장소, 과학기술의 한계를 최대한 극복하도록 선택과 집중에 의한 식물과 동물, 생태계 자원을 파악하도록 하고 있다(ME 2024b). 식물분야에 대한 조사는 대상지역의 관속식물, 식물구계, 중요식물(법정보호종 등), 식물군락, 식생보전등급 현황 등의 파악과 그에 대한 영향예측, 저감방안, 보전 및 유지관리 방안 등의 수립이다(그림 1-11 참조). 이러한 식물 생태자원에 대한 조사는 합리적이고 과학적인 방법

그림 1-5. 왼쪽에서부터 자연환경조사 지침(국립생태원), 식물분류학 및 식생학 관련 전문 도서. 식물상 및 식생학적 관점에서 실무적인 학술조사 및 내용, 환경영향평가에서의 활용을 위한 우리말로 된 국내 실정에 맞는 실용적인 도서가 부족한 것이 현실이다.

에 의한 현지조사표에 기초해야 한다. 환경영향평가에서의 일반적인 조사방법은 해당 분류군별 전국자연환경조사 지침(국립생태원)이나 단행본으로 출판된 각종 생태조사방법서를 참고하여 널리 알려진 공통사항을 따르도록 한다(그림 1-5). 하지만 일반 자연환경조사 및 환경영향평가업에 종사하는 사람들(조사자, 검토자, 행정가 등)은 식물에 대한 생태학적 원리가 비교적 난애하고, 실용성 있는 관련 정보들이 흩어져 있고, 우리말로 된 전문서적이 부족하기 때문에 실무에 활용하기 어려운 실정이다.

이 책의 적용과 활용 | 이 책에서는 이러한 애로점을 인식하여 생태계 분야, 특히 식물상과 식생분야에 대한 학술적인 기초와 더불어 환경영향평가에서의 각종 궁금증과 문제 제기 내용, 적용 원리와 방법들을 실용적이고 실무적인 관점에서 다루었다. 우리나라 식물의 식물지리적 분포 특성, 생태계별 식물사회 특성, 식물 개체군 조사·분석, 식물상 및 식생 조사·분석, 자연환경조사 및 환경영향평가에서의 서술, 영향예측 및 저감방안 등에 대한 내용들이다. 특히 저자가 환경영향평가업에 종사하면서 사업 발주기관, 협의·행정기관, 현장조사자, 일반인들이 평소 궁금증을 가지거나 자주 문제 제기하는 내용들을 식물상적·식생학적 관점에서 논리적이고 명료하게 정리하고자 노력하였다. 항목별 서술된 내용보다 학술적이고 깊이있는 내용은 별도 전문서적(그림 1-5)을 참조하도록 한다.

그림 1-6. 식물분야의 다양한 조사. 1행에서 오른쪽으로 식물표본 제작, 산지식생 및 오리나무 개체 분포 조사, 2행에서 오른쪽으로 해안 사구식생(선상법 조사), 하천식생, 수생식생에 대한 조사, 3행에서 오른쪽으로 드론 항공촬영, 임시방형구, 고정방형구에 대한 조사, 4행에서 오른쪽으로 개체 생장율(층층둥굴레), 수목 흉고직경(직경줄자 이용), 수령(생장추 이용)에 대한 조사, 5행에서 오른쪽으로 개체 밀도와 매토종자(매화마름), 온도 장기모니터링에 대한 조사이다. 이 외에도 식물 개체 및 개체군에 대한 다양한 조사방법들이 있을 수 있으며 여러 장비 및 시설들이 필요할 수 있다.

▌자연생태환경 중 식물분야의 생태조사는 식물상과 식생 현황을 파악하는 것이다.

식물생태학 | 식물생태학(植物生態學, plant ecology)은 자연계(자연환경)의 식물자원을 대상으로 식물 개체군(또는 개체, 종)의 구조·기능·동태·환경과의 상호관계 등을 주로 연구한다. 자연계의 식물종 및 식생에 존재하는 많은 질서와 특성, 기작들을 파악하고자 하는 식물생태학자들의 연구 영역은 우리가 인식하는 이상으로 넓고 다양하여 조사 내용과 방법들은 많다(그림 1-6). 연구결과들은 현재의 식물환경(구조와 기능)이 어떻게 유지되고 있는가? 지구환경 변화로 식물들은 어떻게 변할 것인가? 산불이 발생하거나 삼림이 벌목되면 식물에는 어떤 변화가 일어나고 자연적인 복원은 어떤 과정으로 일어날까? 개발계획에서 식물연구를 통해 토지이용에 무엇을 개선할 수 있는가? 지속가능한 개발을 위한 식물학적·보전생태학적 대처 방안, 즉 개발로 인한 영향예측과 저감방안들은 무엇인가? 중요종(멸종위기야생식물, 희귀식물 등)을 어떻게 보전할 것인가? 우리나라의 산지와 하천, 습지의 식물환경은 어떤 특성들이 있는가? 등에 대한 자연원리적 궁금점을 파악하고 각종 현안들에 이론적 기초를 제공한다. 식물생태학의 학술적 연구는 크게 식물종과 식생에 대한 분류와 생태로 나눌 수 있다. 연구를 위해 식생, 식물군락, 식물종, 개체군 및 개체에 대한 선행 이해가 필요한다. 개체, 개체군, 식물종, 식물군락, 식생 순으로 큰 수준의 상위 개념에 해당된다(그림 1-7). 환경영향평가를 포함하여 우리나라의 각종 자연환경조사(생태계 분야)의 식물 관련 조사는 식물상과 식생에 대한 현황을 이해하는 기초적인 수준에서의 연구이다.

식물상 | 식물상(植物相, flora)은 조사대상이 되는 특정 지역 또는 특정 시기(시대)에 서식하는 전체 식물 현황을 파악하는 것으로 정의할 수 있다. 조사대상의 식물상 현황을 흔히 "조사지역의 소산식물(所産植

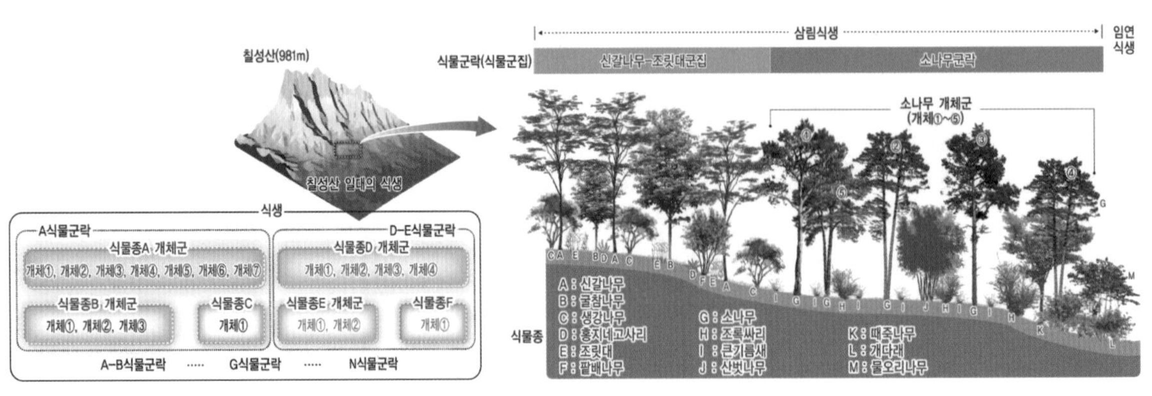

그림 1-7. 식생, 식물군락, 식물종, 개체군, 개체의 이해. 칠성산(강릉시) 일대의 식물공동체 전체를 식생이라 하고 식생은 다양한 식물군락으로 이루어져 있다. 식물군락(식물군집)들은 다양한 식물종들의 많은 개체들이 모여있는 개체군들의 집합으로 이해할 수 있다. 개체들이 모여있는 집단을 개체군이라 한다.

物, 어떤 지역에서 자라는 식물)"이라고도 표현한다. 식물상은 주로 식물분류학적 연구의 중심이다. 식물상 연구의 기본단위는 생물분류체계 상에서 식물종(種, species)으로 흔히 관속식물(管束植物, vascular plant)을 대상으로 한다. 관속식물은 줄기에 통도조직(通導組織, conducting tissue: 물관, 체관 등의 관다발)이 발달한 식물로 유관속식물이라고도 하고 고등식물이라고도 한다. 관속식물은 양치식물(고사리류) 이상의 고등식물을 의미하는데 양치식물, 나자식물, 피자식물(쌍자엽식물과 단자엽식물 또는 쌍떡잎식물과 외떡잎식물) 등으로 대분류된다.

식생 | 식생(植生, vegetation)은 식물상보다 확장된 개념의 연구분야로 지표를 덮고 있는 식물공동체 전체로 정의할 수 있다. 즉 식생은 임의지역에 있는 모든 식물종(식물상)과 그 종들이 시·공간적으로 분포하는 전체를 의미한다(Barbour et al. 1998). 식생연구의 기본단위는 식물종이 아닌 식물군집(植物群集, association) 또는 식물군락(植物群落, plant community)이다. 식생학에서 식물군집과 식물군락의 차이(도움글 5-1 참조)는 학술적 분류 규약에 따른 명명 여부이지만 일반적 자연환경조사 또는 환경영향평가 수준에서는 동일한 개념으로 인식해도 무방하다. 식물공동체인 식물군집(식물군락)은 어떤 장소에 생육하고 있는 식물들의 집단을 뜻하기도 하고 같은 환경조건에 살아가는 식물의 무리를 의미하기도 한다(그림 1-7). 실존(實存, real)하는 식물을 분류하는 식물상연구와 달리 식생연구는 실존하지 않는 식물공동체를 실체가 있는 형태로 유형화하여 분류하는 것이 큰 차이점이다. 가상의 유사유기체(pseudo-organism)인 식물군집은 생태학적인 측면에서 유기체와 유사한 방식으로 구조와 기능(생태기능 역할, 자원 배분, 천이적 변화, 생태계서비스, 적응 등)을 하는 집합적 또는 통합적 개체로 볼 수 있다는 개념이다. 유사(類似, pseudo)는 거짓 또는 모방을 의미하는 그리스어 'pseudes'에서 유래되었고 동일하지 않거나 진짜가 아닌 것을 의미한다. 이 때문에 식생학자 사이에 식물군집에 대한 명명(명칭), 종구성, 구조, 경계 설정 등에 차이가 있을 수 밖에 없다.

조사대상 생태계의 다양성 | 각종 자연환경조사 또는 환경영향평가, 학술연구 등에서 조사대상 생태계는 삼림생태계, 하천생태계, 습지생태계, 암각지생태계, 사구생태계, 주거지생태계, 해안생태계 등 매우 다양하다. 이러한 다양한 생태계에 대한 올바른 현장 조사와 평가를 위해서는 우리나라 자연환경에 대한 전반적인 특성과 주요 식물사회 및 식물종에 대한 개괄적인 이해(제2장 참조)는 매우 중요하다. 그림 1-8은 환경영향평가 대상 지역의 생태계 유형일 수 있는 산지 삼림식생, 해안사구식생과 배후의 구릉저산지, 하천습지, 해안과 노거수 보호림, 배후의 농경지 및 주거지 전경이다. 자연환경조사 및 환경영향평가에서 대표적으로 이해해야 할 생태계 요소는 산지(아고산대, 냉온대, 난온대) 삼림식생, 하천습지식생, 해안 염습지 및 사구식생, 주요 식물자원(노거수 등) 등이다.

그림 1-8. 자연생태환경 관련 조사는 다양한 생태계 유형을 대상으로 한다. 위에서 아래로 산지 삼림식생(문경시, 주흘산), 해안사구식생과 배후의 구릉저산지(동해시, 맹방사구), 하천습지(공주시, 금강), 해안과 노거수 보호림, 배후의 농경지 및 주거지(남해군, 물건리 방조어부림) 전경이다. 이러한 생태계에 대한 올바른 조사와 평가를 위해서는 우리나라 자연환경에 대한 전반적인 특성과 주요 식물사회 및 식물종에 관련된 개괄적인 이해(제2장 참조)가 바탕이 되어야 한다. 대표적인 생태계 요소는 산지(아고산대, 냉온대, 난온대) 삼림식생, 하천 습지식생, 해안 염습지 및 사구식생, 주요 식물자원(노거수 등) 등이다.

■ 식물상과 식생 분류에서 기본단위와 표준 식물명에 대한 이해가 선행되어야 한다.

식물상과 식생 분류의 기본단위 | 식물상과 식생 분류의 기본단위는 식물종(species)과 식물군집(association)이다(표 1-1). 각각의 분류단위는 어미 변화 등을 통해 구분한다. 식물종에 대한 학술명(학명 學名, scientific name, species name)은 칼 폰 린네(Carl von Linne, 1707~1778)에 의해 제안된 속명(屬名, generic name)과 종소명(種小名, specific name, species epithet)으로 이루어진 이명법(二名法, binominal nomenclature)을 사용한다. 예를 들어 식물분

표 1-1. 식물종 및 식생의 분류체계에 대한 개념적 이해

구분	식물종 분류(plant species taxonomy) 단위			식생 분류(vegetation taxonomy) 단위		
		단위 명칭	어미		단위 명칭	어미
상급단위 (상위단위)	계	(界, kingdom)		군계	(群系, formation, biome)	
	문	(門, phylum / division)	-phyta	군문	(群門, divisison, abteilung)	-ea
	강	(綱, class)	-opsida, -eae	군강	(群綱, class, klasse)	-etea
				아군강	(亞群綱, subclass, subklasse)	-enea
	목	(目, order)	-ales	군목	(群目, order, ordnung)	-etalia
				아군목	(亞群目, suborder, subordnung)	-enalia
	과	(科, family)	-aceae	군단	(群團, alliance, verband)	-ion
	속	(屬, genus)		아군단	(亞群團, suballiance, subverband)	-enion
기본단위	종	(種, species)		군집	(群集, association, assoziation)	-etum
하급단위 (하위단위)	아종	(亞種, sub. : subspecies)		아군집	(亞群集, subassociation, subassoziation)	-etosum
	변종	(變種, var. : variety)		변군집	(變群集, variance, variante)	
	품종	(品種, for. : forma)		미군집	(微群集, facies, fazies)	-osum

류체계 상에 '신갈나무' 인 '*Quercus mongolica* Fisch. ex Ledeb.' 는 식물계(Plantae) 내에서 피자식물문(Magnoliophyta) 〉 목련강(Magnoliopsida) 〉 참나무목(Fagales) 〉 참나무과(Fagaceae) 〉 참나무속(Quercus)에 속하는 '*Quercus*' 의 속명과 '*mongolica*' 의 종소명을 가지는 것이며 'Fisch. ex Ledeb.' 가 명명한 것이다. 이에 대한 구체적인 개념과 체계, 명명규약 등은 별도의 자료를 참조하도록 한다. 식물군집의 학술명은 진단종(診斷種, diagnostic species)의 속명 또는 종소명의 어미 변화로 이루어진다. 진단종은 군락분류학의 단위식생을 특징짓는 표징종(標徵種, character species), 구분종(區分種, differential species), 항수반종(恒隨伴種, constant companion species) 등을 통칭하는 용어이다(Kim 2004, Kim and Lee 2006). 식물군집은 식생분류체계에 따라 군문(division) 〉 군강(class) 〉 군목(order) 〉 군단(alliance) 〉 군집(association)으로 위계화되어 있다. 예를 들어 '신갈나무-조릿대군집' (Saso-Quercetum mongolicae Kim 1990)은 온대낙엽활엽수림(군문, 생물군계 수준) 〉 너도밤나무-신갈나무군강(Querco-Fagetea crenatae Kim 1990, 극동아시아 낙엽활엽수림) 〉 신갈나무아군강(Quercenea mongolicae Kim 1990, 대륙성 낙엽활엽수림) 〉 신갈나무-철쭉꽃군목(Rhododendro-Quercetalia mongolicae Kim 1990, 한반도 낙엽활엽수림) 〉 신갈나무-생강나무군단(Lindero-Quercion mongolicae Kim 1990, 냉온대 산지 삼림식생형) 〉 신갈나무-생강나무아군단(Lindero-Quercenion mongolicae Kim 1990, 중부·산지 삼림형)에 포함된다. 이에 대한 개념과 체계, 명명규약 등은 별도의 자료(Barkman et al. 1973, Kim and Lee 2006, Theurillat et al. 2021)를 참조하도록 한다.

접근 수준별 연구의 기본단위와 위계 | 식물에서 생물다양성(그림 3-33 참조) 관련하여 유전적, 종분류적, 생태계적 다양성에 대한 연구의 기본단위는 상이하다. 유전적 다양성은 개체군(population), 종분류적

그림 1-9. 식물종 및 식생학적 연구에 대한 접근 수준의 다양성(Kim 2004 일부 수정). 유전자, 종, 생태계의 생물다양성 또는 식생학적 다양성의 접근 수준은 위계적으로 이루어져 있다. 붉은색의 글자(개체군, 종, 생태계, 식물군락)는 접근 수준별 연구의 기본단위에 해당된다.

다양성은 종(species), 생태계적 다양성은 생태계(ecosystem)를 연구의 기본단위로 한다(그림 1-9). 이에 대응하여 식생학적 다양성은 식물군락(식물군집)을 기본단위로 한다. 우리나라 자연환경조사 및 환경영향평가의 식물상 또는 식생연구에서는 분류학적 다양성 또는 식생학적 다양성에 관한 내용들이다.

표준식물명의 사용 | 최근에는 과학기술의 발달로 DNA(Deoxyribo Nucleic Acid, 데옥시리보핵산) 분석을 통한 분자생물계통학적 식물분류가 활발히 진행되고 있다. 이전의 알파적 분류보다 더 정밀한 분석이 가능하여 식물분류가 세분화, 통합화 또는 수정 재분류되는 일이 종종 발생한다. 이러한 과정에서 하나의 식물종임에도 불구하고 사용하는 한글명과 학명이 학자 또는 기관마다 다를 수 있다. 식물조사·연구 종사자들은 혼동을 줄이기 위해 표준식물명을 사용해야 한다. 환경영향평가를 포함한 각종 자연환경조사에서 국가표준식물목록 사용을 권고한다. 우리나라는 국립생물자원관(National Institute of Biological Resources, NIBR)이 개관(2007년 10월)하면서 이러한 문제점을 개선하기 위해 국가표준생물목록을 작성하여 엑셀(excel) 파일의 형태로 제공한다. 산림청에서도 엑셀 파일의 형태로 목록을 제공하지만 상호 내용적 차이가 존재한다. 환경부 국립생물자원관에서 배포하는 '국가생물종목록' 은 2023년 기준 60,010분류군 중 관속식물은 4,641분류군이고 산림청의 '국가표준식물목록' 은 자생식물 3,925분류군, 외래식물 428분류군이다(2025.1.18 검색). 목록은 검토, 수정 과정을 거치면서 주기적으로 보완된다. 하지만 최근에 야생화된 일부 귀화식물 등은 목록에 누락되어 있을 수 있다. 식물조사·연구 종사자들은 하나의 식물종에 대해 정명(正名, correct name)과 이명(異名, 지방명, synonym)을 동시에 검토해서 사용해야 한다. 예를 들어 '상수리나무' 의 학술적 정명은 '*Quercus acutissima* Carruth' , 이명은 '*Quercus uchiyamana* Nakai' 이고 한글 일반명은 '참나무, 도토리나무, 보춤나무, 강참' 으로 불린다(NIBR 2025).

학명의 표현 | 학명(學名, scientific name)은 속명과 종소명의 조합인 이명법이다. 사람을 성(family name, last name)과 이름(given name, first name)으로 구분하는 것과 같다. 속명은 그 생물종이 속한 속의 이름이고 첫글자를 대문자로 표현한다. 종소명은 그 생물종 고유의 이름이며 소문자로 표현한다. 학명은 이탤릭체 또는 밑줄을 그어 표현한다. 제일 뒤에는 그 학명을 처음 공식 발표한 명명자의 이름을 넣기도 한다. 종에 따라 변종과 품종, 아종이 있을 수 있으며 각각 var., for., subsp.의 단어를 넣거나 제외하여 사용하는 삼명법을 따르기도 한다. 흔히 var., for., subsp.는 이탤릭체로 표현하지 않는다. 단양쑥부쟁이를 '*Aster altaicus* var. *uchiyamae*', 시베리아호랑이를 '*Panthera tigris altaica*'로 표현하는 방식이 이명법과 삼명법이다.

식물종의 유효한 명명과 동정 | 식물종의 명명·동정에는 여러 규칙이 존재한다. 먼저 식물종은 분류학적 수준(속, 종, 변종 등)에서 반드시 하나의 유효한 이름만을 사용한다. 두 개 이상의 분류군(taxa)에서 동일한 이름을 가질 수 없다. 예를 들어 '단양쑥부쟁이'라는 이름을 다른 식물종명에 동일한 이름으로 사용할 수 없는 것이다. 전술의 내용에 동의하지 않는 경우 유효하게 출판된 우선순위에 따른 이름으로 사용한다. 식물에 대한 동정은 해당 식물종의 명명자가 지정(규정)한 기준표본(specimen)에 따른다.

식물도감의 사용 | 식물상 및 식생 관련 연구자는 식물종에 대한 분류학적 종 동정 능력이 매우 중요하며 다양한 수준의 식물도감이 필요하다. 수준별로 [01]식물분류를 전공하는 분류학자 수준의 전문적

그림 1-10. 다양한 유형의 식물도감. 국내 또는 국외(특히 일본)에는 관련 학자 및 기관에서 출판한 다양한 수준과 유형의 식물도감들이 있다. 자연환경조사 및 환경영향평가의 식물분야에 종사하는 사람의 식물종 동정의 정확성은 중요하기 때문에 전문적인 수준의 여러 식물도감을 사용할 것을 권장한다.

도감과 일반인을 위한 개괄적 도감, [02]수록 목록을 기준으로 전체 관속식물을 대상으로 하는 도감과 특정 분류군에 대한 도감, [03]식물의 설명 형태를 기준으로 세밀화 일러스트 도감 또는 사진 도감 등 유형이 다양하다(그림 1-10). 자연환경조사 및 환경영향평가에 종사하는 사람들은 전체 관속식물을 대상으로 하기 때문에 전체 식물종을 다루는 전문적 도감을 채택할 것을 권장한다. 사진보다는 세밀화 일러스트 형태의 도해 도감이 식물종 동정에 보다 용이하다.

식물상 및 식생조사는 비용-효율성, 목적 및 내용에 맞도록 합리적으로 설계해야 한다.

식물 조사계획 수립의 고려사항 | 식물 조사방법은 조사의 목적과 범위, 다양한 요소들과 여러 궁금점 등을 고려해서 선택하고, 이를 토대로 조사계획을 수립하며, 주요 사항은 다음과 같다.

01 조사목적 | 조사의 전반적인 목표와 목적에 맞는 식물상과 식생의 현황 및 특성을 고려한다.

02 조사범위 | 조사 대상지역의 공간적 범위(scale)는 수백 ㎡에서 수백 ㎢에 이를 수 있다. 이러한 범위를 고려하여 적합한 수준의 다양한 조사방법들이 채택될 수 있다.

03 전체 서식처 유형 | 조사 대상지역 내의 서로 다른 서식처 유형과 그에 대응한 식물의 생활형 특성에 적합한 조사방법들이 채택될 수 있다.

04 자원 이용성 | 자원은 재정적인 부분, 장비·기술적인 부분, 인력과 시간적인 부분 등이다. 이러한 자원의 이용가능한 정도를 종합적으로 고려해 조사방법을 채택해야 한다.

05 다양한 궁금점 | 존재하는 모든 관속식물에 대한 동정이 필요한가? 특정식물에 대한 동정만으로는 연구가 불가능한가? 대상지역의 전체 식물상에 대한 목록이 존재하는가? 환경자료를 확보하는데 이용가능한 적정한 장비들이 존재하는가? 식물자료의 분석에 어떤 방법을 사용할 것인가? 식생천이를 고려하였는가? 하나의 연구에 서로 다른 조사자가 참여하는 경우 결과물의 일관성이 고려되었는가? 식물의 계절성을 고려하였는가? 등 다양한 궁금점에 대한 고려가 필요하다.

비용-효율성을 고려한 식물조사 설계 | 각종 식물조사 설계에 비용-효율성(가성비 價性比, cost-effectiveness) 고려는 중요하다. 비용-효율성은 조사면적을 고려한 식물상 및 식생조사의 최소 조사구 수, 최소 인력 및 시간 등으로 조사지역에서 발견되는 모든 식물상과 식생 현황을 확인하는 것으로 정의할 수 있다(Environmental Systems Research Institute 1994). 자료 수집에는 다양한 규모의 생태학적 상호작용을 고려해야 하는데(Gillison and Brewer 1985, Mackey et al. 1989, Austin 1991, Bourgeron and Engelking 1993) 식물에 대한 이론적 개념과 지식에 기초해야 한다. 명시적이든 암묵적이든 조사자는 이러한 개념과 지식에 기초한 원칙적이고 통상적인 절차를 따른다. 조사자는 일관성 유지를 위해 모든 단계에서 가정한 내용들을 명시적으로 기

술할 필요가 있다. 기술에는 재현성(replicability), 유연성(flexibility), 논리성(logicality), 상관성(correlation) 등을 충족하도록 한다.

환경영향평가에서 식물상조사의 목적 | 식물상조사의 목적은 조사지역(사업지역과 주변지역)에 서식하는 관속식물 현황을 파악하는 것이 최우선이다. 환경영향평가에서 식물상 조사·연구는 흔히 질적인 조사와 분석만을 수행한다. 각종 환경영향평가의 식물상연구는 관속식물상, 법정보호종, 식물구계학적 특정식물, 귀화식물, 보호수(노거수) 등과 같은 주요종의 현황과 사업시행으로 인한 변화, 특히 보전 및 관리 대상 식물종(개체)에 대한 영향예측과 저감방안 수립을 목적으로 분석한다(그림 1-11, 1-12).

식물상조사의 내용 | 식물상조사는 관속식물상 현황, 환경부 지정 멸종위기야생식물 및 시·도 보호 야생식물, 보호수(보호숲, 천연기념물 포함) 및 노거수, 식물구계학적 특정식물, 귀화식물, 생태계교란식물, 기타 학술적 가치가 높은 종 또는 개체(개체군) 등의 파악이 주요 내용이다. 최근에는 법정보호종에 산림청에서 지정한 희귀식물 및 특산식물을 포함한다. 특히 멸종위기야생식물, 식물구계학적 특정식물 V 등급종 등 중요 식물종의 분포 개체에 대해서는 대상 식물종명, 서식처 지리좌표(GPS), 개체수(면적), 분포 형상, 서식환경 특성, 보전대책 등을 현장에서 조사·기록하여 보전 계획을 마련하도록 한다. 법정보호종의 항목별 식물종 목록은 해당 법을 참조하면 된다. 이 외에도 귀화식물 또는 중요종 조사(매목, 면적, 밀도 등)와 같은 확장된 개념의 식물상 관련 조사와 분석을 수행할 수 있다.

환경영향평가에서 식생조사의 목적 | 식생조사의 목적은 조사지역(사업지역과 주변지역)의 식생 현황을 조사하여 양호하거나 희귀한 식생자원과 주요 생물서식공간을 파악하고 사업시행으로 인한 각종 영향예측과 저감방안을 수립하는 것이다(그림 1-11, 1-13). 식생은 조사지역에 출현하는 모든 식물군락 유형의 총합을 의미한다. 분포하는 식물군락 또는 식분(植分, 임분 林分, stand)별로 보전생태학적 가치가 상이하기 때문에 식물군락의 식분별로 보전가치를 평가한다. 보전가치가 높은 식물군락과 식분은 원형보전을 우선으로 한다. 확장적인 연구로는 주요 동·식물자원의 서식공간 등을 파악할 수 있다.

식생조사의 내용 | 식생조사의 내용은 크게 3가지이다. [01]먼저 분포하는 모든 식물군락에 대한 분류를 통한 유형화인데 흔히 식물사회학적 방법에 따라 수행한다. 환경영향평가에서는 식물사회학의 전통적인 식생분류인 표작업(table work)은 수행하지 않는다. 환경영향평가는 식생분류체계를 규명하고 이해하는 것이 아니고 개발지역의 식생 현황을 구체적으로 이해하여 지속가능한 친생태적 개발을 목표로 하기 때문이다. [02]다음은 식생 유형화를 포함하여 보다 상위 개념으로 범례를 설정하여 현존식생도(現存植生圖, actual vegetation map)를 작성하는 것이다. [03]마지막으로 현존식생도 상의 모든 개별요소(식분, 다각형사상)

주요 조사 내용	식물상 및 식생 현황	영향예측	저감방안
1) 관속식물상 현황 2) 귀화식물 및 생태계교란식물 현황 3) 중요종 서식 현황 식물상	1) 식물상 현황 2) 생활형 특성 3) 귀화식물 현황 4) 생태계교란식물 현황 및 분포도 5) 보호수(노거수) 현황 및 분포도 6) 법정보호종(천연기념물, 멸종위기야생식물, 희귀식물, 특산식물, 시·도보호야생식물 등) 현황 및 분포도 7) 중요종(식물구계학적 특정식물, 문화적 식물종 등) 현황 및 분포도	1) 식물상의 훼손 및 변화 2) 귀화식물의 증감 변화 3) 생태계교란식물 증감 변화 4) 보호수(노거수) 영향(훼손, 생육 등) 5) 법정보호종 영향(훼손, 생육 등) 6) 중요종 영향(훼손, 생육 등)	1) 식물상 영향 최소화 2) 귀화식물 확산 방지 3) 생태계교란식물 확산 방지 및 제거 관리 4) 보호수(노거수) 영향 최소화 5) 법정보호종 보전 방안 6) 중요종 보전 방안
식생 1) 분포하는 모든 식물군락의 유형화 2) 토지피복-이용(현존식생도) 현황 3) 보전생태학적 가치(식생보전등급) 평가	1) 식물군락 현황 및 특성(식생 구조 및 식물종 구성) 2) 토지이용 및 피복을 고려한 현존식생도 작성 3) 현존식생도 범례별 식생보전가치 평가(식생보전등급) 4) 보전가치가 높은 식분(식생보전 I, II등급) 5) 식물군락 대표 단면도 등	1) 식물군락의 훼손 영향 및 변화 2) 식생유형별 훼손 영향(개발 전·후 비교) 3) 식분별-식생보전가치별 훼손 영향 4) 보전가치가 높은 식분의 훼손 영향 5) 훼손수목(주로 교목)의 산정 6) 식생을 고려한 생태축(녹지축) 영향 7) 식생우수지역(생태·자연도 1등급지 등) 영향	1) 식생 보전관리 및 발생사면 생태복원 2) 식생유형별 훼손에 따른 녹지 확보 방안 3) 보전가치가 높은 식분의 보전 방안 4) 이식수목 산정과 이식 및 기타 보전, 활용 5) 생태축(녹지축)을 고려한 토지이용계획 6) 식생우수지역 보전 및 유지 강화 방안 7) 생물다양성 증진 조경 설계 및 식재 등

그림 1-11. 환경영향평가에서 식물상 및 식생조사의 주요 내용. 환경영향평가에서 식물조사는 관속식물과 식물군락 현황, 식물자원의 영향예측과 저감방안으로 대구분하고 각 단계에서 여러 내용들을 분석한다.

그림 1-12. 대상지의 식물상조사. 식물상조사(좌: 산지습지 조사, 울산시 무제치늪)는 조사지역에 서식하는 전체 관속식물 목록 및 중요한 식물종(우: 분홍바늘꽃, 멸종위기야생식물 II급, 철원군), 노거수, 귀화식물, 생태계교란식물 등을 파악하여 지속가능한 보전 및 관리 방안을 마련하는 것이다.

그림 1-13. 삼림식생 경관(좌: 가평군, 명지산) 및 식생조사(우: 의왕시, 백운산, 고로쇠나무군락-계반림). 식생조사는 조사지역을 피복하는 모든 식물군락 현황 및 식생자원 특성, 중요한 식생자원 파악, 현존식생도, 식생보전등급도 등을 작성하여 지속가능한 보전 및 관리 방안을 마련하는 것이다.

에 대해 보전생태학적 가치인 식생보전등급(植生保全等級, vegetation conservation class)을 판정하는 것이다. 이외에도 귀화식물을 이용한 도시화 분석 등 보다 확장된 개념으로 식생조사를 수행할 수 있다.

식생의 서술 방법들 | 식물상을 포함하는 식생의 조사와 그에 대한 서술은 크게 2가지로 구분할 수 있다. 상관 또는 구조적(physiognomic or structural) 서술과 식물상적(floristic) 서술이다. [01]전자는 식생의 외적인 형태, 생활형, 계층구조, 식물종의 규모 등에 대한 내용으로 군계(formation)와 같이 큰 공간범위에서 적은 식생유형으로 분류하는데 사용한다. [02]후자는 식물종조성과 그들의 존재와 양적인 정보에 대한 내용으로 좁은 범위 공간에서 많은 식생유형으로 분류하는데 사용한다.

장도습지보호지역(신안군) 핵심구역 내에 버드나무군락 확장을 고려한 장기변화관찰 모니터링 지점을 설치하였다. 지점 내의 식물상 및 식생에 대한 질적·양적 조사를 수행한 후 현황 및 구조, 기능, 천이적 특성 등을 이해하였다.

2. 조사의 범위와 경로 설정, 현지조사표

조사의 범위는 목적과 해당 지역 특성, 영향범위 등을 충분히 반영하여 결정한다.

일반적 조사범위의 설정 | 자연환경조사 및 환경영향평가 대상사업에서 조사범위인 영향범위의 설정은 사업대상지(생태계) 유형, 사업 유형, 동·식물 및 생태적 특성 등을 종합적으로 고려하여 결정해야 한다. 환경영향평가에서 일반적 기준이 아닌 사업 및 식생의 공간적 특성을 고려하여 조사범위를 다르게 적용할 수 있는데 명확한 근거와 사유를 제시해야 한다. 조사범위의 일반적 기준은 식물(식물상, 식생분야)의 경우 면사업은 사업대상지 경계로부터 100m, 선사업은 중심선으로부터 좌우 150m, 문헌조사는 500m로 설정하는 것을 기본으로 한다(ME 2024b)(표 1-2)(그림 1-14). 하천의 경우에는 흔히 제외지(제방과 제방 사이) 내로 한정하여 조사범위를 설정하는데 제방(수치지도의 제방선)을 경계로 한다.

조사범위의 확대 설정 | 환경영향평가 초기에 조사범위를 설정하는데 사전 문헌조사에서 사업 대상지역 주변 500m 이내에 생태·자연도 1등급 지역, 야생생물보호구역, 주요 습지 및 철새도래지, 백두대간보호지역, 생태·경관보전지역, 습지보호지역 등과 같이 생태적으로 중요한 지역이 존재할 경우 조사범위를 확대 설정할 수 있다. 이 경우에는 일반적 조사범위를 확장하여 사업대상지의 경계로부터 500m로 설정하여 조사할 수 있다(ME 2024b)(표 1-2)(그림 1-14). 연구자가 일반적 조사범위인 100~150m 또는 확장된 조사범위

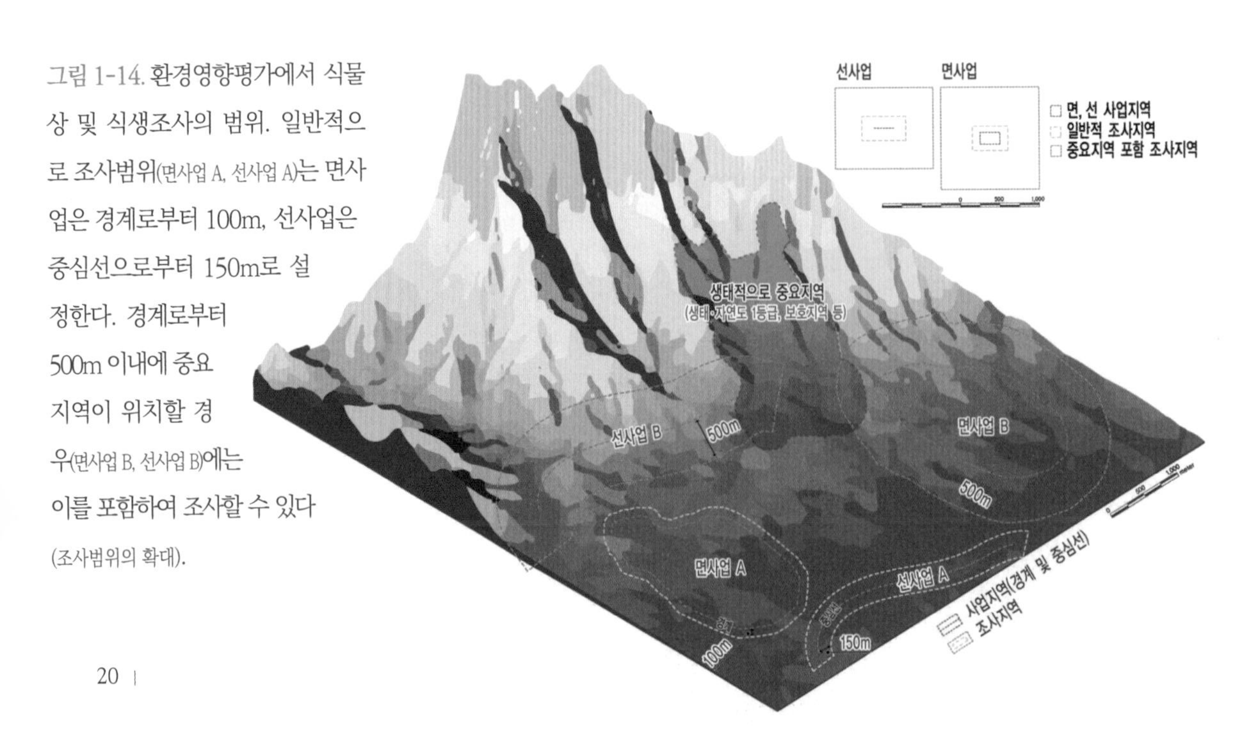

그림 1-14. 환경영향평가에서 식물상 및 식생조사의 범위. 일반적으로 조사범위(면사업 A, 선사업 A)는 면사업은 경계로부터 100m, 선사업은 중심선으로부터 150m로 설정한다. 경계로부터 500m 이내에 중요지역이 위치할 경우(면사업 B, 선사업 B)에는 이를 포함하여 조사할 수 있다(조사범위의 확대).

표 1-2. 환경영향평가 면사업과 선사업에서의 동·식물상 조사범위 설정(ME 2024b)

조사 분류군	문헌조사(경계)	현지조사		
		면사업(경계)	선사업(중심선)	주변 중요지역(포함 조사 가능)
식물상, 식생	500m	100m(주변)	150m(좌·우)	500m(좌·우)(선, 면사업)
조류, 포유류	500m	300m(주변)	500m(좌·우)	500m(좌·우)(선, 면사업)
양서류, 파충류, 육상곤충류	500m	100m(주변)	150m(좌·우)	500m(좌·우)(선, 면사업)
어류, 저서성 대형무척추동물	2,000m(어류)	100m(상·하류)	100m(상·하류)	500m(상·하류)(선, 면사업)

인 500m 보다 광역적인 조사·연구가 필요하다고 판단되는 경우에는 조사 분류군별 또는 분석항목별 특성을 고려하여 그 범위를 차등하여 적용할 수 있다(그림 1-15, 1-16).

조사범위의 과도한 설정 | 조사범위를 설정함에 있어 영향범위(영향권)를 충분히 고려하는 것은 중요하다. 과거 환경영향평가에서 식물은 이동성이 없음에도 불구하고 계획지역의 장축 2배를 조사범위로 설정하기도 하였다. 이는 시간과 비용 대비 과도한 조사량으로 부실조사의 원인이 되기도 하였다. 이를 개선하여 현재는 동·식물상 조사범위를 면사업은 주변 100~300m, 선사업은 주변 150~500m, 인근 500m 내에 중요지역이 존재하더라도 영향범위를 500m로 설정하도록 개선하였다(표 1-2). 조사범위에 대해서도 합당한 근거가 있는 경우에는 조사범위를 조정할 수 있다. 이러한 기준에 대한 인지 부족 또는 과도한 영향 우려, 과거 답습 등의 이유로 현재에도 환경영향평가 초기 단계인 환경영향평가협의회에서 조사범위(영향범위)를 과대하게 주변 1㎞ 또는 그 이상으로 결정하는 경우가 종종 있다. 송전선로 사업에서 동·식물은 그 영향이 일시적이거나 상대적으로 국지적임에도 불구하고 경관 및 전자파 등의 영향범위와 동일하게 확대 적용하여 주변 500m 범위로 설정하기도 한다. 또한 중·소규모의 하천정비사업에서 하천식생 단면도를 통한 식생구조의 이해가 가능하고 이 방법이 합리적임에도 불구하고 직접적인 영향이 없는 주변 200~500m까지 현존식생도 작성을 요구하기도 한다. 원자력발전소를 건설하는 경우 주변 2㎞를 간접 영향범위(일반 영향범위), 10㎞를 광역 영향범위로 설정하기도 한다.

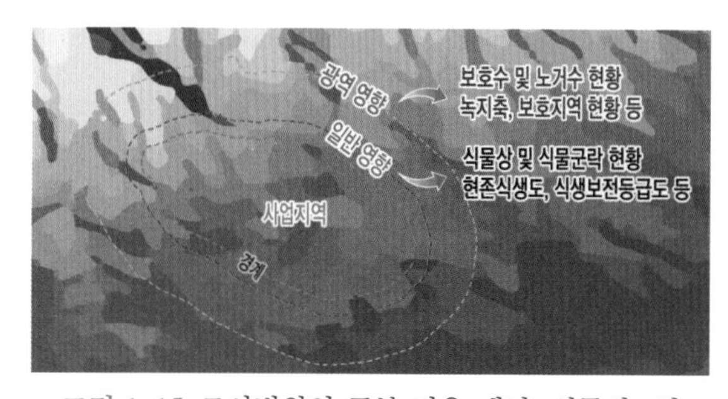

그림 1-15. 조사범위의 구분 적용 개념. 식물상, 식생 관련 조사에서 조사항목별로 조사범위를 일반, 광역으로 구분해서 적용할 수 있다. 이러한 조사범위의 구분·적용으로 조사의 효율성을 높일 수 있다.

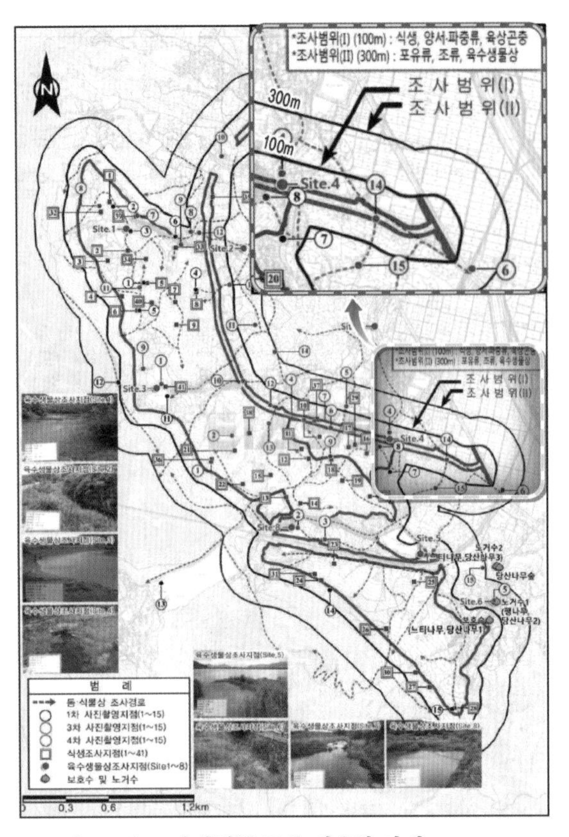

그림 1-16. 조사범위를 구분 적용한 사례(EIASS 2024). 분류군에 따라 생태적 영향을 고려하여 다르게 조사범위를 적용하면 조사의 효율성 및 결과의 정확도를 높일 수 있다.

분류군 또는 분석항목별 조사범위의 구분 적용 | 사업지 주변의 광역지역에 대한 생태적 영향이 미미함에도 불구하고 주변 지역에 대한 광범위한 현장조사(특히 현존식생도 작성 및 식물군락 조사)는 조사에 대한 선택과 집중을 저해시키기 때문에 조사결과의 신뢰성 및 효율성을 낮출 수 있다. 이 때문에 식물분야(식물상 및 식생)에 대해서는 현존식생도 작성, 식물상과 식물군락 조사 등의 조사범위를 다르게 적용하는 차별적 접근이 필요하다. 예를 들어 환경영향평가의 초기 단계인 환경영향평가 협의회에서 동·식물상 조사범위(영향범위)를 주변 1㎞로 결정하더라도 관속식물 현황, 식물군락 및 현존식생도(식생보전등급도 포함) 작성과 같은 조사는 주변 100m(면사업, 선사업은 150m)를 기준으로 하고 노거수(보호수) 조사는 주변 1㎞를 기준으로 하는 등 분석항목별 구분 적용이 가능하다(그림 1-15). 즉 일반 영향범위와 광역 영향범위로 구분하는 것이다. 또한 조사범위를 1㎞로 설정하더라도 현장조사는 주변 100~150m(중요지역 포함은 500m)로 하고 정밀 문헌조사(실내 공간분석 포함)를 주변 1㎞로 하는 방법의 채택도 가능하다. 이러한 조사범위에 대한 차별적 구분은 생물분류군에 대해서도 적용이 가능하다(그림 1-16).

■ 식물상 및 식생연구에서 조사경로와 조사지점의 선정, 조사시기는 중요하다.

사전 문헌조사의 중요성 | 실내 문헌조사에서 법정보호종(멸종위기야생식물, 희귀식물 등) 또는 중요종(식물구계학적 특정식물 Ⅳ등급, Ⅴ등급 등), 중요식생의 서식이 예상되는 경우 현장조사 이전에 해당 식물종(식물군락)에 대한 분류 및 생태학적 정보를 충분히 숙지해야 한다. 조사지역을 포함한 주변지역에 대한 문헌조사는 주로 환경부 소속 또는 산하 연구기관(국립생태원, 국립생물자원관 등), 지방자치단체의 각종 자연환경조사, 학술 연구자료(논문, 연구보고서 등)를 포함한 환경영향평가사업(환경영향평가정보지원시스템, EIASS), 각종 보도자료에 관련된 것들이다. 서식이 예상되는 중요 식물종(식물군락)에 대해서는 자생지 환경 및 개화시기 등을 파

악하여 적합한 공간과 시기에 현장조사하도록 계획한다. 유효한 정보에 기초한 조사경로와 조사지점, 조사시기와 횟수로 이루어진 현장조사는 중요 식물종의 누락 방지는 물론 해당 식물종 및 식물군락에 대한 정확한 현장 생태정보를 획득하는 방법이다.

조사경로와 조사지점 선정의 기초 | 조사경로는 대상지역의 지형적 여건을 파악하여 중요 식물종(식물군락)과 존재하는 모든 생태계 유형들을 포함하도록 설정한다. 조사 대상지역 내에 삼림, 습지(소택지), 경작지, 주거지, 하천 생태계 유형이 존재하는 경우 최소한 5개 대표지점(생태계 유형별 1개)을 선정하여 조사한다(그림 1-17). 일반적으로 환경영향평가에서는 주로 삼림식생(또는 식생보전 I ~IV등급)을 대상으로 식생조사하기 때문에 경작지, 주거지, 하천과 같은 비삼림생태계에 대한 식생조사는 하지 않는다. 하지만 식물상 파악을 위해서는 비삼림생태계에 대한 조사를 포함해야 한다. 특히 하나의 생태계 유형 내에 다른 특성의 여러 식물군락이 존재할 수 있기 때문에 여러 지점을 조사해야 한다. 식생은 지형적인 특성에 강한 영향을 받는데 흔히 산지에서 계곡부, 산지 사면 하부, 중부, 상부, 능선부의 식물군락이 다르게 나타나기 때문에 구분하여 조사할 필요가 있다. 즉 현장조사 이전에 생태계 유형보다 더 세분화된 중분류적 수준인 서식처 유형별로 공간을 구분하여 조사계획을 수립할 필요가 있는 것이다. 예를 들어 산지 능선부의 소나무림, 사면 상부와 중부의 신갈나무림, 사면 하부의 고로쇠나무림, 계곡부의 물푸레나무림이 있으면 조사지점을 최소 4개 이상으로 설정하는 것이 필요하다. 이런 세부적인 준비 과정을 거쳐야 조사대상지역에 서식하는 다양하고 중요한 식물상 및 식생 자원을 모두 파악할 수 있다.

일반적인 조사경로와 조사지점의 선정 | 일반적인 식물조사는 전술과 같이 합리적으로 계획된 조사경로를 따라 도보로 이동하면서 확인되는 모든 관속식물을 기재하거나 임의 지점들의 식물상 및 식생현황을 파악하는 것이다. 환경영향평가에서 식물상 및 식생조사를 동시에 수행하는 경우에는 흔히 식생 조사지점을 중심으로 식물상을 파악하고 주변 일대의 식물상을 보완하여 조사한다. 조사를 위한 전체 또는 구역별 경로는 조사자의 판단에 따라 계획된 조사지점, 접근성, 안전성, 소요시간, 동선 등을 종합적으로 고려해 결정한다. 이를 위해 사전에 실내에서 문헌, 위성(항공)사진 및 지형도 등을 이용하여 충분히 현장 여건을 모의 숙지하는 과정이 필요하다.

터널이 있는 선사업의 조사경로 | 현재의 도로 및 철도 같은 선형의 사업들은 과거와 달리 절·성토의 지형 변화가 적은 터널로 계획하는 것이 일반적이다. 이러한 경우 직접적인 식물 훼손이 발생하는 터널 진·출입부 등에 대해 집중적으로 조사경로를 설정한다. 즉 터널 진·출입부 일대는 현장조사하지만 직접 훼손되지 않는 터널 통과 상부지역(터널구간)은 간접조사(상관조사 및 문헌조사 등)를 수행하는 것이 합리적이다. 식물상 파악은 터널 통과 상부의 삼림지역이 아니더라도 조사지역 일대에 분포하는 다양한

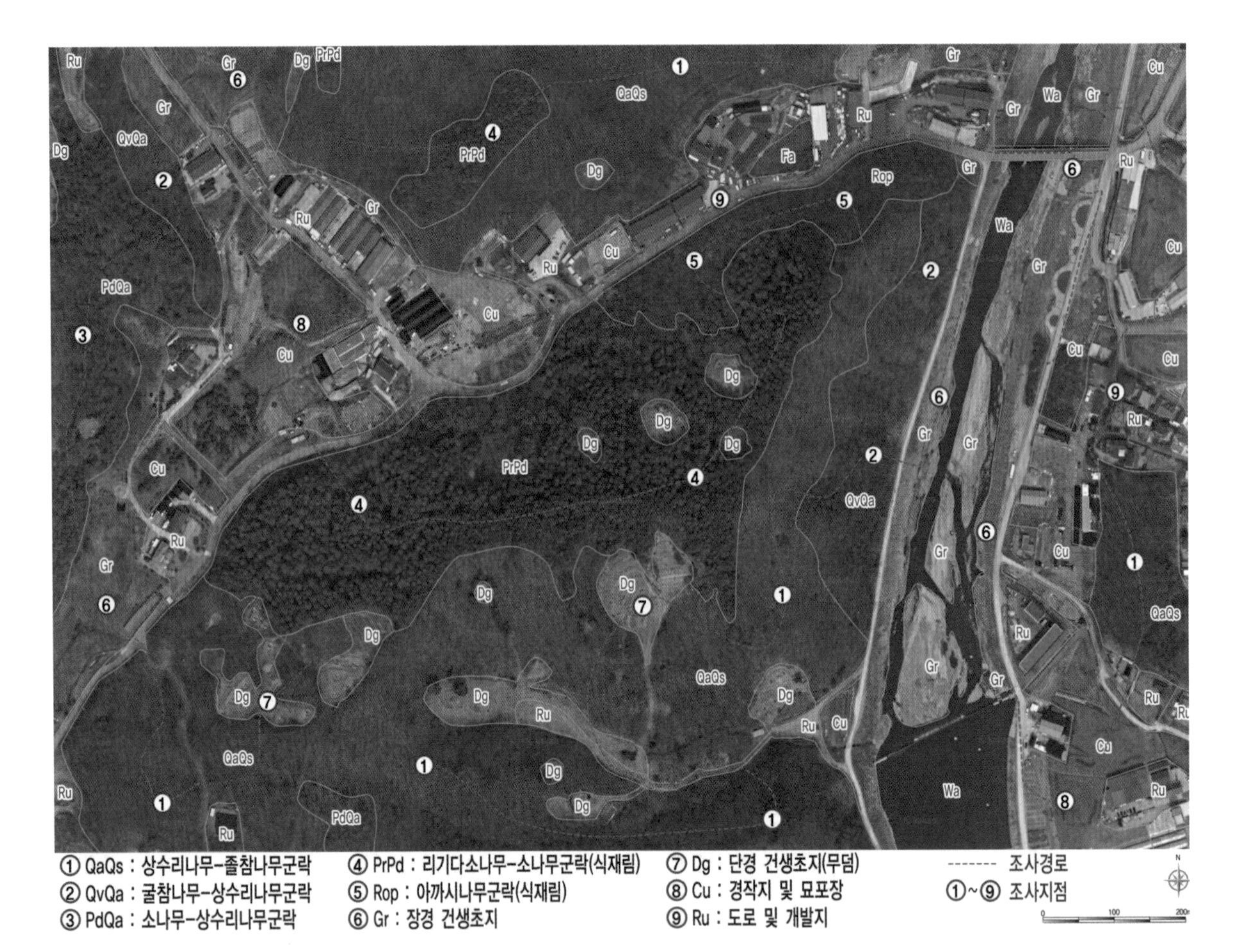

그림 1-17. 환경영향평가에서 항공사진을 이용한 합리적인 조사경로와 조사지점의 설정. 조사경로는 모든 식생유형(생태계)과 일정 크기 이상의 파편화된 식분을 포함한다. 위의 영상에는 삼림생태계(PdQa, QvQa, QaQs, PrPd, Rop), 하천생태계(Gr), 초지생태계(Gr, Dg), 경작지생태계(Cu), 주거지생태계(Ru)가 존재한다. 현존식생도의 범례별 경계는 현장조사 이후에 작성한 것이다. 현장조사에서는 사전 계획된 경로를 보완하여 다른 경로 및 지점을 선택할 수 있다. 삼림식생의 조사지점(①~⑤)은 식생과 식물상조사를, 비삼림식생(⑥~⑨)은 식물상조사를 중점적으로 실시한다. 동일 식생유형일지라도 조사지점은 식물상이 다를 수 있기 때문에 산재하여 다수를 확보한다.

생태계 유형을 조사할 필요가 있다. 하지만 터널 통과 상부지역 일대에 산지습지와 같은 민감생태공간이 분포하는 경우에는 별도로 현장조사할 필요가 있다. 산지습지의 존재 가능성은 실내에서 문헌조사는 물론 지형(특히 등고선 간격이 넓은 지역) 분석을 통해 추정할 수 있다. 흔히 산지습지는 하부에 터널 통과로 지하수위가 하강 또는 상승(주로 하강)하여 습지 건조화 등의 변화가 일어날 수 있기 때문이다.

둠벙 및 묵논, 논경작지의 조사 | 둠벙 및 묵논, 논경작지는 대부분 원래의 자연 지형과 식생이 인위적으로 개발, 변형되었지만 조사경로에 포함하는 것이 좋다(그림 1-18). 둠벙에는 물속생물을 포함하여 다양한 습지성 식물들이 서식한다. 환경부 전국자연환경조사 및 환경영향평가의 식생조사에서는 주로 목본의 삼림식생(아교목~교목의 다층식생)을 대상으로 하기 때문에 초본으로 이루어진 식물군락은 조사하지 않는 것이 일반적이다. 하지만 식물상조사는 수행해야 하는데 둠벙과 같은 습지에는 가시연, 통발, 각시수련, 독미나리 등과 같은 중요식물이 서식할 수 있다. 택지 및 산업단지 같은 큰 규모의 도시개발 관련 환경영향평가에서는 둠벙, 묵논, 논경작지를 포함하는 경우가 많다. 논경작지에는 매화마름, 물고사리 등과 같은 멸종위기야생식물이 서식할 수 있으며 개화기 및 생육기에 조사해야 관찰 및 정확한 현황 파악이 가능하다. 개발 이전의 환경영향평가(소규모, 전략환경영향평가 포함) 과정에서 조사시기가 맞지 않아 논경작지에 서식하는 매화마름을 확인하지 못하고 공사 시작 또는 진행 중(사후환경영향조사 단계)에 확인되는 경우가 종종 있다. 우리나라의 묵논에는 습생천이에 의해 버드나무, 왕버들 등의 버드나무류림 또는 오리나무림이 발달하는데 흔히 방기(放棄, 폐경작 또는 휴경작) 후 약 10년이 지나면 다층으로 이루어진 숲(습생림)이 발달한다(Lee and Baek 2023). 이 숲이 개발되는 경우 훼손수목의 산정과 중요 식물종의 서식 여부 등을 고려하여 식물상 및 식생 조사지점에 포함하는 것이 합당하다.

환경영향평가에서 조사경로와 조사지점의 표현 | 최근의 각종 개발사업에서 지역적, 사회적으로 조사경로를 포함한 조사결과의 신뢰성 문제가 종종 제기되고 있다. 조사경로 및 조사지점에 대한 정확한 표현을 요구하는데 이는 조사결과의 거짓·부실과 관련된 신뢰성과 연결되어 있다. 환경영향평가를 포함한 자연환경조사에서 이에 대한 표현은 필요하며 여러가지 방법이 있다. GPS 장비(또는 스마트기기)의 사용이 어려웠던 과거에는 현장조사 도면과 지형도를 비교해 가면서 조사경로와 조사지점을 개략적으로 표현하였다. 최근은 GPS 장비의 발달과 이용의 편리성으로 현장조사에서 실시간 트래킹(traking)

그림 1-18. 묵논(좌: 원주시, 다양한 습지식물 서식), 둠벙(중: 신안군 비금도, 멸종위기야생식물 Ⅱ급인 가시연 서식), 논경작지(우: 서천군, 도로 건설로 훼손되는 논경작지에 멸종위기야생식물 Ⅱ급인 매화마름 서식). 묵논습지는 산간지역에 많이 위치하고 둠벙은 논경작지 주변에 물공급을 위해 소규모로 존재한다. 서해안 일대 도시개발 및 도로가 건설되는 지역의 논경작지에 매화마름이 서식하는 경우가 종종 있다.

과 웨이포인트(waypoint) 자료(그림 3-63 참조)를 이용하면 정확하게 표현할 수 있다. 자료는 흔히 OOO.gpx 또는 OOO.kml 형태의 파일로 저장되며 CAD 또는 GIS프로그램을 이용하여 해당 파일을 도면 상에 정확한 경로 및 위치로 표현할 수 있다.

환경영향평가에서 일반적 조사시기의 선정 | 일반적으로 식물상 및 식생의 파악은 휴면기인 동절기를 제외하고 계절별로 수행하는 것이 좋다. 봄조사는 3~5월, 여름조사는 6~8월, 가을조사는 9~10월에 수행하는 것을 권장한다(ME 2024b). 식물군락의 식물사회학적 조사는 구성 식물상의 파악이 중요하기 때문에 온전한 식물상의 관찰이 가능한 시기에 수행한다. 우리나라에서 식물조사는 3~10월 사이에 가능하지만 조사지역의 위도적 위치에 따라 시기를 다르게 적용할 수 있다. 위도가 높아질수록(북쪽, 고위도) 또는 해발고도가 높아질수록(고해발) 생육시작(싹 발아) 시기는 늦어지고 휴면하는 시기(단풍)는 빨라진다. 흔히 식물은 일평균기온 5℃를 기준으로 봄에 생육을 시작하고 늦가을에 휴면에 들어간다는 것을 인식해야 한다. 제주도 지방은 3월 하순에도 식생조사가 가능하지만 강원도 지방은 불가능하다. 최근 기후변화 등으로 조사시기가 빨라질 수 있지만 식물들의 생육 초기에는 동정(同定, identification)의 어려움이 존재한다. 식물종에 따라 상이하지만 우리나라에서 식물조사는 5~9월을 최적기로 본다. 개괄적 현존식생도 작성과 식생보전등급 판정을 위해 비생육기(11~3월)에도 현장조사는 가능하다. 하지만 온전한 식물상 파악이 불가능하여 멸종위기야생식물, 희귀식물, 식물구계학적 특정식물(Ⅳ등급, Ⅴ등급)과 같은 초본성 중요종(휴면아가 지하에 있는 식물)의 누락 가능성이 있다. 이 때문에 비생육기의 현장조사는 매우 신중하게 채택해야 하는 방법으로 특별한 경우를 제외하고는 권장하지 않는다.

조사시기의 맞춤식 설정 | 환경영향평가에서 일반적인 식물 현장조사는 생육의 최적기에 수행하지만 목표로 하는 식물종에 따라서는 달리 설정할 필요가 있다. 생육이 빠른 식물은 2~4월에 개화·결실하기

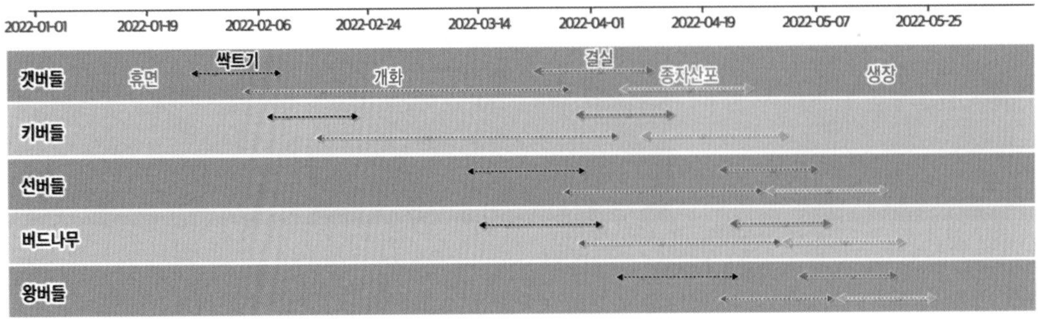

그림 1-19. 우리나라 중부지역(여주시, 37°13'~37°20'N)에서 주요 버드나무류의 계절학(2022년 관찰)(Lee and Baek 2023). 싹트기, 개화, 결실, 종자산포 시기는 대부분 봄철인 2월 하순~5월 중순 사이에 이루어진다.

그림 1-20. 멸종위기야생식물 Ⅱ급인 매화마름(좌: 시흥시, 예산군)과 대흥란(우: 부산시). 매화마름은 모심기 이전(5월 말)에, 대흥란은 7~8월에 관찰 가능하기 때문에 이들 식물종의 현장조사는 시기가 중요하다.

도 한다. 우리나라 하천 습지의 우점종인 버드나무류(버드나무, 선버들, 왕버들, 갯버들, 키버들 등)는 모두 5월 이전에 개화·결실하기 때문에 주로 꽃으로 동정이 필요한 버드나무류에 대한 분류학적 조사는 3~4월이 최적이다(그림 1-19)(Lee and Baek 2023). 하천에서 집중강우(장마, 태풍의 큰물) 직후에는 범람으로 식물체가 고사 또는 변형되거나 서식처가 파괴되기 때문에 식물상 및 식생 현황이 온전하지 않을 수 있다. 물정체습지(정수습지, lentic wetland)에서 수생식물(부엽식물, 부유식물, 침수식물)의 조사는 수온이 상승하는 7~8월에 조사하는 것이 최적이다. 관찰시기가 제한적인 특별한 식물종에 대한 조사 역시 맞춤식으로 시기를 결정해야 한다. 주로 논경작지에서 농경시스템에 맞추어 개화·결실하는 매화마름(멸종위기야생식물 Ⅱ급)은 모심기 이전인 2~5월 사이에 조사하지 않으면 개체 확인이 어렵다. 부생식물(腐生植物, saprophyte, 생물체 사체나 배설물 또는 그 분해과정의 물질을 흡수하여 생활하는 식물)인 대흥란(멸종위기야생식물 Ⅱ급)의 경우는 주로 7~8월에만 관찰 가능하다(그림 1-20)(표 4-3 참조).

현장조사에서 사고 예방적 조사계획 수립과 뱀, 벌레 물림 등의 사고 발생에 유의해야 한다.

사고 예방적 조사경로의 설정 | 조사경로는 사고 예방적 설정이 매우 중요하다. 등고선과 같은 지형 특성은 물론 임도로의 접근성, 낙석 및 토양(퇴적물) 붕괴 위험성 등을 종합적으로 고려해야 한다. 특히 조사경로 상에 비탈면의 경사도를 고려해야 한다. 경사도가 높은 절벽, 급경사지와 같은 곳은 미끄러짐, 낙상, 낙석 충돌 등과 같은 사고 발생 가능성이 높다. 조사경로는 하향보다는 상향하는 방향으로 설정하는 것이 사고 예방 및 신체 관절 보호에 좋다(그림 1-21). 하향 방향으로 조사하는 경우 낙엽이 쌓인 곳이나 암설 붕적지 같은 곳에서는 발을 헛딛거나, 미끄러지거나, 등산용 스틱(지팡이)이 돌틈에 빠져 몸의 균형을 잃

그림 1-21. 급경사 지역인 하천 공격사면(굴참나무군락, 울산시). 급경사 지역을 조사할 때는 아래에서 위로 올라가면서 조사하는 것이 사고 예방 및 신체 관절 보호에 좋다.

어 사고 발생 가능성이 높아진다. 또한 더운 여름철에 현장조사하는 경우 일사병 또는 열사병의 우려가 있기 때문에 충분한 휴식 및 수분을 섭취할 수 있도록 경로를 설정한다. 장시간의 산악지역(험지) 현장조사에서는 충분한 물과 간식거리(김밥, 빵, 에너지바, 오이, 과일 등)를 준비하도록 한다. 또한 일기예보를 토대로 과도하게 더운 날, 강수량이 많은 날, 천둥·번개가 발생하는 날, 강풍이 발생하는 날에는 현장조사를 피해야 한다. 현장조사는 사고 발생 가능성과 빠른 대응을 고려하여 최소 2인 1조를 권장한다. 심산이나, 낯선 지역이나, 위험성이 있는 지역에서 조사자는 조사경로 상에 이동통신 수신 및 GPS 작동 여부를 수시로 체크하는 습관이 필요하다. 현장에서 중대한 사고가 발생하여 119에 구난신고를 할 경우 이동통신 수신 여부 또는 지리좌표 정보는 매우 중요하기 때문이다.

뱀, 모기, 벌 등의 피해 예방 | 현장조사할 때에 뱀에 물리지 않도록 전방을 주시하거나 지팡이 등을 이용하여 바닥 등을 툭툭 치면서 진행하면 뱀이 조사자를 사전 인지하여 회피한다. 파충류인 뱀은 변온동물로 낮에는 체온을 높이기 위해 햇빛이 잘 드는 곳에서 일광욕하는 경우가 많기 때문에 암석지 등을 통과할 때는 조심한다. 또한 초본 및 관목식생 지역을 조사할 때는 벌에 쏘이지 않도록 조심한다. 특히 말벌집이 있는지 유심히 살펴야 하는데 말벌에 쏘이면 사망에 이르기도 한다. 여름철에 삼림을 조사하는 경우 산모기 또는 진드기 등이 기승을 부리는데 물리면 가려움 또는 피부염증이 발생할 수 있다. 야외에서 몸에 해충(특히 모기) 기피제를 뿌리거나, 휴대용 이동식 모기향홀더에 모기향을 피워 가방에 걸고 다니거나, 방충모자, 방충복 등을 사용하면 효과적으로 해충의 접근을 막을 수 있어 현장조사가 보다 원활하다. 또한 해충들이 좋아하는 냄새를 풍기는 화장품이나 향수 등의 사용을 지양한다.

조사자의 현장조사 복장 | 현장 조사자는 기본적으로 몸 전체를 가릴 수 있는 복장이 좋다(그림 1-22). [01] 복장은 긴소매 상의와 긴바지 형태가 좋다. 옷감은 땀 흡수가 좋고 식물의 가시(찔레꽃, 환삼덩굴, 청미래덩굴 등)에 피부가 잘 쓸리지 않는 도톰한 면 소재가 좋다. 현장조사를 방해하거나 피부 가려움 등을 유발하는 모기는 일반적으로 조사자의 움직임, 호흡과 결합된 어두운 계열의 색에 더 끌리는 경향이 있기 때문에 어두운 색의 옷은 지양한다. [02]다리에는 뱀 또는 벌레에 물리지 않도록 스패츠(행전 行纏)를 착용하는 것도 효과적이다. [03]모자는 야구모자 형태가 아닌 라운드된 챙을 갖는 야외조사용 형태를 착용한다. [04]벌레물림

예방은 물론 땀 흡수가 잘 되는 목수건 또는 손수건을 목 또는 손목에 착용하면 좋다. [05]등산화는 두꺼운 등산용 양말을 고려해 자기 발 크기보다 5~10㎜ 큰 것으로 선택하고 복사뼈를 덮는 높이의 등산화가 적합하다. 중등산화는 발목 보호 등의 안전성이 우수하기 때문에 험한 산지 조사에 적합하고 경등산화는 비교적 고른 지형을 가진 가벼운 현장조사에 적합하다. 등산화의 바닥은 미끄러움 방지 기능이 있는 것으로 하고 소재는 방수, 방풍 등의 기능이 우수한 것을 선택한다. [06]등산용 가방은 조사시간에 따라 크기(용량)가 상이할 수 있지만 일반적으로 20리터 정도의 크기가 적당하고 멜빵을 서로 연결하는 가슴벨트가 있는 형태를 선택한다. [07]사용 빈도가 높은 스마트폰 또는 각종 소형장비를 편리하게 넣고 꺼낼 수 있도록 소형 가방을 착용하는 것도 조사의 효율성을 높일 수 있다. [08]식물채집이 필요한 경우에는 채집용 가방을 준비한다.

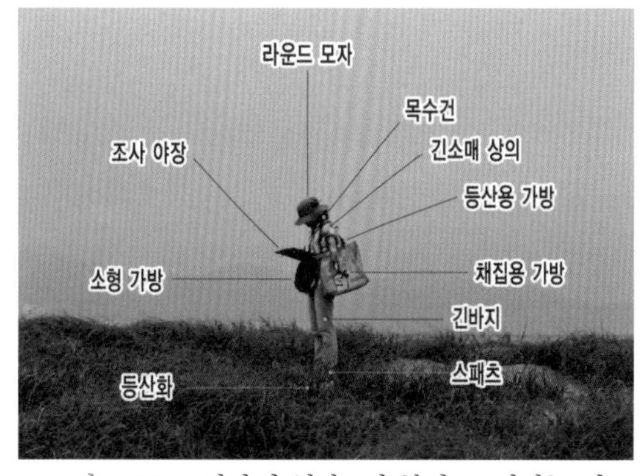

그림 1-22. 조사자의 현장조사 복장. 조사자는 긴소매 상의 또는 긴바지, 스패츠, 목이 긴 등산화, 목수건, 라운드 모자 등을 착용하고 등산용 가방, 조사 야장(현지조사표) 등을 준비한다.

식물상 및 식생연구에 대한 조사는 현지조사표가 가장 기본이 되는 근거 자료이다.

현지조사표의 획득 | 식물상 또는 식생연구에서 현장조사는 현지조사표에 근거해야 한다. 계획된 최적의 조사경로를 따라 적합한 방법으로 현지조사를 한다. 현지조사표는 조사지점(조사경로)의 식물상 및 식물군락의 식물학적 정보와 각종 환경정보 등을 기록한다. 사용하는 현지조사표는 조사대상의 생태적 입지 특성에 따라 연구자별 형태(양식)가 상이할 수 있다. 예를 들어 산지식생(山地植生, mountain forest)과 습지식생의 경우 기록해야 할 환경정보(지형 및 수심 등)는 명백히 상이하다. 식물상 현지조사표(그림 4-1, 4-2, 4-3, 4-4 참조)와 식생 현지조사표(그림 1-23)(그림 5-13 참조)의 구체적 내용은 후술을 참조하도록 한다.

현지조사표의 기본적 내용과 작성 | 자연환경조사의 현지조사표는 조사자 및 조사 목적, 조사하는 생태계 유형 등에 따라 상이할 수 있지만 기본적으로 다음과 같은 내용을 포함한다(그림 1-23). 사업 명칭(연구과제명), 사업대상지, 조사일자, 조사시간(시작과 끝), 조사자 및 서명, 생태계 유형 등을 기재한다. 특히 조사시간 및 서명은 흔히 학술적인 조사에서는 기록하지 않지만 환경영향평가에서 거짓·부실을 방지하기 위한 방안으로 기재하도록 하고 있다. 현장조사에서 정확한 종명의 기록이 불가능한 개체는 채

집(표본) 또는 영상자료 등을 확보하고 현지조사표에는 조사자가 인지할 수 있도록 산형과 sp., 버드나무속 sp., 사초과 sp1., 사초과 sp2., 돌배나무 sp. 등과 같이 미동정종 명칭으로 임의 기재한다. 미동정종은 도감, 관련 논문 등을 참조하여 실내에서 명확히 분류하고 현지조사표에는 정확한 종명으로 수정 기재한다. 이 경우 다른 색의 필기구를 이용하여 정확한 종명으로 교정한 형태로 수정 기재하면 현장에서 기재한 미동정 종명과 구별된다. 이러한 과정은 조사자의 식물분류학적 역량 향상은 물론 미동정(오동정)의 잠재적 감소 효과가 있다. 미완성 현지조사표는 현장감과 기억력이 있는 일주일(환경영향평가법에서는 5일 이내 작성 권고) 이내에 미동정종, 특기사항 등을 포함하여 최종 완성하도록 한다.

식생조사표

계획/사업 명칭	OO 도시개발사업				공동평가자 : 조사자와 동일함
조사일	2022 8.10	조사시간	개시 14:00	종료 14:30	조사자 : 이율경(서명)
해발 : 389 m					
조사지점 : OO시 OO동 산12번지 일원		좌표	N : 36.23.31	E : 127.25.27	
면적 : 10×10 m²	경사 : 10 °	방위 : SW	낙엽부식층 2-5 cm		
지점번호 : St. 03					
상관식생 : 상록 침엽수림 (곰솔군락)					
지형 : □산정, □산능선, □사면(상,㊥,하,凹,凸), □계곡, □조금높은평지, □평지					

층위별	높이(m)	식피율(%)	우점종
교목층(T_1)	17	75	곰솔
아교목층(T_2)	10	25	아까시나무
관목층(S)	2.5	25	아까시나무
초본층(H)	0.7	70	주름조개풀
이끼층(M)	–	–	없음
우점종 DBH	최대(28cm), 중간(20cm), 최소(15cm)		

특기사항 :
- 간벌의 흔적이 있음
- 주변에 주거지 인접함
- 맹아지는 거의 없으나, 일부 2-3개 출계
[과거 삼지한 적지계수 개연의 식물군락 자연재생식생 → 졸참나무림]

No.	교목층(T_1) 종명 (주수)	피도	DBH	아교목층(T_2) 종명	피도	관목층(S) 종명	피도	초본층(H) 종명	피도
1	곰솔 (Pt) 5	7	15-28	아까시나무	6	졸참나무	4	주름조개풀	8
2	소나무 1	3	16	곰솔	3	아까시나무	5	닭의덩굴	3
3	아까시나무(Rop) 2	5	5-15			고욤나무	4	~~새 sp.~~ 실새풀	1
4						산뽕나무 ~~뽕나무 sp.~~	2	청가시덩굴	2
5						산초나무	2	졸참나무	1
6						닭의덩굴	2	아까시나무	2
7						개암나무 ~~굴참나무 sp.~~	2	큰기름새	2
8						대극나무	2	~~노린재 sp.~~ 검노린재	2
9						일본목련 (조경버려진 유입)	2	산딸나무 ~~때죽나무 sp.~~	1
10								도깨비바늘	1
11								오갈피나무	1
12								맥문동	1
13								조팝나무	1
14								쥐똥나무	1
15								인동	1
16								땅비싸리 ~~아까시나무 sp.~~	1
17									
18									
19									

그림 1-23. 환경영향평가 조사에서의 식생조사표 작성 사례. 식생조사표에는 현장에서 동정이 불가능한 식물종명은 OOO sp. 형태로 기재한 이후 실내에서 정확하게 동정하여 종명을 붉은색으로 기록한다. 초록색은 특기사항 또는 관련 정보 등을 기록한 것이다. 이와 같이 현지조사표에는 해당 식분이 가지고 있는 각종 식물상 및 환경정보 등을 자세하게 기록하는 것이 가장 좋다.

낙동강하구 습지보호지역(부산시)에서 해안 사구의 식물조사. 식물조사는 현지조사표에 기초하여 지역의 다양한 식물상 및 식생자원 현황을 파악하고 중요 식물자원의 보전 및 복원대책 마련, 지속가능한 식물자원 관리 등이 연구의 주요 내용이다.

울릉도 나리분지 일대와 주변의 산지 삼림식생. 우측 산봉오리가 성인봉이다. 울릉도는 해양성 기후지역으로 너도밤나무가 우점하는 해양성 삼림식생이 발달한다. 너도밤나무는 우리나라에서 울릉도에만 분포하는 지리적으로 분포범위가 국지적인 식물이다. 우리나라 내륙의 대륙성 기후지역에는 신갈나무가 우점하는 삼림식생이 대응하여 발달한다.

제2장

식물분포 | 한반도 식물사회 | 식생천이

Chapter | TWO

1. 식물의 분포와 생장, 생활형
2. 한반도 생태계별 식물사회 특성
3. 삼림관리와 식생천이

1. 식물의 분포와 생장, 생활형

■ 식물의 지리적 분포에 있어 온도와 강수량과 같은 기후적 요소가 매우 중요하다.

기후와 생물군계 구분 | 식물의 지리·지형적 공간분포는 온도(기온, 수온), 강수량, 풍향, 습도 등 다양한 기후인자에 영향을 받는다. 지구적 규모에서 영향이 큰 인자는 온도(temperature, 기온)와 강수량(precipitation, 수분)이다. 이 조건에 의해 형성된 균질한 거대 고유 상관(相觀, 경관, physiognomy)의 생물군집을 가장 큰 생물지리적 단위인 생물군계(生物群系, biome)로 구분한다. 열대우림, 사막, 온대림(상록수림, 낙엽활엽수림 등), 북방침엽수림, 툰드라, 사바나 등의 구분 수준이며 우리나라는 온대의 낙엽활엽수림 지역에 속한다. 우리나라 낙엽활엽수림의 식물상과 식생에 대한 전반적인 이해는 거시적 수준에서 식물구계 및 식물사회체계를 이해하는 것이다. 환경영향평가를 포함한 자연환경조사의 식물분야에 종사하는 연구자에게는 매우 중요한 선행 이해 과정이다. 예를 들어 냉온대지역인 강원도에서 후박나무, 동백나무와 같은 난온대지역에 속한 식물종의 자생에 대한 기재는 명백한 오류이기 때문이다.

식물의 일·이차적 공간분포 영향 요인 | 한반도는 남북으로 긴 모양이며 식물의 분포는 일차적으로 위도 차이에 따른 온도에 강한 영향을 받는다. 내성이론(Good 1931)에 의하면 모든 식물은 환경요인들에 대한 일정한 내성범위가 있다. 그 요인들 중에서 기후 요인이 가장 중요하고 다음으로 토양, 생물의 상호작용 순이다(Barbour et al. 1998). 이러한 환경요인들에 대해 생물들은 고유 내성의 생태적 최적범

위(ecological optimum range)(그림 5-1 참조) 내에서 공간분포한다. 즉 환경요인과 생물요인들의 복잡한 상호작용 결과로 유사한 최적범위의 특성을 갖는 고유의 생물군집 또는 생태계가 형성되는 것이다. 지표에 분포하는 식물들은 일차적으로 위도적 위치(온도 요인, 수직적으로는 해발고도)에 따라 지리적 공간분포가 결정된다. 이차적으로는 강수량 및 광량, 토양, 수분조건과 같은 서식처의 환경요인에 대응한 고유 내성의 생태적 최적범위 내에서 공간분포가 결정되는 것으로 이해할 수 있다.

지구대순환과 기후 특성 | 지구 또는 지리 공간의 기후적 차이는 에너지 불균형에 따른 평형을 위한 작용들로 거시적·미시적 시스템에 의해 발생한다. 지구에는 태양복사에너지의 불균형과 지구 자전의 영향으로 에너지 확산을 위한 대기대순환과 해류대순환의 지구대순환이 일어난다. 지구대순환과 지형적 특성 등으로 온도(기온)와 강수량이 다르기 때문에 생물군계 구분이 나타난다. 온도는 수평적으로 고위도 지역으로 갈수록 낮아지고 수직적으로 해발고도가 높아질수록 공기 밀도 및 복사열의 차이로 낮아진다. 이는 지구적 규모이며 한반도의 공간 규모에서는 국가·지방적 수준에서의 중기후적 접근이 필요하다. 보다 작은 국지·지소적 공간 규모에서는 미기후적 접근이 필요하다(Lee and Baek 2023). 특히 우리나라의 식생 특성을 이해하기 위해서는 지형성 강우를 이해하는 것이 필요하다.

■ 우리나라의 지방, 지역적 수준에서의 식생 형성은 지형성 강우와 물 이용이 중요하다.

강우 유형과 지형성 강우 | 강우 유형에는 지형성 강우(地形性降雨, orographic rain, 산지 상승 원인, 다우지), 전선성 강우(前線性降雨, frontal rain, 기단 원인, 장마), 대류성 강수(對流性降雨, convective rain, 단열냉각 원인, 소나기 또는 스콜), 저기압성 강우(低氣壓性降水, cyclonic precipitation, 저기압 원인, 기압골비)가 있다. 우리나라에서 지역적 수준의 중기후적 특성들은 지형성 강우와 관련이 깊다. 지형성 강우는 해발이 높은 산지 일대에서 발생하는데 습윤한 공기가 높은 산 또는 산맥의 경사면을 따라 상승할 때 습윤단열감률에 의해 비가 내리는 형태이다. 지형성 강우 특성으로 해발고도가 높아짐에 따라 강수량이 증가하는 경향이 있다. 지형성 강우가 발생한 산지 반대편에는 건조단열감률로 인해 온난건조한 바람이 부는데 이를 푄현상(foehn)이라 한다. 이러한 현상은 대관령 일대의 태백산맥에서 흔하게 볼 수 있다(그림 2-1).

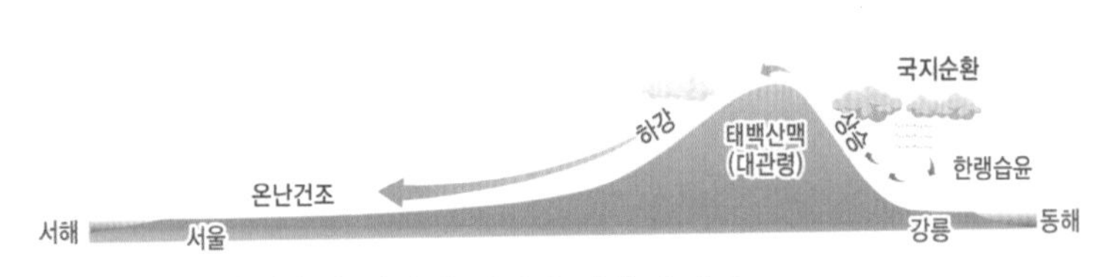

그림 2-1. 태백산맥 대관령 일대의 지형성 강우(Lee and Baek 2023 수정). 영동지방(강릉)의 한랭습윤한 공기가 높은 산지(태백산맥)를 만나 상승하면서 영동지방에는 비가 내리고 반대의 영서지방(서울 방향)은 넘어온 공기가 하강하면서 온난건조한 바람이 분다.

습윤한 공기는 100m에 0.5℃(습윤단열감률), 건조한 공기는 100m에 1.0℃(건조단열감률) 정도 기온이 하강한다(KMA 2021). 이 차이는 비열이 높은 물에 의해 습윤한 공기의 온도가 더 작게 하강하기 때문이다.

우리나라 지형성 강우지역과 소우지역 | 제주도는 여름철 남쪽에서 다습한 공기가 이동하면서 한라산에 부딪혀 상승할 때 남쪽 사면인 서귀포 일대에는 많은 강우가 내린다. 겨울철 영동지방 및 울릉도 등지에 강설량이 많은 것은 높은 산지로 인한 공기의 강제 상승효과이다(Park 2008). 하지만 안동, 대구, 의성 일대는 주변이 높은 산지로 둘러싸여 있어 강수그늘지역(rain shadow area)에 해당되기 때문에 연평균강수량이 1,000㎜ 이하로 비가 적은 소우지역(小雨地域)에 해당된다. 이 지역은 동쪽으로는 태백산맥이, 서쪽과 북쪽으로는 소백산맥이, 남쪽으로는 영남알프스(운문산, 가지산, 천황산, 재약산, 신불산 등)로 둘러싸여 있어(Kim 2004, Lee and Baek 2023) 삼림의 발달이 상대적으로 왕성하지 않다. 우리나라 내에서 이러한 지역적 강우의 특성들은 모두 지형성 강우 및 지형 특성에 따른 결과이다.

한반도의 온대몬순 기후 | 한반도는 고온다습한 하절기와 한랭건조한 동절기로 특징되는 대표적인 온대 몬순(monsoon, 계절풍)기후지역이다. 계절적 특성이 뚜렷하고 여름과 겨울이 길고 봄과 가을이 짧은 것이 특징이다(Kim and Lee 2006). 이러한 계절적 기후에 영향을 미치는 기단은 크게 시베리아기단(늦겨울~초봄, 장기간 영향), 오오츠크해기단(초봄~초여름의 장마 이전, 봄가뭄), 북태평양기단(여름, 집중강우, 무더위), 적도기단(늦여름~초가을, 태풍) 등이다. 계절적 특성을 포함하는 한반도의 온대식생은 일본, 중부 유럽, 미국 동북지역의 온대식생과 명백히 다른 식생구조 및 종조성을 갖는다(Kim 1992, Ahn and Kim 2005, Kim and Lee 2006).

봄가뭄과 식물 생장 | 겨울철 강설과 봄철 강우가 부족하면 식물이 생육을 시작하는 봄철에 토양에서 물의 이용이 제한되기 때문에 식물은 생육에 큰 영향을 받는다. 특히 봄가뭄은 농작물에 심각한 피해를 발생시킨다. 우리나라는 식물 생장초기인 3~6월에 연례적인 건조현상이 나타나는데 식물의 생장 및 유식물(幼植物) 정착에 저해를 초래하여 엉성한 숲(coarse stand)의 형성과 교란 후 식생 회복 속도를 느리게 한다(Lee and Lee 2003). 우리나라 참나무류 유식물의 수분스트레스에 대한 Kim(1990)의 연구에서 졸참나무와 떡갈나무는 급수 중단 이후 18일, 갈참나무와 신갈나무는 19일, 상수리나무는 20일 이후부터 수분퍼텐셜(water potential, 토양이나 식물체에 포함된 물의 이동에 사용 가능한 에너지의 양)이 급격히 감소한 반면에 굴참나무는 이들보다 늦은 24일 이후부터 급격하게 감소하였다(Lee and Lee 2003). 즉 굴참나무가 보다 건조에 강하다는 것을 의미한다. 이러한 특성에 의해 봄철 강수량이 많거나, 공중습도가 높거나, 강설량이 많은 지형성 강우가 뚜렷한 고해발 산지대(강원도 등의 산간지대, 고해발산지대 등)에서는 식물 생육초기인 봄철에 가뭄 스트레스가 적어 왕성하고 건강한 숲으로의 발달 잠재성이 높은 것이다.

기온 저하로 발생하는 서리는 식물의 생육가능기간을 결정하는 주요 기후적 요소이다.

서리와 농사 | 공기 중의 수증기가 지면이나 물체의 표면에 응결하여 생긴 물방울을 이슬(dew)이라 한다. 초가을~늦봄 기온이 어는점 아래(지표 온도 0℃ 이하)로 내려가서 공기 중의 수증기가 얼음결정으로 부착될 때를 서리(frost)라 한다(그림 2-2). 이슬은 식물에게 큰 영향이 없지만 서리는 식물 잎의 세포를 손상시키기 때문에 기상관측의 대상이 된다(Park 2008). 서리는 농경생활에 중요한 환경인자로 농작물(식물)의 생육가능기간을 결정한다. 흔히 봄철 마지막 서리일은 농사의 시작을, 가을이 깊어지면서 첫서리가 내리면 농사가 끝났음을 알리는 신호나 다름없다(Lee 2012). 서리(겨울)는 생육을 멈추는 겨울철 휴면(休眠, dormancy)과 생육을 시작하는 봄철 싹(휴면아) 발아(發芽, germination)의 식물 생존전략과 연관이 있기 때문에 우리나라에서 서리 발생 특성을 이해할 필요가 있다(Lee and Baek 2023).

그림 2-2. 서리(개망초, 여주시). 기온 하강에 따른 기상현상인 서리는 식물의 생육을 심각하게 저해한다.

우리나라의 무상기간 | 서리가 없는 기간을 무상기간(無霜期間, duration of frost-free period)이라 하는데 해양(수체, waterbody)의 높은 비열로 해안지역은 길고 내륙지역은 짧다. 무상기간은 양평, 춘천, 홍천 등의 영서 내륙지역과 인제, 대관령 등의 영동 인근 산간지역이 180일 이하를 나타낸다. 우리나라에서 해안지역은 200일 이상의 무상기간을 가지며 남해안은 230일 이상으로 일년의 ⅔ 이상이 서리가 발생하지 않는다(Kwon 2006). 한반도의 무상기간은 해안에서 내륙지역으로 남에서 북으로 갈수록 짧아지는 특성이 있다(Lee 2012).

식물의 휴면과 싹 발아, 그에 따른 생활형은 기후요인과 같은 서식환경 특성과 관련이 있다.

식물의 휴면과 발아, 기후변화 | 다년생 식물들의 생육과 관련된 휴면과 싹 발아는 제한된 환경요인(특히 기온)에서 식물의 중요한 생존전략이다(그림 2-3). 동물은 식물과 달리 동면(冬眠, 겨울잠, winter sleep)으로 이를 극복한다. 우리나라가 속한 냉온대 지역에서 식물들이 휴면에서 깨어나 발아하는 시기는 전년도와 정확히 일치하지는 않지만 유사한 온도환경이 형성되는 시기이다. 식물들은 정상적인 겨울철 휴면

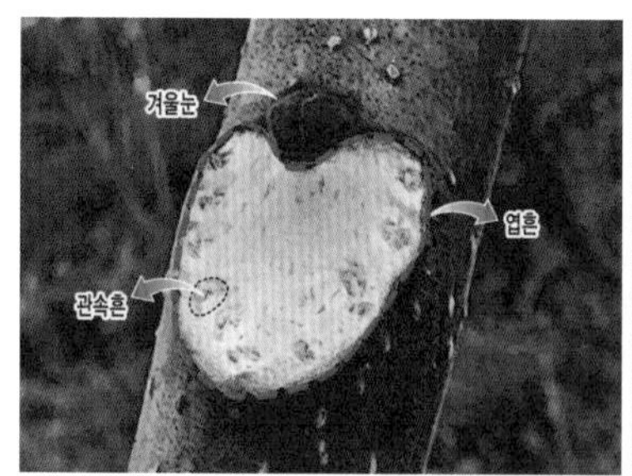

그림 2-3. 좌에서부터 엽흔과 겨울눈(좌: 가중나무 휴면, 여주시), 겨울눈과 개화(중: 생강나무, 문경시), 개화 및 개엽(우: 상수리나무, 여주시). 우리나라와 같은 냉온대 지역의 식물은 생육온도 이하로 기온이 내려가면 떨켜(이층 離層, 탈리층, abscissa layer)가 생성되어 잎과 줄기 사이 통로(관속)를 차단한다. 이 때문에 식물잎은 단풍이 들고, 차단의 흔적인 엽흔(葉痕)이 관찰된다. 겨울눈은 여름부터 형성되어 존재하고 이듬해 겨울눈에서 꽃 또는 잎이 발아한다.

외에도 환경이 맞지 않거나 식물체가 교란을 받는 등에 의해 연중 다른 시기에 휴면할 수 있다. 휴면은 식물종과 기후에 따라 다르게 나타난다. 종자, 포자 또는 기타 생식기관에서의 발아는 일반적으로 휴면기간 이후에 일어난다. 물의 흡수, 시간의 경과, 저온처리(chilling), 온난화(warming), 산소 가용성 및 빛 노출, 식물호르몬 등이 모두 발아과정의 시작에 관여할 수 있다. Fitter et al.(1995)은 36년(1954~1989)간 영국 243종의 피자식물과 나자식물의 첫 개화시기 연구에서 2월의 기온이 전반적으로 개화시기를 결정하는 중요한 요인으로 분석했다. 1~4월에 개화하는 식물종의 60%는 개화 1~2개월 전의 온도에 영향을 받고 여름(5월 이후) 개화 식물종은 이전 4개월까지의 온도가 중요하였다. Chmielewski et al.(2004)은 독일에서 2~4월 평균기온이 식물계절에 영향을 미치는 주요 지표로 보고했다. 또한 봄의 높은 기온은 1℃당 평균 4~5일씩 개화를 앞당겼고 그에 반해 봄과 여름에 개화하는 식물종은 전년 가을의 고온으로 개화가 지연되었다(Fitter et al. 1995, Chmielewski et al. 2004). 이와 같이 식물의 개화 및 개엽에 특히 겨울과 봄의 온도가 가장 민감한 요인이다(Lee and Ho 2003, Chmielewski et al. 2004). 기후변화로 식물들의 첫 개화일은 전지구적 수준에서 과거보다 빠르게 나타나지만 개체군 규모와 샘플링 빈도의 변화가 첫 개화일에 영향을 미칠 수 있다(Miller-Rushing and Primack 2008). 우리나라에서 기후변화에 대응하여 봄철 개화시기가 이른 수목일수록 그 변화는 더욱 뚜렷하다(Lee and Ho 2003). 온난화와 같은 기후변화는 식물의 개화 및 개엽 촉진, 생장기간 연장 등에 영향을 미친다. 식물의 휴면 형태, 발아, 개화는 종에 따라 상이하지만 기후변화에 대응한 식물 전반의 생육에 대한 시간적 변동, 생활형 특성 등 연구 주제가 다양할 수 있다.

휴면을 위한 엽흔과 겨울눈 | 우리나라와 같은 냉온대 지역의 식물은 생육온도(흔히 일평균기온 5℃) 이하로 기온이 내려가면 광합성을 멈추고, 엽록소가 파괴되고, 가지와 잎 사이의 통로인 관속조직(管束組織,

vascular tissue)을 차단한다. 이 때문에 늦가을 우리나라의 삼림에는 울긋불긋한 단풍(丹楓)이 들고 식물은 잎을 떨어트린 채 겨울을 보낸다. 수목에서 잎이 가지에서 떨어진 후 그 자리에 생긴 자국을 엽흔(葉痕, leaf scar)이라 하고 1~30개 정도의 관속흔(管束痕, bundle scar, leaf scar)을 관찰할 수 있다(그림 2-3 좌). 엽흔은 초본식물의 잎에서는 관찰할 수 없다. 식물은 열악한 환경인 겨울 또는 건조 등을 견디기 위한 전략으로 여름부터 눈(芽, 싹, bud)을 만드는데 흔히 겨울눈(동아 冬芽, winter bud, 휴면아 休眠芽)이라 한다(그림 2-3 좌·중). 겨울눈은 잎눈(葉芽), 꽃눈(花芽), 비늘잎눈(鱗芽), 털눈(毛芽), 섞임눈(混芽), 겨드랑이눈(액아 腋芽), 끝눈(정아 頂芽), 곁눈(측아 側芽) 등 목적에 따라 다양한 용어로 구분할 수 있다. 식물은 이듬해 봄에 겨울눈에서 잎(개엽 開葉) 또는 꽃(개화 開花) 등의 형태로 싹발아한다(그림 2-3 중·우).

생활형과 휴면아 | 생활형(生活形, life-form, life type, growth form)은 유전적 또는 환경적 특성에 대한 적응의 결과로 식물의 특징적인 구조와 형태 그리고 휴면양식을 의미한다(Kim 2013). 생활형 분류는 휴면아(休眠牙, dormant buds, sleeping buds)의 위치에 따라 분류한다. 수목들은 흔히 생육기 동안 눈을 형성하고 이듬해 봄에 맹아(萌芽, 눈 발아)하여 꽃 또는 잎이 된다. 여름에 형성된 눈은 일정기간 경과 또는 조건 형성 전까지 싹이 트지 않는다. 식물이 스트레스에 반응하여 휴면 상태에 들어갈 때 눈은 미래 성장을 위한 에너지 저장 위치인데 식물 성장의 스트레스는 흔히 가뭄과 저온(기온 하강)이다(Raunkiaer 1937). 휴면아는 이런 상태의 눈을 의미하는데 여름이 지나면서 단일(낮의 길이 짧아짐)과 저온에 따라 형성되고 흔히 겨울의 저온에 의해 휴면이 타파되어 이듬해 봄에 생장을 개시한다(Kang 2014). 이러한 생활형에 대한 개념은 식물이 지니고 있는 구조적인 특성이 그 생육장소의 기후를 반영하고 있다는 기능적 생각에서 생겨났다.

생활형 분류와 연구 | 식물에 대한 기능적 분류는 과거부터 다양한 형태로 시도되었다. 현재 식물 생활형은 덴마크 식물학자인 라운키에르(Raunkiaer 1904, 1937)에 의한 분류가 가장 널리 사용되는데 많은 학자들에 의해 부분적으로 수정되었다(그림 2-4). 그는 불리한 계절(추위 또는 건조 등)을 견디기 위한 식물의 진화적 적응에 기초하여 생명체를 인식했고 식물체에서 휴면아의 위치에 따라 생활형을 분류했다. 생활형에 대한 분류는 수명(일년생, 이년생, 다년생), 다육성, 식물 형태(초본, 덩굴, 관목 및 교목성 목본 등), 잎의 특성(활엽수 및 침엽수, 낙엽수 및 상록수 등) 등에 따라서도 다양하게 분류할 수 있다(그림 2-5). 또한 여러 연구들에서 식물을 지하기관형(radicoid form), 산포기관형(disseminule form), 생육형(growth form) 등으로 구분한 Numata(1970)의 분류 방법으로 소산식물의 특성을 이해하기도 한다. 식물 생활형은 생활사(life history) 특성을 비롯하여 기후(climate) 및 교란(disturbance)에 대한 식물의 반응과 연관이 있다(Lazarina et al. 2019). 이 때문에 생활형은 식물의 교배(交配, mating)와 관련된 생태학적 전략을 이해하기 위한 진화생태학 연구에서 널리 사용하기도 한다(Barrett and Harder 1996, Munoz et al. 2016).

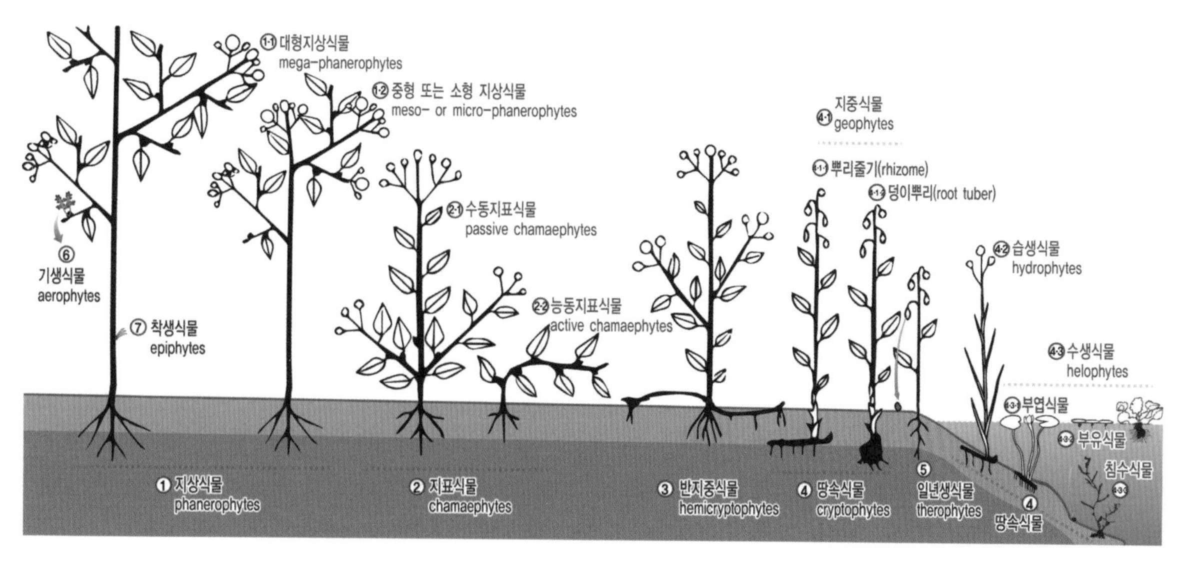

그림 2-4. 라운키에르의 식물 생활형 구분. 라운키에르는 식물기후적으로 다양한 생활형으로 식물을 분류하였다. 수생식물 중에서도 마름과 같은 수생 일년생식물이 있다. 그림에서 짙은 부분이 휴면아를 의미한다.

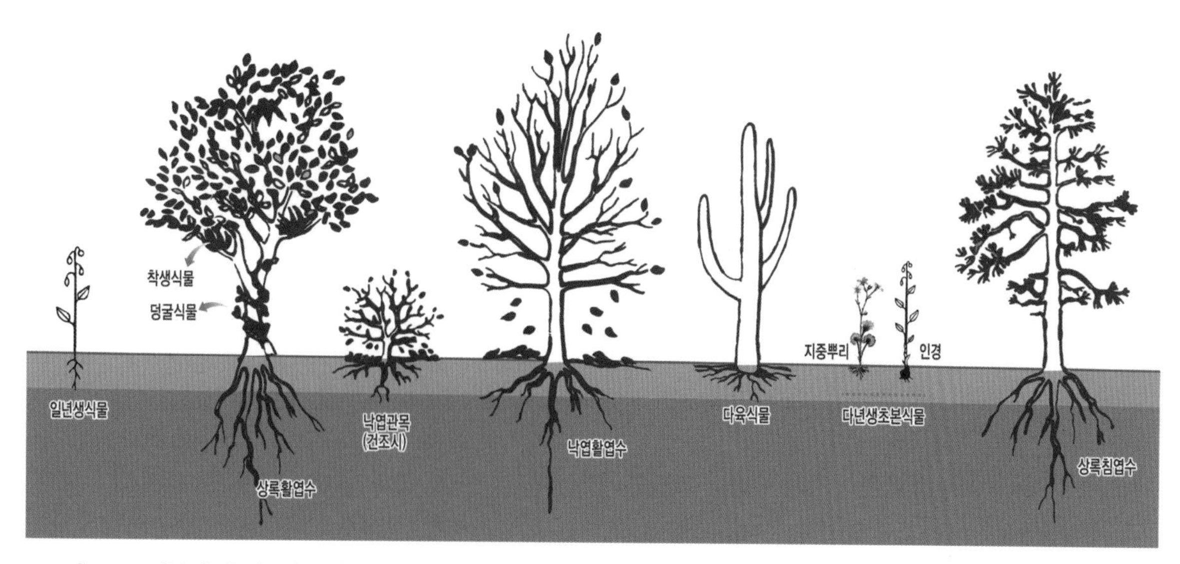

그림 2-5. 식물의 수명, 다육성, 식물 형태 및 잎의 특성에 따른 생활형 구분(Barbour et al. 1998 수정). 라운키에르의 생활형 분류 외에도 식물의 수명에 따라 일년생, 이년생 및 다년생으로, 식물 형태에 따라 초본, 착생, 덩굴 및 목본(관목, 교목 등)으로, 잎의 특성에 따라 상록수 및 낙엽수, 침엽수 및 활엽수와 같이 다양한 형태로 생활형을 구분할 수 있다.

생활형의 의미와 올바른 적용 | 라운키에르는 식물 생활형을 상이한 기후적 공간 수준에서 식물기후(植物氣候, phytoclimate)를 특징짓는데 이용하였다. 식물기후가 지상식물적이라든가 지표식물적이라든가 하는 것이다. 온대지방에서 반지중식물이 풍부하면 그 지방은 온대성 반지중식물기후가 될 것이고 한대지방에서 지표식물의 비율이 높으면 그 지방은 한대성 지표식물기후가 된다(Doopedia 2023). 지구적 수준에서 고위도 지방으로 갈수록 일년생식물이 줄어들고 지표식물의 비율이 증가하는 식물 생활형의 거시적 특성이 있다. 이와 같이 식물 생활형은 거시적 수준의 식물기후이기 때문에(Batalha and Martins 2004) 기후적으로 거시적 차이가 없는 우리나라 내에서의 단순한 생활형 구성비 해석은 큰 의미가 없다. 하지만 근래에는 환경적 요인과 식물군집 관계를 설명하는 수단으로 이용하기도 한다(Kim et al. 1997). 식물 생활형은 거시적으로 수직(해발고도) 또는 수평(위도)적인 기후 및 환경구배 등에 따른 식물의 분포 특성을 이해하는데 효과적이다(Khan et al. 2013). 제주도 한라산의 해발고도에 따른 기후대별 식물 생활형 분포 특성 이해와 같이 상이한 기후대(또는 환경구배, 환경 특성) 지역의 식물상 비교에 유리하다. 그럼 국지적인 규모 수준의 개발인 환경영향평가에서의 생활형 분석은 어떤 의미가 있는가?

환경영향평가에서 식물 생활형 분석 | 국내 환경영향평가 수준의 연구에서 생활형 분석으로 식물의 서식처 특성을 이해하는데는 한계가 있다. 질적 분석인 식물상 연구에서는 더욱 그렇다. 생태계 유형별(상이한 환경 특성) 식물 생활형 비교·분석은 의미가 있을 수 있지만 개발로 인한 영향예측 및 저감방안 마련이 목표인 환경영향평가에서는 그 의미가 미미하다. 환경영향평가에서는 식물의 생활형을 생태계 유형별로 분석하지 않고 전체 관속식물상에 대한 구성비 분석만을 수행하기 때문이다. 동일 생태계 유형의 생활형 구성비에서 지상식물의 구성비가 높다는 것은 목본식물의 구성비가 높아 숲을 이룬다는 것이고 일년생식물의 구성비가 높다는 것은 서식환경이 교란되어 있음을 의미하는 수준이다. 예로 하천에서 일년생식물의 높은 구성비는 범람과 같은 지속적인 서식처 교란이 원인이다(Lee 2005). 일반적 식물상 분석에서 특정 생활형의 많고 적음이 서식환경에 대한 양적인 평가를 의미하지는 않는다. 따라서 환경영향평가에서 생활형에 대한 분석은 조사지역의 식물 구성에 대한 단순한 이해와 더불어 개발 이후 이용지역(교란 환경)에서 일년생식물의 증가를 예상할 수 있는 수준으로 이해해야 한다.

생활형의 보편적 분류 | 학자에 따라 식물의 생활형을 더욱 세분화하거나 일부 다른 형태로 분류하기도 한다. 일반적으로 지상식물, 지표식물, 반지중식물, 땅속식물, 일년생식물, 착생식물의 6가지 또는 기생식물을 포함하여 7가지로 분류한다(Wikipedia 2024 수정)(그림 2-4).

(1) 지상식물(地上植物, phanerophytes; M 또는 N)

(1-1) 대형지상식물(大形地上植物, mega-phanerophytes) (1-2) 중형지상식물(中形地上植物, meso-phanerophytes)

(1-3) 소형지상식물(小形地上植物, micro-phanerophytes) (1-4) 왜형지상식물(矮形地上植物, nano-phanerophytes)

(2) 지표식물(地表植物, chamaephytes; Ch)

(2-1) 수동지표식물(passsive chamaephytes)

(2-2) 능동지표식물(acive chamaephytes)

(3) 반지중식물(半地中植物, hemicryptophytes; H)

(4) 땅속식물(지하식물, 地下植物, cryptophytes; G 또는 HH)

(4-1) 지중식물(地中植物, geophytes)

(4-2) 습생식물(濕生植物, hydrophytes)

(4-3) 수생식물(水生植物, helophytes)

(5) 일년생식물(一年生植物, therophytes; Th)

(5-1) 하계 일년생식물(summer therophytes)

(5-2) 동계 일년생식물(winter therophytes)

(5-3) 수생 일년생식물(aquatic therophytes)

(6) 착생식물(着生植物, epiphytes; E)

(7) 기생식물(寄生植物, aerophytes)

착생식물과 기생식물은 비슷하지만 공기와 강우로만 살아가는 기생식물의 뿌리체계가 축소되어 있는 것이 다르다(Smith and Downs 1977). 일년생식물은 하계 일년생식물(냉이, 개불알풀 등), 동계 일년생식물(달맞이꽃, 망초류 등), 수생 일년생식물(마름, 가시연 등)로 구분할 수 있다. 수생식물과 습생식물을 포함한 습지식물에 대해서는 별도 개념의 생활형으로 이해하는 것이 좋다(Lee and Baek 2023).

하천 습지에서 습지식물의 생활형 및 서식처 구분은 수분구배와 깊은 관련이 있다.

습지식물의 유형 및 생활형 분류 | 통용되는 습지식물의 분류는 가장 단순하게 구분한 것으로 평가되는 Sculthorpe(1967)의 방법을 따른다(Cronk and Fennessy 2001)(그림 2-6, 2-7). 각각의 특성에 따라 습지식물을 추수식물(抽水植物, emergent plant), 침수식물(沈水植物, submerged plant), 부엽식물(浮葉植物, floating-leaved plant), 부유식물(浮游植物, floating plant)로 구분한 것이다. 다른 분류는 전술의 땅속식물 생활형 구분에서와 같이 습지식물(수계식물)을 습생식물과 수생식물로 구분하는 것이다. 습생식물을 추수식물이라고도 하는데 키가 작은 일이년생추수식물(고마리, 여뀌 등)과 키가 큰 다년생추수식

그림 2-6. 수생식물의 공간분포(함안군)(Lee and Baek 2023). 수생식물을 공간적으로 여러 생활형으로 구분할 수 있다. 흔히 수심이 깊은 곳에서부터 부유식물 또는 침수식물-부엽식물-추수식물-관목식물-교목식물로 이어진다.

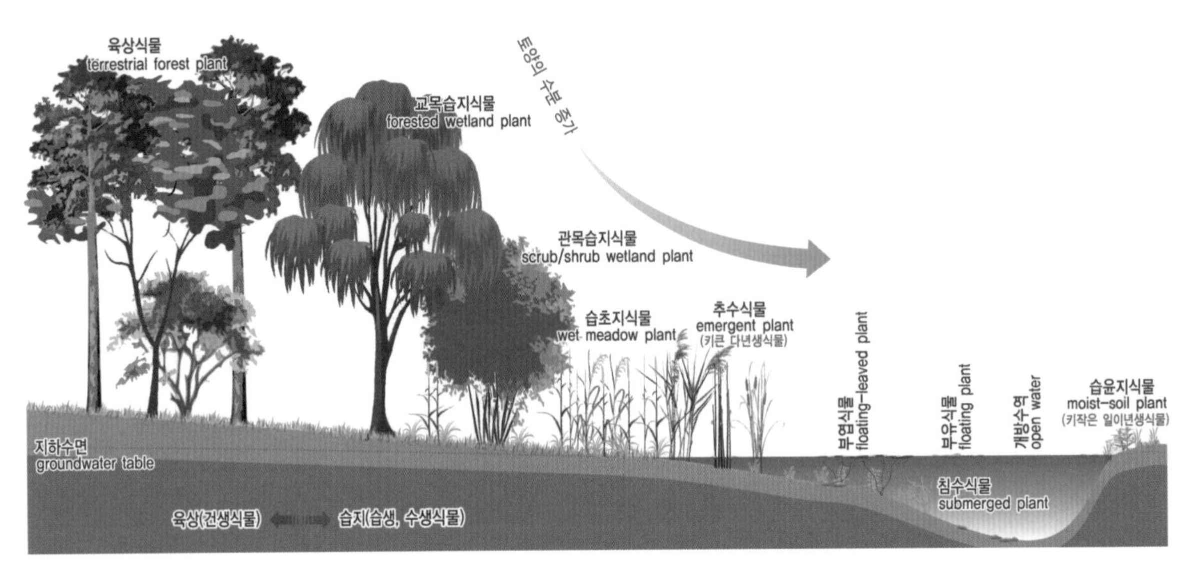

그림 2-7. 습지식물의 생활형 구분(Lee and Baek 2023). 토양에 수분이 증가(수위변동에 따른 영향 증가)할수록 수생식물-추수식물-습초지식물-관목습지식물-교목습지식물-육상식물로 이어지는 습지식물의 공간분포가 관찰된다.

물(갈대, 줄 등)로 구분할 수 있다. 일시적으로 물이 증감하는 습윤지(약한 강우에도 침수되는 습윤한 토양 공간)에 사는 키가 작은 일이년생추수식물을 습윤지식물(moist-soil plant)이라고도 한다(Lee and Baek 2023). 부엽식물, 부유식물, 침수식물로 구분되는 수생식물은 물속을 서식처로 한다. 수분구배(水分勾配, moisture gradient)에 따른 습지식생은 수생식물대, 습생식물대, 물에 포화되어 있지 않은 지역(둔치, 범람원, 고지 高地 등)의 습초지대(wet meadow)와 관목림대, 교목림대로 연속 분포한다(그림 2-7).

수분구배에 따른 관속식물의 출현빈도 구분 | 습지식물을 서식처 토양의 수분구배에 따라 크게 3가지 또는 5가지 유형으로 구분한다(Reed 1988, Tiner 1991, Lichvar et al. 2012, Kang et al. 2016, Choung et al. 2012, 2020, 2021). Choung et al.(2012, 2020, 2021)은 미국의 습지식물 목록의 분류를 참조하여(Lee and Baek 2023) 우리나라에 서식하는 관속식물(4,145종, 729종이 습지식물)을 5가지로 구분하였다. 이들은 습지에서의 출현빈도에 따라 절대습지식물(OBligate Wetland plant, OBW), 임의습지식물(FACultative Wetland plant, FACW), 양생식물(FACultative plant, FAC), 임의육상식물(FACultative Upland plant, FACU), 절대육상식물(OBligate Upland plant, OBU)로 구분하였다(표 2-1)(그림 2-8). 산지에 서식하는 식물들은 대부분 건생, 약건생의 육상식물로 구분되고 하천 습지에 서식하는 많은 식물들은 수생 또는 습생의 습지식물로 구분된다.

표 2-1. 습지생태계에서 출현빈도에 따른 우리나라 전체 관속식물의 유형 분류

습지출현빈도 구분	약어	주요 내용(Choung et al. 2020, 2021 발췌)	서식처 수분조건	식물종 사례
절대습지식물 (OBligate Wetland plant)	OBW	자연습지에서는 거의 항상 습지에서만 출현하는 식물(습지출현빈도 >98% 추정)	수생	말즘, 마름, 갈대, 애기부들, 달뿌리풀 등
임의습지식물 (FACultative Wetland plant)	FACW	대부분 습지에서 출현하나 낮은 빈도로 육상에서도 출현하는 식물(습지출현빈도 71~98% 추정)	습생	버드나무, 갯버들, 단양쑥부쟁이, 물억새, 층층고랭이 등
양생식물 (FACultative plant)	FAC	습지나 육상에서 비슷한 빈도로 출현하는 식물(습지출현빈도 31~70% 추정)	중생	신나무, 벌개미취, 자운영, 소리쟁이 등
임의육상식물 (FACultative Upland plant)	FACU	대부분 육상에서 출현하나 습지에서도 낮은 빈도로 출현하는 식물(습지출현빈도 3~30% 추정)	약건생	물푸레나무, 들메나무, 이질풀, 씀바귀, 조팝나무, 고추나무 등
절대육상식물 (OBligate Upland plant)	OBU	자연상태에서는 거의 항상 육상에서만 출현하고 습지에서는 거의 출현하지 않는 식물(습지출현빈도 <3% 추정)	건생	신갈나무, 졸참나무, 생강나무, 작살나무, 진달래, 참취 등

그림 2-8. 습지생태계 출현빈도별 관속식물의 서식공간 유형별 사례. 왼쪽에서부터 절대육상식물이 우세한 산지의 신갈나무림(합천군, 황매산), 임의육상식물이 우세한 암석붕적지의 계반림(양양군, 설악산), 절대습지식물 및 임의습지식물이 우세한 물정체습지(경산시, 오통내지)이다.

2. 한반도 생태계별 식물사회 특성

▌한반도의 식물지리와 식물구계 등의 종분포 특성을 이해하는 것은 중요하다.

한반도의 식물지리 | 한반도 내에서 강수량은 공간적 위치, 지형적 요인 등에 따라 지역별 차이가 있다. 기온은 저위도와 고위도 지역, 저해발과 고해발 지역 간에 차이가 있다. 한반도의 생물군계(기온과 강수량에 의한 대구분)는 온대림 지역에 해당되고 기온에 따라 남쪽에서부터 난온대림, 냉온대 남부림, 냉온대 중부림, 냉온대 북부림으로 재분류된다(Kim 1993). 보다 북쪽 또는 고해발 지역에는 아고산 식생이 분포한다. 식물종의 지리적 분포는 기후, 지형 등 여러 환경요인과 분산 및 적응 능력 등에 지배를 받는다. 식물지리학에서는 지역별로 식물상의 고유성이 유사하면 같은 식물지리학적 범주로 구분하는데 이를 식물구계(植物區系, 식물상지역, floral region, floristics region)라고 한다. 한반도의 식물구계는 한반도 전체를 '한국-일본 남부 식물구계'로 구분하거나(Good 1947) 백두산을 포함한 지역을 제외한 나머지 지역만을 '한국-일본 식물구계'로 대구분한다(Takhtajan 1986). 흔히 한반도의 식물구계는 북한 지역의 3개(관서, 갑산, 관북) 아구를 포함하여 8개(제주도, 울릉도, 남해안, 남부, 중부, 관서, 갑산, 관북) 아구로 구분한다(Lee and Yim 2002)(그림 2-9). 식물구계에 대한 구체적인 이해는 식물지리와 관련된 별도의 자료를 참조한다.

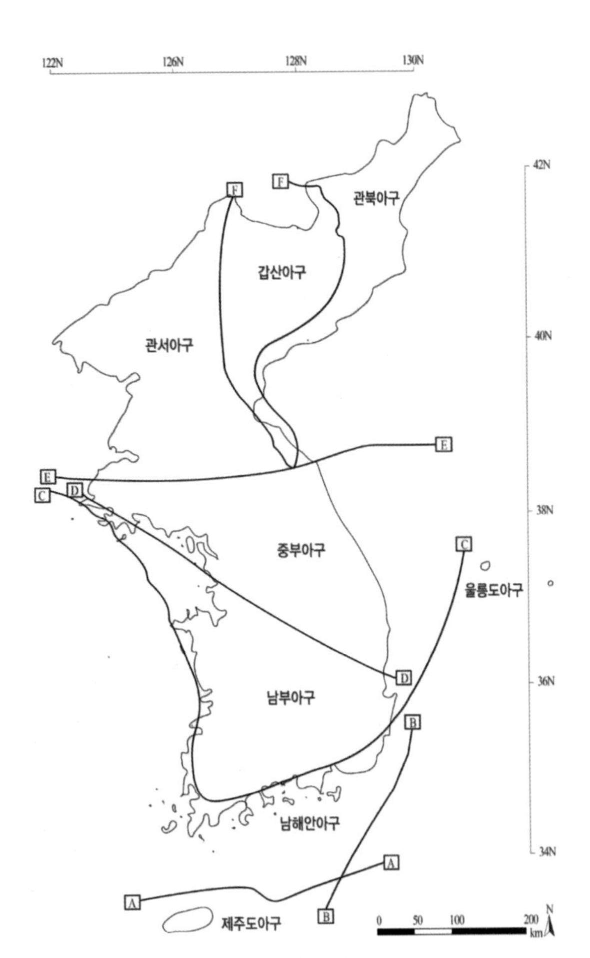

그림 2-9. 한반도 식물구계 구분(자료: Lee and Yim 2002). 8개 아구로 구분하고 우리나라에는 5개가 있다.

식물구계별 식물상 이해 | 한반도에는 4,338분류군의 식물이 생육하고 있으며 우리나라 5개 아구에 약 3,300 분류군이 자생하고 있다. 01중부아구에는 왜솜다리, 황철나무, 등대시호, 날개하늘나리 등 1,000여 분류군이 생육하고 02남부아구에는 노각나무, 히어리, 매미꽃 등 1,300여 분류군이 생육한다. 03남해안아구는 가시나

무류, 새우나무, 돈나무, 붓순나무, 녹나무, 참식나무, 실거리나무, 팔손이 등이 서식한다. [04]제주도아구에는 남방계 식물인 녹나무, 담팔수, 소귀나무 등 2,000여 분류군이 생육하며 [05]울릉도아구에는 큰연령초, 큰두루미꽃, 왕호장근 등 700여 분류군이 생육한다. 북부 지역의 관북, 갑산, 관서아구에는 가문비나무, 배암나무, 왕죽대아재비, 시베리아쑥, 산석송 등 약 3,000여 분류군이 자생한다(NGII 2020). 북한 지역의 3개 아구를 제외하고 구계 분석을 근거로 환경부에서는 '식물구계학적 특정식물'이라는 개념으로 자생식물을 5개 등급으로 구분한다(표 4-6 참조). 현재 환경부의 각종 자연환경조사와 환경영향평가에서 식물구계학적 특정식물에 대해 분석하는데 세부적인 내용은 후술(제4장)을 참조한다.

온량지수의 이해 | 식물의 구계 구분은 온량지수(溫量指數, Warmth Index, WI) 개념과 관련이 있다. 온량지수는 식물 생장에 요구되는 최저기온을 5℃로 보고 월평균기온 5℃ 이상인 월의 평균기온에서 5℃를 뺀 기온의 총계이다. 세계의 온량지수는 0~300℃의 분포를 가지며 이 개념은 식물의 지리적 분포를 잘 반영한다. 온량지수와 상반되는 개념은 한랭지수(寒冷指數, Coldness Index, CI)인데 추위지수라고도 한다. 한반도에서 온량

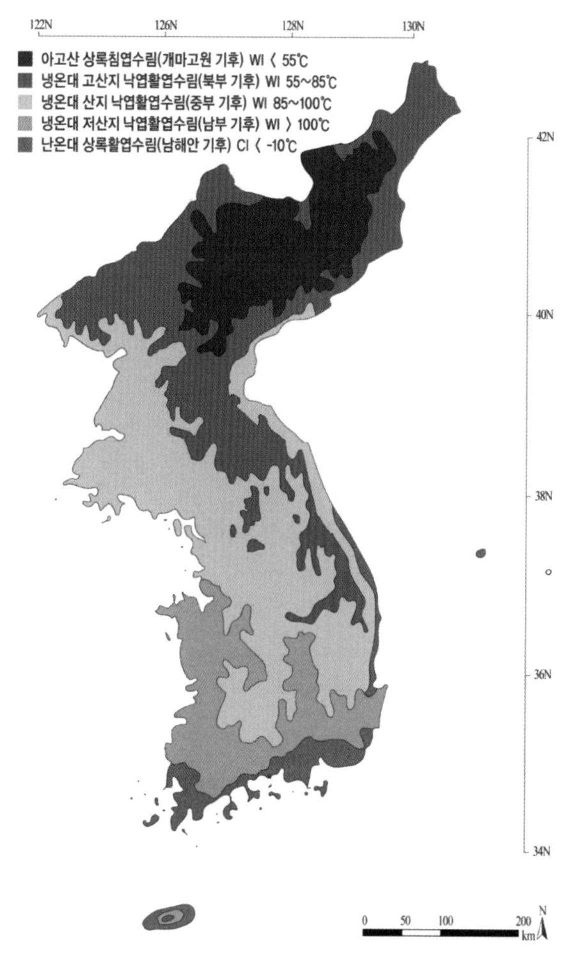

그림 2-10. 한반도의 온량지수 구분(자료: Yim and Kira 1975 수정). 크게 5개로 대구분한다. WI는 온량지수, CI는 한랭지수를 의미한다.

표 2-2. 한반도 온량지수 및 한랭지수와 삼림식생 분포 및 기후구의 관계(WI는 온량지수, CI는 한랭지수)

온량(한랭)지수	한반도 삼림대 상관식생	식물사회(Kim 1992, 2013)	기후구
WI < 55℃	아고산 상록침엽수림	가문비나무-분비나무군단	개마고원기후구
WI 55~85℃	냉온대 북부/고산지 낙엽활엽수림	신갈나무-잣나무군단	북부기후구
WI 85~100℃	냉온대 중부/산지 낙엽활엽수림	신갈나무-생강나무아군단	중부기후구
WI >100℃	냉온대 남부/저산지 낙엽활엽수림	졸참나무-작살나무아군단	남부기후구
CI < -10℃	난온대 상록활엽수림	동백나무군강	남해안기후구

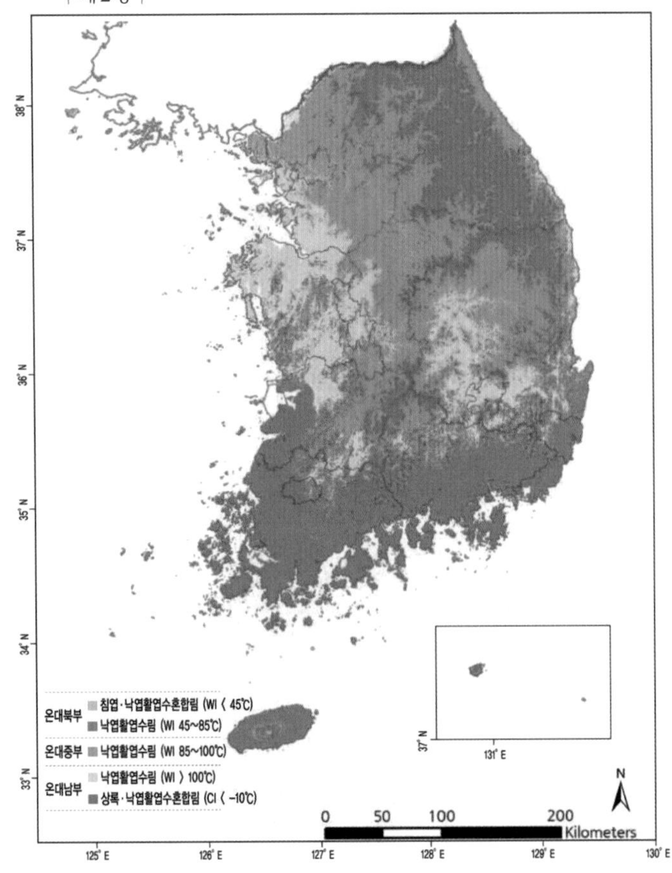

그림 2-11. 우리나라 식생기후 분포(1980~2010년 기후자료 이용)(Cho et al. 2020). Kira(1991)의 구분을 이용했다.

지수(WI)가 각각 55℃, 55~85℃, 85~100℃, >100℃ 및 한랭지수(CI)가 <-10℃의 등치선(等値線, isogram, 같은 값을 갖는 점을 이은 선)을 그려 보면 WI<55℃는 아한대림대, WI 55~85℃는 온대북부림대, WI 85~100℃는 온대중부림대, WI>100℃는 온대남부림대 그리고 CI <-10℃는 난대림대와 대체로 일치한다(Yim and Kira 1975)(표 2-2)(그림 2-10). Kira(1991)는 아한대와 온대의 구분을 55에서 45를 기준으로 제시했다. Cho et al.(2020b)은 이를 토대로 온대북부 식생기후대의 침엽·낙엽활엽수혼합림은 분비나무, 구상나무, 가문비나무, 신갈나무, 잣나무 등을, 낙엽활엽수림은 신갈나무, 서어나무, 피나무, 쪽동백나무, 당단풍, 청시닥나무 등을, 온대중부 식생기후대의 낙엽활엽수림은 졸참나무, 신갈나무, 벚나무류, 물푸레나무, 서어나무, 함박꽃나무 등을, 온대남부 식생기후대의 낙엽활엽수림은 졸참나무, 물푸레나무, 서

표 2-3. 식생기후 지역의 특성 및 주요 교목수종(WI는 온량지수, CI는 한랭지수)(Cho et al. 2020)

식생기후	기후요인의 범위 및 식생 경관		주요 교목수종
온대북부 식생기후	WI < 45℃	침엽·낙엽활엽수 혼합림	분비나무, 구상나무, 가문비나무, 잣나무, 사스래나무, 신갈나무, 벚나무류, 부게꽃나무, 산겨릅나무
	WI 45~85℃	낙엽활엽수림	신갈나무, 벚나무류, 서어나무, 피나무, 물푸레나무, 함박꽃나무, 쪽동백나무, 당단풍, 청시닥나무, 구상나무, 분비나무, 잣나무, 전나무, 소나무, 너도밤나무, 울릉솔송나무, 섬잣나무
온대중부 식생기후	WI 85~100℃		졸참나무, 신갈나무, 벚나무류, 물푸레나무, 서어나무, 함박꽃나무, 당단풍, 소나무, 곰솔, 전나무, 때죽나무
온대남부 식생기후	WI >100℃		졸참나무, 벚나무류, 물푸레나무, 서어나무, 개서어나무, 단풍나무, 대팻집나무, 때죽나무, 소나무, 곰솔, 굴거리나무, 동백나무
	CI < -10℃	상록·낙엽활엽수 혼합림	구실잣밤나무, 종가시나무, 붉가시나무, 굴거리나무, 사스레피나무, 동백나무, 졸참나무, 벚나무류, 개서어나무, 때죽나무

주) Kira(1991)는 아한대와 온대의 구분을 Yim and Kira(1975)를 수정해 55에서 45를 기준으로 수정함

어나무, 개서어나무, 단풍나무, 대팻집나무 등을, 상록·낙엽활엽수혼합림은 구실잣밤나무, 종가시나무, 붉가시나무, 사스레피나무, 동백나무 등을 주요 교목수종으로 제시했다(표 2-3)(그림 2-11). 기후변화에 따라 이 지수값들도 변하는데 관측된 기상자료(1974~2013년)를 토대로 우리나라의 온량지수는 대체로 56.84~144.49℃에 이르며 한랭지수는 -43.94℃에서 0℃ 범위에 있다. 평균 온량지수는 104.22℃, 한랭지수의 전체 평균값은 -14.42℃이다(Kim et al. 2015).

우리나라 생물기후구계의 이해 | 우리나라의 생물기후구계(bioclimatic division)는 해안생물기후구, 내륙생물기후구, 지역생물기후구로 대분류된다(Kim 2004, Kim and Lee 2006)(표 2-4)(그림 2-12). 해양성 기후는 크게 동해안, 서해안, 남해안으로 구분되고 중부와 남부로 하위 구분된다. 내륙성 기후는 중부, 중남부, 남부로 구분된다. 각 기후구는 하위에 여러 생물기후형을 포함하고 있다. 해안생물기후구는 해양성 기후(연중 온난다습, 해양과 해류의 영향)에 영향을 받는 해안에 인접한 지역이고 내륙생물기후구는 대륙성 기후(겨울 한랭건조, 여름 고온다습)에 영향을 받는 내륙지역이다. 동절기 혹한의 편서풍과 서해 쿠로시오 난류의 복합적 영향을 받는 서해안 지역은 울릉도형 해양성 기후 지역(섬형)에 대응되는 대륙적 해양성 기후 지역으로 이해할 수 있다(Kim 2004). 지역생물기후구는 특정 자연환경 조건에 강하게 영향을 받는 기후적 특성 지역이다. 지역생물기후구는 제주도형, 울릉도형, 대구형, 대관령형, 서울형으로 구분된다.

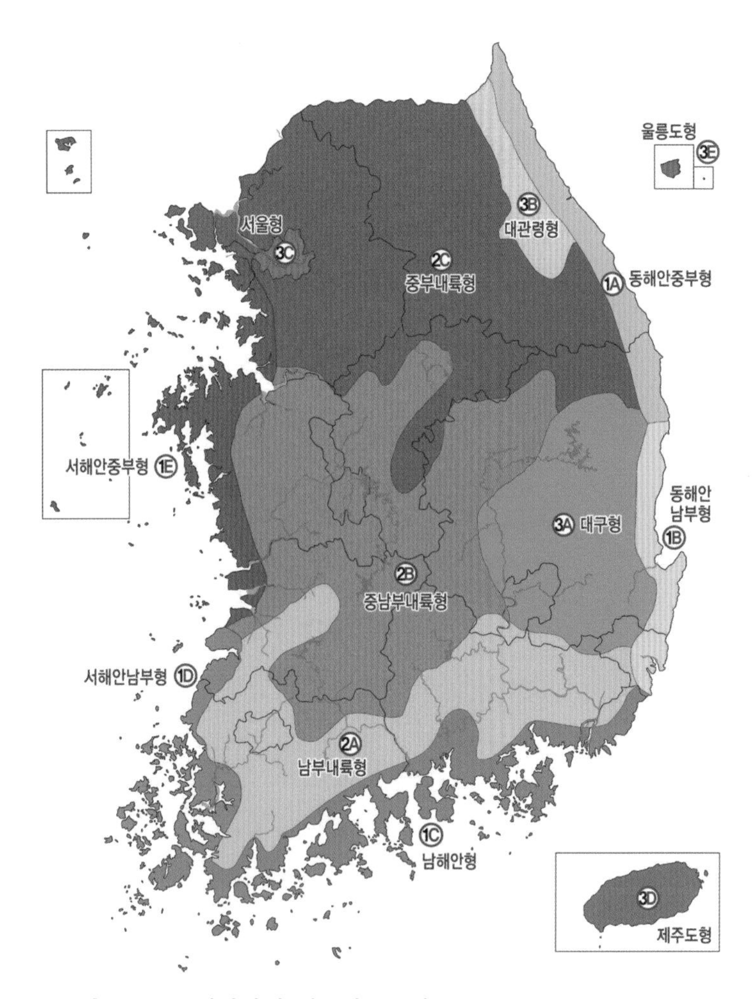

그림 2-12. 우리나라의 생물기후구계 구분도(Kim 2004 일부 수정)(표 2-4 참조). 생물기후구계는 해안생물기후구①, 내륙생물기후구②, 지역생물기후구③로 대분류되고 하위에 여러 생물기후형(Ⓐ~Ⓔ)이 존재한다.

표 2-4. 우리나라의 생물기후구계 특성(Kim 2004, Kim and Lee 2006 일부 수정)(그림 2-12 참조)

생물기후구계 구분			지리적 범위	생물기후 특성	식생지리 및 주요 잠재자연식생
해안생물기후구 ①	해양성 기후 및 염해 영향권	동해안 중부형 Ⓐ	태백산맥 동부, 울진군 후포면 이북	베링해 한류 영향권	북부 해안요소 및 하록활엽수림 지역, 서해안중부형에 대응
		동해안 남부형 Ⓑ	낙동정맥 동부, 영덕군 병곡면 이남~울주군 서생면 이북	쿠로시오 난류 영향권	남부 해안요소 및 상록활엽수림 지역과 하록활엽수림 지역의 이행대, 서해안남부형에 대응
		남해안형 Ⓒ	남해안 도서지역, 기장군 장안읍 이서~해남군 화산면 이동	무상기후	남부 해안요소 및 상록활엽수림 지역
		서해안 남부형 Ⓓ	고창군 부안면 이북~해남군 황산면 이남	쿠로시오 난류 영향, 한랭 시베리아기단 영향	남부 해안요소 및 상록활엽수림 지역과 하록활엽수림 지역의 이행대, 동해안남부형에 대응, 한반도 내 다우다설 영향지역
		서해안 중부형 Ⓔ	부안군 진서면 이북~인천 서구 이남	한랭 시베리아기단 영향, 쿠로시오 난류 약영향	북부 해안요소 및 하록활엽수림 지역, 동해안중부형에 대응
내륙생물기후구 ②	대륙성 기후	남부 내륙형 Ⓐ	전남 및 경남 일원	온난형	남부 내륙의 상록활엽수림 지역과 냉온대 남부·저산지형의 하록활엽수림 지역과의 이행대, 이차림은 냉온대 남부·저산지형의 하록활엽수림
		중남부 내륙형 Ⓑ	충청도 일원 및 소백산맥	온난-한랭형	중남부 내륙의 냉온대 남부·저산지형 및 중부·산지형의 낙엽활엽수림 혼재
		중부 내륙형 Ⓒ	강원도, 경기도 일원	한랭형	중부 내륙의 냉온대 중부·산지형의 낙엽활엽수림 우세, 북부·고산지형의 식생 혼재
지역생물기후구 ③	대륙성 기후	대구형 Ⓐ	영남 중북부 지역	영남소우지역(소백산맥 강우그늘 효과)	건생식생 발달, 소나무림
		대관령형 Ⓑ	태백산맥 고원지역	산악 고랭지대 및 운무대	산지습윤식생 발달, 물푸레나무-산마늘군락, 한반도 식생형 가운데 울릉도형과 대응되는 군락 구조
		서울형 Ⓒ	대도시 지역	대도시 고온건조 및 대기오염	도시형 식생 발달, 터주식생
	해양성 기후	제주도형 Ⓓ	남해 섬형	울릉도보다 대륙성이 강함	섬형(이행형)의 제주도아형, 물참나무-제주조릿대군집
		울릉도형 Ⓔ	동해 섬형	다우다설의 습윤 온대	섬형(이행형)의 울릉도아형, 너도밤나무-섬노루귀군집 및 섬잣나무-솔송나무군집

한반도의 지리적 기후 특성 및 거시적 생태공간별 식물사회를 이해해야 한다.

녹지의 유형 | 지표에 존재하는 모든 녹지(식생)에 대한 거시분류적 이해는 필요하다. 현존식생(現存植生, actual vegetation)은 인간간섭 또는 자연교란의 영향에 따라 [01]자연식생(自然植生, natural vegetation), [02]이차식생(二次植生, secondary vegetation), [03]대상식생(代償植生, substitute vegetation)으로 흔히 구분한다(Kim 2004). 자연식생을 일차식생(一次植生, primary vegetation)이라고도 하는데 인간간섭이 배제된 잘 보전된 온전한 구조와 기능을 갖는 식생을 의미한다. 잘 보전된 국립공원의 삼림, 자연초원, 염습지 등이 여기에 해당된다. 흔히 야생에서 저절로 잘 살아간다는 의미인 자연림(또는 자연식생)과는 구별되는 개념이다. 이차식생은 생리적 스트레스 또는 물리적 파괴에 의해 교란된 식생이 천이를 통해 회복해 가는 식생을 의미한다. 이차림, 이차초원 등이 여기에 해당되는데 선구식물, 호광성 식물, 게릴라 및 인해전술 식물, r-선택 식물(MacArther and Wilson 1967)이 혼생하는 것이 특징이다(Kim 2004). 대상식생은 논, 밭, 과수원, 조림지, 숲정이와 같이 인간의 경제적 활동에 의해 지속되고 있는 식생으로 농촌 경관의 주요 요소이다. 자연식생, 이차식생, 대상식생은 인간간섭과 자연교란이 배제되거나 새롭게 발생 또는 가중되면 그에 맞는 진행천이(進行遷移, progressive succession) 또는 퇴행천이(退行遷移, retrogressive succession)가 일어난다.

한반도 생태계별 식물사회 이해의 중요성 | 한반도 지표를 덮고 있는 식물사회를 이해하면 환경영향평가 또는 각종 식생연구에서 어떤 식물을 중점적으로 관찰하고 어떤 상관이 자연적으로 형성되는지를 잘 알 수 있다. 생태계(냉온대 및 난온대 삼림, 하천, 해안 등) 유형들에서 식생분류체계 상에 기록되는 주요 진단종(診斷種, diagnostic species)들은 우점종(優位種, dominant species) 또는 표징종(標徵種, character species), 고빈도 출현종으로 인식할 수 있다. 이 종들에 대해서는 분류학적·식물지리학적·생태학적 특성을 잘 이해하는 것이 필요하다. 이는 조사지역의 식생 현황 파악 및 현존식생도 제작, 보전생태학적 가치 평가와 중요하게 연결되어 있다. 만일 냉온대 중부지역인 강원도(평창군, 횡성군, 영월군 등)에서 난온대성 식물종인 후박나무, 동백나무가 자생한다는 것은 분류학적 오류 또는 인가 주변에 식재한 개체일 것이다. 냉온대 삼림지역에는 신갈나무, 졸참나무, 당단풍, 쪽동백나무, 생강나무, 작살나무, 철쭉꽃, 진달래, 태백제비꽃, 노랑제비꽃, 단풍취, 맑은대쑥, 대사초, 참취, 애기나리 등이, 하천 습지에는 버드나무류, 달뿌리풀, 물억새, 갈풀, 갈대, 줄, 애기부들, 말즘 등이, 난온대 삼림지역에는 동백나무, 후박나무, 마삭줄, 가시나무, 종가시나무, 구실잣밤나무, 광나무, 자금우, 사스레피나무 등이, 해안 사구지역에는 곰솔, 순비기나무, 좀보리사초, 통보리사초, 갯그령, 갯방풍 등이 분포하고 있음을 선제적으로 인식해야 하는 것이다. 여기에는 환경영향평가에서 자주 언급되고 문제 제기될 수 있는 고산~아고산대 상록침엽수림, 냉온대 낙엽활엽수림, 난온대 상록활엽수림, 하천 습지식생, 해안염습지 및 사구식생, 임연식생 등에 대해 간략히 소개한다. 보다 세부적인 내용은 별도의 자료를 참조하도록 한다.

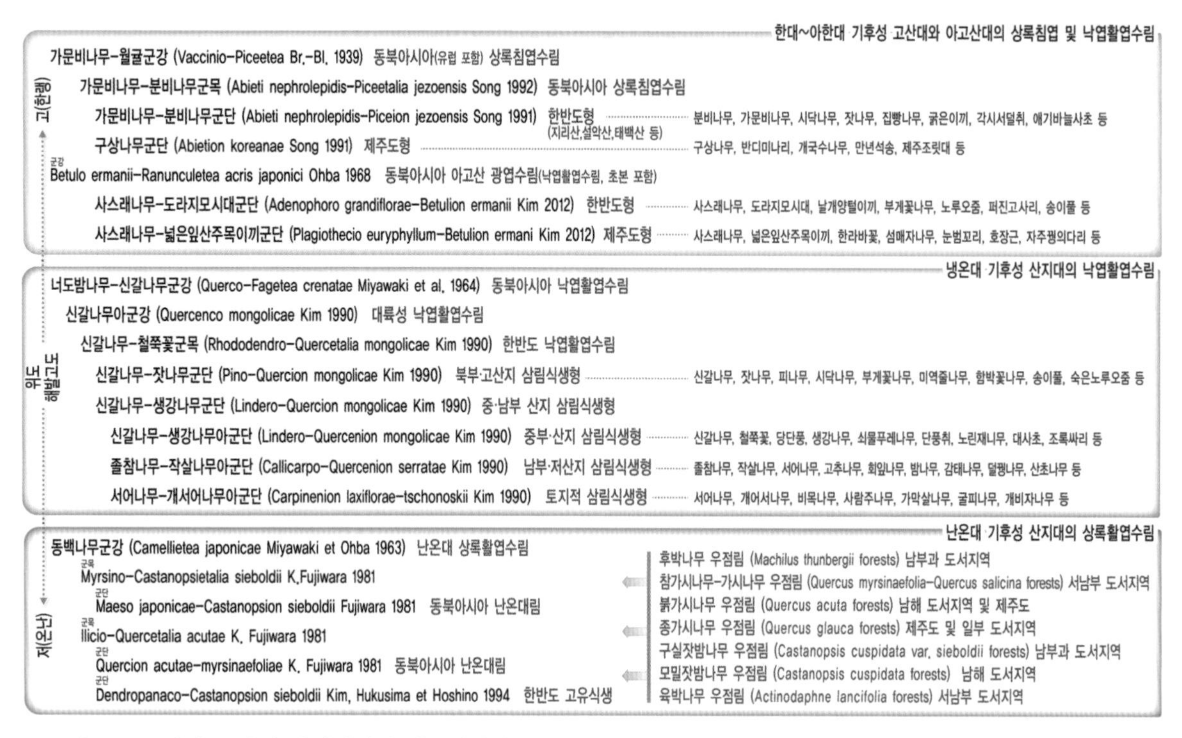

그림 2-13. 한반도 산지 삼림식생의 식물사회학적 식생분류체계. 한대~아한대 기후성 고산대와 아고산대의 상록침엽 및 낙엽활엽수림은 Kim(2012), 냉온대 기후성 산지대의 낙엽활엽수림은 Kim(1992), 난온대 기후성 산지대의 낙엽활엽수림은 Choi(2013)를 참조하였다. 난온대 낙엽활엽수림의 단위식생(군집, 군락)들은 특정 군단으로 구분하지 않고 상관형의 우점림 형태로 표현하였다. 제시된 식물종 목록은 진단종을 의미한다.

한반도 산지대의 삼림식생 | 한반도의 기후는 기온이 낮은 북쪽(고위도, 고해발)에서 기온이 높은 남쪽(저위도, 저해발)으로 아한대(亞寒帶, subpolar)성 기후에서 냉온대(冷溫帶, cool-temperate zone)성 기후, 난온대(暖溫帶, warm-temperate zone)성 기후로 이어진다. 식물사회는 각각 가문비나무-분비나무군단(아한대 기후성 아고산대), 신갈나무-잣나무군단(냉온대 기후성 북부·고해발산지대), 신갈나무-생강나무아군단(냉온대 기후성 중부·산지대), 졸참나무-작살나무아군단(냉온대 기후성 중부·저해발산지대), 동백나무군강(난온대 기후성 산지대)으로 대표된다(Kim 1992, Kim 2013). 아고산대 식생은 주로 상록침엽수(예: 구상나무, 분비나무)가, 냉온대 산지식생은 낙엽활엽수(예: 신갈나무, 졸참나무)가, 난온대 산지식생은 상록활엽수(예: 동백나무)가 주인이 된다(그림 2-13).

한대~아한대 기후성 고산대와 아고산대의 상록침엽 및 낙엽활엽수림 | 고산대(高山帶, alpine zone)는 온대 및 열대 산지의 수목한계선(樹木限界線, tree-line, timberline)과 설선(雪線, snow-line) 사이의 수직분포대로 교

그림 2-14. 고산식생(좌: 눈잣나무군락, 설악산)과 아고산식생(우: 구상나무군락, 지리산). 우리나라의 고산~아고산식생은 주로 해발고도가 높은 지역에 국한하여 생육하는데 대부분 국립공원지역으로 지정되어 있다.

목성 나무가 없는 것이 특징으로 한대성 기후이다. 수목한계선을 교목한계선(喬木限界線)이라고도 한다. 설선은 만년설이 쌓여있는 부분과 초본식물이 자랄 수 있는 경계이다. 설선은 계절(기온 변화)에 따라 조정되지만 영구 설선은 일년 내내 눈이 쌓여 있어 식물이 자랄 수 없다. 고산대를 흔히 눈잣나무대라고도 하는데 눈잣나무의 왜생관목림(矮生灌木林)과 그 사이의 지표에 접해 살고 있는 좀바늘사초군락이 대표적인 식생이다(Doopedia 2024). 고산대 식생은 고산관목림, 고산초원, 고산툰드라, 고산황원 등으로 나눌 수 있다(Kang 2014). 저온, 강풍, 저압 등으로 생육기간은 여름철 3개월 정도이다. 고산대는 적도 부근에서는 해발고도 3,000~4,000m를 넘어야 하고, 우리나라에서는 2,400m 전후이며, 극지 부근에서는 해안까지 내려가기도 한다(Doopedia 2024). 우리나라 설악산국립공원에서 눈잣나무군락은 해발고도가 높은 1,586~1,688m의 중청과 관모능선 부근에 제한적으로 분포(연평균기온 2.5~3.2℃)한다(Park et al. 2014)(그림 2-14 좌). 아한대성 기후인 아고산대(亞高山帶, subalpine zone)는 고산대와 산지대(山地帶, montane zone) 사이의 수직분포대를 의미한다. 가문비나무, 전나무, 분비나무, 구상나무, 잎갈나무, 사스래나무 등은 아고산대를 특징짓는 대표적인 교목수종이다(Kim 2013)(그림 2-14 우). NIE(2018)는 우리나라 아고산대에 주로 분포하는 관목군락으로 노랑만병초군락, 눈향나무군락, 댕댕이나무군락, 들쭉나무군락, 땃두릅나무군락, 만명초군락, 배암나무군락, 백리향군락, 설악눈주목군락, 섬매발톱나무군락, 시로미군락, 암매군락, 요강나물군락, 월귤군락, 이노리나무군락, 털진달래군락, 홍월귤군락, 흰인가목군락, 흰참꽃나무군락을 기재하고 있다. 아고산대의 침엽수(구상나무, 분비나무, 가문비나무, 주목, 눈잣나무 등)는 연평균기온(장기간 식물생육 범위 결정 인자)이 이들의 분포면적 변화에 주요 지표인데 지구온난화로 면적이 감소하는 방향으로 변화하고 있으며 우리나라 내에서 그 추세는 지역별로 차이가 있다(Kim et al. 2019). 우리나라 국립공원 중 아고산대 상록침엽수 면적이 가장 넓게 분포하는 곳은 설악산국립공원과 지리산국립공원이다(Park et al. 2019). 보다 세부적인 내용은 Kim(2012) 등을 참조하도록 한다.

냉온대 기후성 산지대의 낙엽활엽수림 | Kim(1992)은 한반도 산지대 자연 삼림식생을 극동아시아의 냉온대 낙엽활엽수림을 대표하는 너도밤나무-신갈나무군강(Querco-Fagetea crenatae Miyawaki et al. 1964)에 포함되는 신갈나무-철쭉꽃군목(Rhododendro-Quercetalia mongolicae Kim 1990)의 식물사회로 규정하였다(그림 2-13). 이 군목은 다시 신갈나무-잣나무군단(Pino-Quercion mongolicae Kim 1990)과 신갈나무-생강나무군단(Lindero-Quercion mongolicae Kim 1990)으로 구분한다. 신갈나무-생강나무군단은 신갈나무-생강나무아군단(Lindero-Quercenion mongolicae Kim 1990)(그림 2-15 좌), 졸참나무-작살나무아군단(Callicarpo-Quercenion serratae Kim 1990)(그림 2-15 우), 서어나무-개서어나무아군단(Carpinenion laxiflorae-tschonoskii Kim 1990)(그림 2-45 참조)으로 다시 구분한다. 신갈나무-잣나무군단은 한반도의 북부·고산지대를 대표하며 신갈나무, 잣나무, 피나무 등이 주요종이다. 신갈나무-생강나무아군단은 신갈나무, 생강나무, 철쭉꽃 등이 주요종이다. 졸참나무-작살나무아군단은 졸참나무, 작살나무, 서어나무, 고추나무, 회잎나무, 밤나무, 감태나무, 덜꿩나무, 산초나무 등이 주요종이다. 서어나무-개서어나무아군단은 토지적 극상림으로 서어나무, 개서어나무, 비목나무, 사람주나무, 가막살나무, 굴피나무 등이 주요종이다. Jang(2007)은 우리나라 신갈나무림을 1개 군강, 1개 아군강, 2개 군목, 3개 군단, 3개 아군단, 7개 군집, 1개 아군집과 7개 군락, 2개 아군락으로 총 17개로 구분하였다. 구분된 단위식생은 신갈나무-깽깽이풀군단(Jeffersonio-Quercion mongolicae Kim 1990)에 신갈나무-오리방풀군집(Isodi-Quercetum mongolicae Kim 1990)이, 신갈나무-잣나무군단에 신갈나무-산앵도나무군집(Vaccinio-Queretum mongolicae Kim 1990), 신갈나무-잣나무군락(*Pinus koraiensis*-*Quercus mongolica* community), 신갈나무-동자꽃군집(Lychon-Quercetum mongolicae Kim 1990), 신갈나무-피나무군락(*Tilia amurensis*-*Quercus mongolica* community)이, 신갈나무-생강나무아군단에 전형하위군락, 신갈나무-조릿대군집(Saso-Quercetum mongolicae Kim 1990), 신갈나무-물푸레나무군락(*Fraxinus rhynchophylla*-*Quercus mongolica* community)이, 졸참나무-작살나무아군단에 신갈나무-소나무군락(*Pinus densiflora*-*Quercus mongolica* community), 신갈나무-졸참나무군락(*Quercus serrata*-*Quercus mongolica* community), 신갈나무-굴참나무군락(*Quercus variabilis*-*Quercus mongolica* community), 신갈나무-진달래군집(Rhododendro mucronulatum-Quercetum mongolicae Jang 2007), 신갈나무-털조록싸리군집(Lespedezo-Quercetum mongolicae Jang 2007)이, 서어나무-개서어나무아군단에 신갈나무-산철쭉군집(Rhododendro yedoense-Quercetum mongolicae Jang 2007)이다. Yun et al.(2011)은 우리나라 신갈나무 우점림의 표징종을 신갈나무, 당단풍, 물푸레나무, 실새풀, 진달래, 국수나무, 고로쇠나무, 산딸기, 대사초 등으로 분석하였다. 전국자연환경조사의 2012년 현존식생도 분석 결과 우리나라 삼림은 소나무군락이 26.6%로 가장 넓은 면적을 차지하고 있으며, 그 다음으로 신갈나무군락(18.9%), 소나무-굴참나무군락(6.3%), 굴참나무군락(5.7%), 곰솔군락(5.4%), 소나무-신갈나무군락(5.2%) 순으로 나타난다(NGII 2020). 제4차 전국자연환경조사(2014~2018년)에서 냉온대 중부의 식물군락은 소나무군락이 17.17%로 가장 넓고, 신갈나무군락 9.22%, 소나무-굴참나무군락 6.22%, 굴참나무군락 5.13% 등의 순이다(Cho et al. 2021b). 국토를 임상별로 보면 침엽수림은 (1974) 48% → (2010) 41% → (2015) 37% → (2020) 37%로 감소하였지만 활엽수림은 (1974) 16% → (2010) 27% → (2015) 32% → (2020) 32%로

그림 2-15. 신갈나무군락(좌: 평창군, 청옥산)과 졸참나무군락(우: 산청군, 지리산). 신갈나무군락은 졸참나무군락에 비해 지리적으로 보다 추운 공간에 발달하기 때문에 수평적으로는 고위도, 수직적으로는 고해발지역에서 보다 우세하다.

표 2-5. '제2차 산림 건강·활력도 조사'의 전국 삼림 계층별 식물종 중요도(Choi et al. 2021b)

No.	교목층		아교목층		관목층		초본층	
	식물종명	중요도	식물종명	중요도	식물종명	중요도	식물종명	중요도
01	소나무	22.9	신갈나무	9.3	진달래	5.3	가는잎그늘사초	5.8
02	신갈나무	12.3	소나무	7.3	생강나무	5.1	주름조개풀	4.9
03	굴참나무	9.4	졸참나무	7.1	조릿대	4.2	진달래	3.5
04	졸참나무	5.7	굴참나무	6.0	제주조릿대	3.4	생강나무	3.3
05	리기다소나무	3.3	때죽나무	5.7	졸참나무	3.4	그늘사초	2.6
06	밤나무	3.3	잔털벚나무	5.3	청미래덩굴	2.8	졸참나무	2.5
07	상수리나무	3.2	당단풍	4.1	신갈나무	2.4	조릿대	2.4
08	곰솔	3.1	밤나무	3.6	담쟁이덩굴	2.3	제주조릿대	1.6
09	잔털벚나무	2.9	아까시나무	3.2	개옻나무	2.3	청미래덩굴	1.5
10	일본잎갈나무	2.2	쪽동백나무	2.6	국수나무	2.3	담쟁이덩굴	1.5
11	아까시나무	2.1	갈참나무	2.1	쇠물푸레나무	2.3	쇠물푸레나무	1.4
12	잣나무	1.8	산뽕나무	2.0	굴참나무	2.2	비목나무	1.4
13	갈참나무	1.6	물푸레나무	2.0	철쭉꽃	2.2	철쭉꽃	1.3
14	물푸레나무	1.4	노간주나무	2.0	잔털벚나무	2.0	개옻나무	1.3
15	굴피나무	1.3	상수리나무	1.6	비목나무	2.0	굴참나무	1.3
16	떡갈나무	1.2	사스레피나무	1.6	산초나무	1.9	큰기름새	1.2
17	층층나무	1.1	굴피나무	1.5	때죽나무	1.8	국수나무	1.2
18	때죽나무	1.0	잣나무	1.5	조록싸리	1.6	애기나리	1.2
19	서어나무	0.9	비목나무	1.5	산딸기	1.5	때죽나무	1.2
20	고로쇠나무	0.8	느릅나무	1.4	밤나무	1.5	신갈나무	1.2

(참조-1) '제2차(2016~2020) 산림 건강·활력도 조사'의 전국 총 1,087개 식생조사지점 대상의 분석 결과임
(참조-2) 중요도(重要度, importance value, IV, 중요치)는 식물종의 우세한 정도를 수치로 표현한 것으로 상대밀도(RD), 상대피도(RF), 상대빈도(RF)의 합을 의미함(Curtis and McIntosh 1951)(식 3-1, 그림 3-4 참조)

증가하였고 영급(齡級, age class)이 높은 숲이 증가하고 있다(NIFOS 2020). 이는 우리나라 산지의 주인은 참나무류가 우점하는 활엽수림이라는 것은 잘 보여준다. 활엽수림은 지속적으로 증가하며 임령이 높은 숲으로 발달할 것이다. Choi et al.(2021b)은 '제2차(2016~2020) 산림 건강·활력도 조사'에서 우리나라 삼림 전체에서 계층별로 출현하는 식물종의 중요도(重要度, importance value, IV, 중요치)(식 3-1, 그림 3-4 참조)를 분석하였는데 이 식물종들은 진단종군(표징종, 우점종, 구분종 등)에 해당하는 식물종들로 이해할 수 있다(표 2-5). 이에 따르면 교목층은 소나무, 신갈나무, 굴참나무, 졸참나무, 리기다소나무, 밤나무, 상수리나무, 곰솔 순으로, 아교목층은 신갈나무, 소나무, 졸참나무, 굴참나무, 때죽나무, 잔털벚나무, 단당풍, 밤나무 순으로, 관목층은 진달래, 생강나무, 조릿대, 제주조릿대, 졸참나무, 청미래덩굴, 신갈나무, 담쟁이덩굴 순으로, 초본층은 가는잎그늘사초, 주름조개풀, 진달래, 생강나무, 그늘사초, 졸참나무, 조릿대, 제주조릿대 순으로 중요도가 높다.

우리나라의 주요 참나무류 구분 | 우리나라 산지에서 주로 관찰되는 참나무류(참나무과, Fagaceae, oak)는 6~7종이다. 참나무과의 가장 대표적인 식물은 참나무속(*Quercus*)의 신갈나무, 졸참나무, 굴참나무, 상수리나무, 갈참나무, 떡갈나무와 밤나무속(*Castanea*)의 밤나무이다. 식물조사를 수행하는 연구자는 이들 종에 대한 분류학적 지식이 반드시 필요하다(표 2-6)(그림 2-16). 꽃과 열매(도토리)가 없는 시기에도 줄기의 수피와 잎만으로 정확한 분류가 가능해야 한다. 겨울철에는 숲의 바닥에 떨어진 낙엽과 수피를 참조하여 분류할 수 있다. 또한 잎의 다양한 변이까지 고려한 동정과 분류가 가능해야 한다. 굴참나무, 상수

표 2-6. 우리나라 대표적인 참나무류(*Quercus* spp.)의 주요 구별법

형질 구분	신갈나무	졸참나무	굴참나무	상수리나무	갈참나무	떡갈나무
학명	*Q. mongolica*	*Q. serrata*	*Q. variabilis*	*Q. acutissima*	*Q. aliena*	*Q. dentata*
잎 전체 모양	도란형	도란상타원형	긴타원형	긴타원형	도란형	도란형
잎 아래 모양	귓불	예저, 원저	원저, 아심장저	예저, 원저	주로 예저	귓불
잎자루 길이	2~5㎜(짧음)	10~23㎜	10~30㎜	10~30㎜	10~20㎜	1~16㎜(짧음)
잎 가장자리	물결	톱니	침모양 톱니	침모양 톱니	물결	물결
잎뒷면 색	연녹색	분백색~연녹색	분백색(성모)	연녹색	분백색~연녹색	약간 분백색
잎 양면 털	거의 없음	양면	잎뒤 흰털	뒷면(성장 탈락)	잎뒤	양면(갈색)
열매 크기(지름)	6~21㎜	3~17㎜	18~20㎜	약 20㎜	7~15㎜	7~19㎜
도토리집	포린(등 돌출)	포린	젖혀진 긴 포린	젖혀진 긴 포린	포린	젖혀진 긴 포린
줄기(수피) 특성	회백색 (약한 흰빛을 띰)	회백색 (흰빛을 띰)	회백색 (굵고 깊게 갈라짐)	검은회색 (잘고 얕게 갈라짐)	회백색 (벗겨지는 느낌)	회갈색 (약간 벗겨지는 느낌)
개화시기	4월	5월	4~5월	4~5월	5월	5월
기타	중부~북부지방	남부지방	코르크 발달	잎표면 윤채	잎표면 윤채	잎이 두꺼움

그림 2-16. 우리나라의 대표적인 참나무류(Quercus spp.) 잎과 수피(2024.5.27, 원주시). 6종류의 참나무류에 대해 식물연구자는 겨울철에도 줄기의 수피와 낙엽 등으로 정확한 동정이 가능해야 한다. 이들 줄기의 수피는 상이하며 동일 수목 내에서도 개체마다 차이는 있다. 신갈나무와 졸참나무는 흰빛을 띠며 세로로 갈라지고, 굴참나무는 굵게, 상수리나무는 상대적으로 얕게 갈라진다. 갈참나무와 떡갈나무는 수피가 약간 벗겨지는 것처럼 느껴진다.

리나무, 밤나무의 잎 모양은 긴타원형이고, 신갈나무, 갈참나무, 떡갈나무는 도란형(거꾸로 선 달걀 모양), 졸참나무는 도란상타원형이다. 신갈나무, 갈참나무, 떡갈나무는 잎의 가장자리가 물결모양(파상)이고, 졸참나무는 톱니모양이고, 굴참나무, 상수리나무, 밤나무는 침모양이다. 잎 아래(엽저) 모양은 신갈나무와 떡갈나무는 귓볼모양이고, 갈참나무, 상수리나무, 굴참나무, 졸참나무, 밤나무는 예저 또는 원저이다. 굴참나무는 잎의 뒷면이 분백색(별모양 털)이고 졸참나무 또는 갈참나무는 회백색(털 있음) 또는 연녹색(털 거의 없음)이다. 졸참나무와 굴참나무, 갈참나무는 흔히 잎의 뒷면이 분백색을 띤다. 밤나무는 상수리나무와 잎모양이 비슷하지만 침모양 톱니 끝에 엽록체의 유무 또는 수피로 구별할 수 있다. 상수리나무 수피는 세로 방향으로 잘고 얕게 갈라지고 밤나무는 흰빛을 띠며 잘 갈라지지 않는 것이 다르다. 이들 식물종들은 봄철 생육을 시작하는 시기도 약간 다르다(그림 5-40, 5-50 참조). 우리나라 중부지방에서는 흔히 3월말에 신갈나무가 가장 먼저 생육을 시작하고, 다음으로 상수리나무, 졸참나무, 굴참나무, 떡갈나무가 약간의 시간적 차이 순이며, 마지막으로 밤나무가 가장 늦게 생육을 시작한다.

우리나라 참나무류의 지리·공간분포 특성 | 우리나라 참나무류의 지리적, 공간적 분포 특성은 식물종마다 다르다. 우리나라 참나무류는 신갈나무와 졸참나무로 대표되는데 온도대에 따라 생육분포가 명백히 분할된다(Kim 2004)(그림 2-17). 신갈나무는 보다 추운 북부·고산지대(신갈나무-잣나무군단) 또는 중부·산지대(신갈나무-생강나무아군단)를, 졸참나무는 보다 따뜻한 남부·저산지대(졸참나무-작살나무아군단)를 대표하는 식생이다. 다른 참나무류는 졸참나무 우점림대에서 수분 경향성에 많이 반응한다. 예로 저해발지역의 산지 남사면과 사면 상부 또는 능선부의 건생 생육입지(그림 2-17의 ④지역)에 자연림은 떡갈나무와 졸참나무가 우점하지만 이차림은 굴참나무가 우점하는 형태이다. 떡갈나무와 갈참나무는 토지적 환경조건에 따라 분포하는데 특히 떡갈나무는 해양에 영향을 받는 능선부에 주로 발달한다. 갈참나무(산지 하부~계곡부)와 상수리나무(산지 사면)는 상대적으로 가장 온난한 입지에 분포한다. 특히 상수리나무(인간의 관리 간섭)와 굴참나무(졸참나무-작살나무아군단 식생대의 이차림)를 이차림적 특성으로 이해했다. Kim and Kim(2017)은 한반도 참나무류의 공간분포에 영향을 주는 환경인자는 온도가 가장 크고, 습도, 사면향, 해양성, 문화성의 순으로 분석했다(그림 2-18). 굴참나무는 호온성의 내건성 식물로 이차림을 포함해 토지적 위극상 자연림의 식물로 인식하는 것이 합당하고 갈참나무와 상수리나무는 인간간섭 정도에 따라 분포가 구분된다. 상수리나무와 갈참나무는 이차림적 특성이 있는데 마을 주변의 비교적 교란된 저해발 구릉지에서는 상수리나무가 더욱 우세하게 분포하고 갈참나무는 교란이 보다 적거나 약간 있는 약습한 공간에 주로 분포한다.

난온대 기후성 산지대의 상록활엽수림 | 한반도의 상록수림(상록활엽수림)을 동백나무군강(Camellietea japonicae Miyawaki et Ohba 1963)으로 구분하고 제주도를 포함하여 한반도의 남부지역 및 도서지역의 삼림식생을 대

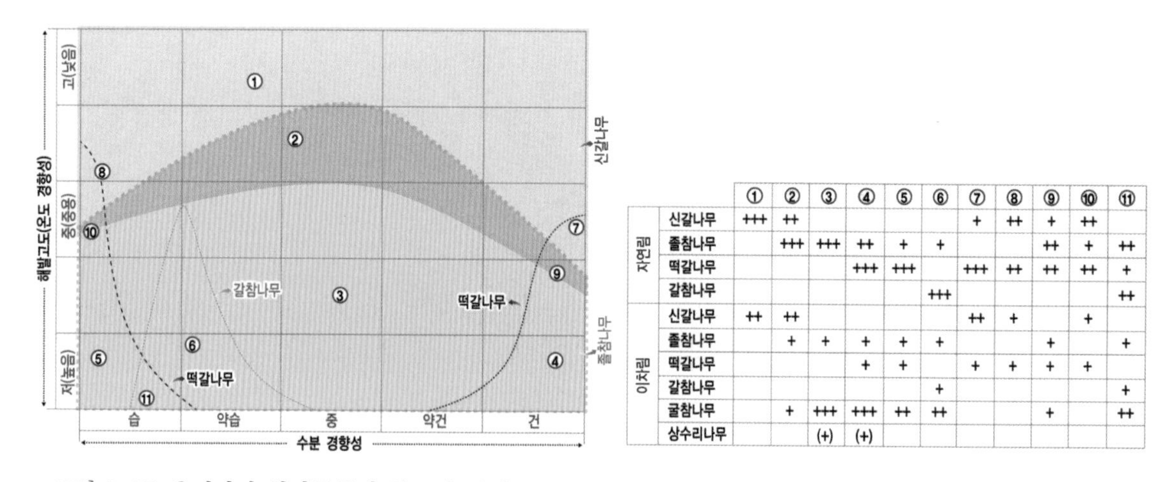

		①	②	③	④	⑤	⑥	⑦	⑧	⑨	⑩	⑪
자연림	신갈나무	+++	++					+	++	+	++	
	졸참나무		+++	+++	++	+	+			++	+	++
	떡갈나무				+++	+++		+++	++	++	++	+
	갈참나무						+++					++
이차림	신갈나무	++	++					++	+		+	
	졸참나무		+	+	+	+	+			+		+
	떡갈나무				+	+		+	+	+	+	
	갈참나무						+					+
	굴참나무		+	+++	+++	++	++			+		++
	상수리나무			(+)	(+)							

그림 2-17. 우리나라 참나무류의 분포적 특성(Kim 2004 일부 수정). 신갈나무와 졸참나무는 온도대에 따라 생육분포가 분할되고 다른 참나무류는 졸참나무림대에서 수분 경향성에 많이 반응한다. 예로 ④는 저해발지역의 산지 남사면과 사면 상부 또는 능선부의 건생 생육입지에 자연림은 떡갈나무(해양 영향권)와 졸참나무가 우점하지만 이차림은 굴참나무가 우점한다. Kim(2004)은 상수리나무와 굴참나무를 이차림적 특성으로 이해한다. 표에서 +의 수는 우점하는 정도를 의미한다.

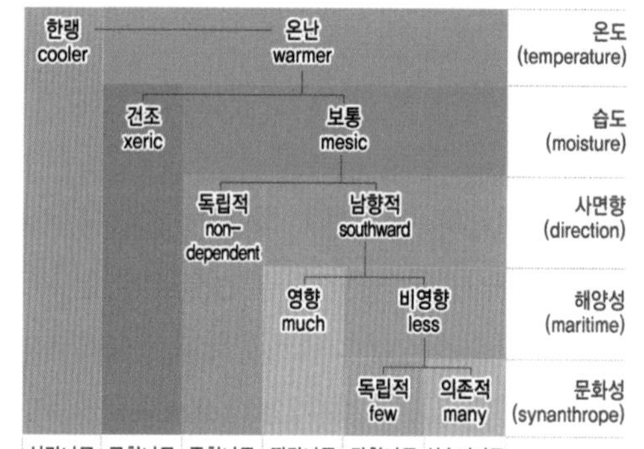

그림 2-18. 한반도에서 참나무류의 서식처 특성 구분(자료: Kim and Kim 2007). 한반도에서 참나무류의 공간분포에 영향을 주는 환경인자는 온도가 가장 크고, 다음으로 습도, 사면향, 해양성, 문화성의 순이다. 해양성은 해풍 또는 바람의 영향이 강한 지역이고 문화성은 마을 주변의 저구릉지 숲정이식생을 의미한다.

표한다(그림 2-19). Kim(1992)에 의하면 후박나무, 구실잣밤나무, 붉가시나무, 가시나무, 종가시나무, 참식나무, 육박나무 등이 주요종이다. Choi(2013)에 의하면 우리나라의 난온대 식생은 후박나무 우점림(3개 군집, 1개 군락), 구실잣밤나무 우점림(5개 군집), 모밀잣밤나무 우점림(1개 군락), 북가시나무 우점림(2개 군집, 1개 군락), 참가시나무 우점림(1개 군락), 종가시나무 우점림(1개 군집, 1개 군락), 육박나무 우점림(1개 군집)의 7개 상관식생형이 발달한다(그림 2-13 참조). 종별 출현빈도(괄호는 상대기여도: 도움글 3-1 참조)는 동백나무(100), 후박나무(70.7), 마삭줄(59.65), 구실잣밤나무(52.22), 광나무(36.07), 자금우(29.74), 사스레피나무(29.17), 생달나무(27.8), 송악

그림 2-19. 대표 상록활엽수림. 후박나무군락(상좌: 부안군 격포리 최북단 자생지, 천연기념물 제123호), 동백나무군락(상우: 부산시 가덕도), 구실잣밤나무군락(하좌: 신안군 대장도), 호랑가시나무군락(하우: 부안군 도청리 최북단 자생지, 천연기념물 제122호)이다.

(26.68), 북가시나무(23.32), 소엽맥문동(16.12), 천선과나무(12.68), 참식나무(11.87), 콩짜개덩굴(11.76), 홍지네고사리(11.48), 남오미자(7.83), 황칠나무(7.61), 까마귀쪽나무(6.75), 종가시나무(6.59), 모람(6.34) 등의 순이다. 세계의 난대 상록활엽수림은 연평균기온 12~22℃, 연평균강수량 1,000~3,000㎜ 범위의 기후분포대에서 나타난다. 우리나라의 상록활엽수림은 연평균기온 15℃ 전후, 연평균강수량 1,300~2,000㎜ 지역에 주로 분포하고 있다(Choi et al. 2021). Eom and Kim(2020)에 의하면 난온대 식생의 분포 북한계는 한랭지수(표 2-2 참조) -10℃가 연평균기온 14℃보다 일치하지만 연평균기온 13℃가 더욱 정교하게 일치한다. 지구적 수준에서 우리나라가 속한 동아시아에 분포하는 상록활엽수림을 조엽수림(照葉樹林, lucidophyllous forest)이라고 한다. 이 곳의 식물들은 수분 손실을 방지하기 위해 잎에 큐티클층이 발달하는데 조엽수림은 멀리서 이 숲의 식물잎 반짝임이 마치 조명을 켜둔 듯 반짝거린다는 의미로 붙여졌다. 숲을 구성하는 대표적인 식물들은 동백나무류(*Camellia* spp.), 녹나무류(Lauraceae), 감탕나무류(*Ilex* spp.), 가시나무류(*Quercus*, *Cyclobalanopsis* spp.), 잣밤나무류(*Castanopsis* spp.) 등이다(Choi et al. 2021). 이와 대비되는 상록활엽수림은 지중해 지역의 경엽수림(硬葉樹林, sclerophyllous forest)이다. 대표 식물은 올리브, 월계수와 같이 잎몸이 단단하고

광택이 거의 없다. 세부적인 내용은 Kim(1992), Choi(2013) 등을 참조하도록 한다.

우리나라의 하천 습지식생 | 하천식생에 대해서는 종단, 횡단, 하상구배, 시간 등을 고려한 다차원적인 접근과 이해가 필요하다(Lee and Kim 2005). 종단은 최상류, 상류, 중류, 하류, 하구로, 횡단은 제방에서 물속으로 경목림대(hardwood zone)-연목림대(softwood zone)-초본식물대(herbaceous zone)-침수식물대(aquatic plant zone)-무식물대(deep water zone)로 이어진다. 하천에서 수변림은 최상류~상류구간에는 경목림대가, 상류~하류구간에는 연목림대가 발달한다. 연목림은 상류구간에는 버드나무, 쪽버들, 갯버들이, 중류구간부터는 버드나무, 선버들, 왕버들, 개수양버들, 키버들 등이 주로 분포한다. 초본식물은 상류구간에 달뿌리풀(자갈과 모래 혼재)이, 하류구간으로 갈수록 갈풀(모래와 점토 혼재)과 물억새(모래 우세)의 출현빈도가 증가한다. 최하류구간에서는 갈대(점토 우세)가 증가한다(그림 2-20, 2-22). 물속의 수생식물은 빈영양상태의 상류구간에는 없으며 중류구간부터 부분적으로 출현한다. 하류구간에서는 부영양화되어 침수, 부엽, 부유식물의 식생공간이 증가한다. 경목림대는 상류 상부구간에서 물푸레나무속(*Fraxinus*), 느릅나무속(*Ulmus*), 느티나무, 황철나무가 대표적 식물종이다. 연목림대는 상류에서 하류구간에 이르기까지 넓게 발달하며, 버드나무속(*Salix*), 오리나무속(*Alnus*), 비술나무 등의 식물종이, 초본식물대는 억새속(*Miscanthus*), 갈풀속(*Phalaris*), 갈대속(*Phragmites*), 여뀌속(*Persicaria*), 가래속(*Potamogeton*), 어리연속(*Nympoides*), 좀개구리밥속(*Lemna*) 식물종이 대표적이다(Lee 2005, Lee and Baek 2023)(그림 2-20). Lee(2005)는 하천식물사회의 분류체계를 4개 군목, 10개 군단, 52개 군집, 8개 군락으로 구분하였다. 수변림 식물사회는 물푸레나무군단(Fraxinion rhynchophyllae Lee 2005)과 선버들군목(Salicetalia subfragilis Lee 2005)으로, 범람원 초본 식물사회는 갈풀군목(Phragmitetalia australis Koch 1926 em. Pignatti 1953), 갈대군목(Phragmitetalia eurosibirica), 고마리군목(Persicarietalia thunbergii Lee 2005)으로, 수중 식물사회는 이삭물수세미군단(Myriophyllion spicati Lee 2005)과 좀개구리밥군단(Lemnion paucicostatae Lee 2005)으로 대표되며 명백히 다른 진단종군을 갖는다(표 2-7)(그림 2-22). 이에 대한 세부적인 내용은 Lee(2005), Lee and Kim(2005), Lee and Baek(2023) 등을 참조하도록 한다.

그림 2-20. 하천에서 주요 식물종의 속(屬, genera)별 횡단 분포 모형(Lee and Kim 2005, Lee and Baek 2023). 횡단 위치별로 수리적 영향에 따라 우점 분포하는 식물종군(속)들이 다르다.

그림 2-21. 전형적인 하천식생인 선버들 우점림(좌: 합천군, 황강)과 달뿌리풀군락(우: 문경시, 신북천)(Lee and Kim 2005). 하천에는 버드나무류(버드나무, 선버들, 왕버들 등)가 우점하는 수변림이 발달하고, 초본식생은 상류지역에는 달뿌리풀, 중류지역에는 갈풀, 물억새, 하류지역에는 갈대 등이 우세하게 발달한다.

표 2-7. 우리나라 하천 습지 식물사회의 군단 수준 이상의 분류체계(Lee 2005, Lee and Baek 2023)

식물사회	식생단위	주요 특성
수변림 식물사회	상급단위(군목) 미결정	경목림, 습지교목식물
	물푸레나무군단	최상류~상류구간, 아교목~교목림, 고수위구간
	선버들군목	연목림, 습지아교목(교목)식물
	선버들-갈풀군단	중류~하류구간(호소), 관목~아교목림, 중저수위~중고수위구간
	버드나무군단	상류~하류구간, 아교목~교목림, 중고수위~고수위구간
	상급단위(군목) 미결정	연목림, 습지관목식물
	갯버들-달뿌리풀군단	상류~중류구간, 관목림, 저수위~중저수위구간
범람원 초본 식물사회	갈풀군목	유수역 다년생식생, 습초지식물
	갈풀-물억새군단	중류~하류구간, 키큰초지, 중저수위~고수위구간
	달뿌리풀군단	상류~중류구간, 키큰초지, 저수위~중수위구간
	갈대군목	정수역 다년생식생, 추수식생
	갈대군단	하류구간(호소), 키큰초지, 정체수역, 저수위 이하 구간
	고마리군목	일이년생식생, 습윤지식물
	고마리-흰여뀌(큰개여뀌)군단	상류~하류구간, 키작은초지, 저수위 구간
수중 식물사회	상급단위(군목) 미결정	부엽·침수식생
	이삭물수세미군단	중류~하류구간(호소), 호소지역, 물흐름이 느린 구간
	상급단위(군목) 미결정	부유식생
	좀개구리밥군단	중류~하류구간(호소), 호소지역, 정체수역

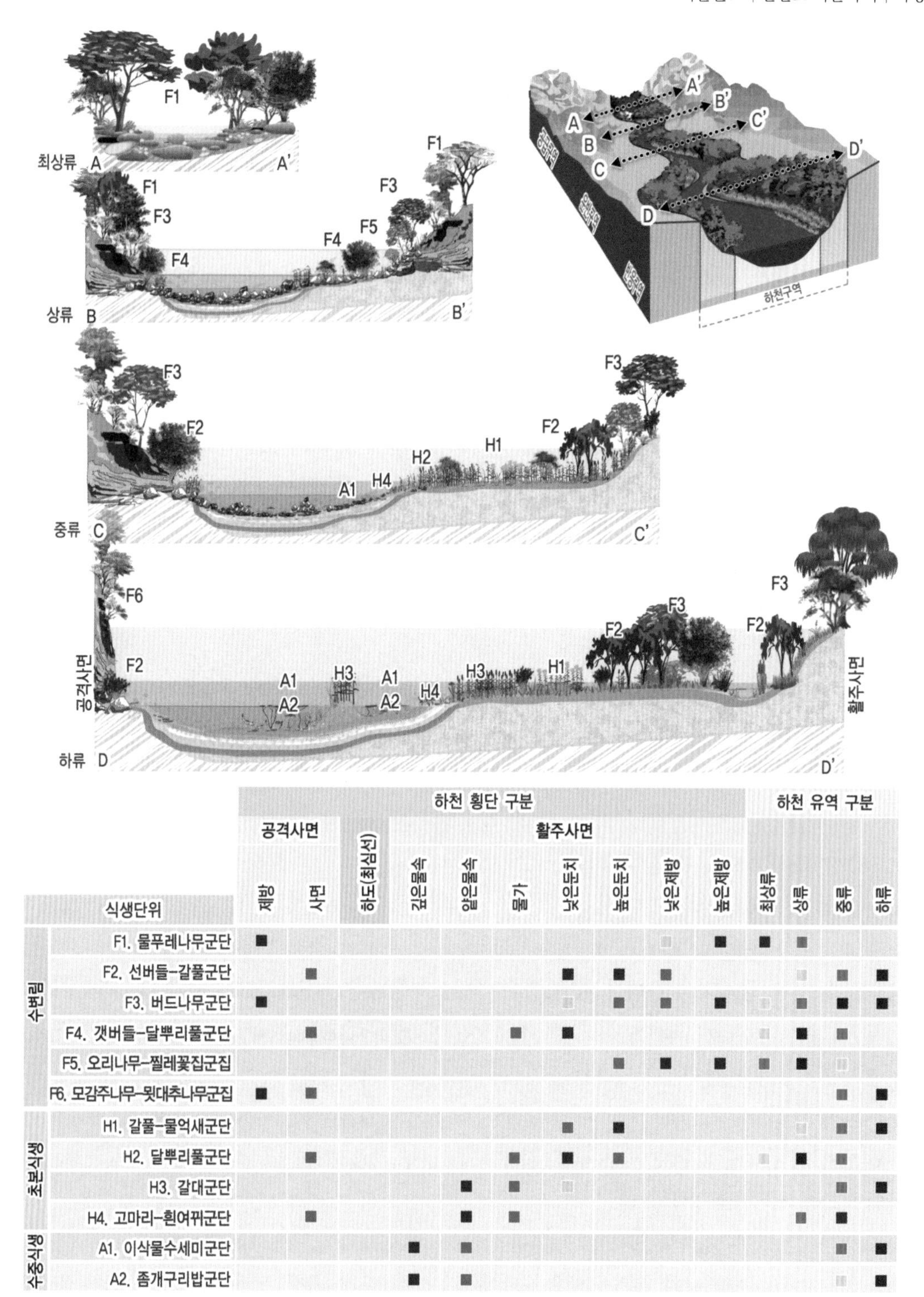

	식생단위	하천 횡단 구분										하천 유역 구분			
		공격사면		하도(최심선)	활주사면										
		제방	사면		깊은물속	얕은물속	물가	낮은둔치	높은둔치	낮은제방	높은제방	최상류	상류	중류	하류
수변림	F1. 물푸레나무군단	■								□	■	■	▩		
	F2. 선버들-갈풀군단		▩					■	■	▩			□	▩	■
	F3. 버드나무군단	■						□	▩	▩	■	□	▩	■	■
	F4. 갯버들-달뿌리풀군단		▩				▩	■				□	■	▩	
	F5. 오리나무-찔레꽃집군집								▩	■	■	▩	■	□	
	F6. 모감주나무-묏대추나무군집	■	▩											▩	■
초본식생	H1. 갈풀-물억새군단							▩	■				□	▩	■
	H2. 달뿌리풀군단		▩				▩	■	▩			□	■	▩	
	H3. 갈대군단					■	▩	□						▩	■
	H4. 고마리-흰여뀌군단		▩			■	▩						▩	■	
수중식생	A1. 이삭물수세미군단				■	▩								▩	■
	A2. 좀개구리밥군단				■	▩								□	■

그림 2-22. 하천 습지 식물사회의 종적, 횡적 공간분포 모형(Lee and Baek 2023). 표에 제시된 식생단위별 사각형의 색상은 진할수록 출현빈도가 높다는 것을 의미한다.

선버들과 버드나무의 특성 구분 | 우리나라의 하천과 습지에는 다양한 버드나무류(willow, *Salix* spp.)가 우세하게 생육하는 수변림이 발달한다. 흔하게 관찰되는 버드나무류는 10~15종이다. 버드나무류는 교잡 형태가 많고 물리, 화학적인 교란환경에서는 표현형의 가소성과 다양성으로 구분이 모호할 때가 많다. 특히 버드나무와 선버들은 한반도의 하천 습지 수변림을 대표하는 핵심 진단종으로 명확한 구분이 필요하다(Lee 2005)(표 2-8)(그림 2-23, 2-24, 2-25). 4월의 개화기에는 꽃으로 두 식물의 구분이 보다 명확하지만 그 이후에는 형태적으로 구분하기 어렵다. 수형은 선버들이 부채꼴형(맹아지형) 아교목 또는 관목식물이고 버드나무는 단주(單株)형(외줄기형)으로 성장하는 교목식물이다(그림 2-23 좌). 이는 선버들의 입지가 수리적으로 교란 빈도와 강도가 높고 강하기 때문이다. 흔히 잎은 버드나무가 보다 소형이고 잎끝이 길게 뾰족해지는 특징이 있다(그림 2-23 우). 꽃의 크기는 선버들이 대형이고 꽃의 수도 많다. 선버들 줄기의 껍질(수피)은 거북등처럼 조각으로 갈라져 벗겨지는 것이 주요 특징이다. 버드나무 줄기는 상대적으로 굵으며 껍질은 수직방향으로 길게 갈라지는 형태이다(그림 2-24). 버드나무의 가지는 상대적으로 잘 부러지는 특성이 있다. 줄기에서 나온 가지들은 성장 방향(각도)에도 차이가 있다(그림 2-25). 수평을 기준으로 선버들은 0~90°, 버드나무는 -45~45°, 가지가 아래로 길게 처지는 능수버들, 수양버들, 개수양버들은 -45~-90° 사이의 각도로 가지가 자라는 경향이 있다.

우리나라 해안 염습지 및 사구식생 | Lee(2020)는 우리나라 해안의 염습지식생을 갈대군강(Phragmito-Magnocaricetea Klika in Klika et Novak 1941)의 갈대군목, 퉁퉁마디군강(Therosalicornietea R. Tx. 1954)의 퉁퉁마디군목(Therosalicornietalia R. Tx. 1954), 갯개미취군강(Asteretea tripolium Westhoff et Beeftink 1962)의 갯잔디군목(Zoysietalia

표 2-8. 선버들과 버드나무의 상대적 특성 비교(Lee and Baek 2023)

특성 구분	선버들(*Salix subfragilis*)	버드나무(*Salix koreensis*)
성상	아교목~관목, 부채꼴형(맹아지형)	교목~아교목, 단주형(외줄기형)
잎모양	폭이 넓은 타원형(길이 14㎝, 폭 5㎝ 이하)	끝이 뾰족한 긴 타원형(길이 13㎝, 폭 3㎝ 이하)
잎 앞/뒤 색	진녹색/녹백색	연녹색~진녹색/분백색
주맥 구분	분명함	불분명함
동아 크기	큼	작음
꽃의 크기	8㎝ 이하	2㎝ 이하
가지 성장 방향	위로 향함(우상향)	위 또는 옆으로 향함
수피(성목)	거북등처럼 조각으로 벗겨짐(흑회색 계열)	세로로 길게 갈라짐(흑색 계열)
생육 입지	수변~둔치, 유기물 많은 점토 우세	둔치~제방, 모래+자갈 또는 모래+점토
기타 특성	잎의 변이가 큼	가지가 잘 부러짐

그림 2-23. 선버들과 버드나무의 수형과 꽃(좌), 잎(우)(합천군, 정양지). 두 식물의 자연적인 수형은 줄기가 부채꼴형(맹아지형)(선버들)과 단주형(버드나무)으로 크게 구분된다. 흔히 버드나무 잎이 선버들 잎에 비해 소형이지만 잎끝이 길게 뾰족해지는 특성이 있다(Lee and Kim 2005, Lee and Baek 2023).

그림 2-24. 선버들(좌)과 버드나무(우)의 수피(낙동강). 선버들의 수피는 거북등처럼 조각으로 벗겨지고 버드나무는 세로로 길게 갈라지는 형태이지만 이들 유목에서는 이러한 특성이 불분명하다(Lee and Kim 2005).

그림 2-25. 선버들, 버드나무, 능수버들 가지의 일반적 성장 형태. 3종류의 버드나무류는 새롭게 성장하는 가지가 바깥쪽으로 뻗는 각도에 차이가 있다(Lee and Kim 2005).

그림 2-26. 우리나라 서해안의 대표적인 해안사구와 사구저지(태안군, 신두리). 사구식생은 해안선 보호에 중요한 역할을 한다. 신두리 해안선 해빈 일대에는 초본성 식물군락이, 후방의 넓은 사구지대에는 목본성의 곰솔군락이 잘 발달하고, 그 배후에는 사구저지(두웅습지, 습지보호지역)가 발달하고 있다.

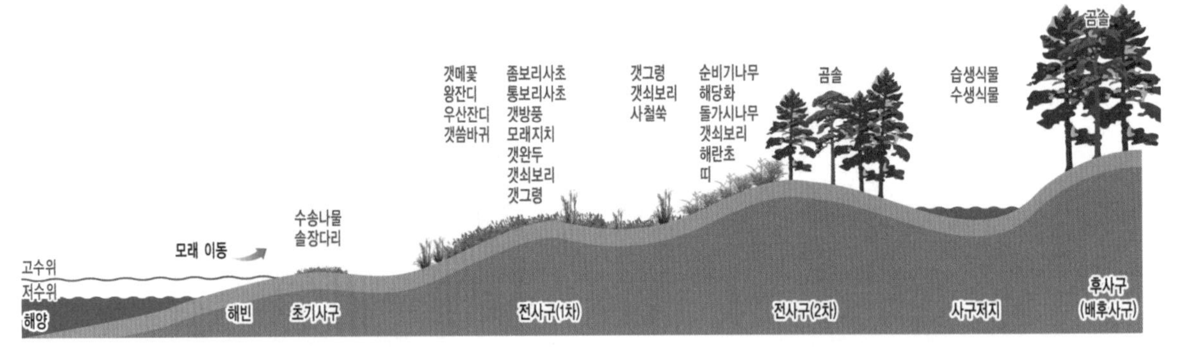

그림 2-27. 우리나라 사구의 식생 발달 모형. 모래 이동으로 형성된 사구지역에는 지하부가 발달(기는뿌리)한 식물들이 공간을 달리하며 대상 분포한다. 최외곽에는 수송나물 등이, 전사구 전방에는 좀보리사초, 통보리사초 등이, 중앙에는 순비기나무, 해당화 등이, 후방에는 곰솔이 주로 발달한다. 그 배후에는 사구저지가 형성될 수 있다.

그림 2-28. 우리나라의 대표적인 사구식생 전경(좌: 태안군, 신두리 해안사구, 천연기념물 제431호)과 주요 식물군락인 좀보리사초-통보리사초군락(우: 부산시, 신자도). 우리나라 사구식생은 내륙에서 해안으로 곰솔-해당화(순비기나무)-좀보리사초(통보리사초)-수송나물이 주요종으로 분포한다.

그림 2-29. 우리나라 동해안의 대표적인 사구 전경(동해시, 맹방사구). 우리나라 동해안의 해수욕장에는 곰솔군락 및 초본성 사구식생이 발달한 전경을 흔하게 관찰할 수 있다. 사구 일대를 강하게 개발하는 사업(도로 및 휴양시설 등)은 모래 이동을 변화시켜 사구지역의 지형 및 식생의 변화를 초래할 수 있다.

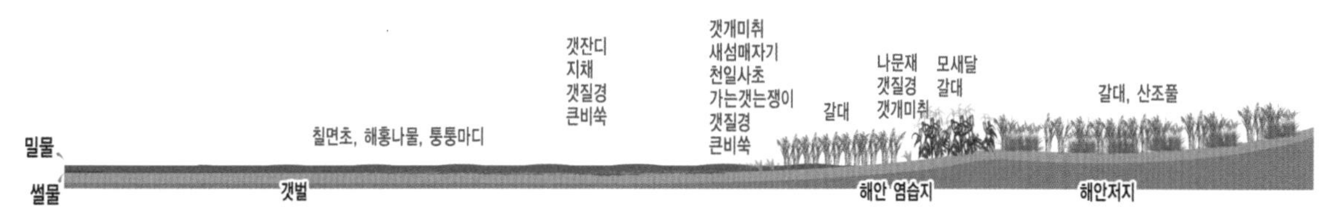

그림 2-30. 우리나라 해안 염습지의 식생 발달 모형. 갯벌이 넓게 형성된 해안 염습지는 지리적, 공간적 위치에 따라 다양한 식물이 발달한다. 최외곽에는 칠면초, 해홍나물, 퉁퉁마디 등과 같이 염분에 내성이 가장 강한 염생식물이 자란다. 육지 방향으로 갯잔디, 지채 등이 자라고 밀물선에 인접해서는 갯개미취, 천일사초, 가는갯는쟁이, 갯질경 등이 자란다. 해안선에서는 갈대가 최우점하며, 배후의 육지공간에는 모새달이 우점하고, 후방의 해안저지에는 갈대와 산조풀 등이 혼생하는 형태가 많다.

그림 2-31. 우리나라 해안 갯벌의 대표적인 염생식생인 칠면초군락(좌: 인천시, 석모도 갯벌)과 하구 기수역의 갈대군락(우: 강진군, 탐진강). 우리나라 서해안과 남해안 일대의 갯벌 및 하구에는 염습지식생이 잘 발달한다.

sinicae Miyawaki et Ohba 1969) 등으로 분류하였다. 해안사구식생을 수송나물군강(Salsoletea komarovii Ohba, Miyawaki et Tx. 1973)의 수송나물군목(Salsoletalia komarovii Ohba, Miyawaki et Tx. 1973), 갯방풍군강(Glehnietea littoralis Ohba, Miyawaki et Tx. 1973)의 갯방풍군목(Glehnietalia littoralis Ohba, Miyawaki et Tx. 1973), 순비기나무군강(Viticetea rotundifoliae Ohba, Miyawaki et Tx. 1973)의 순비기나무군목(Viticetalia rotundifoliae Ohba, Miyawaki et Tx. 1973)으로 구분하였다. 해안사구의 식물들은 주로 지하부(기는뿌리)가 발달하며(그림 2-28 우) 공간분포를 달리한다. 최외곽에는 수송나물 등이, 전사구 전방에는 갯씀바귀, 왕잔디, 우산잔디, 갯완두, 갯그령, 좀보리사초, 통보리사초, 해란초, 띠, 갯쇠보리 등이, 중앙에는 순비기나무, 해당화, 돌가시나무 등이, 후방에는 곰솔이 주로 발달한다(그림 2-26, 2-27). 해안의 곰솔군락에는 아까시나무가 혼재하는 경우가 많다. 그 배후에는 사구저지가 형성될 수 있다. 대표적인 곳이 습지보호지역으로 지정된 두웅습지(태안군)로(그림 2-26) 습생식물 및 수생식물이 서식하고 있다. 우리나라 동해안에 해수욕장이 발달한 공간에는 곰솔군락 및 초본성 사구식생이 발달한 전경을 흔하게 관찰할 수 있다(그림 2-29). 이러한 사구지역을 강하게 개발할 때에는 사구의 지형 및 식생의 변화를 초래할 수 있어 유의해야 한다. 해안 염습지에는 해안선에 접하여 갈대, 천일사초, 모새달, 새섬매자기, 층층고랭이, 올방개아재비 등이, 갯벌에는 칠면초, 퉁퉁마디, 해홍나물, 나문재, 가는갯는쟁이, 갯잔디, 지채, 갯질경, 큰비쑥, 갯개미자리 등이 주로 출현한다(그림 2-30). 우리나라 서해안 일대의 갯벌 및 염습지에는 칠면초군락과 갈대군락을 흔하게 관찰할 수 있다(그림 2-31). 세부적인 내용은 Lee(2020) 등을 참조하도록 한다.

우리나라 임연식생 | 우리나라의 임연식생(林緣植生, mantle community, 숲가장자리식생, 망토군락과 소매군락으로 소구분함)을 Jung(1995)은 1개 군강, 1개 군목, 1개 군단, 8개의 군집으로 분류하였다. 우리나라 산지의 임연식생은 동북아시아 임연식생을 대표하는 찔레꽃군강(Rosetea multiflorae Ohba, Miyawaki et Tx. 1973)에 속한 칡-

그림 2-32. 임연식생 전경. 우리 주변에서 임도 주변의 칡군락(좌: 강릉시) 또는 삼림과 개발지(경작지, 주거지 등) 사이의 숲가장자리에서 찔레꽃 우점군락(우: 문경시)의 임연식생을 흔하게 관찰할 수 있다.

참마군목(Dioscoreo-Puerarietalia lobatae Ohba 1973)이다(그림 2-32). 이 군목은 칡-인동군단(Lonicero-Puerarion lobatae Jung 1995), 다래-부채마군단(Dioscoreao-Actinidion argutae Jung 1995)으로 이루어져 있다. 이 군단들에는 예덕나무군집(Mallotetum japoncae), 누리장나무군집(Clerodendretum trichotomae), 으름군집(Akebietum quinatae), 칡-인동군집(Lonicero-Pueratietum lobatae), 꼬리조팝나무군집(Spiraetum salicifoliae), 다래-부채마군집(Dioscoreo-Actinidietum argutae), 쉬땅나무군집(Sorbarietum stellipilae), 미역줄나무군집(Tripterygietum regelii)으로 구성되어 있다. 우리나라와 일본 해안의 임연식생은 찔레꽃군강의 해당화군목(Rosetalia rugosae Ohba, Miyawaki et Tx. 1973)에 속해 있다(Ohba et al. 1973). 해당화군목은 전형군단인 해당화군단(Rosion rugosae Ohba, Miyawaki et Tx. 1973)을 포함하는데 해당화-머루군집(Viti coignetiae-Rosetum rugosae), 털야광나무-해당화군집(Roso-Maletum mandshuricae), 해당화-양지꽃군집(Potentillo fragarioidis-Rosetum rugosae), *Juniperus conferta*-해당화군집(Roso-Juniperetum confertae), 해당화-보리수나무군집(Elaeagno umbellatae-Rosetum rugosae), 해당화군락(*Rosa rugosa* community) 등으로 이루어져 있다(Jung and Kim 2001). 특히 집중강우에 산지 계곡부와 사면 일대에 산사태(mass movement, 중력사면이동)가 발생하거나 임도 건설로 발생한 사면에 식생이 강하게 교란받은 이후에 다래(또는 개다래)군락이 발달한 전경을 강원도 산간지역 일대에서 흔하게 관찰할 수 있다(그림 2-33). 보다 세부적인 내용은 Jung(1995), Jung and Kim(2001) 등을 참조하도록 한다.

그림 2-33. 산간지역의 계곡부에 임연식생 발달을 유발하는 산사태(인제군). 우리나라 강원도 일대의 산간지역 계곡부에는 집중강우로 인한 산사태 등으로 식생이 교란받은 이후에 임연식생이 발달한 전경을 쉽게 관찰할 수 있다. 흔히 다래 또는 개다래가 우점하는 임연식생 형태가 많다.

3. 삼림관리와 식생천이

우리나라에서 산림청의 산림경영과 환경부의 삼림관리의 방향은 사뭇 다르다.

산림과 삼림 | 일반적으로 숲을 지칭하는 한자에는 두 가지가 있다. '삼(森)'과 '림(林)'이다. 삼은 다층의 자연에 가까운 숲의 구조를 의미한다. 림은 일정한 모양과 크기의 수목이 나란히 육림되어 있는 형상을 의미하고 인공적으로 관리되고 있음을 의미한다. 삼림(수풀 삼 森, 수풀 림 林, forests)은 산림(뫼산 山, 수풀 림 林, mountain forests)을 포함한다(Kim and Lee 2006). 환경부에서 수행하는 각종 식생연구는 산지에 조성한 '산림'만을 대상으로 하지 않고 전국토에 발달한 숲인 '삼림'을 대상으로 한다. 이 때문에 조사지역의 식생을 서술하는데 삼림과 산림의 용어를 명확히 구분하여 사용할 필요가 있다. 공간적으로 삼림은 다층의 수목들이 자라는 광범위한 넓은 지표공간을 의미하는 일반적인 용어이고 산림은 특정 지형공간인 산지에 있는 다층의 수목지역을 의미한다. 하천의 수변림은 산림이 아닌 삼림에 해당된다. 즉 삼림이 산림보다 상위 또는 광의적 개념이다. 환경영향평가에서의 식생조사는 삼림을 대상으로 한다. 산림청(임업) 관련 종사자 또는 일반인들은 대부분 산림이라는 단어로 사용하는데 엄격하게는 삼림으로 이해해야 한다. 여기에서는 일반적 숲의 의미는 삼림으로 표현했고 산지의 숲에 국한하는 경우에만 산림으로 표현하였다.

환경부와 산림청의 삼림 관리 차이 | 국토의 64%인 삼림은 중요한 국가자연자산으로 환경부와 산림청은 지속가능한 자연생태계 보전을 위해 여러 방안으로 협업한다. 두 기관은 유사한 정책으로 삼림을 관리하기도 하지만 상이한 정책으로 삼림을 관리하기도 한다. 환경부는 「자연환경보전법」에 근거하여 10년마다 자연환경보전기본계획(제3차: 2016~2025)을, 산림청은 「산림기본법」에 근거하여 20년마다 산림기본계획(제6차: 2018~2037)을 수립한다. 환경부는 '자연의 현명한 이용으로 자연생태계의 보전과 복원'을 강조하는 반면 산림청은 '산림자원 및 임산물의 수요와 공급에 기초한 지속가능한 산림경영(이후 삼림경영)'을 강조한다. 즉 환경부는 생태적 천이를 통한 자연생태계의 구조와 기능 회복 및 증진이 중요하지만 산림청은 용재 생산, 임산물 채취 등과 같은 숲에 대한 인위적인 관리가 중요하다. 특히 산림청에서 실시하는 수종갱신의 벌목, 숲가꾸기의 간벌, 임산물(잣나무, 산삼, 더덕 등) 식재 등의 삼림경영은 환경부 관점에서는 식생의 자연성을 교란·훼손시킨다. 이 때문에 환경부 자연환경조사에서 자연성이 낮은 식생보전등급으로 평가되는 원인이 된다. 흔히 임산물 식재 또는 간벌이 이루어진 식분을 인위적 교란으로 인지하여 이차식생은 식생보전Ⅲ등급, 잣나무조림식생은 식생보전Ⅳ등급, 벌목된 식생은 식생보전V등급으로 평가한다. 식생보전등급에 대해서는 제5장을 참조하도록 한다.

삼림경영의 의미 | 「산림기본법」에서 규정하는 지속가능한 삼림경영(산림경영)이란 "산림의 생태적 건전성과 산림자원의 장기적인 유지·증진을 통하여 현재 세대뿐만 아니라 미래 세대의 사회적·경제적·생태적·문화적 및 정신적으로 다양한 산림수요를 충족하게 할 수 있도록 산림을 보호하고 경영하는 것"으로 정의한다. 산림청의 삼림경영의 목표는 임산물 생산, 국토 보전, 보건휴양 기회 제공, 자연환경 보호, 시료 생산 등이다(KFS 2024a). 인위적이고 적극적인 관리 개념이 포함된 산림청의 삼림경영은 용재 생산, 수종갱신 및 숲가꾸기 등을 포함한 벌목, 벌채, 간벌, 가지치기 등의 행위를 포함하기 때문에 환경부의 삼림관리와는 명백히 구별되며 관련 개념의 이해가 필요하다.

벌목, 벌근, 벌채, 간벌의 이해 | 식생연구에 산림청의 숲가꾸기에서 사용하는 벌목, 간벌 등의 의미를 정확히 이해할 필요가 있다(그림 2-34). 벌목(伐木, 모두베기, felling, logging)은 지표면 위 수목의 줄기(목재 부분)만 제거하는 것을, 벌근(伐根, stump)은 지표면 아래 수목의 뿌리 부분을 제거하는 것을, 벌채(伐採, cutting)

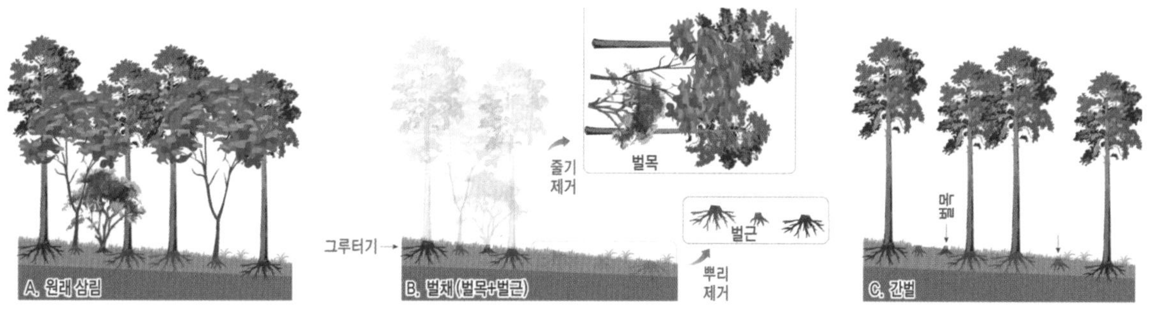

그림 2-34. 숲가꾸기의 유형들. 원래 삼림(A)에서 벌채(B)는 수목의 줄기(벌목)와 뿌리(벌근)까지 제거하는 가장 강한 숲의 관리이고 간벌(C)은 소나무숲 유지를 위해 활엽수림을 제거하는 등의 선택적 벌목을 의미한다.

그림 2-35. 강한 간벌(좌: 태백시)과 약한 간벌(우: 양산시). 숲가꾸기에서 많은 수목을 제거하는 강한 간벌은 일부 수목을 제거하는 약한 간벌에 비해 숲으로서의 다양한 기능을 상실할 수 있다.

는 벌목과 벌근을 모두 포함하는 것으로 땅에서 나무를 완전히 제거하는 것을 의미한다. 간벌(間伐, 솎아베기, 부분베기, thinning)은 선택적으로 수목들의 밀도를 조절하면서 숲을 가꾸는 것을 의미하는데 강한(수관울폐도 樹冠鬱蔽度 50% 이하) 또는 약한(수관울폐도 50~80%) 등의 강도로 구별할 수 있다(그림 2-35). 간벌은 임목 상호 간에 경쟁을 완화시켜 수목의 부피생장을 촉진시킴으로 건강한 삼림 조성과 더불어 우량한 목재를 생산하는데 목적이 있다. 그에 반해 벌목은 대상지역의 모든 수목을 자르는 것이다. 이 외에도 큰 나무를 골라서 베어내고 움을 키워 새로운 숲을 만드는 택벌(擇伐, selective cutting), 인공적으로 땅위 줄기를 모두 베어버리고 새로운 줄기를 가꾸는 개벌(皆伐, clear cutting) 등의 용어를 인지할 필요가 있다. 우리나라의 많은 삼림에는 지속적이고 주기적인 간벌이 이루어지기 때문에 식생조사에서 그 흔적을 쉽게 관찰할 수 있다. 이에 대한 세부적인 내용은 산림청의 「숲가꾸기 설계·감리 및 사업시행 지침」과 「지속가능한 산림자원 관리지침」 등을 참조한다. 이러한 행위들은 환경부 관점에서 식생 원래의 자연성을 저하시키는 요인이다.

삼림식생 연구에서 조림식생과 적지적수 개념에 대한 올바른 이해가 필요하다.

조림과 적지적수 개념, 국토의 소나무림 | 식생학에서 조림식생(造林植生, afforestation vegetation)을 어떻게 이해해야 하는가? 조림식생은 인공적으로 조성한 삼림식생으로 숲을 가꾸는 삼림경영인 육림(育林, silviculture)의 주요 대상이다(Kim 2004)(그림 2-36). 우리나라의 많은 식생공간은 국토녹화사업 목적으로 조림한 이후 자연방치하거나 지속적으로 교란 관리하는 대상식생 또는 장기간 방치한 이차식생에 해당된다. 우리나라 산지에서 넓은 공간을 차지하는 많은 소나무군락이 대표적이다. 우리나라의 소나무군락은 전체 삼림의 26.6%를 구성한다(NGII 2020). 이는 국가 또는 지자체에서 산불(벌목 등) 이후 소나무(금강송, 강송)를 많이 식재하는 삼림정책을 시행했기 때문이다. 이러한 소나무군락을 조림식생으로 인식하면 국토의 무분별한 개발과 삼림 훼손이 일어날 수 있다. 이를 개선하는 방법은 생태적 적지적수(適地適樹, 적합한 나무를 적합한 땅에 심음)의 개념을 적용해 소나무군락을 조림식생으로 인지하지 않는 것이다. 하지만 소나무 유목을 식재한 조림 초기에는 다층의 숲을 형성하지 않기 때문에 적지적

그림 2-36. 대표적 조림식생(양평군)인 잣나무식재림. 잣나무는 우리나라 중·북부지방에 자생하지만 산지에 임산물 생산 등을 목적으로 식재한 잣나무조림식생의 경우에는 생태적 적지적수의 개념으로 보지 않는다.

그림 2-37. 식재 초기의 소나무 관목식생(좌: 삼척시)과 식재 후 안정된 소나무림(우: 강릉시). 우리나라에는 산지에 조림을 위해 금강송 형태의 소나무를 많이 식재한다. 식재 초기의 관목식생은 생태적 적지적수 개념의 식생보전Ⅲ등급으로 판정하지 않지만(식생보전Ⅴ등급으로 판정) 숲으로 기능하는 단계에서는 적지적수 개념으로 본다.

표 2-9. 산림청에서 권장하는 용도별 권장 조림수종(KFS 2023a 수정). 목록에 외래수종을 다수 포함하고 있다.

용도 구분	권장 조림수종
용재수종	소나무, 잣나무, 일본잎갈나무, 가문비나무, 구상나무, 편백, 분비나무, 삼나무, 자작나무, 음나무, 버지니아소나무, 상수리나무, 졸참나무, 스트로브잣나무, 피나무, 노각나무, 서어나무, 가시나무, 박달나무, 거제수나무, 이태리포플러, 물푸레나무, 오동나무, 리기테다소나무, 황철나무, 백합나무, 들메나무
유실수종	밤나무, 호두나무, 대추나무, 감나무
조경수종	은행나무, 느티나무, 복자기, 마가목, 벚나무, 층층나무, 매자나무, 화살나무, 산딸나무, 쪽동백나무, 채진목, 이팝나무, 때죽나무, 가죽나무, 당단풍, 낙우송, 회화나무, 칠엽수, 향나무, 꽝꽝나무, 백합나무
특용수종	옻나무, 다릅나무, 쉬나무, 두충, 두릅나무, 단풍나무, 음나무, 느릅나무, 동백나무, 후박나무, 황칠나무, 산수유, 고로쇠나무
내공해수종	산벚나무, 때죽나무, 사스레피나무, 오리나무, 참죽나무, 벽오동, 곰솔, 은행나무, 상수리나무, 가죽나무, 까마귀쪽나무, 버즘나무
내음수종	서어나무, 음나무, 주목, 녹나무, 전나무, 비자나무
내화수종	황벽나무, 굴참나무, 아왜나무, 동백나무

수의 조림식생으로 인식하지 않는 것이 합당하며 소나무유목림 또는 관목림 등으로 구분해도 무방하다. 적수적수의 개념은 식재한 이후 교목층-(아교목층)-관목층-초본층으로 된 3층 이상의 계층구조를 가진 숲의 기능을 하는 흔히 식생고 5m 이상인 경우에 해당한다(그림 2-37). 즉 삼림에서 적지적수 개념은 숲의 구조와 기능이 자연적으로 유지되는 시스템을 갖는 식분들에 적용해야 한다.

조림식생의 인식 | 우리나라에서 적지적수의 개념이 적용되는 수종은 주로 소나무와 곰솔이다. 잣나

무, 자작나무, 일본잎갈나무, 리기다소나무, 아까시나무, 밤나무 등으로 이루어진 숲은 적지적수의 조림식생으로 인식하지 않는 것이 일반적이다. 산림청은 경제림, 공익, 산림재해방지, 산림가꾸기 등 다양한 목적으로 조림사업을 시행하고 있다. 산림청에서는 용도를 용재수종, 유실수종, 조경수종, 특용수종, 내공해수종, 내음수종, 내화수종으로 구분하여 식재수종을 제안하고 있다(KFS 2023a)(표 2-9). 이러한 구분을 토대로 숲이 형성된 식재된 식분에 대해 환경영향평가에서 [01]삼림녹화지, [02]조경식재지, [03]묘포장 등으로 구분하여 이해할 수 있다. 삼림녹화지는 삼림보호를 위해 식재한 공간으로 수종은 소나무, 잣나무, 일본잎갈나무, 편백 등이며, 조경식재지는 묘목 생산 및 조경공간으로 수종은 왕벚나무, 느티나무 등이고, 묘포장은 묘목 생산을 위한 공간으로 수종은 느티나무, 소나무 등 다양하다. 현지조사에서 삼림녹화를 위한 곳에 영구적으로 수목을 식재한 경우는 조림식생으로 판단하지만 왕벚나무, 느티나무와 같이 조경 식재 및 묘포장 조성 이후 비교적 적극적이고 지속적인 관리가 이루어지는 곳은 조림식생으로 판단하지 않는다. 산림청에서 산지에 대한 조림정책이나 방향은 변할 수 있기 때문에 조림 또는 이차림을 어떻게 인식할 것인가?에 대해서는 전문가적 식견이 필요하다.

생태보전·복원숲과 환경보전림 | 우리나라에서는 국토 보전을 위해 생태보전 및 복원 목적의 다양한 형태의 숲을 조성한다. 흔히 생태숲, 생태모델숲, 생태복원숲, 환경보전림, 완충림과 같은 이름으로 조성한다(제6장 참조). 이런 숲은 사람들이 집중 이용하는 도심의 근린공원과는 확연히 다른 기능을 한다. 조성 초기에는 인위적인 관리를 지속하지만 안정화되면 자연적으로 유지되는 형태로 매우 소극적으로 숲을 관리한다. 이런 숲은 초기에는 조림의 개념이지만 안정화된 이후에는 적지적수의 개념을 적용하여 숲을 평가한다(그림 2-38, 2-39). 우리나라에서는 오래된 마을숲을 천연기념물 등으로 지정하였는데 함양 상림(제154호)(그림 6-39 우), 담양 관방제림(제366호)(그림 2-38 좌), 의성 사촌숲(제405호)(그림 6-39 좌), 남

그림 2-38. 인공조림한 천연기념물 제방림(좌: 담양군, 담양관방제림, 푸조나무 등, 제366호)과 일반 제방림(우: 문경시, 느티나무림). 이러한 제방림들은 오래 전에 식재하였지만 지역에 적합한 고유종으로 이루어진 마을숲이며 적지적수 개념을 적용해야 한다.

그림 2-39. 조성 초기 방풍림(좌: 부산시 명지지구, 곰솔)과 오래된 방풍림(우: 남해군 물건리, 천연기념물 제150호, 팽나무, 후박나무 등). 지역에 적합한 수종으로 이루어진 방풍림이 숲의 기능을 한다면 적지적수의 개념이 적용된 숲에 해당한다. 특히 해풍이 많은 우리나라 해안지역에는 방풍림을 조성한 경우가 많다.

해 물건리 방풍림(제150호)(그림 2-39 우) 등이 대표적이다. 최근 도시개발사업에서 바람이 많이 부는 해안가에 조성하는 방풍림은 주로 곰솔을 식재하기 때문에 적지적수의 개념이 적용된 식물종으로 이루어진 숲이다(그림 2-39 좌). 생태보전 및 복원을 위해 조성한 복원숲이나 이식수목으로 이루어진 보전숲도 구조적, 기능적으로 안정화되었다면 적지적수의 개념을 적용해야 할 것이다.

식생조사에서 이차식생과 천이에 대한 이해는 보전생태학적 가치 평가에 중요하다.

이차식생의 인식 | 식생조사에서 식분의 보전생태학적 가치 판단에 극상~준극상의 자연식생(자연림)과 천이 초기~중기의 이차식생(이차림)을 어떻게 구별해야 하나?는 중요한 질문이다. 여기에는 일반적인 판단 방법들을 제시하지만 경우에 따라 보다 정밀한 판단 방법들이 있을 수 있다(그림 2-40, 2-41, 2-42).

01 조사 식분의 층위구조를 통해 판정 가능하다. 우리나라의 삼림은 흔히 교목층, 아교목층, 관목층, 초본층의 4층 구조이지만 이차림에서는 보다 단순하거나 온전하지 않은 식생구조를 가진다(그림 2-40, 2-41). 계층 발달 정도(식생고, 식피율)는 식물군집 또는 생육입지에 따라 다르게 나타난다.

02 조사 식분의 식물종 구성으로 판정하는데 참취, 주름조개풀, 각시붓꽃, 고사리, 큰까치수영, 억새, 인동, 계요등, 댕댕이덩굴, 미국자리공, 노박덩굴, 줄딸기, 진달래, 싸리, 참싸리, 청가시덩굴, 청미래덩굴, 산초나무, 개암나무, 밤나무, 상수리나무(그림 2-42 우), 아까시나무 등과 같은 식물종은 이차식생의 구성종에 해당된다.

그림 2-40. 자연식생과 이차식생. 자연식생(A)은 식물종과 수령이 다양한 다층의 식생구조를 나타낸다. 이차식생(B)은 수종이 단순하거나 수령이 비슷한 3층 또는 불완전한 4층의 식생구조를 가지는 경우가 많다.

03 자연식생에서 온전한 구조는 교목층 개체들의 수령이 다양하게 배분된 이령림(異齡林, uneven-aged stand, uneven-aged forest)의 형태이다(그림 2-40). 수령은 흉고직경(DBH) 또는 기저직경으로 추정 가능하다. 조림식생은 동일 또는 유사한 시기에 식재했기 때문에 개체들의 수령이 거의 동일한 동령림(同齡林, even-aged stand, cohort)에 해당된다. 산불 또는 벌목 이후 자연적으로 재생된 숲은 비슷한 시기에 발아 생육한 개체들이기 때문에 개체들은 동령림에 가까운 경급(徑級, diameter class)과 영급(齡級, age class)의 구조를 가진다(그림 2-42 중). 흔히 동령림은 이령림에 비해 개체들의 밀도가 높은 것이 특징이다.

04 자연림에서 교목층의 개체들은 하나의 줄기를 갖는 형태이다. 하지만 이차림의 개체들은 교란(산불, 벌목 등) 이후 정상적인 눈(芽, 싹, bud)에서 발달한 가지가 아닌 잠아(潛芽, dormant bud) 또는 부정아(不定芽, adventitious bud)에서 발달한 새싹인 맹아(萌芽, 움, sprout)로 다수의 줄기(맹아지)를 갖는다(그림 2-42 좌). 자연상태에는 물리적으로 불안정한 서식처에 생육하는 수목들에서도 이러한 형태를 나타내기도 한다. 산사태로 형성된 붕적지(崩積地, colluvial land), 계곡 사면(곡벽 谷壁), 바윗돌이 쌓인 산비탈면 등이 이러한 곳이다. 이 곳에는 줄기가 단단한 경목(hardwood)인 물푸레나무, 느티나무, 고로쇠나무, 들메나무, 서어나무, 굴피나무, 느릅나무 등이 주요종이고 신갈나무, 졸참나무, 층층나무 등도 일부 혼생한다. 특히 경목들은 하나의 줄기를 갖는 형태일 수 있다.

05 식생고(vegetation height)를 통해서도 판정 가능하다. 우리나라의 자연상태 숲에서 건강하고 성숙한 신갈나무는 20m 내외로 성장하지만 성장 중인 이차림의 신갈나무 개체는 식생고가 보다 낮다. 하지만 지형적 위치에 따라 식생고가 다르게 나타날 수 있다. 바람의 영향을 강하게 받는 능선부의 신갈나무는 길이생장보다는 부피생장이 강한 형태이다. 그에 반해 계곡에 인접한 사면 하부에는 습도 및 토양조건이 양호하여 길이생장이 양호한 형태를 갖는다(그림 5-72 참조).

06 식분이 식생지리적으로 다른 식물기후지역에 생육하는 경우가 있다. 식생지리적으로 졸참나무림이 형성되는 지역에 산불 또는 교란 등의 훼손(제거)이 발생하면 진행천이 초기에는 추위에 보다 강한 신갈나무림이 발달하는 경우가 많다. 이 신갈나무림은 오랜시간이 지나면 잠재자연식생 개념에서 졸참나무림으로 변할 것이다(Kim 2004). 예를 들어 졸참나무-작살나무아군단의 자연

그림 2-41. 신갈나무 이차림(좌: 합천군, 황매산)과 들메나무-난티나무군락의 준극상 상태(우: 인제군, 점봉산)의 숲. 숲의 구조가 천이 중간단계이면 식생구조가 단순하지만 후기의 준극상으로 가면 보다 복잡한 다층숲을 이룬다.

그림 2-42. 이차식생 판정 사례. 맹아지를 형성하거나(좌: 안성시, 신갈나무림), 개체들의 수령이 비슷하거나(중: 울산시, 신갈나무림), 이차림의 수종이 우점하는 경우(우: 청주시, 상수리나무림)에는 이차식생으로 판정할 수 있다.

표 2-10. 한반도 동남단에 위치한 부산시 금정산 일대의 자연림과 이차림의 사례(Kim 2004 재구성)

식생대	식생단위	자연림	이차림과 입지환경
냉온대 남부·저산지대 낙엽활엽수림대	졸참나무-작살나무아군단	졸참나무 우점림	북사면(고해발) | 신갈나무 우점림
			남사면(중해발) | 굴참나무 우점림
난온대 산지대 상록활엽수림대	동백나무군강	후박나무 또는 가시나무 우점림	북사면 | 졸참나무 우점림
			남사면 | 굴참나무 우점림

림 식분이 파괴되어 이차림으로 바뀌면 식물들의 서식 환경조건이 보다 불리하게 변한다. 이 경우 보다 열악한 환경조건(온도, 습도)에 자라는 북쪽의 식생대로 대체되거나, 인접 식생대의 구성식물종이 혼생하거나, 해당 기후대에서 발달하는 이차적 식생유형(예: 상수리나무군락, 굴참나무군락)으로 바뀐다(표 2-10).

잠재자연식생의 인식 | 잠재자연식생(潛在自然植生, potential natural vegetation)(Tüxen 1956)은 어떤 지역에서 인간간섭을 완전히 배제하고 현재의 모든 자연환경(기후, 토지 등) 조건을 총화했을 때 자연적으로 발달하는 종국의 식물사회(終局植物社會)를 의미하는데 1956년 튝센(R. Tüxen, 1899~1980)이 제안한 이론적 개념이다(Kim 2013). 흔히 산지에서 오래된 원시림과 같은 숲은 수백 년 이상에 걸쳐 형성된다. 화분(꽃가루, pollen)을 통한 식생사(vegetation history) 분석에서 오래된 원시림은 적어도 수천 년간 개체들의 성장과 쇠퇴를 반복하면서 지속되어 왔다(奥田과 佐々木 1996). 생태학에서 잠재자연식생의 발달과 변화는 최근의 기후변화를 포함한 종국의 극상림(極相林, climax forest)을 추정 이해하는 전형적인 식생천이 개념이다.

식생에서 천이와 발달에 대한 개념 이해는 중요하고 건생천이와 습생천이를 이해해야 한다.

천이의 개념 | 생물군집이 일정한 방향으로 발달하는 불가역적 변화를 천이(遷移, succession)라 한다. Kerner(1863)가 식물군락의 발달(천이) 연구에서 이 개념을 처음 소개하였고 Clements(1874~1945)가 더욱 체계화하였다(Kim and Lee 2002). 천이는 시간의 흐름에 따라 생물군집 내의 생물종이 질적, 양적으로 변하는 것을 의미한다. 천이를 계절적 천이(seasonal succession)와 단순천이(succession)로 구분한다. 단순천이는 지형적 천이(geological succession)와 생태적 천이(ecological succession)로 나눈다. 천이는 자연적이냐 인위적이냐에 따라 일차천이(primary succession)와 이차천이(secondary succession)로 나누기도 한다. 또한 출발점이 되는 나지의 수분조건에 따라 육상의 건생천이계열(xerosere)과 습지의 습생천이계열(hydrosere)로 구분할 수 있다. 식생의 천이는 흔히 출발점에서 초기, 중기, 후기로 구분하고 종국에 도달하는 식물군집을 극상단계의 숲으로 규정한다.

삼림식생 건생천이의 일반적 이해 | 삼림은 식물 우점과정에 따라 생육영역(生育領域, growing space)의 관점에서 경쟁배제와 숲틈(crown gap) 형성을 고려하여 식생천이를 흔히 4단계로 구분한다(Oliver 1981, Oliver and Larson 1996)(그림 2-43, 2-44). 이는 건생천이에 대한 과정으로 보다 구체적인 내용은 Clements(1916, 1928) 등의 자료를 참조하도록 한다.

| 1단계 | 식생도입단계(stand initiation 또는 open shrub stage)는 교목식물이 없는 개방상태로 다양한 식물종이 정착하거나 기존의 식물종이 재생될 수도 있다. 이 단계에 시작되는 모든 식물들을 동령림이라 하고 식생의 안정화 시작단계이다.

| 2단계 | 울폐단계(鬱閉段階, stem exclusion stage)는 초본을 이긴 나무들이 상층을 차지하고 생육공간이 모두 채워지는 단계로 식생의 층화(stratication)가 형성된다. 빽빽한단계(brushy stage)라고도 한다(Gingrich 1971). 빛과 공간, 토양의 수분과 양분에 대한 강한 경쟁이 일어난다.

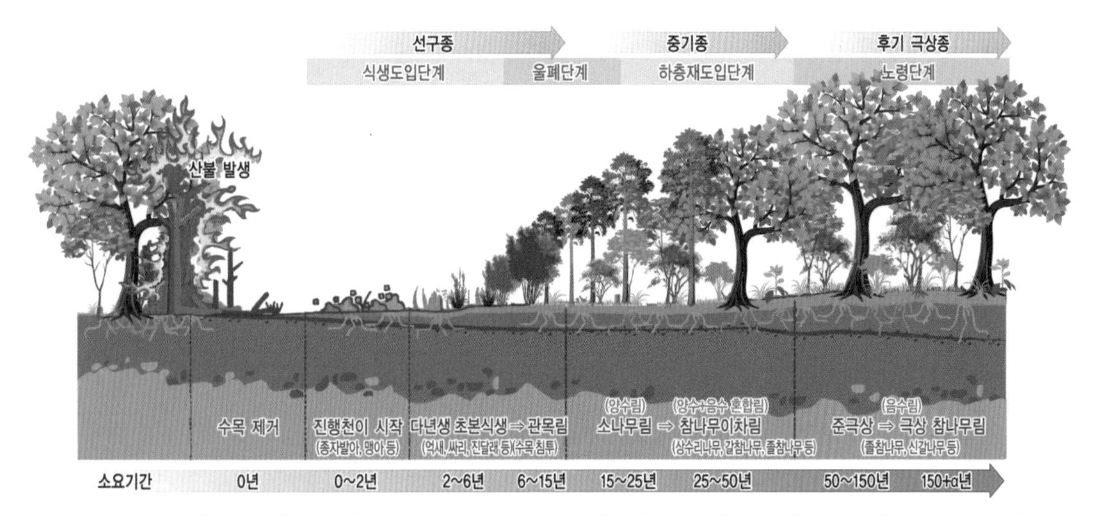

그림 2-43. 우리나라 냉온대 산지에서 산불 이후의 이차천이 과정. 우리나라 중부~남부의 냉온대 산지에 산불이 발생하면 기존의 교목성 및 아교목성 수목은 대부분 제거되고 이후 초원, 관목림, 교목림으로 발달하는 식생의 진행천이가 일어난다. 소요기간은 지리적 위치, 기후조건, 환경·지형조건, 매토종자, 종자유입 등 다양한 요인에 의해 달라진다. 천이단계에 따라 구성식물종은 물론 식생구조가 변하는데 이에 대한 학술적 이해는 식물군락(식분)의 보전생태학적 가치 판단에 중요하다.

그림 2-44. 산지에서의 건생 천이과정별 주요 경관. 왼쪽에서부터 관목으로 된 식생도입단계(용인시, 조리봉), 수목이 빽빽한 울폐단계(동두천시, 마치산), 숲틈 등에 의해 다양한 묘목들이 도입되는 하층재도입단계(양산시, 원효산), 큰 나무의 고사 등으로 식생구조가 성숙한 노령단계(인제군, 점봉산)이다.

| 3단계 | 하층재도입단계(understory reinitition stage)는 초기에 형성된 동령림의 활력도가 떨어져 하층에 새로운 종이 정착하거나 내음성이 있는 묘목들이 숲틈에서 성장하는 단계이다. 다양한 식물종의 유입과 정착으로 울폐단계보다 종다양성이 증가한다.

| 4단계 | 노령단계(old growth stage)는 큰 나무의 고사 등으로 숲틈이 생겨 하층의 나무들이 상층의 나무들을 대체한다. 이 단계는 다층의 식생구조가 형성·발달하는 성숙단계이다.

우리나라 산지에서의 건생천이 | 식생의 진행천이에서 종구성 및 식생구조 등의 이해는 식물군락의 보전생태학적 가치 판단에 중요하다. 우리나라 냉온대 중부~남부 산지대에서 산불이 발생하면 초기에는 다년생 초본식생(억새 등)에서 관목림(싸리류, 진달래, 교목 침투 등), 다시 양수림(소나무)에서 혼합림(소나무와 참나무류), 음수림(참나무류 등)으로 이차천이가 일어난다(그림 2-43, 2-44). 단계별 소요기간은 해당 입지조건(지리위치, 환경 및 지형조건, 매토종자 등)에 따라 상이하다. 강원도 평창군 일대의 산지에서 화전(火田) 이후 묵밭의 천이는 교목층-아교목층-관목층-초본층으로 이루어진 완전한 형태의 다층숲으로 발달하는데 방치 이후 약 35년이 경과하였다(Lee 2006). 묵밭(최장 80년차) 천이 연구결과에서 천이 단계를 방치 이후를 기준으로 일년생단계(0~1년차), 개망초-쑥단계(1~6년차), 관목단계(6~15년차), 초기 교목단계(15~25년차), 중기 교목단계(25~50년차), 후기 교목단계(50~80년차)로 구분했다. 대부분 목본은 개망초-쑥단계인 2~6년 내에 칩입하여 정착하는 것으로 분석했다. 묵밭의 식생천이에서 종다양성은 천이중기인 10~20년에서 최고로 증가한 다음 이후 감소하였다. 이는 교란의 규모, 빈도, 강도가 중간 수준의 서식처에서 생물다양성이 높다는 중간교란가설(intermediate disturbance hypothesis)(Connell 1978, Dial and Roughgarden 1988)을 따르는 결과이다. Lee et al.(2004)은 동해안 산불 피해지에서 약 20년이 경과한 이후에 교목층, 아교목층, 관목층, 초본층의 4층 구조를 갖는 숲이 형성되는 것으로 분석했다.

한반도에서의 기후적 극상림 | 한반도 삼림을 활엽수림으로 구분하는데 기후적으로 냉온대는 낙엽활엽수림인 참나무류림, 난온대는 상록활엽수림인 동백나무림이 대표적이다. 낙엽활엽수림은 지리적 위치에 따라 기후에 대응해 종국적으로 신갈나무 또는 졸참나무가 우점하는 숲으로의 진행천이가 일어난다. 신갈나무림과 졸참나무림은 산지 중·상부(중부) 및 하부(남부)의 기후극상(Yim and Kim 1992, Kim et al. 2011, Kang et al. 2020b)으로 인식한다(그림 2-17 참조). Kim(1992)의 연구에서 한반도 삼림식생을 신갈나무아군강 내의 신갈나무-철쭉꽃군목으로, 그 하위의 신갈나무-생강나무군단(신갈나무-생강나무아군단, 졸참나무-작살나무아군단)으로 인식하는 것에서도 알 수 있다(그림 2-13 참조). Cho and Kim(2018)은 우리나라 남부의 난온대 지역에 해당하는 대흑산도의 식생천이를 곰솔혼효림, 소나무혼효림에서 점차 상록수종의 개체수가 증가하고 50년 후에는 구실잣밤나무군락, 후박나무군락, 붉가시나무군락의 상록활엽수림으로의 변화를 예측하였다. 한반도 난온대 상록활엽수림은 동백나무, 후박나무, 마삭줄, 광나무, 구실잣밤나무, 사스레피나무 등이 주요종인 동백나무군강으로 구분한다(Kim 1992, Choi 2013). 서어나무-개서어나무아군단 등은 토지적 극상림에 해당한다(Kim 1992).

토지적 극상림인 서어나무림의 인식 | 우리나라에서 토지적 극상림인 서어나무림은 식물사회학적으로 서어나무-개서어나무아군단(Carpinenion laxiflorae-tschonoskii Kim 1992)으로 구분한다(Kim 1992). 우리나라에서 서어나무가 우점하는 식분은 전국적으로 분포하고 있고 개서어나무가 우점하는 식분은 남쪽으로 갈수

그림 2-45. 서어나무림(좌: 대구시, 팔공산)과 개서어나무림(우: 부산시, 가덕도). 서어나무림은 우리나라 전역에 비교적 넓게 분포하지만 개서어나무림은 상대적으로 남부지방에 치우쳐 분포한다. 공간적으로 두 식생 모두 토양에 바윗돌 크기의 암설이 붕적된 지역에서 출현 빈도가 증가한다.

그림 2-46. 서어나무(좌)와 개서어나무(우)의 잎(울산시). 서어나무에 비해 개서어나무는 잎이 보다 크고, 두껍고, 잎에 털이 많은 것이 특징이다.

그림 2-47. 서어나무의 줄기(양산시). 서어나무류는 줄기가 단단하며 약간 뒤틀리면서 성장하는 특성이 있다. 개서어나무의 줄기도 서어나무와 비슷하다.

록 증가한다(그림 2-45). 서어나무림 또는 개서어나무림은 토양 내에 암설(바윗돌 크기)이 붕적된 지역에 주로 발달한다. 이 때문에 줄기를 손으로 만지면 단단하기 때문에 경목(hard wood)으로 분류한다. 서어나무와 개서어나무의 줄기는 약간 뒤틀리면서 성장하며 잎의 크기 및 두께, 털의 유무 등으로 상호 구분이 가능하다(그림 2-46, 2-47). 이전의 많은 학자들은 우리나라 삼림의 많은 비율을 차지하고 있는 참나무류를 천이의 중간 단계로, 서어나무를 극상림의 대표수종으로 인식하여 서어나무가 있는 숲을 극상 단계로 인식했다(Byeon and Yun 2018). 이는 서어나무림을 대상으로 한 연구 대부분은 특정 지역(포천시, 광릉의 죽엽산) 또는 국지적으로 나타나는 서어나무 대경목 군락을 대상으로 했기 때문이며 온대림의 극상림으로서 서어나무림을 제시한다는 것에는 논란이 있다(Park et al. 2009). 극상이라는 용어는 진행천이 단계에서 최종적으로 발달하는 군집 또는 안정된 군집으로 정의한다(Krebs 2008). 즉 극상림이란 궁극적으로 수종의 변화가 거의 없고 임목들이 생육 입지와 충분한 균형을 이루는 숲을 말한다(Lee et al. 1996, Son et al. 2016, Byeon and Yun 2018). 한국, 중국 중부, 일본에 분포하는 서어나무는 온대 지역의 자연림과 이차림의 주요종이다(Hori and Tsuge 1993, Byeon and Yun 2018). Byeon and Yun(2018)은 우리나라 서어나무림(전국 17개 산의 총 75개 지점 분석)의 천이를 [01]서어나무림으로 당분간 유지, [02]까치박달림으로 천이 진행, [03]붉가시나무림으로 천이 진행의 3가지 유형으로 구분하여 예측했다. 이와 같이 서어나무림을 천이 단계의 극상으로 규정하여 인식하는 것은 합당하지 않다. 즉 우리나라 남부, 중부지역 삼림의 기후적 극상림은 졸참나무림 또는 신갈나무림이며 서어나무림은 토지적 극상림으로 인식해야 한다(Kim 1992). 따라서 식물연구자는 우리나라 내에서 서어나무류 우점림의 경우 신갈나무림 또는 졸참나무림과 동일하게 식분별 식물종조성, 식생구조적 특성 등에 따라 보전생태학적 가치를 부여하는 것이 합당하다.

우리나라 습지의 습생천이 | 우리나라에서 생태적 천이에 대한 연구는 대부분 육상생태계에 집중되었고 모든 이론들이 습지에 적용될 수 없다. 흔히 많은 습지에서 비생물적 요인이 생물적 요인보다 더 크게 작용한다(Mitsch and Gosselink 2007). 습지의 천이에 대해 가장 잘 알려진 모델은 습생천이(hydrarch succession)로 개방수역에서 고지의 육상식생으로 발달하는 자생과정(autogenic process)이다(Lindeman 1941). 습지유형 중 호소와 같은 물정체습지가 육상화되는 습생천이는 흔히 7단계로 구분할 수 있다. 습지는 개방수역인 상태부터 식물플랑크톤단계(phytoplankton stage)를 거쳐 침수식물단계(submerged plant stage), 부엽식물단계(floating leaved plant stage), 갈대(추수식물)습지단계(reed swamp stage, emergent stage), 사초초원단계(sedge-meadow stage), 수목지대단계(woodland stage), 극상림단계(climax forest stage)로 구분한다(그림 2-48, 2-49). Clements(1916, 1928)는 북미 호소의 식생 관점에서 습생천이계열을 나지화(nudation), 침투(invasion), 경쟁(competition), 반응(reaction), 안정화 또는 극상(stabilization or climax)의 5단계로 구분하기도 하였다. Forel(1901)은 식물군락이 아닌 호소 전체에서 진행되는 생태계의 천이를 5단계로 구분하여 이해하기도 하였다. 습생천이의 마지막에 형성되는 극상림은 호소의 크기에 따라 다르며 그 과정은 수만~수백 만년 이상 매우 더디게 일어난다. 이는 유기물과 토양의 유입과 축적으로 인한 습지 건조화(육화)의 결과로 극상림이 발달하기 때문이다. 일본의 많은 빈영양호 또는 중영양호에서 추정하는 천이속도는 연간 퇴적량이 1㎜ 정도가 일반적이며 빈영양 상태보다 부영양 상태의 호소에서 퇴적속도가 빠르다(Kim and Lee 2002). 이러한 퇴적에 따른 습지의 육상화는 퇴적물의 퇴적속도를 측정, 분석하여 유추 가능하다. 호소는 거시적으로 빈영양 상태에서 부영양 상태로 천이가 진행되고 최종적으로는 건조화(육화, 육상화)의 방

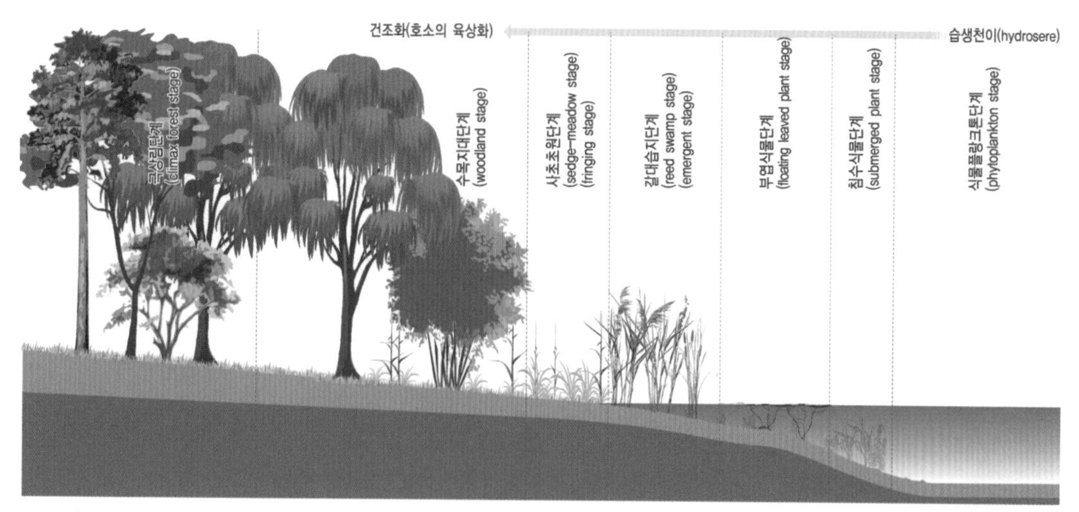

그림 2-48. 습지의 습생천이 단계(Lee and Baek 2023). 호소의 습지는 식물플랑크톤단계에서 시간이 경과함에 따라 유기물과 토양의 축적으로 건조화(육화)되어 최종적으로 고지의 육상 극상림단계로 발달한다.

그림 2-49. 호소성 습지의 천이과정별 경관(Lee and Baek 2023). 우에서 좌로 식물플랑크톤단계(춘천시, 의암호), 부엽-침수식물단계(창녕군, 장척지), 갈대-사초초원단계(함안군, 질랄늪), 수목지대단계(군산시, 백석제)이다.

향으로 진행된다. 이러한 습생천이는 교란이 지속적이고 맥박식으로 발생하는 하천에서도 간접적으로 적용될 수 있다.

하천의 맥박식 식생천이와 지속식물군락 | 하천에서 수문의 주기적인 교란이 없으면 물속에서 생육하는 수중식생에서 초본식생, 버드나무류 관목식생과 아교목식생을 거쳐 교목성 버드나무류 또는 오리나무류의 습생림으로, 이후 종국적으로 비하천성 육상식물의 산지성 삼림식생이 발달한다. 하지만 하천식생은 거시적으로 수분포화주기(수문주기, hydroperiod, 특히 장마와 태풍)라는 수문환경에 대응하여 공간분포하고 발달한다(Lee and Baek 2023). 하천에서 극상에 이르는 식생천이는 거의 드물고 맥박식 안정준극상(pulse-stablized subclimax)을 이루게 된다(Odum 1971)(그림 2-50). 하천에는 극상림의 발달이 거의 없고 현재와 같은 조건이 지속된다면 식물군락의 안정적인 순환천이(循環遷移, cyclic succession)가 나타난다(Lee and Kim 2005). 따라서 맥박식의 주기적인 범람이 있는 조건 하에서 하천의 식물사회는 극상으로 발달하지 못하고 계속 머물러 있는 지속식물군락(持續植物群落, perpetual plant community) 또는 준극상(pseudo-climax, subclimax, semi-climax,

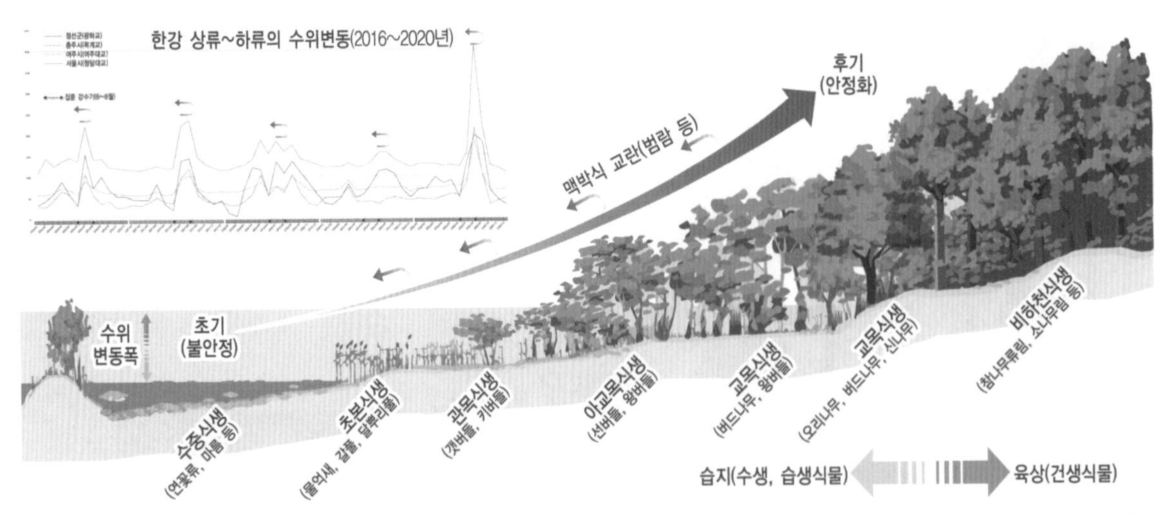

그림 2-50. 우리나라 하천에서의 맥박식 천이 모형(Lee and Kim 2005, Lee and Baek 2023). 하천은 식생천이가 진행되는 과정에서 주기적인 범람(장마, 태풍)의 교란이 맥박식으로 발생하기 때문에 되먹임(feedback)되어 회귀(回歸)하는 특성이 있다. 이러한 특성 때문에 하천식생을 지속식물군락 또는 위극상의 형태로 이해하는 것이 합당하다. 하천에서 범람의 영향이 가장 작은 제방 공간에는 교목성의 버드나무림 또는 오리나무림이 발달한다.

para-climax, 위극상: 극상으로 진행되지 않고 계속 머물러 있는 상태: Kim 2013)림으로 이해해야 한다. 천이 후기의 교목성 버드나무류 또는 오리나무류 습생림은 수문적으로 보다 안정된 상태이다(그림 2-51). 우리나라에서 보다 육화된 버드나무류 습생림(수변림)은 버드나무, 신나무 등이, 오리나무류 습생림은 오리나무, 버드나무가 주요종인데 주로 계곡의 고수위 또는 제방 공간에 국한하여 발달한다(Lee and Baek 2023). 하천은 특히 지형계와 생태계 사이의 상호작용인 강한 되먹임을 바탕으로 발달하기 때문에(Balke et al. 2014) 하천생물지형천이(Corenblit et al. 2007, 2009)와 직접적인 관련이 있고 공간과 시간에서 물질과 에너지 조직의 4단계(지형적 단계, 개척자 단계, 생물지형적 단계, 생태적 단계)로 이해하기도 한다(Corenblit et al. 2015).

그림 2-51. 하천에서 버드나무류가 우점하는 수변림(구미시, 해평습지). 버드나무류가 우점하는 하천 둔치의 수변림은 연중 맥박식의 수리변동이 있는 수문조건에서 지속식물군락으로 인식해야 한다. 우리나라에서 수변림은 중·대하천 활주사면의 충적저지에 왕성하게 발달한다(Lee and Baek 2023).

너도밤나무군락(울릉도, 알봉). 너도밤나무군락은 우리나라 내에서 울릉도에만 서식하는 해양성 삼림식생이다. 적윤하고 비옥한 토양과 평탄한 지형, 다습한 기후조건으로 너도밤나무군락은 다층의 식생구조로 잘 발달하고 있다. 임상에는 큰두루미꽃, 산마늘, 섬말나리 등의 다양한 초본식물들이 높은 피도로 생육하고 있다.

산지 상부~능선부 평탄지(고위평판지)에서의 식생천이(합천군, 황매산). 산지 상부~능선부 평탄지에 식생이 훼손(제거)된 이후에는 삼림성 수목들의 침투가 일어난다. 자연상태에서는 시간이 경과함에 따라 잠재자연식생의 구성식물종들이 침투한다. 초기에는 억새, 진달래류(산철쭉), 싸리류가, 이후에는 소나무가, 그 이후에는 신갈나무, 졸참나무 등이 주로 정착한다. 식물생태학자들은 침투한 개별 식물 개체들의 위치, 크기, 수고 등을 조사하고 계측할 수 있다. 획득한 생태정보를 토대로 식물 개체군에 대한 밀도, 빈도, 피도 등 다양한 정량·정성적 분석이 가능하다.

제3장

식물군집의 생태조사법 | 분석법

Chapter | THREE

1. 식물의 군집조사 및 분석
2. 생물다양성 및 다변량 수리·통계 분석
3. 종분포모형 분석
4. 생태조사의 장비 및 소프트웨어 활용

1. 식물의 군집조사 및 분석

식물군집 및 개체군에 대한 생태적 추정 기법은 전수조사와 표본조사로 구분된다.

식물조사 개요와 방법 채택 | 식물은 움직이는 동물과 달리 토양 또는 퇴적물 위에 고정 배열되기 때문에 밀도, 종수, 빈도, 종의 구성 등에 대한 조사가 상대적으로 정확하다. 연구자는 어떤 방법으로 식물군집 구조, 개체군의 풍부도 및 분포 특성을 조사할 것인지를 결정해야 하는데 동일 식물종 내에서도 개체별 차이가 명백히 존재한다. 신갈나무숲에는 교목층에 성장한 큰 신갈나무 개체도 있지만 초본층에 어린 작은 신갈나무 개체가 있을 수 있다. 이 때문에 개체수로만 식물군집 특성을 분석하는 것은 실제 존재하는 생태정보를 왜곡시킬 수 있다. 조사 공간에서 두 식물종의 개체수가 같은 경우에는 흔히 개체의 평균 크기가 큰 식물종이 생태학적 과정에서 더 중요하다(Bullock 2006). 이 외에도 무성생식의 일종인 영양생식(營養生殖, 무성생식, vegetative reproduction)으로 복제하는 식물종들은 연결된 싹(shoot) 또는 분지개체(ramet, 가지라는 뜻의 라틴어)로 자라는데 연결 부분이 땅에 묻히면 독립된 개체가 될 수 있다(그림 2-28 우 참조). 매우 역동적인 지표공간인 하천과 습지에 우점하는 식물종들(달뿌리풀, 물억새, 갈풀, 갈대, 애기부들 등)은 대부분 이러한 영양생식의 특성을 가진다(Lee and Baek 2023). 미국의 코수미즈(Cosumnes)강과 마켈럼(Makelumne)강에서 목본인 버드나무류(*Salix exigua*)도 복제체를 통한 영양생식이 개체군 유지의 주요 전략이다(Douhovnikoff et al. 2005). 영양생식 특성 때문에 하천 습지의 조사공간(방형구) 내에는 다양한 식물종

의 분지개체가 섞일 수 있다. 이 경우 종자번식으로 성장한 독립된 유전개체(genet, 유성생식 개체)로 구분하여 조사하기 어렵기 때문에 유전개체보다는 분지한 개체(줄기)를 계수하는 것이 합리적이고 일반적인 방법이다(Bullock 2006). 따라서 연구자는 대상 식물체 및 식물군집의 형태, 번식적 특성들을 고려하여 연구 목적에 맞는 합리적인 조사방법을 채택해야 한다.

전수조사와 표본조사 | 식물연구에서 통계적 조사는 전수조사(全數調査, complete survey, census)와 표본조사(標本調査, sampling survey)로 구분할 수 있다. 식물 개체군의 특성과 정보 분석의 목적에 따라 전수조사 또는 표본조사를 선택해야 한다. 식물 개체군 조사는 전수조사 또는 표본조사이지만 식생조사는 무작위 추출(random sampling)의 표본조사이다. 수리·통계학에서 정보를 알고자 하는 분석 대상 전체 집단(예: 천연기념물 마을숲, 지리산의 아고산식생)을 모집단(母集團, population, vegetation type, plant community), 그 개별 요소를 개체(unit, individual, species)라 한다. 전수조사는 모집단 내의 전체 개체를 조사(예: 마을숲 내의 전체 매목조사)하는 것이고 표본조사는 모집단 전체의 일부를 조사(예: 아고산식생의 식생조사표)하는 것이다. 표본조사는 모집단을 대표할 수 있는 표본(sample, site)을 뽑아 분석 개체들의 특성을 나타낼 수 있는 변수(變數, 변량, variable, 예: 피도, 생체량, 흉고직경, 수분조건, 식물종 구성 등)를 관측·분석하여 모집단 전체를 추론한다. 표본조사는 흔히 무작위 추출 원리(표 3-1 참조)를 적용한다.

A. 적합 추정 표본

▮개체군 변수
- 전체 : 400개체
- 방형구당 평균개체수 : 4
- 표준편차 : 5.005

▮표본 통계(n=10)
- 방형구당 평균개체수 : 5
- 표준편차 : 6.146

▮개체군 통계 추정
- 추정된 개체군 : 500개체
- 95%신뢰구간 = ±361개체

표본 위치		개체수
X	Y	
2	2	4
6	4	0
16	4	3
12	6	2
14	6	5
6	8	10
0	12	0
2	12	6
14	12	0
2	14	20

B. 과소 추정 표본 오류

▮표본 통계(n=10)
- 방형구당 평균개체수 : 0.8
- 표준편차 : 1.75

▮개체군 통계 추정
- 추정된 개체군 : 80개체
- 95%신뢰구간 = ±119개체

표본 위치		개체수
X	Y	
16	2	5
16	4	3
18	4	0
0	10	0
6	10	0
14	12	0
4	14	0
8	16	0
12	16	0
12	18	0

C. 과대 추정 표본 오류

▮표본 통계(n=10)
- 방형구당 평균개체수 : 9.6
- 표준편차 : 5.58

▮개체군 통계 추정
- 추정된 개체군 : 960개체
- 95%신뢰구간 = ±379개체

표본 위치		개체수
X	Y	
16	0	5
10	2	11
16	4	3
14	6	5
12	8	18
6	8	10
4	16	9
2	12	6
10	16	9
14	14	20

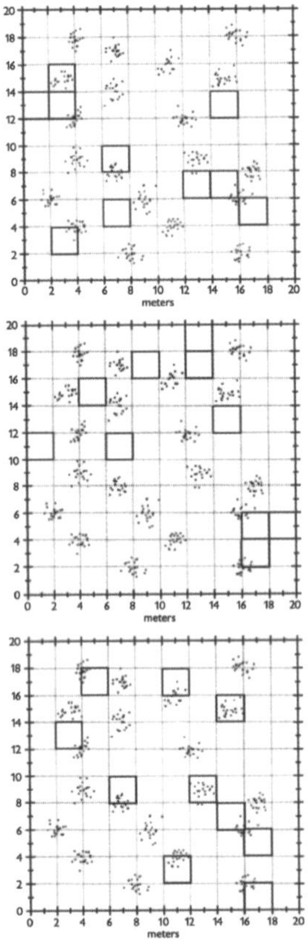

그림 3-1. 표본조사의 올바른 방법(A). 큰틀(N=100, 개체수 400개)에 배치할 수 있는 작은틀인 표본(2m×2m)을 무작위로 10개(굵은 검은색의 사각틀) 선정하였다. 잘못된 표본의 선정은 실제 400개체인 모집단을 80개체로 과소(B) 또는 960개체로 과대(C) 평가하는 결과의 오류를 초래한다(Elzinga et al. 1998 수정).

개체군의 통계적 추정 | 식물 개체군의 통계적 연구는 전체 개체군이 포함(전수조사)되거나 개체군 일부가 포함(표본조사)될 수 있다. 모집단은 표본단위(sampling unit)

를 통해 추론한다. 표본단위는 개별 식물일 수 있고 방형구(quadrat, plot), 점(point) 또는 단면(transect)일 수 있다. 표본은 모집단의 일부로 추출 가능한 표본단위의 집합이다. 흔히 하나의 방형구는 정형화된 다수의 작은틀(plot, 소방형구)로 구분되어 있는 큰틀(macroplot, 방형구)이다(그림 3-5 참조). 작은틀 내의 식물 개체들에 대한 측정값은 큰틀의 전체 식물 개체군을 통계적으로 추정하는데 사용한다. 이 때문에 모집단을 통계적으로 추정하는 표본의 선정(형태, 위치, 빈도 등)은 매우 중요하다. 적합하지 않은 잘못된 표본은 개체군을 과대 또는 과소 추정하는 결과를 초래할 수 있어 유의해야 한다(그림 3-1).

통계적 추정의 기본 설계 | 식물의 개체군 추정을 위한 조사 및 모니터링 연구 설계에는 크게 6가지를 고려해야 한다(Elzinga et al. 1998).

01 개체군 크기 | 연구 주제가 되는 식물종의 개체군 크기(수)는 얼마인가?
02 표본 유형 | 적절하게 추정할 수 있는 표본단위의 유형(개체, 식물 부분, 방형구, 점, 단면 등)은 무엇인가?
03 표본 형태 | 적절한 표본단위의 크기와 모양은 무엇인가?
04 표본 추출 | 표본단위를 어떻게 배치(설정)해서 추출해야 하나?(표 3-1)(그림 3-9)
05 표본 기간 | 선택한 표본단위는 영구적인가? 아니면 일시적인가?
06 표본의 수 | 몇 개의 표본단위를 추출해야 통계적 추정에 적절한가?

이를 고려한 표본의 측정값들은 통계적 추론이 가능한 통계량으로 산출되어야 하며 분석 대상과 목표를 고려한 현장별 정보를 기반으로 한다. 표본단위의 적합한 수량이 없는 것처럼 적합한 방형구의 크기와 모양도 없다. 이 결정은 흔히 예비표본(pilot sampling)을 통한 사전 현장평가로 이루어진다.

식물 개체군의 정량적 조사는 주로 밀도, 빈도, 피도, 생체량 등을 파악하기 위함이다.

밀도, 빈도, 피도, 생체량 | 식물 개체군 또는 식물군집의 속성 파악에 중요하게 다루는 측정값은 01밀도(密度, density), 02빈도(頻度, frequency), 03피도(被度, cover), 04생체량(生體量, 생물량, biomass)이다(Bullock 2006). 이 측정값들을 통해 개체군 구조, 우점도, 종다양성, 종간 사회성, 생산성 등과 같은 생태학적 특성들을 이해할 수 있다(Kim et al. 1997). 밀도는 연구지역에서 개체수를 파악하는 일반적인 표준 계수법이다. 빈도는 표본지역에서 특정 식물종 개체를 찾을 확률로 빈도가 높다는 것은 우점하거나 풍부하다는 의미이다. 피도(식피율)는 식물이 지상 부분을 덮고 있는 정도에 대한 측정법으로 표본지역 내에서 식물 개체 수관(樹冠, crown: 가지와 잎이 달려 있는 나무의 지붕)의 수직 투영에 의해 점유된 지표의 비율이다. 식물사회학적 식생조사에서 피도값 또는 계급을 사용하며 계층별 또는 식물종별 피도를 측정한다. 생체량은 식물 개체의 크기를 고려한 측정법으로 표본지역에서 흔히 지상중량을 측정한다. 개체군에 대한 현장 자료 수집과 결과 처리를 위한

함수적 분석의 세부 내용은 Park et al.(1989), Kim et al.(1997), Kent and Coker(1992), Bullock(2006) 등과 수리·통계 분석에 관련된 별도의 자료를 참조하도록 한다. 각종 측정값을 이용한 자료의 수리·통계적 분석을 위해서는 수집하는 자료의 척도와 그 속성을 정확히 이해해야 한다.

자료의 척도 | 수리·통계적 분석에 사용하는 자료의 척도(尺度, scale)는 다양한데 속성에 대한 명확한 이해는 중요하다(Kim and Lee 2006). 각종 현장자료들(변수들)의 특성을 수치화(정량화) 또는 측정하는 척도는 여러 형태이다. 변수의 측정 단위와 척도는 4가지로 분류되며 [01]명목척도(名目尺度, nominal scale), [02]서열척도(序列尺度, 순서척도, ordinal scale), [03]등간척도(燈竿尺度, 구간척도, 간격척도, interval scale), [04]비율척도(比率尺度, ratio scale)이다. 명목척도는 크기가 없고 이름으로만 분류하는 형태로 사례는 남, 여로 구분하는 것이다. 서열척도는 대소(大小) 관계가 있는 상대적인 순서를 나타내는 척도로 사례는 학업 석차, 달리기 순위 등이다. 식물사회학에서 식물종의 양적 정보를 피도계급으로 측정하는 것이 서열척도에 해당된다. 등간척도는 서열척도에서 일정 간격으로 구분된 척도이며 사례는 온도이다. 비율척도는 등간척도에서 절대적인 '0'의 값(ture zero)을 가지는 것인데 사례는 키, 몸무게, 나이 등이다. 측정값은 척도에 따라 가감승제(加減乘除, 사칙연산 四則運算)가 불가능하거나, 부분 가능하거나, 모두 가능하기 때문에 분석에 유의해야 한다. 예를 들어 등간척도인 온도에서 2℃의 2배는 4℃가 아니지만 비율척도인 무게에서 2㎏의 2배는 4㎏가 된다. 식생학에서 사용하는 식생보전등급이나 피도 값은 서열척도이기 때문에 가감승제로 평균값 등을 산출하지 못한다(예: 피도계급 평균이 2.5라는 표현은 오류). 서열척도의 가능한 통계적 분석은 빈도분석과 교차분석 등이다. 식물 개체군 조사에서의 측정값은 대부분 서열척도와 비율척도이다.

식물조사의 주요 유의점 | 식물조사는 식물의 지상부에 치우쳐 분석하는 경향이 있다. 지하부인 뿌리를 조사하는 것은 비교적 어렵고 식물체를 훼손시킬 수 있기 때문에 필요한 경우에만 하는 것을 권장한다. 밀도와 빈도 조사에서 식물의 뿌리를 포함하는 것은 부적절하다. 하지만 식물은 지상부와 지하부의 생체량 배분이 다르기 때문에 피도와 생체량의 크기에 기반한 측정 분석은 효과적일 수 있다. 식물체의 생장은 매년 기후적·환경적 차이(기온, 가뭄, 장마, 병해충 등)에 따라 달라질 수 있음도 인식해야 한다. 장기모니터링 조사에서는 연구자에 의한 식물체 교란 및 서식환경 변화(사람들의 이동에 의한 훼손 및 답압 등)가 발생할 수 있어 유의해야 한다. 특히 환경변화에 민감한 산지습지에서 식물종 및 서식환경 유지가 가능한 올바른 장기모니터링 조사 설계는 중요하다. 이에 기초한 식물 개체군에 대한 다양한 정량적 조사법들(밀도, 빈도, 피도, 생체량 등)을 살펴볼 필요가 있다.

밀도와 계수 | 밀도는 단위면적(방형구) 내의 식물종 개체수를 측정하는 방법으로 계수(count)를 통해 파악한다. 전수조사의 계수는 낮은 밀도를 갖는 조건에서 매우 유효한데 전체 개체가 대상이다. 중복 계

수를 피하기 위해 표식(labeling, 리본, 페인트, 테이프 등을 이용)(그림 3-30 참조)을 하면서 진행하는데 계수기(計數器, counter)를 이용하기도 한다. 전수조사 계수는 너무 많은 시간이 소요되기 때문에 식물 개체군의 크기가 수용 가능하고 개체가 충분히 크고 식별이 쉬운 경우에 용이하다(Bullock 2006). 일정 크기 이상의 개체 또는 어린 개체가 없는 개체군의 경우에는 드론(drone)으로 해상도 높은 정사영상을 생성하여 분석하는 것이 유용할 수 있다. 흔히 전체의 약 1% 면적의 무작위 표본추출(흔히 방형구 이용)로 밀도를 추정할 수 있는데 식물 개체들의 공간분포 패턴은 밀도 추정에 영향을 줄 수 있다(Barbour et al. 1998).

식물 개체들의 공간분포 패턴 | 식물종에 따라 개체들의 공간분포 패턴은 다르다. 자연계에서의 식물 개체군 대부분은 거시적 수준에서 집중분포하는 경향이 있다(Barbour et al. 1998). 하지만 미시적 수준에서 개체들은 [01]규칙분포(regular pattern), [02]임의분포(random pattern), [03]집중분포(clumped pattern)하는 형태로 구분할 수 있다(Molles 2008)(그림 3-2)(그림 4-5 참조). 모심기 이후의 벼, 과수원의 수목들은 극단적인 규칙분포의 사례이다. 하천의 주요 식물들(달뿌리풀, 갈풀, 물억새, 갈대, 애기부들 등)은 대부분 영양번식체(vegetative propagule)로 무성번식하여 우점하기 때문에 단일특이적(monospecific)으로 집중분포한다. 봄철 버드나무류들은 수변의 적지(適地)에 일제히 종자번식하기 때문에 집중분포하는 형태가 뚜렷이 나타난다(Lee and Baek 2023). 이와 같이 식물종에 따라 공간분포 패턴이 다르기 때문에 식물의 개체군 또는 군집 조사에서 표본 추출(sampling)에 유의해야 한다.

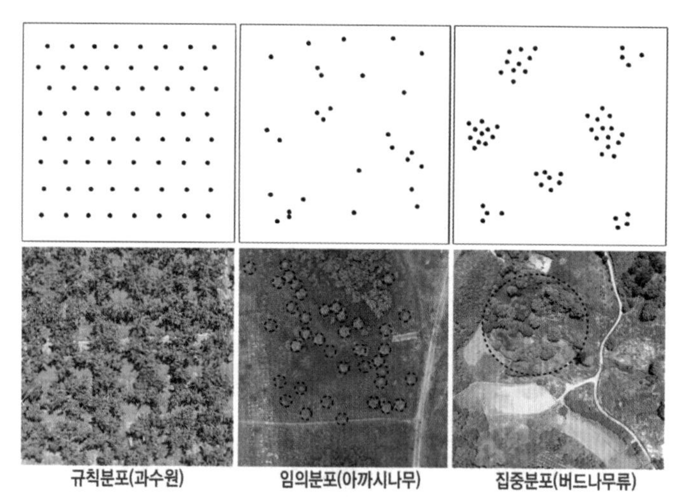

그림 3-2. 식물의 공간분포 패턴. 과수원의 사과나무는 규칙분포(좌)하고, 육상에서 아까시나무는 임의분포(중)하고, 특정 서식공간을 선호하는 버드나무류는 집중분포(우)한다.

식물 유형별 밀도 측정의 특성 | 식물의 정착은 종분포에서 명확하고 느리게 변화하는 공간분포 패턴으로 이어진다. 거의 변함없는 환경변수의 조각성(분반, patchiness), 번식체의 제한된 산포, 복제생장은 식물의 무리진 집중분포를 초래한다. 조각성의 규모는 식물군집의 유형과 생태학적 기작, 확장전략(침투 infiltration, 게릴라 guerrilla, 인해전술 phalanx) 등에 따라 다르게 나타난다. 밀도를 측정하는데 식물체가 큰 일년생 또는 이년생의 단개화식물(monocarpic plant)은 개체 판정이 용이하지만 다년생의 초본성 다개화식물(polycarpic plant)은 보다 복잡한 생활형을 가진다(Kent and Coker 1992). 생활사(life history)가 짧은 식물종들

은 발아, 성장, 개화, 결실, 고사하는 계절적(phenological) 차이를 인지해야 한다. 밀도 조사에서 지하뿌리 등으로 영양생식(營養生殖, 영양번식, vegetative reproduction)하는 식물은 줄기 또는 경엽부(shoot)를 계수한다. 맹아지를 형성하는 식물 개체의 경우에도 지상부 공중피도(aerial cover) 및 기저피도(basal cover) 등으로 밀도를 측정할 수 있다(그림 3-3).

밀도의 유형 | 밀도는 단위면적당 분석 대상 개체수를 의미하고 수도(abudance)는 주어진 면적 안에 있는 분석 대상 개체수를 의미한다. 개체군 연구에서 가장 기본이 되는 개체수는 [01]절대밀도(absolute density)를 의미한다. 이 외에도 [02]생태밀도(ecological density), [03]상대밀도(Relative Density, RD), [04]상대 개체군 밀도(realtive population density), [05]밀도지수(index of density) 등이 있다(Park et al. 1989, Kim et al. 1997). 절대밀도는 일반적인 의미의 밀도이다. 생태밀도는 분석 대상종이 서식하기에 적합한 면적을 고려한 것이다. 예를 들어 100㎡ 공간에 적합한 서식처가 60%이면 면적을 60㎡로 계산한다. 상대밀도는 집단에서 전체 개체수에 대한 어떤 종의 개체수 백분율을 의미하는데 군집의 비교 연구(시간 및 공간적 개체군 비교)에 많이 사용한다. 예를 들어 100㎡에 전체 50개체가 있고, 신갈나무가 10개체이면 ($^{10}/_{50}$)×100%로 신갈나무의 상대밀도는 20%이다. 상대 개체군 밀도는 집단과 시간을 고려한 방법이다. 밀도지수는 동물종 표본조사에 주로 사용한다.

빈도 | 빈도는 어떤 사건이 일어나는 횟수를 의미하는데 어떤 군집 내에서 종분포의 균질성을 나타내는 척도로서 식물종의 분포 유형을 이해할 수 있다(Kim et al. 1997, Bullock 2006). 빈도는 전체 표본(방형구)수에서 어떤 종이 출현한 표본수를 백분율로 나타낸다. 예를 들어 전체 10개의 방형구 중에서 7개 방형구에서 신갈나무가 출현하였다면 신갈나무의 빈도는 70%이다. 빈도는 식물사회학에서 상재도(常在度, Constancy Degree, CD)의 개념으로 이해할 수 있다(도움글 3-1 참조). 상대밀도와 같이 상대빈도(Relative Frequency, RF)를 계산할 수 있는데 군집에 속하는 모든 식물종의 빈도 총합에 특정 식물종의 빈도를 백분율로 표현한 것이다.

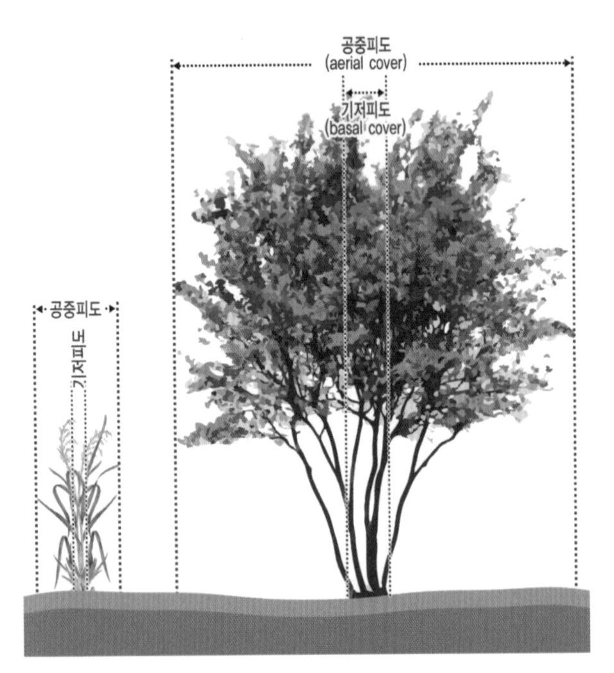

그림 3-3. 피도의 유형. 피도는 공중피도와 기저피도로 구분할 수 있다. 일반적으로 공중피도를 사용한다.

DAFOR와 피도 | DAFOR는 우점하는(Dominant, D), 풍부한(Abundant, A), 빈번한(Frequent, F), 가끔(Occasional, O), 희귀한(Rare, R)의 약자이다. DAFOR 척도는 식물종의 상대적 풍부도를 빠르게 추정하기 위한 반정

량적(semi-quantitative) 표본조사에 사용한다. 풍부도(abundance, 개체수)와 피도(cover, 면적 범위)는 종종 같은 의미로 사용되지만 실제로는 매우 다를 수 있다. 피도를 이용한 많은 유용한 자료 획득은 대상지역을 동일한 크기의 구획(흔히 사각형)으로 나누고 대상종에 대해 피도 범주를 지정하는 것이다. DAFOR 피도 범주에서 우점(D)은 75%, 풍부(A)는 51~75%, 빈번(F)은 26~50%, 가끔(O)은 11~25%, 희귀(R)는 1~10%이지만 그 범위를 부분 조정할 수 있다. 각각의 범주 앞에 지역적인(locally) 또는 매우(very) 등을 붙여 사용할 수 있으며 다른 유사한 형태는 ACFOR(Abundant, Common, Frequent, Occasional, Rare)이다(Kent and Coker 1992). DAFOR는 넓은 지역의 식생을 특성화하는 빠른 방법이지만 시간적 변화와 지점들 간의 차이를 이해하기에는 부족하다(Bullock 2006). 이 방법은 일련의 방형구보다 초지 또는 작은 숲을 전체지역으로 인식하여 연구하는 경우에 적합하다(Kent and Coker 1992). 조사자 간에 피도 판정과 사용하는 범위에 차이가 존재하기 때문에 정도관리(精度管理, quality control)와 같은 교차검증이 필요하다. 이러한 과정과 반복 훈련 등은 조사자 간의 편차를 줄일 수 있는 주관이 객관화되는 중요 과정이다. 피도는 백분율 또는 서열척도인 몇 개의 피도계급(cover class)으로 표현한다. 식물사회학 연구에서 학자에 따라 사용하는 피도의 계급 수가 다를 수 있는데 이에 대해서는 후술을 참조하도록 한다(표 5-6 참조). 피도는 흔히 공중피도로 사용하지만 식물 개체의 기저면적(基底面積, basal area)을 통한 기저피도로 방형구 내의 피도를 추정할 수도 있다(그림 3-3). 상대피도(Relative Coverage, RC)는 군집 내의 모든 식물종의 피도에 대한 특정 식물종의 피도를 백분율로 나타낸 것이다.

[도움글 3-1] **상재도와 기여도 산출 방법**(Kim and Lee 2006 일부 수정)

▌백분율-상재도(常在度, CD: Constancy Degree)는 임의 식물군락 내의 전체조사구에서 특정 식물종이 출현한 조사구 수를 의미한다.

$$CD\ (\%) = \frac{ni}{N} \times 100$$ …… N: 전체 조사구 수, ni: i종 출현 조사구 수

$\frac{ni}{N}$는 식물군락(전체조사구)에 대한 i종의 빈도로 질적인 양으로 평가된다. 이 백분율-상재도를 5계급(I~V)으로 구분하여 상재도 계급을 부여한다. 식물군락표에 계급을 기입함으로 식생단위에 대한 구성식물종의 질적 기여도를 이해할 수 있다(표 6-5 참조).

상재도 계급은 I = 1~20%, II = 21~40%, III = 41~60%, IV = 61~80%, V = 81~100%로 표현한다.

▌순기여도(純寄與度, NCD: Net Contribution Degree; Kim and Manyko 1994)는 1단계 각 식물종의 식물군락에 대한 절대기여도를 산출한 후, 2단계 식물군락 내에 출현한 모든 구성 식물종의 상대기여도를 산출하여 그 식물군락에 대한 각 식물종의 순기여도로 이용한다.

▌절대기여도(a-NCD: absolute Net Contribution Degree)는 백분율-상재도와 같이 어떤 식생단위(식물군락)의 조사구 수에 따라 변동한다. 식생단위의 조사구 수가 증가하면 절대기여도 값이 감소하는 경향이 있다. 이 단점을 보완하고 표준화된 상대값을 산출하기 위하여 상대기여도를 이용한다.

$$a\text{-}NCDi = \frac{\Sigma Ci}{N} \times \frac{ni}{N} \quad (Cmin \leq a\text{-}NCD \leq Cmax)$$ …… ΣCi: 식물군락 내의 i종의 피도 적산값, N: 전체 조사구의 수, ni: i종 출현 조사구 수

▌상대기여도(r-NCD: relative Net Contribution Degree, 순기여도)는 대상 식물군락에 대한 i종의 순수한 기여도이다. 유형화된 식물군락에 대한 출현종의 양적(피도), 질적(빈도)인 기여가 통합적으로 고려됨으로써 신뢰도의 수치화를 성취한 것이다.

$$r\text{-}NCDi = \frac{a\text{-}NCDi}{a\text{-}NCDmax} \times 100$$ …… a-NCDi: i종의 절대기여도, a-NCDmax: 식물군락 내의 절대기여도 최대값

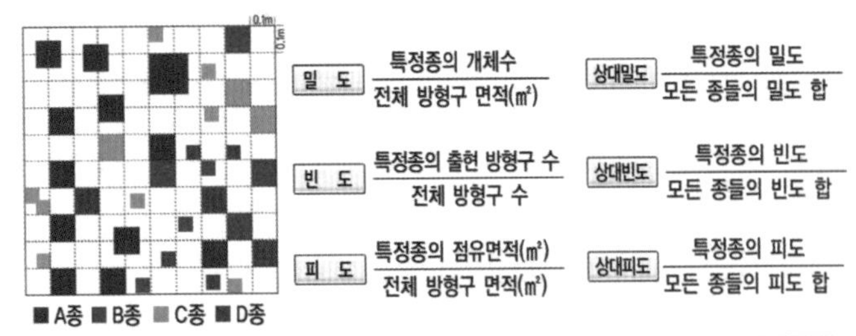

식물종	밀도(개체수/㎡)	빈도	피도	상대밀도(%)	상대빈도(%)	상대피도(%)	중요도
■A종	12	0.25	0.130	32	51	48.6	131.6
■B종	7	0.07	0.048	19	14	17.7	50.7
■C종	11	0.10	0.050	30	21	17.7	69.7
■D종	7	0.07	0.040	19	14	15.0	48.0

그림 3-4. 식물의 중요도 분석 사례. 중요도는 방형구에서의 특정 식물종의 기여도를 의미하기 때문에 높은 값의 식물종은 식생단위의 진단종으로 인식할 수 있다. 흔히 현장조사에서 밀도, 빈도, 피도를 측정한 이후 실내에서 산출한다.

중요도 | 중요도(重要度, 중요치, Importance Value, IV)는 조사지역(식물군집)에서 특정 식물종의 우세한 정도를 수치로 표현한 것이다. 중요도는 특정 식물종의 상대밀도(RD), 상대피도(RF), 상대빈도(RF)의 합을 의미한다(Curtis and McIntosh 1951)(식 3-1)(그림 3-4). 상대밀도, 상대빈도, 상대피도가 각각 1.00 이하의 값을 가지기 때문에 식물 i종의 중요도(IVi)는 0.00~3.00 사이의 값이며 백분율(0~300%)로 나타내기도 한다(Kim et al. 1997). 특정 식물종의 중요도는 식물군집 내에서 그 종의 중요성(영향력)을 나타내는 척도이다(Curtis and McIntosh 1951). 중요성은 식물군집 내에서 특정 식물종의 우점도(優占度, dominance) 또는 풍부도(豊富度, abundance)로 이해할 수 있지만 구분 적용할 필요가 있다(Bhadra and Pattanayak 2016). 식물종의 중요도가 높다는 것은 식물군집과 같은 식생단위에서 진단종으로 인식할 수 있다. 중요도는 전체 또는 임의 식물군집에 대한 특정 식물종의 상대적인 기여도를 의미하기 때문에 식물사회학의 순기여도(Net Contribution Degree, NCD) 또는 상대기여도(relative Net Contribution Degree, r-NCD)와도 일맥상통한다(도움글 3-1).

IV_i (i종의 중요도) = $RD_i + RC_i + RF_i$ ········ (식 3-1) ····· RD: 상대밀도, RC: 상대피도, RF: 상대빈도

생체량 | 식물의 생체량은 개체(개체군)의 무게(생산량)로 흔히 단위면적당 건량(kg/㎡) 또는 단위부피당 건량(kg/㎥)으로 표현한다(Park et al. 1989). 생체량은 군집의 영양구조, 생장 특성 등의 이해에 중요한데 부영양 입지와 빈영양 입지에서 식물종의 분포, 생장 특성 및 차이를 이해하는데 활용할 수 있다. 건조량(g dry matter, g DM)은 흔히 80℃의 건조기에서 일정시간 동안 생체 시료를 말린 다음 무게를 측정한다.

■ 방형구 조사방법은 식물 개체군 및 식생의 장기모니터링 연구에서 적합하다.

방형구 | 방형구(方形區, 틀방형구, frame quadrat) 조사는 임의 식물군집 내에서 고정된 식물과 같은 생물종의 양적 정보를 측정하는 일반적인 방법이며 주로 방형구 내 식물 개체군의 밀도, 빈도, 피도, 생체량

등을 측정한다(그림 3-5). 방형구의 크기(넓이), 형태, 반복 횟수, 설치 위치 등은 조사의 목적과 식물군집의 종류를 고려해서 결정한다. 방형구는 흔히 사각형 모양으로 4개 모서리를 막대기(목재, 철재, 플라스틱 등)로 고정하거나 4개 막대기 사이에 길이 단위가 있는 줄자(노끈)를 치거나 부유형(수생식물)으로 제작한다(그림 3-6). 방형구는 정방형(가로:세로 비율 1:1) 또는 장방형(가로:세로 비율 1:2 또는 1:3 등)으로 설치한다. 고정된 틀(frame) 형태의 방형구는 4㎡(정방형 2m×2m) 이상이면 틀의 형태를 유지하기 힘들기 때문에 접자를 사용하거나 방형구를 임시적으로 만들어 사용한다. 이러한 임시방형구는 정사각형 또는 직사각형의 형태가 잘 유지되도록 하는 것이 중요하다. 특정한 목적의 연구에서 줄자, 노끈 등으로 일정한 간격의 규칙성을 유지하면 방형구 내의 개체군 공간분포를 쉽게 파악할 수 있다. 방형구 크기와 관련된 연구는 식생학에서 많이 다루어졌으며 종-면적곡선(species-area curves)의 개념과 관련이 있다.

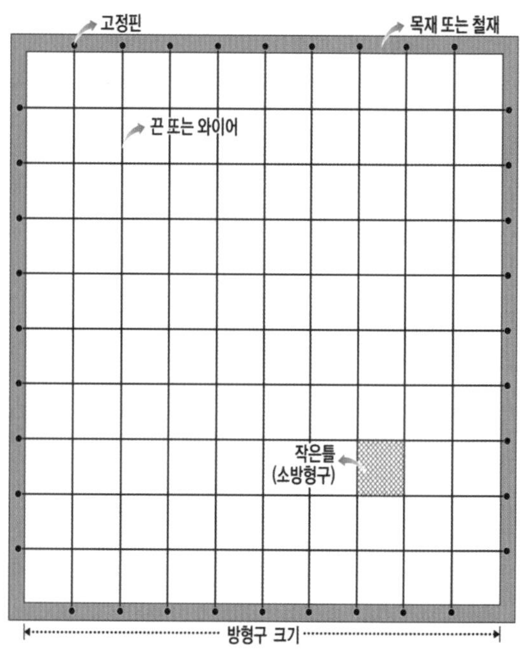

그림 3-5. 전형적인 정사각형 방형구. 흔히 10×10 또는 5×5(가로×세로)의 여러 개의 작은틀로 이루어진 큰틀의 방형구는 팽팽하게 당겨진 끈이나 와이어의 직각 교차로 이루어진다.

방형구의 일반적 크기 | 방형구의 크기는 종-면적곡선의 최소면적(minimal area) 개념을 고려해 결정한다(Cain 1938, Kent and Coker 1992)(그림 5-29 참조). 우리나라에서 올바른 표본조사의 방형구 크기는 교목 우점림(예: 신갈나무군락, 층층나무군락)은 100~900㎡(10~30m×10~30m), 관목림(예: 갯버들군락, 진달래군락)은 9~25㎡(3~5m×3~5m), 키큰 초본식생(예: 갈

그림 3-6. 방형구 설치 사례. 철재(좌: 여주시, 1m×1m), 줄자(중: 용인시, 10m×10m), 부유형(우: 화성시, 1m×1m) 임시방형구로 개체군 조사를 수행할 수 있다. 임시방형구는 분석 대상 개체군의 특성을 이해하기 위한 적절한 수단이다.

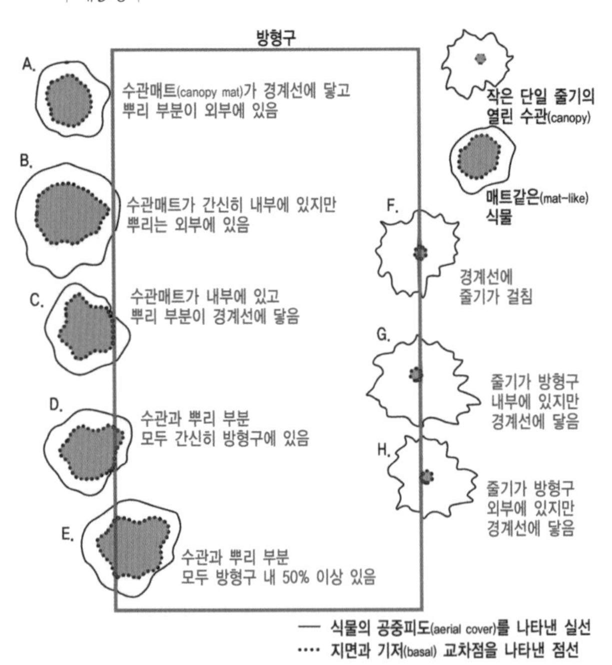

그림 3-7. 경계식물의 인식(Elzinga et al. 1998). 조사자는 방형구 내의 식물 인식을 두 규칙 중에 선택한다. [01]모든 경계식물은 기저부가 면에 접한 경우에만 포함하거나 [02]공중수관(공중피도)이 면에 접하면 모두 포함한다. 대부분의 조사자는 C~H를 경계식물로 간주하고 A, B는 수관만 경계와 교차하기 때문에 제외한다. 가끔 수관경계(공중피도) 대신 기저경계(기저피도)를 사용하기도 한다.

그림 3-8. 특정 식물의 밀도 및 생장율 조사(여주시). 방형구 내의 단양쑥부쟁이 개체수, 높이, 개화 여부 등을 주기적으로 조사하여 개체군 생육 특성을 이해할 수 있다.

대군락, 억새군락)은 1~4㎡(1~2m×1~2m), 키작은 초본식생(예: 고마리군락, 잔디군락)은 1㎡(1m×1m), 이끼류는 0.25㎡(0.5m×0.5m) 이하로 하는 것이 일반적이다(표 5-12 참조). 다층의 숲(교목층, 아교목층, 관목층, 초본층)에서는 계층에 따라 방형구의 크기를 다르게 적용하여 식물 개체군에 대한 정량조사를 수행할 수도 있다.

방형구 내의 개체군 정량조사 | 식물군집의 종다양성 파악을 위해서는 많은 수의 방형구 조사와 분석이 필요하다. 식물종에 대한 밀도와 같은 개체수 측정은 방형구 내에 뿌리를 내리고 있는 개체를 대상으로 하는 것이 일반적이다. 조사자는 방형구 경계에 서식하는 경계식물을 포함할 것인지 제외할 것인지에 대해 조사 이전에 일정한 규칙을 채택해야 한다. 개체의 포함 여부에 대한 경계의 설정과 판정에는 여러 경우가 있다(Elzinga et al. 1998)(그림 3-7). [01]먼저 모든 경계식물은 기저부가 방형구 경계면에 온전히 접촉하는 경우에만 포함한다. [02]다른 경우는 공중수관(공중피도)이 면에 접하는 모든 경계식물을 포함할 수 있다. 대부분의 조사자는 전자의 경우를 경계식물로 간주하고 후자의 경우는 제외한다. 경우에 따라 수관경계 대신 기저경계(기저피도)를 사용할 수 있다(그림 3-3 참조). 피도(식피율, 흔히 공중피도)는 방형구 내에서 각 식물종이 점유(지표 수직투영)하는 정도를 비율로 표현한 것이다. 비율은 다양한 형태로 표현할 수 있지만 백분율을 이용한 양적 측정이 가장 합리적이다. 식물사회학에서 사용하는 서열척도인 피도계급을 이용할 수 있으며 계층별로 구분해 측정할 수 있다. 방형구를 이용한 빈도 측정

방법은 2가지가 있다. [01]먼저 다수의 방형구에서 특정 식물종이 출현하는 방형구 수를 비율로 계산하는데 이 경우 출현 유무에 대한 질적인 정보이고 양적인 정보는 무시된다. [02]다른 방법은 보다 지소적인 빈도(local frequency) 측정으로 방형구를 격자로 세분화하여 특정 식물종이 격자를 포함하는 정도를 비율로 표현하는데 적은 수의 방형구에 적합하다. 생체량은 흔히 방형구 내의 식물체 지상부를 대상으로 분석한다. 또한 특정식물에 대한 개체수, 각 개체의 높이, 개화 여부 등의 월별 생장율(그림 3-36 참조)을 주기적으로 조사할 수 있다(그림 3-8).

표본 추출을 위한 방형구 설치법 | 방형구 설치 위치는 식물군집과 지형 특성에 따른 편견, 선입관, 주관을 배제한 객관성이 확보되어야 한다. 표본 방형구를 설치하기 위해서는 조사지역 가장자리를 따라 가상의 두 좌표 축을 설정하고, 축을 식생형에 맞도록 적정단위(거리)로 나누고, 난수표를 이용하여 지점을 설정한다(Kim et al. 1997). 흔히 방형구의 양은 조사면적 전체의 약 1% 정도로 한다(Barbour et al. 1998). 방형구의 표본 추출법은 단순임의추출법(simple random sampling), 제한임의추출법(restricted random sampling), 층별임의추출법(stratified random sampling), 완전규칙추출법(complete systematic sampling), 임의규칙추출법(random systematic sampling), 군체추출법(cluster sampling), 2단계추출법(two-stage sampling), 이중추출법(double sampling), 개별 식물의 무작위추출법(taking a random sample of individual plants), Relevé법(relevé method) 등이 있고(Kent and Coker 1992, Elzinga et al. 1998) 장·단점이 있다(표 3-1)(그림 3-9). 통계적으로는 [01]단순임의추출법이 편향성을 제거하기 때문에 가장 객관적이지만 접근의 어려움 등으로 소요 시간과 비용 대비 획득되는 정보가 부족하거나, 식물·환경 변이를 충분히 포함하지 못하거나, 중요하거나 희귀한 식물종(식생) 정보가 부족 또는 누락될 수 있는 한계가 있다. [02]층별임의추출법은 조사지역 전체를 몇 개의 균질한 지역으로 구분한 다음 각 지역에서 임의로 표본을 추출하기 때문에 전역을 고르게 조사할 수 있다. [03]완전규칙추출법은 임의추출법과 유사한 부분이 있지만 단면을 따라 동-서와 남-북을 일정 간격으로 표본을 추출해도 환경구배와 무관한 경우에 적합하다. [04]임의규칙추출법은 임의추출법과 규칙추출법의 특성을 동시에 포함한다. 이 방법은 생태연구에 자주 사용되는 방법으로 연구자가 현장에서 식생변화 특성을 잘 보여주는 공간

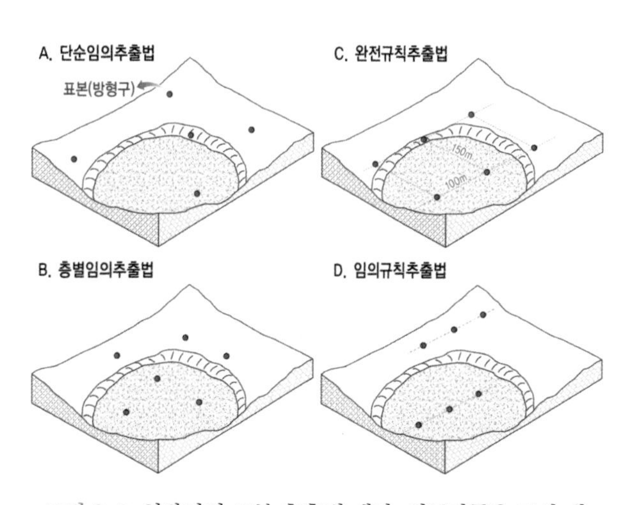

그림 3-9. 일반적인 표본 추출법 개념. 연구자들은 조사 대상식물(군집)의 생육, 분포 특성을 고려하여 적절한 방법으로 표본을 추출해야 한다. A는 무작위로, B는 균질한 서식환경을 구분하여, C는 일정 간격으로, D는 균질한 서식환경을 구분하여 일정 간격으로 추출하는 방법이다.

표 3-1. 무작위 표본 추출의 다양한 유형의 특성 및 장·단점(Elzinga et al. 1998 요약)

유형 구분	사용 권장 상황	장점	단점
단순임의추출법 (simple random sampling)	표본단위의 수가 적을 때, 동질서식처가 있는 작은 지리공간 범위에 유용	모든 유형 중에서 자료 분석에 필요한 공식이 가장 간단	일부 공간 누락 가능성 존재, 큰 표본 영역과 크기는 많은 시간 소요, 집중분포 모집단은 제한임의추출법, 규칙추출법이 효과적
층별임의추출법 (stratified random sampling)	속성이 정의된 서식처 특성에 매우 다르게 반응할 때 유용(각 층은 동질 서식처를 갖는 작은 지리적 영역으로 층별 표본단위가 너무 크면 안됨)	정의된 서식처 특성에 따라 측정된 속성이 명확하게 달라질 때 단순임의추출법보다 유리	분석의 수학적 공식 복잡, 어떤 층의 지리공간 범위가 클 수 있음, 일부 층이 누락될 수 있음
규칙추출법 (systematic sampling)	모든 조건에 유용함, 표본단위 간의 거리가 충분히 이격	무작위추출보다 표본이 잘 분산되어 자료 수집이 용이	표본 수가 25~30개 미만이면 의심스러운 결과 초래할 가능성이 존재
제한임의추출법 (restricted random sampling)	흔히 단순임의추출법보다 유용, 잠재적 표본 수가 25~50개 미만, 그 이상은 규칙추출법 유용	표본 수가 25~30개 미만인 경우 규칙추출법 보다 유리	표본 수가 25~30개 보다 크면 규칙추출법이 유리
군체추출법 (cluster sampling)	개별 요소의 무작위 추출이 어려운 경우 사용, 요소의 군집은 식별되고, 군집에서 임의추출법(흔히 규칙추출법 사용) 선택, 개별 식물에 대한 정보 추정에 자주 사용	흔히 무작위 추출보다 적은 비용 소요, 군체 기능을 하는 방형구 표본의 모든 식물에 대해 측정	모든 요소 측정, 군체 수와 크기 결정이 어려움, 분석 계산 복잡, 흔히 통계프로그램 패키지에 불포함
2단계추출법 (two-stage sampling)	군체추출법과 유사하지만 2단계 추출은 표본이 각 그룹 내에서 수집됨, 주로 개별 식물과 관련된 임의 값 추정에 사용	군체추출법과 이점(두 방법은 개별 식물의 일부 속성 추정의 유일한 수단)이 동일하지만 각 그룹(방형구)의 식물 수가 많은 경우 보다 유리	두번째 단계에서 표준편차가 없는 군체추출법과 달리 모든 단계에서 표준편차가 존재(이로 인해 공식 복잡)
이중추출법 (double sampling)	관심변수(예: 실측 생체량) 측정이 어렵지만 측정이 쉬운 보조변수(예: 목측 생체량)와 상관성 높은 경우에 사용	보조변수의 측정이 빠르고 관심변수와의 높은 상관성인 경우, 측정이 어려운 변수 추정에 효율적임	자료 분석 및 표본 크기 결정 공식이 무작위추출법보다 복잡, 흔히 통계프로그램 패키지에 필요 계산 불포함
개별 식물의 무작위추출법 (random sample of individual plants)	드문 경우에만 실행	적용이 가능한 일부 상황에서 군집추출법 및 2단계추출법보다 계산이 간단	대부분의 모니터링 상황에서 이 방법의 적용은 비실용적임

에 단면선을 긋고 그 선에서 임의적으로 방형구를 설치하는 것이다. [05]Relevé법은 객관화된 식견이 있는 숙련된 전문가에 의해 주관적으로 표본을 추출하는 방법이다. 숙련된 전문가는 충분한 문헌 등의 사전 조사를 통해 조사 대상 식생유형(식물군락)을 대표할 수 있는 중심 공간에서 여러 개의 표본 방형구를 획득할 수 있으며 Braun-Blanquet방법(Zürich-Montpellier학파)이라고도 한다. Relevé법은 우리나라 각종 자연환경조사의 식생분야에서 사용하는 일반적인 조사방법이다(제5장 참조).

장기변화관찰과 고정방형구 설치 분석 | 장기변화관찰을 통한 식물연구는 식물 개체들의 생장 속도, 개체군 구조 변화(종자발아, 유묘 형성 등), 식물종 구성 및 밀도 변화 등과 같은 동태적(dynamic) 정보들을 파악할 수 있다. 중·장기적인 변화관찰을 위한 고정방형구(영구방형구) 조사는 학술조사에서 많이 사용하는 방법이며 환경영향평가에서는 특수한 목적에서만 사용한다. 국가적 수준의 기후변화 등과 관련된 고정방형구의 학술적 연구에는 체계적이고 깊이 있는 조사와 분석이 필요하며 전문성 있는 연구자의 참여, 느린 변화를 고려한 긴 시간, 그에 따른 예산은 많이 소요된다. 환경영향평가에서는 터널(철도 및 도로)로 인해 지하수위 하강으로 터널 상부 식생의 변화(고사 등) 및 중요식생 보전, 습지 건조화 등을 모니터링하는데 활용할 수 있다. 환경영향평가에서 터널 상부 특정 지점에 대한 식생(식물) 변화를 모니터링하지만 식물체의 고사, 잎마름과 같은 육안적 수준의 관찰이다. 특히 식물 생육이 불량한 경우 터널의 영향인지, 병충해의 영향인지, 가뭄과 같은 기후의 영향인지 그 원인을 명확히 규명하기 어렵다.

고정방형구 설치의 유의사항 | 일반적인 식생조사에서는 고정된 방형구로 조사하지 않지만 연구 목적에 따라 고정된 방형구를 설치하여 조사하는 경우가 종종 있다(그림 3-10). 고정방형구는 장기변화를 모니터링할 수 있다는 장점으로 흔히 사각형 모양이다. 고정방형구를 설치하는 경우에는 사각형의 네

그림 3-10. 고정방형구의 설치 사례. 단양쑥부쟁이(작은 분홍색 화살표) 개체군의 변동(좌: 여주시, 1m×1m)과 버드나무림의 확장(우: 신안군, 장도습지, 5m×7m)을 관찰하기 위해 고정방형구를 설치하여 분석하였다.

그림 3-11. 녹슬지 않는 알루미늄 재질의 말뚝과 라벨을 이용한 표식. 장기변화관찰을 위해 설치하는 표식은 녹슬지 않는 재료로 된 말뚝(좌)이나 라벨(우) 등을 이용해야 내구성이 있고 지속적인 확인이 용이하다.

모서리에 고정된 말뚝(막대기)을 박아 위치정보를 기록하고 쉽게 찾을 수 있도록 표식 또는 안내판을 설치한다. 일반적으로 사용하는 GPS는 오차범위가 존재하기 때문에 현장에서 네 모서리 말뚝을 찾기가 쉽지 않을 수 있다. 고정방형구에서 지점의 특성, 모서리에 설치한 말뚝의 번호, 말뚝의 형태, 인접한 말뚝의 방향과 방위, 말뚝 위치의 지형 및 식물체 등에 대해 정보를 면밀히 기록하는 것이 좋다. 고정방형구 내에 위치하는 식물 개체에 대해 일정한 규칙과 규격으로 매목별 식별표를 설치하는 것도 효과적이다(그림 3-11 우)(그림 3-20 참조). 말뚝과 같은 시설물들은 장기간 잘 유지되어야 하기 때문에 식물에 영향이 없고, 녹슬지 않고, 내구성이 확보되고, 육안 확인이 용이한 재질로 한다(흔히 알루미늄 재질 이용)(그림 3-11 좌). 우리나라의 이른봄에는 겨울에 동결되었던 토양이 녹을 때 서릿발(icelense)에 의해 말뚝이 위쪽으로 밀어올려져 뽑힐 수 있다. 이 때문에 서릿발의 영향을 견딜 수 있는 깊이까지 말뚝을 박는 것이 좋다. 서릿발의 영향 토심은 지역 또는 토양환경 등에 따라 다를 수 있다. 흔히 지표에서 20~30㎝ 깊이까지 서릿발에 영향을 받을 것으로 판단된다. 또한 삼림에서 말뚝을 지표 가까이 너무 낮은 높이로 설치하면 낙엽에 의해 말뚝이 덮여 추후 확인이 어려울 수 있기 때문에 지표에 노출되는 말뚝은 30㎝ 이상 높이를 유지하는 것이 좋다(그림 3-11 좌). 고정방형구 관리를 위해 설치하는 안내표지판은 설치 목적 및 내용, 설치 기관, 방형구 번호, 관리책임자, 연락처, 법적 근거 및 책임(처벌), 주의사항 등의 내용을 포함하도록 한다. 설치 위치는 고정방형구 내에 서식하는 식물의 생육에 지장이 없도록 한다.

점방형구 | 점방형구(point quadrat, 접점법 point contact method, point intercept)는 초본, 이끼 등과 같은 키가 작은 식생에서 사용하는 조사방법이다. 점방형구는 끝이 뾰족한 얇은 막대로 강성(rigidity)과 강도(strength)의 확보를 위해 흔히 금속으로 제작하는데 T자 막대로 된 틀이다. T자 막대에는 10개의 구멍이 있으

며 초본을 샘플링하기 위해 뜨개질 바늘과 같은 긴 핀(T자 막대)이 각 구멍에 꽂혀 있다(그림 3-12). 핀이 지면을 향해 밀릴 때 핀에 접하는(hit) 다양한 식물이 식별되고 계수된다. 만일 전체 10개 핀 중에서 임의 식물종이 2개 핀에 접하면 빈도(또는 피도)는 20%(2/10×100%)가 되는 것이다. 점방형구는 수관(canopy) 간극과 피도 추정치는 별도로 평가할 필요가 없다. 흔히 핀의 간격은 10㎝이다. 점방형구의 단점은 밀도를 측정할 수 없고 키가 작은 식생에서만 사용 가능하다는 것이다(Barbour et al. 1998).

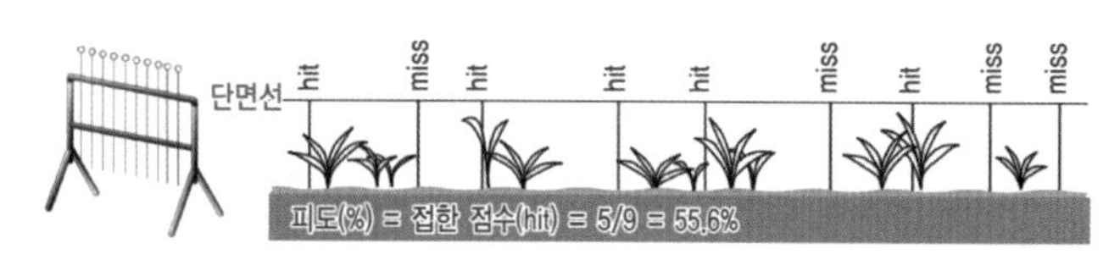

그림 3-12. 점방형구 사례(Elzinga et al. 1998 수정). 점방형구는 T자 막대(핀)가 접한(hit) 부분을 이용하여 피도를 측정한다.

단면으로 조사하는 대상법은 식물 개체군 및 식생의 변화를 이해하는데 효과적이다.

단면조사인 대상법의 유형 | 단면조사(횡단면조사, 대상법, transect)는 다양한 식생연구에 많이 사용하는데 01 띠대상법(belt transect, 띠단면법)(그림 3-13), 02 선상법(line transect, 선조사법)(그림 3-15, 3-16), 03 선차단법(line intercept, 접선법)(그림 3-17) 등으로 구분할 수 있다. 전술의 방형구로 조사하면 과도한 시간과 노력이 소요되기 때문에 이 방법을 사용한다(Kim et al. 1997). 단면조사는 방형구 조사보다 더 생산적이고, 직관적이고, 실용

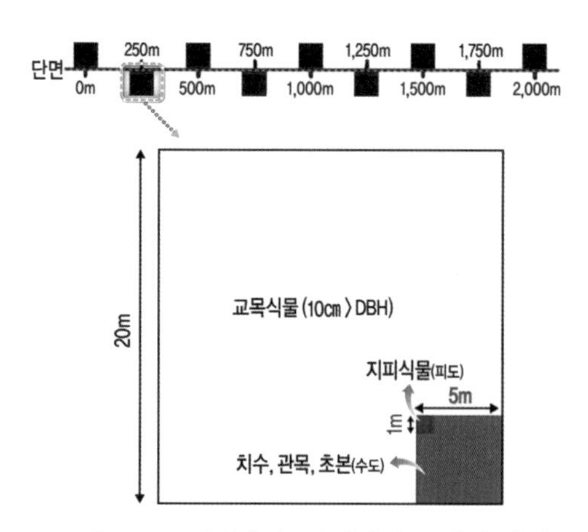

그림 3-13. 띠대상법. 띠대상법은 일정 단면을 따라 규칙적으로 방형구를 설치하여 조사한다. 방형구의 크기는 조사대상 식물군집에 따라 다르다.

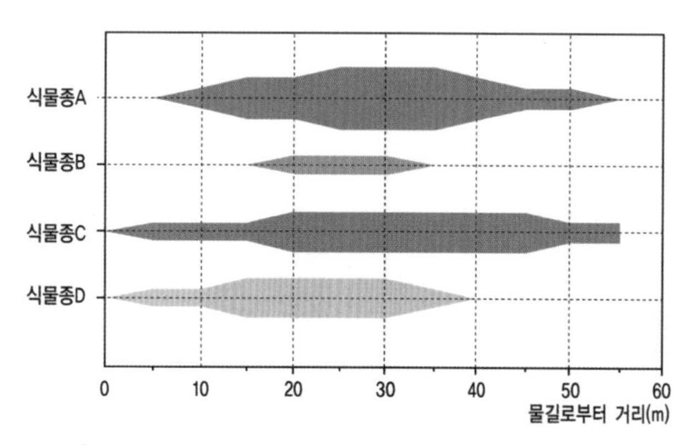

그림 3-14. Kite diagram. 생물군집의 단면조사 결과를 시각화하는데 단면을 따라 출현한 식물의 정량적 측정값(개체수, 피도, 빈도 등)으로 가능하다. 종별 그래프에서 세로 폭은 풍부도를 의미하는데 식물종A는 물길로부터 25~35m에서 풍부도가 가장 높은 것을 알 수 있다.

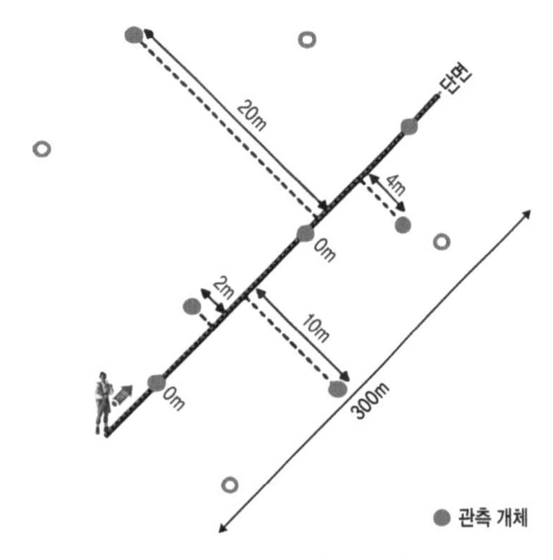

그림 3-15. 선상법. 선상법은 조사지역을 단면 선(한개 또는 복수)을 따라 이동하면서 관찰되는 개체를 측정한다.

그림 3-16. 선상법 단면조사(부산시 신자도). 선상법은 식물군집의 임의 두 지점 사이의 구조적 단면 변화를 잘 이해할 수 있다.

적인 분석이 가능하다. 하지만 여러 식물들이 엉켜 자라는 경우 정확한 개체의 피도 분석이 어렵거나 연구자 간에 편차가 클 수 있기 때문에 분석 대상 식생형 등에 따라 합리적인 조사방법을 선택해야 한다. 단면조사는 일반적으로 환경구배(環境勾配, environmental gradient) 또는 다른 서식처에 대한 식생의 변화(반응)를 파악하는데 사용한다. 이 방법은 주로 띠대상법 또는 더 큰 조사영역에서의 구배단면(gradsect 또는 gradient-directed transect)에 사용할 수 있다(Bullock 2006). 구배단면은 표본(방형구) 추출법 중에서 임의규칙추출법의 변형된 형태이다(Barbour et al. 1998). 이러한 식물군집의 연속적인 양적 변화를 잘 보여주는 그래프가 Kite diagram이다(그림 3-14). 대상법은 표본추출을 위해 횡단선(임의의 시작점과 끝점을 잇는 선) 또는 경로를 설정해야 하는데 조사하는 공간의 환경구배를 충분히 고려해야 한다. 횡단선의 길이는 연구의 목적에 따라 수 ㎝에서 수백 ㎞에 이를 수 있고 횡단선의 갯수는 단일 또는 다중일 수 있다.

띠대상법의 특성 | 띠대상법은 횡단면의 길이를 따라 연속적으로 놓인 임의 크기의 방형구들로 피도, 생체량, 밀도 또는 빈도를 측정할 수 있다(그림 3-13). 흔히 방형구 간 측정값의 변동은 환경요인의 기울기와 상관성을 가지는 경우가 많다. 띠대상법은 임의의 두 지점 사이를 가로×세로(예: 1m×1m, 3m×3m 등) 방형구 형태로 조사하여 식생의 연속적인 변화를 알아보는 방법이다. 띠대상법에서 방형구의 크기(띠의 폭)는 횡단선 및 경로에 서식하는 식물군집의 특성을 반영해서 결정한다. 흔히 식생고(vegetation height)를 고려해 크기를 결정하는데 초본식생의 경우 1~5m×1~5m 내외로 설정한다(표 5-12 참조). 이를 통해 임의의 두 지점 사이의 식생고 변화, 식피율 변화, 우점종 변화, 식물다양성 변화 등과 입지환경 특성과의 관계들을 그래프 및 표로 이해할 수 있다. 방형구는 일정 규칙(연속 또는 등간격 등)에 따라 설치한다. 전술의 구배단면은 전체 연구지역에 걸친 식물다양성을 의도적으로 파악하기 위해 배

치하는 단면도로 매우 넓은 지역을 조사하는데 주로 사용한다(Bullock 2006). 때로는 수백 ㎞에 이르기도 한다. 구배단면 조사에 GPS를 이용할 수 있고, DAFOR를 수행하거나, 방형구를 설치하거나, 원격탐사(remote-sensing)로 작성한 광역식생도(large-scale vegetation map)를 이용한 분석도 가능하다. 구배단면 조사는 베타다양성(β-diversity) 연구에 적합하다. 띠대상법은 선상법 및 선차단법에 비해 보다 많은 정보를 획득할 수 있다.

선상법의 특성 | 선상법은 동·식물의 풍부함을 추정하기 위해 1930년대에 개발되었다. 선상법의 주요 방법에는 [01]선상 샘플링(line-transect sampling)과 [02]점상 샘플링(point-transect sampling)이 있다(Owusu 2019). 미리 설정한 단면 선(횡단 및 경로)을 따라 걷고 지정된 간격으로 관찰하거나 미리 설정한 점에서 표준화된 조사를 수행하여 측정하는 방법이다(그림 3-15, 3-16). 주로 선 위를 걸으면서 발견되는 동물을 기록하는 방법으로도 사용하는데(Kim et al. 1997) 식생단면도가 선상법을 표현한 것에 해당된다. 식생단면도를 Bisect법(bisect method)으로 작성하기도 한다. 이 방법은 선단면이 아닌 띠단면에서의 식생단면도를 나타내는 것이다(그림 3-27 A와 C, 3-29 참조). 흔히 길고 좁은 공간 내에 있는 식생의 단면도를 표현하는데 많이 사용한다. 폭×길이가 5m×60m, 8m×40m, 10m×10m, 10m×20m, 10m×50m 등 다양한 띠단면에 적용할 수 있다. 선상법은 모든 개체가 감지되는 것은 아니지만 실제로 선이나 점 위에 있는 모든 개체가 감지된다는 기본적 가정이 있다.

선차단법의 특성 | 선차단법은 일반적으로 특정 서식처에 있는 동·식물의 풍부함과 분포를 추정하는데 사용하는 방법이다. 선차단법은 선(줄자, 테이프, 줄 등)을 이용한 조사로 식물군집을 횡단하여 줄에 접한 식물종을 기록하는데 식물종이 접한 선의 길이(면적을 고려하지 않음)를 피도, 밀도(상대밀도)로 계산한다(Kim et al. 1997, Bullock 2006). 선차단법은 단일 식물군집의 식분에서 식물종이 단면에 접한 거리로 전체 피도 또는 밀도 값으로 사용할 수 있다(그림 3-17). 선차단법은 식물체의 크기에 따라 표본의 추출 확률이 다르다. 크기가 큰 식물(개체)이 더 자주 출현하는 특성이 있다. 선차단법의 단면선을 따라 방형구를 규칙적으로 배치하는 것이 전술의 띠대상법에 해당된다.

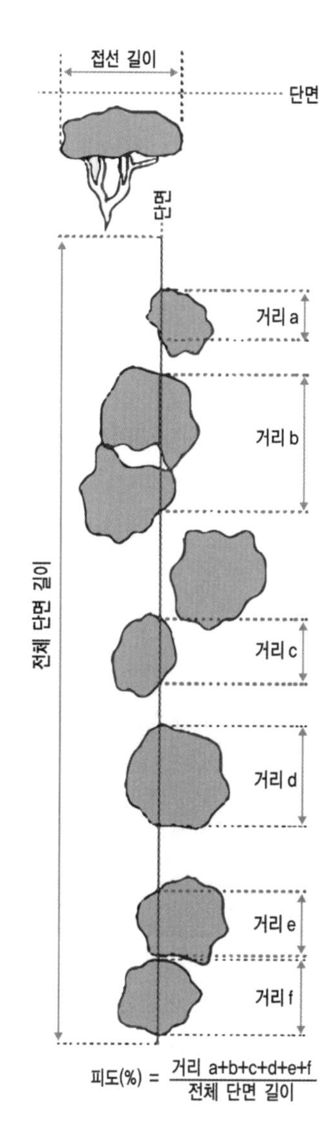

그림 3-17. 선차단법으로 단일 관목식물의 피도 측정(Elzinga et al. 1998). 단면선에 접하는 관목식물의 거리 합으로 피도를 측정한다.

기타 조사방법들 | 이 외에도 거리법(distance method) 등 여러 방법들이 있다. 거리법은 선 또는 점을 사용하지 않고 거리만을 기록하며 많은 노력과 시간이 소요되고 방형구의 넓이, 모양, 수에 따라 결과가 달라지는 방형구법의 단점을 보완하여 정확도를 높히고자 하는 방법이다. 거리법에도 최근접개체법(nearest individual method), 점사분법(point-centered quarter method), 최근접이웃법(nearest neighbor method), 무작위쌍방법(random pairs method) 등 다양한 측정 방법들이 있다. 또한 동물 개체군에 대한 조사방법들은 식물 개체군 조사방법보다 다양할 수 있다.

식물생태학에서 식물 종자를 이용한 연구도 많이 한다.

그림 3-18. 신갈나무림의 종자 포집(인제군 점봉산). 종자 포집 시설은 중력에 의해 떨어지는 종자를 일정 크기로 된 망에 포집하며 동시에 낙엽생산량도 측정할 수 있다.

종자 포집 | 종자 포집(seed trap) 방법은 육상식물 및 수계의 추수식물이 중력에 의해 아래로 떨어지는 종자의 밀도를 측정하는데 흔히 사용한다(그림 3-18). 종자 포집은 지표 또는 수표면에 설치하는데 시간당 종자가 포집되는 밀도로 측정한다. 종자 포집의 설치 방법과 위치, 설치 간격과 면적, 포집망의 모양, 망의 메쉬 크기, 포집을 위한 끈끈한 표면의 구성 등 고려해야 할 항목들이 많다. 이 항목들은 연구 대상 식물(종자 모양 등의 고려) 및 연구 목적에 따라 다양할 수 있다. 종자 포집은 흔히 숲에서 낙엽생산량을 측정하기 위한 조사방법과 유사할 수 있다.

종자은행 표본조사 | 종자은행 표본조사(sampling seedbank)는 흔히 토양 내의 종자은행에서 식물종자의 밀도와 분포를 추정하는데 사용한다. 시료(試料, 표본, sample)는 연구 전체지역에서 채취하는데 식물종 및 개체들의 불연속적 분포 특성으로 매토종자의 종류나 밀도는 불균질하다. 이 때문에 많은 지점에서의 종자은행 시료가 필요하며 GPS를 적극 활용한다. 시료는 채취 장소, 토양조건, 채취 깊이, 채취 시기(종자 생산과 발아의 시간적 변화 반영) 등을 충분히 고려하여 확보한다. 습지를 대표하고 우점하는 많은 벼과 식물(갈대, 달뿌리풀, 물억새 등)과 버드나무류(버드나무, 왕버들, 선버들, 갯버들 등)는 매토종자(종자은행)를 형성하지 않는 특성이 있어(Cho et al. 2018, Lee and Baek 2023) 식물종별 특성을 충분히 고려해야 한다. 매토종자를 형성하지 않는 식물들은 생산된 종자가 당해년도에 발아하지 않으면 생명력을 잃고 자연적으로 분해된다. 시료의 채취는 작은 방형구로 토

그림 3-19. 매토종자 채집. 토양 내에 포함된 종자은행을 채취하기 위해서는 일정 형태의 장비를 이용한다. 위의 사진은 논경작지(인천시)에서 주로 10~15㎝ 깊이에 매토된 매화마름 종자은행 시료를 채취하는 모습이다.

양을 파내거나 별도의 코어(core)를 이용하는 등 여러가지 방법이 있다(그림 3-19). 습지 바닥의 퇴적물 시료는 스쿠버(scuba)를 사용하거나 준설 그랩(grap)을 이용할 수 있다. 토양의 종자은행 시료와 이들의 실험실 발아에는 별도의 시설 및 여러 유의사항이 필요하며 별도의 관련 자료를 참조하도록 한다.

지도의 제작은 식물분야 중에서 식생학 관련 연구에서 많이 사용하는 보편화된 방법이다.

지도 제작 | 지도 제작(mapping)은 넓은 지역에 분포하는 식생의 피복 특성을 추정하는데 사용하고 현존식생도(現存植生圖, actual vegetation map)가 가장 일반적이다(그림 5-30 참조). 지도의 범례는 연구 목적과 조사지역의 면적 등을 고려하여 중분류적 또는 소분류적 식생유형으로 결정한다. 현존식생도의 범례는 유사한 형태의 상관 또는 식물종들의 집합(식물군락, 식물군집)인 식생유형을 의미한다. 가장 일반적인 식생유형은 Z.-M.학파(식물사회학)의 분류시스템이며 국가마다 표준화된 식생유형(Rodwell 2006, FGDC 2008, CNVC 2024)을 제공하기도 한다. 국내에서도 환경부 전국자연환경조사 및 내륙습지조사 등에서 많은 유형의 상관식생 및 식물군락이 있지만(제5차 전국자연환경조사 결과 19개 대분류, 1,710개 식생유형-식물군락; 목록은 부록 참조) 재분류 또는 세분류, 식생분류체계표준 재정립과 같이 보완해야 할 부분이 있다. 지도 제작에는 지도의 해상도와 범례의 결정, 현장조사, 위성(항공)사진, GPS, 드론의 활용, 원격탐사 기법과 GIS프로그램의 이용 등 관련하여 많은 내용들이 있다. 식생학에서 제작하는 지도 가운데 현존식생도는 자연환경조사 및 환경영향평가 등에서 가장 보편적으로 사용하는 중요한 내용이기 때문에 제5장에서 별도로 자세히 서술한다.

그림 3-20. 알루미늄 재질로 된 영구 라벨(좌)과 목재로 된 단기 라벨(우)(여주시). 목재 라벨은 1년 이내의 단기간, 알루미늄 재질 라벨은 녹슬지 않고 오래가고 변형이 거의 없어 장기간의 모니터링에 이용할 수 있다.

식물 개체에 대한 지도 제작 및 표식 | 식물종과 관련된 공간분포도 제작과 그에 대한 분석은 조사지역의 식물 생태(ecology) 및 동태(dynamics) 등을 이해하는데 중요하다. 지도 제작 및 개체 표식(mapping and marking individual)은 장기변화 모니터링과 같이 일정기간 동안 개별 식물체의 생장, 생산, 재생과 같은 계절성(잎, 꽃, 종자 생산, 부피 및 길이 생장 등) 및 시간성(종자 발아, 개체 사망 등) 연구와 관련이 있다. 개별 식물체에 대해 일련번호를 부여하는 등의 별도 표식(labeling)을 하는데 연구기간을 고려하여 쉽게 파손되지 않고 녹슬지 않는 재료(알루미늄 등)로 한다(그림 3-20)(그림 3-11 우 참조). 표식된 개체들은 GPS 또는 별도의 모눈종이 등에 기록하여 위치 및 관련 생태정보들의 정보화와 도면화가 가능하다. 개체들의 표식은 조사지역의 면적, 조사량, 조사시간, 조사시기 등을 종합적으로 고려해서 결정한다. 식물체가 크고 구분이 용이한 경우 고해상도 드론을 이용한 정밀도 높은 측량으로 조사할 수 있다. Kim et al.(2005)은 울산시 무제치늪(1번늪)의 오리나무 1,491개체에 대한 분포 특성을 분석하였다. 그 결과 물길로부터 거리가 가까운 공간에, 평균기저둘레 및 수관폭이 작고, 수고가 작은 개체들이 많은 것을 알 수 있다(그림 3-21).

식물 개체군 구조 또는 숲의 발달 정도는 수령과 흉고직경의 분석으로 이해할 수 있다.

나이테와 수령 | 나무(수목)의 나이를 수령(樹齡, tree age)이라고 하는데 나이테(연륜 年輪, annual ring)로 알 수 있다(그림 3-22). 나이테는 나무를 가로방향(줄기와 직각 방향)으로 잘랐을 때 단면에 보이는 동그란 원모양의 테(ring)를 의미한다. 나이테는 계절 변화에 따른 생장 차이에 의해 형성된다. 사계절이 뚜렷한 우리나라에서는 흔히 일년에 하나의 테가 형성된다. 온대지방의 나무는 봄부터 여름까지 햇빛과 물이 충분

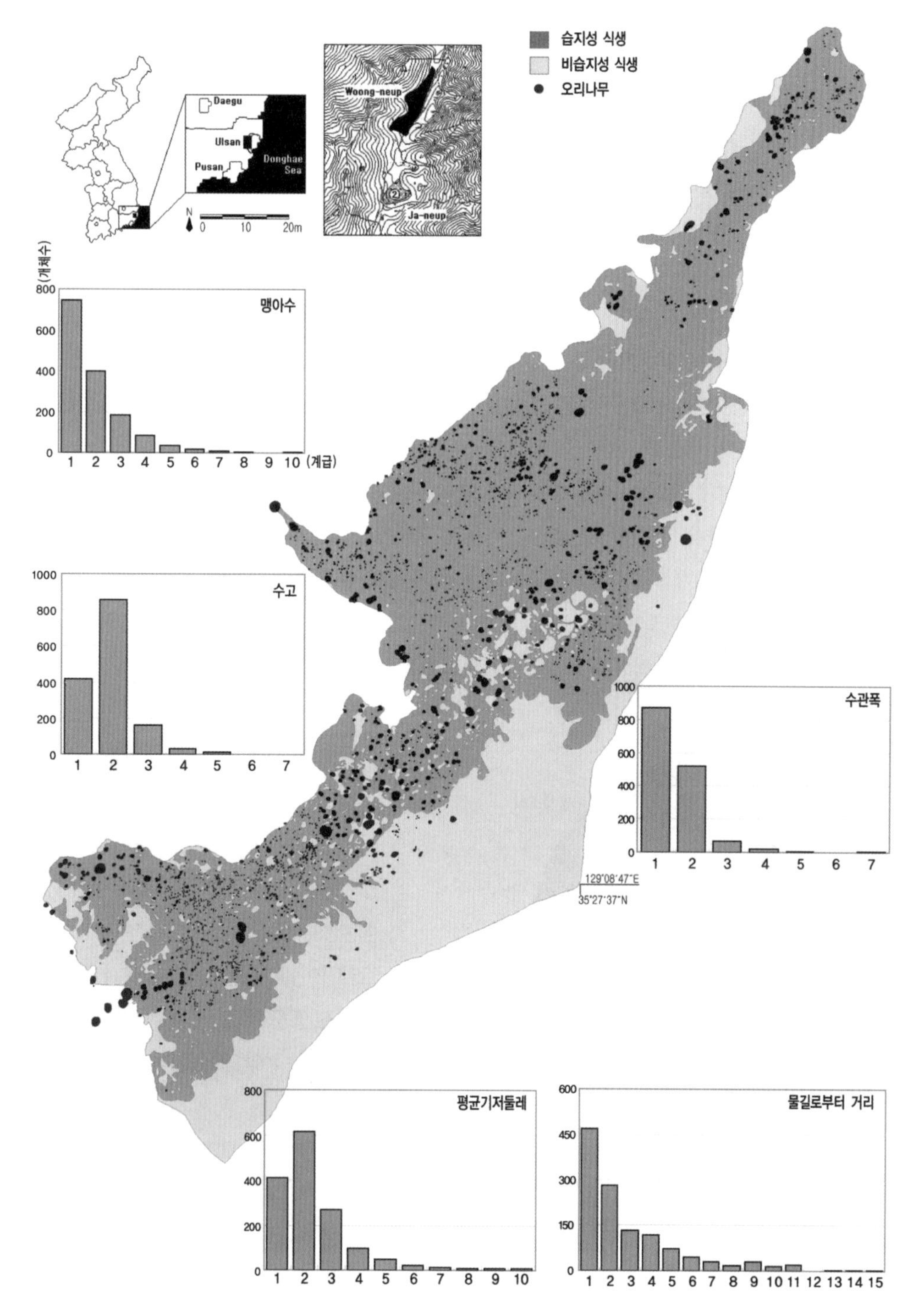

그림 3-21. 오리나무 개체군 분석 사례(Kim et al. 2005). 무제치늪(울산시, 산지습지, 습지보호지역, 1번늪)에 분포하는 오리나무 개체군에 대한 생태학적 정보를 다양하게 분석하였다. 오리나무는 습지성 식생 내에 물길에 가까운 공간에 그 빈도가 증가한다. 그래프의 X축은 측정값의 계급, Y축은 개체수를 나타낸 것이다.

해 줄기조직이 잘 자라 연한색을 띤다. 하지만 가을부터는 햇빛이 적고 기온이 낮아 느리게 자라기 때문에 줄기조직의 밀도가 높아져 둥근 모양의 진한색을 띤다. 봄부터 여름까지 자란 부분을 춘재(조재), 늦여름부터 늦가을까지 자란 부분을 추재(만재)라 한다. 나이테는 형성층(形成層, 부름켜, cambium)에 의해 만들어진다. 형성층은 줄기와 뿌리의 물관부(목부 木部, xylem)와 체관부(사부 篩部, phloem) 사이에 있는 부피생장이 일어나는 살아있는 분열세포층이다. 나이테는 햇빛의 방향은 물론 생육 당시의 환경을 짐작할 수 있는 과거의 기록서로 해당 숲의 발달사를 이해할 수 있다. 나이테에서 수피와 줄기 내부 재(材)의 최외곽 형성층이 있는 부분의 나이테가 가장 최근에 형성된 것이다. 즉 줄기 중심부 속(수심 樹心, pith) 일대의 심재(心材, heart wood) 부분이 가장 오래되었고 바깥의 변재(邊材, sap wood) 부분이 가장 최근에 형성된 것이다.

수령의 측정 | 나이테를 측정하는 가장 일반적인 방법은 생장추(生長錐, 성장추, 연륜측정기, 나이테측정기, increment borer)로 수목의 줄기 단면을 샘플링(목편, 목재 추출편, ejector)하여 분석하는 것이다(그림 3-24)(도움글 3-2). 식물 개체군의 연령구조를 올바르게 파악하기 위해서는 표본 개체의 선정에 유의해야 한다. 보다 정확한 분석을 위해 코어측정기(core reader), 염색, 관련 소프트웨어 등을 이용하기도 한다. 측정을 위해서는 생장추, 목편보관함 등의 여러 도구가 필요하다. 줄기의 수피에서 중심부인 속(pith) 방향으로 생장추를 정확히

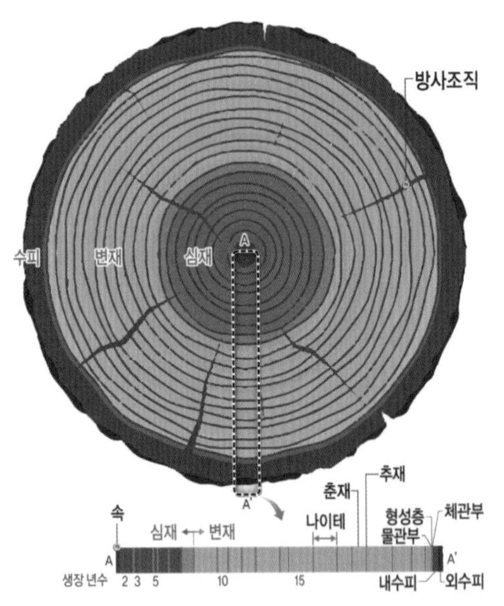

그림 3-22. 나무줄기의 횡단구조와 나이테. 나무의 줄기를 가로방향으로 자르면 나이테가 보이는데 안쪽이 가장 오래된 것이다.

그림 3-23. 살아있는 노거수의 줄기(상수리나무, 고령군). 죽은 세포로 이루어진 수목의 줄기 내부 중앙부는 오래되어 노거수가 되면 썩어 빈 형태가 되는 경우가 많다.

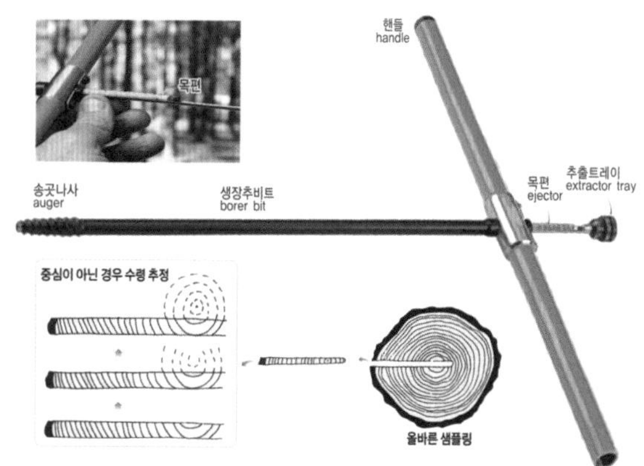

그림 3-24. 생장추를 이용한 나이테 측정과 목편 추출(울진군). 생장추를 이용한 수목의 나이테 측정은 정확히 줄기의 중심부인 심재(수)를 향하도록 생장추비트를 삽입하는 것이 좋다. 생장추 장비의 크기(생장추비트 길이)는 수목의 줄기 단면 크기를 고려해야 하는데 줄기직경의 ⅔ 이상 크기로 선택한다.

[도움글 3-2]

생장추 사용 방법

01 [장비 준비] 생장추비트(borer bit)를 핸들(handle)의 구멍에 끼워 넣고, 잠금쇠로 고정시키고, 추출트레이(extractor tray)를 제거한다.

02 [지점 선정] 송곳나사(auger)가 있는 생장추비트 끝부분을 가슴높이의 나무껍질 틈새에 줄기와 수직 방향으로 강하게 밀어 넣는다.

03 [천공 초기] 생장추 핸들을 시계 방향으로 돌리는데 송곳나사가 줄기 목재 부분에 들어갈 때까지 강하게 밀어 넣는다.

04 [천공 완료] 양손으로 핸들을 잡고 생장추비트를 줄기의 중앙까지 충분히 돌려 밀어 넣고 고정한다(줄기직경 ½ 초과).

05 [추출 준비] 추출트레이의 날이 아래로 향하도록(∩형태) 하여 생장추비트 내부 구멍에 끝까지 삽입한다.

06 [목편 분리] 생장추비트를 시계 반대 방향으로 반바퀴 돌려(∪형태) 생장추비트 내의 목편(나이테 시료)이 목재와 분리되도록 한다.

07 [목편 추출] 추출트레이를 부드럽게 당겨서 목편을 줄기 내부에서 빼낸다.

08 [수령 추정] 추출한 목편의 나이테를 읽는데 중심부(속, pith)가 누락된 경우 목편의 나이테를 고려하여 수령을 추정한다.

09 [수령 판정] 수목이 가슴높이에 도달하는 년수를 추가하여 최종적으로 수령을 해석, 판정한다(흔히 3~5년이며 수종에 따라 다름).

10 [장비 해체] 생장추비트 핸들을 시계 반대 방향으로 돌려 제거하고 바람 또는 붓 등으로 깨끗하게 청소하여 다시 조립한다.

11 [수목 보호] 식물은 자연치유작용으로 스스로 구멍을 메우는데 추출한 목편, 코르크, 바세린 등으로 구멍을 막아주면 좋다.

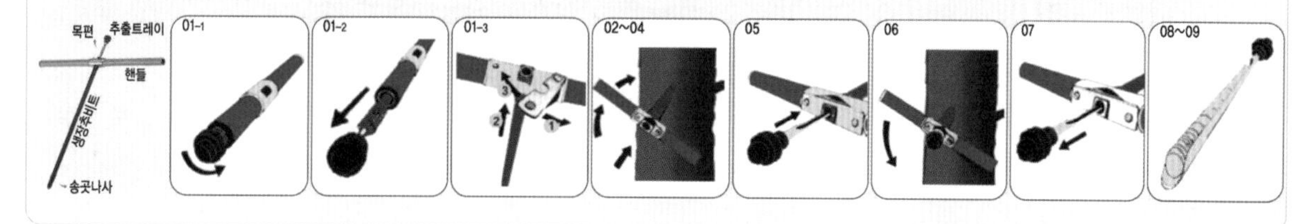

일치시키기 힘들기 때문에 추정값을 이용하기도 한다. 연구자의 가슴높이에서 샘플링하여 수령을 측정하는 경우 원래의 수령보다 낮아질 수 있기 때문에 일반적으로 수년(보통 3~5년)을 추가해 준다. 만일 주변에 간벌 등으로 나이테가 뚜렷한 신선한 형태의 줄기 그루터기가 있는 경우에는 이를 적극 활용하면 된다. 흔히 생육이 불량한 능선부에 위치한 수목의 나이테는 그 간격이 좁게 형성된다. 반대로 생육환경이 양호한 산지하부의 적윤지에서 성장하는 수목의 나이테는 그 간격이 넓게 형성된다. 또한 성장 초기에 형성된 나이테(심재 방향)가 성장 중기~후기에 형성된 나이테(변재 방향)보다 간격이 넓게 형성되는 경향이 있다. 소나무류는 1년에 한 마디씩 가지가 자라기 때문에 가지의 분지수로 수령을 알 수 있지만 오래된 개체에는 적용하기 어렵다. 특히 수목의 줄기에서 바깥부분에 위치한 형성층의 분열세포를 제외하고는 모두 죽은 세포이기 때문에 수령이 오래된 수목의 줄기 내부는 썩어 비어있는 형태가 많다. 흔히 노거수(보호수)에서 이런 형태들을 쉽게 관찰할 수 있다(그림 3-23). 이 경우에는 '방사성 탄소 연대측정법', 'DNA 분석' 등의 별도 분석법으로 수령을 알 수 있다.

흉고직경의 측정 | 수목 줄기의 굵기(크기)를 흉고직경(胸高直徑, diameter at breast height, DBH)으로 표현하는데 흔히 지표면으로부터 사람의 가슴높이에 해당하는 1.3m 높이에서 측정한다(그림 3-25). 경사면에서 자라는 수목은 지표면에서 1.3m 높이의 위치가 줄기 기저부의 위와 아래가 서로 다르기 때문에 조사자가 어떤 높이에서 측정할 것인지 결정해야 한다. 흔히 줄기 위의 상부 사면에서 측정한다. 흉고직경의

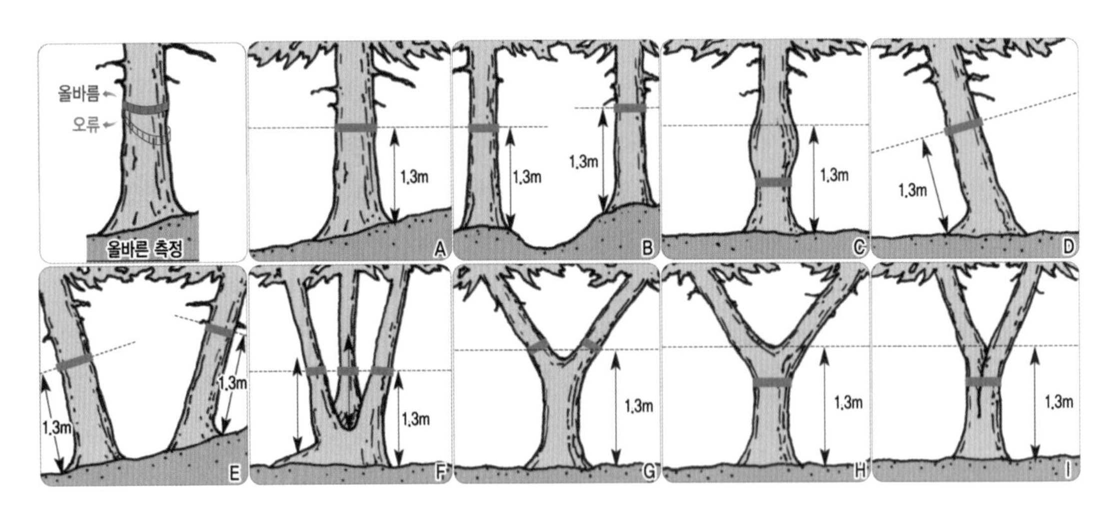

그림 3-25. 수목의 줄기 형태에 따른 흉고직경의 측정 방법. 자연상태 수목의 다양한 줄기 형태에 따라 파란색 띠의 지점에서 흉고직경을 측정하는데 줄기와 직각이 되도록 한다. A는 경사지 수목, B는 경운된 요철지 수목, C는 비대한 줄기 수목, D와 E는 줄기가 굽은 수목, F는 맹아지 수목, G, H, I는 흉고높이인 1.3m 아래에서 줄기가 갈라진 수목이다.

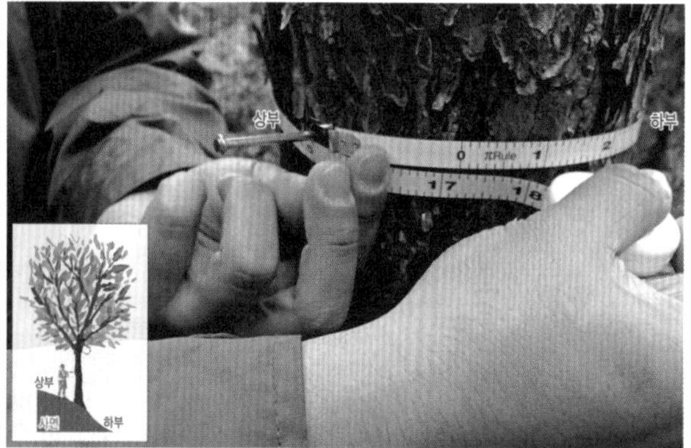

그림 3-26. 수목의 흉고직경 측정. 수목의 흉고직경을 측정하는 방법은 여러가지가 있다. 가장 보편적인 방법은 직경측정기(좌)를 이용하거나 흉고직경으로 환산된 줄자(우)를 이용하는 것이다.

측정은 버니어캘리퍼(vernier caliper)를 이용하거나, 직경측정기를 이용하거나, 연성 줄자로 흉고둘레를 측정하면 흉고직경으로 환산하는 방법(둘레-직경 줄자) 등으로 한다(그림 3-26). 흉고직경 측정자료로 수목별 또는 계층별 직경빈도분포표를 작성하면 식물 개체군의 구조를 이해하거나 개체군 식물사회의 연령구조를 쉽게 이해할 수 있다.

층위구조인 단면도와 수관투영도는 임학과 조경학 연구에서 많이 사용하는 방법이다.

층위구조를 이해하는 식생단면도 작성 | 식생학적 연구에서 식생의 구조 및 공간분포를 이해하는데 식생단면도(vegetation transect)를 작성하는 경우가 많다. 식생단면은 임의 두 지점을 잇는 직선 상에서 지표공간을 덮고 있는 식물체들의 위치와 높이를 나타내는 구조이다. 식생의 층위구조(stratification)는 식분의 종적인 구조를 의미한다면 식생단면도는 식분의 횡적인 구조를 의미한다. 단면은 조사지역의 식물군집 구조를 대표할 수 있어야 한다. 층위구조는 식물군집의 수직화된 계층구조 즉 교목층, 아교목층, 관목층, 초본층, 이끼층 등으로 구분하여 작성한다. 이를 통해 식물군집의 구조를 보다 잘 파악할 수 있는데 식물사회학적 연구에서는 흔히 식생조사표를 획득하는 과정에서 조사한 식분의 단면도를 개괄적 또는 구체적으로 작성한다(그림 5-13 참조). 식분의 횡단면인 식생단면도는 선상법(line transect)의 일종으로 인식할 수 있는데 식물군락의 지상부 뿐만 아니라 지하부를 포함해서 층별로 구분할 수 있다(Kang 2014). 식생단면을 띠단면의 일종인 Bisect법으로 작성하기도 한다(그림 3-27 A와 C, 3-29 참조). 현장조사에서 모눈종이를 이용하면 축척을 감안하여 일정하게 축소해 식생단면도를 작성할 수 있다. 작성

은 사면의 방향을 고려하여 각 층의 구성종을 작성규칙에 따라 단면도 상에 나타내도록 한다(Kim et al. 1997). 환경영향평가에서 하천정비계획 수립 등과 같은 하천식생 조사에서는 하천식생단면도를 작성해서 식생구조를 이해하는 것이 일반적이다.

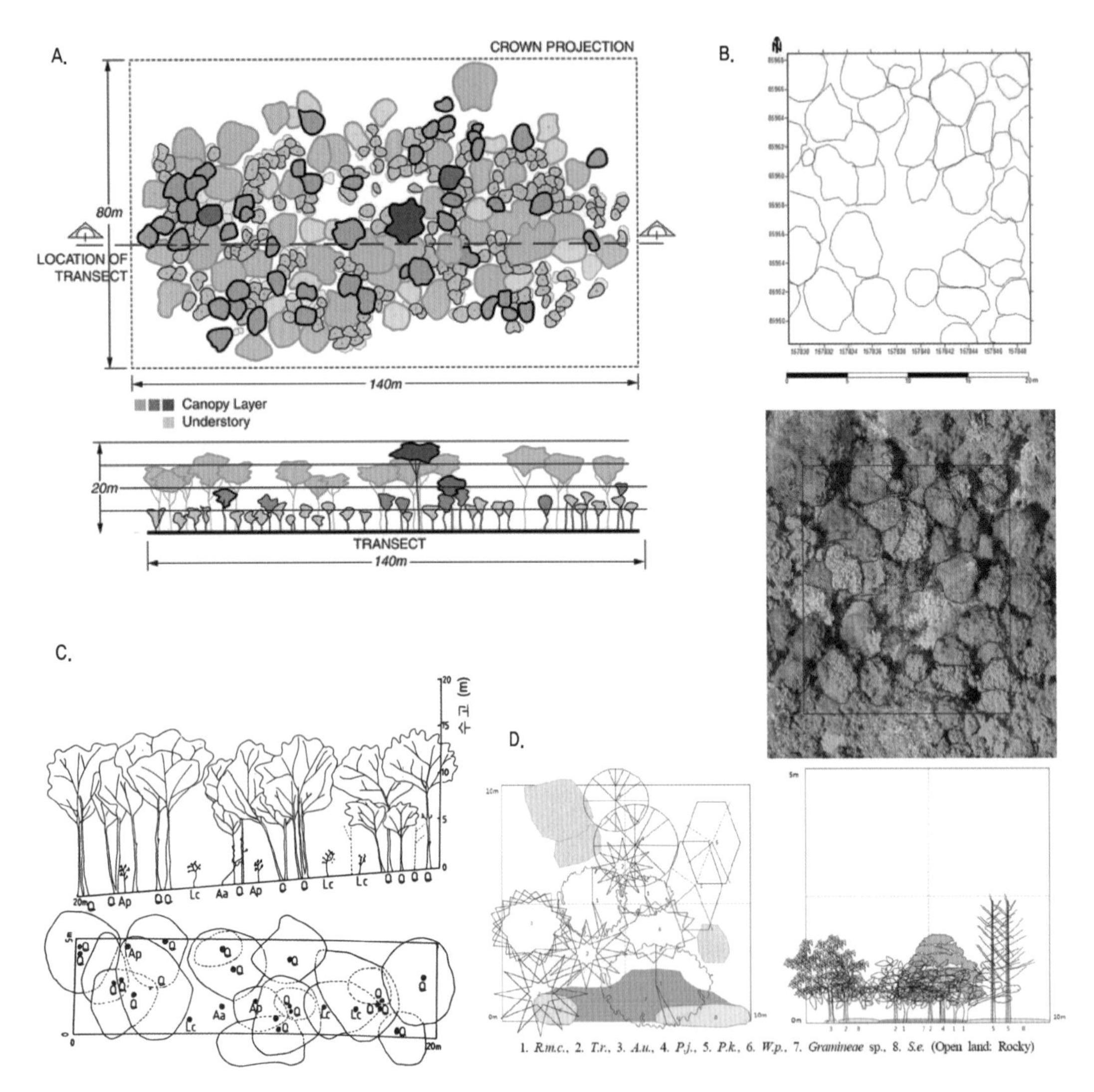

그림 3-27. 삼림의 식생단면도와 수관투영도의 다양한 표현 방법. A는 색상과 밝기로 구분했고(Pancel 2016), B는 드론을 이용하여 수직으로 촬영한 영상으로 실내에서 작성했고(KEITI 2016), C는 현장조사 원자료를 토대로 실내에서 손으로 다시 그렸고(Kim et al. 1997), D는 지형과 식생을 동시에 나타낸 것이다(Kong et al. 2017). C와 D에서 영어는 해당 식물의 학명 약자를 의미한다.

하천에서 식생단면도 작성 | 하천에서 식생단면도는 수위변동에 대응해 발달하는 하천식생의 구조 및 공간분포를 잘 이해할 수 있다. 하천식생단면도는 하천식생을 대표하는 조사구간(reach)에서 대표적인 식생단면으로 선택한다(그림 5-34참조). 상류구간에서는 달뿌리풀군락이 우점하거나 갯버들-달뿌리풀군락, 버드나무-갈풀군락이 우점하는 경우가 대표적이며 이들 식물군락이 형성된 구간을 대표단면으로 선택한다. 이러한 식물군락의 발달이 불량하면 조사구간에서 가장 우점하는 식생유형의 단면을 선택해서 작성할 수 있다. 식생단면도와 더불어 상관 수관투영도를 작성해서 식생구조를 보다 구체적으로 이해하기도 하는데 임학(forestry) 및 조경학(landscape architecture)에서 많이 사용하는 방법이다.

상관 수관투영도의 작성 | 수관투영도(樹冠投影圖, crown projection map)는 상관에서 지표 수직방향으로 투영한 수목의 수관을 측정하는 것으로 여러 방법으로 표현할 수 있다(그림 3-27). 수관투영도 및 단면도는 생태계보호지역에서 주요 식물군락의 고정방형구(영구방형구)에 대한 변화를 모니터링할 수 있는 방법이기도 하

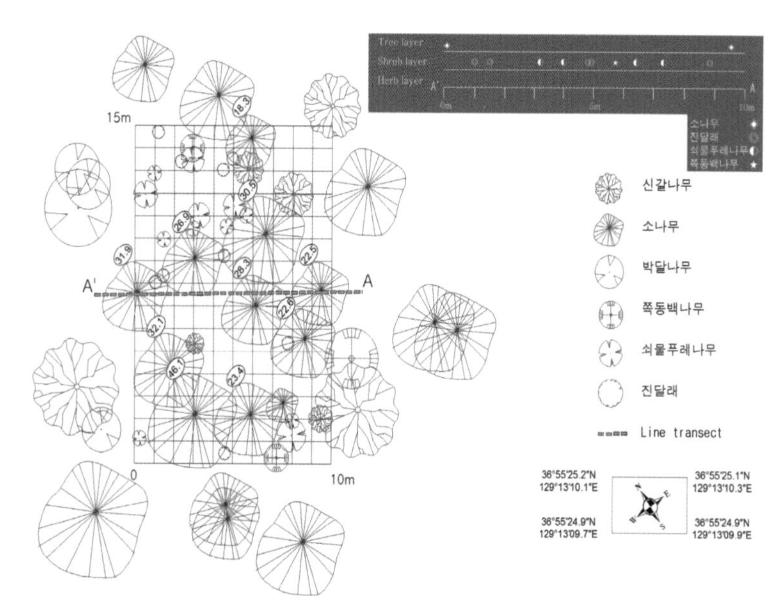

그림 3-28. 고정방형구의 수관투영도 및 단면도. 왕피천 생태·경관보호구역 내의 소나무군락(금강송) 장기모니터링에서 작성한 것이다.

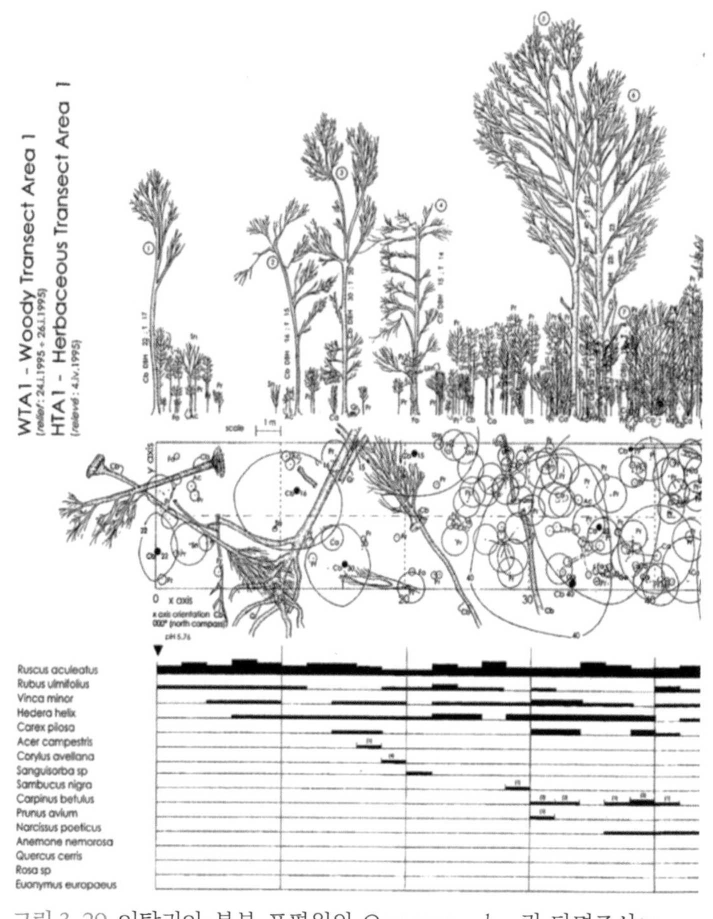

그림 3-29. 이탈리아 북부 포평원의 *Quercus robur*림 단면조사(Mason 2002). 수관틈과 틈을 메우는 생태단위의 상세한 변화를 잘 보여준다.

다(그림 3-28). 그림 3-29는 이탈리아 북부의 포평원에 *Quercus robur*가 우점하는 낙엽활엽수림인 지역에서 수목의 수관틈(canopy gap)과 틈을 채우는 생태단위들에 대한 상세한 단면조사 결과이다(Mason 2002). 식생단면도 및 수관투영도를 작성하였으며 단면에 따른 구성 식물종의 양적 변화를 잘 보여준다. 주요 방법은 사각형의 방형구를 설치하고 존재하는 모든 매목을 대상으로 상관투영도를 작성하는 것이다. 현장조사에서 모눈종이 형태의 눈금용지를 사용하여 방형구 내의 모든 수목에 대한 정보를 계측한다. 대상수목은 분석 내용에 따라 교목, 아교목, 관목을 구별하거나 교목만을 조사할 수 있다. 흔히 축척은 1:100 또는 1:50 수준으로 작성하는데 흉고직경 4.5㎝ 이상의 수목을 대상으로 연번을 매겨 조사한다(Kim et al. 1997). 조사 내용은 일반적으로 매목의 식물종명, 흉고직경, 수관 등을 기재한다. 수관은 각 개체의 줄기 위치를 표시한 다음 흉고직경에 비례하는 원을 그린 다음 8방위(동, 서, 남, 북, 남동, 남서, 북동, 북서)로 전개된 수관의 변두리를 모눈종이에 그려 수관 가장자리를 온전하게 연결한 선으로 표현한다. 보다 세부적인 수관투영도 작성 방법은 교차법(cross-method), 평균수관스프레드(average crown spread), 스포크법(spoke method), 다각형법(polygonal method) 등이 있다(Wikipedia 2023b). 수직적으로 개체들의 수관이 중복될 경우 계층을 색깔로 구분하거나(그림 3-27의 A) 윗층의 수관은 실선으로 아래층의 수관은 점선으로 표현하여(그림 3-27의 C) 상하 관계를 이해하기도 한다. 방형구 내의 모든 개체에 대해 GPS 정보를 기록하여 분석할 수 있지만 일반적인 GPS의 오차를 고려하여 권장하지는 않는다. 고정밀도(오차 수㎝ 이내) GPS를 사용하지 않는다면 줄자 또는 격자단위로 줄을 쳐서 수기로 모눈종이에 도면화하는 것이 보다 정확한 방법일 것이다. 방형구 내 매목의 중복 기재를 방지하기 위해 라벨링(노끈, 페인트, 테이프 등)하면서 조사한다(그림 3-30). 방형구 내에 생육하는 수목들의 영역권과 같은 특별한 분석 목적인 경우 방형구 외곽 주변의 일정 범위까지 서식하는 수목을 조사할 수도 있음을 인지해야 한다.

그림 3-30. 매목 라벨링. 비목나무 개체군(충주시) 조사에서 조사의 중복을 방지하기 위해 계측한 개체에 대해 테이프로 별도 라벨링을 하였다.

■ 티센분석 등 다양한 방법으로 개체군의 경쟁적 공간 구조 특성을 이해할 수 있다.

영역권의 작성과 분석 | 영역권(領域權, territory) 분석 방법에는 여러가지가 있지만 여기에는 티센폴리

곤(Thiessen polygons)을 소개한다. 동물학에서 영역권은 행동권(home range)으로 표현할 수 있다. 티센폴리곤은 보르노이폴리곤(Voronoi polygons) 또는 보르노이다이어그램(Voronoi diagrams)이라고도 한다. 이웃하는 개체들에 대한 공간 할당으로 사용하는데 식물들의 경쟁 연구에 사용되는 그림이다. 이웃과의 공간 할당은 자신과 이웃들의 지점(개체)을 연결하는 선과 직각된 선으로 이등분하기 때문에 개체의 영역이 폴리곤(polygon, 다각형)으로 표현된다. 이 폴리곤의 크기는 식물의 밀도 또는 영역권, 잠재적 이용 가능 공간 등을 의미한다(그림 3-31, 3-32). 티센폴리곤은 자연상태에서 묘목(苗木, seedling, sapling) 분포의 공간적 패턴과 개체 간의 경쟁 관계를 특성화하는데 사용될 수 있는 좋은 방법이다(Matlack and Harpe 1986, Palaghianu 2012). 흔히 폴리곤의 면적 분석으로 개체군의 사회구조를 이해할 수 있는데 각 폴리곤의 크기가 유사하다는 것은 조림 또는 이차림적 특성으로 유추할 수 있다. 과거 식재로부터 기원한 강원도 고성군의 동호사구 곰솔림에 대한 분석(그림 3-32)에서 폴리곤의 크기가 유사하게 나타나는 것을 알 수 있다. Kim et al.(2005)은 습지보호지역인 울산 무제치늪(제1늪)에 분포하는 1,491개의 오리나무 개체군(그림 3-21 참조)에 대한 분석에 이를 활용하였다. Eom and Kim(2020)은 난온대 식생대의 식물기후적 분포 검토에 이를 활용하였다. 티센폴리곤 분석은 자연과학, 사회과학 등 다양한 분야에 활용되고 있다. 분석을 위해서는 별도의 프로그램이 필요하며 이에 대한 보다 복잡하고 고급적인 논의는 별도의 자료를 참조하도록 한다.

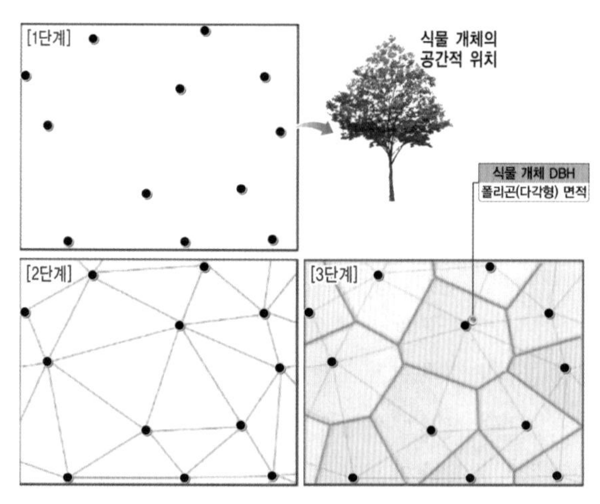

그림 3-31. 티센폴리곤 생성 과정. 티센폴리곤은 식물 개체의 공간 정보를 토대로 영역권을 표현한 것이다. 식물 개체의 DBH가 클수록 수관폭이 크기 때문에 영역권인 폴리곤의 면적이 크다. 즉 대형 개체(성목)는 넓은 면적으로 소형 개체(유목)는 좁은 면적으로 표현되는 것이다.

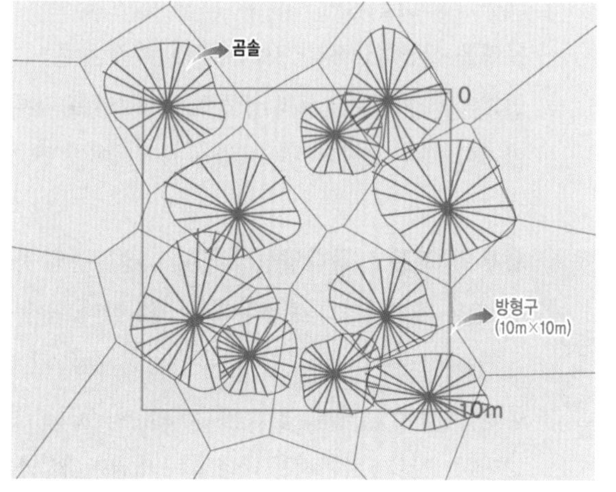

그림 3-32. 티센폴리곤과 수관투영도의 중첩(강원도 고성군 동호사구, 곰솔림). 수관투영도에서 곰솔의 중심점은 줄기의 위치를 의미한다. 곰솔 수관(또는 DBH)의 크기를 나타내는 폴리곤의 면적이 비슷한데 이는 조림 또는 이차림적 특성으로 이해할 수 있다.

2. 생물다양성 및 다변량 수리·통계 분석

생물다양성의 개념과 적용에 대한 올바른 이해가 필요하다.

생물다양성의 개념 | 생물다양성(biodiversity, biological diversity)은 어떤 공간(지역 또는 국가)에서 유전자(gene), 종(species), 생태계(ecosystem, 서식처 habitat)의 집합체로 구분해서 이해해야 한다. 하지만 엄격하게는 지구상에 살아있는 모든 생명체의 많음(다양성)으로 이해할 수 있다(그림 3-33). 최근에는 과학기술의 발달로 분자(molecule) 수준의 생물다양성까지 논의되고 있다. 생물다양성 관련하여 인류는 1992년부터 생물다양성협약(Convention on Biological Diversity, CBD)을 통한 적극적이고 다양한 보전 노력을 실천하고 있다. 여기에는 알파적 수준인 간단한 개념으로서의 생물종 다양성만을 다룬다. 특정지역에 대한 생물다양성 관련 학술적인 연구들이 많지만 이에 대한 올바른 이해가 전제되어야 할 것이다.

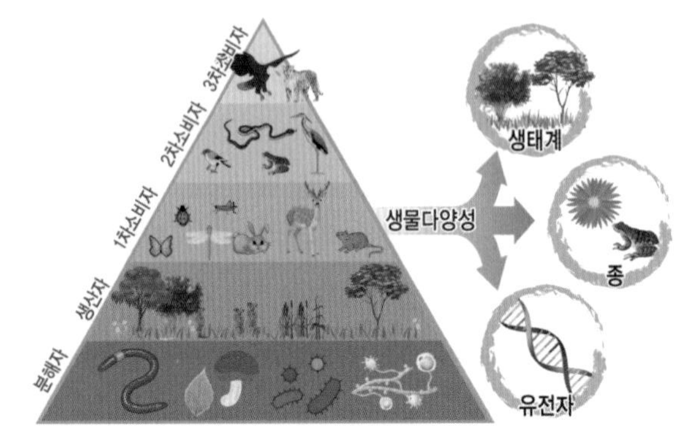

그림 3-33. 생물다양성 개념. 생태계를 구성하는 먹이피라미드는 생물다양성으로 이루어진다. 생물다양성은 유전자, 종, 생태계의 다양성을 의미한다.

풍부도, 균등도, 종다양성의 의미 | 생물종의 풍부도(richness)는 일정 면적 또는 군집 내에 얼마나 많은 종수 또는 개체수가 분포하는지를 의미한다. 균등도(evenness)는 종수 또는 개체수가 얼마나 고르게 분포하는지를 나타낸다. 종다양성(species diversity)은 풍부도와 균등도를 동시에 고려하여 표현하는 척도로 생물종의 이질성(異質性, 불균질성, heterogeneity)이라고도 한다. 즉 어떤 지역에 생물종이 얼마나 있으며 그 종들이 얼마나 고르게 있는지를 나타내는 개념이다. 생물다양성은 군집의 에너지 유동, 먹이망, 포식, 경쟁 자원 배분 등의 복잡성과 다양성을 의미한다. 흔히 종다양도가 높은 군집을 성숙한 단계로 인식하여 더 복잡하고 안정된 성숙도지수로 이용할 수 있다(Kim et al. 1997). 한 군집 내에 다수의 종들이 비슷한 개체로 출현하면 종다양성(생물다양성)은 높고, 소수의 종이 출현하거나 전체 개체수 대부분이 일부 종으로만 구성되면 종다양성은 낮다(표 3-2). 종다양성은 [01]알파, [02]베타, [03]감마 수준에서 이해 가능한데 자연환경조사 및 환경영향평가 등에서는 알파다양성(α-diversity) 수준만을 다룬다. 알파다양성은 가장 일반적인

개념으로 분석 군집에서 평균 종다양성(mean species diversity) 또는 출현종수를 의미하는 종풍부도(species richness) 등으로 이해할 수 있다. 베타다양성은 식생조사구 내에서 종조성의 변이 총량을, 감마다양성은 경관적 수준에서 전체 식생조사구 내에서의 전반적인 다양성을 의미한다(Whittaker 1972).

풍부도, 균등도, 종다양도의 생태지수 계산 | 연구자는 연구 목적 및 방향에 따라 표준화되고 객관적인 방법으로 식물 목록 및 개체수, 피도, 수고, 흉고직경 등의 정보를 획득한다. 종다양도 계산에 밀도가 아닌 피도의 경우 자료에 가중치를 주어 계산할 수 있다(Kim et al. 1997). 일반적으로 풍부도 지수는 Margalef(1958), 균등도 지수는 Pielou(1975)를 이용한다. 식물의 종수, 개체군 정보는 방형구를 통한 조사 및 식생조사표에 의한 조사, 실내 표작업을 통한 식물군락별 풍부도 등 다양한 형태로 획득할 수 있다. 종다양도 지수는 Shannon-Wiener(1949) 지수를 따른다. Shannon-Wiener의 종다양도 지수는 정보이론(information theory)에 기초하여 도출한 것으로 다양도가 높으면 불확실성이 높고 다양도가 낮으면 불확실성이 낮다는 개념이다(Kim et al. 1997). 동물분야에서 이 지수를 이용하여 먹이자원의 다양성으로 생태적 지위폭(niche width)의 정량화로 이해하기도 한다. Shannon Index(다양도 지수)는 생태학에서 매우 넓게 사용되고 있는데 Shannon's diversity index 또는 Shannon-Wiener index(Shannon-Weaver index는 오기 표현 논란)로 알려져 있다(Spellerberg and Fedor 2003, Kim and Lee 2006, Wikipedia 2023a). 생태학에서 다양성과 관련되어 자주 사용하는 우점도 지수(Dominance index, D')(McNaughton 1967)(식 3-2), 종다양도 지수(Diversity index, H')(Shannon-Wiener 1949)(식 3-3), 풍부도 지수(Richness index, R')(Margalef 1958)(식 3-4), 균등도 지수(Evenness index, E')(Pielou 1975)(식 3-5)와 같은 생태지수를 인지하는 것이 필요하다.

Dominance index, D'
$$\text{우점도 지수} = \frac{(N_1+N_2)}{N} \cdots\cdots \text{(식 3-2)}$$
..... N_1: 제1우점종, N_2: 제2우점종, N: 총 출현개체수

Diversity index, H'
$$\text{종다양도 지수} = -\Sigma Pi \times \log_e Pi \cdots \; Pi = \frac{Ni}{N} \cdots\cdots \text{(식 3-3)}$$
..... Ni: i종의 개체수, N: 총 출현개체수

Richness index, R'
$$\text{풍부도 지수} = \frac{(S-1)}{\log_e N} \cdots\cdots \text{(식 3-4)}$$
..... S: 총 출현종수, N: 총 출현개체수

Evenness index, E'
$$\text{균등도 지수} = \frac{H'}{\log_e S} \cdots\cdots \text{(식 3-5)}$$
..... H': 종다양도 지수, S: 총 출현종수

생물다양성에 대한 오해와 진실 | 흔히 '임의 공간(생태계)에서 생물다양성이 높으면 좋다'라고 얘기하고 사회적으로도 그런 것으로 인식한다. 하지만 임의 공간에서 생물다양성이 높다고 무조건 좋은 것만은 아니다. 아무런 전제조건 없이 생물다양성이 높은 것이 좋은가?라는 질문에 원래 그 지역에 자연적으로 생육하는 식물종이 다양한 경우는 좋다. 하지만 그렇지 않고 외래(외지)식물이 많고 이질적인

변형된 환경에 자라는 식물이 많은 경우는 좋지 않은 것으로 인식해야 한다. 하천 공간은 범람과 같은 자연적인 교란이 주기적으로 발생하는 매우 역동적인 지형 공간이기 때문에 하천생태환경에 적응한 식물종들이 단일특이적(monospecific)으로 우점하거나 일부 고유 식물종은 지협적인 적정 공간에서만 살아간다(Lee and Baek 2023). 우리나라는 여름철 홍수기(장마, 태풍)에 집중된 강우와 빠른 배수로 하천 하류 구간에는 충적 둔치공간이 매우 넓게 발달하고 사람들은 이 공간을 적극 이용한다(Lee and Kim 2005). 이

표 3-2. 일반적인 두 지역(흔히 동일 생태계) 간의 종다양도 지수 비교. 종다양도 지수는 값(합계)을 양수로 변환하는데 1지역=1.039, 2지역=1.388로 종수가 많고 개체수가 균등한 2지역에서 종다양도가 높다.

구분	개체수		Pi		log_ePi		Pi×log_ePi	
	1지역	2지역	1지역	2지역	1지역	2지역	1지역	2지역
종1	4	4	0.25	0.25	-1.39	-1.39	-0.347	-0.347
종2	4	4	0.25	0.25	-1.39	-1.39	-0.347	-0.347
종3	8	4	0.50	0.25	-0.69	-1.39	-0.345	-0.347
종4	0	4	0	0.25	0	-1.39	0	-0.347
합계	16	16	-	-	-	-	-1.039	-1.388

표 3-3. 교란하천구간인 1지역과 자연하천구간인 2지역의 종다양도 지수 비교. 종다양도 지수는 값(합계)을 양수로 변환하는데 1지역=1.990, 2지역=1.099로 교란하천구간인 1지역의 종다양도가 높다. 이러한 오류를 개선하는 것은 종다양도 지수를 이용함에 있어 지역 간의 정보를 표준화하여 비교하는 것이 필요하다.

구분	1지역(교란)			2지역(자연)	개체수		Pi		log_ePi		Pi×log_ePi	
	A생태계 (하천)	B생태계 (경작지)	C생태계 (시설지)	A생태계 (하천)	1지역	2지역	1지역	2지역	1지역	2지역	1지역	2지역
종1	10	-	-	10	10	10	0.20	0.33	-0.61	-1.10	-0.322	-0.366
종2	10	-	-	10	10	10	0.20	0.33	-0.61	-1.10	-0.322	-0.366
종3	10	-	-	10	10	10	0.20	0.33	-0.61	-1.10	-0.322	-0.366
종4	-	6	-	-	6	0	0.12	0	-2.12	0	-0.254	0
종5	-	2	-	-	2	0	0.04	0	-3.22	0	-0.129	0
종6	-	2	-	-	2	0	0.04	0	-3.22	0	-0.129	0
종7	-	-	6	-	6	0	0.12	0	-2.12	0	-0.254	0
종8	-	-	2	-	2	0	0.04	0	-3.22	0	-0.129	0
종9	-	-	2	-	2	0	0.04	0	-3.22	0	-0.129	0
합계	30	10	10	30	50	30	-	-	-	-	-1.990	-1.099

공간 일부를 논과 밭, 주차장(시설지)으로 사용하는 교란하천구간에서는 원래의 하천생태계를 비롯하여 외지생태계인 논생태계, 밭생태계, 터주(답압)생태계의 구성 식물종들이 서식한다. 대조적으로 자연성이 우수한 하천생태계로만 이루어진 자연하천구간에는 전자에 비해 식물들은 단일특이적으로 우점하는 등 생물다양성은 낮게 나타난다. 이러한 특성을 반영한 표 3-3에서 교란하천구간(원래 하천생태계, 경작지생태계, 터주생태계)인 1지역(1.990)이 자연하천구간(원래 하천생태계)인 2지역(1.099)에 비해 종다양도가 높게 산출되는 것을 알 수 있다. 과연 자연하천구간이 개발된 교란하천구간에 비해 생물다양성이 낮아 생태계가 건강하지 않다고 얘기할 수 있을까? 생물다양성(종다양성)은 해당 자연환경 여건에서 관찰되는 생물종이 얼마나 풍부하고 균등하게 잘 서식하는지가 중요하다는 것을 인식해야 한다. 이러한 특성을 고려하여 분석 대상의 생물다양성 특성, 동일 생태계 유형 및 면적 등을 고려한 생물다양성에 대한 표준화된 비교·분석이 필요하다.

생태학적 연구에서 수리·통계적 분석은 매우 중요한 과정이며 연구결과의 신뢰도를 높여준다.

수리·통계적 방법의 중요성과 개요 | 자연과학을 비롯하여 사회과학, 인문과학 등 학술적인 대부분의 연구에서 수리·통계적 분석은 필수적인 것으로 이해하면 된다. 관찰되는 모든 현상에 대한 상관관계(相關關係, correlation) 또는 인과관계(因果關係, causality)를 증명하고 설명하는데 수리·통계적 지식과 검정에 기초해야 한다. 연구자는 모집단을 대표하는 표본에 대한 다양한 방법의 수리·통계적 분석을 수행하는데 보고서 또는 논문에 그 결과와 해석을 제시한다. 자연생태계에는 생물 또는 환경의 크고 작은 변이가 존재하기 때문에 적절한 수리·통계적 분석 또는 통계량(statistics)으로 변이 또는 특성들을 요약하여 이해할 수 있다. 수리·통계적 분석은 연구의 결과 해석에 대한 신뢰도를 더욱 높일 수 있다. 통계학은 크게 [01]기술통계학(記述統計學, descriptive statistics)과 [02]추론통계학(推論統計學, inferential statistics)으로 나눌 수 있다. 기술통계학은 연구 대상의 전체 또는 일부의 자료(표본, data)를 통계하여 정리, 요약, 해석, 표현하는 등으로 그 속성을 다룬다. 추론통계학은 일부를 관찰한 결과를 토대로 불확실한 사실을 추론하는 것이다. 기술통계학은 표본의 대표값, 산포도, 비대칭도 등에 대한 평균, 분산 등의 검정이다. 추론통계학은 회귀분석, 상관관계분석 등을 통한 추정이다. 연구자는 수집된 표본의 특성에 적합한 수리·통계적 분석 유형과 통계량을 이해해야 한다. 연구가설은 흔히 평균, 빈도, 표준편차, 연관성 등의 통계량에 대한 양측검정으로 수행한다. 연구의 가설은 수집된 표본으로부터 산출되는 검정통계량(test statistics)의 유의수준(α, significance level)과 유의확률(p-value, significance probability)로 검정한다. 생태학적 연구에서는 흔히 양측검정에서 유의확률 p〈0.05, p〈0.01, p〈0.001, p〈0.0001 등을 기준으로 검정하고 산출된 검정통계량에 각각 윗첨자 형태의 *, **, ***, **** 기호로 표현한다(예: -2.396**)(표 3-5, 3-8 참조).

표본의 대표값, 산포도, 비대칭도 | 많은 생태학적 연구에서 수집된 자료들의 특성들은 [01]대표값(자료 대표성의 척도), [02]산포도(자료가 흩어져 있는 정도의 척도), [03]비대칭도(좌우대칭 정도의 척도) 등으로 이해한다. 대표값은 평균(mean), 합계(sum), 중위수(중앙값, median), 최빈수(mode), 사분위수(quartile) 등이다. 특히 자료의 중심 위치에 대한 이해가 필요하며 평균을 가장 많이 사용한다. 산포도는 분산(variance), 표준편차(standard deviation), 최소값(minimum), 최대값(maximum), 범위(range), 사분위범위(IQR), 변동계수 등으로 이해하는데 분산과 표준편차를 보편적으로 사용한다. 수집된 자료들의 값이 넓게 산포되어 있지 않고 모여있거나 일정 경향성으로 분포하면 연구의 결과 해석에 높은 신뢰도로 나타난다. 비대칭도는 왜도(skewness), 첨도(kurtosis)로서 이해하는데 자료의 편중된 정도를 나타낸다.

자료의 척도와 통계기법의 적용 | 변수에 대한 자료의 척도(속성)에 따라 분석하는 방법이 다르다. 자료는 명목척도 또는 서열척도와 같은 이산변수(범주변수, 질적자료)인지, 등간척도(간격척도) 또는 비율척도와 같은 연속변수(양적자료)인지를 이해해야 한다(p88 '자료의 척도' 참조). 많이 사용하는 통계기법은 기술통계분석, 빈도분석, 교차분석(카이제곱), 요인분석, 신뢰도분석, 상관관계분석, 회귀분석, t-검정, 분산분석이다(표 3-4). 이산변수를 다루는 경우에는 흔히 빈도분석 또는 교차분석으로 특성과 상호관계를 이해한다. 연속변수를 다루는 경우에는 흔히 요인분석, 상관관계분석, 회귀분석으로 연관성(상관관계 또는 인과관계)을 이해한다. 생태학에서 요인분석은 PCA(주성분분석)로 주로 분석하며, 상관관계분석은 변수들 간의 상관성을 이해하며, 회귀분석은 '변수 X값(독립변수)의 변화에 따라 변수 Y값(종속변수)이 어떻게 변하는가?'로 회귀식으로 이해한다. 집단 간의 평균 차이를 검정하는 것은 t-검정이나 분산분석(ANOVA)으로 집단의 수 및 실험처리 전과 후와 같은 대응표본 여부에 따라 일표본 t-검정, 대응표본 t-검정, 독립표본 t-검정, 분산분석을 실시한다. t-검정은 집단의 수가 1~2개이며 분산분석은 집단이 3개 이상인 경

표 3-4. 통계기법 적용 내용 및 특성. 연구자는 수집한 변수에 따라 적절한 통계기법을 사용해야 한다.

통계기법	적용 내용 및 특성	변수 척도
기술통계분석	가장 기초적인 분석(평균, 표준편차, 왜도 등)	등간척도, 비율척도
빈도분석	가장 기초적이고 간단한 분석	모든 척도
교차분석(카이제곱)	변수 간의 교차표 작성	범주형(명목척도, 서열척도)
요인분석	타당성 검정(차원 축소 등)	등간척도, 비율척도
신뢰도분석	추출 요인들의 동질적 변수 구성	등간척도, 비율척도
상관관계분석	측정변수들 간의 상관성 정도 분석	피어슨: 등간척도, 비율척도 ǀ 스피어만: 서열척도
회귀분석	변수 간의 인과관계 분석	등간척도, 비율척도
t-검정	2집단 간의 평균 차이 검정	독립변수: 명목척도 ǀ 종속변수: 등간척도, 비율척도
분산분석(ANOVA)	3집단 이상 간의 평균 차이 검정	독립변수: 명목척도 ǀ 종속변수: 등간척도, 비율척도

우로 F통계량으로 검정한다. 분산분석에서도 단변량분산분석, 다변량분산분석을 수행한다. 단변량분산분석은 독립변수의 개수가 1개인 일원(배치)분산분석 또는 2개인 이원(배치)분산분석이 있다. 다변량분산분석은 독립변수의 개수와 무관하게 종속변수의 개수가 2개 이상인 경우를 다룬다.

사례: 평균 분석 | 변수(집단) 간의 평균이나 분산, 빈도, 상관관계 등의 통계량 검정은 SPSS와 같은 통계프로그램에서 가능하다. t-검정이나 분산분석의 통계 분석은 정규성을 가정하는 표본량(흔히 30개 이상, 대수의 법칙 고려)으로 하는 것이 좋다. 식물연구에서의 적용 사례는 다음과 같다. '신갈나무 실험군과 대조군의 생육 특성 비교'는 두 집단 간의 생육 차이를 알아보기 위해 독립표본 t-검정을 수행한다. '생장물질 처리에 따른 신갈나무 반응 특성 연구'는 생장물질 처리 전과 후의 측정값을 비교하는 대응표본 t-검정을 수행한다. 여기에서 특성은 식물체의 키, 생체량, 기관(잎, 꽃, 가지 등)의 수, 활력도, 종자생산량 등 다양할 수 있다. 표 3-5는 우리나라 중부지방 신갈나무림의 임의 집단A와 집단B의 평균수고가 중부지방 신갈나무 평균수고인 17m와 다른가?에 대한 일표본 t-검정 결과이다. 두 집단의 평균은 15.3m로 동일하지만 집단A는 유의확률이 0.001로 다르다고 할 수 있지만 집단B는 유의확률 0.056으로 다르다고 할 수 없다. 이는 집단B에서 개체별 수고의 표준편차가 큰 것에서 잘 나타난다.

표 3-5. 신갈나무 두 집단의 평균수고에 대한 일표본 t-검정(검정값 17m). 신갈나무 두 집단의 평균수고 15.3m가 우리나라 중부지방의 신갈나무 평균수고 17m와 다른가?에 대한 검정 결과이다. 집단A와 집단B는 정규성 검정(Shapiro-Wilk 검정: 30개 이하 소표본)에서 정규분포를 따른다.

구분	개체수	수고(단위: m) 개체별	평균	표준편차	t값 (**: p<0.01)	자유도	유의확률 (양측검정)
집단A	10	13, 15, 15, 15, 17, 16, 15, 16, 16, 15	15.3	1.060	-5.075**	9	0.001
집단B	10	12, 12, 13, 14, 15, 16, 18, 17, 18, 18	15.3	2.452	-2.193	9	0.056

표 3-6. 신갈나무 개체군의 수고에 대한 독립표본 t-검정. 신갈나무 집단A와 집단B의 평균수고는 각각 15.3m, 16.5m이며 평균수고에 차이가 있다고 할 수 있다.

구분	개체수	수고(단위: m) 개체별	평균	표준편차	t값 (*: p<0.05)	자유도	유의확률 (양측검정)
집단A	10	13, 15, 15, 15, 17, 16, 15, 16, 16, 15	15.3	1.060	-2.396*	18	0.028
집단B	10	15, 15, 16, 16, 15, 18, 17, 18, 18, 18	16.6	1.350			

표 3-7. 애기부들 두 집단 서식처의 환경요소. 연구대상 두 집단 서식처의 pH, DO, BOD, T-N, T-P 측정값이다. 각 환경요소 값에 대한 단위는 생략하였으며 제시된 자료들은 가상의 값이다.

환경요소	집단A					집단B				
	St.1	St.2	St.3	St.4	St.5	St.6	St.7	St.8	St.9	St.10
pH	6.5	6.7	6.6	6.6	6.8	6.5	6.5	6.4	6.5	6.6
DO	6.1	5.7	6.5	7.0	6.9	7.4	7.5	7.5	7.8	7.7
BOD	1.34	1.85	2.12	2.34	1.87	0.12	1.11	0.48	0.92	0.85
T-N	11.30	10.58	12.12	12.01	11.58	6.69	7.25	7.32	7.68	8.21
T-P	0.12	0.09	0.13	0.28	0.09	0.07	0.05	0.06	0.05	0.06

표 3-8. 애기부들 두 집단 서식처 간의 환경요소 비교(자료: 표 3-7). 다중 t-검정을 수행하였으며 DO, BOD, T-N에 대해서는 두 집단 간에 차이가 있지만 pH와 T-P에 대해서는 차이가 있다고 할 수 없다.

환경요소	집단A		집단B		차이	차이 표준오차	t값 (**:〈0.01, ****:〈0.001)	유의확률 (양측검정)
	지점수	평균	지점수	평균				
pH	5	6.640	5	6.500	0.140	0.060	2.333	0.089947
DO	5	6.440	5	7.580	-1.140	0.255	4.471**	0.006225
BOD	5	1.904	5	0.696	1.208	0.243	4.968**	0.004378
T-N	5	11.52	5	7.430	4.088	0.374	10.930****	0.000022
T-P	5	0.142	5	0.058	0.084	0.036	2.359	0.089947

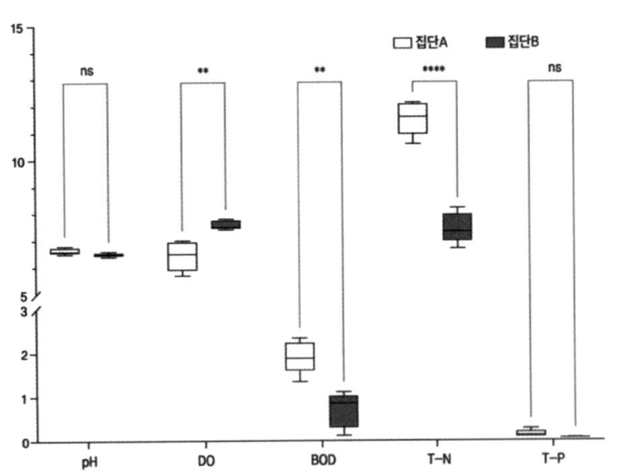

그림 3-34. 애기부들 두 집단 간의 평균 비교. 애기부들 두 집단(표 3-7) 간의 서식환경 차이에 대해 다중 t-검정을 수행하였다(표 3-8). 두 집단의 서식환경 간에 DO, BOD, T-N은 차이가 있다(****: 〈0.0001, **: 〈0.01, ns: no significant).

사례: 집단 간의 평균 비교 | 표 3-6은 신갈나무 두 집단 간의 평균 수고에 차이가 있는가?에 대한 독립표본 t-검정 결과이다. 신갈나무 두 집단의 평균수고는 각각 15.3m와 16.6m이다. 등분산을 가정한 검정 결과(F값 2.755, 유의확률 0.114)로 t값 −2.396, 유의확률(양측검정) 0.028로 귀무가설이 기각되기 때문에 두 집단의 평균수고는 다르다고 할 수 있다. 표 3-7은 애기부들 두 집단의 서식처 환경요소(pH, DO, BOD, T-N, T-P)를 측정한 값이고 표 3-8은 다중 t-검정 결과이다. DO, BOD, T-N은 차이가 있는 것으로 나타나지만 pH, T-P는 차이가 있다고 할 수 없다(그림 3-34).

사례: 빈도 및 생장율 분석 | 특정 식물 개체 및 개체군에 대해 서식처 환경요소는 물론 생육 특성에 대한 다양한 분석이 가능하다. 그림 3-35는 우리나라 중부지방의 고해발 산지에서 신갈나무와 졸참나무의 해발고도별 수직적 공간분포 분리를 바이올린플롯(violin plot) 형태로 보여준 것이다. 신갈나무는 고해발 산지에서, 졸참나무는 저해발 산지에서 출현빈도가 증가하는 것을 알 수 있다. 그림 3-36은 이년생인 단양쑥부쟁이의 생육기 동안의 생장율(식물체 높이)을 측정한 것이다. 단양쑥부쟁이 개체들은 대부분 60~80m 높이로 성장한다. 생육 초기인 3~5월에는 생육이 느리고 개체별 편차가 작지만 6~9월에는 편차가 크게 나타난다.

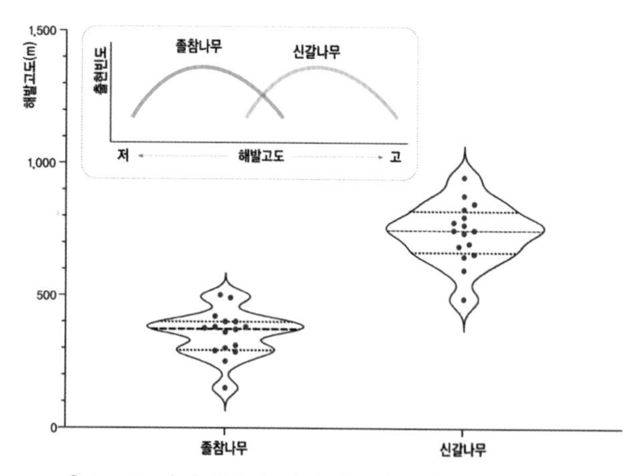

그림 3-35. 신갈나무와 졸참나무의 수직적 분포. 우리나라의 고해발 산지에서 신갈나무와 졸참나무의 해발고도별 수직적 공간 분리를 바이올린플롯(violin plot)으로 나타낸 것이다. 신갈나무는 고해발 지역(500~1,000m)에서, 졸참나무는 저해발 지역(200~500m)에서 분포가 증가한다.

사례: 상관관계 분석 | 상관관계 분석에서 정규성이 가정된 변수들 간의 상관성을 상관계수(r 또는 R^2, 설명력)로 이해한다. 흔히 상관계수의 절대값이 0.2 이하이면 상관관계가 거의 없고, 0.2~0.4는 낮은 상관관계, 0.4~0.6은 비교적 높은 상관관계, 0.6~0.8은 높은 상관관계, 0.8~1.0(다중공선성 문제 존재)은 매우 높은 상관관계로 이해할 수 있다(그림 3-37). 예를 들어 식물체의 생체량과 영양염류량과의 관계 분석에서 R^2의 값이 0.7이면 높은 상관성으로 이 식물의 생장은 영양염류량과 관계가 강한 것이다. '환경요인이 애기부들 생장에 미치는 영향 연구'에서 다양한 환경변수들(pH, DO, BOD, T-N, T-P, 전기전도도, 수온 등)이 애기부들 생장에 어느 정도의 영향을 미치는가를 분석할 수 있다. 만일 상관관계 분석에서 낮은 r 또는 R^2값을 갖는 환경요인은 애기부들 생장에 영향이 낮은 것으로 이

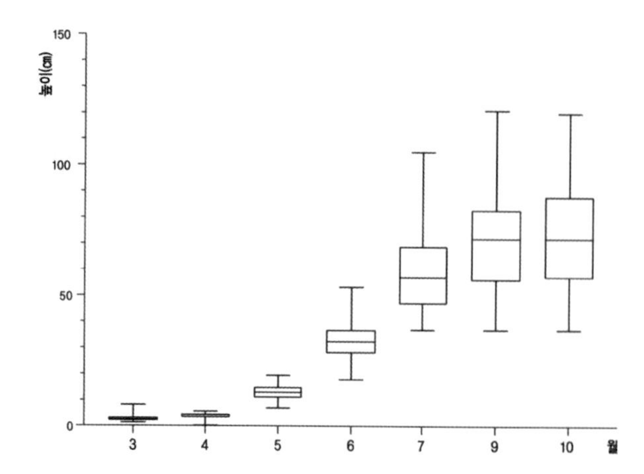

그림 3-36. 단양쑥부쟁이 월별 생장율. 단양쑥부쟁이가 꽃줄기를 형성하는 이년생 식물체(N=10)의 월별 생장율을 식물체 높이로 측정하였다. 단양쑥부쟁이는 대부분 60~80m 높이로 성장하는 것으로 나타난다. 생육 초기인 3~5월에는 생육이 느리고 개체별 편차가 작지만 6~9월에는 편차가 크게 나타난다. 9~10월에는 개화 결실하는 것으로 이해할 수 있다.

표 3-9. 20개 지점에서 임의 식물종의 생체량과 7개 환경요소 측정값. 표에 제시된 값들은 이해를 돕기 위해 가상적으로 작성하였으며 각각의 환경변수에 대한 단위는 생략하였다.

지점	생체량	pH	DO	BOD	T-N	T-P	전기전도도	수온
1	91	6.0	7.4	0.972	11.266	0.0461	1,285.0	25.5
2	92	6.5	7.5	1.020	10.186	0.0285	1,264.0	25.6
3	92	6.0	7.6	1.152	10.266	0.0853	1,243.0	25.8
4	94	6.4	7.5	1.248	7.678	0.0717	377.4	26.0
5	95	6.5	7.4	0.924	8.239	0.0624	408.1	27.1
6	95	6.6	7.5	0.480	11.738	0.0324	1,430.0	27.6
7	95	6.7	7.4	0.516	10.788	0.0394	1,391.0	27.0
8	96	6.7	7.4	0.384	10.382	0.0572	1,305.0	27.2
9	97	7.0	8.2	2.544	6.808	0.1286	394.0	27.4
10	97	6.5	8.5	1.176	8.333	0.1734	659.0	27.6
11	98	6.3	8.1	0.408	11.920	0.0456	1,959.0	27.5
12	99	6.0	7.8	0.336	11.930	0.0499	1,816.0	27.6
13	100	6.5	7.9	0.696	10.740	0.0783	1,612.0	27.7
14	100	6.0	8.6	1.344	5.320	0.2247	450.0	28.0
15	101	6.4	8.8	1.392	6.689	0.1493	792.0	28.1
16	102	6.5	8.3	2.544	12.440	0.0624	1,391.0	28.2
17	103	6.6	7.9	1.176	11.910	0.0610	1,305.0	28.3
18	103	6.7	7.8	0.408	11.290	0.0926	394.0	28.4
19	104	6.7	8.3	0.336	6.808	0.0620	659.0	28.5
20	105	7.0	8.4	0.900	8.333	0.0926	1,612.0	28.5

표 3-10. 임의 식물종의 생체량과 7개 환경요소와의 상관관계(자료: 표 3-9). 생체량은 수온과 DO에 상관관계가 높은 것으로 나타나며(그림 3-37 참조) 각 환경요소들 간에도 양 또는 음의 상관관계를 이해할 수 있다.

구분	생체량	pH	DO	BOD	T-N	T-P	전기전도도	수온
생체량	1							
pH	0.391	1						
DO	0.673**	0.090	1					
BOD	0.018	0.100	0.385	1				
T-N	-0.125	-0.125	-0.502*	-0.270	1			
T-P	0.274	-0.107	0.728**	0.391	-0.707**	1		
전기전도도	-0.005	-0.149	-0.174	-0.326	0.710**	-0.548*	1	
수온	0.933**	0.426	0.656**	-0.012	-0.116	0.321	-0.029	1

주) *는 0.05 수준에서, **는 0.01 수준에서 유의함(양측검정)

해하면 된다. 표 3-10은 20개 지점에서 임의 식물종의 생체량과 7개의 환경변수(pH, DO, BOD, T-N, T-P, 전기전도도, 수온) 측정 자료(표 3-9)를 이용하여 피어슨 상관계수(r)를 적용하여 상관관계를 분석하였다. 생체량은 환경변수 가운데 수온과 DO에 상관관계가 높은 것으로 나타난다. DO는 T-P, 수온, T-N과, T-N은 전기전도도와 T-P와, T-P는 전기전도도와 양 또는 음의 상관성이 있는 것으로 나타난다. 수온 및 DO(Y축)가 임의 식물종의 생체량(X축)과 어떠한 상관성이 있는지는 산점도 또는 회귀모형 등으로 이해할 수 있다(그림 3-37).

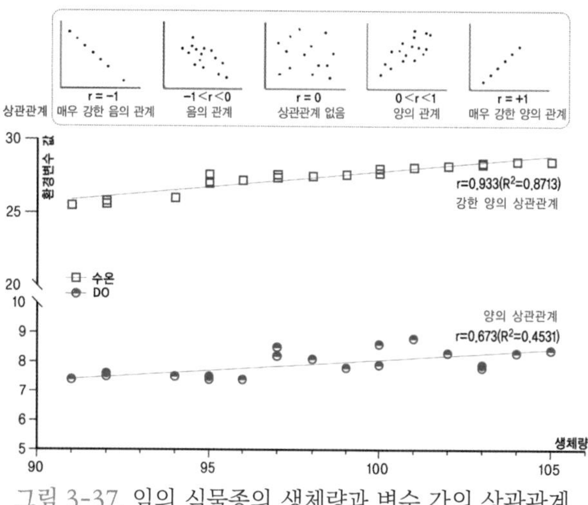

그림 3-37. 임의 식물종의 생체량과 변수 간의 상관관계 산점도. 환경변수들(표 3-9) 가운데 상관성이 높은 두 변수 간의 선형적인 관계를 산포도로 이해할 수 있다.

사례: 회귀분석 | 회귀분석(回歸分析, regression analysis)은 고정된 독립변수(원인)와 종속변수(결과) 간의 인과관계를 분석하는 것으로 회귀식으로 이해하는 것이 상관관계 분석과 다르지만 본질적으로는 유사하다. 즉 독립변수에 따른 종속변수의 반응으로 이해하면 되는데 '토양 유기물 함량에 따른 버드나무림의 생산성 반응' 과 같은 연구에 적용할 수 있다. 표 3-11과 그림 3-38은 3개의 환경변수가 임의 식물종의 생체량에 어떠한 영향을 미치는가?에 대한 분석 결과이다. 독립변수(환경A, 환경B, 환경C)와 종속변수(생체량) 관계를 산포도와 회귀식으로 이해할 수 있다. 임의 식물종의 생체량에 대한 설명력은 환경A가 R^2=0.9483이고, 환경B가 R^2=0.5366이고, 환경C가 R^2=0.002181이다. 즉 환경A가 임의 식물종의 생체량에 가장 강한 영향을 미치는 것으로 이해할 수 있다. 환경A에 대한 회귀모형은 '생체량=환경A×1.441+87.86' 의 관계가 있는 것이다.

다변량의 생태자료 분석 | 식물군락은 자연 속에 실제 존재하는 식물사회의 식물종조성 방식에 대한 통계적 다변량(多變量, multivariates)의 산물이다(Kim and Lee 2006). 식생학을 포함하는 최근의 생태학 연구들의 대부분은 복잡한 다변량 자료들을 다룬다. 통계 분석 중 요인분석은 연관성이 낮은 요인들을 제거해 가면서 연구가설을 이해하는 과정이며 서열분석의 PCA(주성분분석)와 상통한다. 다변량의 교차분석은 주로 범주형에 대한 자료들을 분석하는데 식물종 간의 상관관계를 분석하는데 주로 적용한다(그림 3-42 참조). 이러한 많은 생태학적 연구에서 복잡한 다변량 자료를 다룰 수 있는 특화된 프로그램을 사용하도록 한다.

표 3-11. 20개 지점에서 임의 식물종의 생체량과 환경요소 A, B, C와의 관계. 표에 제시된 값은 이해를 돕기 위해 가상적으로 작성하였으며 환경변수에 대한 단위는 생략하였다.

지점	1	2	3	4	5	6	7	8	9	10	11	12	13	14	15	16	17	18	19	20
생체량	91	92	92	94	95	95	95	96	97	97	98	99	100	100	101	102	103	103	104	105
환경A	2.4	3.2	4.0	4.8	4.8	5.6	5.6	4.8	6.4	5.6	6.4	8.0	7.2	8.0	8.0	9.6	11.2	10.4	12.0	12.0
환경B	4.0	3.2	4.0	3.2	4.8	4.8	6.4	5.6	7.2	8.0	9.6	9.6	9.6	11.2	7.0	8.0	7.2	8.0	8.8	8.0
환경C	5.0	3.0	5.0	4.0	8.0	9.0	2.0	5.0	8.0	9.0	7.0	5.0	4.0	8.0	6.0	5.0	8.0	4.0	5.0	4.0

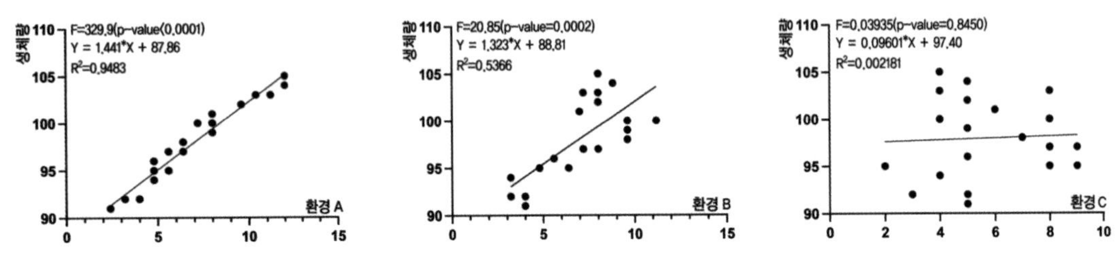

그림 3-38. 3개 환경요소에 대한 임의 식물종의 생체량 반응 회귀분석 결과(자료: 표 3-11). 생체량은 환경A에 매우 강한 영향을 받고, 다음으로 환경B에 비교적 높은 영향을 받고, 환경C에는 영향을 받지 않는다.

군집분석에는 다변량의 통계적 자료들을 사용하고 흔히 분류분석과 서열분석이 많이 사용된다.

다변량 분석 프로그램 | 다변량 분석을 위한 다양한 프로그램들이 있으며 사용법은 별도로 숙지해야 한다. 분석에 SPSS, SAS 등과 같은 통계프로그램을 사용할 수 있지만 보다 특화된 분석을 위해서는 별도의 프로그램을 사용하는 경우가 대부분이다. 사용하는 프로그램은 PC-ORD, SYN-TAX 2000 for WINDOWS, PAST, CANOCO for Windows, TWINSPAN for Windows(WinTWINS) 등 다양하다. 각각의 프로그램은 분류분석(분류법, classification)이 가능하거나 서열분석(서열법, 좌표결정분석, ordination)만 가능할 수도 있다. 연구자는 분석의 목적과 유형에 따라 사용하는 프로그램이 다를 수 있다.

생태적 군집자료의 속성 | 생태적 연구에서 획득되는 다변량 자료들은 너무 방대하고 무질서하여 연구자 외에는 그 속성을 이해하기 어렵다. 속성 이해는 자료의 표준화와 같은 변형, 분석 방법의 선택, 결과의 해석에 매우 중요하며 분류분석과 서열분석 방법을 주로 이용한다. 자료의 기본 속성과 반응 특성은 매우 복잡하지만 주요 특성은 다음과 같다(McCune and Grace 2002).

01 존재(유무, presence) 또는 풍부함(abundance; 피도, 밀도, 빈도, 생체량 등)의 질적·양적 자료는 표본단위에서 생물종의 특성(performance)을 측정하고 이해하는데 사용된다.

02 생물종이 얼마나 풍부한지에 대한 주요 의문은 생물종 상호 간과 환경(또는 서식처) 특성에 대응한 상관성 정도에 따라 달라진다.

03 긴 환경구배(환경변화)에 따른 생물종의 반응 특성은 혹모양(hump-shape)이거나 더 복잡한 경향이 있다. 가끔 혹이 두 개 이상 있는 경우도 있다.

04 환경구배 형태에 따른 생물종 특성 자료는 함수적으로 실선(solid curve)의 반응곡선으로 나타나지만 측정된 특정 환경요인 외의 다양한 이유(환경변수, 상호작용, 기회, 분산 등)로 분포가 제한된다. 환경구배에 대한 생물종의 풍부도는 특정 지점에서 잠재력보다 덜 풍부하게 나타나거나 0의 값 근처에서도 확인되기도 한다. 환경구배에 대한 생물종의 반응곡선은 실제 매우 복잡하고 다양한 형태(다봉형 polymodal, 비대칭형 asymmetric, 불연속형 discontinuous)로 나타날 수 있다.

05 영값절단문제(zero-truncation problem)(Beals 1984)는 서식처 선호도의 척도로서 생물종의 풍부함을 제한한다. 생물종의 풍부함에 대한 반응곡선은 음의 값을 가질 수 없기 때문에 0의 값에서 잘린다(절단된다). 생물종이 없으면 환경이 해당 종에게 얼마나 불리한지에 대한 정보가 없다.

06 풍부도 자료는 단변량이든 다변량이든 일반적으로 먼지뭉치(dust bunny) 분포를 따른다. 이 분포는 공간(축)의 모퉁이에서 먼지뭉치처럼 분포하는 형태를 의미한다. 자료가 다변량의 정규성(정규분포 또는 로그정규분포)을 따르는 경우는 거의 없기 때문에 분석방법 선택에 영향을 미친다.

07 생물종 간의 관계는 일반적으로 비선형적(nonlinear)이다.

다변량 원자료표의 입력 | 식물연구자가 획득하는 다변량 원자료표(raw data table)는 다양하다. 자료는 가장 단순한 식물상적 정보로만 되어있거나, 하나의 단순한 환경정보를 포함하거나, 다수의 복합적인 환경정보를 동시에 포함할 수 있다. 원자료표를 이용한 수리적 분류분석과 서열분석은 흔히 조사표(조사지점, 방형구)를 대상으로 분석하지만 행렬을 바꾸어(transpose) 식물종에 대한 분석도 가능하다(그림 3-44, 3-53 참조). 가장 단순하고 일반적인 원자료표는 가로축(열, column)에 조사표를 두고 세로축(행, row)에 출현 식물상을 행렬표(matrix)로 작성하는 것이다(표 3-12, 3-13). 흔히 가로축에는 필드(field), 특성(feature), 속성(attribute), 변수(variable)에 해당하는 값을, 세로축에는 개체(instance), 관측치(observed value), 기록(record), 사례(example), 경우(case)에 해당하는 값을 기록한다. 행렬의 자료는 양적인 값(식피율, 피도계급 등)과 질적인 값(출현 유무)을 입력할 수 있다. 보다 복잡한 원자료표는 각 조사표에 해당하는 식물상 정보를 포함하여 환경정보(pH, 토성, 수분조건, 경사도, 기온, 토심 등)를 행렬표에 추가하여 기재하는 것이다(표 3-13의 아래 부분). 표 3-12는 미국 북동부 뉴저지(New Jersey) 염습지의 식생자료이며 12개의 조사표에서 출현식물종 12종을 식피율로 표현한 원자료표이다. 표 3-13은 잉글랜드 남서지역 Dartmoor의 Gutter Tor의 식생자료이다.

25개의 조사표에서 출현식물종 27종을 식피율로 표현한 식생정보와 토양/이탄깊이(㎝), 경사도(°), 토양습도(%), 방목(분변 faecal 단위 수)의 환경정보를 기록한 원자료표이다.

다변량 분석 | 최근에는 다변량 분석(多變量 分析, multivariate analysis)을 배제한 논문을 찾아보기 힘들 정도로 대부분의 생태학적 연구에 사용한다. 생물군집 및 개체군의 생태학적 연구에서 조사자는 조사지점별 생물종 구성(생물군집, 식생조사표)과 환경변수(경사도, BOD, pH, 토성 등)와 관련된 다양한 현장정보를 획득한다. 이들 간의 상관성 정도에 대한 수리적 해석이 다변량 분석이다. 환경변수의 변화에 따라 생물종의 분포가 어떻게 변하는지를 예측하고 생물종 변수 간에 어떠한 관계가 있는지를 연구하는 것이 주된 방향이다. 즉 하나의 변수를 사용하지 않고 많은 변수(다변량)를 사용하기 때문에 다변량 분석이라고 하는 것이다. 다변량 분석을 정확히 정의하기는 어렵지만 다수, 다량의 측정자료를 동시에 분석하는 모든 통계적 방법으로 이해할 수 있다. 흔히 두 개의 변수 이상을 동시에 분석하는 것을 다변량 분석이라 하는데 일변량 분석과 이변량 분석의 확장 형태이다. 식생학을 포함한 생태학에서 수집하는 대부분의 자료는 다변량 자료로 수리적 분류분석 및 서열분석을 주로 수행한다.

분류분석과 서열분석 | 정량적인 군집생태학에 대한 해석은 매우 어렵다. 생태학자는 수십 종 또는 수백 종에 대한 여러 환경요인의 영향을 동시에 분석해야 하기 때문에 통계적 오류(측정 및 구조 오류 모두)는 크고 잘못 분석하는 경향이 있다. 생태학에서는 평균과 분산과 같은 일반적이고 단순한 통계량보다 다변량 변수들의 복잡한 변이 특성과 패턴을 이해해야 한다. 생태학자들은 이를 해결하기 위해 다양한 다변량 접근 방식을 채택한다. 크게 [01]분류분석(classification, 분류법)과 [02]서열분석(ordination, 서열법)으로 생태학적 연

표 3-12. 미국 북동부 뉴저지(New Jersey) 염습지 식생자료(Kent and Coker(1992)가 Fresco in Cottam et al. 1978 자료 인용)

종명 \ 조사표 번호	1	2	3	4	5	6	7	8	9	10	11	12
01. *Atriplex patula var. hastata*	1	10	2	1	1	2	5		1		5	2
02. *Distichlis spicata*		15	80	2	10	15	30	1	10	10	20	
03. *Iva frutescens*							5	1	2	1	20	10
04. *Juncus gerardii*			1			40	1					
05. *Phragmites communis*								1	10	20	5	30
06. *Salicornia europaea*	5	10	2	1	1		2			2		
07. *Salicornia virginica*				5	10							
08. *Scirpus olneyi*						5	20				1	
09. *Solidago sempervirens*									1	5	1	2
10. *Spartina alterniflora*	75	30	5	20	5	1		10	1	2		
11. *Spartina patens*							20	10	50		2	5
12. *Suaeda maritima*				20	10							

표 3-13. 잉글랜드 남서지역 Dartmoor의 Gutter Tor에서 식생 및 환경자료(Kent and Coker 1992).

식물종 \ 조사표 번호	1	2	3	4	5	6	7	8	9	10	11	12	13	14	15	16	17	18	19	20	21	22	23	24	25
01. *Agrostis capillaris*			80						1				70	90				90		75				65	
02. *Agrostis curtisii*				80		70				25										15					
03. *Bryophytes*				15	1	2	15							1		1						5			
04. *Calluna vulgaris*				10	35						25					100					90				2
05. *Carex nigra*	15	10							5	25	10	10				1			5			5			10
06. *Cerastium glomeratum*													1					2							
07. *Cladonia portentosa*				1					10	10	5			15		15					20	10			
08. *Danthonia decumbens*													5							5					
09. *Drosera rotundifolia*	2											2													2
10. *Erica cinerea*										5															
11. *Erica tetralix*				5							20	25					20					25			
12. *Festuca ovina*			10		40		40	40					30	20	30	5		20	10	25	1		50	50	
13. *Galium saxatile*			10		1	5	35	40	5	10		2	10		20		5	10	25				50	25	
14. *Juncus effusus*	5	15							5			5													20
15. *Juncus squarrosus*																				5					
16. *Luzula sylvatica*																				3					
17. *Molinia caerulea*	35	50		40		20				25	75						90					95			10
18. *Narthecium ossifragum*	20											10													5
19. *Plantago lanceolata*																		5						2	
20. *Potentilla erecta*			20	3		5		10	2	10	5		10	1	5		10	5	2					15	
21. *Pteridium aquilinum*								90							60				100				95		
22. *Sphagnum* sp.	80	80							75			55													90
23. *Taraxacum officinale*																		1							
24. *Trichophorum cespitosum*		5							2			10													5
25. *Trifolium repens*			3															3							
26. *Vaccinium myrtillus*					50		20	10		20	10			20		5	5				20	5			
27. *Viola riviniana*													2						5					5	
전체 피도	157	160	123	154	127	102	110	190	105	130	150	119	128	147	115	127	130	136	147	128	131	145	195	162	144
출현종수	6	5	5	7	5	5	5	5	8	8	7	8	7	6	4	6	5	8	6	6	4	6	3	6	8
환경정보																									
토양/이탄깊이(㎝)	54	42	12	15	16	11	9	15	40	38	31	25	17	10	14	15	23	18	20	10	8	16	27	13	55
경사도(°)	3	1	20	6	18	10	9	20	4	3	4	4	15	12	25	9	10	15	17	5	7	2	12	13	1
pH	4.8	4.6	3.7	3.9	4.0	3.7	4.0	3.7	4.4	4.2	3.9	4.7	3.8	4.0	4.0	3.7	4.2	3.9	4.2	3.9	3.6	4.0	4.1	4.2	5.2
토양습도(%)	95	110	34	75	55	52	41	31	95	76	67	105	35	43	15	50	72	36	21	43	50	72	33	21	112
방목(분변 faecal 단위 수)																									
소(cattle)	-	-	2	1	1	-	1	-	-	1	2	-	2	2	-	-	2	3	1	2	-	-	-	1	-
양(sheep)	-	-	4	1	4	3	2	3	-	1	1	-	6	5	-	-	-	6	2	4	3	-	1	1	-
말(horses)	-	-	1	2	-	-	-	-	-	1	1	-	-	1	-	-	-	1	-	2	-	-	1	2	-
토끼(rabbits)	-	-	-	1	-	-	-	1	-	-	1	-	-	1	1	1	-	1	-	1	-	1	-	-	-
전체 출현분변 수	0	0	7	5	5	3	3	4	0	3	5	0	8	9	1	1	2	11	3	9	3	1	2	4	0

구에서 일반화된 분석 방법이며 평균 비교, 상관관계 등의 통계 검정보다는 변수(조사표, 식물종, 환경요인 등) 간의 보다 복잡한 관계를 이해할 수 있다. 두 방법은 패턴을 이해하고 그룹을 찾는데 같은 자료를 이용하기 때문에 보완적 분석(complementary analysis)이다. 분류분석은 유사도(類似度, similarity)를 토대로 생물종 또는 조사표, 식물군집 단위를 그룹화(모둠화, cluster, grouping)하는 것이 주목적이다(그림 3-40 참조). 분류분석은 조사구별 종조성의 원자료표를 이용하여 변수들을 유사한 그룹으로 재배열하는 것이다. 조사표와 식물종조성을 토대로 그룹화하기 때문에 흔히 집괴분석(集塊分析, cluster analysis)이라고도 한다. 한편 식물군집은 종간결합 없이 환경요인에 의해서만 종이 분포한다는 견해가 있다. 이 견해로 환경요인의 점진적 변화인 환경구배(environmental gradient)에 따른 식물종의 분포를 밝히기 위해 서열분석 방법을 사용한다(Kim et al. 1997). 서열분석은 2차원 또는 3차원 축의 좌표공간에 시각화되기 때문에 변수 간의 관계 구조를 보다 간결하고 의미있게 해석할 수 있다. 서열분석은 다변량 자료를 축소된 2~3차원의 축에 대응해 변수들(식물종 또는 조사표 등) 간의 관계를 구배(기울기)에 따라 거리별로 배열 또는 서열(ordering)로 시각화하는 것으로 구배분석(gradient analysis)이라고도 한다(그림 3-49 참조). 이는 불연속성을 기재하는 식생학의 표작업(table work)과는 달리 식생의 연속성을 강조하기 위한 것이다. 즉 서열분석은 식물종조성의 유사성 및(또는) 환경제어 요인과 관련된 식생자료(조사표)를 좌표공간에 점의 형태로 구배에 따라 배열한다(Kent and Coker 1992). 이를 통해 식물군집의 구조 및 군집분류, 식물군집과 환경과의 관계 등을 이해할 수 있다. 서열분석은 서로 연관있는 다변량의 자료를 종합적으로 분석하는 수리적 해석 방법으로 조사지점의 종구성과 환경의 잠재적 특성 사이의 관계에 대해 가설을 생성해서 증명하는 것이다. 이 방법은 1950년대 이후부터 생태학에서 지속적으로 확장 적용되어 왔다.

식생자료의 그룹화 패턴 | 수리분석을 통한 식생자료의 분류 및 특성 구분의 그룹화에는 여러 형태가 있다. 조사표와 같은 변수들이 명확하게 구분되거나, 구분이 불명확하거나, 그 중간 형태가 있을 수 있다. 그림 3-39의 A는 4개 그룹으로 명확하게 구분된다. 이는 4개 그룹의 서식처 환경조건이 명확히 구분되어 상호 독립적이거나 공유하는 식물상이 적은 경우이다. B와 같이 불명확한 경우는 식물상이 상호 독립적으로 명확히 구분되는 식물상적 조건이 없다. 이는 조사지점(조사표)별 환경조건이 유사하기 때문으로 그룹화가 어렵다. C와 같은 중간 형태는 조사지점들이 좌우와 상하에 배열되지만 가운데 일부가 존재한다. 이는 전이대(ecotone)의 존재로 인식할 수 있는데 자연상태에서 명백히 존재하는 형태이다. 이 경우에는 숙련된 조사자의 주관적인 판단으로 설명력 있는 그룹화가 필요하다.

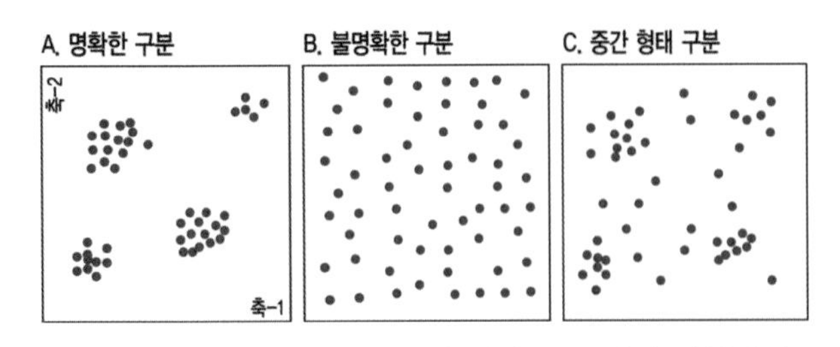

그림 3-39. 식생자료의 그룹화 패턴. 그룹화가 명확하게 구분되는 경우(A)가 있거나, 불명확한 경우(B)가 있고, 그 중간 형태(C)가 존재할 수 있다.

수리적 분류분석 방법 | 수리적 분류분석에는 다양한 방법들이 있다. 특성별로 [01]계층적(hierarchical) 또는 비계층적(non-hierarchical)인 방법, [02]분열적(divisive) 또는 병합적(agglomerative)인 방법, [03]양적(quantitative) 또는 질적(qualitative)인 방법 등으로 구분할 수 있다(Kent and Coker 1992). 계층적 수리분류의 가장 대표적인 것이 계통도(系統圖, dendrogram, tree diagram)로 표현하는 유사도 분석(similarity analysis)이다. 분열적인 방법은 전체 식생자료에서 점점 작은 그룹으로 분류하는 것이고(예: TWINSPAN) 병합적인 방법은 반대의 개념으로 계통도와 같은 형태이다. 대부분의 수리분류는 양적, 질적인 자료를 모두 다루지만 식생학에서 많이 사용하는 TWINSPAN(Two-Way INdicator SPecies ANalysis)(Hill 1979)은 질적인 자료만을 다룬다.

군집의 분류분석은 변수 간의 거리를 토대로 하며 유사도 분석 및 TWINSPAN이 많이 사용된다.

분류의 수리적 분석 | 식물연구에서 많이 사용하는 분석 방법은 분류이다. 식물사회학적(식생) 연구에서는 식생조사표와 같은 변수를 그들의 종조성적 유사성에 따라 분류하는 것이다. 종조성적 유사성에 기초한 수리적 분류분석은 식물종 출현의 유무에 대한 질적 분석 또는 식피율(피도계급)을 포함한 양적 분석을 토대로 한다. 과거에는 환경조건이 유사하면 식생조사표 간의 종조성이 유사하다는 특성에 기초하여 연구자의 주관적 판단에 따라 분류하였다. 하지만 1950년대부터는 컴퓨터의 발달과 더불어 다양한 수리적 분류 방법들이 개발되어 주관적 판단에 대한 객관성을 확보하고자 노력하였다.

(비)유사도 분석의 병합분류 | 병합적 분류인 군집의 유사도 분석은 조사지점 또는 생물군집이 공간적으로 얼마나 유사한지 또는 시간적으로 얼마나 다르게 나타나는지의 분석에 사용되는데 유사도지수, 군집계수와 백분율유사도로 이해한다(Kim et al. 1997). 유사도 분석은 원자료표 작성, 유사도 행렬표, 계통도 작성, 해석의 4단계 과정으로 구분할 수 있다(그림 3-40). 유사도(similarity)를 흔히 비유사도(dissimilarity)로 표현하기도 한다. 자료를 정렬하여 군집화하는 방법에는 여러가지가 있는데 변수들 간의 거리는 산술평균비가중그룹법(Unweighted Pair Group Method with Arithmetic mean, UPGMA)을 많이 사용한다. 분석에 적용

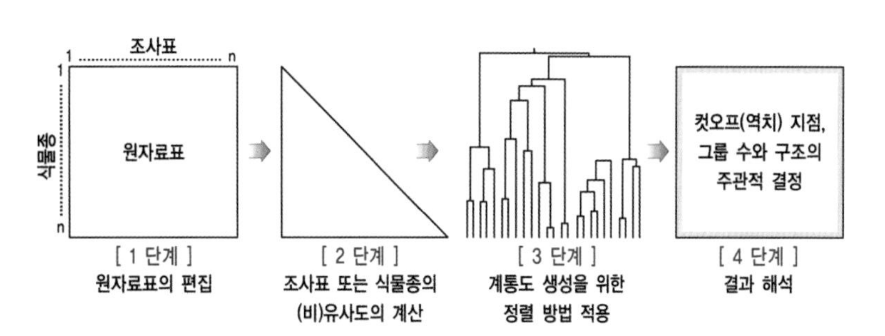

그림 3-40. 분류분석의 병합적인 단계(Kent and Coker 1992). 병합적인 분류법은 결과 해석까지 4단계 과정으로 이루어지며 (비)유사도와 계통도를 생성하여 몇 개의 군집으로 그룹화한다.

하는 계수(coefficient)는 Jaccard계수, Sørensen계수, Euclidean계수 등 다양하며 질적인 자료에 적합한 계수와 양적인 자료에 적합한 계수, 질·양적 자료에 모두 적합한 계수로 구분할 수 있다. 어떤 계수를 사용할 것인지는 연구결과를 얼마나 잘 설명하는지를 고려해 연구자가 선택한다. 백분율유사도는 개체수를 고려하는 특성이 있다. 유사도 군집분석을 통해 계통도를 작성하는데 역치(閾値, cutoff, threshold value)를 이용하여 군집의 분류 수준을 결정할 수 있다(그림 3-43 참조). 유사도는 식생 조사지점(조사표, 식생유형) 간의 유사성(그림 3-41) 또는 식물종 간의 유사성(그림 3-42)에 대해 분석할 수 있다. 유사도 분석에 대한 깊이있는 내용은 별도 자료를 참조하도록 한다.

유사성에 대한 변수결합의 행렬 표현 | 생물군집의 특성을 이해하는데 환경요인을 제외한 생물종으로 구성된 생물군집 간의 결합관계로 이해할 수 있다. 군집을 구성하는 변수(조사표, 식물종)가 다른 변수들과 친숙하면 서로 가까이 존재하는 양성결합(positive association), 서로 배척하여 멀리 존재하면 음성결합(negative association), 뚜렷한 관계없이 임의적으로 존재하면 기회결합(random association)으로 구분해서 이해한다(Pielou 1977, Kim et al. 1997)(그림 3-41, 3-42). 음의 관계를 갖는다는 것은 식물종이 서로 다른 서식처에 생육한다는 의미이다. 두 식물종 간에 양의 상관관계가 있다는 것은 우연성을 초월하여 서식처를 공유하며 어울려 생육하는 가능성을 내포하는 것이다(Ko et al. 2014). 종간결합으로 식생의 생태적 천이단계를 추정할 수 있고(Kim et al. 1996, Kim 2009) 식물종 간에 생태적 지위의 동질성과 이질성을 추정할 수 있다(Ludwig and Reynold 1988). 변수 간의 결합 정도 표현에 어떤 계수를 적용하여 군집화하는지는 연구자가

표 3-14. 미국 북동부 뉴저지 염습지 식생자료(표 3-12)를 이용한 비유사도표(Kent and Coker(1992)가 Fresco in Cottam et al. 1978 자료 인용). 12개 조사표 간의 종조성적 비유사도는 Czekanowski계수(공식 생략)를 이용하여 산출하였다. 비유사도 값이 크다는 것은 두 조사표 간에 종조성적 유사성이 낮다(차이가 크다)는 것이다.

조사표 번호	1	2	3	4	5	6	7	8	9	10	11	12
1	0.00											
2	0.51	0.00										
3	0.91	0.69	0.00									
4	0.66	0.58	0.87	0.00								
5	0.88	0.67	0.73	0.44	0.00							
6	0.97	0.72	0.75	0.93	0.76	0.00						
7	0.96	0.70	0.60	0.94	0.80	0.69	0.00					
8	0.81	0.75	0.89	0.69	0.80	0.95	0.77	0.00				
9	0.97	0.83	0.86	0.94	0.79	0.83	0.58	0.71	0.00			
10	0.93	0.73	0.79	0.89	0.66	0.79	0.79	0.84	0.60	0.00		
11	0.99	0.66	0.69	0.94	0.76	0.69	0.52	0.87	0.67	0.64	0.00	
12	0.99	0.97	0.97	0.98	0.98	0.96	0.82	0.81	0.69	0.48	0.61	0.00

선택하여 최적의 행렬표 또는 도표(plot)로 표현할 수 있다. 가장 일반적인 방법은 두 변수 간의 출현 유무에 대한 2×2분할표(contingency table)를 이용한 카이제곱(χ^2, chi-square, 교차분석) 계산이다. 변수들 간의 결합은 반행렬표(half-matrix) 또는 도표, 성좌표(constellation) 등으로 이해할 수 있다. 이에 대한 세부적인 내용은 별도의 자료를 참조한다. 반행렬표는 계산된 값으로 나타낼 수도 있고, 색상(color)과 기호(symbol)로 나타낼 수도 있고(그림 3-41, 3-42), 유의수준(significant level)을 0.05(5%)와 0.01(1%)로 구분하여 나타내기

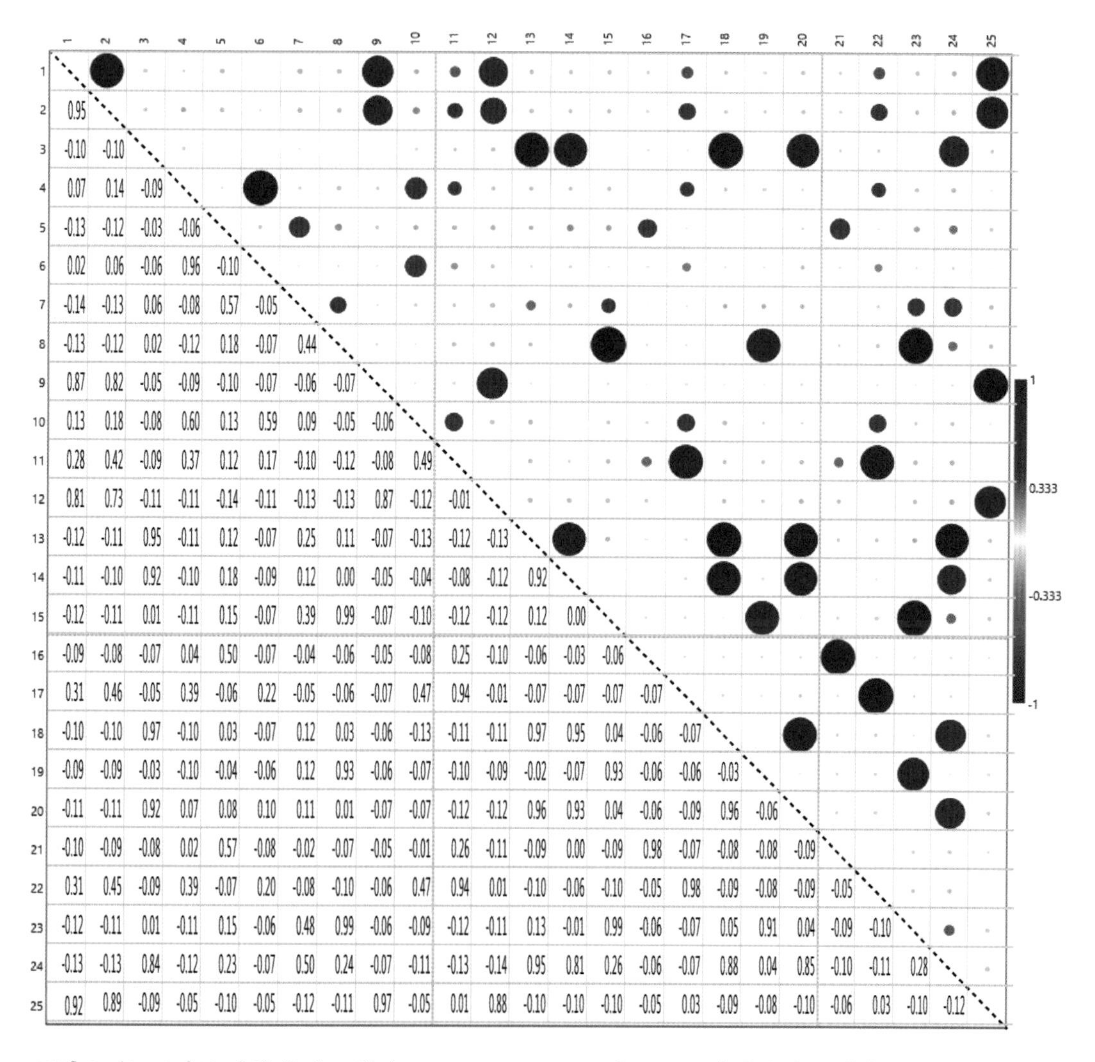

그림 3-41. 조사표 간의 유사도 행렬표(표 3-13 자료 이용). 조사표(1~25) 간의 유사도 행렬표는 좌측 삼각형의 반행렬표 또는 우측 삼각형의 도표 그림의 형태로 표현할 수 있다. 좌측 반행렬표에서 조사표 간의 유사도 분석 결과 값은 피어슨 상관계수를 적용한 것이다. 우측 도표는 유사한 정도를 가장 유사한 1에서 가장 차이가 있는 -1로 원의 크기와 색상으로 구분하여 표현한 것이다.

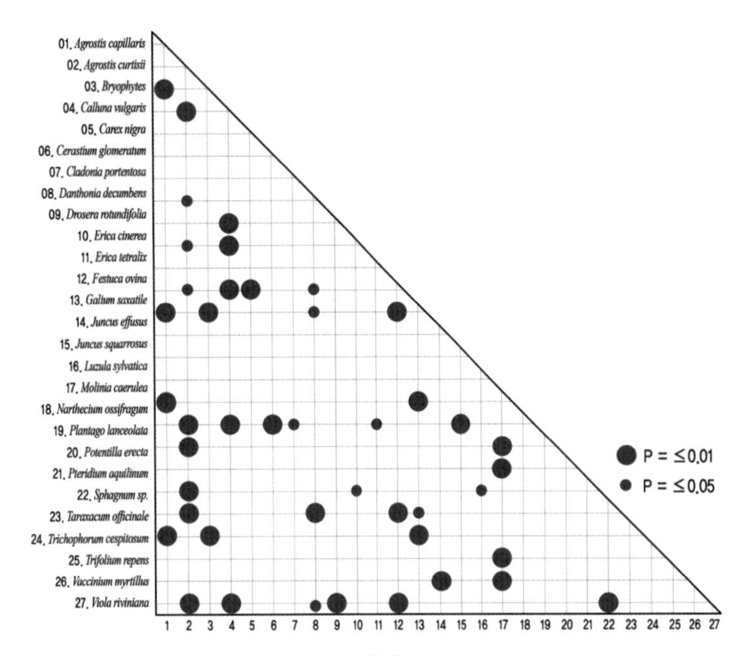

그림 3-42. 식물종 간의 유사도 행렬표(표 3-13 자료 이용)(Kent and Coker 1992 일부 수정). 식물종(01~27) 간의 유사도 정도를 유의수준으로 구분하여 나타낸 행렬표이다.

도 한다(그림 3-42). 반행렬표는 여러 분류분석 및 서열분석 과정에서 기초틀이 된다. 표 3-14는 미국 북동부 뉴저지 염습지 식생자료로 Czekanowski계수를 적용하여 12개의 식생조사표 간의 비유사도를 나타낸 것이다. 그림 3-41은 잉글랜드 Dartmoor Gutter Tor의 식생자료를 이용하여 25개 조사표 간의 유사도 정도를 나타낸 행렬표이다. 좌측의 반행렬표는 조사표(1~25) 간의 유사도를 피어슨 상관계수(Pearson correlation coefficient 또는 Pearson's r)로 분석한 값을 나타낸 것이고 우측의 도표는 기호와 색상을 이용하여 나타낸 것이다. 일반적으로 반행렬표와 도표는 별도로 작성(표현)되지만 이해를 돕기 위해 하나의 그림에 나타내었다. 그림 3-42는 잉글랜드 Dartmoor Gutter Tor의 식생자료를 이용하여 27개 식물종 간의 양성결합과 관련된 유사성 정도를 유의수준을 구분하여 나타낸 것이다. 이와 같이 식물연구에서 유사성에 대한 변수의 결합 분석은 조사표 또는 식물종을 대상으로 할 수 있다.

계통도 작성 | 계통도는 병합적인 방법이며 변수들의 분류와 구조 이해에 가장 일반적으로 사용하는 방법이다. 계통도는 유사도(비유사도)에 기초하여 조사표(조사지점)를 분류할 수 있고 식물종을 분류할 수도 있다. 계통도는 변수들 간의 유사도를 측정하는 계수에 따라 서로 다른 형태로 나타난다. 연구자는 조사지역의 식생정보를 객관적으로 설명할 수 있는 계수를 적용한 계통도로 표현한다. 계통도에서 그룹화는 역치의 수준을 이용하여 결정한다. 역치 수준은 식생자료 해석의 설명력을 고려하여 조사자가 결정한다. 그림 3-43은 우리나라 공주시에 위치한 유구천에서의 식물상 유사성을 토대로 조사지점을 분류한 것이다. 역치 A수준에서는 4개, B수준에서는 3개 그룹으로 분류할 수 있다. 그림 3-44는 잉글랜드 Dartmoor Gutter Tor의 식생자료를 이용하여 27개의 식물종별 유사도 수준을 계통도로 작성한 것이다. 아래 수준에서 연결되는 식물종들은 유사한 서식환경에 자라는 생태적 분포범위가 유사한 것으로 이해할 수 있다. 계통도는 하나의 변수를 대상으로 작성할 수 있지만 두 개의 변수를 대상으로 작성할 수도

있다. 즉 조사표를 대상으로 작성하고 식물종을 대상으로 작성하는 양방향(two-way)의 계층적 군집 분석 계통도를 작성할 수 있다. 그림 3-45는 잉글랜드 Dartmoor Gutter Tor의 식생자료를 이용하여 조사표와 식물종 간의 유사성을 양방향 계통도로 표현한 것이다. 그림에서 색상은 변수들 간의 유사성 정도를 표현한 것이다.

TWINSPAN | 분류분석 및 서열분석 자체는 주관적 분류에 도움이 된다. 주요 분류기술 중 하나인 TWINSPAN(Two-Way INdicator SPecies ANalysis)은 표작업(table work)보다 군집의 계통도를 객관적으로 만들기 위해 개발된 프로그램으로(Hill 1979)(그림 3-46, 3-47, 3-48) 분열적 분류의 일종이다(Kent and Coker 1992). TWINSPAN은 계층적 군집분석법이며 일차적으로 출현종을 기반으로 표본단위(식생조사표)를 먼저 분류하고 이를 기반으로 다시 출현종을 분류한다. TWINSPAN은 'pseudospecies' 개념을 도입하여 군집화한다. 과거의 많은 식생학자들은 수작업에 의한 표작업으로 식생을 분류하고 속성을 이해했지만 현재는 다양한 수리적인 방법을 보완적으로 활용한다. 식생분류 관련 연구자는 전술의 유사도 분류분석 및 서열분석 등을 보조적으로 활용하지만 TWINSPAN을 사용하는 경우가 많다. 많은 학자들은 다른 분류 방법에 비해 TWINSPAN이 환경요인 선호도에 따른 생물의 특징을 구분하기 용이한 것으로 인식한다(Hill 1979, Min et al. 2018). 하지만 매우 정교한 학술적인 수준의 식물사회학적 식생분류에서 식물종-조사표(조사지점) 간의 출현정보만을 기계적으로 분류하는 TWINSPAN은 수작업에 의한 전통적인 표작업의

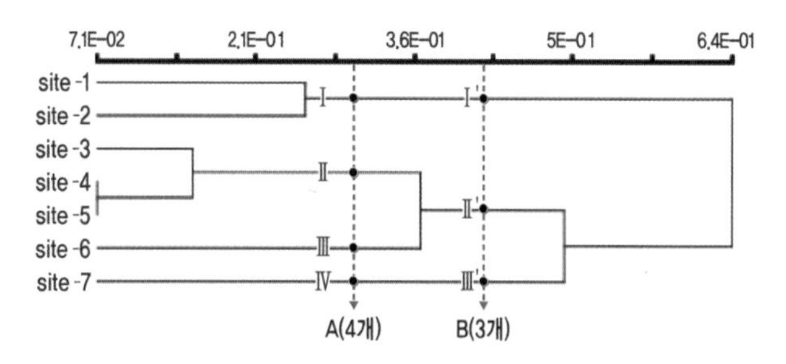

그림 3-43. 조사지점 유사도 분석 사례(Mun et al. 2012). 7개 조사지점(site)의 식물상 유사도 분석 결과로 A의 역치 수준에서는 4개(I~IV), B에서는 3개(I'~III')로 그룹화할 수 있다.

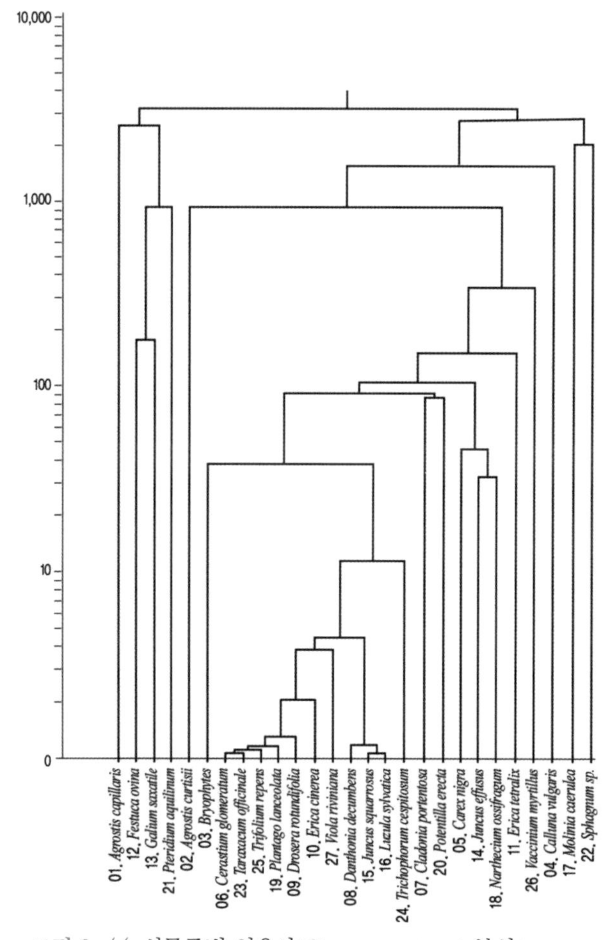

그림 3-44. 식물종별 역유사도(inverse similarity) 분석(표 3-13 자료 이용). 계통도를 WARD방법을 이용하여 분석한 결과이며 식물종별 유사성을 근거로 작성하였다.

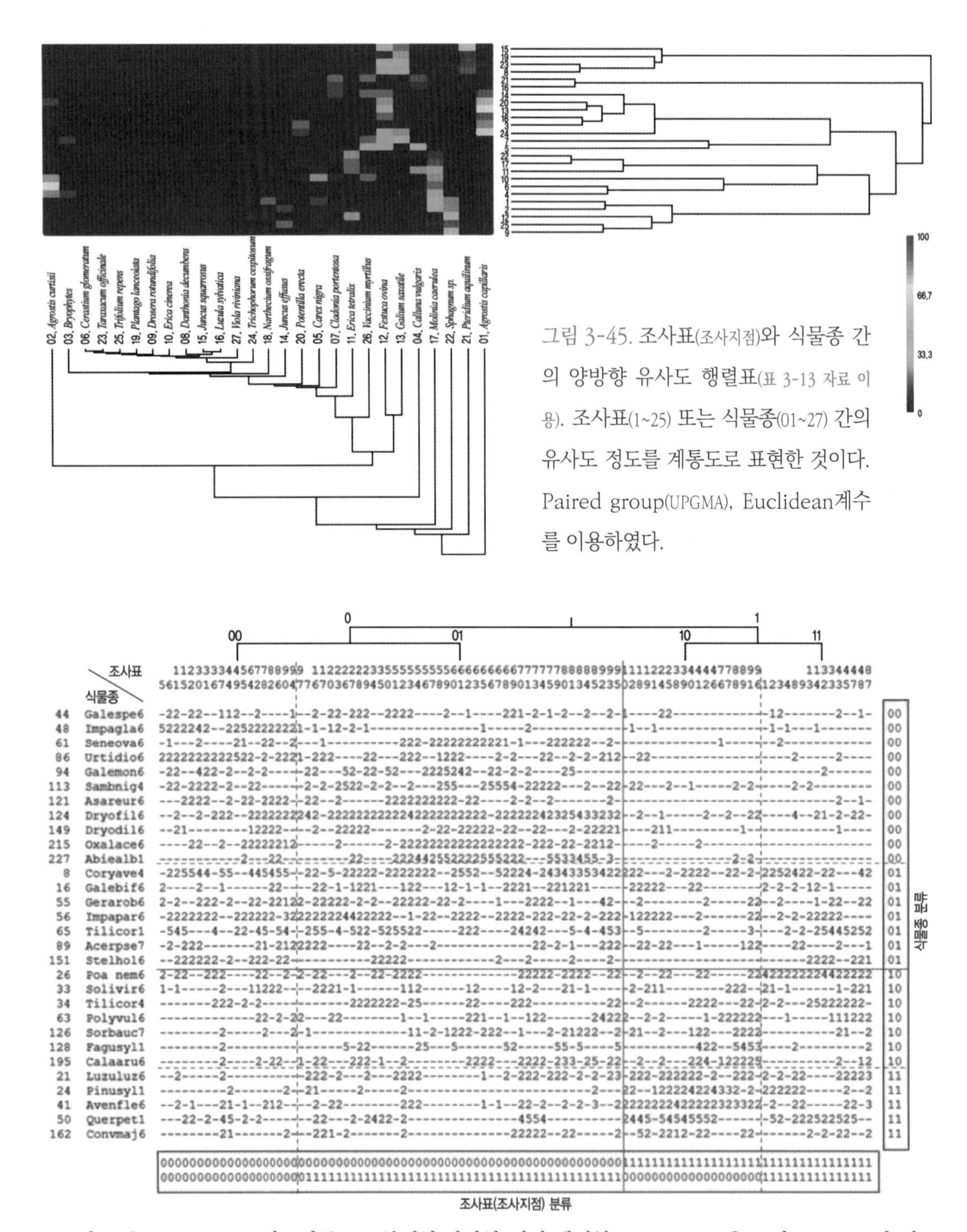

그림 3-45. 조사표(조사지점)와 식물종 간의 양방향 유사도 행렬표(표 3-13 자료 이용). 조사표(1~25) 또는 식물종(01~27) 간의 유사도 정도를 계통도로 표현한 것이다. Paired group(UPGMA), Euclidean계수를 이용하였다.

그림 3-46. TWINSPAN 알고리즘으로 분석한 양방향 정렬 테이블. TWINSPAN은 조사표(조사지점)와 식물종에 대한 신뢰도를 기반으로 양방향 분석을 수행한다.

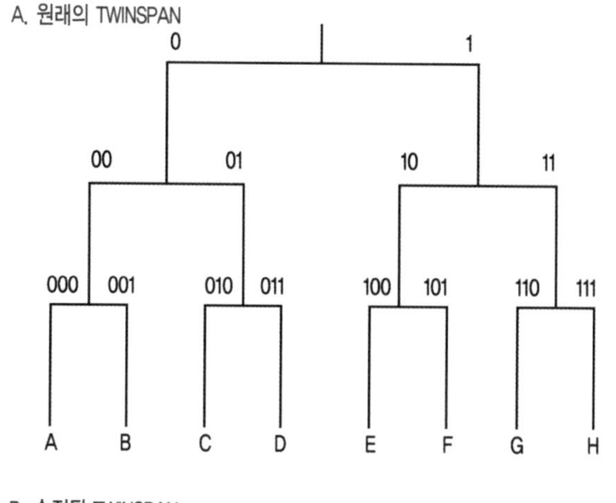

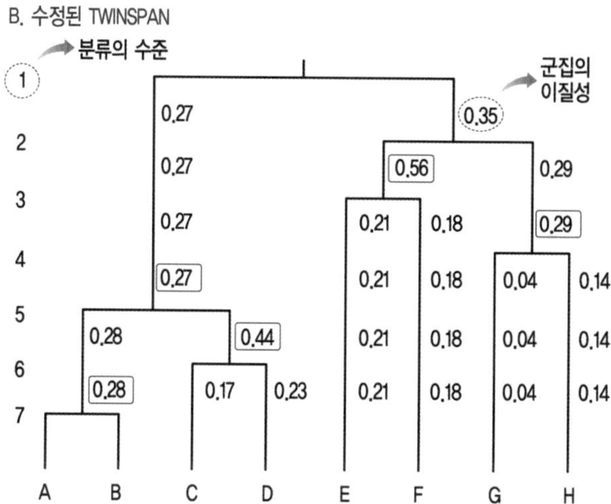

그림 3-47. TWINSPAN 알고리즘(Zelený 2024a). 원래 TWINSPAN은 분할 수준에서 두 개의 클러스터로 나뉘지만 수정된 TWINSPAN에서는 구성이 가장 이질적인 클러스터만 2개의 클러스터로 나눈다.

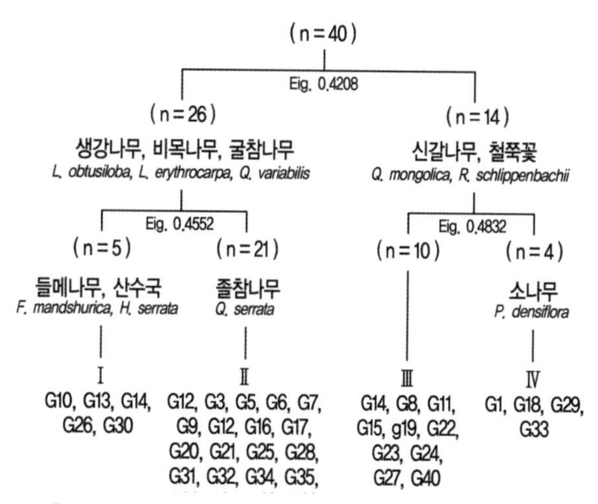

그림 3-48. TWINSPAN 프로그램을 이용한 식물군집 분류 사례(Park et al. 2020). 조사지역의 식물군집은 군락I은 들메나무-당단풍군락, 군락Ⅱ는 졸참나무-굴참나무군락, 군락Ⅲ은 신갈나무군락, 군락Ⅳ는 소나무군락으로 총 4개로 분류되었다. G1~G40은 조사표(조사지점)이다.

결과와 다를 수 있으며 상호보완적 과정으로 인식하는 것이 필요하다. 최근의 TWINSPAN은 구성이 가장 이질적인 클러스터만 2개로 나눈다(그림 3-47). 그림 3-48은 지리산 자원조사 표본지의 식물군집(식생조사표 이용)을 TWINSPAN을 이용하여 4개의 군락으로 구분한 것이다(Park et al. 2020). 군락I은 들메나무-당단풍군락, 군락Ⅱ는 졸참나무-굴참나무군락, 군락Ⅲ은 신갈나무군락, 군락Ⅳ는 소나무군락으로 분류되었다. 최근에는 식생학자들 사이에서 TWINSPAN의 사용에 부정적인 견해를 보이기도 한다(Barbour et al. 1998). 이를 보다 정교화(elaboration)하여 TWINSPAN을 확장한 COINSPAN(COnstrained-INdicator-SPecies-ANalysis)이라는 새로운 방법이 나오기도 하였다(Carleton et al. 1996).

서열분석법은 환경변수의 이용에 따라 간접구배분석 및 직접구배분석으로 구분한다.

서열분석법의 발전사 | 수리·통계적 분석에서 비공식적이고 대체로 주관적인 방법은 1950년대 초에 널리 퍼졌다(Whittaker 1967). Curtis와 McIntosh(1951)는 1951년 연속체 지수(continuum index)를 개발하였으며 후에 기울기에 대한 생물종의 반응과 다변량 방법 사이의 개념적 연결로 이어진다. Goodall(1954)은 PCA(Principal Components Analysis, 주성분분석)를 위해 생태학적 맥락에서 'ordination'이라는 용어를 도입했다. Bray와 Curtis(1957)는 PO(Polar Ordination, 극점서열분석)를 개발했다. Hill(1979)은 두 범주형 변수 사이의 관계를 시각화하여 이해할 수 있는 CA(Correspondence Analysis, 대응분석)의 일부 결함을 수정하여 오늘날 가장 널리 사용되는 간접구배분석(간접서열화, indirect ordination) 기법인 DCA(Detrended Correspondence Analysis, 탈경향대응분석)를 만들었다(그림 3-52, 3-53 참조). 간접구배분석에서의 잠재적 환경인자는 여러 환경변수들이 혼재된 결과로 볼 수 있기 때문에 자료 해석에 어려움이 존재한다(Ko et al. 2015). 이를 개선한 방법이 CCA(Canonical Correspondence Analysis, 정준대응분석)와 같이 추가적인 환경인자 정보를 직접적으로 이용한 서열분석이며 직접구배분석(직접서열화, direct ordination)이라 한다. Ter Braak(1986)은 CCA를 통해 서열분석 방법에서 가장 현대적인 혁명을 일으켰다. CCA(Ter Braak 1986) 이전의 서열분석에서는 환경정보가 없는 생물종-장소(생물군집, 조사표, 조사지점) 출현 자료만으로 가상의 잠재 변수를 도출한 후 이를 간접적 환경인자로 놓고 생물종 출현과 환경과의 관계를 규명하고자 하였다(그림 3-52 참조). 이후 많은 방법들이 수정 보완, 논의, 개발되었다. 어떤 방법을 선택할 것인지는 자료의 유형과 그 결과를 잘 설명할 수 있는 적합한 방법을 연구자가 직접 채택해야 한다.

직접구배분석과 간접구배분석의 서열분석법 | 서열분석법을 분류해 보면(Palmer 2023) [01]간접구배분석(indirect gradient analysis)과 [02]직접구배분석(direct gradient analysis)으로 나눌 수 있다. 두 방법은 식생자료와 환경변수 자료를 연결하는지가 큰 차이점이다(표 3-15). 이러한 다변량 분석법들은 깊이 있고 광범위한 수리적 연구 분야이기 때문에 별도의 자료와 관련 프로그램 설명서를 참조해야 한다.

표 3-15. 간접구배분석과 직접구배분석의 간략한 특성 비교. 환경요인 자료의 사용 여부가 큰 차이점이다.

특성 구분	간접구배분석	직접구배분석
환경변수 사용	환경변수 없이 식생자료의 패턴만 탐구	환경변수와 식생자료를 직접적으로 연결
주요 질문	식생자료 내에 숨겨진 주요 패턴은 무엇인가?	환경요인이 식물분포에 미치는 영향은?
주요 기법	PCA, NMDS, CA, DCA 등	RDA, CCA, DCCA 등
적용 상황	환경변수를 알 수 없거나 식생자료의 기본 구조를 탐색할 때	환경요인의 영향을 평가하고 설명할 때

A-1. 간접구배분석 | 거리에 기초한 접근(distance-based approaches)

(1) PO(Polar Ordination, Bray-Curtis ordination, 극점서열분석)

(2) PCoA(Principal Coordinates Analysis, 주좌표분석)

(3) MMS(Metric Multidimensional Scaling, 다차원척도법)

(4) NMDS(Nonmetric MultiDimensional Scaling, 비계량형 다차원척도법) 등

A-2. 간접구배분석 | 고유값에 기초한 접근(eigenanalysis-based approaches)

(1) 직선형(linear model)

(1-1) PCA(Principal Components Analysis, 주성분분석) 등

(2) 단봉형(unimodal model)

(2-1) CA(Correspondence Analysis, 대응분석)(Reciprocal Averaging, RA, 상호평균법)

(2-2) DCA(Detrended Correspondence Analysis, 탈경향대응분석, 추세제거상호연관성분석) 등

B. 직접구배분석(direct gradient analysis)

(1) 직선형(linear model)

(1-1) RDA(ReDundancy Analysis, 중복분석)

(2) 단봉형(unimodal model)

(2-1) CCA(Canonical Correspondence Analysis, 정준대응분석)

(2-2) DCCA(Detrended Canonical Correspondence Analysis, 정규상호연관성분석) 등

서열분석 결과의 도표 전개 | 식생자료에 대한 서열분석은 분석 대상 변수를 먼저 결정해야 한다. 변수는 조사표 또는 식물종이다(그림 3-49). 조사표 또는 식물종 [01]원자료표를 이용하여 위에 나열된 [02]서열분석 방법을 채택하고 [03]도표(diagram)를 작성한 후 [04]결과를 해석한다. 서열분석은 기본적으로 1차원, 2차원 또는 3차원의 도표로 표현할 수 있다(그림 3-50). 또한 분석하고자 하는 변수의 수에 따라 서열분석의 도표 유형이 달라질 수 있다(그림 3-51). 조사표 또는 식물종 정보로 된 하나의 변수를 대상으로 분석한 산점도표(scatter plot), 조사표와 식물종 정보인 2개 변수를 같이 분석하는 이중도표(biplot), 조사표와 식물종 정보, 환경정보인 3개 변수를 같이 분석하는 삼중도표(triplot)가 있다. 서열분석 결과는 흔히 분석 변수의 수(n)와 같은 다차원(n) 축일 수

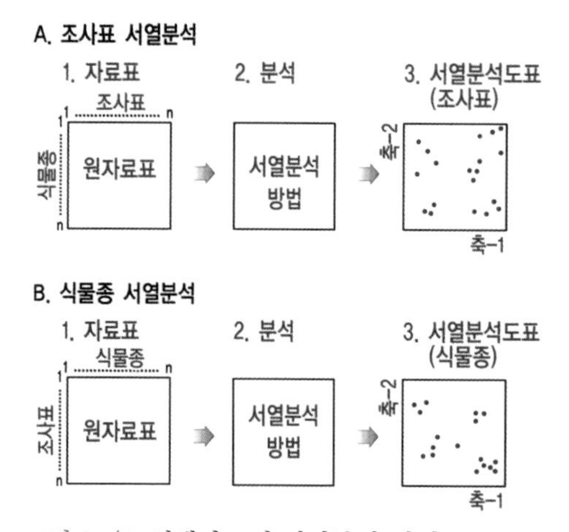

그림 3-49. 식생자료의 서열분석 과정(Kent and Coker 1992). 서열분석은 조사표(A) 또는 식물종(B) 변수를 대상으로 분석하여 그들의 관계를 이해할 수 있다.

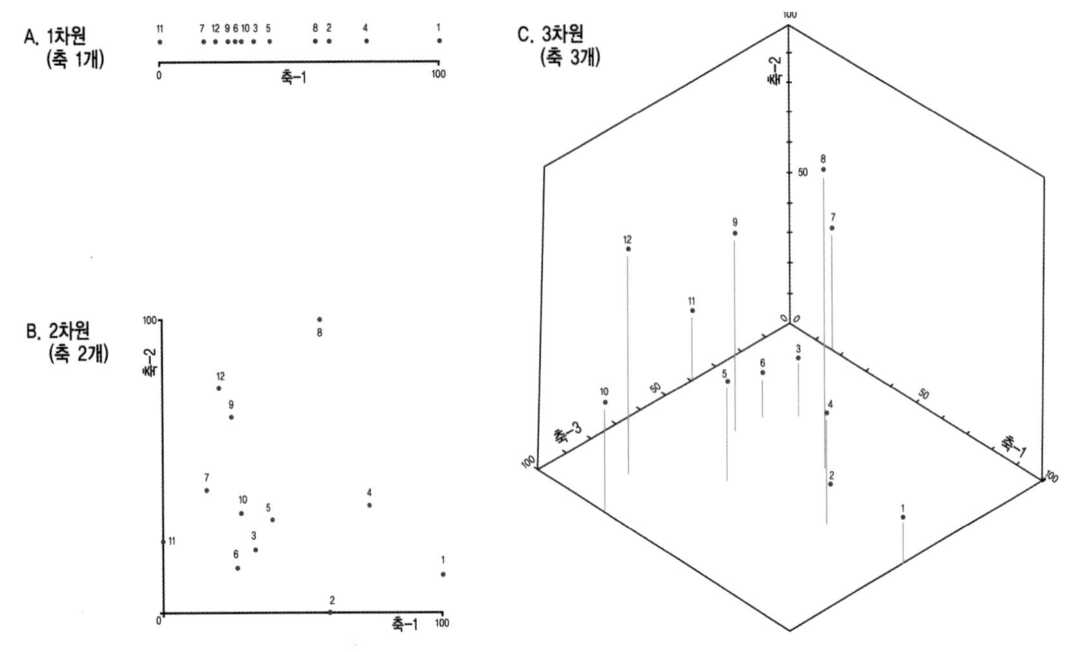

그림 3-50. 서열분석의 도표 형태(표 3-12, 3-14 자료 이용)(Kent and Coker 1992). PO법으로 변수(조사표) 간의 거리를 분석하였으며 도표는 1, 2, 3차원의 형태로 구현 가능하다. 1차원(축 1개)에서 조사표 1과 11의 비유사도가 가장 크고, 2차원(축 2개)에서는 조사표 2와 8의 비유사도가 가장 큰 것으로 나타난다. 3차원(축 3개)에서는 조사표 7과 10 간의 거리가 가장 멀다. 가장 일반적으로 사용하는 형태는 2차원 형태이지만 종종 3차원 형태를 사용하기도 한다.

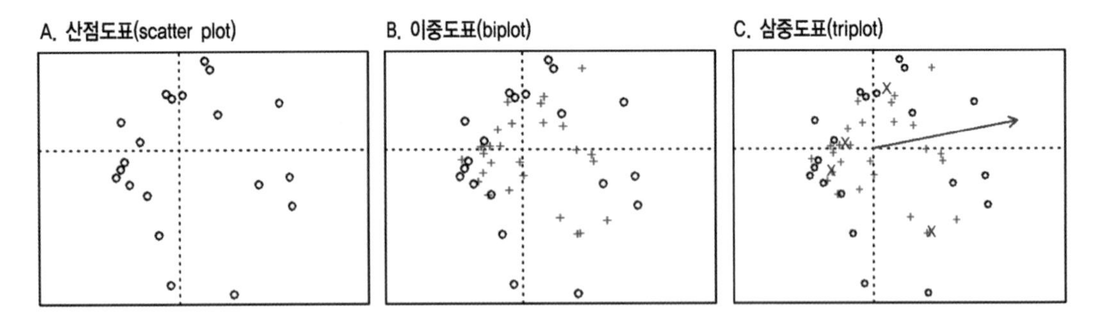

그림 3-51. 변수의 수에 따른 서열분석 도표 유형(Zelený 2024a). 서열분석은 표시되는 변수의 수 또는 유형에 따라 여러 유형으로 표현할 수 있다. 하나의 변수(조사표 또는 식물종 정보)로 된 산점도표, 2개의 변수(조사표와 식물종 정보)로 된 이중도표, 3개의 변수(조사표와 식물종 정보, 환경정보)로 된 삼중도표로 표현할 수 있다.

있지만 실제 도표로 설명 가능한 최대는 3차원 형태이다. 생태학적 연구에서 가장 보편적으로 사용하는 방법은 2차원 도표 또는 3차원 도표이다. 도표의 축은 흔히 연관성이 가장 높은 제1축을 X축으로 설정하고 연관성이 다음으로 높은 제2축을 Y축으로 설정한다.

식물연구에서의 서열분석 | 서열분석 방법은 다양하지만 식물연구에서 많이 사용하는 방법은 PCA(주성분분석), PCoA(주좌표분석), DCA(탈경향대응분석), CCA(정준대응분석), DCCA(정규상호연관성분석) 등이다. PCA와 PCoA는 고유값(eigenvalues)에 따라 차원을 줄여 가면서 분석하는 것은 유사하지만 차이가 있다. PCA는 요인들 간의 상관관계(correlation)를 이용한 분석이고 PCoA는 거리(distance)를 이용한 분석이 큰 차이점이다. 일반적으로 PCA는 다변량 자료를 가능한 작은 차원으로 요약하는데 변수 간의 상관성에 관심이 있다. PCoA는 변수들(예: 조사표) 사이의 거리를 점으로 시각화하는데 변수 간의 유사성에 관심이 있다. PCA는

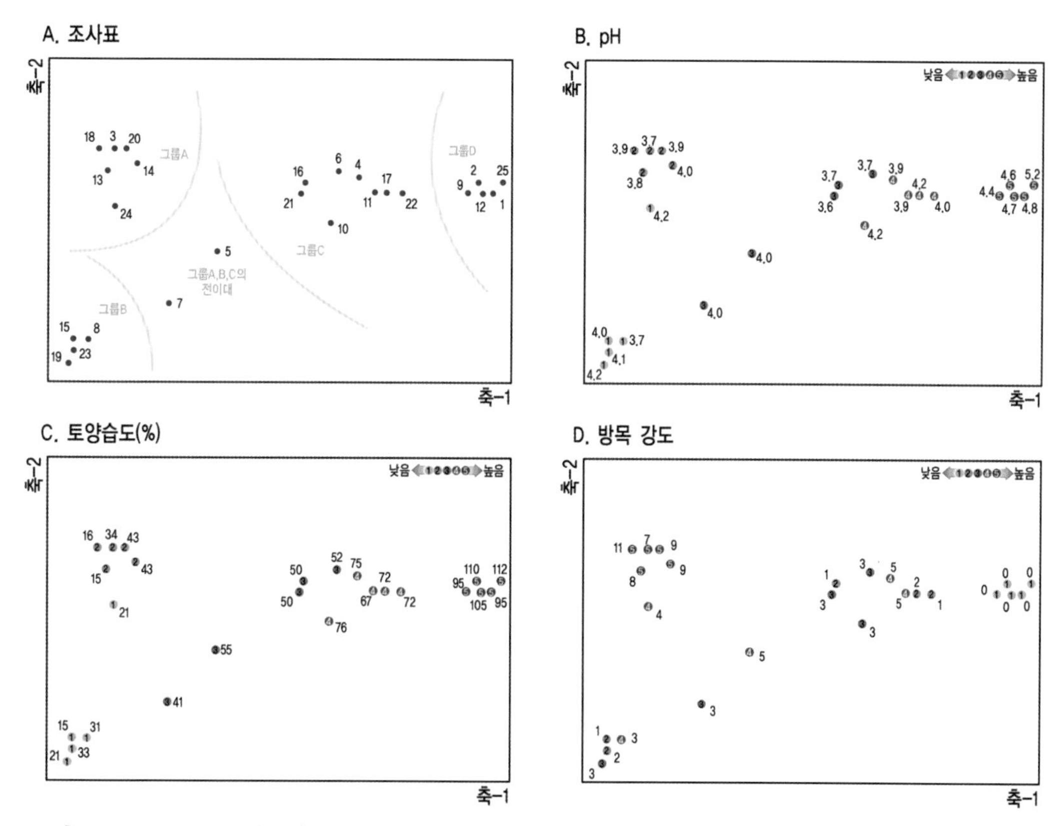

그림 3-52. DCA를 통한 2차원적인 서열분석 도표(표 3-13 자료 이용)(Kent and Coker 1992 수정). A는 조사지점(조사표)별 거리를 공간에 나타냈으며, 환경정보에 대해 B는 pH를, C는 토양습도를, D는 방목 강도를 나타낸 것이다. 조사지점의 원문자(①~⑤)는 정도에 대한 계급을 분위수로 구분하여 나타낸 것이다.

표 3-16. 잉글랜드 Gutter Tor 식생자료(표 3-13)를 이용한 스피어만 상관계수(Spearman's rank coefficients) 행렬표(Kent and Coker 1992 수정). DCA(그림 3-52)를 통해 조사지점에 상관성이 높은 축 2개의 값과 환경자료 3개 사이에 스피어만 상관계수를 적용한 상호 간의 상관성을 행렬로 표현한 것이다.

구분		서열분석 축		토양습도(%)	pH	방목 강도
		제1축(축-1)	제2축(축-2)			
서열분석 축	제1축(축-1)	-				
	제2축(축-2)	0.22	-			
토양습도(%)		0.95	0.24	-		
pH		0.46	-0.31	0.48	-	
방목 강도		-0.58	0.35	-0.52	-0.61	-

※ 유의수준 0.05에서는 계수가 ±0.33보다, 0.01에서는 ±0.47보다 크다(단측검증).

여러 이유로 식물종조성의 원자료에서는 권장하지 않고(Kent and Coker 1992) 환경변수들의 고유값에 기초한 요인분석에 활용할 수 있다. RDA, CCA, DCCA 외에는 대부분 간접구배분석이다.

간접구배분석 해석: 조사표 | 환경자료를 배제한 식물종조성 자료만을 토대로 분석하는 간접구배분석에는 PCA, PCoA, CA, DCA, NMDS 등의 방법을 사용한다. 과거에는 주로 PCA, PCoA 방법으로 분석했지만 최근에는 DCA, NMDS를 많이 수행하는 경향이 있다. 그림 3-52는 잉글랜드 Dartmoor Gutter Tor의 식생자료를 이용하여 DCA를 수행한 결과를 2차원의 도표로 표현한 것이다(Kent and Coker 1992). 조사표(조사지점)를 변수로 서열분석한 것으로 변수는 조사표(방형구, quadrat), 지점(site) 또는 표본(sample)으로 표현할 수 있다. 식물종조성의 식생 변이 본질로만 서열분석한 조사표 도표(quadrat polt)(그림 3-52의 A)를 보면 크게 4개의 그룹으로 구분할 수 있다. 그룹A는 18, 3, 20, 13, 14, 24가, 그룹B는 15, 8, 23, 19가, 그룹C는 21, 16, 10, 6, 4, 11, 17이, 그룹D는 1, 2, 12, 9, 25로 구분할 수 있다. 조사표 16, 21, 10은 그룹C에서 약간 떨어져 분산되어 있어 일부 논란이 있을 수도 있다. 조사표 5, 7은 공간적으로 어떠한 그룹에 포함되지 않는 것으로 나타나는데 그룹A, B, C의 전이대에 해당하는 것으로 해석할 수 있다. 이러한 해석에 대한 최종적인 판단은 연구자가 설명력 있도록 주관적으로 결정해야 한다. 결과 도표에서 조사표가 서로 가까이 있다는 것은 상대적으로 종조성이 유사하다는 것을 의미한다. 조사표 도표 분석 이후 pH(그림 3-52의 B), 토양습도(그림 3-52의 C), 방목 강도(그림 3-52의 D)와 같은 환경정보를 도표로 작성해서 비교해 보면 조사표(그림 3-52의 A)의 그룹화 특성에 대해 그 경향을 보다 명확히 이해할 수 있다. 기록한 환경정보 값으로 직접 해석할 수도 있지만(도표의 값) 계급을 나눈 분위수도표(quintile plot)(도표의 원문자)로 해석하면 보다 간결하게 이해할 수 있다. 도표에서 가장 높은 pH 값이 우측의 그룹D에 배열된다. 토양습도는 좌측에서 우측방향으로 값이 증가한다. 방목 강도는 상부-좌측에 높은 값이 우측

에 낮은 값이 배열된다. 이러한 결과들은 연구자에게 식생의 분류 및 특성 해석에 매력적인 정보를 제공한다. 표 3-16은 잉글랜드 Dartmoor Gutter Tor의 25개 조사표에서 획득한 3개 환경자료(표 3-13 자료)로 DCA(Spearman's rank coefficients)의 처음 두 축에 대한 수리분석 값이다(그림 3-52 참조). 제1축은 토양습도에 강한 상관성을 갖고 제2축은 방목 강도에 유의미한 상관성을 가진다. 조사표들이 좌표 상에 대각선의 공간분포인 것은 두 축 모두에서 중요한 상관성이 있음을 의미한다(Kent and Coker 1992).

간접구배분석 해석: 식물종 | 식생연구에서 조사표에 대한 서열분석 도표(quadrat ordination diagram)의 작성이 일반적이지만 연구자는 보다 정밀한 식생자료 해석을 위해 행렬을 바꾸어 식물종에 대한 서열분석 도표(species ordination diagram)를 작성할 수 있다. 식물종은 조사표 내의 양적 정보로 좌표 상에 서열분포하는데 같은 조사표들에서 동일한 양적 분포를 갖는 두 식물종은 정확히 같은 지점에 나타난다. 그림 3-53은 잉글랜드 Dartmoor Gutter Tor의 식생자료에서 식물종에 대한 DCA를 수행한 결과를 2차원의 도표로 표현한 것이다(Kent and Coker 1992). 연구자는 식물종의 분포 속성에 따라 크게 4개 그룹으로 분류되는 것으로 해석했다. 27종의 출현 식물종들을 그룹A: 고지 목초지, 그룹B: 침해된 목초지, 그룹C: 이차초지(heathland), 그룹D: 계곡습지(valley bog) 유형으로 구분했다. 이와 같이 연구자들은 조사표와 식물종에 대한 서열분석을

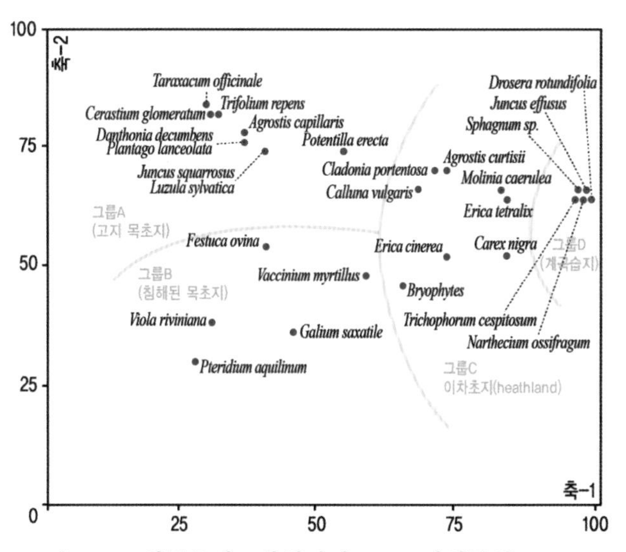

그림 3-53. 식물종의 2차원적인 DCA 서열분석 도표(표 3-13 자료 이용)(Kent and Coker 1992 수정). 점의 분포를 통해 식물종별 유사성에 대한 특성을 분류하는데 크게 4개의 그룹(A, B, C, D)으로 구분할 수 있다.

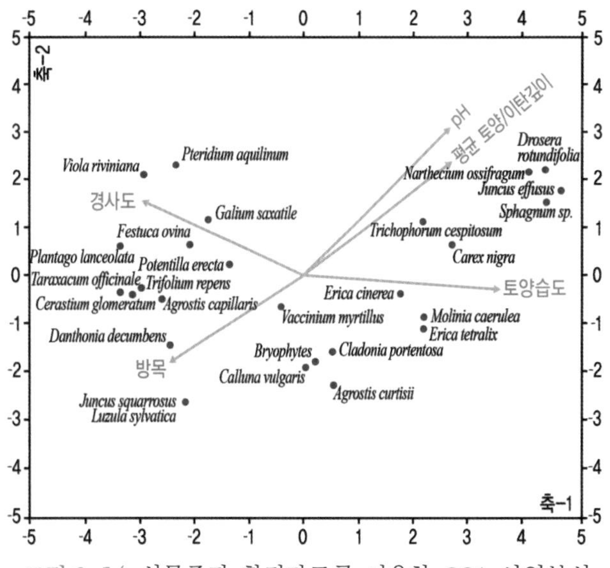

그림 3-54. 식물종과 환경자료를 이용한 CCA 서열분석으로 작성한 2차원 이중도표(표 3-13 자료 이용)(Kent and Coker 1992). 27개의 식물종(점)과 5개 환경요소(화살표)와의 관계를 2차원 공간 상에 나타낸 것이다.

표 3-17. 잉글랜드 Gutter Tor 식생자료(표 3-13)를 이용한 CCA 결과값(그림 3-54)(Kent and Coker 1992). 식물종 서열분석 축에 대한 환경변수들, 고유값, 백분율 분산의 상관관계를 나타낸 것이다.

구분	제1축	제2축
평균 토양/이탄깊이	0.74	0.41
경사도(°)	-0.80	0.26
pH	0.69	0.51
토양습도(%)	0.96	-0.05
방목 강도	-0.68	-0.32
고유값(eigenvalue)	0.61	0.12
분산 설명(%)	45.10	26.60

※ 이중도표 처음 2개 축의 누적분산 설명(%)은 71.7%이다.

동시에 수행함으로 식생자료에 대한 특성(분포특성, 유사성, 상관성 등)을 보다 구체적으로 이해할 수 있다.

직접구배분석 해석 | 최근의 식물생태학적 수리분석과 해석에 식생자료와 환경자료를 동시에 이용하여 분석하는 경향이 강하다. 환경정보는 연구자가 실외에서 직접 계측하거나 실내분석을 통해 획득할 수 있다. 식생자료와 환경자료를 동시에 분석하는 방법에는 CCA 또는 DCCA 등이 있다. 그림 3-54는 잉글랜드 Dartmoor Gutter Tor의 식생자료를 이용하여 식물종과 환경자료에 대한 CCA(CANOCO)분석 결과를 2차원의 이중도표로 표현한 것이다(Kent and Coker 1992). 도표에서 점은 식물종을 나타낸 것이고 화살표는 입력한 각 환경정보를 나타낸 것이다. 화살표의 방향은 환경변수의 최대 변화 방향을, 길이는 해당 방향의 변화 크기로 이해할 수 있다. 긴 화살표의 환경요소는 짧은 화살표의 환경요소에 비해 서열분석에 더 강한 영향을 미친다는 것으로 식물종 분포에 강한 영향을 준다. 각 식물종은 각 화살표의 환경요소의 특성을 반영하여 배열되는데 점(식물종)에서 화살표와 수직적인 선은 해당 환경요소와의 관련성을 의미한다. 화살표 끝 또는 너머에 위치한 점들은 해당 화살표의 환경요소에 강한 양의 상관관계, 즉 강한 영향을 받는다는 것이다. 반대편에 있는 점들은 덜 영향을 받는 상관관계가 있는 것이다(Ter Braak 1987). 그림 3-54의 이중도표에서 습윤습지종과 찰랑거리는 입지에 서식하는 종(*Drosera rotundifolia, Narthecium ossifragum, Juncus effusus, Sphagnum* sp., *Trichophorum cespitosum, Carex nigra*)은 더 높은 pH, 더 깊은 토양/이탄, 높은 수분조건(토양습도)을 갖는 것으로 나타난다. 방목은 왼쪽 아래의 개선된 산성 토양의 목초지에 서식하는 종(*Agrostis capillaris, Festuca ovina, Trifolium repens, Danthonia decumbens*)에 가장 큰 영향을 미친다. 경사도의 영향은 일부 식물종(*Pteridium aquilinum, Galium saxatile, Viola riviniana*)에서 분포를 잘 설명하는데 배수가 양호하고 경사가 높은 곳이다. 각 축에 대한 각 환경요소의 화살표의 위치는 축이 해당 요소와 얼마나 밀접한 관련이 있는지를 나타낸다(표 3-17). 특히 토양습도는 제1축과 가장 높은 상관관계(0.96)가 있다. 환경요소들은 다른 축과도 상관성이 있지만 제1축과 상관성이 가장 높다. 이중도표에서 제1축의 고유값(eigenvalue, 설명력)은 0.61이고 제2축은 0.12로 전체 분산의 45.10%와 26.60%를 나타낸다.

3. 종분포모형 분석

여러 종분포모형으로 식물종 및 동물종의 잠재적 서식공간을 추정할 수 있다.

종분포모형 | 종분포모형(Species Distribution Models, SDMs)은 현장조사를 통해 분포가 확인된 생물종의 질적 위치정보와 그 위치에서의 환경 및 공간적 특성과의 관계를 추정하여 해당 생물종의 현재와 잠재적인 출현(분포)정보를 추론하는 방법이다. 대상 공간을 일정크기의 격자로 나누어 분석 대상종의 출현정보를 입력하는데 모든 격자에 [01]출현/비출현 정보를 입력하는 방식과 [02]출현한 격자에만 정보를 입력하는 방식이 있다. 전자에는 GLMs(Generalized Linear Models), GAMs(Generalized Additive Models), BRT(Boosted Tegression Tress) 등이 있고, 후자에는 GARP(Genetic Algorithm for Rule-set Production), ENFA(Ecological Niche Factor Analysis), MaxEnt(Maximum Entropy modeling of species geographic distributions) 등이 있다. 종분포모형은 동물분야에서 잠재서식처를 추정하는데 많이 사용하지만 식물분야에서도 유사한 방향으로 해석 가능하다. 종분포모형은 서식처 잠재력 평가(자생 및 서식 가능지 예측), 야생동물의 이동 행태를 고려한 이동통로(생태통로) 적지 선정, 생물의 분포 경향과 생태적 특성 파악, 공간정보를 활용한 각종 환경 관련 의사 결정, 기후변화에 따른 산사태 발생 가능성 등 다양한 내용에 대한 분석이 가능하다. 종분포모형 가운데 최근 비교적 많이 사용하는 프로그램은 MaxEnt이다.

MaxEnt 분석 | MaxEnt는 Windows 운영체계의 Java(64bit) 기반으로 운용되며 GIS프로그램(ArcGIS, QGIS)을 동시에 사용한다. 프로그램과 설명서는 홈페이지(https://biodiversityinformatics.amnh.org/open_source/maxent)에서 무료로 다운받아 사용 가능하다. MaxEnt는 회귀분석 기반 모형으로 대상 야생생물의 출현정보에 기초한 '최대 엔트로피 접근법'(maximum entropy approach)으로(Lee and Kim 2010) 종분포의 무질서도(entropy)를 극대화한 값을 추정하는 것이다. MaxEnt는 대상종의 출현자료만을 요구하고 결과값에 대한 신뢰성이 높게 나오는 분석 모형이다(Kim et al. 2013). 현장에서 확인한 생물종 위치정보를 입력하여 출현위치의 환경 특성을 학습한 이후 비출현(미확인) 위치에서의 출현 확률을 기계학습(machine learning)으로 추정하는 과정으로 이루어진다(Phillips et al. 2006). MaxEnt 사용을 위해 생물종 분포의 위치정보인 종속변수는 조사자들이 확인한 현장정보가, 독립변수는 기후(기상청, 농업진흥청, WorldClim 등), 토양 및 지질(국가지질도, 토양도, 농업진흥천, Soilgrids.org 등), DEM(수치표고자료, Digital Elevation Model)의 지형 형상(국가공간정보포털의 수치지도), 생태·자연도, 토지피복도, 임상도, 식생지수 등의 토지이용(환경공간정보, 세계식생지수, 세계토지피복도 등), 기타 국가수자원관리종합정보시스템, 물환경정보시스템 등의 기 구축된 개방된 환경정보들이다.

종분포모형을 이용한 식물 관련 연구 | 식물의 종분포 모형에 대해 MaxEnt를 이용한 여러 연구가 가능하다. Kwon et al.(2012)은 히어리 서식지의 분포 특성, Park et al.(2014)은 기후변화에 의한 눈잣나무의 서식지 분포 예측, Kim et al.(2015)은 구상나무 서식지 탐색과 보전, Cho et al.(2015)은 구상나무림의 지속과 쇠퇴, Park et al.(2016a)은 기후변화에 따른 난대성 상록활엽수 분포 변화, Park et al.(2016b)은 기후변화에 따른 송악의 잠재서식지 분포 변화, Park(2016)은 기후변화와 관련된 식물종의 민감성, Lee et al.(2017)은 오동나무와 참오동나무의 분포 특성(그림 3-55), Shin et al.(2018)은 기후변화 적응 대상 식물 종풍부도 변화 예측, Choung et al.(2020)은 곰솔 잠재서식지 분포 예측, Cho et al.(2020a)은 소나무 잠재분포 예측 및 환경변수와의 관계, Kim et al.(2021)은 기후변화 시나리오에 따른 큰이삭풀 분포 변화 등 연구 분야는 매우 다양하다.

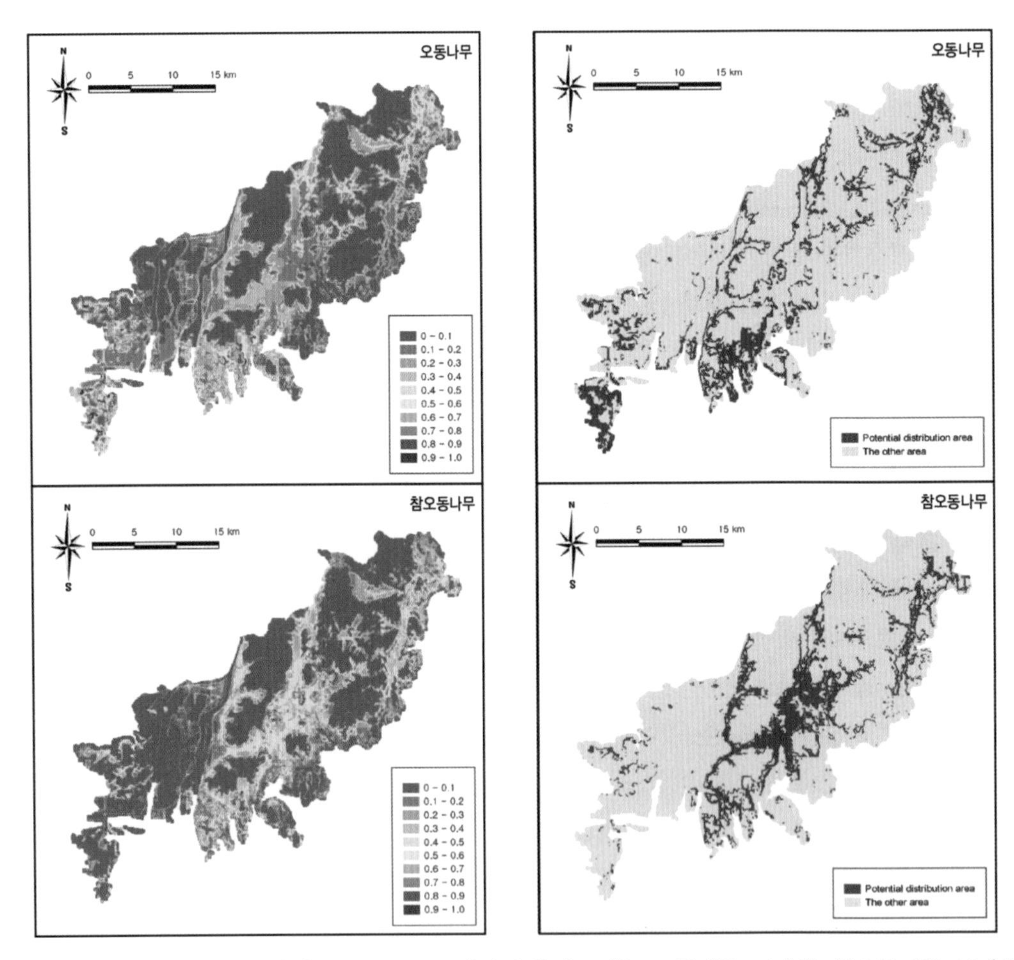

그림 3-55. MaxEnt 분석 사례(Lee et al. 2017). 부산시에 분포하는 오동나무 96개체, 참오동나무 85개체의 위치정보와 23개 환경정보(지형 3개, 기후 19개, 토지이용 1개)를 이용하여 이들의 분포 특성을 분석했다. 좌측은 평균분포확률을 나타낸 것이고 우측은 두 종의 잠재분포가능지역을 추출한 것이다. 이들의 분포 제한인자는 인간활동에 노출된 잠재인간간섭도가 가장 크고 다음으로 해발고도인 것으로 분석되었다.

4. 생태조사의 장비 및 소프트웨어 활용

과학화된 장비를 활용하는 것은 결과의 신뢰도는 물론 조사의 효율성을 높여준다.

현장조사의 최근 동향 | 체계적이고 정확한 현장조사를 위해서는 실내에서 문헌을 통한 사전 현장정보의 인식과 더불어 다양한 장비와 자료들을 준비해야 한다. 과거의 아날로그적인 형태(종이지도 등)로 현장조사하고 자료를 수집·정리하는 것은 비효율적이다. 종이지도를 이용한 현장조사도 가능하지만 전자펜으로 정보 입력이 가능한 스마트기기(태블릿PC 또는 스마트폰 등)를 이용하는 것은 매우 효율적이다. 이러한 기기들의 활용에는 보조전원공급장치가 필요하고 우천 시에는 사용이 불편하거나 일부 기능이 제한된다는 단점도 있다. 최근에는 카메라(사진기)도 디지털 파일 형태로 자료가 저장되기 때문에 과거 필름 형태와 달리 현장에서 많은 영상자료(사진, 동영상)를 확보할 수 있다. 또한 현장에서 촬영한 영상의 품질을 바로 확인 가능하기 때문에 고품질의 영상을 확보할 수 있다. 연구자는 확보된 많은 영상자료들을 저장하고, 분류하고, 관리하는 기술과 노력이 필요하다. 영상자료에는 지리적 위치정보(지리좌표, GPS, coordinate) 및 촬영일자 등이 포함되도록 한다(그림 3-56).

그림 3-56. 위치정보가 포함된 사진(도깨비가지). 스마트기기에서 위치정보(위성사진, 지리좌표, 행정구역 등)를 포함(상, 별도 소프트웨어로 확인)하거나 사진 위에 표시(하)하여 촬영할 수 있다.

영상자료의 위치정보 사용 | 현장에서 기록하고 획득하는 영상자료들은 식물정보를 기록한 원자료(raw data)와 더불어 증거 및 기초자료로서 매우 중요하다. 영상자료들은 동영상으로 기록 가능하지만 대부분 사진의 형태로 기록한다. 사진에는 현장을 담은 영상정보에 위치정보가 입력된 형태로 기록, 관리하는 것이 보다 현장감 있고 추

그림 3-57. 전용 GPS를 이용한 현장조사(홍천군). 희귀식물인 삼지구엽초의 분포를 조사하는데 GPS를 이용하였다.

후에도 추적 변화관찰이 용이하다(그림 3-56). 최근의 스마트기기 또는 각종 카메라에는 GPS가 내장되어 있기 때문에 GPS 기능을 활성화하여 사진을 촬영하면 된다. 과거에는 일반 디지털카메라와 등고선 지도가 내장된 전용 GPS(Garmin, Magellan 등)를 같이 사용했지만(그림 3-57) 최근에는 정보통신기술의 발달로 스마트기기를 쉽게 이용할 수 있다. 위치정보는 다양한 형태로 기록, 출력할 수 있다. 일반적으로 위도(latitude)와 경도(longitude)로 표현하는데 흔히 도분초(DMS, 예: 36° 37'28.2''N, 127°55'39.6''E)의 형태를 사용한다.

스마트기기의 선택과 활용 | 현장조사(식생조사표 또는 식생지도) 자료 작성 등에 사용하는 스마트기기는 운영체제(iOS, 안드로이드 등)와 기기(애플 iPad, 삼성전자 Calaxy Tap 등)를 고려해서 선택한다. 스마트기기는 전자펜으로 정보 입력이 가능하고 휴대가 용이한 크기의 태블릿(tablet)PC를 사용하는 것이 좋다. 크기는 7~11인치를 권장한다. 이동성과 휴대성이 중요한 현장조사에서 11인치 이상의 기기는 효율성이 저하된다. 또한 야외에서는 기기의 화면이 밝아야 시인성(視認性, visibility)이 좋기 때문에 화면 크기에 따라 배터리 소모량은 증가한다. 또한 수목이 우거진 넓은 삼림지역을 조사하는 경우 현장조사에 많은 시간이 소요되기 때문에 주간 대부분의 시간을 산속에서 보내야 한다. 통신 및 GPS 수신율이 떨어지는 산속에서 스마트기기를 사용하면 배터리 소모량은 훨씬 많다. 이 때문에 항상 별도의 보조전원공급장치(2~3회 완충 용량)를 휴대하는 것이 좋다. 스마트기기는 야외의 비교적 거친 환경에서도 잘 작동하는 제품이 좋고, 비, 땀, 일시적 침수, 먼지, 비산 꽃가루 등에도 잘 견디고 잘 작동되는 방수, 방진 기능이 있는 제품으로 선택한다. 현장조사에서 이러한 스마트기기의 사용 필요성은 점차 증대되고 관련 기술은 더욱 향상될 것이다.

사후환경영향조사에서의 스마트기기의 효율성 | 과거의 종이(식생조사표, 위성사진, 지형도 등)를 대체해서 사용하는 어플들은 주로 pdf 또는 그림(jpg, jpeg, png 등) 파일을 이용하여 현장정보들을 기록하는데 레이어(layer) 형태로 작업하는 것이 좋다. 사후환경영향조사에서 레이어로 작업하여 저장하면 금회 현장조사에서 이전 조사의 현지조사표를 열어서 직접 수정 또는 다른 이름의 파일로 저장할 수 있다. 이와 같이 이전 조사에서의 현장 정보를 직관적으로 연결하여 이해할 수 있기 때문에 현지조사의 효율성과 정확성, 신뢰성 등을 높일 수 있다.

그림 3-58. 스마트폰을 이용한 화각별 영상(원주시, 상수리나무-갈참나무군락). 스마트폰(아이폰15 pro Max)을 이용하여 왼쪽에서부터 0.5배(광각, 14㎜ 화각), 1배(표준, 24㎜ 화각), 2배(표준, 48㎜ 화각), 5배(망원, 120㎜ 화각)로 식생을 촬영한 것이다. 영상은 초점거리가 길수록(망원 방향) 화각이 좁아져 촬영공간은 축소되나 주변 왜곡현상은 현저히 줄어든다.

그림 3-59. 조리개 값별 영상의 품질. 낮은 조리개 값으로 촬영할수록 초점거리가 짧아 아웃포커싱된 품질이 우수한 영상을 확보할 수 있다. 조리개 값은 왼쪽에서부터 F2.8, F5.6, F13, F22에 해당되며 F2.8의 영상이 아웃포커싱이 가장 좋다(촬영정보: Nikon D800, Nikor 24-70㎜ 2.8 zoom lens, 초점거리 70㎜, ISO6,400).

스마트기기와 렌즈교환식 카메라의 영상 | 현장조사에서 스마트기기로 촬영한 영상자료의 품질에는 한계가 있다. 영상의 품질을 높이기 위해서는 사진의 해상도 및 초점거리, 조리개, 노출, 셔터속도 등을 조절할 수 있는 렌즈교환식의 DSLR(디지털 일안렌즈 반사식, Digital Single-Lens Reflex) 또는 미러리스(mirrorless) 카메라를 사용해야 한다. 식물분야에서 가장 많이 사용하는 렌즈는 경관 및 식생구조를 촬영하는 표준줌렌즈(zoom lens)와 식물체를 근접 촬영(꽃, 열매 등)하는 접사렌즈(micro lens)이다. 화각이 넓어 보다 넓은 전경을 촬영할 수 있는 광각렌즈(wide angle lens)는 영상의 가장자리에 왜곡이 발생하기 때문에 권장하지 않는다(그림 3-58). 망원렌즈(macro lens)는 멀리 있는 피사체(조류, 포유류 등)를 관찰하는 연구분야에서 주로 사용하고 식물분야의 연구에서는 사용빈도가 낮다. 특히 꽃과 같은 작은 피사체를 수㎝ 정도 가까이에서 촬영하기 위해서는 접사렌즈와 같이 초점거리가 짧고 조리개 조절이 가능해야 한다. 낮은 조리개 값(낮은 수치)으로 촬영해야 아웃포커싱(사진의 배경을 흐리게 하여 주피사체를 더욱 눈에 띄게 하는 기법) 처리한 품질이 우수한 영상을 확보할 수 있다(그림 3-59). 스마트기기는 렌즈교환식 카메라의 성능이나 영상의 품질을 따라가지 못한다. 하지만 렌즈교환식 카메라는 무게, 조작성, 편리성, 기동성 등에서 스마트기기에 비해 현장조사에서 효율성이 낮다. GPS가 내장된 렌즈교환식 카메라는 영상자료에 위치정보를 자동 입력할 수 있지만 GPS가 내장되어 있지 않으면 추후 별도로 정보를 입력하는 지오테깅 과정이 필요하다.

GPS기반 장비와 위성 또는 항공영상을 이용하면 보다 정확한 현장조사가 가능하다.

일반 등고선 지형도의 사용 | 전용 GPS 또는 스마트기기에서 위치정보를 기반으로 다양한 형태의 지도를 이용할 수 있다. 스마트기기 또는 이동을 위한 네비게이션에 사용하는 지도들은 흔히 등고선 기반 또는 음영기복의 지형도가 많다. 이러한 지형도는 조사지역의 공간 특성에 대한 개괄적인 이해는 가능하지만 토지를 피복하는 식생 현황을 이해하는데는 부적합하다. 하지만 위성 또는 항공영상은 토지피복 및 토지이용과 같은 현존식생을 보다 정확히 이해할 수 있다.

구글어스와 같은 영상지도의 사용 | 우리가 실시간으로 이용할 수 있는 영상지도는 다양하다. 우리나라에서 보편적으로 많이 사용하는 영상지도는 항공사진 형태인 카카오맵이나 네이버지도이다. 이 영상들은 위성사진인 구글어스(google earth)에 비해 해상도는 높을 수 있지만 영상의 업데이트가 늦고 국가보안시설이 가려져 있다는 단점이 있다(그림 5-43 참조). 전세계적으로 가장 많이 사용하는 구글어스는 무료이고, 국가보안시설이 보이고, 많은 어플 또는 소프트웨어에서 이를 사용할 수 있도록 지원한다. PC에서 사용하는 구글어스는 비교적 빠르게 영상을 업데이트하기 때문에 다른 지도들에 비해 가장 최신의 영상을 제공한다. 기타 영상자료들은 국토지리정보원의 공간정보플랫폼(https://map.ngii.go.kr) 또는 한국항공우주연구원의 위성정보 활용지원 서비스(https://ksatdb.kari.re.kr), 국토교통부에서 운영하는 V-World(https://map.vworld.kr), 산림청의 산림공간정보서비스(https://map.forest.go.kr), 삼아항업(주)에서 제공하는 하늘지도(https://skymaps.co.kr) 등이 있다. 우리나라 산간지역에는 통신이 불가능한 지역들이 여전히 존재한다. 이러한 지역을 스마트기기로 조사하기 위해서는 실시간 온라인 영상지도가 아닌 오프라인 영상지도 파일을 미리 기기에 다운받아 현장조사에 사용해야 한다.

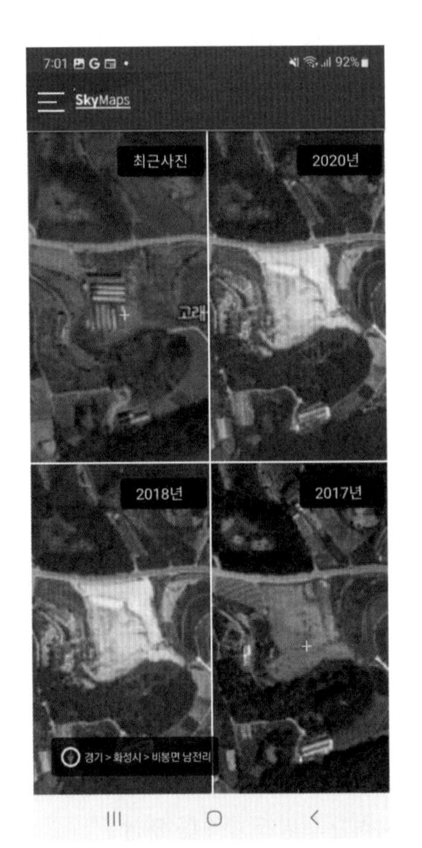

그림 3-60. 토지의 이용 변화를 시계열적으로 비교할 수 있는 어플. 하늘지도(안드로이드 어플)는 토지의 시계열적 변화를 2분할 또는 4분할 등으로 파악할 수 있다.

사후환경영향조사에서의 시계열 영상지도의 사용 | 현재 PC에서 구글어스와 카카오맵은 과거 영상부터 최신 영상까지의 시계열 영상지도를 확인할 수 있다는 장점이 있다. 즉 조사지역의 식생 또는 토지피복의 시계열적 변화를 파악할 수 있다. 이는 사후환경영향조사에서 공사 전(전략 및 환경영향평가), 중(공사), 후(운영)의 토지피복 변화 파악에 효율적이다. 국토

를 주기적으로 촬영하는 시계열적 영상자료는 국토지리정보원의 공간정보플랫폼, 하늘지도, 산림공간 정보서비스 등에서도 일부 이용할 수 있다. 구글어스 및 카카오맵은 현재까지 스마트기기에서 시계열 영상 확인이 불가능하지만 하늘지도 어플에서는 시계열의 영상 확인이 가능하다(그림 3-60). 하지만 가장 최신의 영상지도 확인은 구글어스를 이용하는 것이 좋다.

지오테깅은 영상 관련 자료의 분석 및 관리의 효율성을 높인다.

현장조사에서 영상자료의 지오테깅 | GPS가 내장된 스마트기기 또는 디지털카메라로 영상파일에 위치정보를 포함시켜 저장하는 지오테깅(geotagging)은 과학적이고 정확한 신뢰도 높은 분석을 가능하게 한다. GPS가 내장되어 있지 않은 디지털카메라(DSLR, mirrorless형)는 영상파일에 위치정보를 포함시키지 못한다. 이 경우에는 GPS 트래킹(tracking)이 가능한 별도 로거(logger) 또는 스마트기기로 시간대별 위치 로그파일(시간 주기별 위치 좌표정보 기록)을 이용하여 영상자료에 지오테깅할 수 있다. 원리는 별도의 소프트

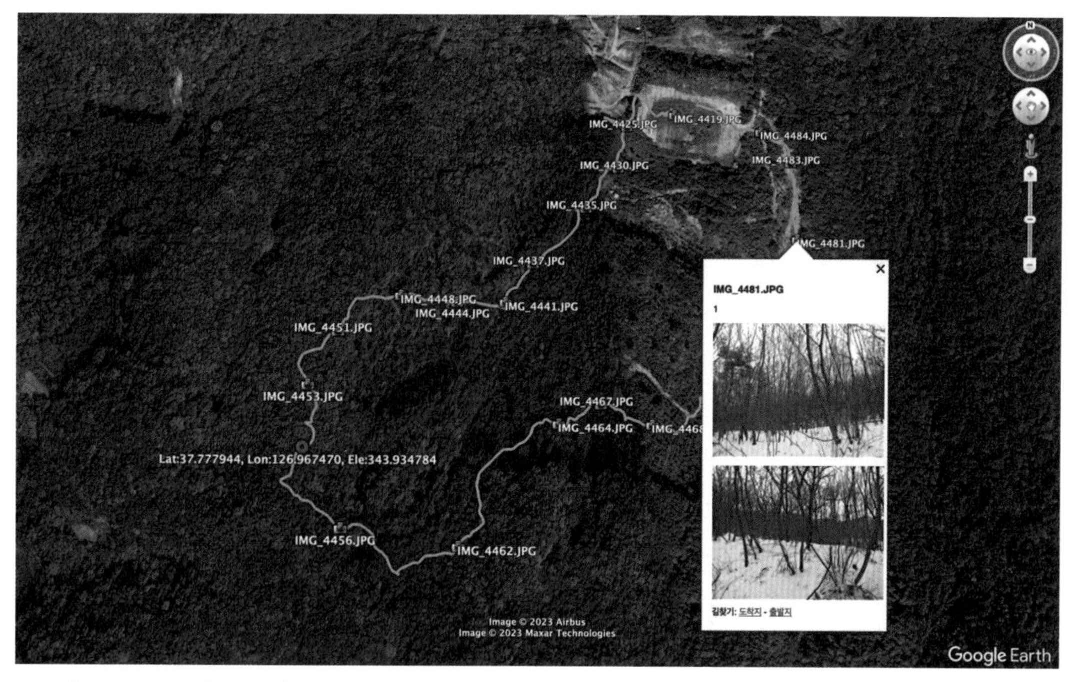

그림 3-61. 구글어스 파일(kmz)로 저장한 조사경로와 현장조사 사진. 현장조사에서 획득한 트래킹(조사경로) 자료와 사진 자료들을 지오테깅(시간정보 등 이용)하여 구글어스 파일로 저장하면 현장감을 보다 오래 유지할 수 있고 이후 동일지역 재조사에서도 유용하게 활용할 수 있다.

웨어를 이용하여 사진의 촬영시간과 트래킹 로그파일의 기록시간을 서로 동기화하여 영상파일에 위치정보를 자동으로 기록하거나 각 파일에 수작업으로 위치정보를 입력하는 것이다. 영상 촬영시간과 기록한 로그파일 간에 시간적 차이가 존재할 수 있기 때문에 촬영한 실제 공간적 위치와는 약간의 차이가 있을 수 있다. 동기화 가능한 별도의 소프트웨어는 유료 또는 무료로 이용 가능하다.

영상자료의 관리 | 트랙킹 로그파일을 이용하여 전술에서와 같이 현장 영상자료와 동기화하면 실내에서 보다 정밀도 높은 식물상 및 식생 현황을 분석할 수 있다. 이 경우 시간이 흐른 뒤에도 촬영한 영상의 지리적 위치와 시간을 알 수 있기 때문에 자료를 지오테깅된 형태로 관리하기를 권장한다. 특히 현장 영상자료들을 썸네일(thumbnail) 형태와 유사한 구글어스의 kmz 파일로 저장하면 보다 효율적이다(그림 3-61). 저장하는 영상파일의 크기에 따라 kmz 파일의 용량이 달라진다. 저장하는 사진의 크기를 600~1,000픽셀(사진의 장축 기준)로 설정하면 kmz 파일에서 사진을 직접 복사하여(Ctrl+C) 보편적인 조사결과 보고서 편집 시에 바로 붙여넣기(Ctrl+V) 가능하기 때문에 유용하다. 영상이 포함된 kmz 파일의 생성은 별도의 소프트웨어를 이용해야 한다. 지오테깅이 가능한 소프트웨어는 kmz 형태의 파일로 저장하는 기능이 포함된 경우가 많다.

트래킹과 웨이포인트 등은 정확한 식생정보의 획득과 체계적 자료정리를 가능하게 한다.

스마트기기에서 어플의 사용 | 운영체제에 따라 스마트기기에서 사용하는 어플들이 다르며 사용 방법은 별도로 숙지해야 한다. 현재 사용하는 어플은 크게 [01]GPS를 이용한 사용과 [02]GIS 기반 사용일 것이다. GPS를 이용한 사용에는 구글어스(Google earth), 산길샘, 오룩스(Orux), 로커스맵(Locus Map), 알파인퀘스트(AlpineQuest) 등이 있다(그림 3-62). 이러한 어플들은 자연환경조사 및 환경영향평가의 생태계 분야에 종사하는 연구자들이 현재 가장 많이 사용한다. 주로 개방성이 높은 안드로이드(Android)용 어플들이고 iOS용 어플은 상대적으로 수가 적고 이용이 제한적이다. 특히 GPS 파일(gpx) 또는 구글어스 파일(kml, kmz)을 저장 또는 읽을 수 있는 어플은 매우 유용하여 사용도가 높아진다. 어플에서 구글어스 파일로 저장한 경우 PC의 구글어스에서 사진, 위·경도 좌표, 촬영시간 등이 나오는 것이 좋다. 또한 이전에 저장한 조사지점 및 조사경로를 불러서 사용하면 기 확인된 중요종의 서식처 및 조사지점들에 쉽게 접근할 수 있다. GIS 자료 사용이 가능한 어플은 Mergin Map, QField 등이다(그림 3-64). 소개된 이 어플들에서 무료로 제공하는 기능만으로도 식물을 포함한 생태계 분야의 현장조사·연구에 충분하다. 어플 내의 유용한 기능 사용 또는 많은 기능의 사용에 제한이 없는 어플들은 유료로 사용할 수 있다. 앞으로 기술발전에 따라 새로운 유용한 기능들이 추가 또는 신규 어플이 출시될 수 있다.

어플의 주요 기능 | 현재 이용 가능한 안드로이드용 어플들은 비교적 다양한 기능을 제공한다. 식물학적 현장조사에서는 아래와 같은 기능만으로도 충분하다. 산길샘은 다른 어플들과 달리 국내 기업 또는 기관에서 제공하는 영상지도를 이용할 수 있다는 장점이 있으며 다른 어플들은 주로 구글어스 영상을 사용한다. 활용 가능한 기능이 많지만 여기에는 유용한 주요 기능만을 소개한다.

01 지도사용 측면에서 다양한 지도를 선택할 수 있다. 현재 온라인 상에서 제공하는 구글어스를 이용하는 것이 비교적 해상도가 높다. 국내의 카카오맵이나 네이버지도 등의 온라인 이용은 상대적으로 제한적이다. 오프라인 지도 사용 기능을 제공한다. 종이 지형도를 스캔한 지도 및 파일 형태로 된 지도를 불러 들이거나 통신이 불가능한 경우를 대비하여 미리 구글어스 등의 영상이나 지도를 다운받아 오프라인 상에서 사용할 수도 있다.

그림 3-62. 왼쪽에서부터 Orux와 산길샘, 알파인퀘스트 어플. 어플들은 유사한 기능을 포함하지만 Orux가 보다 많은 기능을 제공한다. 주로 Orux는 구글어스, 산길샘은 네이버지도와 브이월드, 알파인퀘스트는 구글어스 등을 기본지도로 사용한다. 어플들은 자료 수신이 불가능한 통신불가지역에서도 조사 가능하도록 지도를 미리 저장하여 오프라인 상에서도 이용할 수 있는 기능이 있다.

02 트랙(track, 트래킹 tracking) 기록이 가능하다. 조사자가 현장에서 이동한 동선을 일정시간 간격으로 기록한 트랙은 사업별로, 일자별로, 구간별로 구분하여 별도의 파일로 저장·관리할 수 있다. 기존에 저장한 트랙 또는 다른 사람이 저장한 트랙을 사용할 수도 있다.

03 웨이포인트(waypoint) 기능이 있다. 유용한 기능인 웨이포인트는 지점의 정보들을 저장하는데 사진과 같이 저장할 수 있다. 기존에 저장한 웨이포인트 지점을 찾아서 경로 안내를 실행할 수도 있다.

04 자료의 저장과 공유 기능이 있다. 트랙과 웨이포인트를 선별적으로 저장하여 공유할 수 있다. 저장하는 파일 형태는 일반 GPS 기기에서 호환되는 gpx 또는 구글어스 파일인 kml, kmz이다. 구글어스 등에서 이용하려면 kml 파일이 보다 편리하며 사진과 같이 저장하려면 압축 형태인 kmz 파일로 한다(그림 3-61 참조). 물론 다른 사람들이 저장한 웨이포인트 파일들도 이용할 수 있다.

05 이 외에도 이동한 경로 상의 해발고도 변화, 근접 알림 등의 다양한 기능이 있다.

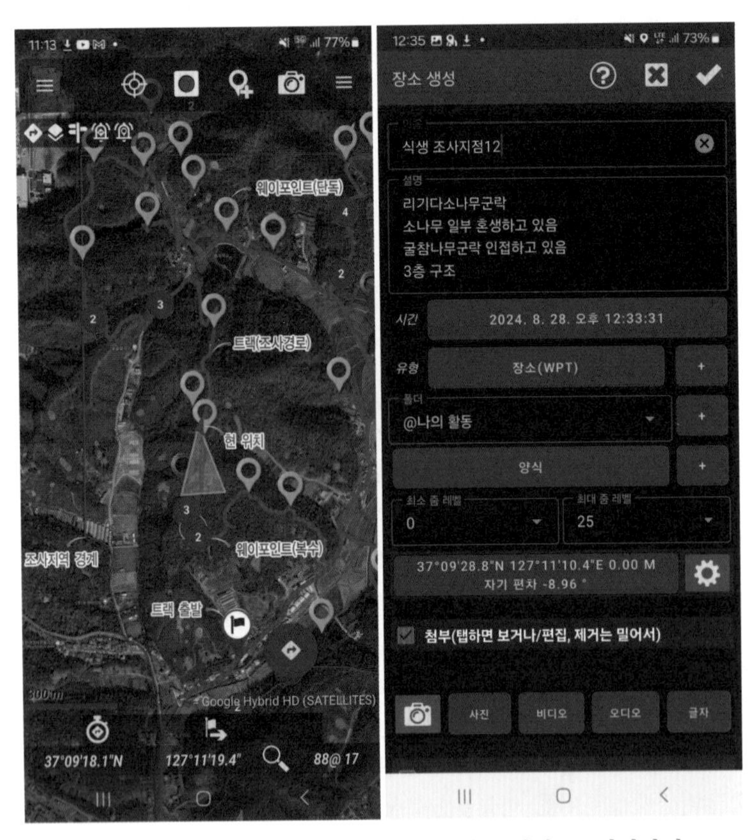

그림 3-63. Orux의 활용 화면(좌)과 웨이포인트 입력(우). 위성사진(구글어스)에 조사지역 경계는 물론 웨이포인트와 트랙(트래킹) 등을 저장하고 표시하여 현장조사할 수 있다. 웨이포인트에 지점의 이름과 설명을 기록하면 위·경도의 위치정보와 작성 시간 등이 같이 입력된다.

트래킹과 웨이포인트의 강점 | 생태조사에서 조사경로의 트랙(트래킹)과 조사지점을 기록하는 웨이포인트의 저장은 매우 유용한 기능이다(그림 3-63). 트래킹 파일은 조사지역을 이동한 동선과 시간을 이해할 수 있다. 기록하는 시간 간격에 따라 조사경로의 해상도를 조절할 수 있다. 일반적으로 기록하는 시간 간격은 10~30초이다. 웨이포인트는 식물상 또는 식생 조사지점을 기록하는데 주로 사용한다. 하지만 특정 지점의 식생 상관 또는 특성들을 기록하는데 이를 사용하면 실내에서 현존식생도 작성에 많은 도움이 된다. 예를 들어 현장조사에서 임의 식분의 상관이 굴참나무가 우점하는 굴참나무군락이라면 해당 식분의 지점을 웨이포인트에 기록한 다음 실내 항공사진(위성사진) 분석에서 동일 패턴을 갖는 공간영

상을 탐색하면 된다. 유사한 식물 생활형 또는 식생구조를 갖는 하나의 식물군집(식물군락)은 유사한 상관 패턴을 형성하기 때문이다.

트래킹과 웨이포인트 이용 도구 | 트래킹(트랙)은 일정시간 간격으로 위치를 기록하는 전용 GPS 또는 로거를 사용하거나 스마트기기의 어플을 이용하는 방법이 있다. 조사 대상지역의 통신 가능 여부에 따라 선택하는 기기는 달라질 수 있다. 스마트기기의 어플은 온라인과 오프라인 지도 사용이 모두 가능한 것이 좋고 유료 또는 무료가 있다. 어플은 기능이 단순하거나 복잡한데 사용 목적과 방향, 효율성, 편리성 등에 따라 조사자가 선택한다. 어플은 트래킹만 가능하거나, 트래킹과 웨이포인트만 가능하거나, 방위, 해발고도 변화, 경로 추적 등의 기능을 포함하기도 한다. 어플은 여러 기능을 포함하여 기본지도(basemap)로 위성사진(구글어스) 또는 항공사진(카카오맵, 네이버지도, 브이월드 등)의 이용이 쉬운 것이 좋다.

GIS용 어플의 사용 | 스마트기기에서 사용하는 어플들은 대부분 점(point, 웨이포인트) 또는 선(line, 트랙) 형태의 정보를 기록한다. 면(polygon) 또는 면적(area)으로 분류되는 현존식생도 또는 중요식물분포도, 생태계교란식물분포도 등의 작성에 이러한 어플들의 사용은 실용적이지 못한 점이 있다. 이를 해결할 수 있는 방법은 GIS 파일 형태로 저장 가능한 어플(또는 mobile GIS)의 이용이며 Mergin Map, QField 등이 있다(그림 3-64). 이 어플들은 점, 선, 면의 형태로 저장 가능하다. 구글어스 등을 실시간 기본지도로 이용할 수 있으며 현재는 스마트기기의 통신이 가능한 지역에 국한하여 이용하도록 한다. 이 외에도 오프라인 지도 저장이 가능하거나 보다 많은 기능을 제공하는 어플은 유료인 형태가 많다. 이 어플들은 기존 GIS파일(현존식생도, 임

그림 3-64. Mergin Map(좌)과 Qfield(우) 어플. 두 어플은 기존 작성된 GIS용 파일(shp 등)을 불러 이용 또는 수정하거나 신규로 점(point, 붉은 점), 선(line, 녹색선), 면(polygon, 붉은다각형)의 공간정보를 입력 가능하다는 장점이 있지만 트래킹이 안되는 단점이 있다.

상도 등)을 불러 사용하거나 다른 파일로 수정, 저장할 수 있어 유용하다. 이 외에도 조사의 목적, 내용, 해상도 등에 따라 선별적으로 전문적인 유료 어플을 사용할 수 있지만 환경영향평가 조사 또는 일반적이고 통상적인 식물연구에서는 Mergin Map, QField의 수준이면 충분하다.

구글어스 어플과 파일의 사용 | 이미 작성 또는 공개된 각종 GIS 파일(현존식생도, 임상도, 식생정보가 있는 생태·자연도 등)을 현장조사에서 활용하면 좋다. 이를 가능하게 하는 것은 전술의 GIS용 어플(Mergin Map, QField 등) 또는 모바일용 구글어스 어플이다. 구글어스 파일(kml, kmz)을 생성하기 위해서는 흔히 GIS프로그램(ArcGIS, QGIS)을 이용한다. 생성된 자료에서 객체들의 색상 투명도를 조절하거나 선의 굵기, 색상 등을 조절하면 구글어스에서도 이를 인식하고 수정도 가능하다. 구글어스에서는 여러 파일들을 불러서 선택적으로 레이어 형태로 이용하거나 보여지는 객체의 속성(屬性, property, attribute) 정보를 선택할 수 있다(그림 3-65). 좌표가 없는 지도(또는 종이지도 스캔) 파일도 구글어스에서 위치참조(georeferencing)하여 중첩하는 방식으로 이용할 수 있다. 전술했듯이 자연환경조사 및 환경영향평가에서 사업지역 및 주변 조사지역의 각종 정보를 구글어스 파일로 변환하면 Orux 등의 어플에서도 이용 가능하다.

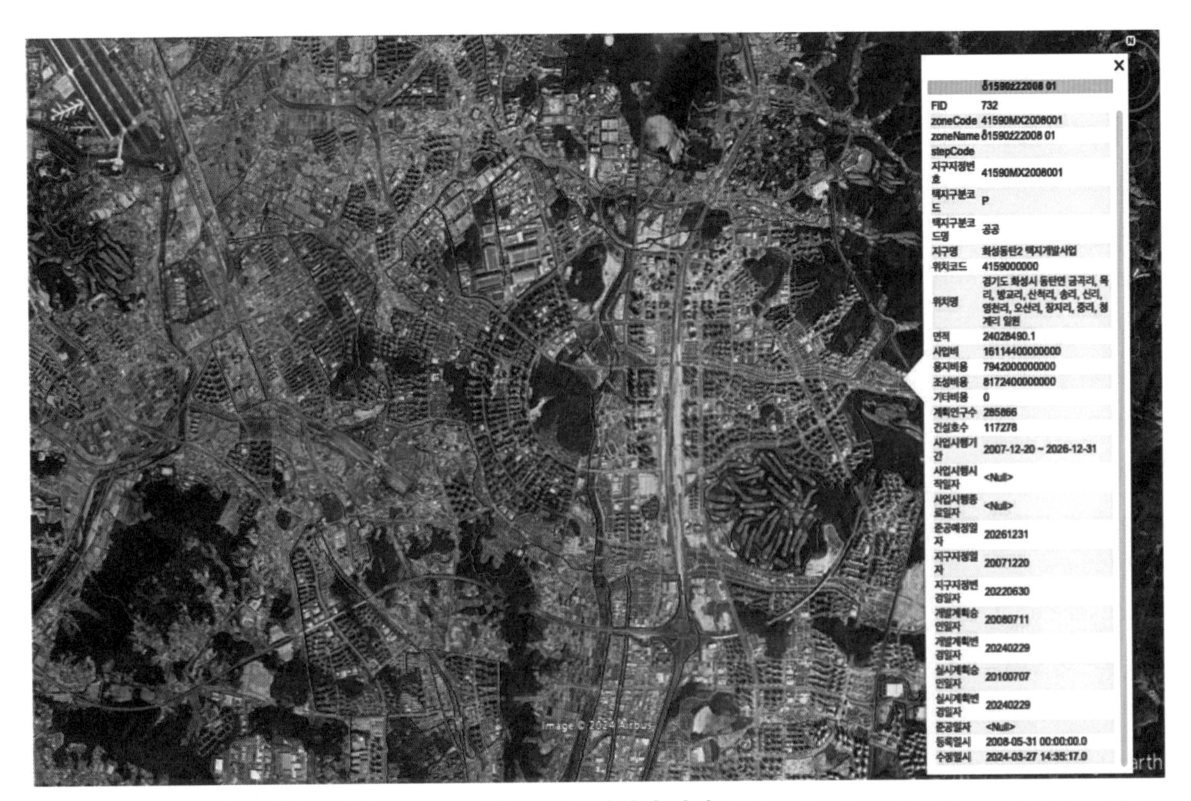

그림 3-65. 구글어스 형태의 파일(kml, kmz) 이용. GIS로 작성된 파일(사업지구, 현존식생도, 생태·자연도, 토지피복분류도, 임상도 등)을 구글어스 파일 형태로 변환하면 필드에 저장된 객체의 속성 정보를 확인할 수 있다.

잣나무 개체군(설악산국립공원). 잣나무 개체군의 생태적 특성을 이해하기 위해 서식처의 환경정보에 대한 수리·통계적 분석을 수행할 수 있다.

현장조사에서 다양한 식물들을 관찰할 수 있으며 시기가 맞으면 개화한 식물체를 만난다. 연구자는 개화한 식물체를 가까이 보는 것에서 많은 즐거움을 찾을 수 있다. 좌에서부터 매화마름(화성시, 논경작지), 귀룽나무(포천시, 계곡 인근), 할미꽃(합천군, 건생초지), 벌노랑이(부산시, 빈터), 함박꽃나무(양평군, 산지 사면), 꿩의바람꽃(인제군, 계곡부)이다.

제4장

식물상 조사 | 분석

Chapter | FOUR

1. 식물상 조사와 정리

2. 식물종별 가치 속성 구분

1. 식물상 조사와 정리

식물상 조사는 관속식물을 대상으로 하고 양치식물, 나자식물, 피자식물로 구분한다.

식물종 분류와 표준 식물명의 사용 | 식물종에 대한 개념은 다양하게 정의될 수 있지만 일반적으로 암수의 교배에 의해 그 유전자가 자손대대로 유지되는 집단으로 규정한다. 식물종에 대한 분류는 형태적 분류, 생식적 분류, 유전적 분류 등 다양한데 보다 세부적인 내용은 별도의 자료를 참조하도록 한다. 식물분류의 기본단위는 종(種, species)이고, 변종(變種, variety), 아종(亞種, subspecies), 품종(品種 form, 재배종 cultivar) 등으로 세분화할 수 있다. 식물분류에 사용하는 한글명(korean name)과 학술명(학명, scientific name)의 표준은 기본적으로 국립생물자원관(NIBR, 한반도의 생물다양성) 또는 산림청(국가생물종지식정보시스템)의 국가표준식물목록을 따르도록 한다(엑셀 파일 형태로 제공). 두 기관 모두 국가표준식물목록을 제공하고 있지만 일부 목록에서 서로 차이가 있다. 사용자의 일관성 및 사용 명칭의 표준화 등을 고려하면 통일된 형태의 목록 제공이 필요하다. 장기적으로 식물을 포함한 전체 생물분류군에 대해 국립생물자원관이 그 역할의 중심이 되어야 할 것이다. 현재 귀화식물 최신 목록에 대해서는 산림청의 국가생물종지식정보시스템에서 보다 이용이 쉽고 자료 갱신이 빠르다.

우리나라 관속식물의 종다양성 | 각종 자연환경조사와 환경영향평가에서의 식물상 파악과 분석은 관다발을 갖고 있는 관속식물을 대상으로 하는데 흔히 양치식물(고사리류) 이상의 고등식물이다. 우리

나라의 관속식물은 대부분 양치식물, 나자식물, 피자식물(쌍자엽식물, 단자엽식물)로 구성된다. 국가표준식물목록에 의하면 국립생물자원관에서는 4,641분류군(2025.1.18 기준), 국가생물종지식정보시스템에서는 4,379분류군(자생식물 3,951분류군, 외래식물 428분류군, 2024.12.23 검색)을 제시하고 있지만 야생에는 실제 더 많은 식물종이 분포한다. 그 이유는 외래식물(귀화식물 포함)을 온전하게 포함하지 못하거나 미분류된 신종이 있을 수 있기 때문이다. 또한 학자에 따라 보다 많은 식물상으로 세분류하기도 한다.

관속식물의 분류체계 | 국립생물자원관 기준(4,641분류군)으로 [01]양치식물(338분류군)의 대표적인 식물종은 고사리류, 쇠뜨기, 생이가래 등이고, [02]나자식물(55분류군)은 소나무, 잣나무, 은행나무 등이고, [03]피자식물(4,248분류군) 중 [03-1]쌍자엽식물(쌍떡잎식물)은 참나무류, 생강나무, 철쭉꽃 등이고, [03-2]단자엽식물(외떡잎식물)은 백합과, 벼과, 사초과 등의 식물들이 여기에 해당된다(표 4-1). 양치식물(羊齒植物, pteridophyte)은 관다발 조직을 가지는 육상식물로 꽃과 종자가 없이 포자로 번식하는 식물을 말한다. 양치라는 말은 '양의 이빨'이라는 의미로 양의 이빨이 고사리의 잎처럼 가지런히 생겨서 이와 같이 번역하였다(GSK 2023). 나자식물(裸子植物, 겉씨식물, gymnosperms)은 밑씨가 씨방 안에 있지 않고 드러나 있는 종자식물을 말한다. 피자식물(被子植物, 속씨식물, angiosperms)은 밑씨가 씨방 안에 들어 있는 종자식물을 말한다. 쌍자엽식물(雙子葉植物, dicotyledon)은 종자의 배에서 처음 나오는 떡잎(자엽 子葉)이 2장인 식물을, 단자엽식물(單子葉植物, monocotyledon)은 떡잎이 1장인 식물을 의미한다. 연구자는 분류체계에서 과(family)와 속(genus)의 주요 형질 특성들을 이해하면 동정의 오류를 줄일 수 있다. 장미과는 대부분 꽃잎이 5장이고, 단풍나무과는 잎이 마주나고, 콩과는 잎이 소엽 3장으로 이루어지는 특성 등이 대표적 사례이다.

표 4-1. 우리나라 관속식물 분류체계의 위계별 현황(국립생물자원관 2025.1.18 기준)

관속식물 분류체계 구분 문(phylum)	강(class)	분류군 수	식물종 사례
양치식물문 Pteridophyta	고사리강 Polypodiopsida	287	고란초, 관중, 뱀고사리, 네가래 등
	관음고사리강 Maratiopsida	1	관음고사리
	석송강 Lycopodiopsida	27	물부추, 구실사리, 부처손, 석송 등
	속새강 Equisetopsida	7	개속새, 속새, 쇠뜨기 등
	솔잎난강 Psilotopsida	16	제주고사리삼, 솔잎난, 고사리삼 등
	소 계	338	
나자식물문 Pinophyta	소나무강 Pinopsida	53	주목, 소나무, 측백나무, 잣나무 등
	소철강 Cycadopsida	1	소철
	은행나무강 Ginkgoopsida	1	은행나무
	소 계	55	
피자식물문 Magnoliophyta	목련강 Magnoliopsida	3,058	신갈나무, 밤나무, 생강나무, 냉이 등
	백합강 Liliopsida	1,190	참마, 청미래덩굴, 붓꽃, 둥굴레 등
	소 계	4,248	
관속식물	합 계	4,641	

[부록 3-1] 식물상 현지조사표(현지에서 작성한 원본제출)

조사자			조사일자	20 . . .		도엽명 (도엽번호)	
행정구역							
조사구간							
GPS좌표	N		E		고도(m)		
기타설명 (생육지, 훼손지 현황, 주요종 등)							
식물상 (멸종위기 야생식물 및 식물구계학적 특정식물 V등급 발견 시 별첨 작성, 표본 수집 시 * 표시)							

그림 4-1. 전국자연환경조사에서 일반 식물상 현지조사표(NIE 2023b). 자연환경조사(제6차 전국자연환경조사 지침)에서 일반 식물상 조사표는 비교적 간단한 양식으로 이루어져 있다. 식물상 목록은 별도의 구분된 보조선 없이 조사자가 임의적으로 기재하도록 되어 있다.

[부록 3-2] 멸종위기야생식물 및 식물구계학적 특정식물 V등급 현지조사표

멸종위기 야생생물(식물)·식물구계학적 특정식물 V등급 현지조사표

도엽명(도엽번호) ____________________

종명(국명)			조사일자	20 년. 월. 일. 시.	날씨	□맑음 □흐림 □비 □눈 □기타( )	
전문 조사원	이름		소속		연락처		
일반 조사원	이름		소속		연락처		
개체군명	개체 군명				개체군 코드		
개체군명	조사 지역명				조사지역코드		
조사지	□필수 □신규	개체수			미확인 (□서식 가능 □서식 불가)		
조사지	□필수 □신규	개체수 범위	□0 □1-5 □6-10 □11-50 □51-100 □101-500 □501이상				
조사지역	행정 구역	동/리, 지번까지 기재					
조사지역	위치 설명	상세위치 설명, 조사지 경로 및 명칭 등 기재					
조사지역	경·위도 좌표값	기존	N위도(_____° _____' _____") E경도(_____° _____' _____")				
조사지역	경·위도 좌표값	실측	N위도(_____° _____' _____") E경도(_____° _____' _____")				
조사지역	좌표값 취득원	□GPS 기기 □구글맵 □다음맵 □네이버맵 □기타( )					
지형특성		□산림지역 □농경지 □수역 □시가지역 □습지 □나지 □기타( )					
생육지	산림	□활엽수림 □침엽수림 □혼효림 □관목림 □초지					
생육지	상세 위치	□사구 □갯벌 □모래/자갈 □절벽 □암석 □인공구조물 □기주식물( )					
생육지	낙엽층 (cm)	□0-1 □2-3 □4-5 □6-10 □11-30 □31-100 □100이상					
개체군구조	조사방법	□직접관찰 □표본관찰 □기타( )					
개체군구조	성장 단계	□유묘	□영양생장기	□개화기	□결실기	□쇠퇴기	기타
개체군구조	단계별 개체수						
개체군구조	분포형태	□연속적 □불연속적 □산발적 □군락적 □독립적					
개체군구조	생식가능개체수	개체	비율	%	개체평균 크기	cm	분포 면적 ㎡
개체군구조	구분	□목본 □착생란 □부엽·침수성 수생 □일·이년생 초본 □다년생 초본					

그림 4-2. 전국자연환경조사에서 중요종 현지조사표 앞면(NIE 2023b). 자연환경조사(제6차 전국자연환경조사 지침)에서 중요종 식물조사표는 멸종위기야생식물과 식물구계학적 특정식물 V등급종을 대상으로 하며 일반 식물상 현지조사표에 비해 기재하는 항목이 상세하게 구성되어 있다.

<table>
<tr><td rowspan="13">위협
및
훼손
요인</td><td colspan="2" rowspan="2">인위적 요인</td><td>☐ 매립 ☐ 간척 ☐ 골재/석재채취 ☐ 도로(철도)신설/확장 ☐ 벌채 ☐ 인공조명 ☐ 하천/호소 구조변경
☐ 인간출입 ☐ 포획/채취 ☐ 인공구조물 ☐ 농약/항생제 살포 ☐ 농경지확장
☐ 기타 ( )</td></tr>
<tr><td>☐ 해당사항 없음</td></tr>
<tr><td colspan="2" rowspan="2">자연재해</td><td>☐ 산불 ☐ 태풍 ☐ 가뭄 ☐ 사태 ☐ 홍수 ☐ 폭설
☐ 이상기온 ☐ 기타( )</td></tr>
<tr><td>☐ 해당사항 없음</td></tr>
<tr><td colspan="2" rowspan="2">생물요인</td><td>☐ 천적 ☐ 경쟁 ☐ 질병 ☐ 외래종
☐ 기타 ( )</td></tr>
<tr><td>☐ 해당사항 없음</td></tr>
<tr><td rowspan="4">상세
설명</td><td>내용</td><td></td></tr>
<tr><td>시기</td><td>☐ 과거·재발가능성 없음 ☐ 과거·재발예상 ☐ 진행 중
☐ 미래에 발생 예상</td></tr>
<tr><td>범위</td><td>☐ 전체 개체군(>90%)에 영향 ☐ 대부분(50~90%)에 영향 ☐ 일부(<50%)에 영향</td></tr>
<tr><td>강도</td><td>☐ 빠른 개체 감소 유발 ☐ 느린 감소 유발 ☐ 변동 유발
☐ 무시할 만한 수준 ☐ 감소 없음</td></tr>
<tr><td colspan="4">공동 / 동서출현종</td></tr>
<tr><td></td><td colspan="3">국명</td></tr>
<tr><td>교목</td><td colspan="3"></td></tr>
<tr><td>관목</td><td colspan="3"></td></tr>
<tr><td>초본</td><td colspan="3"></td></tr>
<tr><td colspan="4">조사지약도</td></tr>
<tr><td colspan="4">코멘트 및 기타</td></tr>
</table>

그림 4-3. 전국자연환경조사에서 중요종 현지조사표 뒷면(NIE 2023b). 뒷면은 위협 및 훼손 요인, 기타 특이사항, 위치 등을 기재하도록 하고 있다.

[현지조사표 양식-1] **식물상**

계획/사업 명칭	북한강 지류
조사일시	2022년 8 월 31일 수 요일 (시간) 12 시 05 분 ~ 13 시 05 분(총 60분) 농촌형 하천 종동정자 : 조사자와 동일
조사번호	총 2 지점 중 1 번째 지점 / 조사자 : 이율경 (서명)
조사위치	설곡천(경기도 가평군 설악면) / 해발 : 175~230 m

조사지역 토지유형

☑산림 □하천 ☑경작지 ☑주거지 □도심지 □공장 □저수지 □바닷가 □기타( )

No.	종명	종명	종명	종명
1	단풍잎돼지풀	갈퀴꼭두서니 [illegible]	갈대 [illegible]	마디풀 [illegible]
2	오리나무	[illegible]	개망초 새팥	머위 [illegible]
3	버드나무 냉이	강아지풀 [illegible]	새콩 [illegible]	[illegible]
4	망초. 개망초. 실망초	개다래 소리쟁이	[illegible]	명아주 [illegible]
5	털별꽃아재비	며느리밑씻개	[illegible]	[illegible]
6	참비름. 비름	[illegible]	노박덩굴 생강나무	물봉선 [illegible]
7	방동사니	개머루 산초나무	[illegible]	물푸레나무 [illegible]
8	환삼덩굴	[illegible]	느티나무 [illegible]	미국가막사리 [illegible]
9	고마리. 나도겨풀	메꽃 [illegible]	단풍나무 [illegible]	미국자리공 [illegible]
10	돌피. 물피	개비름 [illegible]	달맞이꽃 [illegible]	미국쥐손이 [illegible]
11	단풍나무 (식재)	[illegible]	[illegible]	[illegible]
12	개나리	갈풀 [illegible]	닭의장풀 애기똥풀	[illegible]
13	쑥부쟁이 (우점)	익모초 여뀌	[illegible]	[illegible] 피
14	[illegible]	[illegible]	[illegible]	[illegible]
15	바랭이	개옻나무	도깨비바늘	[illegible]
16	[illegible]	[illegible]	[illegible]	산뽕나무 [illegible]
17	가죽나무	[illegible]	돌나물	[illegible]
18	뽕나무	괭이밥 여뀌	[illegible]	[illegible]
19	병꽃나무	거지덩굴 왕바랭이	[illegible]	붉은토끼풀 [illegible]
20	쑥	[illegible]	돌콩 [illegible]	비비추 [illegible]
21	칡 쥐꼬리망초	[illegible]	[illegible]	비수리 질경이
22	밤나무	[illegible]	[illegible]	[illegible]
23	신나무. 키버들	[illegible]	[illegible]	[illegible]
24	갯버들. 선버들	까마중 [illegible]	[illegible]	산딸기 [illegible]
25	[illegible]	꼭두서니 자귀나무	[illegible]	산벚나무 [illegible]

왕벚나무 (식재)

특이사항 :

- 상록이 일부 closed canopy 구간 존재
- 제방이 [illegible]으로 된 구간이 존재하여 농촌형 하천으로 구분됨

주) 주요종 또는 특징적인 종을 중심으로 기재하고, 일반종은 전부 기재하지 않을 수 있다.

* 현지조사표 작성은 현장에서 작성완료를 원칙으로 하되, 필요시 특이사항에 명기한다.

그림 4-4. 환경영향평가에서의 일반 식물상 현지조사표 작성 사례. 환경영향평가의 식물상 현지조사표는 환경부 자연환경조사의 일반 식물상 현지조사표와 상이하지만 유사한 구조로 되어 있다. 특히 거짓·부실조사를 방지하기 위해 조사시간 및 조사자, 종동정자의 서명이 들어가는 것이 상이하다.

식물상 연구는 현지조사표와 확증식물표본에 기초하고 표본은 국가적 관리가 필요하다.

식물상 연구의 기초 과정 | 식물상 연구는 기본적으로 식물 [01]현지조사표와 [02]확증식물표본(herbarium)에 기초하여 분석한다. 현지조사표는 일반 식물상(그림 4-1) 및 중요종(멸종위기야생식물, 식물구계학적 특정식물 V등급종) 조사(그림 4-2, 4-3)로 구분한다. 확증식물표본의 제작 및 동정은 크게 식물채집, 표본 라벨(label) 및 확증식물표본번호의 부여, 표본의 정리 및 건조, 동정의 과정을 거침으로써 완성한다(NIE 2023b). 이를 통해 조사지역의 식물상 목록을 작성하고 특성들을 구체적으로 파악할 수 있다.

현지조사표의 구성과 내용 | 환경부에서 수행하는 전국자연환경조사 지침(NIE 2023b)에서의 일반 식물상 현지조사표(그림 4-1)는 식물상 목록과 조사자, 조사일자, 조사지역(도엽), 행정구역, 조사구간, GPS 좌표(위도, 경도, 해발고도), 기타 설명으로 이루어져 있다. 멸종위기야생식물 및 식물구계학적 특정식물 V등급의 중요종 현지조사표(그림 4-2, 4-3)는 일반 식물상조사와 달리 매우 구체적인 항목들을 기재하도록 하고 있다. 중요종 현지조사표에는 조사대상이 되는 중요 식물종명(한글명), 조사일자, 날씨, 조사자, 개체군명, 조사지(개체수 등), 조사지역(행정구역, 위치 설명, GPS 좌표 등), 지형 특성, 생육지(생태계 유형, 지표 속성, 낙엽층 등), 개체군 구조(조사방법, 성장 단계, 분포 형태, 생식가능 개체수 등), 위협 요인(인위적, 자연적, 생물적 요인 등), 동서출현종, 조사지 약도 등을 기재하도록 한다. 환경영향평가에서는 전국자연환경조사 지침에서의 일반 식물상 현지조사표에 비해 간단하거나 유사한 정보를 기재하도록 하고 있다. 특히 거짓·부실조사를 방지하기 위해 조사의 시작과 종료 시간, 조사자 및 종동정자 서명을 기입하도록 하는 것이 일반적 자연환경조사와 다르다(그림 4-4). 조사자는 조사의 목적에 맞도록 현지조사표를 수정할 수 있다.

현지조사표 항목의 기재 | 일반 또는 중요종 현지조사표에는 종명, 조사자(일반, 전문), 조사일자, 도엽명(도엽번호), 조사구간 등 다양한 정보를 기재하도록 한다. 중요종에 대해서는 보다 상세한 정보를 기재한다. 개체에 대해서는 해당 개체군명, 개체군 코드(별도 자료 참조), 개체수, 개체수 범위(1~5, 6~10, 11~50, 51~100, 101~500, 501 이상)를 기재한다. 조사지역에 대해서는 행정구역을 포함한 세부위치 설명, GPS 위치정보(좌표값 취득원 WGS84의 도분초 경·위도)를 기재한다. 생육지에 대해서는 생태계 유형으로 구분한 지형 특성(산림, 농경지, 수역, 시가지역, 습지, 나지 등), 식생유형(활엽수림, 침엽수림, 혼

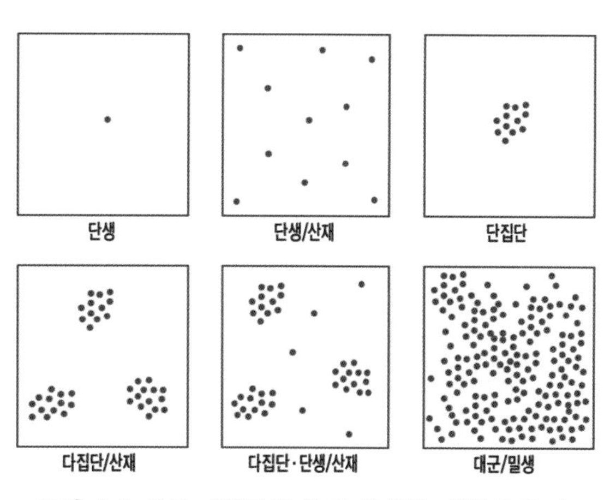

그림 4-5. 식물 개체군의 분포 형태들. 식물종에 따라 개체들이 분포하는 형태는 다양하며 현지조사표의 형태 구분과 상이한 부분이 있다.

효림, 관목림, 초지 등), 상세 위치(사구, 갯벌, 모래/자갈, 절벽, 암석, 기주식물 등), 낙엽층 발달 정도(0~1㎝, 2~3㎝, 4~5㎝, 6~10㎝, 11~30㎝, 31~100㎝, 101㎝ 이상)를 기재한다. 개체군 구조는 조사방법(직접관찰, 표본관찰 등), 조사시기에서 해당 식물의 성장 단계(유묘, 영양생식기, 개화기, 결실기, 쇠퇴기 등)별 개체수, 분포 형태(연속적, 불연속적, 산발적, 군락적, 독립적 또는 단생, 단집단, 다집단, 대군, 밀생)(그림 4-5), 생식 가능 개체수(수, 비율, 평균크기, 분포면적), 생활형(목본, 착생란, 다년생초본, 부엽·침수성수생, 일·이년생초본)을 기재한다. 위협 및 훼손요인은 인위적 요인(매립, 간척, 골재/석재 채취, 벌채, 인공조명, 구조 변경, 인간출입 등), 자연재해(산불, 태풍, 가뭄, 사태, 홍수, 폭설 등), 생물 요인(경쟁, 질병, 외래종 등)에 대해 시기 및 범위, 정도 등을 기재하도록 한다. 또한 해당 식물종과 같이 출현하는 동서출현종(공서종)과 조사지점의 약도, 사진자료 등을 기재하도록 한다. 조사자는 현지조사표 항목 외에 16방위 기준의 방위(물흐름 방향), 수분조건(과습, 약습, 보통, 약건, 과건)과 같이 기타 기록이 필요한 정보들을 추가적으로 기재할 수 있다.

식물표본 | 식물표본과 관련하여 식물분류의 개념, 표본관 운영, 표본 채집 방법, 건조 방법, 정보의 기록, 종자의 채집, 표본의 보관, 자료의 정리 등 그 내용은 매우 방대하다. 양호한 식물표본을 만드는 과정은 크게 [01]표본수집(collecting), [02]압축과 보존(pressing and preserving), [03]대지작업(mounting), [04]라벨링(labelling)으로 이루어진다. 여기에는 채집 및 건조표본 제작 등과 같은 일반적이고 개괄적인 내용만을 다룬다. 보다 구체적인 내용은 Davies et al.(2023)의 '식물표본 메뉴얼(The Herbarium Handbook)' 등의 전문 자료를 참조하도록 한다.

식물표본의 채집 | 식물표본은 기본적으로 개체 전체를 기준으로 하지만 표본대지의 크기를 고려하여 적정한 크기로 채집한다. 식물표본은 온전한 형태를 갖는 개체(또는 부속체)를 선정한다. 식물표본에서 목본과 초본을 다른 방법으로 채집한다. 식물표본 채집의 우선 순위와 유형별 일반적 원칙과 기준은 다음과 같다.

01 생식기관이 있는 개체를 우선으로 채집한다.
02 꽃이 있는 개체(가지)를 최우선 채집하고 그 다음은 열매가 있는 경우로 한다.
03 꽃과 열매가 없는 경우는 가지나 잎의 형태가 온전한 개체를 선택하고 불필요한 부속물은 제거한다.
04 목본은 전년지 가지 일부를 포함하도록 채집한다.
05 특별히 대형이 아닌 초본인 경우에는 가능한 뿌리를 포함하는 전체 개체를 채집한다. 단, 뿌리가 두꺼운 경우에는 형태를 알 수 있도록 긴 종방향 단면으로 50% 내외 잘라서 표본한다.
06 양치식물은 생식기관인 포자가 있는 전체 개체를 채집하는데 식물체에 붙어 있는 인편과 포자가 떨어지지 않도록 유의한다.
07 식물의 꽃, 잎, 열매, 줄기, 수피, 뿌리, 눈 등이 있는 경우 가능한 모두 채집하는 것이 좋다.
08 식물표본이 대형인 경우에는 표본대지에 맞는 적정한 크기로 자르거나 접어서 채집한다.

09 멸종위기야생식물은 「야생생물 보호 및 관리에 관한 법률」 제14조에서 허가를 득하지 않고 채취(훼손)하는 행위를 금지(육안조사가 원칙)하고 있기 때문에 종 및 개체 보전을 위해 위치정보를 기록하고 영상자료(사진 또는 동영상)로 표본을 대체할 수 있다.

10 채집한 표본은 혼동되지 않도록 번호를 매겨(numbering) 꼬리표(tagging)를 붙이고 채집한 장소의 특성 및 주변 환경에 대해 자세히 기록한다.

식물표본 채집의 도구들 | 식물표본 채집의 도구들은 채집의 목적, 지역, 기간 등에 따라 달라질 수 있다. 해당 식물체의 형태적, 입지적, 공간적 위치에 따라 식물표본을 채집하는데 다양한 형태의 도구가 필요할 수 있다. 식물표본에 필요한 도구들은 크게 [01]조사도구, [02]채집도구, [03]압박도구로 구분할 수 있다. 조사도구는 배낭, 망원경, GPS, 지도, 아이스박스, 카메라, 자(접자, 줄자), 루페, 방위계, 경사계, 현장조사표 등의 각종 정보를 계측·기록하는 도구들이다. 채집도구는 고지가위, 고지톱, 모종삽, 호미, 전정가위, 삽, 주머니칼, 망치, 채집칼, 채집봉투, 채집가방 또는 채집통, 유성펜 등 표본을 채집하는 도구들이다. 압박도구는 표본을 건조시키기 위한 초기 과정의 도구들로 야책 및 압박끈, 신문지, 간지, 흡습지, 통풍지 등이다. 식물채집에 필요한 일반적인 도구는 채집가방, 뿌리 채취가 가능한 채집칼, 전정가위, 채집봉투, 유성펜 등이다(그림 4-6).

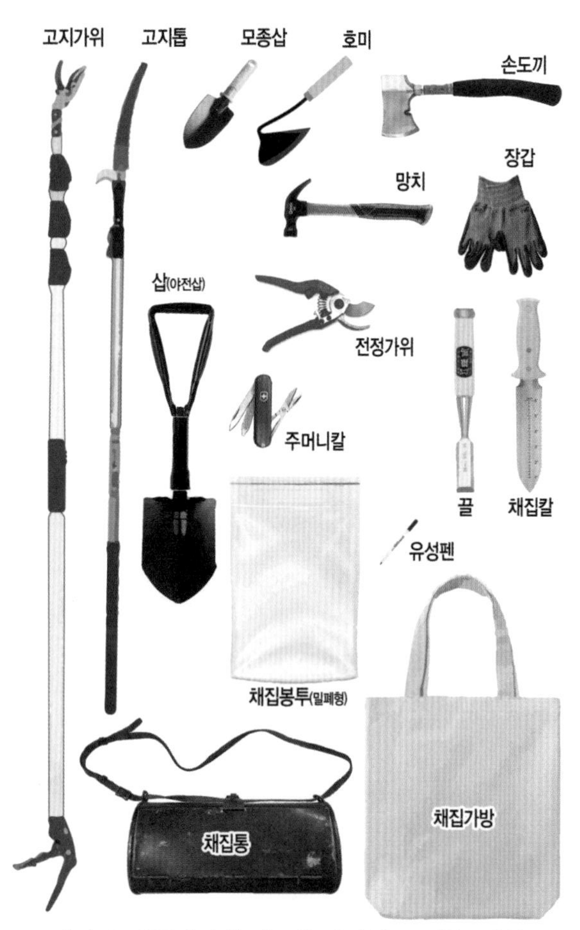

그림 4-6. 식물채집에 필요한 다양한 도구들. 식물표본을 채집하는데 해당 식물체의 형태적, 입지적, 공간적 위치에 따라 다양한 형태의 도구가 필요할 수 있다. 일반적으로 채집가방, 채집봉투, 채집칼, 전정가위, 유성펜 등이 필요하다.

건조식물표본 제작 | 식물표본을 채집할 때는 온전한 식물체를 선택하고 불필요한 부속물은 제거한다. 식물표본은 표본대지의 규격을 고려하여 적정한 크기로 채집한다. 벼과 식물과 같이 식물 전체를 채집하는 경우에는 표본대지에 맞는 크기로 식물체를 접어서 표본한다. 채집한 표본은 당일 건조 형태의 표본으로 만들어야 한다. 당일 표본 제

그림 4-7. 식물표본의 주요 과정. 위의 좌에서 우로 채집한 식물표본, 식물표본을 엎어 신문지에 바르게 펴기, 채집한 식물을 야외에서 즉시 표본하는 모습이다. 아래의 좌에서 우로 실내에서 신문지 사이에 식물표본을 넣고 흡습지와 통풍지 넣기, 야책으로 식물표본 압축하기, 건조가 완료된 식물표본의 모습이다.

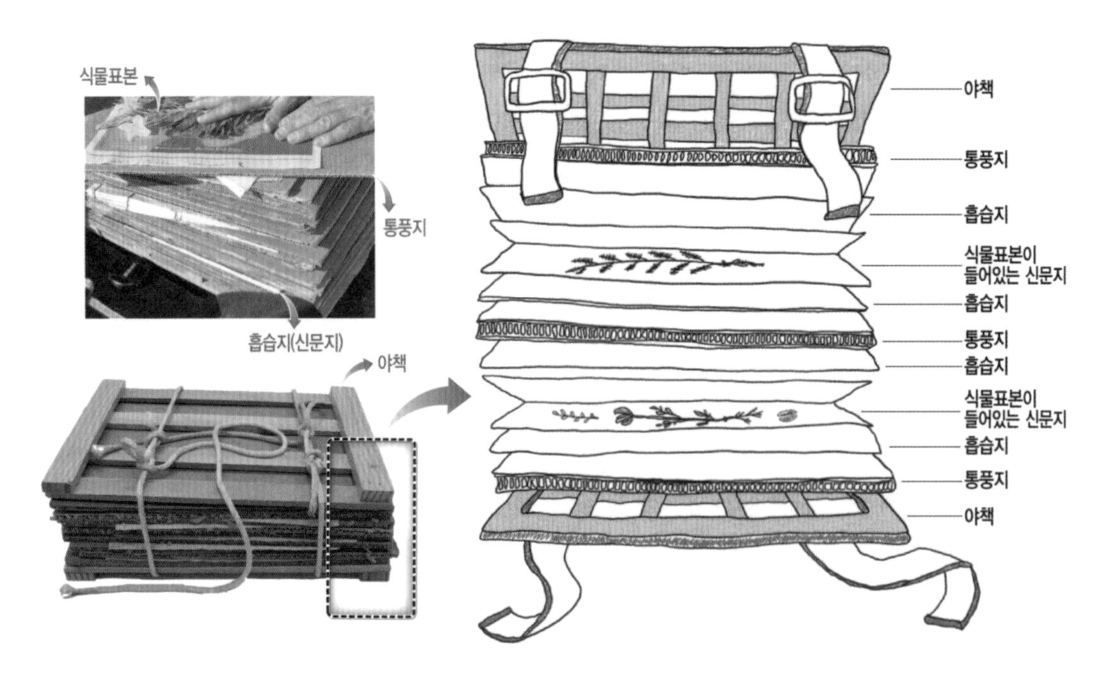

그림 4-8. 채집한 식물표본의 정리 및 누르기(Davies et al. 2023 수정). 채집한 식물들은 신문지 사이에 잘 펴서 끼우고 아래 위에는 흡습지와 통풍지를 넣는 방식으로 켜켜이 쌓는다. 마지막에는 야책을 제일 아래와 위에 놓고 식물표본을 압박하여 눌러서 건조시킨다.

작이 불가능한 경우 표본을 신문지에 싸고 밀폐형의 지퍼팩에 넣어 표본이 건조되지 않도록 밀봉하여 냉장보관한다. 하지만 다음날 오전에는 표본으로 만들어야 시들지 않는다. 최적의 표본방법은 채집 직후 즉시 원래의 형태가 유지되도록 구겨지지 않게 두꺼운 흡습지 갈피 또는 신문지 사이에 잘 펴서 끼워 넣고, 상하에는 흡습지 또는 통풍지를 대고, 외곽에 목재판을 대어 전체를 압축한다(그림 4-7, 4-8). 압축할 때는 흔히 야책(野冊, plant press)을 이용하는데 보통 세로 30cm, 가로 42cm 크기의 사각형 목재판 2개와 고정할 수 있는 끈이 있는 형태이다. 흡습지는 채집한 식물표본에 있는 수분을 흡수하여 건조시키는 기능을 하기 때문에 자주(매일 또는 1~2일 간격) 교체하며 말려서 재사용이 가능하다. 채집한 식물표본을 건조시키는데 신문지는 흡습지 대신 사용할 수 있고 재사용이 가능하다. 하지만 갓 발행된 새 신문지는 잉크가 배어나올 수 있어 사용하지 않는 것이 좋다(Davies et al. 2023). 흡습지와 통풍지, 송풍기 등을 동시에 사용하고 흡습지를 자주 교환하면 식물표본은 형태와 색이 보다 온전하게 건조된다. 일반적으로 표본한 시간이 지날수록 흡습지(신문지)의 교환주기는 길어질 수 있다. 교환 초기에는 핀셋 등으로 식물표본이 접히거나 형태가 불량한 부분은 바르게 펴도록 한다. 일반적으로 식물표본은 잎의 앞면(윗면)이 아래 방향으로 하여 잘 펴서 건조시키면 형태가 온전하게 잘 만들어진다(그림 4-7 상중). 채집한 식물표본을 건조표본으로 제작하는데 흔히 2주일 정도 소요된다.

확증식물표본번호 부여 | 건조식물표본은 고유의 확증식물표본번호를 부여해서 관리한다. 확증식물표본번호는 표본을 특정하는 번호로 식물목록의 신뢰성을

그림 4-9. 확증식물표본의 형태(쪽버들). 건조시킨 식물의 확증표본은 오른쪽 하단에 라벨과 함께 표본대지에 붙여 영구보관한다.

The 6th National Ecosystem Survey

Flora of Korea

Actinidiaceae 다래나무과

Actinidia polygama (Siebold & Zucc.) Planch. ex Maxim.

Gae-da-rae-na-mu 개다래나무(♀)

Loc. Korea, Chungcheongbuk-do, Yongdong-gun, Hwanggan- myeon, Mulhan-ri, Mt. Minjujisan.

N36° 14'42.5", E127° 04'23.5" Alt. 1,002m

Note 무지막골과 능선이 만나는 지점 아래에 생육, 잎 끝이 백변 다수의 자방에 충영이 발생하여 기형적으로 발달

Col. Hong Gil-Dong & Cheol-Su Kim 25 Jun. 2024

Col. no. Hong G.-D. 도엽번호-0002

Det. Hong Gil-Dong & Cheol-Su Kim 26 Jul. 2024

그림 4-10. 표본대지의 라벨 형태(NIE 2023b). 라벨에는 채집한 식물체에 대한 현장 생태정보를 기록한다.

높인다. 규칙화되고 표준화된 번호는 식물분류학은 물론 식물지리학 연구의 기초가 되는 중요한 정보이다. 확증식물표본번호는 채집자명과 번호로 이루어지고 채집자명은 영문으로 표기한다. 번호는 중복되지 않는 임의번호를 사용해도 되지만 이해하기 쉽도록 하는 것이 좋다. 예로 채집자가 한 명일 경우에는 'Hong K.D. 378112-0001', 채집자가 두 명일 경우에는 'Hong K.D. & M.S. Park 378112-0002'의 형태이며, '채집자-도엽번호-일련번호'를 의미한다. 동일한 식물종에 대해 동일한 채집자가 동일한 장소에서 동일한 시간대에 채집한 표본들은 모두 같은 확증식물표본번호를 부여한다(NIE 2023b).

표본대지의 크기와 라벨의 정보 | 영구보관이 목적인 대지작업에 사용하는 재료(대지, 접착제 등)는 품질이 우수한 제품으로 한다. 표본대지는 흰색 또는 우유색의 도화지나 제도용 켄트지가 좋다. 100% 면섬유 재질의 종이가 바람직하지만 중성화된 화학펄프지를 사용할 수도 있다. 흔히 표본대지의 크기는 29㎝×42㎝(가로×세로)로 하며 26㎝×42㎝, 29㎝×44㎝를 사용하기도 한다(Davies et al. 2023). 표본대지에 건조시킨 식물표본을 올려놓고 미농지를 1푼(3.03mm)이나 2푼(6.06mm) 폭의 적당한 길이로 잘라서 녹말풀로 몇 군데 발라서 식물표본을 고정시킨다(그림 4-9). 접착제(접착테이프 포함)는 중성 또는 약알칼리성으로 접착력이 강한 것이 좋다. 표본대지에는 식물표본을 채집한 현장 생태정보를 라벨에 기록하여 붙인다(그림 4-10). 라벨은 표본대지 오른쪽 밑에 붉은색 종이로 하는 경우가 많으며 흔히 표본번호, 식물의 과명과 종명(한글명, 학명), 채집지, 채집일자, 기타 중요한 사항 등을 기입한다. 최근에는 영상기기의 발달로 서식처 전체 전경, 접사사진 등의 영상자료를 쉽게 확보할 수 있기 때문에 영상자료의 파일명까지 기재할 수 있다. 또한 보편화된 GPS를 이용하여 위치정보(위·경도, 해발고도)를 기재하는 것은 중요하다. 특히 멸종위기야생식물과 같은 중요종(법정보호종 등)에 대해서는 서식처의 지형 특성(산지 능선, 사면, 하천, 습지, 계곡 등), 식생 현황(활엽수, 침엽수, 초지, 농경지 등) 등을 자세하게 기록할 수 있다. 라벨은 위의 내용들을 포함하여 연구자가 임의 형태로 수정하여 사용할 수 있다. 확증식물표본이 완성되면 나무상자나 과자상자에 나프탈렌을 넣어 건조한 곳에 영구보관한다. 확증식물표본의 영구보관은 별도의 규격을 갖춘 우수한 시설의 유지관리시스템(표본수장고)이 필요하기 때문에 개인보다는 국가적 수준의 전문기관(국가연구기관 또는 대학교 등)에서 체계적으로 관리하는 것이 바람직하다(그림 4-11).

그림 4-11. 표본수장고(사진: 국립생물자원관). 표본수장고는 제습, 차광 등이 가능하고 확증식물표본을 구분하여 보관할 수 있는 우수한 시설이 갖춰진 넓은 공간이 필요하다.

조사결과는 소산식물의 목록 정리와 식물상 속성 및 주요 특성들을 분석하는 것이다.

자생 소산식물의 정리 | 소산식물은 일반적으로 조사지역에 자생하는 관속식물을 대상으로 하며 스스로 생활사(life cycle)를 완성하는 식물종이다. 생활사를 완성하다는 것은 부모로부터(부모세대) 유성생식의 종자발아(種子發芽) 또는 무성생식의 영양생식(營養生殖, vegetative reproduction)을 통해 온전한 개체(1세대 자손)로 생장하여 개화하고 다음 세대(2세대 자손)인 생식력이 있는 종자를 생산하는 것이다. 식물상조사 결과 보고서의 소산식물 목록에 표준식물명(흔히 학명과 명명자 포함)을 사용하고 확증식물표본번호를 붙여 목록을 정리하는데 조사·연구의 특성과 필요 양식에 따라 생략하여 정리할 수 있다.

식재식물의 정리 | 튜울립나무(목백합), 은행나무, 개잎갈나무(히말라야시다), 연상홍, 천일홍, 오색제비꽃 등과 같이 자연상태에서 온전한 생활사를 완성하지 못하는 조경 및 원예식물은 식물 목록에서 배제한다. 조경용으로 식재하였지만 우리나라에 자생하는 잣나무, 모감주나무, 소나무, 느티나무, 주목, 벌개미취, 은방울꽃 등은 포함할 수 있지만 일반적으로 제외한다. 식재한 자생식물을 포함할 경우 식물상 분석에 혼동을 줄 수 있으며 포함하는 경우에는 '식재'로 별도 표기할 수 있다. 일부 식재한 식물체에서 종자가 야생으로 퍼져 자생하는 경우는 포함시켜 분석하는데 '야생으로 탈출' 등으로 별도 기재하여 분석에 혼란을 제거한다. 경기도 일대에는 인가에 식재한 일본목련(*Magnolia obovata*) 또는 단풍나무(*Acer palmatum*)가 주변 야산으로 생식력 있는 종자가 산포되어 자연발아하여 야생하는 경우가 빈번히 관찰된다(그림 4-12).

그림 4-12. 야생화된 일본목련(의왕시). 경기도 산지 일대에는 식재한 일본목련이 야생화되어 숲 내부 또는 가장자리에 개체 수준으로 자생하는 경우가 종종 있다.

국가표준식물목록의 사용과 분류체계별 정리 | 조사된 소산식물에 대해서는 식물분류체계에 따라 목록을 정리한다. 식물의 분류에 대한 연구는 식물계통학(植物系統學, phlogenetic botany, 식물진화의 계통 연구)이라는 하위 분과학문에서 다룬다. 분류방법은 흔히 [01]인위분류법, [02]자연분류법, [03]계통분류법의 세 가지로 나눈다. 인위분류법은 주로 식물의 용도, 형태, 수술의 수에 따라 분류하는 방식으로 수술의 수에 따라 식물을 분류한 스웨덴의 C. Linnaeus가 대표적이다. 자연분류법은 식물을 자엽(子葉, 떡잎, cotyledon)

의 수에 따라 무자엽식물, 단자엽식물, 쌍자엽식물로 구분하는데 Jussieu 체계와 Bentham & Hooker 체계 등이 있다. 계통분류법은 식물 상호 간의 유전적인 유연관계와 진화과정을 반영한 분류 방식으로 Engler 체계, Tippo 체계, Bessey 체계, Hutchinson 체계, 中井 체계 등이 있다. 계통분류법의 식물 분류 순서는 '계 〉 문 〉 아문 〉 강 〉 목 〉 과 〉 속 〉 종'의 순으로 이루어진다(Kim 2008). 목록의 정리와 사용하는 한글명과 학명은 원칙적으로 국가표준식물목록을 따른다. 국가표준식물목록(환경부 국립생물자원관, 산림청 국가생물지식정보시스템)은 기본적으로 Engler 체계를 따르고, APG(Angiosperm Phylogeny Group) Ⅳ방식을 추가해서 제시하기도 한다. APG Ⅳ는 근대적 식물분류체계의 하나로 속씨식물 계통분류 그룹에 의해 1998년에 발표되었다(Wikipedia 2023c). Engler 체계는 식물의 진화순서에 의해 하등식물에서 고등식물로 배열되어 있다(Kim 2008). 국가표준식물목록은 국립생물자원관(환경부) 또는 국가생물지식정보시스템(산림청)에서 주기적으로 갱신하여 엑셀(Excel) 파일의 형태로 제공하지만(그림 4-13) 목록에 일부 차이가 있어 국가적 차원에서 통일이 필요하다.

	B	D	E	F	G	H	I	J	K	L	M	P	Q	AA	AB	AC	AD
1	NO	Phylum		Class		Order		Family		Genus		Species		학명	대표국명	명명자	명명년도
2		Name	국명	Name	국명	Name	국명	Name	국명	Name	국명	Name	국명				
3	1	Magnoliophyta	피자식물문	Magnoliopsida	목련강	Ericales	진달래목	Ericaceae	진달래과	Rhododendron	진달래속	sohayakiense		iense var. koreanu		.Watan. & T.Yukaw	2019
4	2	Magnoliophyta	피자식물문	Liliopsida	백합강	Arales	천남성목	Lemnaceae	개구리밥과	Lemna	좀개구리밥속	turionifera		na turionifera Lan		Landolt	1975
5	3	Magnoliophyta	피자식물문	Magnoliopsida	목련강	Capparales	풍접초목	Brassicaceae	십자화과	Erysimum	쑥부지깽이속	repandum	쑥부지깽이아재비	ysimum repandum	쑥부지깽이아재비	L.	1753
6	4	Magnoliophyta	피자식물문	Magnoliopsida	목련강	Capparales	풍접초목	Brassicaceae	십자화과	Erucastrum		gallicum	큰잎냉이	trum gallicum O.E	큰잎냉이	O.E.Schulz	1916
7	5	Magnoliophyta	피자식물문	Magnoliopsida	목련강	Geraniales	쥐손이풀목	Geraniaceae	쥐손이풀과	Erodium	국화쥐손이속	moschatum	유럽쥐손이	m moschatum (L.)	유럽쥐손이	(L.) L'Hér.	1789
8	6	Magnoliophyta	피자식물문	Magnoliopsida	목련강	Capparales	풍접초목	Brassicaceae	십자화과	Brassica	배추속	tournefortii	사막갓	sica tournefortii G	사막갓	Gouan	1773
9	7	Magnoliophyta	피자식물문	Liliopsida	백합강	Liliales	백합목	Liliaceae	백합과	Allium	부추속	ulleungense	울릉산마늘	ungense H.J.Choi &	울릉산마늘	H.J.Choi & N.Friese	2019
10	8	Magnoliophyta	피자식물문	Liliopsida	백합강	Orchidales	난초목	Orchidaceae	난초과	Goodyera	사철란속	crassifolia		a H.J.Suh, S.W.Seo,		S.W.Seo, S.H.Oh &	2022
11	9	Magnoliophyta	피자식물문	Magnoliopsida	목련강	Apiales	미나리목	Apiaceae	미나리과	Peucedanum	기름나물속	tongkangense	동강기름나물	angense K. Kim, H.	동강기름나물	n, H. J. Suh & J. H.	2022
12	10	Magnoliophyta	피자식물문	Magnoliopsida	목련강	Apiales	미나리목	Apiaceae	미나리과	Peucedanum	기름나물속	miroense	미로기름나물	oense K. Kim, H. J.	미로기름나물	n, H. J. Suh & J. H.	2022
13	11	Magnoliophyta	피자식물문	Magnoliopsida	목련강	Caryophyllales	석죽목	Caryophyllaceae	석죽과	Stellaria	별꽃속	ruderalis	들별꽃	Lepší, P. Lepší, Z.	들별꽃	Lepší, Z. Kaplan &	2019
14	12	Magnoliophyta	피자식물문	Magnoliopsida	목련강	Caryophyllales	석죽목	Caryophyllaceae	석죽과	Stellaria	별꽃속	pallida	모래별꽃	a pallida (Dumort	모래별꽃	(Dumort.) Crép.	1866
15	13	Magnoliophyta	피자식물문	Magnoliopsida	목련강	Asterales	국화목	Asteraceae	국화과	Leuzea	영덕취속	chinensis	영덕취	hinensis (S. Moore)	영덕취	S. Moore) Susanna	2022
16	14	Magnoliophyta	피자식물문	Liliopsida	백합강	Hydrocharitales	자라풀목	Hydrocharitaceae	자라풀과	Egeria	브라질검정말속	densa	브라질검정말	geria densa Planc	브라질검정말	Planch.	1849
17	15	Pteridophyta	양치식물문	Polypodiopsida	고사리강	Polypodiales	고사리목	Aspleniaceae	꼬리고사리과	Asplenium	꼬리고사리속	pseudocapillipes	좀애기꼬리고사리	es Sang Hee Park,	좀애기꼬리고사리	ark, Jung Sung Kin	2022
18	16	Pteridophyta	양치식물문	Psilotopsida	솔잎난강	Ophioglossales	고사리삼목	Ophioglossaceae	고사리삼과	Mankyua	제주고사리삼속	chejuensis	제주고사리삼	sis B.-Y. Sun, M. H.	제주고사리삼	in, M. H. Kim & C.	2001
19	17	Magnoliophyta	피자식물문	Magnoliopsida	목련강	Geraniales	쥐손이풀목	Balsaminaceae	봉선화과	Impatiens	물봉선속	hambaeksanensis	산물봉선	s hambaeksanens	산물봉선	B.U.Oh	2022
20	18	Magnoliophyta	피자식물문	Magnoliopsida	목련강	Asterales	국화목	Asteraceae	국화과	Saussurea	취나물속	namhaedoana	남해분취	haedoana J. M. Ch	남해분취	M. Chung & H. T.	2022
21	19	Magnoliophyta	피자식물문	Liliopsida	백합강	Commelinales	닭의장풀목	Commelinaceae	닭의장풀과	Commelina	닭의장풀속	caroliniana	누운닭의장풀	helina caroliniana	누운닭의장풀	Walter	1788
22	20	Magnoliophyta	피자식물문	Magnoliopsida	목련강	Solanales	가지목	Convolvulaceae	메꽃과	Ipomoea	고구마속	cristulata	나비잎유홍초	oea cristulata Hal	나비잎유홍초	Hallier f.	1922
23	21	Magnoliophyta	피자식물문	Liliopsida	백합강	Juncales	골풀목	Juncaceae	골풀과	Juncus	골풀속	torreyi	북미골풀	uncus torreyi Covil	북미골풀	Coville	1895
24	22	Magnoliophyta	피자식물문	Magnoliopsida	목련강	Lamiales	꿀풀목	Lamiaceae	꿀풀과	Mosla	쥐깨풀속	dadoensis	다도해산들깨	sis K.KJeong, M.J.N	다도해산들깨	ong, M.J.Nam & H.	2022
25	23	Magnoliophyta	피자식물문	Magnoliopsida	목련강	Ranunculales	미나리아재비목	Ranunculaceae	미나리아재비과	Clematis	으아리속	pseudotubulosa	덩굴조희풀	pseudotubulosa	덩굴조희풀	B. K. Park	2022
26	24	Magnoliophyta	피자식물문	Magnoliopsida	목련강	Lamiales	꿀풀목	Verbenaceae	마편초과	Verbena	마편초속	bracteata	긴포마편초	racteata Cav. ex La	긴포마편초	av. ex Lag. & Rod	1801
27	25	Magnoliophyta	피자식물문	Liliopsida	백합강	Cyperales	사초목	Poaceae	벼과	Elymus	갯보리속	humidus	둔치개밀	dus (Ohwi & Saka	둔치개밀	wi & Sakam.) T. Os	1989
28	26	Magnoliophyta	피자식물문	Magnoliopsida	목련강	Apiales	미나리목	Apiaceae	미나리과	Tordylium	어수리아재비속	maximum	어수리아재비	rdylium maximum	어수리아재비	L.	1753
29	27	Magnoliophyta	피자식물문	Magnoliopsida	목련강	Caryophyllales	석죽목	Caryophyllaceae	석죽과	Petrorhagia	패랭이아재비속	nanteuilii	패랭이아재비	euilii (Burnat) P. W.	패랭이아재비	t) P. W. Ball & Hey	1964
30	28	Magnoliophyta	피자식물문	Magnoliopsida	목련강	Caryophyllales	석죽목	Cactaceae	선인장과	Opuntia	선인장속	stricta	해안선인장	ntia stricta (Haw.)	해안선인장	(Haw.) Haw.	1812
31	29	Magnoliophyta	피자식물문	Liliopsida	백합강	Arales	천남성목	Araceae	천남성과	Symplocarpus	앉은부채속	koreanus	한국앉은부채	eanus J. S. Lee, S.	한국앉은부채	ee, S. H. Kim & S.	2021
32	30	Magnoliophyta	피자식물문	Liliopsida	백합강	Cyperales	사초목	Cyperaceae	사초과	Fimbristylis	하늘지기속	driziae	물하늘지기	ylis driziae J. Kim &	물하늘지기	J. Kim & M. Kim	2015
33	31	Magnoliophyta	피자식물문	Liliopsida	백합강	Cyperales	사초목	Cyperaceae	사초과	Carex	사초속	foraminata	구멍사초	foraminata C.B. C	구멍사초	C.B. Clarke	1903
34	32	Magnoliophyta	피자식물문	Magnoliopsida	목련강	Lamiales	꿀풀목	Lamiaceae	꿀풀과	Scutellaria	골무꽃속	guilielmii	날개골무꽃	llaria guilielmii A.	날개골무꽃	A. Gray	1873
35	33	Magnoliophyta	피자식물문	Liliopsida	백합강	Liliales	백합목	Dioscoreaceae	마과	Dioscorea	마속	quinquelobata	단풍마	rea quinquelobata	단풍마	Thunb.	1784
36	34	Magnoliophyta	피자식물문	Magnoliopsida	목련강	Rubiales	꼭두선이목	Rubiaceae	꼭두선이과	Galium	갈퀴덩굴속	verum		ar. hallaensis K.S.	애기솔나물	K.S. Jeong & K. Cho	2017
37	35	Magnoliophyta	피자식물문	Magnoliopsida	목련강	Scrophulariales	현삼목	Scrophulariaceae	현삼과	Pseudolysimachion	꼬리풀속	pyrethrinum	가새잎꼬리풀	ethrinum var. gas	애기구와꼬리풀	M. Kim & H. Jo	2017
38	36	Magnoliophyta	피자식물문	Magnoliopsida	목련강	Scrophulariales	현삼목	Scrophulariaceae	현삼과	Pseudolysimachion	꼬리풀속	pyrethrinum	가새잎꼬리풀	ion pyrethrinum (N	가새잎꼬리풀	(Nakai) T. Yamaz.	1968
39	37	Magnoliophyta	피자식물문	Magnoliopsida	목련강	Scrophulariales	현삼목	Scrophulariaceae	현삼과	Pseudolysimachion	꼬리풀속	nakaianum	섬꼬리풀	hion nakaianum (O	섬꼬리풀	(Ohwi) T, Yamaz.	1968
40	38	Magnoliophyta	피자식물문	Magnoliopsida	목련강	Geraniales	쥐손이풀목	Balsaminaceae	봉선화과	Impatiens	물봉선속	textorii	물봉선	textorii var. korea	흰물봉선	Nakai	1917
41	39	Magnoliophyta	피자식물문	Magnoliopsida	목련강	Geraniales	쥐손이풀목	Balsaminaceae	봉선화과	Impatiens	물봉선속	textorii	물봉선	patiens textorii M	물봉선	Miq.	1865
42	40	Magnoliophyta	피자식물문	Liliopsida	백합강	Cyperales	사초목	Poaceae	벼과	Poa	포아풀속	alta	푸른선포아풀	Poa alta Hitchc.	푸른선포아풀	Hitchc.	1930

그림 4-13. 환경부 국가표준식물목록(관속식물 대상, 자료: 국립생물자원관). 환경부 소속기관인 국립생물자원관에서 국가표준식물목록을 엑셀 파일의 형태로 주기적으로 자료를 갱신하여 제공하고 있다.

2. 식물종별 가치 속성 구분

멸종위기야생식물과 같은 법정보호종을 포함한 중요종의 서식 파악은 중요하다.

멸종위기야생식물 | 멸종위기야생식물은 소산식물 가운데 보전가치가 가장 높은 식물종이다. 국제기구인 IUCN(세계자연보전연맹)은 세계적색목록(global red list) 범주(9개)와 기준(5개, A~E)을 설정하여 1994년에 처음으로 보전강도 개념을 제시하였다(NIBR 2024). 보전의 강도에 따라 절멸(EXtinct, EX), 야생절멸(Extinct in the Wild, EW), 위급(CRitically endangered, CR), 위기(ENdangered, EN), 취약(VUlnerable, VU), 준위협(Near Threatened, NT), 관심대상(Least Concern, LC), 정보부족(Data Deficient, DD), 미평가(Not Evaluated, NE)로 구분한다(그림 4-14). 환경부에서 지정한 멸종위기야생생물은 IUCN 범주의 위기 이상의 보전생태학적 가치를 가진다. 우리나라 멸종위기야생생물은 국가에서 법(「야생생물 보호 및 관리에 관한 법률」, 일명 야생생물법)에 의해 보호하는 생물종으로 주기적인 개정을 통해 종목록이 변경될 수 있다. 멸종위기의 범주는 2가지(Ⅰ급, Ⅱ급)로 구분한다(표 4-2). 멸종위기야생생물로 지정된 동·식물은 총 267종, 식물은 Ⅰ급 13종, Ⅱ급 79종이다(2022.12.9 개정). 환경영향평가 대상 사업지구 주변에서 상대적으로 관찰이 쉬운 멸종위기야생식물은 가시연, 매화마름, 백부자, 복주머니란 등이다. 여기에는 이러한 멸종위기야생식물의 생활사 특성에 대해서만 간략히 제시한다(표 4-3)(그림 4-15, 4-16).

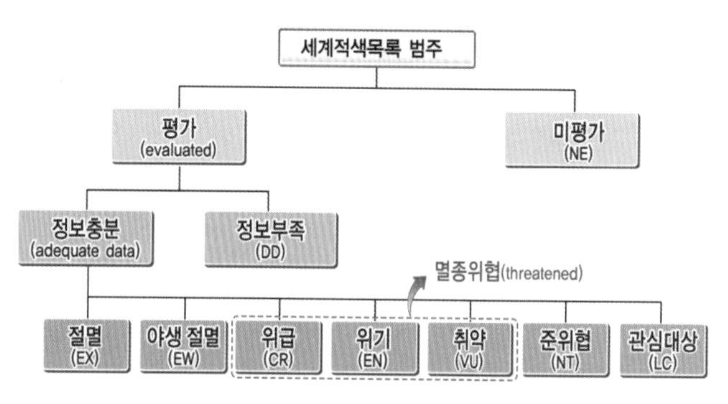

그림 4-14. 세계적색목록 범주. 절멸이 가장 강한 적색 기준이며 위급, 위기, 취약을 멸종위협(threatened)으로 분류한다.

표 4-2. 우리나라 법에서의 멸종위기야생생물 지정 개요

범주 구분	정의적 내용	식물종 사례
멸종위기 Ⅰ급	자연적 또는 인위적 위협요인으로 개체수가 크게 줄어들어 멸종위기에 처한 야생생물로서 대통령령으로 정하는 기준에 해당하는 종	광릉요강꽃, 털복주머니란, 한란 등
멸종위기 Ⅱ급	자연적 또는 인위적 위협요인으로 개체수가 크게 줄어들고 있어 현재의 위협요인이 제거되거나 완화되지 아니할 경우 가까운 장래에 멸종위기에 처할 우려가 있는 야생생물로서 대통령령으로 정하는 기준에 해당하는 종	매화마름, 가시연, 백부자, 산작약, 복주머니란 등

표 4-3. 환경부 지정 멸종위기야생식물의 생활사 특성(NIE 2023a 일부 수정)

식물종	범주	1월	2월	3월	4월	5월	6월	7월	8월	9월	10월	11월	12월	조사 권장
광릉요강꽃	I					개화		결실						4~8월
금자란	I				개화		결실							4~7월
나도풍란	I							개화		결실				6~10월
만년콩	I						개화		결실					6~9월
비자란	I				개화		결실							4~7월
암매	I						개화		결실					6~9월
제주고사리삼	I	포자							생육			포자		7~10월
죽백란	I							개화			결실			7~10월
탐라란	I							개화						7~9월
털복주머니란	I						개화		결실					6~9월
풍란	I							개화		결실				7~10월
한라솜다리	I					개화			결실					6~8월
한란	I		결실									개화		10~3월
가는동자꽃	II							개화		결실				7~8월
가시연	II							개화		결실				7~9월
가시오갈피나무	II						개화		결실					6~9월
각시수련	II						개화		결실					6~7월
개가시나무	II				개화						결실			4~11월
갯봄맞이꽃	II						개화			결실				5~6월
검은별고사리	II							포자						6~9월
구름병아리난초	II								개화		결실			7~9월
기생꽃	II						개화		결실					6~9월
끈끈이귀개	II						개화							5~7월
나도범의귀	II					개화		결실						5~8월
나도승마	II								개화		결실			7~9월
나도여로	II							개화		결실				7~9월
날개하늘나리	II						개화		결실					6~9월
넓은잎제비꽃	II				개화	결실								4~6월
노랑만병초	II						개화		결실					5~7월
노랑붓꽃	II				개화		결실							4~7월
눈썹고사리	II								포자					7~10월
단양쑥부쟁이	II									개화		결실		9~10월
대성쓴풀	II					개화		결실						4~6월
대청부채	II								개화		결실			8~11월
대흥란	II							개화						7~9월
독미나리	II							개화		결실				6~8월
두잎약난초	II					개화	결실							5~6월
매화마름	II			개화		결실								4~5월
무주나무	II					개화				결실				5~12월

식물종	범주	1월	2월	3월	4월	5월	6월	7월	8월	9월	10월	11월	12월	조사 권장
물고사리	II								생육		포자			9~11월
물석송	II								생육		포자			9~11월
방울난초	II									개화		결실		9~10월
백부자	II								개화		결실			7~9월
백양더부살이	II				개화		결실							4~5월
백운란	II							개화	결실					7~8월
복주머니란	II						개화							5~7월
분홍장구채	II										개화	결실		10~11월
산분꽃나무	II					개화				결실				5~6월
산작약	II						개화	결실						6~7월
삼백초	II							개화						5~9월
새깃아재비	II								포자					7~9월
서울개발나물	II							개화		결실				7~8월
석곡	II					개화								5~7월
선모시대	II								개화		결실			8~10월
선제비꽃	II					개화		결실						5~7월
섬개야광나무	II					개화				결실				5~10월
섬시호	II					개화		결실						5~7월
섬현삼	II						개화		결실					6~8월
세뿔투구꽃	II								개화		결실			7~9월
손바닥난초	II							개화						7~8월
솔잎난	II							개화		결실				7~10월
순채	II						개화							5~8월
신안새우난초	II				개화						결실			4~5월
애기송이풀	II				개화	결실								4~5월
연잎꿩의다리	II						개화			결실				5~9월
왕제비꽃	II				개화		결실							4~7월
으름난초	II							개화						6~9월
자주땅귀개	II								개화		결실			8~10월
장백제비꽃	II							개화/결실						6~8월
전주물꼬리풀	II									개화				8~11월
정향풀	II					개화				결실				5월
제비동자꽃	II							개화		결실				7~8월
제비붓꽃	II					개화			결실					5~9월
조름나물	II				개화		결실							4~7월
죽절초	II		결실				개화					결실		6~7월
지네발란	II							개화						7~9월
진노랑상사화	II							개화						7~8월
차걸이난	II						개화							6~8월
참닻꽃	II							개화		결실				7~8월

식물종	범주	1월	2월	3월	4월	5월	6월	7월	8월	9월	10월	11월	12월	조사 권장
참물부추	II								포자					7~8월
초령목	II			개화		결실								3~5월
칠보치마	II						개화		결실					6~9월
콩짜개란	II					개화								5~7월
큰바늘꽃	II							개화		결실				7~8월
파초일엽	II							포자						6~9월
피뿌리풀	II					개화				결실				4~9월
한라송이풀	II							개화		결실				7~9월
한라옥잠난초	II							개화		결실				7~10월
한라장구채	II						개화		결실					6~8월
해오라비난초	II							개화		결실				7~10월
혹난초	II						개화				결실			5~11월
홍월귤	II					개화				결실				5~6월

그림 4-15. 습지성 멸종위기야생식물. 매화마름(좌: 화성시), 가시연(우: 합천군), 독미나리, 물고사리 등은 환경영향평가 과정에서 관찰 가능한 습지성 멸종위기야생식물들이다.

그림 4-16. 산지성 멸종위기야생식물. 백부자(좌: 정선군), 복주머니란(우: 삼척시), 대흥란, 산작약, 구름병아리난초 등은 환경영향평가 과정에서 관찰 가능한 산지성 육상 멸종위기야생식물들이다.

기관별 국가보호종 관리 | 환경부 외의 다른 기관에서도 생물종을 법으로 보호한다. 해양수산부의 '보호대상 해양생물'(「해양생태계의 보전 및 관리에 관한 법률」, 77종), 국가유산청의 '천연기념물'(「문화재보호법」, 70종), 산림청의 '희귀식물과 특산식물'(「수목원·정원의 조성 및 진흥에 관한 법률」, 희귀식물 571종, 특산식물 360종)(2024.8.25 기준)(KLIC 2024b) 등이 여기에 해당된다.

천연기념물과 식물 | 천연기념물(天然紀念物, natural monument)은 "학술 및 관상적(觀賞的) 가치가 높아 그 보호와 보존을 법률로 지정한 동물(그 서식지)·식물(그 自生地)·지질·광물과 그 밖의 천연물"을 의미한다. 천연기념물은 크게 식물, 동물, 지질, 천연보호구역 등으로 구분한다. 식물의 경우는 한국의 저명한 식물과 생육지, 진귀한 식물, 노거수, 고산식물, 한계식물, 생활문화와 관련된 식물 및 식물군 등을 지정하고 있다(KHS 2023)(그림 4-17, 4-18). 이러한 천연기념물 가운데 생물종을 대상으로 하는 것은 주로 동물종(수달, 원앙 등)이며 식물은 주로 특정종이 아닌 개체 또는 개체군(식물군락)을 대상으로 한다. 일부 자생지를

그림 4-17. 북한계(좌: 동백나무림, 인천시 대청도, 제66호)와 남한계(우: 개느삼자생지, 양구군, 제372호)의 천연기념물. 우리나라에서 식물의 북한계(특히 주요 상록수종)와 남한계를 천연기념물로 지정하는 경우가 많다.

그림 4-18. 서식지(대송리 늪지식물, 함안군, 제346호) 및 개체군(왕버들림, 성주군, 제403호) 천연기념물. 식물 개체 및 개체군을 대상으로 하는 천연기념물은 다양하지만 서식지(자생지) 자체를 대상으로 하는 경우는 드물다.

포함하지만 상대적으로 드물다. 식물은 272건이 등록되어 있다(2022.8.31 기준). 노거수가 177건으로 가장 많으며, 수림지 24건, 마을숲 25건, 희귀식물 19건, 자생지 14건, 분포한계지 13건이다. 노거수 중 수종별로는 은행나무가 25건으로 가장 많고 느티나무 19건, 소나무 15건, 향나무 11건이다(NHC 2023).

보호수 및 노거수 | 보호수(保護樹)는 「산림보호법」에 의해 보호받는 식물 개체를 의미한다. 보호수는 "역사적·학술적 가치 등이 있는 노목(老木, 생장 활동이 활발하지 못한 늙은 나무), 거목(巨木, 굵고 큰 나무), 희귀목(稀貴木, 매우 드물고 귀한 나무) 등으로서 특별히 보호할 필요가 있는 나무"로 규정하고 있다. 보호수는 그 중요도에 따라 지방자치단체장, 읍·면장, 리장 등 관리 주체가 다를 수 있다. 우리나라에 등록되어 있는 보호수는 13,859그루(2021년 12월 기준)이다(KFS 2023b). 수종별로는 느티나무(7,278그루), 소나무(1,753그루), 팽나무(1,340그루), 은행나무(769그루), 버드나무(554그루) 등이 많다. 조사지역 일대에 등록된 보호수(산림청 홈페이지에서 확인 가능, 추가로 지자체에서 현황 갱신)는 공개된 자료(개체 및 위치 정보)를 이용하여 실내에서 정보(수종, 위치 등) 확인 및 현장에서 푯말 확인이 가능하다(그림 4-19 좌). 등재되지 않은 노거수(老巨樹)는 현장조사를 통해서만 확인 가능하다. 노거수는 보호수로 지정되지 않았지만 흉고직경 70~80㎝ 이상인 개체로 하는 것이 좋다. 노거수에 대한 이러한 기준은 식물종에 따라 또는 생육환경 특성에 따라 다르게 적용할 수 있다. 노거수군(또는 보호수군)은 노거수들이 모여 있는 집단 개체군을 의미한다(그림 4-19 우).

시·도 보호 야생생물 | 생물종 보호를 제도화하기 위한 노력으로 지방자치단체에서는 시·도 보호 야생생물 보호 조례를 제정·운영하고 대상 생물을 지정하기도 한다. Chu et al.(2019)에 의하면 9곳의 지방자치단체에서만 시·도 보호 야생생물을 지정·관리하고 있는데 지정된 야생생물은 총 229종이고 식

그림 4-19. 보호수(좌: 소나무, 남양주시)와 노거수군(우: 느티나무, 음나무, 소나무 등, 강릉시). 보호수 및 노거수는 개체 또는 개체군이 있으며 보호수의 경우 지정 현황에 대한 푯말이 있다.

물은 52종이다. 환경영향평가에서는 사업지역에 따라 이러한 시·도 보호 야생생물에 대한 검토와 보호대책 마련이 필요하고 목록에 대해서는 별도의 자료를 참조하도록 한다.

IUCN 적색목록 | IUCN 적색목록(red list)은 생물종의 멸종위협에 관한 지구적 수준의 가장 포괄적인 정보를 제공하는데 지구 생물다양성의 건강 상태를 나타내는 중요한 지표이다. 이는 단순한 생물종의 목록이나 각 생물종의 멸종 상태에 대한 지위 제공을 넘어 자연자원을 보호하기 위한 중요 생물다양성 보전과 정책 변경을 위한 조치를 알리고 촉진하는 강력한 도구이기도 하다. 현재까지 IUCN 적색목록에는 50,369종의 생물종이 평가되어 있으며 20,360(40%)종이 멸종위협(멸종우려, threatened)(그림 4-14 참조)에 처해 있는 것으로 확인되고 있다(NIBR 2024). 국가표준식물목록에 기록된 자생식물 중 평가를 시도한 자생식물은 총 2,522분류군이며 275분류군이 멸종위협 범주(threatened categories)에 속하는 것으로 나타났다. 멸종위협 범주 중 위급(CRitically endangered, CR)은 64분류군, 위기(ENdangered, EN)는 95분류군, 취약(VUlnerable, VU)은 116분류군으로 평가되었다(KNA 2024, NIBR 2024). 멸종위협 범주에 근접한 준위협(near threatened, NT)은

표 4-4. 희귀식물 범주별 특성 및 현황(KLIC 2024b)

범주 구분	정의적 내용	식물종	종수
멸종(EX) (EXtinct)	과거에 우리나라에 분포한 것(적)이 확인되고 있지만 사육·재배를 포함해 우리나라에서는 이미 멸종했다고 판단되는 식물	없음	0
야생멸종(EW) (Extinct in the Wild)	과거에 우리나라에 분포했던 역사가 있으며 사육·재배종으로 존속하고 있지만 우리나라의 야생에서는 멸종했다고 판단되는 식물	다시마고리삼, 무등풀, 벌레먹이말, 파초일엽	4
멸종위기종(CR) (CRitically endangered)	긴박한 미래에 자생지에서 극도로 높은 절멸 위험에 직면해 있는 멸종위기의 식물	광릉요강꽃, 복주머니란, 비로용담, 대청부채 등	144
위기종(EN) (ENdangered speices)	위급하지는 않지만 가까운 미래에 자생지에서 매우 심각한 멸종위기에 직면한 위기 식물	대흥란, 개느삼, 분홍바늘꽃, 애기자운, 솔잎란 등	122
취약종(VU) (VUlnerable)	멸종위기종이나 위기종은 아니지만 멀지 않은 미래에 자생지에서 심각한 멸종위기에 직면할 취약한 식물	매화마름, 주목, 통발, 눈측백, 백리향, 흑삼릉, 덩굴용담, 큰연령초 등	119
약관심종(LC) (Least Concern)	현시점에서 멸종의 위험도는 작지만 분포조건의 변화에 따라서 멸종위기로 이행하는 요소를 가지는 식물	고란초, 과남풀, 구상나무, 금강애기나리, 금강제비꽃, 낙지다리 등	70
정보부족종(DD) (Data Deficient)	환경조건의 변화에 의해 용이하게 멸종위기종의 카테고리로 이행할 수 있는 속성을 가지고 있지만 분포상황 등 순위를 판정하는데 충분한 정보를 얻을 수 없는 식물	개감채, 거제딸기, 개대황, 구슬개고사리, 금억새, 긴흑삼릉 등	112
합 계			571

표 4-5. 희귀식물 범주의 차이. 산림청에서 현행화를 한 국가표준식물목록의 정보와 법의 정보에 차이가 있으며 일부 식물종만 제시했다.

식물종	범주 구분		구분	비고
	해당 법률	표준식물목록		
백부자	멸종위기종(CR)	취약종(VU)	차이	멸종위기II급
복주머니란	멸종위기종(CR)	위기종(EN)	차이	멸종위기II급
매화마름	취약종(VU)	준위협종(NT)	차이	멸종위기II급
가시연	취약종(VU)	취약종(VU)	동일	멸종위기II급
깽깽이풀	위기종(EN)	비위협종(LC)	차이	
도깨비부채	약관심종(LC)	비위협종(LC)	차이	
고란초	약관심종(LC)	비위협종(LC)	차이	
금강초롱꽃	취약종(VU)	취약종(VU)	동일	
금강제비꽃	약관심종(LC)	비위협종(LC)	차이	
옥녀꽃대	정보부족종(DD)	비위협종(LC)	차이	

116분류군이다. 특히 멸종위협에 대한 평가 정보가 불충분한 정보부족(Data Deficient, DD)은 314분류군으로 확인되었다. 그 외 1,817분류군은 비교적 낮은 위협의 약관심(Least Concern, LC)으로 평가되었다(NIBR 2024).

희귀식물 | 희귀식물(稀貴植物, rare plants)은 「수목원·정원의 조성 및 진흥에 관한 법률」에서 규정하고 있는데 "자생식물 중 개체수와 자생지가 감소되고 있어 특별한 보호·관리가 필요한 식물로서 농림축산식품부령으로 정하는 식물"을 의미한다. 희귀식물은 IUCN에서 제시한 멸종의 위협 범주에 따라 구분한다. 평가기준에 따라 현재 571종의 희귀식물이 지정되어 있다(2012.1.26 신설). 희귀식물은 보전 강도가 높은 범주 순으로 야생멸종(EW)은 4분류군, 멸종위기종(CR)은 144분류군, 위기종(EN)은 122분류군, 취약종(VU)은 119분류군, 약관심종(NT)은 70분류군이다(표 4-4)(KLIC 2024b). 법에서 지정한 희귀식물은 오래 전에 지정한 것이며 산림청의 국가생물지식정보시스템에서 제공하는 국가표준식물목록의 현행화 정보와 차이(세분화 및 범주 구분 차이)가 있어 통일이 필요하다(표 4-5).

특산식물 | 특산식물(特産植物, endemic plants)은 「수목원·정원의 조성 및 진흥에 관한 법률」에서 규정하고 있는데 "자생식물 중 우리나라에만 분포하고 있는 식물로서 농림축산식품부령으로 정하는 식물"을 의미한다. 특산식물은 시간이 흘러감에 따라 특정 환경에 적응하면서 다른 곳에서는 볼 수 없는 독특한 특징으로 진화한 식물로 그 지역의 고유식물이 된다. 한 지역에만 사는 고유식물에 대한 정보는 그 지역에서 해당 식물의 기원과 진화 과정을 밝히는 중요한 요소가 된다. 즉 특산식물이란 어느 한정된 지역에서만 생육하는 고유식물을 말한다. 특산식물은 과거에는 광범위하게 분포하던 종이 여러 환경요인에 의해 분포역이 좁아지게 된 잔존고유종(relic endemics)이거나 새로운 국지적 종분화에 의해 형성된 신고유종(neo-endemics)이기 때문에 개체군의 크기는 축소되거나 소집단 상태를 유지하는 경향성이 있다. 뿐만 아니라 미세한 환경요인의 변화에도 민감하게 반응하기 때문에 우선적으로 관리·보전해야 할 대상으로 분류할 수 있다(KNA 2024). 분류계급이 종(鍾)일 때는 특산종, 속(屬)일 때는 특산속이라고 한다. 한반도의 약 4,500여 종류의 관속식물 중에서 약 400여 종류는 우리나라에서만 자라는 특산

식물로 알려져 있다. 우리나라에는 특산과(科)는 없지만 충청북도 진천군에서 처음 발견된 미선나무속(*Abiliophyllum*), 함경남도 북청에서 처음 발견된 개느삼속(*Echinosophora*)(그림 4-17 우), 금강산에서 처음 발견된 금강초롱속(*Hanabusaya*)(그림 4-20 우)과 금강인가목속(*Pentactina*), 지리산에서 처음 발견된 모데미풀속(*Megaleranthis*) 및 부전고원에서 처음 발견된 부전바디속(*Homopteryx*) 등은 특산속이다(NIBR 2024). 현재 법에서는 우리나라의 특산식물을 360분류군으로 지정하고 있다(2024.8.25 기준)(KLIC 2024b).

식물구계학적 특정식물 | 한반도는 식물지리적 구계 개념에서 '한국-일본 남부 식물구계'로 구분하거나 백두산을 포함한 지역을 제외한 나머지 지역만을 '한국-일본 식물구계'로 대구분한다. 한반도의 식물구계는 북한지역의 3개(관서, 갑산, 관북) 아구를 포함하여 흔히 8개(제주도, 울릉도, 남해안, 남부, 중부, 관서, 갑

표 4-6. 식물구계학적 특정식물 구분 기준(NIE 2023b). Ⅳ등급과 Ⅴ등급 식물종 목록은 부록에 제시하였다.

등급	평가 내용
Ⅰ등급	4(5*)개의 아구 중에서 3개 아구에 분포하는 분류군
Ⅱ등급	특이한 환경(특이 생육지)에 생육하는 분류군 또는 흔히 1,000m 내외 이상의 큰 산지에 생육하는 분류군
Ⅲ등급	4(5*)개의 아구 중에서 2개 아구에 분포하는 분류군
Ⅳ등급	4(5*)개의 아구 중에서 1개 아구에 분포하는 분류군
Ⅴ등급	멸종위기야생생물(법정 보호) 분류군 및 집단이나 개체수가 적어 보호종에 준할 정도로 평가 가능한 분류군

(주) * 울릉도아구를 포함하여 5개 아구이지만 다른 아구의 식물상을 포괄하지 못할 뿐만 아니라 산지의 중·하부에는 난류의 영향을 받는 남방계 식물과 중부, 상부에는 북방계 식물이 분포하는 습성을 갖고 있기 때문에 다른 아구에 포함하여 탄력적으로 이용함

그림 4-20. 식물구계학적 특정식물(좌: 금강제비꽃, Ⅲ등급, 대구시, 우: 금강초롱꽃, Ⅳ등급, 가평군). 식물구계학적 특정식물은 5등급으로 구분되며 등급이 높을수록 보전가치를 높게 평가한다. 등급이 가장 높은 Ⅴ등급 식물종은 매화마름, 가시연, 백부자, 복주머니란(그림 4-15, 4-16) 등이 있다.

산, 관북) 아구로 구분한다(Lee and Yim 2002)(그림 2-9 참조). 식물구계학적 특정식물 등급은 해당 지역의 자연 환경 특성과 식물종(서식처 포함)의 보전 우선순위를 위한 가치 평가에 이용될 수 있다. 5개 등급으로 구분하며 등급이 높을수록 보전생태학적 가치가 높은 것으로 인정한다(표 4-6). 등급이 높다는 것은 특정 아구에만 분포하거나 분포하는 개체군이 현저히 적다는 것을 의미한다. 식물구계학적 특정식물 전체는 1,481분류군으로 V등급은 246분류군, IV등급은 445분류군, III등급은 379분류군, II등급은 212분류군, I등급은 199분류군이다(NIE 2023b). 상대적으로 등급이 높은 V등급종(경우에 따라 IV등급종 포함)(부록 참조)은 보전가치가 높은 것으로 평가되기 때문에 환경영향평가에서 보전하고자 하는 노력들을 진행한다.

귀화식물은 정의와 목적에 따라 여러 유형으로 구분 가능하고 생태계교란식물을 포함한다.

귀화식물의 이해 | 식물상 분석에서 귀화식물(歸化植物, naturalized plant)은 인간의 활동에 의해 의식적, 무의식적으로 이입된 외래식물(外來植物, exotic plant)로 현재 야생화된 것으로 정의할 수 있으나(Osada 1976, Kang and Shim 2002) 귀화식물 범주에 대한 기준 설정은 미비하다(Lee et al. 2011). 환경부에서는 귀화식물을 외래식물(외래생물)로 정의하고 법에서 외래생물은 “외국으로부터 인위적 또는 자연적으로 유입되어 그 본래의 원산지 또는 서식지를 벗어나 존재하게 된 생물”로 정의한다. 귀화식물의 정의는 인위적인 국가 경계의 공간 구분이지만 식물의 자연적인 분포 개념인 식물구계를 고려해야 한다. 이에 Takhtajan(1986)의 식물지리학적 구계(식물상 지역, floristic region)를 채택하여 귀화식물을 정의하기도 하였다(Kim 2004). 영어로는 naturalized sp., introduced sp., alien sp., exotic sp., non-indigenous sp., non-native sp., invasive sp., adventive sp., anthrophochore, hemerochore, anthropophyten 등의 단어로 사용된다(Kim 2013, Ryu et al. 2017, Lee and Baek 2023). 국내에 침입한 외래식물 관련 용어를 침입외래식물(invasive alien plant), 귀화식물(naturalized plant), 임시정착식물(casual alien plant), 잠재침입식물(potentially invasive plant), 관심외래식물(concerned alien plant), 불확실종(uncertain plant), 사전귀화식물(archaeophyte)로 표준화하고자 하였다(Chung et al. 2016). Kim(2013)은 귀화식물과 관련하여 다양한 유형으로 용어를 구분하였다. 그에 의하면 도입시기와 관련하여 고귀화식물(archeophyten)과 신귀화식물(neophyten)로 구분한다. 도입방법에 따라서는 기회외래식물(akolutophyten), 수반외래식물(kenophyten), 탈출외래식물(ergasiophygophyten)로 구분한다. 정착양식에 따라서는 영구정착과 일시정착한 형태로 구분한다. 영구정착귀화식물은 다시 생태계 내에서 구체적인 서식지위가 없는 일차식생외래식물(agriophyten)과 서식지위가 있는 이차식생외래식물(epecophyten)로 구분한다. 일시정착귀화식물은 일시정착외래식물(ephemerophyten)과 경작외래식물(ergasiophyten)로 구분한다. 귀화식물은 이입 목적별, 생활형별, 원산지별, 확장 강도별 등 다양한 유형으로 구분 가능하며 연구자마다 사용하는 용어 및 정의에 차이가 있을 수 있다.

우리나라 귀화식물의 다양성 | 우리나라에 2010년까지 정리된 귀화식물은 40과 175속 302종 15변종 4품종 총 321분류군으로, 국화과가 68분류군(21.2%)으로 가장 많고, 벼과가 62분류군, 십자화과가 30분류군, 콩과가 24분류군의 순이다(Lee et al. 2011). 문헌을 분석한 Ryu et al.(2017)은 신귀화식물을 39과 184속 326분류군으로 기재하고 있으며 고귀화식물을 포함하면 종수는 증가할 것이다. Kang et al.(2020a)은 확장된 개념을 적용하여 국내에 분포하는 귀화식물을 포함한 외래식물(alien plant)을 96과 353속 595종 6아종 11변종 1품종 6잡종의 총 619분류군으로 제시하였다. 이 중에 사전귀화식물은 30분류군, 잠재침입식물은 214분류군, 침입외래식물은 375분류군이다. 국내 도입된 326종의 신귀화식물 가운데 유럽 원산이 가장 많고, 다음으로 북아메리카 원산이 많다(Ryu et al. 2017). 하천에서는 신귀화식물과 국화과의 구성비가 높다(Lee 2005). 환경영향평가에서 표준으로 사용할 수 있는 국가생물지식정

그림 4-21. 육상에 흔한 귀화식물(좌: 달맞이꽃, 우: 서양민들레)(여주시). 육상 공간에서는 달맞이꽃류, (붉은씨)서양민들레, 개불알풀류, 광대나물, 망초류, 돼지풀, 단풍잎돼지풀, 가시박, 벳지 등이 흔하게 관찰된다.

그림 4-22. 하천 습지 일대에 흔한 귀화식물(좌: 큰물칭개나물, 우: 미국가막사리)(이천시). 수계 공간에서는 미국가막사리, 도꼬마리, 큰물칭개나물, 털물참새피, 소리쟁이, 갓 등이 흔하게 관찰된다.

보시스템(http://www.nature.go.kr)의 외래식물은 428종을 분류하고 있다(2024.12.23 기준). 크게 침입외래식물과 불확실종 40종(9.5%)으로 구분하고 침입외래식물은 다시 귀화식물 254종(60.7%)과 임시정착식물 134종(29.8%)으로 구분한다. 분포 정도에 따라 이들(380종 분석)은 5등급(광분포, Wide Spread, WS) 48분류군(12.6%), 4등급(심각한 확산, Serious Spread, SS) 18분류군(4.7%), 3등급(우려되는 확산, Concerned Spread, CS) 26분류군(6.8%), 2등급(경미한 확산, Minor Spread, MS) 41분류군(10.8%), 1등급(잠재적 확산, Potential Spread, PS) 247분류군(65.0%)이다(KNA 2024). 귀화식물은 육상 또는 수계 서식처 모두에서 관찰된다(그림 4-21, 4-22). 학술적 식물상연구에서는 이러한 특성을 고려하여 다양하게 분석할 수 있지만 환경영향평가에서는 구성비에 대한 귀화율과 도시화지수와 같은 단순한 질적 분석만을 수행한다.

귀화율과 도시화지수 | 식물상 분석에서 전체 관속식물 중 귀화식물을 이용하여 귀화율(Naturalization Rate, NR)(식 4-1)과 도시화지수(Urbanization Index, UI)(식 4-2)를 산출할 수 있다. 귀화율은 조사 대상지역 전체 식물상에서 귀화식물의 구성비를 나타내는 값이다. 값이 높다는 것은 귀화식물의 종수가 많아 생태적으로 교란되어 있음을 의미한다. 도시화지수는 단순히 조사지역 내에서 산출되는 귀화식물 종수와 우리나라의 총귀화식물 종수를 나누어 산정한다. 하지만 이 분석들은 지역의 식물상 구성에 관한 전체 종급원의 크기가 배제되어 있다(Kim and Lee 2006). 조사지역의 면적 또는 식물군락, 서식처의 다양성 등에 관한 정보가 배제되어 있어 환경영향평가의 결과 해석에 왜곡이 발생할 수 있어(Kim 1998) 체감도시화지수(actual urbanization index)와 같이 도시화지수를 개선한 여러 방법들이 제안되기도 하였다(Kim and Lee 2006).

Naturalization Rate
$$\text{귀화율(NR)} = \frac{S'}{N'} \times 100 \quad \cdots\cdots\ (\text{식 } 4\text{-}1)$$
···· S' : 조사지역의 귀화식물 종수 / N' : 조사지역의 총 출현식물 종수

Urbanization Index
$$\text{도시화지수(UI)} = \frac{S}{N} \times 100 \quad \cdots\cdots\ (\text{식 } 4\text{-}2)$$
···· S : 조사지역의 귀화식물 종수 / N : 남한의 귀화식물 종수

생태계교란식물 | 환경부에서는 외래생물(외래식물, 귀화식물) 중에서 특히 관리가 필요한 생물을 '생태계교란생물'로 지정·관리하고 있다(「생물다양성 보전 및 이용에 관한 법률」, 약칭 생물다양성법). 환경부는 「생물다양성법」에 따라 '유입주의생물', '생태계위해우려생물', '생태계교란생물'로 외래생물을 구분하여 관리하고 있다(Kim and Koo 2021). 생태계교란생물의 지정 기준은 "위해성 평가 결과 생태계 등에 미치는 위해가 큰 생물로 유입주의 생물 및 외래생물 중 생태계의 균형을 교란하거나 교란할 우려가 있는 생물 또는 유입주의 생물이나 외래생물에 해당하지 아니하는 생물 중 특정지역에서 생태계의 균형을 교란하거나 교란할 우려가 있는 생물"로 한다. 현재 생태계교란식물은 돼지풀, 단풍잎돼지풀, 서양등골나물, 털물참새피, 물참새피, 도깨비가지, 애기수영, 가시박, 서양금혼초, 미국쑥부쟁이, 양미역취, 가시상추, 갯줄풀, 영국갯끈풀, 환삼덩굴, 마늘냉이, 돼지풀아재비 17종(2024.2.6 기준)이 지정되어 있다(표 4-7). 이 중에서 환

삼덩굴을 제외하고 모두 귀화식물이다. 생태계교란식물은 주기적인 개정 및 추가 지정을 하는데 지속적으로 증가하고 있다. 특히 단풍잎돼지풀, 털물참새피, 물참새피, 가시박은 주로 하천, 습지를 주요 서식처로 하고 환삼덩굴, 가시상추는 하천변 또는 빈터, 도로변, 경작지 등이 주요 서식처이다. 가시박, 환삼덩굴(고유종), 단풍잎돼지풀, 가시상추 등과 같은 생태계교란식물들을 제거하기 위한 관리는 지속하고 있지만 제거가 쉽지 않다(그림 4-23). 하지만 동일 공간에 대한 주기적이고 지속적인 제거작업은 해당 개체군의 세력을 현저히 약화시킬 수 있다.

그림 4-23. 생태계교란식물 제거(환삼덩굴, 화성시). 생태계교란식물은 개화 이전에 주기적이고 지속적인 제거 작업을 수행하면 개체군의 세력을 현저히 줄일 수 있다.

표 4-7. 환경부 지정 생태계교란식물 현황(2024.2.6 기준). 목록에서 환삼덩굴 외에는 모두 귀화식물이다.

한글명	학명	지정일자	주요 서식처	비고
단풍잎돼지풀	*Ambrosia trifida*	1999.01	빈터, 하천변, 도로변	그림 4-25, 4-26
돼지풀	*Ambrosia artemisiifolia*	1999.01	빈터, 도로변	그림 4-25
도깨비가지	*Solanum carolense*	2002.03	빈터	그림 4-24
물참새피	*Paspalum distichum*	2002.03	물정체습지	
털물참새피	*Paspalum distichum* var. *indutum*	2002.03	물정체습지	그림 4-30
서양등골나물	*Eupatorium rugosum*	2002.03	숲가장자리, 숲속	그림 4-24
가시박	*Sicyos angulatus*	2009.06	도로변, 하천변	그림 4-30, 4-31
미국쑥부쟁이	*Aster pilosus*	2009.06	빈터, 도로변	그림 4-28
서양금혼초	*Hypochaeris radicata*	2009.06	빈터	그림 4-27
애기수영	*Rumex acetosella*	2009.06	잔디밭, 초지	그림 4-29
양미역취	*Solidago altissima*	2009.06	하천변, 도로변	그림 4-27
가시상추	*Lactuca scariola*	2013.02	빈터, 도로변	그림 4-29
갯끈풀	*Spartina alterniflora*	2016.06	갯벌	
영국갯끈풀	*Spartina anglica*	2016.06	갯벌	
환삼덩굴(고유종)	*Humulus japonicus*	2019.10	빈터, 도로변, 하천변, 경작지	그림 4-28
마늘냉이	*Alliaria petiolata*	2020.03	빈터, 경작지	
돼지풀아재비	*Parthenium hysterophorus*	2022.07	빈터, 경작지	

그림 4-24. 도깨비가지(좌: 과천시)와 서양등골나물(우: 하남시). 도깨비가지는 빈터 등에 개체 또는 개체군의 형태로 분포하고 서양등골나물은 삼림 내부 또는 가장자리에 주로 분포한다.

그림 4-25. 단풍잎돼지풀과 돼지풀(안성시). 단풍잎돼지풀은 경기도 북부지역(철원군, 연천군, 포천시, 파주시 등)에 보다 집중적으로 대규모 분포한다. 돼지풀은 전국의 빈터 또는 도로변에 개체 또는 군락 형태로 분포한다.

그림 4-26. 단풍잎돼지풀의 대규모 서식(연천군). 경기도 북부지역에는 단풍잎돼지풀이 하천 둔치 또는 빈터에 대규모로 서식하는 것을 빈번하게 관찰할 수 있다.

그림 4-27. 서양금혼초(좌: 제주도)와 양미역취(우: 진주시). 서양금혼초는 제주도에 집중 분포하였지만 현재는 남부 지방에도 서식하고 양미역취는 하천 고수부지 등에서 주로 관찰된다.

그림 4-28. 환삼덩굴(좌: 이천시)과 미국쑥부쟁이(우: 춘천시). 환삼덩굴은 고유종이며 전국적으로 교란된 입지에 빈번하게 대규모로 관찰된다. 미국쑥부쟁이는 외래식물이며 빈터, 도로변 등에서 대규모로 서식한다.

그림 4-29. 가시상추(좌: 용인시)와 애기수영(우: 여주시). 가시상추는 도로변과 같이 광량이 풍부한 건조지역에 주로 서식하고 애기수영은 목장 또는 잔디밭 등의 적윤한 입지에 주로 서식한다.

그림 4-30. 털물참새피(좌: 신안군)와 가시박(우: 창녕군)(Lee and Baek 2023). 주로 하천 또는 습지 일대에 매우 광범위하게 분포하는 두 식물은 대규모로 밀생하는 특성이 있다. 털물참새피는 주로 남부지방의 물정체습지에 보다 집중적으로 분포한다.

그림 4-31. 가시박의 대규모 서식(밀양시, 낙동강). 매년 7~9월 사이 우리나라 하천 둔치 또는 제방에서 가시박이 대규모 군락으로 피복하고 있는 전경을 쉽게 관찰할 수 있는데 매우 을씨년스럽다.

잣나무 고사목(양양군, 설악산). 자연이 잘 보존된 설악산국립공원 내에 잣나무 고사목 등에 대한 현장의 환경 및 생태정보는 GPS를 포함한 각종 계측장비, 현장조사표 등을 통해 획득할 수 있다. 고사목은 등산로 주변에 위치하여 답압 등에 의한 토양 환경에 영향을 받아왔다.

식생연구는 다양한 식물종이 상호작용하는 식물공동체인 숲과 같은 식물군집에 대한 연구이며 자연식생 또는 인공식생 등 지표를 덮고 있는 모든 식생공간을 대상으로 한다(지리산국립공원). 식물은 나지 또는 깊은 수역을 제외한 모든 지표공간에 생육하기 때문에 식생연구의 대상은 무궁무진하다.

제5장

식생 조사 | 분석

Chapter FIVE

1. 식생 분류의 개념과 원리
2. 현장 식생조사
3. 현존식생도의 조사와 작성
4. 현존식생의 보전생태학적 가치 평가
5. 식생도 작성 및 분석 활용 자료

1. 식생 분류의 개념과 원리

체계적인 식생 분류를 위해서는 식물군락에 대한 기본 개념을 이해해야 한다.

식물군락의 기본 개념 | 생태학자들은 지표를 덮고 있는 식생을 조사할 때 상관(physiognomy) 또는 생육형(growth form)에 의해 눈에 보여지는 패턴의 주요 차이점으로 식물군락(식물군집)을 인식한다. 같은 상관이지만 동일 식물군락 내에서도 미묘한 색상(colour)의 변이(variation)가 나타난다. 이러한 색상의 변이는 식생의 발달 단계와 식물종조성(plant species composition) 차이를 반영한 결과이다. 유사한 환경에 어울려 생육하는 식물종의 집합(collection)으로 규정되는 식물군락(community)은 뚜렷하게 구분되는 식물군집(association, 단위식생 單位植生, syntaxon) 또는 각 식물종들의 친화력(親和力, affinity)으로 나타난다. 식물군락과 식물군집은 유사한 개념이지만 학술적으로는 차이가 있다(도움글 5-1). 하지만 자연환경조사 및 환경영향평가 수준의 연구에서는 식물군락으로 통일해서 사용하는 것이 일반적이다. 식물사회의 군집에 대한 아이디어는 우연이 아닌 어떤 장소와 환경에서 같이 자라는 유사한 특성을 갖는 식물종 그룹을 찾는 것이 매우 중요하고 의미가 있다는 것에서 출발한다. 이 개념은 다른 식물종 그룹은 다른 환경에서 자란다는 것으로 지구 상의 모든 환경에서 일어나는 현상이다.

환경구배와 내성범위, 식물군락의 인식 | 같은 친화력을 갖는 식물종들은 빛, 온도, 수분과 같은 환경요인에 대한 요구도가 유사하기 때문에 독립된 식물군집으로 분류가 가능한 것이다. 식물종들은 하나

[도움글 5-1] **식물군락과 식물군집의 차이**

식물생태학에서 사용되는 두 용어는 같은 또는 유사한 의미로 사용되지만 식생학에서는 차이가 있다. 식물군락(gesellschaft, community)은 식물사회학적 군락분류체계(syntaxonomical hierarchy system)에서 그 위치가 불분명하지만 식물군집(assoziation, association)은 위치가 있는 기본단위가 되는 계급(종분류계통학의 종(種, species) 대응 단위)이며 하나 이상의 아군집(subassociation)을 포함한다(Kim 2013). 식물군락은 주어진 지역에 존재하는 모든 식물종과 그들 간의 상호작용을 포괄하는 보다 폭넓은 일반적 용어이며 식물군집은 특정 환경조건과 관련된 특정 식물종의 집합을 강조하는 더 특별한 학술적 용어로 인식하면 된다. 식물군집은 기후, 토양, 수분, 지형 등의 특별한 환경조건에서 반복적으로 나타나는 식물공동체를 의미하기 때문에 식물생태학자들에 의해 지표의 식물생태계 유형들을 잘 이해하고 특성화하는 데 사용된다. 즉 하나의 식생조사표로는 해당 식생의 식물종조성, 군락구조, 공간분포, 환경조건 특성 등을 규정하지 못하기 때문에 식물군락으로 기술하지만 다수의 식생조사표에 근거하여 이런 특성들을 규정하면 식물군집으로 규정할 수 있다. 우리나라에서 신갈나무와 생강나무가 혼생하는 반복적으로 조사된 임의 식물군락은 냉온대 중부성 기후, 적윤한 갈색산림토, 산지 사면에 생육하는 특성을 갖는 신갈나무-생강나무군집으로 규정할 수 있다.

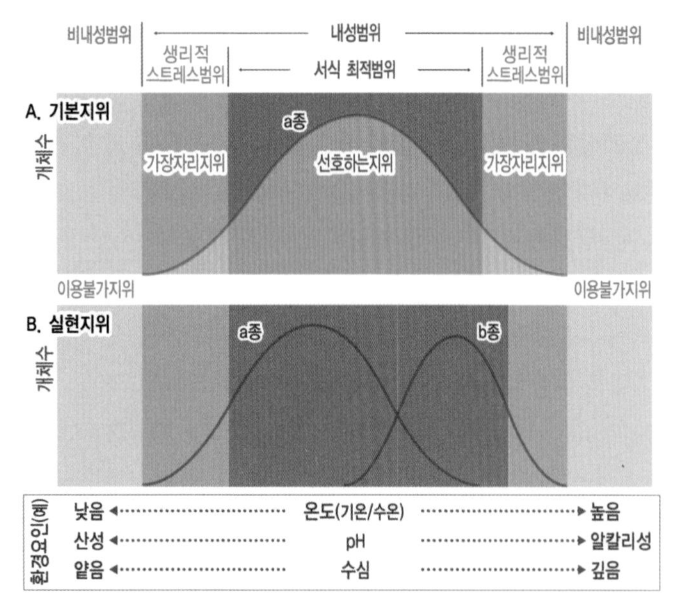

그림 5-1. 기본지위와 실현지위의 이론적 개념. 기본지위(A)는 경쟁이 없는 조건이며 생리적 스트레스범위와 서식 최적범위를 갖는다. 두 종이 경쟁하면 서식범위가 분리되는 실현지위(B)로 나타난다.

의 환경구배(environmental gradient)에 대해 고유의 내성범위를 가지는데 동일 식물군집의 식물종들은 환경구배에 대한 내성범위가 유사한 것으로 이해할 수 있다. 내성범위는 생태적 지위(生態的地位, ecological niche)의 실현지위(true niche)로 경쟁(종간경쟁 interspecific competition 및 종내경쟁 intraspecies competition)과 공존(coexistence), 적응(adaptation)의 진화적 결과이다. 생태적 지위란 진화적인 결과로 생태계 내에서 해당 생물종이 가지는 기능적 역할과 방식을 의미한다. 환경구배(pH, 수분, 경사도, 토성 등의 물리, 화학, 생물적 조건)에 대한 생물종의 가장 이상적인 빈도 그래프는 기본지위(fundamental niche, 생리적 최적범위)인 종모양(bell shape)이다. 하지만 경쟁이 있기 때문에 매우 다양한 형태의 실현지위(realized niche, 생태적 최적범위)로 나타난다(그림 5-1). 이러한 특성으로 학자들 간에 논쟁이 있지만 현재는 식물종조성의 질적, 양적 차이에 의해 가상이지만 실재(real)하는 유사유기체(super-organism, 초유기체)로 식물군락을 인식할 수 있다(그림 5-4 참조). 이러한 식물군락 또는 식물군집에 대한 인식은 지표공간을 토지이용(식생유형 범례)으로 구분한 현존식생도의 작성을 가능하게 한다.

지형 특성에 따른 구성식물종의 이해 | 식물종의 분포는 기후조건 외에 토지적 환경조건에 강한 영향을 받는데 사면의 경사도, 사면의 방향, 암석 노출, 암설 붕적, 토양의 발달 정도 등이 대표적이다. 사면의 경사도는 수분조건과 연관이 있는데 경사도가 높거나 돌출된 건조한 곳에는 굴참나무, 소나무, 쇠물푸레나무, 둥굴레, 큰기름새 등과 같은 식물종들이 잘 자란다. 우리나라 하천 공격사면인 급경사 단애지 또는 산지의 급경사 사면에는 굴참나무군락이 잘 발달하는 것이다(그림 1-21 참조). 사면의 방향에 따라 상대적으로 건조한 남사면보다 북사면에 발달하는 식물군락의 임상 식물종들은 잎이 넓은 형

표 5-1. 숲바닥(임상)에서 우점하는 초본식생의 형태적 구분에 따른 특성(Kim 2004 일부 수정)

구분	식생유형 사례	임상 우점종	생태전략	수분조건	우세사면	종다양성	식물종
협엽형 grass type	신갈나무- 애기감둥사초군락	단자엽식물 (그림 5-2 좌)	인해전술형 phalanx	약건~과건	남향 및 풍충지	보통	애기감둥사초, 그늘사초 등
광엽형 forb type	신갈나무- 태백제비꽃군락	쌍자엽식물 (그림 5-2 중)	침투형 infiltration	적윤~약습	북향	높음	단풍취, 박새, 곰취 등
조릿대형 sasa type	신갈나무- 조릿대군집	조릿대류 (그림 5-2 우)	게릴라형 guerrilla	약건~적윤	없음	낮음	조릿대, 제주조릿대 등

그림 5-2. 운무대의 남사면과 북사면의 숲바닥(임상) 식생과 조릿대 우점식생. 높은 산지의 능선을 기준으로 건조한 남사면의 숲바닥에는 주로 벼과식물의 협엽형(좌: grass type, 양산시, 원효산; 애기감둥사초 우점)이, 보다 적윤한 북사면의 숲바닥에는 잎이 넓은 광엽형(중: forb type, 인제군, 점봉산; 박새, 숙은노루오줌, 산박하, 실새풀, 넓은외잎쑥, 곰취, 얼레지 등 혼생)이 잘 발달한다. 조릿대형(우: sasa type, 정선군, 함백산)은 사면과 무관하게 산지에서 빈번하게 관찰된다.

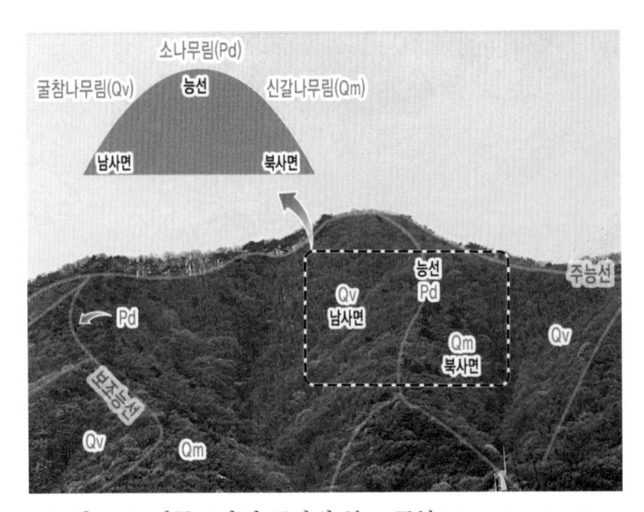

그림 5-3. 식물군락의 공간별 분포 구분(여주시, 우두산 자락). 우리나라 산지에서 공간별 식생 분포는 남사면에는 굴참나무림(미생육, 갈색), 북사면에는 신갈나무림(연두색), 능선부에는 소나무림(진녹색)이 흔하게 발달한다(2024.4.10 촬영).

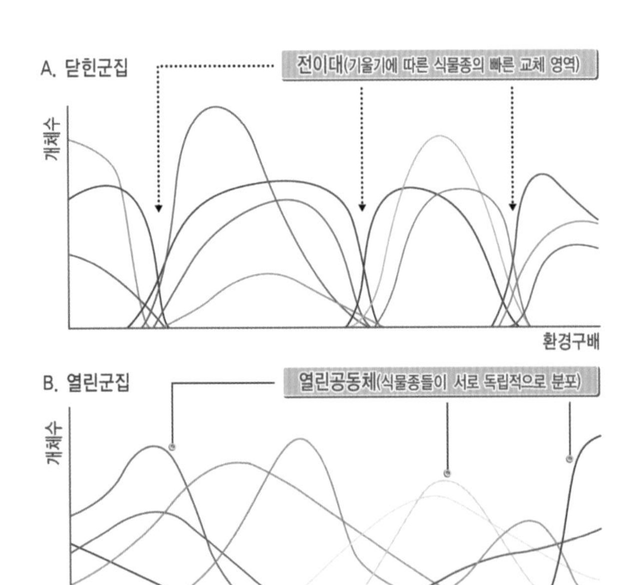

그림 5-4. 전이대(ecotone)가 있는 닫힌군집과 없는 열린군집의 가상 분포(Ricklefs 2008). 전이대는 환경기울기에 따라 식물종들이 빠르게 교체되는 영역이고 열린군집은 식물종들이 서로 독립적으로 분포한다.

태가 많다. 운무(雲霧, 구름과 안개 발달)가 발달하는 해발고도가 높은 산지에서 능선을 기준으로 남사면은 벼과(실새풀 등)와 사초과(애기감둥사초 등) 식물종이 우점하는 협엽형(grass type, 좁은잎 모양)이, 북사면은 얼레지, 박새, 박쥐나물, 곰취 등과 같은 광엽형(forb type, 넓은잎 모양)이 우점하는 현상이 관찰된다(표 5-1)(그림 5-2). 우리나라 숲에는 조릿대형(sasa type)도 존재한다. 암석 노출 정도에 따라 구성식물종이 다른데 산지의 암반에서 바위조각(암설, 바윗돌)들이 사면으로 무너져 쌓인 붕적토(崩積土, colluvial soil) 지역에는 층층나무, 서어나무, 고로쇠나무, 물푸레나무, 들메나무, 느티나무, 팽나무, 비목나무, 팥배나무, 물참대, 고광나무, 박쥐나무, 산수국, 관중, 십자고사리, 까치고들빼기 등과 같은 식물종들의 서식이 우세하다. 토양의 발달 정도에 따라서도 식물상이 다르다. 산지 상부보다는 하부의 토양층이 습윤하기 때문에 산지 상부는 건조한 장소에 사는 식물종이, 산지 하부는 광엽의 적윤한 장소에 사는 식물종의 생육이 우세하다. 우리나라 중부지방의 산지에는 능선을 중심으로 북사면에서는 신갈나무가, 남사면에는 굴참나무가 우세한 전경을 쉽게 관찰할 수 있는데 새순이 나는 이른 봄철에 보다 뚜렷하게 구분된다(그림 5-3). 이와 같이 식물종들은 입지의 환경특성 또는 환경구배를 반영하기 때문에 식생(식물군락)이 구분되는 것이다.

식물군집에 대한 이산개념과 연속체개념 | 지표를 덮고 있는 대부분의 식물은 고유의 서식공간에서 유사한 내성범위를 갖는 다른 식물들과 어울려 식물군집(식물군락)을 형성하기 때문에 식생을 유

형화하여 분류할 수 있다. 구분되는 식물군집의 개념 이론은 [01]이산개념(discrete, organismic or holistic concept; Clements 1916, 1928)과 [02]연속체개념(continuum or individualistic concept; Gleason 1917, 1926, 1939)으로 대표된다. 이산개념은 닫힌군집(closed community), 연속체개념은 열린군집(open community)의 개념이다(Ricklefs 2008)(그림 5-4). 이산개념에 대해 Clements는 식생을 초유기체(supra-organism, super-organism: 식물군락+유기체)의 가상 실체로 인식하였다. 장기적 시간 경과에 따른 식생의 안정화와 평형은 특징적인 우점종으로 구분되는 극상군락(climax community)이며 이를 독립된 식물군집(association)으로 인식했다. 이 때문에 그의 이론을 기후극상설(氣候極相, climatic climax theory) 또는 단극상설(單極相說, monoclimax theory)이라 한다(Kent and Coker 1992). 유럽에서 보다 발전된 이산개념은 군집 내의 종들이 유사한 분포범위를 가지며 다른 군집의 종들과 그 분포범위가 중복되지 않는다는 것이다. 특징적인 식물종들의 결합과 군집을 기본단위로 분류체계를 정리하여 식생을 이해하였고 Braun-Blanquet(1921)에 의해 보다 확고하게 정립되었다. 그는 식물군집별 종조성(floristic composition)의 질적·양적 차이가 존재하고 식물종의 신뢰도(적합도, fidelity)로써 식물군집별 특성을 이해했다. 신뢰도는 식물군집에서 민감하게 표현되는 정도이다. 반면 영미의 Gleason에 의해 발전된 연속체개념은 식물군집들의 분포는 서로 구분되지 않고 서식처의 환경구배에 의해 시·공간적으로 연속되어 있다고 보는 개념이다. 연속체개념에서 군집 내의 개별 식물종은 그들의 환경과 다른 종들 간에 반응 결과의 산물로 인식한다(Palmer and White 1994). 연속체개념은 기울기 분석(gradient analysis)을 통해 시각화할 수 있다(Ricklefs 2008). Pavão et al.(2019)은 북대서양(North Atlantic Ocean)에 위치한 아조레스군도(Azores archipelago)의 식생은 연속체개념을 지지하는 것으로 분석하였다. Gleason(1926)은 식물군집을 환경 선택의 우연한 결과로 생각했는데 우연히 함께 있었던 특정 식물종이 무작위(종자 유입과 발아 순서 등)로 공존함으로써 식물군집이 형성되는 것으로 인식했다. 이 외에도 식물군집의 형성과 인식에 대해 학자들에 따라 다른 관점들이 있을 수 있다.

식물군락에 대한 최근의 인식 | 식물군락(식물군집)에 대한 Clements 또는 Gleason의 개념은 지속적인 논쟁의 여지가 있지만 현재 대부분의 식물생태학자들은 식물군락의 존재를 인정한다. 분류방법을 이용하는 대부분의 양적 식물생태학자(quantitative ecologist)들은 식물종의 질적(구성), 양적(피도) 조성으로 식생을 분류하기 때문에 Clements의 이산개념을 선호하는 경향이 있다. 하지만 오늘날의 가장 현실적인 관점은 임의지역의 식생은 군락단위로 모자이크(mosaic) 상으로 분포하는 '군락단위이론' (community-unit theory) 개념일 것이다(Kent and Coker 1992)(그림 5-5). 이 개념은 극상패턴(climax pattern)으로 기술된 Whittaker(1953)와 Whittaker and Levin(1977)으로부터 정립되었다. 임의지역의 식생은 군락단위들로 명백하게 구분되는데 경계가 구분되지 않고 인접한 두 군락단위가 전이대(transitional or ecotone area)로 연결된다. 구별되는 하나의 군락단위는 전체 면적의 60~80%이고, 전이대는 20~40% 정도이다(Whittaker 1956). 식생학에서 식물군락 자체를 분류하고 이해하는 관점에서 전이대는 중요하지 않기 때문에 군락단위로 분류 또는 현존식생도 상에서

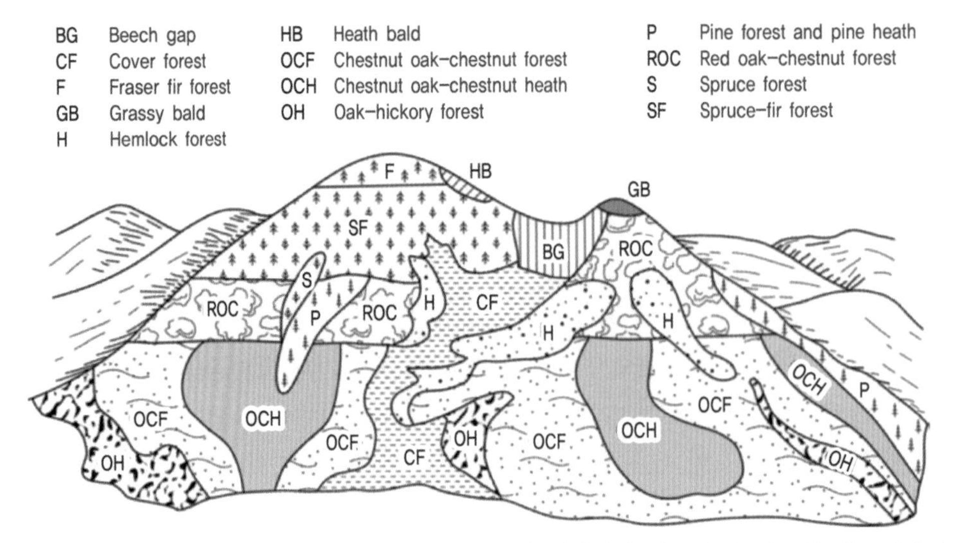

그림 5-5. 그레이트스모키산(Great Smoky Mountains)의 이상적인 서쪽 산과 계곡에 있는 식생유형의 분포(Kent and Coker 1992, redrawn from Wittaker 1956). 자연상태에서 식생은 군락단위 형태의 모자이크 상으로 분포하며 모자이크 내에서는 유사한 조각의 반복 형태로 나타난다. 식생도에서 식생유형별로 명백히 구분되는 경계는 있지만 하나의 조각에는 실제 20~40% 정도의 전이대가 존재한다.

경계 구분이 가능한 것이다(그림 5-56 참조). 하지만 전이대는 생태학적으로 매우 흥미있는 공간으로 여겨질 수 있다(van der Maarel 1990).

식생분류의 방법들 | 현존식생의 분류에는 여러가지가 있지만 크게 3가지 방법을 선택할 수 있다. [01]식생 상관(활엽수림, 침엽수림 등) 분류, [02]우점종(소나무 우점림, 신갈나무 우점림 등) 분류, [03]식물상 구성(종조성의 완전한 조사로 얻은 종급원 species pool 자료의 이용) 분류이다. 식생 상관 분류는 가장 오래된 방법으로 최근 호주국가식생정보시스템(Australian national vegetation information system)에 적용했으며 비교적 거시적 수준의 분류이다. 우점종 분류는 상대적으로 소수의 식물종들이 특정 지역을 단순 우점하는 경우에 유리하기 때문에 북유럽이나 러시아에서 주로 사용했다. 식물상 구성 분류는 가장 보편화된 정교한 식생분류이며 가장 일반적인 것이 식생조사표(vegetation plots, relevés)에 기반하여 분류하는 Josias Braun-Blanquet(B.-B.)가 도입한 식물사회학(植物社會學, phytosociology, plant sociology)이다(Zelený 2024b).

식생분류학의 다양한 학파 | 식생분류학(군락분류학, syntaxonomy)은 식물사회의 질적·양적 동정(identification)

과 분류(classification)로 이루어지는데 식물분류학(idiotaxonomy) 개념과 본질적으로 동일하다. 식물사회에 대한 원기재(original diagnosis), 명명형(nomenclatural type), 국제명명규약(international code of phytosociological nomenclature), 군락분류체계(syntaxonomical hierarchy) 등을 통해 하나의 단위식생으로 식물군락을 분류하고 그 속성을 기술하는 것이다(Kim and Lee 2006). 유럽에서 발달한 식생분류학은 층구조에 대응한 우점종을 강조하는 스칸디나비아학파(Northern European tradition), 식물사회의 종조성을 강조한 중부 유럽의 Z.-M.학파(Central European tradition), 스칸디나비아학파와 맥락을 같이 하면서도 입지의 환경조건을 대응시키는 러시아학파(Russian tradition), 식생의 불연속적 개념을 인정하고 접목하는 클리멘츠학파(British tradition), 환경 경향 분석을 통한 분류를 시도한 위스콘신학파(American tradition) 등 다양한 학파가 있다(Becking 1957, Kim and Lee 2006).

식물사회학의 식생분류 | 유럽에서 발달하고 체계화된 이산개념의 식물군집은 각 식물군집을 구별하고 특징짓는 진단종(診斷種, diagnostic species)으로 이루어진 식물공동체 개념을 의미한다. 식물공동체는 식물 종조성과 환경조건의 상호작용과 독특성이 서로 평형을 이루고 있는 식물사회학적 집단(phytosociological community)이다. 우리나라에서 통용되는 식생학(vegetation science)은 유럽의 B.-B.방법(Braun-Blanquet method)인 Z.-M.학파(Zürich-Montpellier school)(중부 유럽의 스위스 Zürich와 남부 프랑스 Montpellier가 연구 중심인 학파: Kim and Lee 2006)의 식물사회학을 의미하며 서식하는 식물종들의 사회성에 기초한 식생분류학의 일종이다. 식물사회학의 식생분류와 관련된 보다 학술적이고 깊이있는 내용에 대해서는 Braun-Blanquet(1965), Becking(1957), Mueller-Dombois and Ellenberg(1974), Kent and Coker(1992), Kim and Lee(2006) 등을 참조하도록 한다.

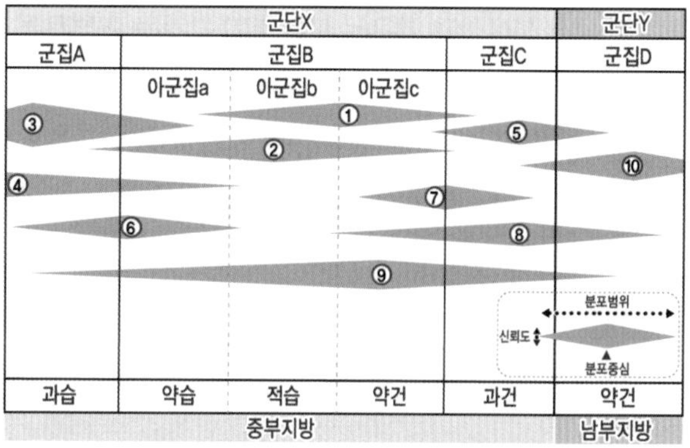

그림 5-6. 식생단위에 대한 진단종의 이해(Westhoff and van der Maarel 1980, Kim 2004 수정). 종 ①, ②는 군집B의 표징종, 종 ③, ④는 군집A의 표징종, 종 ⑧은 군집C의 표징종, 종 ④와 ⑥은 군집B-아군집a의 구분종, 종 ⑦, ⑧은 군집B-아군집c의 구분종, 종 ④, ⑥, ⑦, ⑧은 군집B-아군집b를 특징짓지 않는 구분종이며, 아군집b는 상급단위 군집B의 표징종인 종 ①, ②에 의해 구분됨으로 전형아군집이라 한다. 종 ⑨는 상급단위인 군단X의 표징종이면서 군집B의 구분종 또는 전이표징종이며 군집C의 항존종(항수반종)으로 고려된다. 종 ⑩은 군집D의 표징종이다.

식물군집과 진단종의 인식 | 식물군집을 인식하는데 중요한 것은 [01]진단종, [02]우점종(dominant species), [03]항존종(상재종, 항수반종, constant species)의 인식이다. 진단종은 특정 식물군집에서만 주로 관찰되며 다른 군집에서는 잘 관찰되지 않는다. 우점종은 특

정 식물군집에 우점하는 식물종으로 다른 식물군집에서도 우세할 수 있다. 항존종은 대부분의 구분 대상 식생유형에서 나타난다. 하지만 다른 식생유형에서도 나타날 수 있지만 높은 상재도(constancy)를 나타내지는 않는다. 특정 식물군집에 대한 진단종군은 해당 식물종들의 민감도인 신뢰도(fidelity)로 표현될 수 있다(그림 5-6). 신뢰도는 수준에 따라 전이표징종(傳移標徵種, transgressive character species), 국지표징종(局地標徵種, local character species), 광역표징종(廣域標徵種, regional character species), 부분표징종(部分標徵種, partial character species), 일반표징종(一般標徵種, general character species) 등으로 구분할 수 있다(Kim 2004, Kim and Lee 2006). 이 외에도 구분종(區分種, differential species) 또는 수반종(隨伴種, companion species) 등이 있다(표 5-2 참조). 용어에 대한 구체적 개념은 별도 자료(Mueller-Dombois and Ellenberg 1974, Kim and Lee 2006)를 참조하도록 한다. 식물사회학에서 이러한 진단종의 발굴은 수작업에 의한 주관적 표작업(table work)으로 수행하지만 현재에는 TWINSPAN 등과 같은 수리적 분류 과정을 보완적으로 활용하여 보다 객관성을 확보하고자 하는 노력들을 한다(그림 3-46, 3-47, 3-48 참조).

■ 식생학적 연구는 모든 지표공간을 면분류하고 보전가치를 평가하고 도면화하는 장점이 있다.

식생연구의 주요 장점들 | 식생연구는 생물종을 분류하는 종단위의 연구분야와 달리 다음과 같은 다양한 실용적 장점을 가지고 있다. 이 외의 많은 장점들이 있지만 주요 장점만을 제시한다.

01 지표의 모든 공간을 식생학(식물사회학)이라는 학문에 의해 식물군락(plant community) 또는 식생유형(식생형, vegetation type)으로 구별하여 공간단위로 인식할 수 있다.

02 서로 구별되는 식생유형(식물군락, 단위식생)으로 모든 지표공간을 독립된 다각형사상(多角形事象, polygon features, 공간단위)으로 도면화할 수 있다. 점(point) 형태의 연구 분야(동물상 fauna, 식물상 flora)와 달리 면(polygon) 분류가 가능하기 때문에 모든 지표공간을 식생도와 같은 형태로 도면화 가능하다. 특정 동·식물상의 서식처로 모든 지표공간을 면분류하는 것과는 다르다. 이러한 서식처 역시 식생학적 지식에 기초한다. 즉 동·식물상 분야에서의 서식처 평가는 식생분류가 기초가 된 생태공간정보(현존식생도, 임상도, 비오톱지도 등)를 이용하는 경우가 대부분이다.

03 도면화된 모든 사상들에 대해 생태학적 보전가치(식생보전등급 등)를 부여함으로 지역생태계의 보전, 복원과 같은 구체적이고 현실 적용 가능한 자연환경 관리계획의 수립이 가능하다.

04 환경적인 요인과 식물종 분포와의 상관성은 식물의 공간적 분포 차이로 이해할 수 있다.

05 천이(succession)와 극상(climax) 연구를 통해 시간에 따른 식생 변화를 예측할 수 있다. 이는 기후변화에 따른 식생 변화는 물론 생물서식처 변화까지 예측할 수 있다.

06 다양한 동물들의 서식공간 및 부양공간으로서 식생을 연구할 수 있다.

지표공간 면분류의 식생학적 장점 | 식생학은 토지이용 또는 식생유형에 따라 유사한 속성을 묶어 독립된 다각형사상으로 구별하여 모든 지표공간을 도면화할 수 있다. 이는 실용학문으로 자리메김하는 원천이다. 특히 지표공간을 격자가 아닌 실선의 다각형으로 도면화하는 면분류와 보전생태학적 가치 평가는 식생학의 매우 강력한 실용성이다. 면분류된 도면으로 연구지역 및 공간별 식생(생태계) 환경에 대한 질적, 양적 분석이 가능하기 때문에 개발계획은 물론 환경보전 계획 수립 등에 적극 활용할 수 있다. 식생과 관련된 여러 연구들은 기초학문적인 또는 실용학문적인 장점을 가지고 있기 때문에 학술연구(acadecmic study) 또는 응용연구(applied study)로 재분류될 수 있다. 현재 식생학은 환경영향평가에서 개발로 인한 환경영향을 평가하고, 자연환경 관리(이용·복원·보전) 실무를 제안하고, 미래 환경변화에 대한 예측 등의 지속가능한 개발계획에 매우 강력한 도구로 활용되고 있다. 환경부의 생태·자연도 등급 결정에 식생 분야의 기여도가 매우 높은 것에서도 식생학의 강력한 실용성을 잘 보여준다.

식생에 대한 학술적 분류는 식생조사표 및 식물종을 재배열하는 표작업으로 이루어진다.

식생분류의 학술적 과정 | 식물사회학적 식생분류는 식생조사표(열)와 구성 식물종(행)의 재배열을 통해 유사성을 그룹화하는 과정이다. 크게 01현장조사를 통한 식물상(식생)자료 및 환경자료 획득, 02실내 표작업, 03식생(군집)분류, 04수리분석이며, 순차적이거나 보완적 과정이다(그림 5-7). 우리나라에서 일반적인 자연환경조사를 포함한 대부분의 식생연구는 식생단위표(syntaxon table)를 제시하는 식물사회학 본질의 분류학적 연구보다는 지역의 전체 식생 현황을 정리한 종합식생표(식물군집표, 상재도표, 종합상재도표)를 제시하는 경우가 많다. 식생분류의 주요 과정은 다음과 같다(그림 5-8, 5-9).

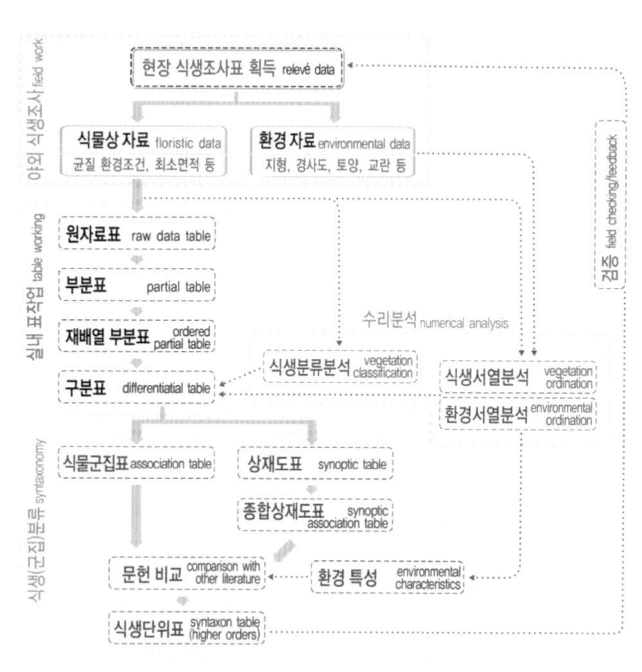

그림 5-7. 전통적인 식물사회학적 식생분류 과정. 현장에서 획득한 식생자료들을 토대로 표작업을 수행하는데 수리분석을 병행하여 군락분류를 완성한다. 가장 기본은 식생단위표를 완성하는 것인데 우리나라 대부분의 식생연구에서는 상재도표 및 종합상재도표로 제시하는 경우가 많다.

01 원자료표(소표, raw data table) 작성 | 가장 먼저 수행하는 작업으로 조사지역에서 최소면적(minimal area) 이상의 균질한 (homogeneous) 식생에서 확보한 다수의

식생조사표(relevé)를 입력한다. 원자료표 열(가로)에는 식생조사표, 행(세로)에는 식물종의 양적 정보로 이루어진 최초의 행렬표이다.

02 각 식물종의 상재도(constancy) 작성 | 상재도는 입력한 전체 식생조사표(열)에서 각 식물종의 출현 정도에 대한 가장 단순한 출현 유무의 질적 계산값이다(도움글 3-1 참조). 상재도가 높은 값에서 낮은 값의 순으로 식물종(행)을 재배열한다. 이는 적합한 구분종 인식을 위한 선행 과정이다.

03 부분표(patial table)의 작성과 구분종의 발굴 | 상재도가 높다는 것은 구분종(진단종)으로 기여할 확률이 높다는 것이다. 상재도가 높은 순으로 재배열한 표를 처음에는 열(식생조사표) 이동, 다음에는 행(식물종) 이동으로 재배열하면서 유사한 출현 특성으로 그룹을 찾는다. 이는 균질하고 유사한 환경조건에서 획득한 식생조사표들을 그룹화하고 각 그룹을 특징할 수 있는 식물종(구분종)

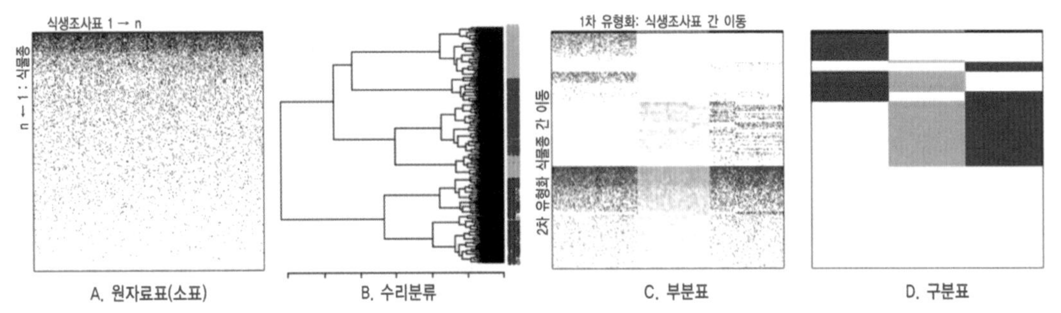

그림 5-8. 식물사회학적 표작업(table work) 과정. 식물사회학적 표작업은 식생조사표와 식물상으로 구성된 원자료표(소표, raw table)를 입력하고 수리분류 과정을 통해 전반적인 유형화(그룹화)로 이해한다. 전통적인 표작업에는 흔히 수리분류 과정은 생략한다. 1차적으로 식생조사표 간의 이동, 2차적으로 식물종 간의 이동으로 유사한 특성을 나타내는 식생조사표-식물종을 그룹화한다. 그런 다음 최종 구분된 종합식생표를 완성한다.

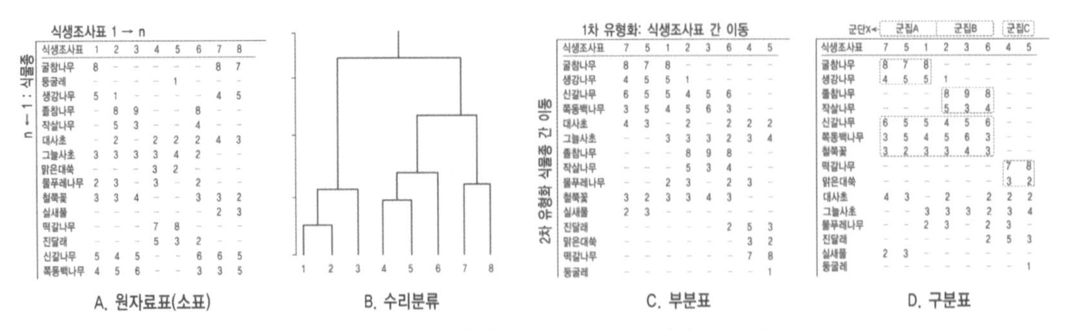

A. 원자료표(소표)

식생조사표 1 → n (n ← 1 : 식물종)

식생조사표	1	2	3	4	5	6	7	8
굴참나무	8	-	-	-	-	-	8	7
둥굴레	-	-	-	-	1	-	-	-
생강나무	5	1	-	-	-	-	4	5
졸참나무	-	8	9	-	-	8	-	-
작살나무	-	5	3	-	-	4	-	-
대사초	-	2	-	2	2	2	4	3
그늘사초	3	3	3	3	4	2	-	-
맑은대쑥	-	-	-	3	2	-	-	-
물푸레나무	2	3	-	3	-	2	-	-
철쭉꽃	3	3	4	-	-	3	3	2
실새풀	-	-	-	-	-	-	2	3
떡갈나무	-	-	-	7	8	-	-	-
진달래	-	-	-	5	3	2	-	-
신갈나무	5	4	5	-	-	6	6	5
쪽동백나무	4	5	6	-	-	3	3	5

C. 부분표

1차 유형화: 식생조사표 간 이동 (2차 유형화: 식물종 간 이동)

식생조사표	7	5	1	2	3	6	4	5
굴참나무	8	7	8	-	-	-	-	-
생강나무	4	5	5	1	-	-	-	-
신갈나무	6	5	5	4	5	6	-	-
쪽동백나무	3	5	4	5	6	3	-	-
대사초	4	3	-	2	-	2	2	2
그늘사초	-	-	3	3	3	2	3	4
졸참나무	-	-	-	8	9	8	-	-
작살나무	-	-	-	5	3	4	-	-
물푸레나무	-	-	2	3	-	2	3	-
철쭉꽃	3	2	3	3	4	3	-	-
실새풀	2	3	-	-	-	-	-	-
진달래	-	-	-	-	-	2	5	3
맑은대쑥	-	-	-	-	-	-	3	2
떡갈나무	-	-	-	-	-	-	7	8
둥굴레	-	-	-	-	-	-	-	1

D. 구분표

군단X←	군집A			군집B			군집C	
식생조사표	7	5	1	2	3	6	4	5
굴참나무	8	7	8	-	-	-	-	-
생강나무	4	5	5	1	-	-	-	-
졸참나무	-	-	-	8	9	8	-	-
작살나무	-	-	-	5	3	4	-	-
신갈나무	6	5	5	4	5	6	-	-
쪽동백나무	3	5	4	5	6	3	-	-
철쭉꽃	3	2	3	3	4	3	-	-
떡갈나무	-	-	-	-	-	-	7	8
맑은대쑥	-	-	-	-	-	-	3	2
대사초	4	3	-	2	-	2	2	2
그늘사초	-	-	3	3	3	2	3	4
물푸레나무	-	-	2	3	-	2	3	-
진달래	-	-	-	-	-	2	5	3
실새풀	2	3	-	-	-	-	-	-
둥굴레	-	-	-	-	-	-	-	1

그림 5-9. 식물사회학적 표작업 사례. 위의 과정(그림 5-8)으로 수행한 표작업으로 군집A(굴참나무-생강나무군집), 군집B(졸참나무-작살나무군집), 군집C(떡갈나무-맑은대쑥군집)로 구분되며 군집A와 군집B는 군단X(신갈나무-철쭉꽃군단)에 귀속된다.

을 찾는 과정이다. 이 과정에서 많은 부분표가 생성된다. 즉 형렬의 재배열 과정에서 생기는 모든 표가 부분표가 되는 것이다.

04 최종 구분표(differential table)의 작성 | 구분표는 마지막에 생성하는 부분표를 의미한다. 식생단위의 구분종, 표징종 외에 수반종(companion species), 우연종(accidentatl species)을 아래에 구분하여 기재한다(표 5-2). 최종 구분표는 구분되는 여러 그룹과 식물종 유형으로 구분한 최종적인 표를 의미한다.

05 식생분류체계 상의 식생단위 인식 | 구분된 각각의 그룹들은 군집, 아군집, 군단, 아군단 등과 같은 식생분류체계의 식생단위로 분류할 수 있다. 식생분류체계 상의 식생단위들은 표징종(標徵種, character species)과 어미 변화 등으로 고유의 계급별 단위식생(syntaxon)으로 식별한다(표 1-1 참조). 표징

표 5-2. 식생유형에 대한 진단종군의 다양성(Kim 2004, Kim and Lee 2006)

구분	세부 구분 및 관련 내용
표징종	표징종(標徵種, kennart, character species) | 군집 이상의 상급단위를 특징지으며 신뢰도 3~5 범위의 종
	01 전이표징종(傳移標徵種, transgressive kennart, transgressive character species) | 보다 높은 수준의 식생단위에 대한 표징종은 그 단위에 속하는 낮은 수준의 단위에 대해 구분종이며 전이표징종이라고 함(그림 5-6의 종 ⑨는 군집B의 전이표징종임)
	02 국지표징종(局地標徵種, lokale kennart, local character species) | 특정 식생단위가 나타나는 전체 지역 속에서도 한 장소(지역)에서만 분포가 제한되는 신뢰도를 가지는 종
	03 광역표징종(廣域標徵種, regionale kennart, regional character species) | 특정 식생단위가 나타나는 전체 지역에 대해 신뢰도를 가지지만 그 식생단위의 지역을 벗어난 지역에서도 나타나는 종
	04 부분표징종(部分標徵種, partilelle kennart, partial character species) | 지리적 분포가 명확하지 않은 어떤 특정 식생단위 속에서 특정 지역의 고유종(endemic species)과 같은 아주 작은 한 장소에서 나타나는 종
	05 일반표징종(一般標徵種, general-kennart, general character species) | 어떤 식생단위가 나타나는 전체 면적과 일치하여 신뢰도를 가지는 종
구분종	구분종(區分種, trennart, differential species) | 아군집 이하의 하위단위를 특징지으며 신뢰도는 고려되지 않으며 종의 분포 범위에 대한 정보를 고려함(Westoff and van der Maarel 1973). 군집을 포함한 그 이상의 단위에 대해서도 위구분종 및 지역구분종과 같이 구분하여 특기할 수도 있음
	01 위구분종(僞區分種, 假區分種, klasseneigene trennart, class-differential species) | 하나의 상급단위 속에 사회학적 최적의 분포를 나타내지 않음으로써 표징종은 아니지만 구분종으로 고려되며 동시에 그 최상급단위인 군강의 구분종임. 그 식물종은 본래 다른 군강에 최적분포를 갖는 종임
	02 지역구분종(地域區分種, lokale-trennart, local differential species) | 구분종 가운데 특정 장소(지역)에서만 제한적 또는 특징적으로 나타나는 종임
수반종	수반종(隨伴種, 同伴種, begleiter, companion species) | 표징종과 구분종 이외의 종
	01 항수반종(恒隨伴種, 恒同伴種, konstanter begleiter, constant companion species) | 수반종 가운데 단위식생 속의 모든 식생조사구(relevé)에서 출현하는 종으로 상급단위의 표징종 또는 구분종으로 기여하는 경우가 많음

※ 식생조사구 속에서 높은 피도(被度, cover-abundance)를 나타내는 우점종(優占種) 또는 차우점종(次優占種)은 위의 진단종 그룹과 별개로 식생단위를 특징짓고 기술하는데 이용됨

종과 같은 특징적인 종들은 신뢰도로 구분하는데 Braun-Blanquet(1951)는 1~5의 5계급으로 구분하였다. 3~5는 표징종(5: exclusive species, 4: selective species, 3: preferential species)으로, 2는 수반종과 같은 비구분종(indifferent species)으로, 1은 우연종으로 구분하였다.

06 상재도표(synoptic table) 작성 | 독립된 하나의 식물군집은 식생분류체계 상에서 인식되고 규정되어야 한다. 여러 그룹으로 구분된 식물군집들은 전체 상재도표로 요약하여 이해할 수 있다. 특징적인 식물종들로 이루어진 상재도표는 여러 형태로 나타낼 수 있다(표 6-5 참조). 신뢰도로 이해되는 식물종들의 기여도는 흔히 상재도로 표현하며 계급이나 백분율의 형태로 표기한다. 최종 종합식생표에 상재도보다 개선된 방법인 절대기여도 또는 백분율상대기여도(도움글 3-1 참조)로 표현하기도 한다.

식생분류의 객관성 | 표작업 과정은 다분히 주관적인 부분이 존재하기 때문에 연구자들은 수리적 분류분석 및 서열분석으로 합리적 객관성을 보장받기 위해 노력한다. 특히 연구자들은 현장에서 식생정보와 더불어 다양한 환경정보를 동시에 획득하기 때문에 구별되는 식물군집(식물군락)의 고유 특성들을 정량적으로 이해하고자 직접구배분석 및 간접구배분석의 서열분석을 수행한다. 가장 대표적인 것이 유사도 분석, TWINSPAN, PCoA, DCA, CCA, DCCA, NMDS 등이다. 이에 대한 내용들은 제3장을 참조하도록 한다.

국가 자연생태계 관리에서 식생분류는 중요하고 국가표준적인 기준 마련이 필요하다.

식생분류 | 식생연구의 가장 기본인 식생분류는 자연식생을 비롯한 대상식생(代償植生, substitute vegetation, 인위적인 간섭에 의해 이루어진 식생) 등 지표를 덮고 있는 모든 식생을 대상으로 한다. 식생(고등 관속식물)이 존재하지 않는 지역(암반지역, 깊은 수심지역)에 대해서는 식생분류하지 않지만 현존식생도에서는 비식생 범례로 공간을 구분할 수 있다. 식생분류의 체계 및 관련 방법들에는 생태학적으로 의미있는 내용들을 담고 있어야 한다. 식생구조, 종조성, 생육형 등을 포함한 상관 및 식물상적 범주로 식생분류를 인식해야 한다. 식생분류체계는 위계적 체계(hierarchical system)로 이루어져 있어 거시적 접근은 물론 미시적 접근까지 가능해야 한다. 국가적 수준에서 관련 표준의 완성은 전문가적 토론과 검증(동료검토과정, peer review)을 거쳐 완성해야 한다. 분류체계의 표준은 지속적인 논의가 가능하기 때문에 고정되어 있지 않고 거시적인 일관된 방향으로 수정·보완이 가능한 역동적인 것이다. 이를 위해서는 국가 또는 지역적인 식생 관련 연구기관 또는 전문가들이 긴밀히 연결되고, 식생학적 정보들은 서로 공유하고, 협업하고, 관련 정보들은 데이터베이스되어 있어야 한다.

국가식생분류표준 | 국가식생분류표준(national vegetation classification standard)은 국토를 피복하고 있는 식

생자원의 관리(management)와 보전(conservation)을 위한 기초이다. 이는 표준화되고 과학적 발전과 지속가능한 관리를 목표로 하는데 여러 특성들을 반영해야 한다. 먼저 국가식생분류는 거시적(국가)에서 미시적(지소) 차원에 이르기까지 일관된 접근이 가능한 위계적 체계이다. 사용자는 적용에 적합한 해상도에서 분류의 위계적 수준을 선택할 수 있다. 사용하기 쉬운 국가식생분류체계는 식생분야 전반에 대한 정보공유체계를 형성하여 국가식생산업(환경영향평가 등 포함) 발전은 물론 일관되고 지속가능한 자연생태계 관리를 가능하게 한다. 이를 위한 식생정보의 수집과 분석은 표준화되고 일관성 있게 작성된 식생조사자료(식생조사표)로부터 시작한다. 국가식생분류체계 및 단위식생들은 동료검토과정 등으로 학술적 토론과 검증, 보완으로 신뢰도를 높혀야 한다. 이를 위해서는 국립생태원과 같은 국가기관에서 국가식생평가위원회(가칭)를 두어 이를 실행해야 하지만 미흡한 것이 현실이다. 국가식생분류표준이 완성되는 경우 식생분야 종사자들은 이를 즉각 실무에 적용해야 한다.

국가식생분류체계(표준)의 원칙들 | 우리나라에는 식생학자 간에 세부적인 부분까지 보편적으로 합의된 공통의 식생분류체계가 없기 때문에 식물사회학적 종조성에 의한 식생단위의 추출을 어렵게 한다. 우리나라에는 현재까지 다음의 원칙들을 담은 식생분류체계는 없으며 목표와 원칙에 기초하여 장기간 구체적이고 다각적인 토론과 합의를 거쳐 이를 완성해야 한다. 일반적인 원칙들은 다음과 같다.

01 국가식생분류는 자연환경 보전과 생물자원 관리라는 실용적 목표 하에 표준화된 식생분류체계여야 하며 학술적으로 수정·보완이 지속되어야 한다.

02 지표(수생 포함)에 존재하는 현재의 식생만을 분류해야 하며 잠재자연식생(潛在自然植生, potential natural vegetation)의 분류나 지도화 과정에는 직접적으로 적용할 수 없다.

03 국가식생분류의 골격은 다수준(multi-level)으로 이루어진 위계적(계층적) 체계이다.

04 국가의 식생분류체계는 공간적 규모에 상관없이 위계적으로 적용 가능해야 한다.

05 상위단계는 거시적 수준이며 생육형(growth form), 피도, 구조와 같이 서식처(생태계)로 대분류되는 대기후적 특성을 포함하는 상관(physiognomy)적 특성인 군계(formation) 또는 경관(landscape)에 기초한다. 하위단계는 미시적 수준으로 종조성과 수도(abundance)와 같은 식물상적(floristic) 특성에 기초하고 중간단계는 이들의 조합적 특성에 기초한다.

06 식생분류의 기본인 단위식생은 상관과 종조성의 범주 내에서 식생구조, 생육형, 식물종, 식피율 등과 같은 개별 식물군집에 내재된 속성 및 특성에 기초한다.

07 식생단위들은 그 유형과 수준에 맞는 입지환경의 지리적, 기후적, 지형적, 토양적, 천이적 특성과 같이 생태적으로 의미있는 상관관계에 기초한다.

08 분류되는 모든 식생단위는 식생조사표 정보에 기초하여 서술해야 하며 언제나 이용 가능한 객관적인 공개된 정보로 이루어져야 한다.

09 분류된 모든 식생단위들은 기술 향상, 정보 축적, 시대적 상황 등에 따라 체계화된 동료검토과정을 통해 보다 정교하게 수정, 보완, 갱신될 수 있는 역동성을 갖는다.

10 다른 식생분류나 식생도와 잘 연결되어야 하지만 일반적으로 작성하는 현존식생도의 범례와 항상 일치하지는 않는다.

11 식생분류체계는 반복 적용 가능해야 하고 보편적 일관성이 있어야 한다.

12 일반적인 용어 또는 정확한 학술적 용어를 사용해야 하며 은어 및 모호한 용어(예: 풀, 버들 등)는 사용하지 않는 것이 원칙이다.

13 식생분류체계는 개인이나, 협회, 기관 등에서도 널리 사용할 수 있어야 하고 상충적이거나 혼동적인 개념 또는 방법들은 피해야 한다.

식생분류체계의 위계적 수준 | 국가식생분류에 대한 위계적 인식은 중요하다. 이에 대해 상관 및 구조적 범주, 식물상적 범주로 구분하여 이해할 수 있다(Mueller-Dombois and Ellenberg 1974).

01 상관 및 구조적 범주는 [01]생육형의 진단적 조합, [02]생태적(서식처) 및 역동적 중요성이 유사하거나 식물지리적 분포가 유사한 생육형과 같은 식물종들의 생태적 패턴, [03]생육형의 배열로 인한 구조의 복잡성과 같은 수직적 계층화이다.

02 식물상적 범주는 [01]항상종(constant species), 구분종(differential species), 표징종(character species), 우점종(dominant species)과 같은 특징적인 종들의 진단적 조합(표 5-3), [02]생태적(서식처) 및 역동적 중요성이 유사하거나 식물지리적으로 분포가 유사한 식물종들의 생태적 조합, [03]우점 생육형 또는 계층(상층/하층)에서의 식물종 패턴, [04]유사도 지수와 같은 수리적 연관성이다.

식생분류체계의 적용 범주 유형 | 모든 자연식생에서 식생단위를 정의하는데 상관적(physiognomy) 또는 식물상적(floristic) 범주를 사용한다. 이 범주는 생태학적 및 식물지리학적 관점에서 선택적으로 사용해야 한다. 상관적 범주가 식물상적 범주보다 광역적인 상위적 개념이다. 서식처 요인(기후, 토양 유형 등) 또는 인위적 영향은 식생구조에 반영되어 나타나기 때문에 위계적 식생분류의 적용 항목은 아니며 식생의 속성 해석에 주로 사용한다. 미국의 국가식생분류표준에서 현존식생 분류는 [01]우점 생육형(dominant forms), [02]진단 생육형(diagnostic growth forms), [03]종조성적 유사성(compositional similarity), [04]우점종(dominant species), [05]진단종(diagnostic species)의 5가지 범주를 이용하여 8단계 수준으로 이루어진다(FGDC 2008)(표 5-4)(그림 5-10). 이는 전술의 상관적, 식물상적 범주를 보다 구체적으로 체계화한 것이다. 규모가 큰 상위수준에서 규모가 작은 하위수준으로 구분하여 적용한다. 상위수준(macro-level)은 우점 생육형 및 진단 생육형 범주로 지구(대륙)적 규모인 생물군계(biome) 또는 생태권역(ecoregion) 수준의 식생분류이다. 중위수준(meso-level)은 국가 또는 일부 지방적 수준에서 상위 범주(우점 생육형, 진단 생육형)와 구조적 유사성, 우점종의 범주에 따른

표 5-3. 국가식생분류체계 수준에서 적용되는 진단종(diagnostic species) 개념(FGDC 2008 수정)

구분	특징적인 내용과 개념
우점 생육형 (dominant growth form)	일반적으로 가장 높은 최상층(삼림에서 흔히 교목층)에 가장 높은 식피율을 갖는 생육형
지표 생육형 (indicator growth form)	존재, 풍부 또는 활력이 고려되는 생육형으로 특정 기후 및 서식처 조건을 의미함
표징종 (character species)	피도와 상재도(constancy)에 의해 잘 정의된 하나의 식생단위에서 뚜렷한 최대치를 나타내는 식물종이며 가끔 국지적, 지역적, 일반 지리적 규모로 인식함
구분종 (differential species)	논의되지 않은 다른 군집에서 여전히 더 성공적일 수 있지만 한 쌍 또는 특정 식물 군집 그룹에서 뚜렷하게 나타나거나 성공적인 식물종이며 하나 또는 몇 개의 식물 군집에 제한될수록 구분가치(differential value)는 더 강해짐
항상종 (constant species)	유형을 정의하는 조사구(relevé, plot)에서 높은 빈도로 존재하는 식물종이며 종종 최소 60% 이상의 상재도를 갖는 종으로 정의될 수 있음
우점종 (dominant species)	가장 높은 식피율을 갖는 식물종으로 흔히 가장 높은 우점층(교목층)에 있음. 다른 관점에서 우점종은 생체량(biomass), 밀도, 높이, 식피율 등의 개념으로 정의될 수 있음
지표종 (indicator species)	존재, 풍부 또는 활력이 특정 서식 조건을 나타내는 것으로 간주되는 식물종

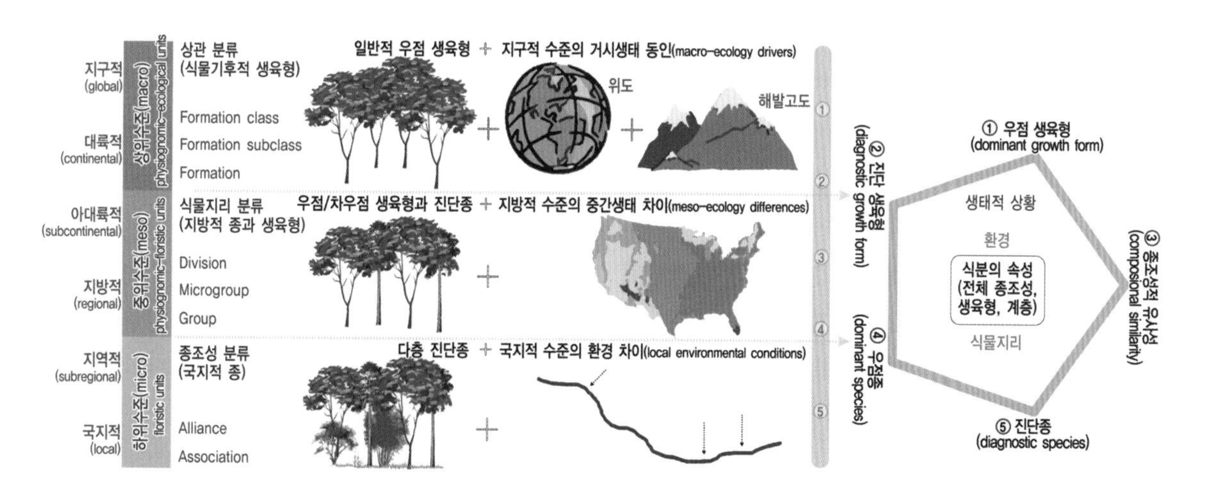

그림 5-10. 미국의 국가식생분류체계 개념. 식생은 5가지 속성(상위수준부터 ①우점 생육형, ②진단 생육형, ③종조성적 유사성, ④우점종, ⑤진단종)으로 구분하며 식물군락적 분류는 하위수준에 해당된다. 상위수준은 거시생태 동인으로, 중위수준은 지방적 수준의 중간생태 차이로, 하위수준은 국지적 수준의 환경 차이에 의해 종조성적 차이로 구분된다.

표 5-4. 미국의 국가식생분류체계 수준 구분(FGDC 2008 요약)

수준별 구분		분류 수준의 특징적인 내용과 개념
1st	Formation class	기본적인 수분, 온도 및(또는) 기질이나 수계 조건에 적응하여 우점하는 일반 생육형의 광범위한 식물 조합(생물군계 수준)
2nd	Formation subclass	지구적 대기후 요인(주로 위도와 대륙적 위치에 영향)을 반영하거나 최우선 기질이나 수계 조건을 반영하는 일반적인 우점과 진단적 생육형의 식물 조합
3rd	Formation	해발고도, 강수량의 계절성, 기질 및 수문적 조건에 따른 지구적 대기후 조건을 반영하는 우점과 진단적 생육형의 식물 조합
4th	Division	중기후, 지질, 기질, 수문 및 교란체계의 대륙적 차이와 종구성의 식물지리적 차이를 반영하는 광범위한 진단 식물 분류군과 우점, 진단적 생육형의 식물 조합
5th	Macrogroup	중기후, 지질, 기질, 수문 및 교란체계의 아대륙적 지역 차이와 종구성의 식물지리적 차이를 반영하는 중간 수준의 진단 생육형과 진단 생육형의 식물 조합
6th	Group	상대적으로 좁은 진단종(우점종, 아우점종 포함) 구성, 광범위한 종조성의 유사성, 중기후, 지질, 기질, 수문 및 교란체계의 식물지리적 차이를 반영하는 생육형의 식물 조합
7th	Alliance	하나 이상의 association(8th)을 포함하고, 종 구성, 서식처 조건, 상관, 진단종의 특징적인 범위를 갖는 식물 조합으로 적어도 하나는 최상층 또는 우세층에서 발견되며, 지방~지역 수준에서의 기후, 기질, 수문, 수분/영양 요인 및 교란체계를 반영
8th	Association	종 구성, 진단종 존재, 서식처 조건 및 상관의 특징적인 범위에 기초하여 정의하며 지형-토양적 기후, 기질, 수문 및 교란체계를 반영

식생분류이다. 가장 정밀한 하위수준(micro-level)은 일부 지역적 또는 지소적 수준으로 상위 4개 범주를 포함한 진단종 범주에 따른 식생분류이다. 이러한 진단종 범주는 식물사회학적 수준의 식생단위 분석과 동일하다.

하위수준에서의 정밀한 표작업과 식생단위 분류 | 우리나라의 식생학은 표작업(table work)으로 식물종 간의 식물사회적 친밀성(phytosociological affinity)을 찾는 과정이 핵심(Becking 1957)인 유럽의 Zürich-Montpellier(Z.-M.)학파의 식물사회학(植物社會學, phytosociology, plant sociology)이다. 미국 국가식생분류의 최하위 단위인 association(8th 수준)(표 5-4)은 유럽의 식물사회학에서 식생분류 기본단위로 규정하는 association(식물군집)과 동일하다. 진단종(diagnostic species)을 찾아 식물군집으로 분류하기 위해서는 방대한 식생자료(식생조사표)를 이용한 표작업으로 가능하다. 표작업은 먼저 식생조사표 간, 다음으로 식물종 간의 친밀성을 찾는 과정에서 진단종(진단종군)을 찾는다(Kim and Lee 2006). 식물군집의 분류는 가장 정밀한 수준이기 때문에 많은 토론과 검증이 요구되는 엄격한 식생분류과정(syntaxonomic process)이다. 이를 위해서는 국가 및 공공기관, 관련 협회의 전문가들로 구성된 별도의 국가식생평가위원회(가칭)에서 그 동안 발표된 식생단위들의 구분

표 5-5. 우리나라 국가식생분류체계와 수준별 적용 개념

수준	개념	식생분류의 주요 인식 인자 및 국내 식생학 규모의 지도화 수준
상위 수준 (macro-level)	군계 (경관)	· 지구적 또는 대륙적 수준에서의 식생 인식과 지도화 · 생물군계(formation or biome) 및 생태권(eco-region) 수준에서의 생육형(growth form)으로 식생(식물종) 인식 · 경관-거시적 수준에서의 생태계 유형(서식환경 기반)과 생물기후적 특성으로 식생 인식 · 경관(landscape) 수준에서 명확히 구분되는 산지, 습지, 경작지 등과 같은 생태계(ecosystem) 구분 · 식물사회학적 분류체계의 아군목(suborder) 이상의 상급단위 수준에서 식생분류(식물 종분류학의 과 family 수준 이상의 단계에 대응)에 적합 · 지도의 축척이 1/100,000 이상인 소축척 지도 및 광범위 공간규모에 적합 · 사례 | 현재 환경부 토지피복분류도 수준에서의 삼림식생분류(현재 침엽수, 활엽수, 혼효림으로 3개로 분류) 사업 등에 활용 가능
중위 수준 (meso-level)	상관-종조성	· 국가적(중국, 미국과 같이 국토면적이 큰 경우에는 적용되는 수준이 다를 수 있음) 또는 지방적, 일부 지역적 수준에서의 식생 인식과 지도화 · 대륙-해양성 기후 또는 지방적 중기후와 토양환경 등에 대응한 생물지리적 식물종(식생) 인식 · 식생(생태계) 구조의 유사성에 의한 상관(또는 주요 진단식물종)으로서의 식생 인식이며 상관식생형(physiognomy type), 식생유형(vegetation type)으로 구분 · 식물사회학적 분류체계에서 흔히 군단(alliance) 또는 아군단(suballiance) 수준에서의 식생분류(식물 종분류학의 속 genus 수준의 단계에 대응)에 적합 · 지도의 축척이 1/25,000, 1/50,000인 중축척 지도 및 넓은 공간규모에 적합 · 사례 | 환경부 전국자연환경조사에서의 삼림식생분류 사업 등에 활용 가능
하위 수준 (micro-level)	종조성	· 일부 지역적 및 국지적 수준에서의 식생 인식과 지도화 · 지역 및 국지적 수준에서 토양환경 및 미·소기후 등에 대응한 식물종(식생)의 인식 · 식물사회학적 종조성(특히 진단종)으로 식물군집 단위의 식생 구분 · 식물사회학적 분류체계에서 군집 이하 수준에서의 식생분류(식물 종분류학의 종 species 수준 이하의 단계에 대응)에 적합 · 지도의 축척이 1:5,000 이하인 대축척 지도 및 국지적 공간규모에 적합 · 사례 | 각종 자연환경조사 및 환경영향평가 관련 조사 등에 활용 가능

과 검증, 재정립 등 관련 내용들을 집대성(식물군집과 식물군락들을 포함한 위계적 식생분류체계 확립)하는 과정이 필요하다.

우리나라 식생분류체계 제안 | 우리나라 식생연구의 객관화 및 표준화를 위해서는 잘 짜여진 국가식생분류체계가 필요하지만 통용되는 체계의 부재는 현실이다. 정밀한 하위수준에서는 많은 노력과 논의가 필요하지만 상위수준 및 중위수준에서는 비교적 명료하게 체계화될 수 있다. 특히 중위수준에서

의 우리나라 국가식생분류체계의 확립은 환경부의 전국자연환경조사(현재 제6차: 2024~2028)에서 기재된 식물군락의 목록과 속성, 면적 분석 등으로 구체화할 수 있다. 우리나라 국가식생분류체계는 국가의 공간 규모를 고려하여 군계(formation)-상관(physiognomy)-종조성(floristic compositon)의 위계적 구분으로 적용할 수 있다. 상위 또는 중위수준인 군계-상관(상관적 식생형 physiognomic vegetation, 식생유형 vegetation type) 수준에서는 학술적, 사회적 합의가 비교적 용의하다(표 5-5). 우리나라는 넓은 국토면적을 가진 미국의 국가식생분류체계와 다른 수준으로 적용해야 하고 최하위단위는 식물군집(식물군락)으로 동일하게 적용한다. 위계 수준에 따라 사용하는 지도의 축척은 달라질 수 있다. Kim and Lee(2006)는 우리나라 식생분류체계를 12개의 군계형과 49개의 상관식생으로 구분하는 것을 제안했다. 현재 환경부의 전국자연환경조사 및 내륙습지조사에서 현존식생도 상관명은 보다 많은 유형으로 분류하고 있어(제5차 전국자연환경조사 결과 19개 대분류, 1,710개 식생유형)(부록 참조) 식생학자들 간의 심도있는 합의를 통한 공통된 체계 마련이 필요하다.

설악산국립공원(인제군). 설악산국립공원은 식생이 잘 보전된 국가생물다양성 핵심지역이다. 이 곳에는 다양하고 희귀한 보전가치가 높은 식물 및 식생자원이 분포한다. 국가에서는 이 지역을 포함한 국토 전체 식생자원에 대한 위계적 식생분류체계표준 마련과 더불어 표준화가 필요하다.

2. 현장 식생조사

식생학적 조사와 분석은 비용-효율성을 고려하고 현지 식생조사표에 기초해야 한다.

식생의 분석 대상 | 자연환경조사 및 환경영향평가에서 식생의 분석 대상은 식물이 분포하는 전체 지표공간으로 자연식생(natural vegetation)과 인공식생(artificial vegetation) 모두 포함한다. 자연식생은 삼림, 습지 등에서 자연적으로 형성된 식물군락이다. 인공식생은 사람에 의해 형성 또는 유지되는 식물군락으로 산지 녹화의 조림식생(식재림)과 묘포장, 과수원 등과 같은 관리식생이다. 특히 환경영향평가에서는 수목이 우거진 다층의 삼림(숲) 식생자원을 주요 분석 대상으로 하기 때문에 이를 중심으로 서술한다.

환경영향평가에서의 식생조사와 숲의 개념 | 식물사회학적 학술 조사·연구에서는 식생이 분포하는 모든 식생유형(교목식생, 관목식생, 초본식생, 터주식생 등)에 대해 식생조사표를 획득하는 것이 보편적이지만 환경영향평가에서는 흔히 숲(삼림 森林, forests)에 대해서만 식생조사표를 획득한다. 이는 환경영향평가에서 대표 식생조사표를 근거로 훼손수목을 추정하기 때문이다. 숲에는 자연숲(자연식생)과 인공숲(인공식생)이 있다. 환경영향평가에서는 산지와 습지 등에 산재하는 자연숲을 대상으로 조사하지만 조림한 인공숲을 포함한다. 이는 인공숲에 대해서도 훼손수목을 산정하기 때문이다. 자연림에서 '숲'이라는 개념은 교목층, 관목층, 초본층으로 이루어진 3층 이상의 다층구조를 가지는 삼림으로 인식한다. 산불지 또는 벌목지에서 식생고가 5m 이하의 관목층이나 억새와 싸리 등으로 이루어진 초본층이 우세한 식분(植分, 임분 林分, plant stand)은 온전한 삼림의 숲으로 인식하지 않는다. 초본식생이 우세한 식생도 숲으로

그림 5-11. 식생의 계층구조별 유형. 계층의 발달에 따라 좌에서 우로 교목층-아교목층-관목층-초본층의 삼림식생(계반림, 의왕시), 관목층-초본층의 관목식생(곰솔림, 양양군), 초본층의 초본식생(사구식생, 부산시)으로 구분할 수 있다. 식생유형별 계층 구분은 현장 조사자의 판단에 따른다.

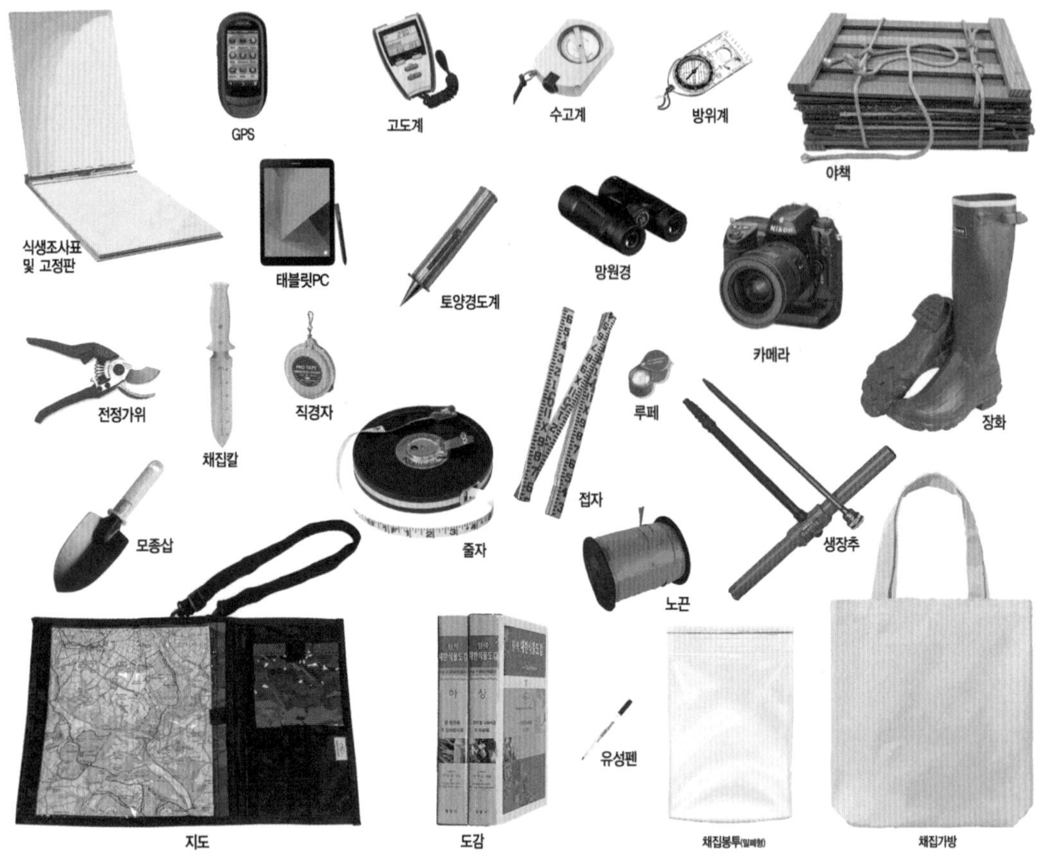

그림 5-12. 식생조사에 필요한 다양한 장비들. 식생조사에는 다양한 장비들이 필요하며 조사의 목적과 방향에 따라 선별적으로 선택해야 한다. 이 외에도 거리측정기, 드론 등 다른 장비들이 필요할 수 있다.

인식하지 않는다(그림 5-11). 모호하거나 보다 구체적인 것은 조사자의 현장 판단에 따라 결정하는데 합당한 근거에 기초해야 한다.

식생조사 장비들 | 식생조사를 수행하는 조사의 목적와 방향에 따라 다양한 장비가 요구된다(그림 5-12). 일반적으로 식생조사표(종이, 태블릿PC 등), 지도, 채집가방, 채집봉투, 망원경, 전정가위, 채집칼, 직경자, GPS, 방위계, 고도계 등이 필요하다. 방형구 조사를 수행하는 경우에는 방형구 설치 장비들(줄자, 노끈, 말뚝 등)이 필요하다. 수령을 측정하는 경우에는 생장추가 필요하고 이 외에도 거리측정기, 드론, 토양경도계 등이 필요할 수 있다. 수생식물을 조사하기 위해서는 가슴장화, 수심측정기, 수질측정기, 유속측정기 등이 필요할 수 있다. 식물표본을 위해서는 채집장비(전정가위, 채집칼 등), 채집가방, 채집봉투, 야책 등이 필요하다(그림 4-6 참조).

식생조사표 획득의 일반적 원칙 | 일반적으로 식생조사표는 현존식생도에 구분된 [01]범례별로 1개 이상을 획득해야 한다. 일정 면적 이상이면 다수의 식생조사표를 획득하여 대표성을 더욱 강화한다. 현존식생도는 식물사회학적 식생단위적 분류보다 상위의 개념으로 하나의 범례에는 [02]종조성이 다른 여러 식물군락들이 포함될 수 있기 때문에 다수의 식생조사표를 획득하는 것이 바람직하다. 예를 들어 신갈나무 우점림(신갈나무 우점군락) 속에는 신갈나무군락, 신갈나무-굴참나무군락, 신갈나무-소나무군락 등이 포함될 수 있다. 계곡림 속에는 층층나무군락, 고로쇠나무군락, 느릅나무군락, 굴피나무군락 등이 포함될 수 있다. 특히 동일한 식물군락으로 분류되지만 [03]식생보전등급이 다르게 판정되는 식분의 경우에는 식생조사표를 별도로 확보해야 한다.

환경영향평가에서 식생조사표의 수 | 식생조사표는 조사 대상지역 식생의 상관적 유형에 따라 적절한 수량으로 수집한다. 학술조사에서는 원칙적으로 상관적 유형(삼림, 습생초지, 건생초지, 노방식생 등)에 따라 우점 식물군락 기준 최소 1개 이상의 식생조사표를 획득한다. 상관적 유형도 여러 개의 식물군락으로 세구분될 수 있다. 하지만 환경영향평가에서는 다층으로 이루어진 삼림식생을 대상으로 조사하기 때문에 임연성식생, 관목형식생, 초지형식생, 경작지식생 등 보전가치가 낮은 숲이 아닌 식생유형은 식생조사표를 수집하지 않아도 무관하다. 조사지역 식생의 자연성(예: 식생보전등급)을 파악할 수 있도록 삼림의 식물군락 유형별로 1개 이상의 식생조사표를 수집한다. 우점-차우점의 2종에 의해 서로 다른 식물군락으로 명명된 경우(예: 소나무-신갈나무군락과 신갈나무-소나무군락)에는 각각의 식물군락에 대해 별도 식생조사표를 수집하는 것을 권장하지만 근거를 제시하고 2개 식물군락 중 1개의 식물군락에서 식생조사표를 수집해도 무방하다. 환경영향평가에서 동일 식물군락(우점-차우점의 2종에 의한 상이한 식물군락 명명 포함)의 규모가 100,000㎡ 이상일 경우에는 1개/100,000㎡ 기준으로 식생조사표를 추가하는 것을 권고한다. 또한 보전가치가 높은 특이식생은 면적과 무관하게 식물군락 유형별로 1개 이상의 식생조사표를 수집할 수 있다. 일반적으로 환경영향평가에서 식물군락 표현의 최소면적은 2,500㎡이지만 조사 대상지역에 산지습지 및 우수식생이 존재하는 경우에는 보다 작은 면적을 기준으로 정밀식생조사를 수행하여 식생조사표를 획득할 수 있다.

학술적 식생분류를 위한 식생자료의 수량 | 학술적인 식생분류를 위한 정보의 편차 최소화와 객관적인 규명을 위해서는 많은 식생자료수가 필요하다. 종수-면적의 상호관계처럼 종수-식생자료수를 고려한 최소식생자료수(minimum number of relevé)가 존재하며 종급원(species pool) 및 식생분류체계의 계급수준에 따라 차이가 있다(Kim and Lee 2006). 초본식생보다는 목본식생에서, 하급단위(군집, association)보다는 상급단위(군단, alliance)에서, 종급원이 더 풍부한 식생에서 더 많은 식생자료가 필요하다. 우리나라 냉온대림에서 정형(formal)의 식생단위 분류에 필요한 최소식생자료수는 군집이 50개, 군단은 100개인 것으로 밝혀진 바 있다(Kim 1992).

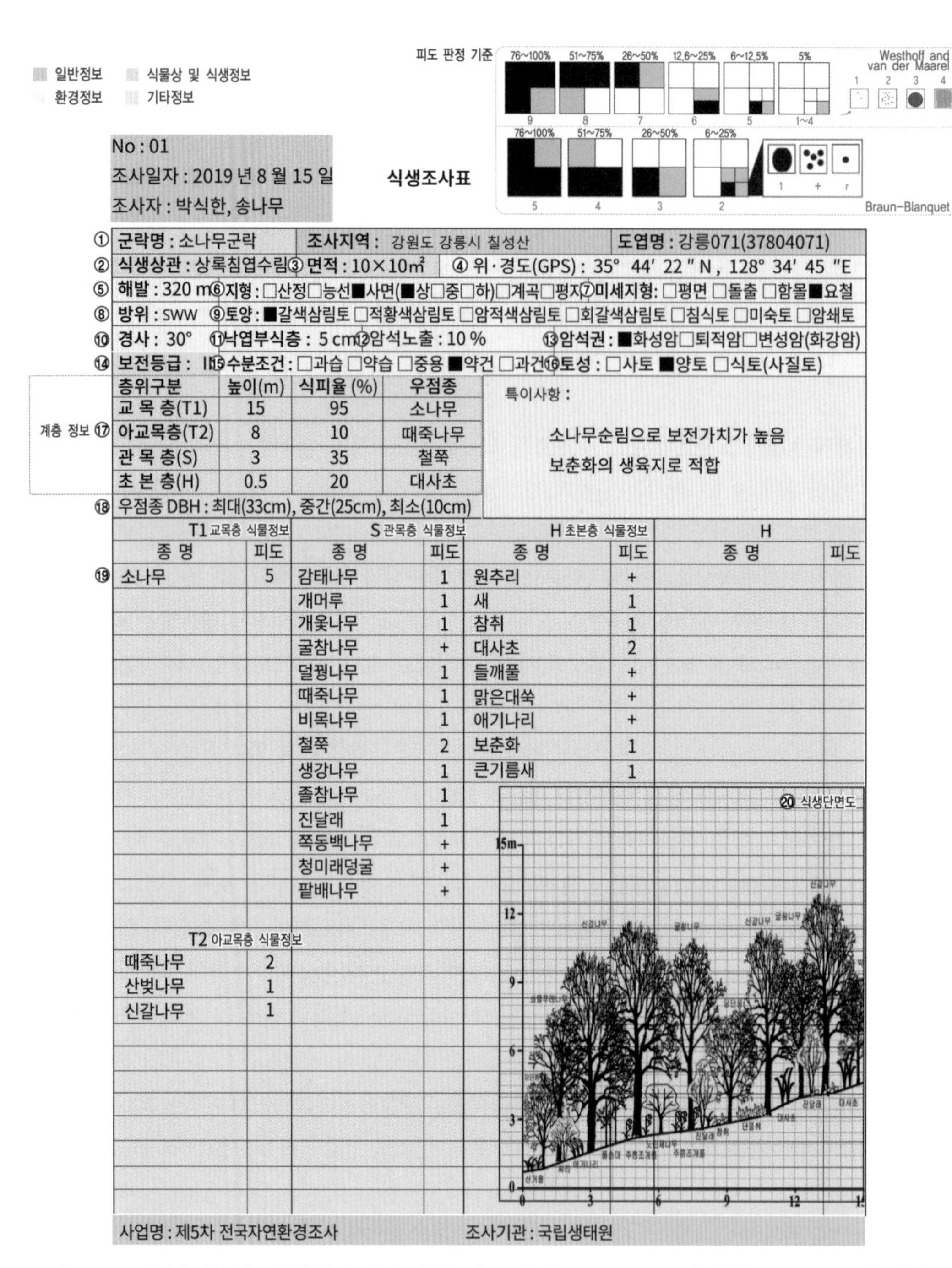

일반정보 식물상 및 식생정보
환경정보 기타정보

피도 판정 기준

76~100%	51~75%	26~50%	12.6~25%	6~12.5%	5%
9	8	7	6	5	1~4

Westhoff and van der Maarel: 1 2 3 4

76~100%	51~75%	26~50%	6~25%			
5	4	3	2	1	+	r

Braun-Blanquet

No : 01
조사일자 : 2019 년 8 월 15 일
조사자 : 박식한, 송나무

식생조사표

① 군락명 : 소나무군락 | 조사지역 : 강원도 강릉시 칠성산 | 도엽명 : 강릉071(37804071)
② 식생상관 : 상록침엽수림 ③ 면적 : 10×10㎡ ④ 위·경도(GPS) : 35° 44′ 22″ N , 128° 34′ 45 ″E
⑤ 해발 : 320 m ⑥ 지형 : □산정□능선■사면(■상□중□하)□계곡□평지 ⑦ 미세지형: □평면 □돌출 □함몰■요철
⑧ 방위 : SWW ⑨ 토양 : ■갈색삼림토 □적황색삼림토 □암적색삼림토 □회갈색삼림토 □침식토 □미숙토 □암쇄토
⑩ 경사 : 30° ⑪ 낙엽부식층 : 5 cm ⑫ 암석노출 : 10 % ⑬ 암석권 : ■화성암□퇴적암□변성암(화강암)
⑭ 보전등급 : II ⑮ 수분조건 : □과습 □약습 □중용 ■약건 □과건 ⑯ 토성 : □사토 ■양토 □식토(사질토)

계층 정보 ⑰

층위구분	높이(m)	식피율 (%)	우점종
교 목 층(T1)	15	95	소나무
아교목층(T2)	8	10	때죽나무
관 목 층(S)	3	35	철쭉
초 본 층(H)	0.5	20	대사초

⑱ 우점종 DBH : 최대(33cm), 중간(25cm), 최소(10cm)

특이사항 :
소나무순림으로 보전가치가 높음
보춘화의 생육지로 적합

⑲

T1 교목층 식물정보 종 명	피도	S 관목층 식물정보 종 명	피도	H 초본층 식물정보 종 명	피도	H 종 명	피도
소나무	5	감태나무	1	원추리	+		
		개머루	1	새	1		
		개옻나무	1	참취	1		
		굴참나무	+	대사초	2		
		덜꿩나무	1	들깨풀	+		
		때죽나무	1	맑은대쑥	+		
		비목나무	1	애기나리	+		
		철쭉	2	보춘화	1		
		생강나무	1	큰기름새	1		
		졸참나무	1				
		진달래	1				
		쪽동백나무	+				
		청미래덩굴	+				
		팥배나무	+				

T2 아교목층 식물정보	
때죽나무	2
산벚나무	1
신갈나무	1

사업명 : 제5차 전국자연환경조사 조사기관 : 국립생태원

그림 5-13. 전국자연환경조사에서의 현지 식생조사표 사례(NIE 2019 수정). 환경정보(④~⑬, ⑮, ⑯)와 식생-식물상(①~③, ⑭, ⑱~⑳) 및 계층(⑰)에 관한 정보는 20개(특이사항 제외) 내외이다. 하지만 환경영향평가에서 식생조사표(그림 1-23 참조)는 환경부 자연환경조사에 비하면 상대적으로 간단한 구조로 되어 있고 조사 시간과 조사자의 서명을 기입하도록 한다. 위의 식생단면도는 해당 식물군락과 다른 사례이다.

현지 식생조사표의 정보 | 조사지역의 전체 식생 현황에 대해 사전 검토된 조사경로와 조사방법에 따라 현지조사를 실시한다(그림 1-17 참조). 현지조사는 식생조사표를 토대로 실시한다(그림 5-13)(그림 1-23 참조). 식생조사표는 현지조사표, 야장(野帳, field note), relevé, aufnahme 등 여러 용어로도 사용된다. 식생조사표는 크게 [01]일반정보(general data), [02]환경정보(environmental data), [03]식물종 및 식생정보(floral and vegetational data), [04]단면구조(transect structure), [05]기타 정보로 이루어져 있다.

01 일반정보는 조사구 번호, 조사일자, 조사자, 조사기관, 행정구역 등이며 조사 목적에 따라 항목을 추가 또는 변경할 수 있다. 환경영향평가에서 거짓·부실조사를 방지하기 위한 목적으로 조사시작과 조사종료 시간, 조사자 및 동정자 서명을 기입하도록 하는 것이 대표적 사례이다.

02 환경정보의 종류는 다양하다. 현장에서 기록하는 일반적인 환경정보는 위·경도 좌표, 해발고도, 방위, 경사, 암석노출, 토양층, 토성, 지형적 공간 위치 등이다. 이 외에도 하천식생조사에서는 하천단면위치, 토양의 수분조건, 수심 등이 추가될 수 있다(그림 5-34 참조).

03 식물종 및 식생정보는 식물사회성을 파악하기 위한 식생조사표의 가장 핵심적인 내용이다. 조사 식분에서 계층화된 식생구조를 파악하고 구분된 계층별로 출현 식물종에 대한 질적(목록), 양적(피도) 정보를 기록한다. 일부 생활사 정보(fl. fr. 등)를 별도 기록하기도 한다.

04 단면구조(식생단면도)는 방형구에서 임의의 두 점을 잇는 단면선에 놓인 대표적 식생구조를 현실감 있게 표현한 것이다. 모눈종이 등에 축척을 고려하여 실제와 유사하도록 작성할 수 있다.

05 기타 정보는 조사 식분 및 주변 일대에서 식물생육 및 발달에 영향을 주는 교란요인 등을 기재한다. 예를 들어 맹아지를 형성하고 있거나 간벌 등이 일어났을 경우 맹아지의 수 또는 그루터기의 존재, 간벌 추정 시기, 소나무재선충 발병 여부 등에 대해 구체적으로 기록한다.

식생연구자의 역량 | 현장식생조사를 수행하는 연구자는 균질하고 온전한 환경과 종조성을 갖는 올바른 식생조사구를 선정해야 한다. 잘못 선정된 식생조사구에는 식생정보(종조성 및 환경)의 이질성과 불완전성을 갖기 때문에 식생분류 및 식생해석 등에 많은 오류를 초래한다. 이러한 경우 출현1회 또는 우연종(accidentatl species)의 구성비가 증가하고 1% 이상의 상대기여도(r-NCD)(도움글 3-1 참조)를 갖는 식물종이 감소한다(Kim and Lee 2006). 따라서 숙련되지 않은 식생연구자는 현장조사 이전에 연구대상 지역 및 식생에 대한 충분한 사전 검토와 관련 지식의 습득, 반복훈련 등이 필요하다.

종동정 및 필기도구 | 식생조사구 내에 모르는 식물종을 파악하기 위해서는 식물표본이나 영상자료를 확보하여 실내에서 도감 등을 이용하여 동정한다. 종동정에는 식물종의 분류적 특질(잎에 털의 유무 등) 파악이 중요하며 해부현미경(dissecting or anatomic microscope) 또는 휴대가 용이한 확대경의 일종인 루페(loupe)를 주로 이용한다. 부득이한 경우 망원경(쌍안경)을 반대(대물렌즈에서 접안렌즈 방향)로 해서 식물표본을 보면 루페

와 같은 역할을 한다. 고정받침판이 있는 종이에 기록할 경우 필기도구는 볼펜보다는 2B연필이 우천 시에 기록이 보다 유리하다(Kim and Lee 2006).

현지 식생조사표 작성 과정 | 현장식생조사(삼림 기준)는 식생조사표에 정보를 기록하고, 영상자료를 확보하고, 필요한 경우 식물표본을 채집하는 다음과 같은 과정들이다. 소요되는 시간은 식생유형 및 식물표본 채집 여부, 출현식물상 정도 등에 따라 상이하며 10~60분(흔히 20분 내외) 정도 소요된다.

01 현장 조사자는 3인1조가 좋지만 최소 2인1조(책임, 일반)로 구성하도록 한다. 책임조사자는 현장조사를 주도하고 일반조사자는 식생조사표를 기록하는 보조 역할을 한다. 책임조사자는 측정한 각종 정보를 큰소리로 말하고 일반조사자는 복명복창하면서 기재하면 오기를 줄일 수 있다.

02 책임조사자는 균질한 환경조건과 종조성을 갖는 임의의 식물군락과 지점을 선정하고 현장조사를 시작한다. 일반조사자가 식생조사표에 정보를 기록하기 전에 책임조사자는 조사지점에 대한 간략한 개요(어디를, 어느 방향으로 조사할 것인지 등)를 보조조사자에게 설명하는 것이 좋다.

03 먼저 조사지점의 식생구조를 파악하고 계층별 식생고와 식피율을 측정한다. 가장 높은 계층인 교목층에서 지표의 초본층 방향 순으로 측정, 기록한다.

04 계층별로 출현식물종을 우점 순서대로 식생조사표에 목록화하고 각 식물종의 피도값을 기록한다. 종명이 불분명한 미동정종은 임의 이름(사초과 sp., 돌배나무 sp. 등)으로 기록한다(그림 1-23 참조). 필요한 경우 식물표본을 한다. 조사자는 조사지역을 지그재그 또는 소라집 모양으로 이동하면서 면밀히 조사한다. 출현식물종은 성장한 개체와 어린 개체 모두를 기록한다.

05 계층별 우점종을 기록하고, 최상위 교목층 우점 수목의 흉고직경(최대, 평균, 최소)을 기록한다.

06 최소면적을 고려한 조사 식분에 포함된 식물상을 모두 반영하여 기록하였다면 조사구면적을 기록한다(환경영향평가 대상 조사에서는 흔히 10m×10m의 면적).

07 조사구면적 내의 교목층 또는 아교목층에 생육하는 수목종에 대해 개체수를 기록한다(주로 환경영향평가 대상 조사). 이는 훼손수목을 추정하기 위함이다.

08 일반조사자는 일반정보, 지리좌표, 지형 등 기록 가능한 정보를 책임조사자가 조사하는 사이의 시간을 이용하여 스스로 기재하고, 책임조사자는 방위, 경사도, 토양조건 등과 같은 각종 환경정보를 측정하여 일반조사자에게 기록하도록 한다. 이 과정에서 오기를 차단하기 위해 정보의 기재에 책임조사자와 일반조사자 간에 상호 소통하도록 한다.

09 일반조사자는 조사구면적을 고려하여 조사지점 식분을 대표할 수 있는 두 점을 잇는 횡단선을 긋고 축척을 고려하여 사실감 있도록 군락단면모식도를 작성한다(책임조사자와 소통).

10 조사자는 카메라로 각종 현장 영상자료(주요종, 근경, 임상, 임관 등)를 확보한다(그림 6-9 참조). 영상자료는 조사지점의 지형, 식생구조, 진단종 및 중요종, 생태·동태적 요소, 관리적 요소 등의 특성들이다.

11 기타 특이사항(벌목, 교란 등)을 기록한다.

12 책임조사자는 일반조사자가 식생조사표에 기재한 내용의 누락, 오기 등을 최종 확인한 후 수정·보완 사항이 없으면 해당 지점에 대한 식생조사를 종료한다.

계층 구분과 정보 | 식생구조에서 계층(층상구조, stratification)은 흔히 교목층(tree layer), 아교목층(subtree layer), 관목층(shrub layer)(또는 제1관목층, 제2관목층), 초본층(herbaceous layer)(또는 제1초본층, 제2초본층), 이끼층(moss layer)으로 구분한다(그림 5-15, 5-22 참조). 우리나라 삼림식생은 교목층(10m 이상), 아교목층(5~10m), 관목층(1.5~5m), 초본층(흔히 1~1.5m 이하)의 4층 또는 아교목층이 결여된 3층으로 구분하는 것이 일반적이다. 관목층의 경우에 키가 큰 제1관목층(2.5~5m)과 키가 작은 제2관목층(1.5~2.5m)으로 구분하기도 한다. 초본식생 조사에서도 키가 큰 초본식생의 경우에는 2층으로 구분하기도 한다. 계층별 높이는 식분에 따라 가변적일 수 있다. 우리나라의 일반적인 식생조사에서는 이끼층을 기록하지 않지만 특이사항에 기록하면 식생 특성 해석에 도움이 된다. 수직적인 식생구조인 계층에 대해서는 층별 식생고(植生高, vegetation height)와 더불어 계층별 식피율(植被率, 피도 被度, cover, coverage), 우점종을 기재한다. 구분된 각 계층에 출현하는 모든 식물종에 대해서는 식물종 목록의 질적 정보와 피도계급(표 5-6, 5-7 참조)에 따른 양적 정보를 기록한다.

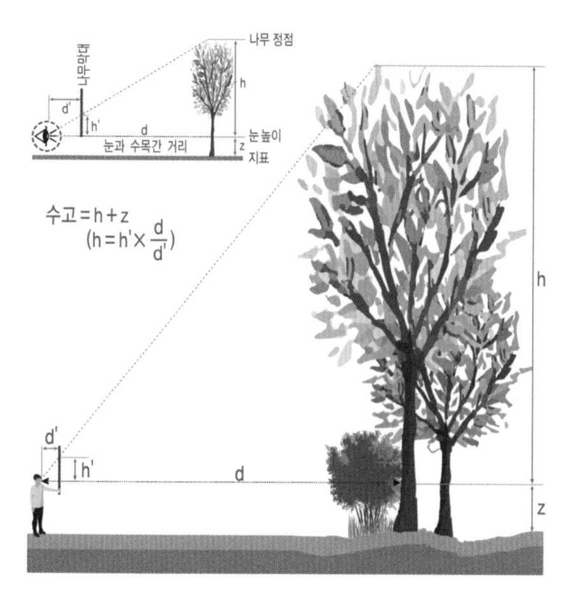

그림 5-14. 개활지에서 수고 측정 방법. 나무막대를 이용한 사례이다. 눈 높이를 기준으로 측정하며 지표의 높이가 연구자와 같다. 다를 경우 지표와의 차이를 가감해야 한다.

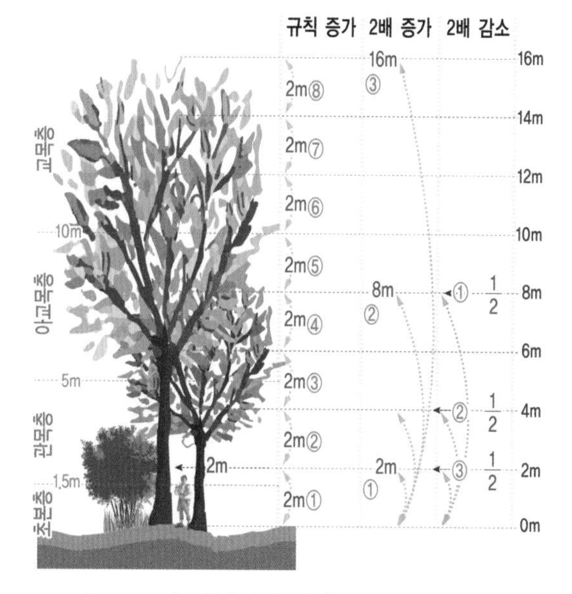

그림 5-15. 숲 내부에서 식생고 측정 방법. 연구자는 규칙 증가, 2배 증가, 2배 감소의 3가지 유형 중에 현장 여건을 고려하여 식생고를 측정한다. 원글자는 순서를 의미한다.

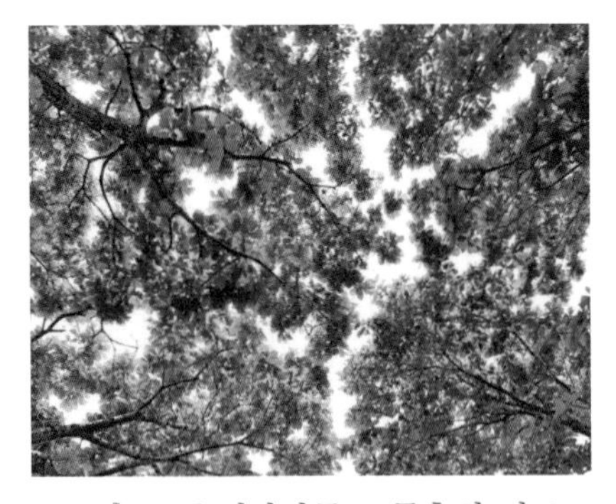

그림 5-16. 신갈나무 교목층의 피도(70%, 양산시, 원효산). 피도는 흔히 공중피도(그림 3-3 참조)로 측정하는데 아래에서 위를 본 숲틈으로 추정하면 된다.

A. 수관 유형별 식피율

40%

45%

50%

55%

60%

65%

70%

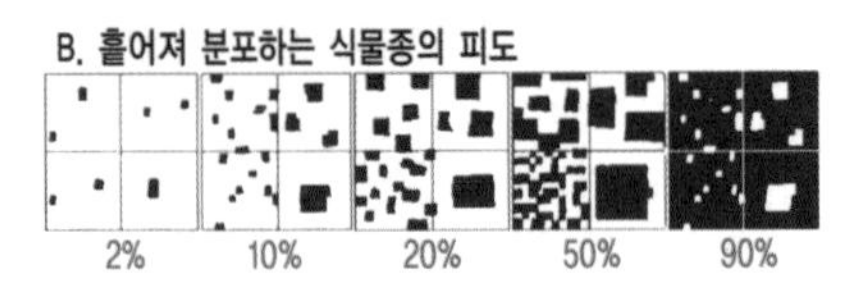

그림 5-17. 수관 유형별 식피율(A)과 흩어져 분포하는 식물종의 피도(B) 산정(McDonald et al. 1990). 식물종에 따라 수관의 식피율이 다르고 숲바닥에 흩어져 분포하는 식물종의 피도 산정은 반복훈련으로 정확도를 높일 수 있다.

식생고(수고)의 측정 | 식생의 층상구조에서 수목의 높이(식생고)를 측정해야 한다. 흔히 수목의 높이를 정밀하게 측정하기 위해서는 수고측정기 또는 측고계(clinometer or hypsometer)를 사용한다. 요즘은 스마트기기에서도 측정이 가능한 어플들이 있어 유용하다. 수목의 높이를 측정하는 방법은 여러가지가 있다. 조사자와 측정 대상 수목과의 거리, 수목 정점의 높이와 각도, 수목 기저 지표면과의 각도 등의 값을 토대로 삼각함수(삼각측량) 원리를 이용하여 계산하는 것이 가장 일반적인 방법이다(기타 경사계 이용, 그림자 비교, 나무막대 이용 등의 방법이 있음)(그림 5-14). 독립적으로 자라는 개체를 측정하는 것은 쉽지만 다양한 개체들이 어우러진 숲 내부에서 수고를 정확히 측정하는 것은 어렵다. 가장 간단한 교목층의 높이 측정은 대상 수목을 선정한 다음 지표에서 목측으로 [01]일정 단위길이(예: 2~4m) 만큼 규칙적으로 증가시키면서 추정하거나, [02]단위길이(예: 2m)를 2배씩 증가시키면서 추정하거나, [03] 길이를 2배씩 감소시키면서 추정하는 방법이 있다. 기준 단위길이는 연구자의 키높이를 감안하여 2m 높이로 하는 것이 좋다. 그림 5-15에서 규칙 증가는 2m 단위길이를 8번 수행했기 때문에 수고는 16m이다. 2배 증가는 2m 단위길이를 측정하고, 2배인 4m 위치를 파악하고, 다시 2배인 8m와 정점이 그 2배에 해당되기 때문에 수고를 16m로 추정할 수 있다. 2배 감소는 정점에서 ½ 지점을 파악하고, 그 지점에서 다시 ½ 지점을 파악하는 방식으로 높이를 측정하는데 ½을 3번 수행한 높이가 2m이기 때문에 수고를 16m(2m×2×2×2)로 추정할 수 있다. 초본층은 꽃대의 높이보다 줄기 또는 잎의 높이로 결정할 수 있다.

식물종 피도, 생육 특성 등의 기재 | 식물종의 양적 정보 측정에 과거에는 군도(群度, sociality)와 피도를 동시에 사용했지만 현재는 피도만을 사용한다. 또한 식물종의 생활사(life cycle) 및 활력도(vitality)에 대한 정보를 기재할 수도 있다. 현장조사에서 식물종 뒤에 유목(치수, 어린나무)은 Ju.(Juvenile), 개화한 경우는 Fl.(Flowering), 결실한 경우는 Fr.(Fruiting), 비생식 단계는 v.(vegetative) 등으로 괄호 안에 기재할 수 있다. 활력도는 그 정도에 따라 4~5개 기호(●, ◎, ○ 등)로 구분하여 기재한다. 피도

의 측정은 기저피도(basal cover)와 공중피도(aerial cover)가 있지만 주로 공중피도를 사용한다(그림 3-3 참조). 숲 내부에서는 공중피도를 측정하기 어렵기 때문에 조사자는 지표에서 숲지붕 방향으로 본 숲틈의 양으로 피도를 측정할 수 있다(그림 5-16, 5-17). 숲에서 교목층의 수관 식피율은 식물종 및 생육환경 등에 따라 상이하다(그림 5-17의 A). 피도값은 지점과 시간에 따라 다르고 눈으로 측정하기 때문에 조사자 간에 편차가 존재한다. 특히 지표의 초본식물들은 개체들이 흩어져 분포하는 특성으로 숙련되지 않은 조사자

표 5-6. 식물종 피도계급과 범위의 다양한 방법(Westhoff and van der Maarel 1973, Barbour et al. 1998)(그림 5-17 참조)

Braun-Blanquet		Domin-Krajina		Daubenmire		Westhoff and van der Maarel	
계급	범위(%)	계급	범위(%)	계급	범위(%)	계급	범위(%)
5	75~100	10	100	6	95~100	9	75~100
4	50~75	9	75~99	5	75~95	8	50~75
3	25~50	8	50~75	4	50~75	7	25~50
2	5~25	7	33~50	3	25~50	6	12.5~25
1	1~5	6	25~33	2	5~25	5	5~12.5
+	〈1	5	10~25	1	0~5	4	〈5(풍부)
r	〈〈1	4	5~10			3	〈5(다수-저피도, 소수-고피도)
		3	1~5			2	〈5(가끔)
		2	〈1			1	〈1(소수)
		1	〈〈1				
		+	〈〈〈1				

표 5-7. 조사구 내의 출현 식물종의 피도 판정 기준(Kim and Lee 2006)(그림 5-13 참조)

통합우점도(Braun-Blanquet 1965)				변환통합우점도 (Westhoff and van der Maarel 1973)
계급		수도(abundance)	피도범위(cover range)	
r		한 개 또는 수 개의 개체	고려하지 않음	1
+		다수의 개체이며	조사구 면적의 5% 미만	2
		어떤 경우에건 조사구 면적의 5% 미만		
1		많은 개체이면서	매우 낮은 피도	3
		보다 적은 개체수이면서	보다 높은 피도	
2		매우 풍부하며 피도 5% 미만 또는 조사구 내에서 피도 5~25%		4
	2m	매우 풍부		
	2a	수도를 고려하지 않으며	5~12.5%	5
	2b	수도를 고려하지 않으며	12.5~25%	6
3		수도를 고려하지 않으며	25~50%	7
4		수도를 고려하지 않으며	50~75%	8
5		수도를 고려하지 않으며	75~100%	9

는 피도 판정이 어렵다(그림 5-17의 B). 따라서 수관의 식피율 및 식물종별 피도를 판정하는 연구자는 지속적인 반복훈련으로 정확도를 높여야 한다. 조사자는 자신이 좋아하거나 개화한 식물의 피도를 과대 추정하거나 다른 식물을 과소 추정하는 경향이 있지만 반복훈련은 매우 효과적이다. 피도는 조사자 간의 허용범위를 고려하여 순차적 계급인 서열척도(ordinal scale)로 구분 기재한다. 우리나라 자연환경조사 및 환경영향평가의 식생조사에서는 Braun-Blanquet(1965) 또는 Westhoff and van der Maarel(1973)의 피도 계급을 주로 사용한다(표 5-6, 5-7)(그림 5-13 참조). 두 피도계급은 해당 식물종의 특성에 따라 수도(abundance)와 피도범위(cover range)를 고려한다. Braun-Blanquet 피도계급은 낮은 피도에서 숫자가 아닌 r과 +로 입력하기 때문에 추후 수리·통계적 분석에서 숫자의 형태로 변환해야 하는 단점이 있다(Kim and Lee 2016). 이를 개선하여 피도계급을 숫자 형태로 변형하고 보다 세분화한 것이 Westhoff and van der Maarel(1973)의 방법이다. 이 방법은 9계급으로 구분하는데 1은 0.01~0.1%, 2는 0.1~2.5%, 3은 2.5~5%, 4는 5%, 5는 5~12.5%, 6은 12.5~25%, 7은 25~50%, 8은 50~75%, 9는 75~100%로 산정하면 된다(van der Maarel 1979). 서열척도로 된 피도계급에 대한 문제점 및 개선 방안 등에 대해서는 많은 학자들에 의해 지속적으로 논의되었다. 피도계급은 연구자가 최적의 척도로 구분한 것으로 판단되는 방법을 채택한다. 식생조사에서 질적 정보인 출현종의 유무가 가장 중요하고 양적정보는 이차적인 내용이기 때문에 피도값에 대한 유연한 접근이 필요하다.

침수식물의 피도 측정 | 우리나라에서 침수식물을 직접 채집·조사하는 방법은 흔히 배를 이용하거나 물가에서 가슴장화를 착용하고 수행하는 것이다. 채집도구는 드렛지(dredge, 채집기), 갈퀴, 갈고리 등이다. 드렛지는 배 위에서 호소 바닥으로 장비를 내려 정량채집하는 도구로서 크기가 크고 무거워 중형 이상의 선박이 필요하다. 원통형 채집기(cylindrical sampler)는 식물을 자르는 칼이 달린 큰 원통형의 틀이고, 상자형 채집기(square sampler)는 식물을 자르는 칼이 달린 육면체 틀이고, 코어형 채집기(core sampler)는 작은 원통형으로 정량채집이 가능하며 수심이 얕은 곳에서 사용한다(Kim et al. 2014)(그림 5-18). 침수식물의 경우 흔히 양날갈퀴(double-headed rake)를 이용하여 채집·조사한다. 양날갈퀴는 너비 14인치, 길이 2인치인 14개 갈퀴가 있는 갈퀴 2개를

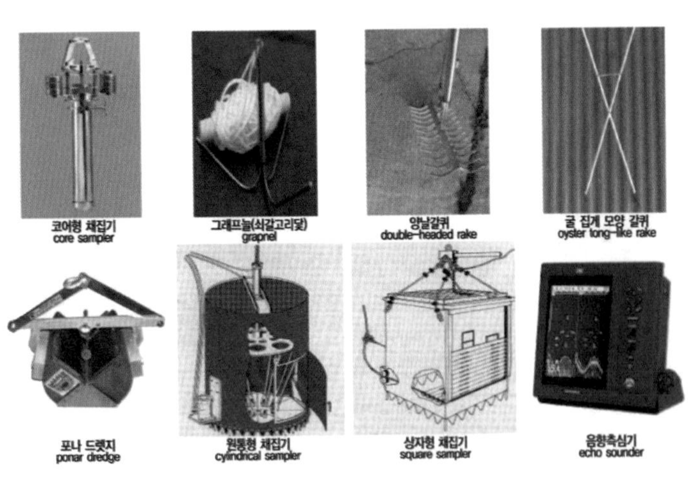

그림 5-18. 침수식물 채집도구(Kim et al. 2014 수정). 침수식물의 채집 또는 조사에 필요한 도구는 매우 다양한다. 조사 대상지역의 환경에 맞는 장비를 선택해야 한다.

용접하여 확장 가능한 막대에 부착한다(Yin et al. 2000). 침수식물은 갈퀴를 바닥에 내려 180° 돌려서 채집한다. 갈퀴에 채집되는 식물체의 양으로 우점도 및 피도를 측정할 수 있다(그림 5-19). 조사하는 서식처의 수심은 막대에서 읽고 채집할 때 기질 구성도 같이 기록한다. 수심이 깊은 곳에서는 배를 이용하여 채집해야 한다.

등급 + (피도 〈 1%)
등급 1 (피도 1~5%)
등급 2 (피도 6~25%)
등급 3 (피도 26~50%)
등급 4 (피도 50~75%)
등급 5 (피도 76~100%)

그림 5-19. 양날갈퀴를 이용한 침수식물의 피도 평가(Kim et al. 2014). 양날갈퀴에 채집되는 식물체의 양으로 침수식물의 피도를 측정할 수 있다. 등급은 Braun-Blanquet 피도계급에 대응해 이해하면 된다.

흉고직경과 훼손수목 추정 | 흉고직경(Diameter at Breast Height, DBH)은 흔히 우점종(최상층) 개체들의 최고, 평균, 최소 흉고직경을 기록하는데 조사 식분에 대한 식생학적 정보를 이해하는데 많은 도움이 된다. 흉고직경은 대상 수목의 줄기 형상에 따라 적합하게 측정해야 한다(그림 3-25 참조). 흔히 환경영향평가의 식생조사(식생조사표)에서 교목층과 아교목층에 존재하는 모든 개체의 흉고직경 조사를 통해 훼손수목을 정확히 추정해야 하는 것으로 오인하고 있다. 자연상태에서의 식물들은 규칙분포하지 않고 불규칙적으로 임의분포 또는 집중분포하기 때문에(그림 3-2 참조) 훼손수목 산정에 실제와의 차이는 당연히 존재할 수 밖에 없다. 생태학적 연구들은 전수조사(全數調査, complete survey)의 개념이 아닌 대표지점을 선정한 표본조사(標本調査, sampling survey)로 전체를 추정하는 것임을 인식해야 한다. 훼손수목량은 각 식물군락별 전체면적을 대표 식생 조사지점의 단위면적(주로 10m×10m, 100㎡)으로 나누고 각 식물종별 개체수를 곱하여 산출한다(표 6-13 참조).

A. 수종별

우점종 DBH | 최대(11 cm), 중간(20 cm), 최소(30 cm)

No.	교목층(T1)			아교목층(T2)		
	종명	피도	DBH	종명	피도	DBH
1	굴참나무	8	11~30(7개)			
2	갈참나무	4	18 (1개)			
3	굴피나무	4	16 (1개)			
4						
5						
6						
7						
8						
9						
10						

종명 / 피도 / DBH 구간 / 개체수

B. 매목별

우점종 DBH | 최대(11 cm), 중간(20 cm), 최소(30 cm)

No.	교목층(T1)			아교목층(T2)		
	종명	피도	DBH	종명	피도	DBH
1	굴참나무	8	19			
2			20			
3			14			
4			11		개체수 7개	
5			23			
6			25			
7			30			
8	갈참나무	4	18			1개
9	굴피나무	4	16			1개
10						

그림 5-20. 식생조사표에서 교목수종의 흉고직경(DBH) 기재 방법. 흉고직경을 기재하는 것은 환경영향평가에서 훼손수목 및 이식수목 추정이 목적이기 때문에 일반적 자연환경조사에서는 불필요하다. 흉고직경의 수종별 기재(A)가 매목별 기재(B)보다 현장조사에서 효율성이 높다.

흉고직경 기재 방법 | 환경영향평가의 식생조사표에는 환경부의 자연환경조사와 달리 흉고직경을 기재하도록 하고 있다. 흉고직경 기재에 [01]매목(모든 개체)별로 측정하는 것이 합당한가? [02]수종별로 측정하는 것이 합당한가? 조사된 정보는 훼손수목의 추정과 이식수목 산정을 위한 것이 목적이며 별도의 다른 분석은 수행하지 않는다. 이 때문에 교목층(필요시 아교목층 포함) 수목의 흉고직경은 보

다 많은 시간이 소요되는 매목별 기록보다는 수종별로 구간(최소~최대 범위)으로 기록하는 것이 합리적일 수 있다(그림 5-20). 즉 현장조사의 효율성 및 결과의 활용성, 식생조사의 본질을 감안한다면 수종별 기록이 보다 효과적이다. 매목별로 흉고직경을 기록하면 수종별 훼손수목량은 매목의 수량으로 추정하면 된다. 반면 수종별로 기록하면 흉고직경을 구간으로 적고 식물종별 개체수를 별도로 기재하여 훼손수목을 추정하면 된다.

군락단면모식도 작성 | 조사자는 조사한 식분의 개괄적인 식생구조를 파악하기 위해 군락단면모식도(또는 식생단면도)를 작성한다. 조사지점 식생구조를 대표할 수 있는 두 점을 잇는 횡단선을 설정하고(필요한 경우 줄자 이용) 축척을 고려하여 사실감 있도록 작성한다. 모눈종이를 이용해서 별도로 작성할 수 있고 식생조사표 내의 여백에 보다 간략한 형태로 작성할 수 있다. 식생단면 구조를 정확히 이해하고 분석하기 위해서는 모눈종이를 이용한 정밀조사가 필요하다. 그림 5-21은 덕유산국립공원 내 무주구천동 일대의 계곡식생 구조를 파악하기 위해 대표단면을 설정한 이후 줄자를 이용하여 군락단면모식도를 작성한 것이다. 이를 통해 단면구조는 바윗돌 및 주먹돌이 혼재된 퇴적토양이며, 지형단면은 평수기는 얕은 물길(그림의 우측)이 하나이고, 홍수기에 범람하면 흐르는 물길(그림의 좌측)이 있으며, 물길 사이에 자갈사주(물길과 물길 사이의 볼록한 둔덕 지형) 형태가 있는 것을 알 수 있다. 이러한 공간에 다층(교목층-아교목층-관목층-초본층) 형태의 식생과 다양한 식물종(버드나무, 들메나무, 당단풍, 산철쭉, 작살나무, 회잎나무, 국수나무, 조릿대 등)이 서식하고 있으며 상대적으로 범람에 영향이 적은 자갈사주의 식생구조가 양호하다.

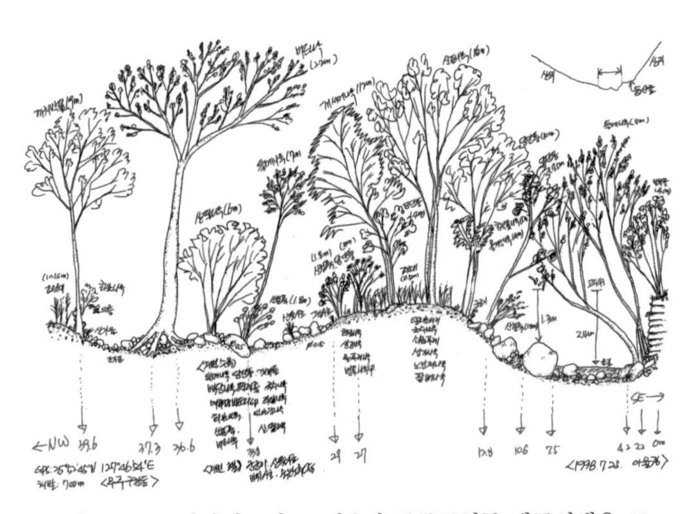

그림 5-21. 군락단면모식도. 덕유산 무주구천동 계곡식생을 표현한 것으로 해당 식분의 구조를 잘 이해할 수 있는 두 점을 잇는 횡단선을 설정하여 단면모식도를 작성하였다.

지리정보와 방위, 경사도 측정 | 식생조사표에 다양한 환경정보를 측정하여 기록한다(그림 5-22). 지구상의 지표는 X(경도 經度, longitude), Y(위도 緯度, latitute), Z(해발고도 海拔高度, height above sea level)의 절대적인 고유값을 가진다. [01_좌표]위도와 경도의 지리적 좌표정보는 최근 과학기술의 발달로 스마트기기를 활용하거나 별도의 GPS를 이용하면 쉽게 파악할 수 있다. 지리좌표는 가장 일반적인 도분초(DMS: Degree Minutes Seconds; 예: 36°37'28.2''N, 127°55'39.6''E)의 형태로 기록한다. [02_해발고도]해발고도는 현장조사에서 바로 기입할 수

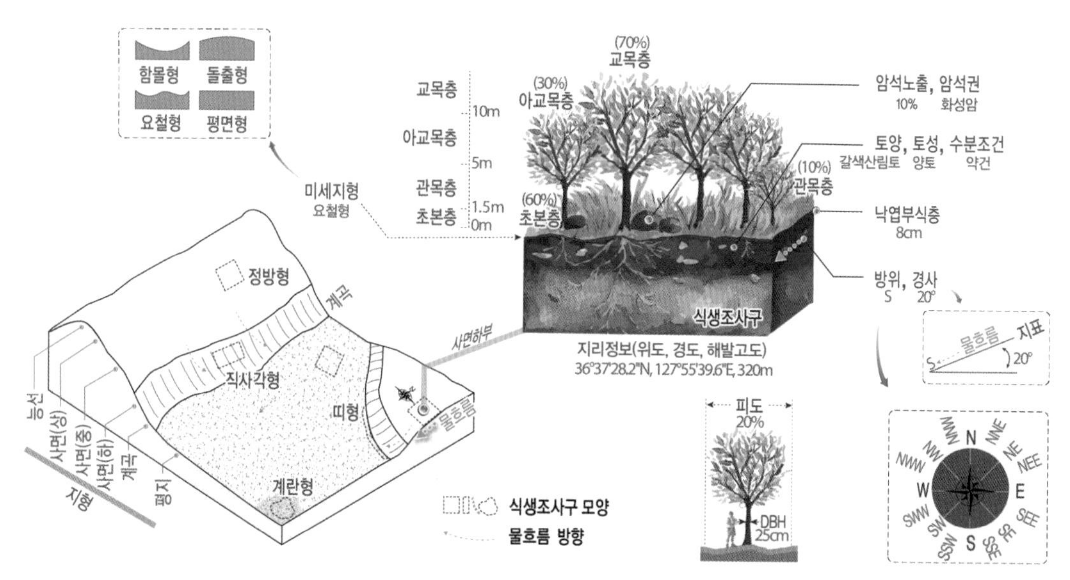

그림 5-22. 식생조사표에서의 환경정보들. 식생조사표에는 조사지점의 다양한 환경정보를 기록한다. 회색 글자(방위 S, 갈색산림토, 암석노출 10% 등)는 임의 작성 사례이다. 식생조사구(방형구)는 식분의 공간분포 특성에 따라 모양이 다르며 위치는 전이대가 아닌 균질한 종조성 및 환경조건을 갖는 내부 중심으로 설정한다.

있지만 실내에서 위도와 경도 값을 이용하여 파악할 수 있는데 구글어스(google earth) 소프트웨어를 이용하면 된다. 방위(方位, compass)와 경사도(傾斜度, 경사각도, slope)는 현장에서 직접 측정하여 기록한다. 03_방위 방위는 흔히 동서남북을 기준으로 2번 세분화한 16방위표를 사용한다. 측정 기준은 조사지의 지표에 강우가 내렸을 때 물이 흘러가는 사면의 방향이다. 04_경사 경사도는 방위를 따라 형성된 사면의 기울기를 평균으로 측정하며 도(°) 또는 백분율(%)로 표현하는데 흔히 도를 사용한다. 경사가 없으면 공백(정보가 없음)으로 비워놓지 않고 0(평지)으로 표기한다. 일반적으로 「산지관리법」 등에서 경사도가 5° 이하는 평탄지(평), 5~15°는 완경사지(완), 15~20°는 경사지(경), 20~25°는 급경사지(급), 25~30°는 험준지(험), 30° 이상은 절험지(절)로 구분하기도 한다. 방위, 경사도 측정에 방위계, 경사계(clinometer)와 같은 전용기기가 있지만 스마트기기의 어플을 이용해 파악할 수도 있다. 측정값들은 소수점을 사용하지 않고 반올림 또는 내림을 하여 정수로 기록한다.

지표의 토양 환경, 지형적 공간 위치 및 특성 | 05_지형 지형적 공간 위치는 하천, 계곡, 산지 사면(하부, 중부, 상부), 능선부(주, 보조) 등으로 구분할 수 있다. 06_미세지형 미세지형은 조사지의 지표 굴곡 형태를 구분하는데 평면형, 함몰형, 돌출형, 요철형으로 구분할 수 있다. 07_암석노출 암석노출은 지표에 노출된 암석의

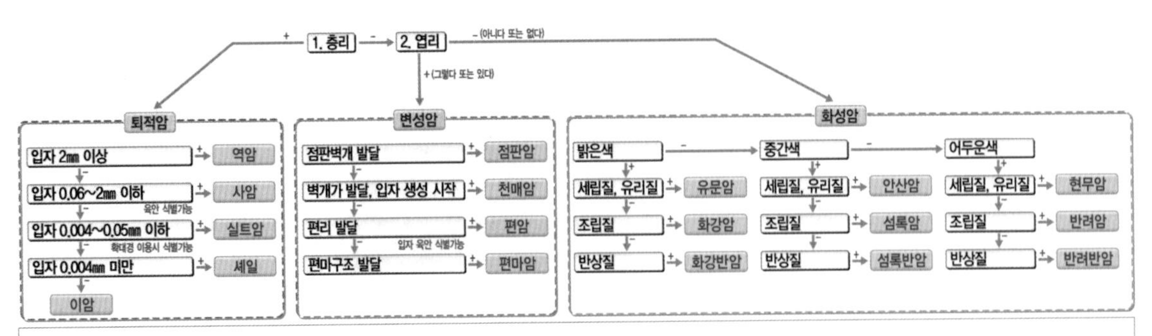

| 용어 해설 |

· 조립질(coarse-grained) | 결정이 쌀알 크기 이상이거나 큰 결정(장경 5㎜ 이상)을 최소한 50% 이상 관찰할 수 있음
· 반상질(medium-grained, 또는 중립질) | 결정(장경 1~5㎜ 이상)이 쌀알보다 작으면서 확대경 없이 관찰되어짐
· 세립질(fine-grained) | 결정(장경 1㎜ 이하)이 작아 확대경으로 관찰이 가능함
· 층리(層理, bedding) | 층이 쌓인 것처럼 암석이 층층이 쌓인 상태, 퇴적 구조에서 보이는 평행한 줄무늬
· 엽리(葉理, foliation) | 높은 압력을 받으면 압력을 덜 받는 방향으로 광물들이 줄을 선 모양으로 변성암이나 변형암에서 나타나는 모든 반복되는 면 구조(압력방향에 수직으로 발달하는 면상의 구조)
· 편리(片理, schistosity) | 판상·인편상(鱗片狀)·주상(柱狀)·침상(針狀) 결정이 일정 방향으로 배열하여 생긴 선상(線狀) 또는 면상(面狀) 구조
· 점판조직(slaty) | 편평한 또는 침상의 입자가 동일 방향으로 배열된 비현정질(aphanitic)의 엽리상 변성조직, 그 결과 암석이 편평한 조각들로 쪼개짐
· 편마구조(gneissosity) | 편마암(변성암 일종)에서 나타나는 대표적 판상의 변성구조로 광물입자들이 일정한 방향으로 배열하여 서로 다른 광물로 구성된 층(1㎜~1m 두께)들이 줄무늬 모양으로 교호하는 호상구조
· 벽개(劈開, cleavage) | 광물이나 결정질 고체가 특정한 면을 따라 평행 또는 준평행으로 쪼개지는 성질
· 유리질(glassy) | 지상에 분출한 마그마가 급격히 냉각되어 결정이 없고 과냉각된 마그마만 있는 화성암 조직
· 색(colour) | 밝은색-유색광물이 매우 작음, 중간색-유색광물이 보통, 어두운색-유색광물이 많음
· 기타 주요 암석 | 위에 제시된 암석 외에 우리나라 식생발달에 영향을 주는 퇴적암의 일종인 응회암, 석회암과 변성암의 일종인 대리암, 규암, 혼펠스, 사문암 등이 있음

그림 5-23. 암석분류표 및 암석에 대한 설명(Kim and Lee 2006 수정). 암석은 층리와 엽리로 화성암, 변성암, 퇴적암으로 대구분하고, 화성암은 색의 밝기로, 변성암은 점판벽개의 발달로, 퇴적암은 입자의 크기로 다시 세분류한다. 여기에 제시되지는 않았지만 식생발달에 영향을 미치는 여러 암석들이 있다.

정도를 수치화하여 표현하며(예: 10%) 암석의 종류, 암설(암석파편)의 크기 및 형태 등을 같이 기록하면 좋다. 08_암석종류 암석의 종류(암석권)는 개괄적으로 화성암, 변성암, 퇴적암으로 대구분하고 각각의 특성에 따라 세분류할 수 있다(그림 5-23). 육안으로 직접 분류하여 기재할 수 있지만 정확한 분류는 국립지질자원연구원의 홈페이지(https://www.kigam.re.kr)를 이용할 수 있다. 09_토양유형 토양 종류는 갈색산림토, 흑갈색산림토 등 국내 산림토양의 분류법을 활용한다(표 5-8). 흔히 7가지 유형으로 구분하며 우리나라 산지의 대부분은 갈색산림토이다. 토양색은 색조(hue), 채도(chroma), 밝기(lightness)의 3차원으로 구분한 문셀토색집(Munsell's soil color chart)을 주로 이용한다. [10_토성]토성(soil texture)은 생화학적 기능을 갖는 크기인 2㎜ 이하의 크기를

표 5-8. 토양분류표(Kim and Lee 2006 발췌). 표층 색번호는 토색집(soil color chart)을 이용한다.

토양형	주요 특성
갈색산림토 Brown forest soils	·분포 | 습윤한 온대 및 난대, 우리나라 산지에 가장 널리 분포 ·이화학적 특성(양호) | 산성(pH 5.0~5.6), 유기물 함량 높음, 투수 속도 양호 ·토성 | 사양토, 양토, 식양토 등 ·층위 | A - B - C 층 ·표층의 색 | 흑갈색(10YR 2/3)
적황색산림토 Red·Yellow forest soils	·분포 | 야산지 및 구릉지, 주로 해안가 ·이화학적 특성(불량) | 산성, 과건~건조, 유기물 함량 낮음, 퇴적 상태 치밀 ·토성 | 식질토양~미사질식양토(점착성 높음) ·층위 | A - B 층 ·표층의 색 | 적색(5YR 3/6)
암적색산림토 Dark red forest soils	·분포 | 퇴적암지대(석회암 및 응회암의 모재) ·이화학적 특성(불량) | 약산성~중성(pH 5.8~6.7), Ca^{2+}, Mg^{2+} 함량 높음 ·토성 | 미사질양토~식질양토(토양생성인자 중 모재의 영향을 가장 크게 받음) ·층위 | A - B - C 층 ·표층의 색 | 암갈색(7.5YR 3/4)
회갈색산림토 Gray brown forest soils	·분포 | 퇴적암지대(이암, 응회암, 백색사암, 셰일 등 미사 함량이 높은 모재), 우리나라의 경북 영일만 주변에 넓게 발달함 ·이화학적 특성 | 투수성 불량, 고상 점유 비율 높음, 건습의 반복시 토양의 수축·신장이 심하여 가뭄의 피해가 큼 ·토성 | 과거 심한 침식작용을 받아 표토 유실이 심했던 토양 ·층위 | B - C 층 ·표층의 색 | 암회황색(2.5Y 5/2)
침식토 Eroded soils	·분포 | 산정의 능선 부근 및 산복 사면, 황폐지 및 사방 시공 지역 ·층위 | (A) - B 층(침식을 받아 토양 일부 유실) ·표층의 색 | 갈색(10YR 3/4)
미숙토 mmature soils	·분포 | 산복 사면, 계곡 및 산복 하부 ·이화학적 특성 | 유기물 함량 낮음, 액상 함량 높음 ·층위 | 분화가 완전하지 않거나 2~3회 이상 붕괴되어 쌓여 있는 토양 ·표층의 색 | 암갈색(10YR 3/4)
암쇄토 Lithosols	·분포 | 산정 및 산복 사면 ·토성 | 사질, 건조 ·층위 | (A) - C 층(토심이 얕으며 경우에 따라서는 암반 노출) ·표층의 색 | 황갈색(10YR 5/6)

표 5-9. 촉감을 통한 간이토성분류법(Brady and Weil(2019) 수정)

구분	토양의 간이 측정 내용	토성 구분
1	토양이 공모양으로 뭉쳐지지 않고 분리된다.	사토(모래)
2	토양이 공모양을 형성하지만 리본모양은 만들 수 없다.	양질사토
3	토양은 리본모양이 분명하지 않고 그 길이가 2.5㎝ 보다 짧다.	(양토 계열)
a	갈리는 소리가 들리고 껄끄러운 느낌이 강하다.	사양토
b	밀가루같이 부드러운 느낌이 강하다.	실트질양토
c	껄끄럽고 부드러운 느낌이 약하고 갈리는 소리가 불분명하다.	양토
4	토양이 중간 정도의 점착성과 견고함을 갖고 길이 2.5~5㎝의 리본을 형성한다.	(식양토 계열)
a	갈리는 소리가 들리고 모래와 같이 껄끄러운 느낌이 강하다.	사질식양토
b	밀가루같이 부드러운 느낌이 강하다.	실트질식양토
c	껄끄럽고 부드러운 느낌이 약하고 갈리는 소리가 불분명하다.	식양토
5	토양의 점착성과 견고함이 강하고 5㎝ 이상의 리본을 형성한다.	(식토 계열)
a	갈리는 소리가 들리고 모래와 같이 껄끄러운 느낌이 강하다.	사질식토
b	밀가루같이 부드러운 느낌이 강하다.	실트질식토
c	껄끄럽고 부드러운 느낌이 약하고 갈리는 소리가 불분명하다.	점토(식토)

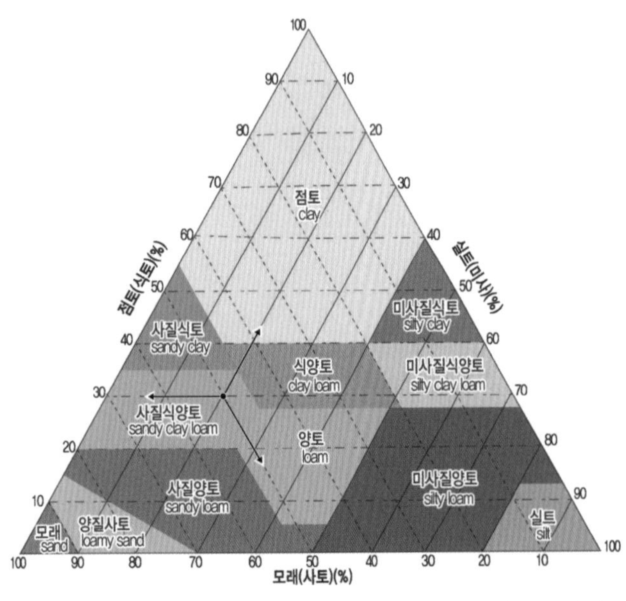

그림 5-24. 모래-실트-점토 구성비에 따른 토성분급 삼각도(미국농무부법). 세 물질의 구성비율을 토대로 분류한다.

그림 5-25. 낙엽부식층 측정. 토양 단면으로 확인 가능하다. 사진은 분해층-부식층이 약 11㎝이고 낙엽층이 약 6㎝로 비교적 양호한 토양 환경이다.

분류하는 것으로 간이토성분류법을 활용하면 매우 실용적이다(Brady and Weil 2019)(표 5-9). 토성분류 삼각도에 의하면 모래(sand, 2~0.05㎜)-실트(silt, 0.05~0.002㎜)-점토(clay, 0.002㎜ 이하)의 구성비에 따라 사토, 양질사토, 사질식토, 사양토, 양토, 실트질양토, 실트질토, 사질식양토, 사질식토, 실트질식양토, 식양토, 실트질식토, 식토의 12개 유형으로 구분한다(그림 5-24). [11_낙엽부식층]낙엽부식층은 토양단면(soil profile) 중 식물의 생육에 영향이 큰 유기물층(O층, organ layer)의 발달 정도를 두께로 표현한다. 유기물층은 낙엽층(L층, litter layer)-분해층(F층, fermentation layer)-부식층(H층, humus layer)으로 이루어진다. 토양층은 A층(top soil)과 B층(subsoil)이며 모재층(parental material)을 C층이라 한다(표 5-10)(그림 5-25). [12_수분조건]토양의 수분조건은 흔히 과습, 약습, 보통, 약건, 과건의 형태로 구분한다(표 5-11). [13_빛조건]입지의 빛조건(양호: 양지, 보통: 반음지, 불량: 음지) 및 인위적 요소(예: 접근성, 산불, 벌채, 교란입지거리) 등에 대해서도 기술하면 식생 해석에 도움이 된다. 보다 세부적인 항목과 특성, 내용 등은 Kim and Lee(2006) 또는 별도 자료를 참조한다.

표 5-10. 삼림토양의 층위별 특징(KFS 2024b 수정). 위에서 아래로 지표에서 땅속 방향이다.

층위별 구분		특징 및 내용
유기물층 (organ layer)	L층(낙엽층)(litter)	썩지 않은 신선한 식물유기체(낙엽, 낙지)로 이루어진 퇴적물
	F층(분해층)(fermentation)	썩기는 하였지만 식물체 조직에 대한 식별이 가능한 층
	H층(부식층)(humus)	식물조직에 대한 식별이 어려울 정도로 많이 분해된 층
토양층 (soil layer)	A층(top soil)	동·식물 유기체의 분해에 의해 생성된 부식이 많은 최상부의 토층 (부식함량 등에 따라 상층부터 A_1, A_2, A_3층 등으로 세분)
	B층(subsoil)	하부 모재의 풍화에 의해 생성된 광물질토층(진단층) (철화합물, 점토함량 등에 따라 B_1, B_2, B_3층으로 세분)
모재층(parental material)	C층	암석이 토양으로 변하기 전 단계의 풍화모재층으로 토양화가 거의 진행되지 않아 토색이 밝고 구성물질도 비교적 조립질이며 자갈 함량이 많은 층

표 5-11. 토양 수분조건에 대한 구분

구분	토양 수분에 대한 정도	조건 및 사례(Kim 2013 수정)	비고
과습	손으로 꽉 쥐었을 때 물방울이 흘러내리는 정도	포화된 조건 (물속, 계곡 곡저)	
약습	손으로 꽉 쥐었을 때 물방울이 맺히는 정도	일시적 범람과 침수 경험 조건 (범람원, 논둑 및 산지사면 하부)	습윤
보통	손으로 꽉 쥐었을 때 손가락 사이에 물방울이 비치는 정도	중용의 침수 미경험 조건 (산지사면 중부)	적윤
약건	손으로 꽉 쥐었을 때 손바닥에 습기가 약간 묻는 정도	수분스트레스 발생 조건 (산지사면 상부)	
과건	손으로 꽉 쥐었을 때 수분에 대한 감촉이 전혀 없는 정도	늘 건조한 조건 (산지능선부 및 암각지)	건조

조사지점은 균질한 환경조건과 식물상을 포함하는 식분으로 선정해야 한다.

균질한 조건의 대표 조사지점 선정 | 조사지점은 균질한 조건(homogeneous condition)을 갖는 식물상과 환경조건인 곳을 선택해야 한다(그림 5-26, 5-27). 균질한 조건은 현존식생도 상에서 동일한 범례로 분류된 다각형사상(polygon)으로 다각형 가장자리가 아닌 내부 중심공간을 의미한다. 가장자리는 생태학적으로 전이대(ecotone) 개념의 지역으로 연접한 다른 식물군락과 식물상 및 환경조건을 부분 공유하고 있어 고유의 온전한 식물상적 특성을 반영하지 못한다. 흔히 하나의 다각형사상에서 20~40% 면적을 전이대로 인식한다(Kent and Cooker 1992). 실내의 도면에서는 다각형 내부 중심부를 선택할 수 있지만 현장조사에서는 어려울 수 있다. 따라서 조사자는 높은 전문가적 식견(균질한 식물상, 지형, 토양 등의 고려) 또는 신중한 판단으로 조사지점을 선택해야 올바른 대표성을 갖는다.

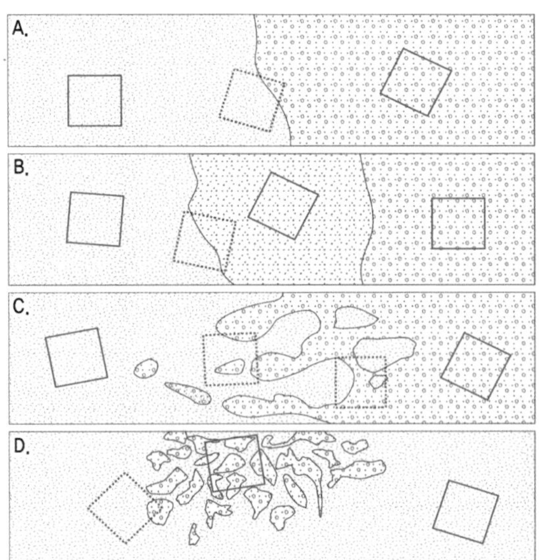

그림 5-26. 균질한 조건의 식생 조사지점 선택. 파란색 실선 사각형은 올바른 선택이고 붉은색 점선 사각형은 올바르지 않은 선택이다. 파란색 사각형을 기준으로 A는 명백히 경계를 피하는 선택, B는 균질한 전이대의 선택, C는 복잡한 경계를 피하는 선택, D는 모자이크 분포지에서의 선택을 의미한다. 모자이크 분포 형태를 제외하고는 두 식물군락의 경계(가장자리)는 피해야 한다.

그림 5-27. 현존식생도 상의 조사지점 선정. 사각형 중에서 파란색(A)은 올바른 선택이고 붉은색(B1~B5)은 올바르지 않은 선택이다. B1은 식물군락 내부이나 경계 부근이고, B2는 내부에 다른 식생인 작은 무덤을 포함하고, B3는 경계 표현되지 않았지만 임도를 포함하고, B4는 두 식물군락에 걸쳐 있고, B5는 초지이나 물길을 따라 횡적으로 좁은 띠모양으로 식물군락이 달라지는 특성을 반영하지 못했다. 영어로 된 약자(예: QvQa, PrPd, Dg, Ru 등)는 범례에 해당된다. 방형구 형태는 다양할 수 있다.

환경영향평가에서의 조사지점 선정과 오해 | 조사지점은 전이대를 배제한 균질한 조건을 갖도록 선정해야 하지만 환경영향평가의 식생조사는 토지이용계획에 기초하기 때문에 이 조건을 온전하게 만족하지 못한다. 환경적으로 건전하고 지속가능한 개발을 지향하는 최근의 토지이용은 대부분의 삼림공간은 원형보전하고 삼림 가장자리 또는 저해발 구릉지 일대만을 개발하도록 계획한다. 전체의 20~40% 면적을 전이대로 고려한다면 균질한 조건을 갖는 온전한 구조를 갖는 식분은 대부분 원형보전하는 것으로 이해할 수 있다. 불가피하게 개발(훼손)되는 삼림 가장자리 또는 저해발 구릉지 공간은 전이대 및 이차림의 식생 특성이 강하기 때문에 대표성을 갖는 조사지점으로는 부적합하다. 이 때문에 해당 개발사업을 부정적으로 인식하거나 학술적인 관점으로만 검토하는 경우에는 고의적으로 보전생태학적 가치가 낮은 식분을 조사지점으로 선정한 것으로 의심할 수 있다. 즉 식생보전Ⅱ등급으로 판정해야 할 식분을 고의적으로 식생보전Ⅲ등급으로 판정한 것으로 의심하는 것과 같다. 따라서 환경영향평가에 종사하는 연구자는 이러한 속성을 충분히 감안하여 조사경로 및 조사지점을 선정하여 현장조사하고 높은 정확도와 객관적 관점에서 식생의 보전가치를 평가하고 서술하도록 노력해야 한다.

조사 방형구의 형태와 오해 | 식생연구에서 방형구(quadrat) 조사를 수행하는 것으로 연구방법에 표현하는데 이 용어에 대해 일반인들의 오해가 있다. 방형구는 특정한 형태의 틀(frame)을 의미하는데 일반적인 형태는 사각형이다. 일반인들은 방형구를 가로와 세로의 길이가 고정된 정사각형 또는 직사각형으로 인식하지만 실제 식생조사는 가상의 선(대부분 곡선)이 있는 비정형의 다각형 형태로 이루어지는 경우가 많다(그림 5-28). 이는 식생조사표에서 비정형의 조사구 면적을 가로와 세로의 정형의 사각형으로 변환하여 표현(예: 10m×10m)하기 때문에 발생하는 오해이다(그림 5-22, 5-27 참조). 따라서 현장에서 반드시 줄(노끈 또는 줄자) 등을 이용하여 사각형의 방형구를 만들어 식물군락을 조사(그림 3-6 참조)해야 하는 것으로 인식해서는 안된다. 가로×세로의 변형된 면적으로 표현한 식생조사표는 환경영향평가에서 훼손수목의 추정에 용이하다. 정사각형 또는 원형의 방형구는 주요 환경구배에 평행하게 놓이는 길고 좁은 방형구보다 종종 식물상 정보의 정밀도가 낮다(Lindsey et al. 1958). 자연상태에서 식생의 분포는 흔히 환경에 대응한 비정형의 다각형 구조이기 때문에 정형의 사각형 모양의 방형구 조사가 적합하지 않는 경우가 더욱 많다.

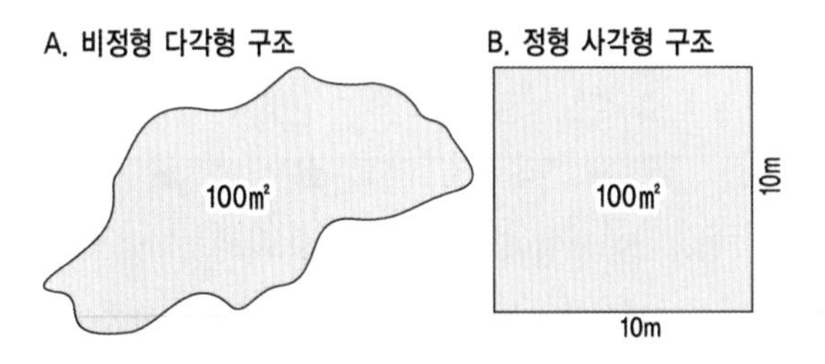

그림 5-28. 조사 방형구 형태. 자연상태에서는 비정형의 다각형 구조(A)가 많지만 동일한 면적의 사각형 방형구(B)로 변환해서 기재한다(예: 10m×10m, 5m×15m). 이를 통해 결과의 분석과 해석에 효율성을 높인다.

식생조사 방형구의 최소면적은 식생형에 따라 다르고 종급원을 고려해야 한다.

방형구의 최소면적과 종-면적곡선 | Relevé법을 이용한 식물사회학적 식생조사에서 연구자는 반복적인 조사를 통해 해당 식물군락의 존재 및 특성들을 인지한다. 기본적 특성은 해당 식물군락에 출현하는 모든 식물종(종급원, species pool)을 목록화하여 고유의 특정 식물종인 진단종(diagnostic species, 표징종 characteristic species, 지표종 indicator species 등)을 인식하는 것이다. 종급원의 식물상을 고려한 표준 방형구의 크기는 최소면적(minimal area) 개념의 종-면적곡선(species-area curve)으로 결정한다. 면적 증가에 따른 종의 풍부도 곡선은 직선형, 위로 볼록형(concave upward), 아래로 오목형(concave downward), S자형(sigmoid) 등이 있다(Connor and McCoy 2001). 일반적으로 식생학에서는 위로 볼록형의 종-면적 관계로 이해한다(그림 5-29). 출현종수(Y축)와 방형구 면적(X축) 관계의 곡선 그래프에 접한 직선 기울기의 접점에서의 방형구 면적이 최소면적 개념이다. 접점의 직선 기울기는 종수 변화가 거의 없는 [01]기울기 1, [02]종수가 일정 비율(예: 10%) 증가하는 기울기(영미학파 많이 사용), [03]수평에 근접한 변곡점에서의 기울기(유럽학파 많이 사용) 중에서 선택할 수 있다(Mueller-Dombois and Ellenberg 1974, Kim et al. 2004). 학자들은 과거부터 최소면적에 대한 많은 고민과 해결 방법들을 제시했다. 경험이 많은 노련한 식물학자들은 방형구(relevé)의 최소면적을 별도로 산출하지 않고 보편적으로 사용하는 면적을 따른다. 흔히 우리나라에서 키 작은 초본식생은 1~10㎡, 키큰 초본식생은 1~25㎡, 관목식생은 12~150㎡, 단층 삼림식생은 50~200㎡, 다층 삼림식생은 200~500㎡를 최소면적으로 한다(Environmental Systems Research Institute 1994, Kim and Lee 2006)(표 5-12). 이 면적을 감안한 방형구의 크기는 흔히 대상 식분의 최상층 식생고의 제곱면적으로 결정하면 된다. 예로 최상층인 교목층의 식생고가 15m이면 최소면적은 225㎡(15m ×15m)이다. 습지 가장자리 또는 능선부 등의 식생에는 10m×30m 또는 7m×50m 등의 직사각형 면적으로 조사할 수 있다.

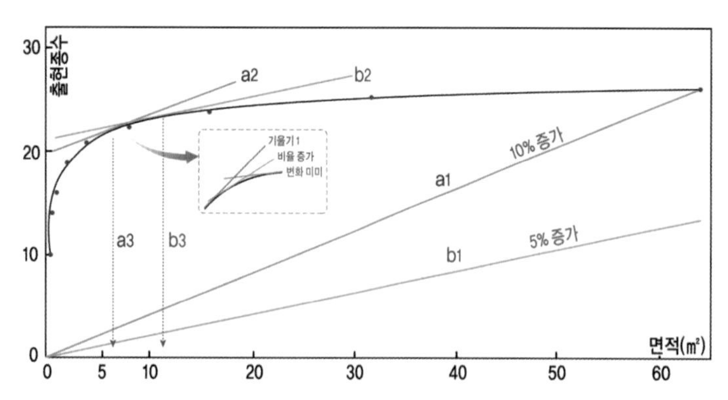

그림 5-29. 초지에서 종-면적곡선 사례(Mueller-Dombois and Ellenberg 1974 수정). 식생조사구의 면적이 늘어나면 출현종은 증가하다가 수평에 가까운 볼록형 곡선을 나타낸다(검은색 선). a1은 10% 식물종 증가, a2는 a1과 평행한 접선, a3는 10% 종이 증가할 때의 최소면적이다(초록색 선 참조). b1은 5% 식물종 증가, b2는 b1과 평행한 접선, b3는 5% 종이 증가할 때의 최소면적이다(오렌지색 선). 비율 증가는 영미학파에서 많이 사용하고 유럽학파에서는 종수의 변화가 거의 없는(변화 미미) 변곡점을 대상으로 하는 경우가 많다. 이 외에도 기울기 1을 기준으로 최소면적을 결정할 수도 있다.

표 5-12. 식생유형별 최소면적의 제안(Environmental Systems Research Institute 1994 수정)

식생유형	면적(㎡)	방형구 크기(m×m)	비고(우리나라: Kim and Lee 2006)(면적: ㎡)	
삼림(forest and woodland)	100 ~ 1,000	10×10 ~ 20×50	다층 삼림식생	200~500
듬성한 삼림(sparse woodland)	25 ~ 1,000	5×5 ~ 20×50	이층 또는 다층 삼림식생	50~200
관목림(shrubland)	25 ~ 400	5×5 ~ 20×20	관목식생	12~150
듬성관목림(sparse shrubland)	25 ~ 400	5×5 ~ 20×20	관목식생	
왜생관목림(dwarf shrubland)	25 ~ 400	5×5 ~ 20×20	관목식생	
듬성왜생관목림(sparse dwarf shrubland)	25 ~ 400	5×5 ~ 20×20	관목식생	
초본식물군락(herbaceous)	25 ~ 400	5×5 ~ 20×20	키큰 초본식생	1~25
비관속식물군락(nonvascular)	1 ~ 25	1×1 ~ 5×5	키작은 초본식생, 비관속식생	1~10

환경영향평가에서의 방형구 면적 | 식물군락에 대한 학술적인 연구에서 종급원을 고려하면 종-면적 곡선에 따라 식생조사표(방형구)의 크기를 결정해야 한다. 하지만 환경영향평가에서는 해당 개발로 인한 식물의 영향을 예측하는 것이 중요하기 때문에 흔히 방형구의 크기를 실용적으로 변형해 사용한다. 방형구 크기를 100㎡(10m×10m)로 조사하는 경우이며 현존식생도 상에서 훼손되는 삼림(숲) 면적에서의 훼손수목 추정을 용이하게 하기 위함이다. 학술적으로 권고하는 최소면적보다 작은 면적으로 변형한 환경영향평가에서의 실용적 방형구 크기는 식생 조사지점의 식물상 정보와 더불어 연접지역에 대한 식물상조사를 동시에 수행함으로 중요식물과 같은 식물상 정보의 누락을 배제할 수 있다.

식물군락의 명명에는 쉽게 이해하고 적용할 수 있는 보편적 원칙들이 있어야 한다.

식물군락의 명명 원칙 | 식생학에서 식물사회(식생단위, 식물군락, 식물군집)에 대해 고유의 이름을 붙이는 것을 명명(命名, nomenclature)이라 하고 여러 원칙들이 존재한다. 신종의 식물을 발견하면 기준표본(基準標本, type specimen)을 근거로 국제식물명명규약(International Code of Botanical Nomenclature, ICBN)에 따라 명명하듯이 구별되는 단위식생의 식물사회 역시 기준식생조사표(type relevé)를 근거로 국제식생명명규약(International Code of Phytosociological Nomenclature)(Theurillat et al. 2020)에 따라 명명해야 한다. 구별되는 식물사회는 다수의 식생자료에 의해 다른 식물사회와 식물종조성에 차이가 있어야 하며 국제식생명명규약에 의해 새로운 식물군집(群集, association)으로 명명해야 한다. 하지만 식생자료의 수가 적거나 다른 식물사회와 구별이 결정되지 않은 경우 식물군락(群落, community)으로 표현한다(도움글 5-1 참조). 동물학에서는 동물사회를 군락이 아닌 군집으로 표현하는 경우가 대부분이다. 국내 자연환경조사 및 환경영향평

가에서 식물사회의 명명은 식물종의 연명 순서, 어미 변화 등에서 학술적인 방법(국제식생명명규약)과는 차이가 있다(표 5-15 참조).

표 5-13. 환경부 자연환경조사에서 상관에 의한 일반적인 식물군락 명명 방법(NIE 2023b)

최상층의 우점 비율(우점 순서)		상관적 식물군락 명칭
A종	B종	
70% 이상	30% 이하	A군락
50%	50%	A-B군락 또는 B-A군락
60%	40%	A-B군락
40%	60%	B-A군락

자연환경조사에서 상관적 식물군락의 명명 | 환경부 자연환경조사, 환경영향평가 등 국내의 여러 식생연구에서 식물군락의 명명은 식물종조성이 아닌 상관(相觀, physiognomy)에 의한다(표 5-13). 이는 자연환경 관리의 효율성 때문이며 환경부 자연환경조사방법(NIE 2023b)의 내용을 소개한다. 흔히 식물군락명은 현존식생도 범례와 동일하게 사용하며 상이해도 무방하지만 연관성이 있도록 한다. 상관 식생에 따른 식물군락명 또는 현존식생도 범례의 명명 원칙은 다음과 같다.

01 현존식생도에서 일정한 양상의 동일 유형으로 상관의 경계부가 확정된 식생유형에 대하여 최상층에 우점하고 상관을 대표하는 우점종을 이용하여 '○○군락'으로 명명한다.

02 단층 또는 다층의 식생구조에서 최상층에 2개 이상의 식물종이 비슷한 식피율로 혼생하는 경우에는 우점하는 2개의 식물종을 우점도 순서에 따라 연명의 'A(우점종)-B(차우점종)군락'으로 명명한다.

03 3종 이상이 우점한 경우 최우점종과 차우점종으로 명명(A-B군락)하는데 식피율이 비슷한 경우 잠재자연식생의 구성 식물종을 우선으로 채택한다.

04 최상층 우점종의 식피율이 낮고 차상층 우점종의 식피율이 높으면 두 개 층을 혼용하여 명명한다.

05 식물종 명칭은 환경부 자연환경조사에서 발굴된 목록의 명칭(부록 참조)을 우선적으로 사용한다. 이는 국가식생분류표준과도 연결되어 있다.

06 조림기원의 식생이 자연천이가 진행되었더라도 조림수종의 식피율이 우세한 경우에는 '○○군락' 대신 '○○식재림'으로 기재한다(그림 5-76 참조).

07 명명에 한글명과 학명의 순서는 동일하게 한다. 학술적 명명의 순서는 한글명과 역순이다(표 5-15).

식물군락의 효율적 명명 | 환경부의 식물군락은 A군락 또는 A-B군락으로 우점하는 1~2종으로 명명하도록 하고 있다(NIE 2023b). 하지만 자연상태에서는 식물 개체들이 임의적으로 불연속 분포하는 특성 때문에 A군락 또는 A-B군락의 명명 속성데로 명확한 우점 패턴을 갖지 않는다. 이 때문에 식생의 총화(總和)적인 관점에서 A종이 주로 우점하더라도 식물종의 자연적 불균질 분포 특성을 고려하여 차우점종 B를 포함하여 A-B군락으로 명명하는 것이 좋다. A군락으로 구분된 하나의 다각형사상 내에는 [사례-1]A종이 80%, B종이 20%, [사례-2]A종과 B종이 각각 50%, [사례-3]A종이 40%, B종이 30%, C종이 30%, [사례-4]A

표 5-14. 교목층 식물종별 식피율(100% 기준)에 따른 식물군락의 효율적 명명 방법

구분	졸참나무	굴참나무	갈참나무	밤나무	소나무	식물군락의 효율적 명칭 사례
피도-1	80%	10%	5%	3%	2%	졸참나무군락
피도-2	60%	40%	-	-	-	졸참나무-굴참나무군락
피도-3	50%	50%	-	-	-	졸참나무-굴참나무군락, 굴참나무-졸참나무군락
피도-4	60%	30%	5%	5%	-	졸참나무군락, 졸참나무-굴참나무군락
피도-5	30%	20%	10%	-	40%	소나무-졸참나무군락, 참나무류-소나무군락
피도-6	20%	20%	20%	20%	20%	졸참나무(또는 굴참나무, 갈참나무)-소나무군락, 참나무류-소나무군락, 낙엽활엽수혼합군락
피도-7	10%	20%	15%	25%	30%	낙엽활엽수혼합군락, 낙엽활엽수혼합-소나무군락
피도-8	20%	15%	15%	20%	30%	소나무-졸참나무(또는 밤나무)군락, 낙엽활엽수혼합-소나무군락

표 5-15. 국내 자연환경조사 또는 환경영향평가와 학술적인 식물군락 명명의 구분

구분		한글명(korean name)	학술 명칭(scientific name)	약자
다층	국내/학술	굴참나무군락	*Quercus variabilis* community	Qv
	국내	상수리나무-졸참나무군락	*Quercus acutissima*-*Quercus serrata* community	QaQs
	학술	상수리나무-졸참나무군집	Quercetum serrato-acutissimae(association)	
		상수리나무-졸참나무군락	*Quercus serrata*-*Quercus acutissima* community 또는 *Quercus serrata*-*Q. acutissima* community	QsQa
단층	국내/학술	철쭉꽃군락	*Rhododendron schlippenbachii* community	Rs
		애기부들군락	*Typha angustifolia* community	Ta

종이 30%, B종이 35%, C종이 35% 등 식물종별 식피율 구성이 다양할 수 있다. 연구자는 이러한 특성들을 종합적으로 고려하여 식물군락명을 적절히 사용하도록 한다(표 5-14). 식물군락의 명명은 현장조사자의 판단에 따르지만 판단의 근거 또는 기준을 제시하는 것이 필요하다.

식물상을 반영한 학술적 식물군락 분류와 명명 | 환경부 자연환경조사에서 식물군락 명명의 원칙은 식물상을 반영한 식생조사표에 의한 식물사회학의 학술적인 명명 과정과 내용들을 포함한다. 하지만 식생단위표(syntaxon table)를 제시하는 등(그림 5-7 참조)이 다르며 주요 내용은 다음과 같다.

01 획득된 식생자료를 기반으로 가장 기초적인 형태의 소표(raw table)를 만들어 표작업(table work)을 한다. 표작업은 식생조사표와 출현종을 중심으로 반복적인 수평, 수직 이동을 통해 생태적 특성이 유사한 식물상들을 그룹화하는 과정이다.

02 그룹화된 식물상들의 범위 내에서 입지의 생태환경을 특징짓고 식생분류체계를 고려한 식물사회학적 군집(군락)의 구분 근거가 되는 진단종(또는 구분종)과 항존종, 그 외의 식물군락 내 출현하는 수반종 등을 구분한다.

03 해당 식물군락을 대표하는 하나 또는 두 개의 진단종을 이용하여 식물군락을 명명하며 2개의 식물종을 이용하는 경우 한글명과 학명의 나열순서는 동일하게 기재한다. 하지만 국제적인 학술 명명방법은 역순으로 기재한다(국내 기준 A-B군락, 국제학술 기준 B-A군락)(표 5-15).

04 일반적으로 단층의 식물군락은 우점종을 이용하여 명명하며 2층 이상인 다층 구조의 삼림성 식물군락은 최상층과 하층(관목층 또는 초본층)을 대표하는 식물종을 이용한다. 하지만 상관적 식물군락 명칭은 최상층의 우점종을 기준으로 명명한다.

05 식생조사표와 종조성에 의해 작성된 식물군락의 명명은 차후 국가적 단위식생(국가식생분류표준)으로 적용될 수 있는 근거를 마련하기 위함이다.

06 식생조사표에 의한 식물군락 명명의 경우 조사자의 판단에 따라 작성할 수 있으며 전형을 드러내는 기준표본과 같은 원기재 기준식생조사표 1장 이상을 반드시 제시한다.

07 특징적인 종인 진단종을 추출하는 표작업을 포함한 보다 세부적인 과정과 방법은 기분류된 군락분류체계의 정밀한 검토와 같이 매우 심도있는 학문적 과정에 해당한다.

08 우리나라에서 학술적 식물군락 분류와 명명은 일반적인 자연환경조사(환경영향평가 포함)보다는 우수생태계(습지보호지역 등) 정밀조사 등에 사용하는 경우가 많다.

자작나무(평창군, 청옥산). 강원도 일대의 자작나무숲은 대부분 식재한 것이다. 자작나무는 지방자치단체 또는 산림청에서 관광자원으로 인기가 높은 수종이기 때문에 중부지역 산지에 많이 식재한다.

3. 현존식생도의 조사와 작성

식생도의 종류는 다양하지만 식생연구에서 현존식생도를 가장 많이 이용한다.

식생도 종류 | 식생도(植生圖, vegetation map)는 말 그대로 식물공동체인 식생(식물군락)의 공간분포를 묘사한 지도이다. 식생도는 종류가 다양하고 학술적 연구는 물론 토지이용 및 생태복원 계획 등에 매우 실용적으로 활용할 수 있다. 식생도는 모든 토지 관리자가 직면하는 거의 모든 문제와 관련있기 때문에 해당 정보는 토지 관리자에게 중요하다. 식생도의 정보는 자연환경과 관련성이 높지만 인문환경과도 관련성이 있다. 식생도에서 식물군락의 공간분포는 해발고도, 지질, 지형 및 토양과 연관된 심층적인 정보를 제공한다. 식생도는 일정한 기준(규칙)에 따라 생태적 공동체인 식생단위(범례, legend)로 유형화하여 지도 상에 그림의 형태로 표현(도시 圖示)한다. 식생도는 각종 식생학적 정보(현존식생 現存植生, 잠재자연식생 潛在自然植生 등)에 기초한 식생유형별 지리 또는 공간분포에 대한 도면(수치지도 등)이다. 식생도에는 원식생(原植生)을 추정한 원식생복원도(原植生復原圖), 현존하는 식물군락을 표현한 현존식생도(現存植生圖)(그림 5-30), 현재의 기후와 토양 등의 환경조건에서 인간의 교란이 배제되었을 때 잠재적으로 발달하는 잠재자연식생도(潛在自然植生圖) 등이 있다. 식생도의 식물군락(범례, 식생유형)들은 각종 식생학적·생태학적 보전가치로 등급화하여 보전등급도(保全等級圖, map of conservation class, 예: 식생보전등급도)로 도면화할 수 있다. 환경영향평가에서는 현존식생도와 식생보전등급도가 가장 일반적인 형태의 실용적 식생도이다(그림 5-78 참조). 기타 행정기관에서 사용하는 생태·자연도, 비오톱지도, 도시생

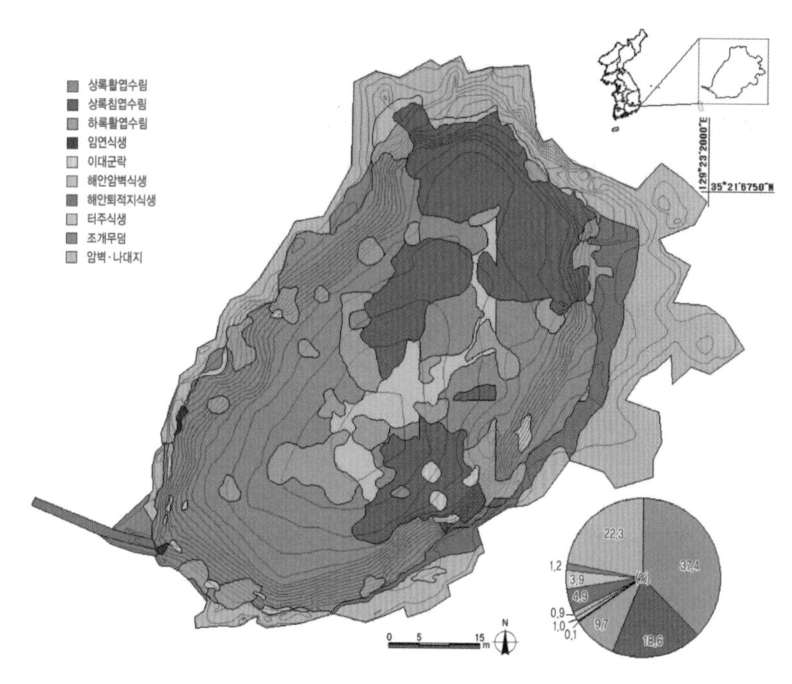

그림 5-30. 현존식생도 사례(Kim et al. 2001 수정). 울산시 울주군에 위치한 목도(천연기념물 제65호, 상록수림)의 학술적 현존식생도 작성 사례이다. 10개의 범례로 작성되었고 상록활엽수림이 전체의 37.4%를 차지하고 있다.

태현황도 등도 현존하는 식생자료를 포함하여 지표의 각종 생태자료들(식물상, 야생동물, 수계생물 등)을 통합 정보화하여 도면화한 지도이다.

식생도 제작 방법 | 최근의 식생도 제작은 [01]식물사회학에 기초한 방식, [02]현대 원격탐사 기술의 사용 방식, [03]경관생태학을 포함한 다중 규모 접근 방식 등으로 구분할 수 있다. 식물사회학에 기초한 식생도 제작이 가장 정밀한 수준이다. 이를 토대로 소규모 지역에 대한 잠재자연식생 개념을 고려한 지도화는 실용적 자연식생 관리에 효율적이다. 인류의 과학기술 발달로 원격탐사 기술의 활용은 더욱 증가하고 있다. 또한 GIS 관련 기술의 확장 및 활용은 식생이 가지고 있는 정적인 서술적 접근이 아닌 환경과의 관련성 등과 같은 인과적 접근을 가능하게 한다(Bredenkamp et al. 1998). 다중 규모 접근 방식은 전통적 식물사회학적 방식보다 상대적으로 큰 공간 범위 또는 큰 수준의 해상도적 접근으로 경관생태학 수준의 식생도로 이해할 수 있다. 우리가 흔히 사용하는 현존식생도는 경관생태학적 형태 또는 유사 수준의 상관 식생도 개념으로 이해하면 된다(그림 5-35 참조).

수생식생의 지도 제작 | 현존식생도는 주로 육상식물이 우점하는 식생지역을 대상으로 제작한다. 수생식생(水生植生, aquatic vegetation)이 우점하는 수체(aquatic zone, 습지)에 대한 식생도는 육상의 식생도 제작과 상이한 부분이 있을 수 있다. 수면에서 물속을 볼 수 있는 경우는 흔히 4m 미만의 수심지역이지만 수온이 상승하는 하절기의 부영양 습지에서는 육안으로 볼 수 있는 수심지역이 보다 얕아진다. 수체의 대형수생식물(aquatic macrophytes)은 육안으로 관찰 가능한 모든 관속식물(추수식물, 부엽식물, 부유식물, 침수식물)이지만 수체에는 선태식물(bryophytes), 일부 조류(algae)까지 포함한다. 수생식생의 지도 제작은 현장에서 이용하는 장비 및 세부 조사방법에 육상에서와 차이가 있다. 수심이 깊

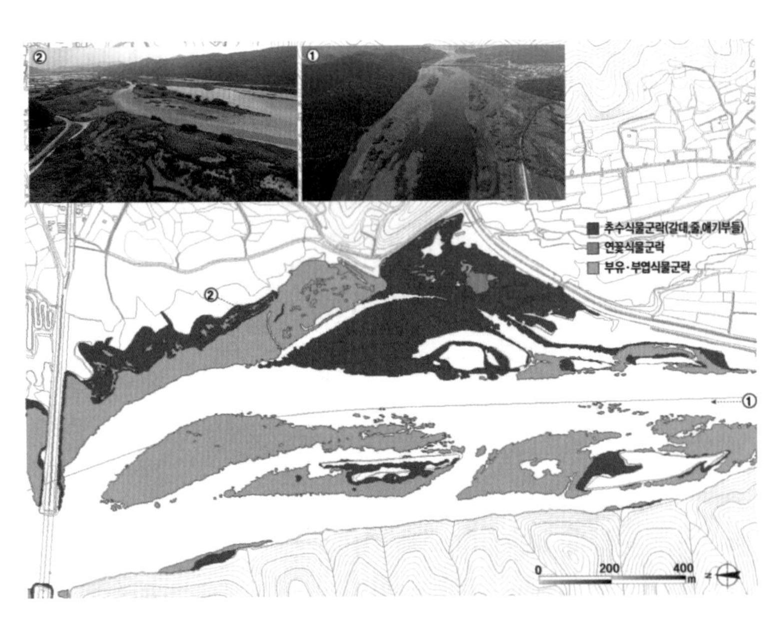

그림 5-31. 수계 습지식생의 현존식생도(2018년) 작성 사례. 팔당댐에 의해 정체수역이 형성되는 경안천 말단(경기도 광주시)의 수생식생분포도이다. 최성육기인 7월 말에 드론으로 최신 정사영상을 제작하여 식생의 공간분포를 작성하였다. 침수식물은 별도 추가 장비 및 많은 시간의 소요 등으로 제외하였지만 부유·부엽식물군락과 서식공간이 유사할 것이다.

으면 기술적인 장비(scuba, 측심기 depth gauge, 음향측심기 echo-sounding 등)가 필요하다(Janger et al 2004)(그림 5-18 참조). 수생식물(부엽, 부유식물)은 수표면에 피복하는 공간분포가 매년 변하기 때문에 최신의 영상자료 이용은 중요하며 드론 운용이 필요하다(그림 5-31). 드론을 이용하면 부엽·부유식물의 관찰은 용이하지만 침수식물의 서식공간 구분은 어려울 수 있다. 수생식물의 관찰은 최성육기인 7~8월이 가장 용이하다.

수생식생분포도 작성과 환경영향평가의 적용 | 환경영향평가에서는 수생식생에 대한 정밀조사는 수행하지 않는 것이 일반적이다. 중·대하천 규모의 하천식생 조사에서 수생공간에 대해서는 식생도를 작성하지 않지만 수변 둔치의 육상공간(습생공간)에 대해서는 적정 해상도로 식생도를 제작한다. 수생공간에 대해 사업의 종류 또는 공간 규모에 따라 키가 큰 다년생 추수식물(갈대, 줄, 부들 등)을 별도로 구분하여 식생도에 표현하는 경우는 있다. 또한 조사 목적에 따라 부유·부엽식생을 구분하여 조사하는 경우도 있다. 호소의 경우에는 수체를 장축 또는 단축으로 횡단하거나 특정 격자를 따라 연속된 단면도(transect)에 의해 수생식생을 지도화할 수 있고 수심별로 다수의 지점에 대해 식생조사를 수행할 수 있다. 조사지점들의 식물종과 환경정보 등을 토대로 특정 식물종에 대한 서식공간을 보간법(補間法, interpolation)으로 추정할 수 있다(그림 5-32, 5-33). 지도 제작에는 배를 이용한 수생식물의 훼손, 접근의 제한, 식피율 추정의 부정확성, 최심선(thalweg)의 부정확성, 조사의 위험성 등 고려사항이 다양함을 인지해야 한다. 작은 공간 규모, 배의 이용, 시간적 변동성 등을 고려하여 하천, 습지에서는 식생단면도로 현존식생도를 대체하여 식생의 구조·분포적 특성을 이해할 수 있다.

A. 수심측정 지점

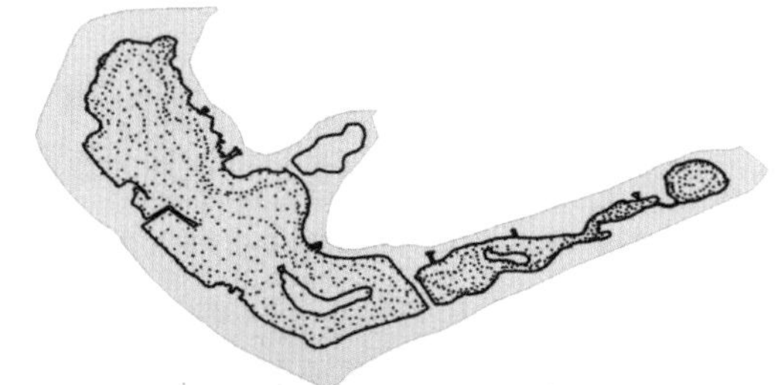

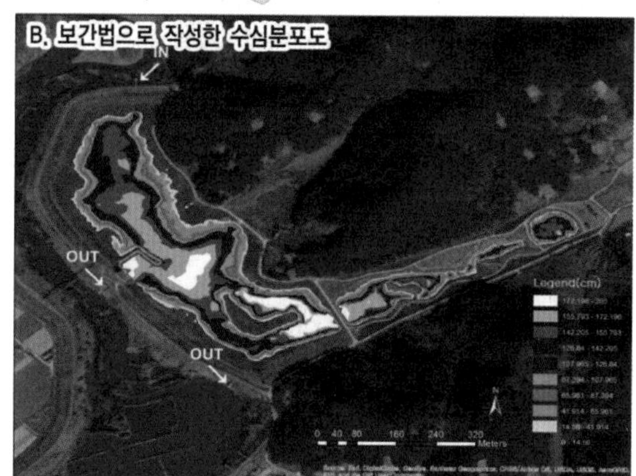

그림 5-32. 보간법으로 작성한 수심분포도(Lim et al. 2024). 945개 지점(A)의 수심을 무작위로 측정하여 보간법으로 우포늪 산밖벌(창녕군, 습지보호지역)의 전체 수심분포도(B)를 작성하였다. 이를 통해 현존식생과의 상관성을 이해할 수 있다.

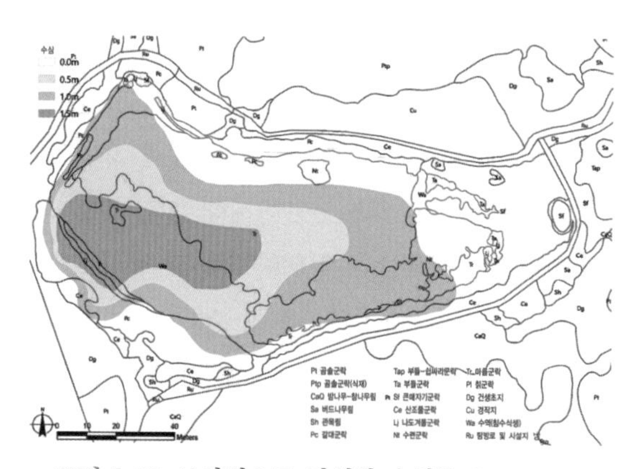

그림 5-33. 보간법으로 작성한 수심분포도(Lee and Kim 2019). 두웅습지(태안군, 습지보호지역)의 수심분포도와 현존식생도를 중첩하여 상관성을 이해했다.

하천 관련 환경영향평가에서는 현존식생도와 식생단면도를 구분해서 사용해야 한다.

환경영향평가에서 하천공간의 현존식생도와 식생단면도 작성 | 일반적으로 현존식생도는 지표를 피복한 현재의 식생유형과 토지 이용 형태를 구분함으로 식생의 공간 구조와 기능적 특성을 잘 이해할 수 있다. 하지만 환경영향평가에서 하천공간(각종 하천기본계획 수립)에 대한 현존식생도 작성이 합리적인가?는 깊이 고민해 볼 필요가 있다. 하천 습지환경에 대한 생태적 영향을 예측하고 저감방안을 수립하는데 식생의 구조, 공간분포, 유지기작 특성의 이해가 필요하다. 우리나라 대부분의 중·대하천은 상류구간에 대형 횡구조물(댐)이 설치되어 있는 조절하천(regulated river)이다. 충적 범람원인 둔치가 넓게 발달하고 있는 횡구조물의 하류구간은 식생의 안정화와 더불어 번무화(繁蕪化, 초목이 무성함)가 촉진되고 있다(Woo 2008). 이런 하천구간은 홍수기에 하천이 범람하더라도 식생의 공간분포 변화가 크지 않다. 물가에서 일년생 또는 일부 다년생 초본식물군락이, 둔치에서 다년생 초본식물군락 또는 목본식물군락이 패치(patch) 형태의 간극(gap)들이 형성되는 정도의 변화 수준이다. 이러한 공간은 기존 식생이 파괴되더라도 주변 식생에 의해 빠르게 회복되는 특성이 있다(Lee and Baek 2023). 그에 반해 하폭이 좁고 충적지형의 발달이 미미한 상류구간 또는 소하천의 경우에는 상대적으로 식생의 발달이 미약하고 범람으로 인한 식생의 변화는 역동적이고 크다. 이 때문에 환경영향평가 수준에서 식생의 공간분포 변화가 적은 중·대하천의 지형공간에 대한 현존식생도 작성은 합당할 수 있지만 변화가 많은 상류구간 또는 소하천에서 현존식생도 작성은 매우 소모적인 결과를 초래한다. 이를 해결하는 합리적인 방법은 소하천(상류)구간에서 대표 지점의 식생단면도로 식생구조를 이해하는 것이다(그림 5-34).

하천식생단면도 작성과 환경영향평가의 적용 | 흔히 소하천(「소하천정비법」, 시장, 군수, 구청장 관리)은 평균 하폭이 2m 이상, 하천연장이 500m 이상인 하천을 말하고, 지방하천(「하천법」, 시·도지사 관리)과 국가하천(「하천법」, 국가 관리)의 순으로 하천 규모 및 중요도가 커진다. 환경영향평가에서는 소하천으로 분류되거나, 하천차수(河川次數, stream order; Strahler 1957)가 저차(흔히 1~3차)이거나, 하폭이 100~150m 이하인 경우에는 현존식생도가 아닌 하천식생단면도로 식생 특성을 이해하는 것이 합리적이다. 흔히 하천차수가 낮으면 규모가 작은 하천으로 이해할 수 있다. 보다 규모가 큰 지방하천 또는 국가하천에서도 식생단면도로 식생을 이해할 수 있으며 계획 수립의 목적을 고려하여 현존식생도 작성 여부를 최종 결정한다.

면 또는 선 형태 사업에서의 하천식생단면도 작성 여부 | 도시개발사업 및 철도, 도로와 같은 면과 선 형태의 대규모 개발사업에서는 사업지구 내에 소하천을 포함하거나 통과하는 경우가 많다. 대규모 개발사업의 환경영향평가에서 식생조사표를 이용한 삼림에 대한 식생조사는 합당하지만 사업지구 내의 소하천을 대상으로 하천식생단면도를 작성하는 것이 과연 합리적인가? 하천식생단면도는 하천 관련

[현지조사표 양식-3] **하천식생 단면도**

계획/사업 명칭	북한강 지류		
조사일시	2022년 8월 30일 화요일 (시간) 16시 12분 ~ 16시 20분(총 15분)		
조사번호	총 ____ 지점 중 ____ 번째 지점	조사자 : 이율경 (서명)	
조사위치	(주)창의천 지점2		
조사지역 토지유형 □산림 □하천 ☑경작지 ☑주거지 □도심지 □공장 □저수지 □바닷가 □기타(농로)		좌표	N : 37. 40. 41. 6 E : 127. 29. 48. 1

물리적 환경 (하류방향)

	제방(좌)		하상		제방(우)	
좌안	□ 자연형(산림 등) □ 돌망태 ☑ 토사제방 □ 호안블럭(식생) □ 돌쌓기(석축) □ 콘크리트 옹벽 □ 기타(　　)		□ 암반 □ 큰 돌 ☑ 돌 ☑ 자갈 ☑ 잔자갈 ☑ 모래 □ 펄		□ 자연형(산림 등) □ 돌망태 ☑ 토사제방 □ 호안블럭(식생) □ 돌쌓기(석축) □ 콘크리트 옹벽 □ 기타(　　)	우안

식생단면도 (하류방향)

(하도-하변) (제방)
우점종 : 달뿌리풀, 환삼덩굴

양버즘나무(식재)

개나리

단풍잎돼지풀

바랭이

달뿌리풀

환삼덩굴

물길 3개

제방길

좌안

4.5m

우안

밭

산책로

2.5m 2m 2.5m

하천폭 50m

특이사항 :
- 소규모 보 하부
- 주변에 농로 및 밭경작지, 일부 주거지 존재

그림 5-34. 스마트기기를 이용한 하천식생단면도 작성 사례(양평군, 북한강 지류인 창의천). 환경영향평가에서 소하천 정비계획 사업은 현존식생도가 아닌 하천식생단면도로 하천식생의 전반적인 특성 및 구조를 이해한다. 창의천은 수심이 얕고 자갈과 모래가 혼재된 퇴적물 환경에 달뿌리풀이 우점하는 초본식생이 발달하고 있다는 것을 알 수 있다.

사업에서는 당연히 작성해야 하지만 면과 선 형태의 개발사업에서는 조사자의 판단에 따라 선택적으로 적용할 수 있다. 생태계 조사 분야 내의 어류 및 저서성 대형무척추동물의 수계생물 분야에서 대표지점을 선정하여 현장사진, 물리적 특성 및 생물상 현황을 제시하기 때문에 하천식생단면도를 작성하지 않아도 하천 특성을 개괄적으로 이해할 수는 있다. 하지만 직접 영향권 내의 하천에 중요한 식생자원 또는 건강한 수변림 있으면 식생조사표 또는 하천식생단면도를 작성할 것을 권장한다.

하천식생단면도 작성 지점의 선정 | 하폭이 좁은 소하천에서 식생단면도를 작성하는 경우 지점의 선정은 중요하다. 흔히 조사하는 계획하천을 상류, 중류, 하류로 구분하여 지점을 선정한다. 많은 지점을 선정하는 것이 좋지만 시간과 비용이 많이 소요된다. 하천길이가 짧은 경우와 긴 경우로 나누어 조사지점의 갯수를 결정할 수 있는데 예산과 계획의 목적 등의 비용-효율성을 고려해야 한다. 흔히 길이가 1㎞ 이하의 하천은 1개 지점을 선정한다. 경우에 따라 2~3㎞를 기준으로 길이가 짧은 하천은 1개 지점, 긴 하천은 상류~중류 및 중류~하류 사이에 2개 지점을 선정한다. 4㎞ 이상인 경우에는 상류, 중류, 하류의 3개 지점을 선정하기도 한다. 조사지점의 갯수는 조사자의 판단에 따르지만 논리적인 기준을 제시하도록 한다.

하천식생단면도 작성법 및 작성시기 | 하천식생단면도는 [01]최대한 현장감있게 사실적으로 작성해야 하는데 지형과 식생 구조의 스케일을 동시에 고려한다(그림 5-34). 하천식생단면도는 [02]상류에서 하류 방향을 보면서 작성하기 때문에 조사자의 왼쪽을 좌안, 오른쪽을 우안으로 하여 작성한다. 하천식생단면도의 현지조사표에는 지형단면과 더불어 [03]단면 상에 위치하는 식물을 기록하고, [04]제방의 재료(콘크리트, 토양, 식생블럭, 견치석 등)와 제방 높이, 하천폭, 수폭(물길폭) 등을 자세하게 기록한다. [05]경우에 따라 주변의 토지이용 및 식생환경을 특이사항에 기술한다. 소하천에서의 식생구조는 홍수기에 범람으로 온전한 형태가 아닐 수 있기 때문에 수리적으로 충분히 안정된 시기에 하천식생단면도를 작성하는 것이 좋다.

하천 습지에서 식생도 제작의 효율적 방법 | 하천 습지에서 식생도 제작의 통상적인 방법은 전체 공간에 대해 작성하는 것이다. 하지만 과도하게 넓은 공간 범위, 상관적 구분과 범례 설정의 어려움, 작성의 효율성 및 활용성 등을 고려한 다양한 식생도 제작 방법들이 개발되었다. 대표적인 사례가 하천의 대형수생식물 분포도 제작에 조사하는 전체 하천길이를 5~500m 범위의 구획(section)으로 나누어 제작하는 것이다. 구획의 규모(범위)에 따라 줄자 또는 GPS, 항공(위성)영상을 이용하여 구획을 구분하거나 현장조사할 수 있다. DAFOR(피도 측정)를 이용한 출현식물종의 풍부도, 백분율 피도, 피도 수치·등급 등으로 각 구획을 점수화 또는 등급화할 수 있다. 좁거나 얕은 하천의 경우에는 방형구 표본조사를 수행할 수 있다. 수심이 너무 깊거나 탁한 하천과 호소는 배를 이용하거나 각종 채집기를 이용하여 표본

조사를 하거나 표본을 채취해야 한다(그림 5-18, 5-19 참조). 하천에서는 수위를 고려한 식생도 제작이 필요한데 하도(물길, channel)는 연중 85% 이상 침수되는 공간으로 규정하는 것이 일반적이다(Scott et al. 2002). 이는 연중 310일 이상 침수되는 공간으로 횡단면적으로 185일 이상 침수되는 '얕은물속'보다 낮은 수위 공간으로 인지하면 된다(Lee and Kim 2005, Lee and Baek 2023). 이 때문에 수위가 상승하는 장마기 또는 홍수기에 현장조사하는 것은 적합하지 않다.

하천 대표구간의 현존식생도 작성 | 전술처럼 지방하천 또는 국가하천의 유지관리 계획 수립에서 전체 하천구간에 대한 현존식생도 작성은 매우 소모적일 수 있다. 하천연장이 긴 경우에는 현존식생도 조사와 작성에 과도한 업무가 편중되어 다른 조사에 대한 부실을 초래할 수 있다. 이를 해결하는 방법은 전술했듯이 일정 하천구간에 대해서만 현존식생도를 작성하는 것이다. 구간은 대표성 있는 하천구간을 선정하거나 일정한 규칙(간격)으로 선정하는 방법이 있다. 대표성을 갖는 하천구간은 전체 하천구간을 대표할 수 있는 식생패턴을 찾아 선정하거나, 양호한 식생을 갖는 하천구간을 선정하거나, 조사하천의 중심구간을 선정하는 방법들이 있다. 대표구간은 조사 대상하천에서 하나가 아닌 수 개의 구간을 선정하여 작성할 수 있다. 전체가 아닌 구간으로 현존식생도를 작성하는 접근은 학술적 조사에서도 빈번히 사용하는 방법이다. 하천 외의 면사업(철도, 도로 등의 선사업 포함)에서는 사업대상지 전체에 대해 현존식생도를 작성하는 것이 일반적이다.

현존식생도는 지표의 토지이용을 공간적으로 유형화하여 면분류하며 변화관찰 가능하다.

현존식생도 활용의 장점 | 현존식생도(現存植生圖, actual vegetation map)는 현재의 지표를 덮고 있는 다양한 형태의 토지이용(식생)을 유사한 속성으로 묶어 면분류하여 그림으로 도식화(圖式化)한 것이다. 유사한 속성들은 하나의 범례(凡例, legend)에 해당된다. 현존식생도는 현재의 토지이용 형태를 공간단위로 면분류하기 때문에 식생학(식생분류학, 식물사회학)의 매우 실용적인 강점으로 여겨진다. 이러한 실용성은 환경계획 전문가나 행정 결정자 또는 토지 관리자에게 더욱 중요하다. 식생분야의 연구가 매우 복잡하고 분류학에 기초함에도 불구하고 이러한 실용성 때문에 일반인들은 현존식생도를 작성하고 생태학적 보전가치를 부여하는 것으로만 오인하는 경우가 많다. 자연환경계획에서 현존식생도는 지속가능한 형태로 국토를 개발하도록 매우 효과적이고 실용적인 공간 정보를 제공한다. 현존식생도는 생태계 구조와 기능이 취약한 공간, 생태적 보전가치가 높은 공간, 생태복원이 필요한 공간, 건전한 이용에 적합한 공간 등을 탐색하도록 한다. 지표에 내제된 공간 특성을 생태적으로 분석하고 건전한 개발 개념을 적용한 자연환경보전계획은 지역 생태계의 구조와 기능이 잘 연결되어 생태적 건강성이 보장된다.

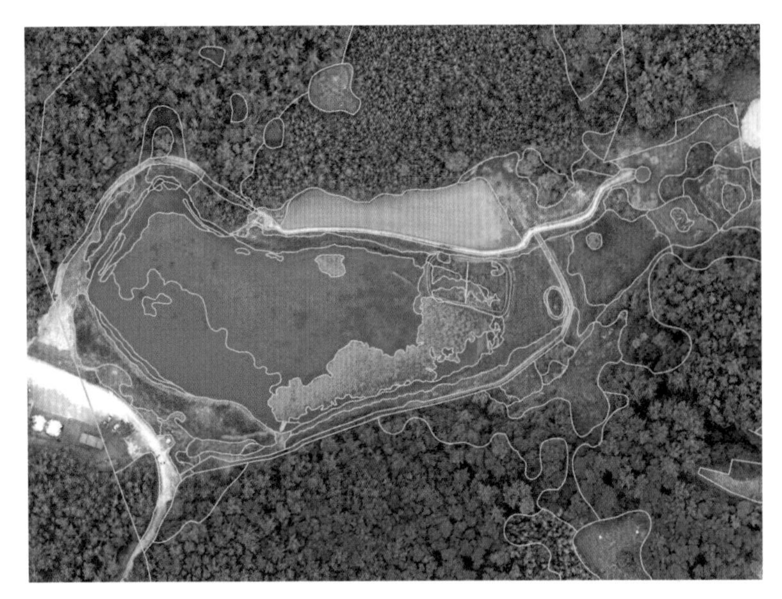

그림 5-35. 상관적으로 구분한 현존식생. 드론을 이용하여 최신 정사영상(2019년)을 제작하여 상관적으로 현존식생을 분류하였다. 습지보호지역(태안군, 두웅습지) 경계 내의 식생유형을 노란색 실선으로 구분하였다.

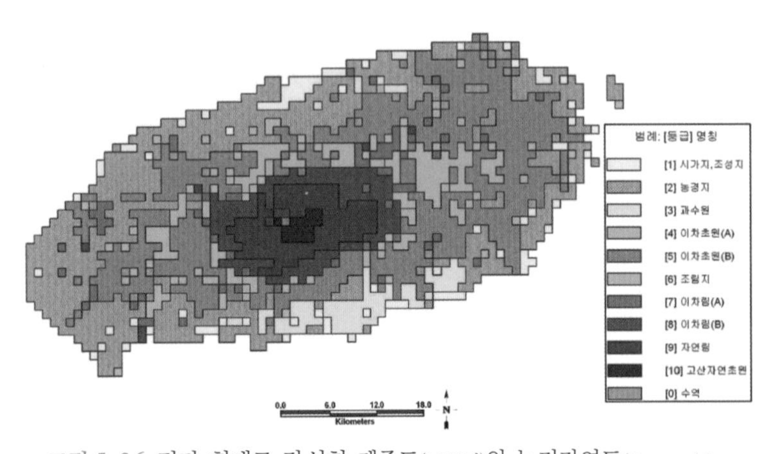

그림 5-36. 격자 형태로 작성한 제주도(1989년)의 녹지자연도(Kim and Lee 2006). 환경부(환경처)는 과거 제1차 전국자연환경조사(1986~1990년)에서 1988~1990년에 전국을 시·도로 구분하여 격자(1km×1km) 형태로 지도화한 녹지자연도(map)를 제작하였다.

상관적 현존식생도 개념 | 현존식생도는 작성하는 범례의 수준에 따라 01상관적 식생도, 02식물사회학적 식생도 등으로 구분할 수 있다. 자연환경조사 및 환경영향평가에서 작성하는 일반적인 현존식생도는 상관(相觀, physiognomy)으로 식생유형을 구분한다(그림 5-35). 상관은 식생의 외형을 전체적으로 보는 시각에서 판단하기 때문에 식물군락을 수직적 구조가 아닌 수평적 구조로 인식한다. 식물사회학적 식생도는 보다 수직적인 구조로 식생공간을 인식하는 것이다. 상관적 식생도는 식생의 형태나 구조를 최상위 우점종의 생활형으로 결정하는데 식생유형이 동일하면 상관적 패턴이 유사한 것으로 인식한다. 동일하게 분류되는 범례(식물군락, 식생유형)는 식생 밀도, 식생고, 구조적 복잡성, 연속성, 계절성, 색상, 질감, 모양 등이 유사한 형태이다. 자연상태에서 식물의 분포는 불연속, 임의적으로 분포하기 때문에 상관적 패턴은 동일하지 않고 유사하게 나타난다. 이 때문에 졸참나무가 우점하고 굴참나무, 갈참나무가 혼재하는 경우를 졸참나무 우점군락(졸참나무군락)으로 구분하더라도 공간에 따라 굴참나무 또는 갈참나무가 우점하고 졸참나무가 차우점하는

형태가 존재할 수 있다. 현존식생도는 이러한 상관적 패턴의 유사성과 범례의 해상도(표현 최소면적)에 기초하여 상이한 패턴의 공간을 다각형의 선으로 경계를 긋는 것이다(그림 5-35, 5-56 참조). 패턴에 대한 인식은 현장조사 이전에 실내에서 항공사진이나 위성영상으로 개괄적 인지가 가능하다. 활용가능한 영상은 구글어스, 카카오맵, 네이버지도, 국립지리원 등에서 확보할 수 있다. 일반적으로 현존식생도는 격자의 형태가 아닌 실선의 형태로 작성한다. 격자의 형태도 실선의 형태로 작성한 결과물을 변형해서 사용해야 정확도 높은 분석 및 도식화가 가능하다. 격자 형태의 현존식생도는 환경부(환경처) 제1차 전국자연환경조사(1986~1990년)에서 1988~1990년에 전국을 광역단위인 시·도로 구분하여 격자(1㎞×1㎞)로 녹지자연도 지도(map)를 작성한 것이 대표적인 사례이다(그림 5-36).

현존식생의 변화 관찰 | 현존식생의 피복 변화를 관찰하여 특정 식물군락의 변화를 파악할 수 있다. 그림 5-37은 낙동강하구습지보호지역 일대에서 새섬매자기군락의 변화를 분석한 것이다. 우리나라의 중요 철새도래지인 낙동강하구에서 새섬매자기는 겨울철새인 큰고니의 핵심 먹이자원이다. 드론을 이용하여 최신의 정사영상을 제작하여 분석하였으며 2006년 대비 2018년에 그 면적이 현저히 감소한 것을 알 수 있다. 이와 같이 특수 목적의 자연환경조사에서 현존식생의 변화를 관찰할 수 있는데 드론을 이용하는 것이 가장 합리적이다. 드론의 이용은 후술을 참조한다.

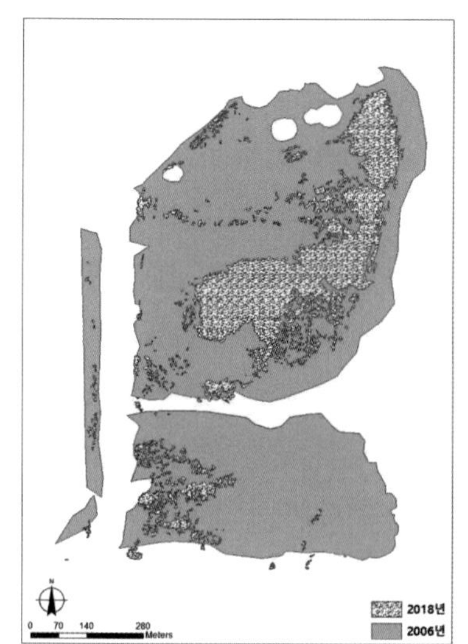

그림 5-37. 새섬매자기군락의 공간분포 변화(좌에서부터 명지동 앞, 맹금머리등, 을숙도 하단). 낙동강하구(부산시)에서 큰고니의 핵심자원인 새섬매자기군락에 대한 2006년과 2018년의 분포 변화를 보여준다. 연두색이 2006년이고 패턴이 2018년으로 그 면적이 현저히 감소(명지동 앞 83%, 맹금머리등 84%, 을숙도 하단 78%)한 것을 알 수 있다.

범례와 표현 최소면적과 같은 해상도의 결정은 현존식생도 작성에 매우 중요하다.

현존식생도의 범례 | 넓은 지역을 조사하는데 주어진 예산보다 과도하게 정밀한 수준(level)의 결과물을 요구하면 부실조사의 우려가 높아질 수 있다. 현존식생도는 비용-효율성을 고려하여 적정한 수준의 해상도(解像度, resolution)로 작성해야 한다. 현존식생도 작성에 가장 우선해야 하는 것은 범례의 결정이다. 범례의 해상도는 어떤 수준으로 사용하는지? 표현하는 최소면적은 어느 정도인지?를 포함한다. 해상도의 수준은 활용 목적을 고려해서 결정해야 한다. 국가의 토지를 관리하는 중앙정부 수준의 현존식생도는 국토의 식생 분포 특성을 이해하는 대분류 또는 중분류 수준으로 작성한다. 국가적 수준에서는 1:25,000축척의 지도로 작성하는 것이 일반적이며 최근에는 1:5,000축척의 정밀지도로 작성한다(환경부 자연환경조사 범례는 부록 참조). 하지만 환경영향평가와 같은 단위개발사업에서는 중분류 또는 소분류, 세분류적 수준으로 작성한다. 이 수준은 1:5,000축척 또는 이보다 정밀한 수준에 해당된다(표 5-5 참조).

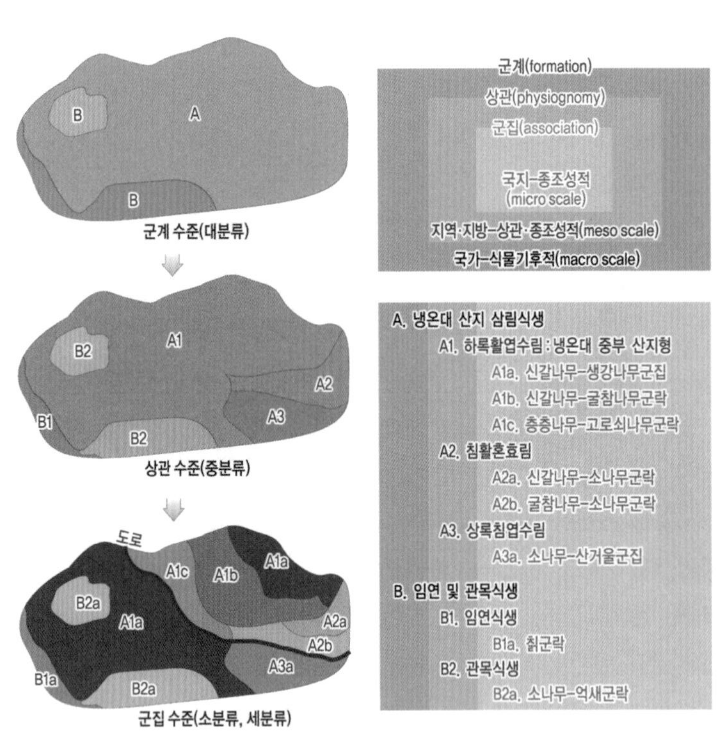

그림 5-38. 해상도 수준별 현존식생도 사례. 현존식생도는 해상도에 따라 범례의 수준이 다르다. 위의 그림에서는 군계 수준의 대분류(A, B), 상관 수준의 중분류(1~3), 군집 수준의 소분류(a~c)로 범례를 구분할 수 있다.

범례의 위계적 수준 | 범례는 목표로 하는 현존식생도의 해상도에 따라 결정하는 것이 일반적이다. 사용하는 개별 단위범례(단위식생)들은 위계적 수준인 '대분류(대구분) 〉 중분류(중구분) 〉 소분류(소구분) 〉 세분류(세구분)'와 같은 틀로 이루어져야 한다. 원칙적으로 전술의 국가식생분류표준(표 5-4, 5-5 참조)에 부합하는 것이 좋다. 위계적 수준은 흔히 3~4개로 구분한다. 예를 들어 신갈나무-굴참나무군락은 위계적 수준으로 '냉온대 낙엽활엽수림-냉온대 산지 삼림식생(대분류) 〉 신갈나무우점림 또는 하록활엽수림(중분류) 〉 신갈나무-굴참나무군락(소분류, 세분류: 단위범례)'으로 구분이 가능하다(그림 5-38). 범례에 사용하는 이름은 해당 식생유형의 정보를 충분히 반영

할 수 있도록 한다. 이름은 누구나 이해하기 쉬운 일반적인 단어를 최우선 사용하고 부득이한 경우 전문적인 단어를 차선책으로 사용한다.

다각형사상 모양의 정밀도와 표현의 최소면적 | 현존식생을 조각으로 구분하여 도면화하는 단위사상(feature, 다각형 polygon)은 현존식생도 제작의 해상도와 관련이 있다. 다각형사상의 해상도는 다각형 모양의 정밀도와 복잡성, 표현의 최소면적과 관련이 있다. 다각형사상의 모양은 삼각형, 사각형, n각형으로 구분되는데 대부분 n각형으로 표현된다. 흔히 n각형에서 n(꼭짓점의 수)이 클수록 보다 정밀한 수준으로 정보화된다. 모양 외에 표현하는 다각형사상의 최소면적 크기를 얼마로 해야하는가?에 대한 결정이 필요하다. 일반적으로 사용하는 기본지도(basemap)의 축척으로 이해할 수 있다. 대축척지도에서는 해상도 높은 세분화된 범례로 현존식생도를 작성할 수 있다. 표현의 최소면적은 활용하는 영상자료와도 관련이 있다. 최소면적의 표현은 연구자의 판단에 따라 결정하지만 사용하는 기본지도의 1㎝×1㎝ 면적 이상을 기준으로 하는 것이 일반적이다(그림 5-39). 예를 들어 1:5,000축척의 지도를 사용하면 지도에서 1㎝는 실제 공간에서 50m이기 때문에 2,500㎡(50m×50m) 면적 이상의 사상은 표현하는 것이다. 이 기준은 표현 사상 주변이 동일한 생태계(삼림-삼림)인 경우에 적용한다. 상이한 생태계(삼림-주거지)와 접한 경우에는 보다 작은 면적도 표현할 수 있다. 그림 5-39에서 ①은 최소면적(2,500㎡) 이상, ②는 동일한 생태계 내에서 최소면적 이하, ③은 서로 다른 생태계 경계에서의 최소면적 이하, ④는 동일 생태계에서의 최소면적 이하, ⑤는 동일 생태계에서 최소면적에 근접한 다각형사상이다. 흔히 ①과 ③은 표현해 주고 ⑤는 연구자의 판단에 따르지만 최소면적에 근접하여 표현할 수 있다. 하지만 멸종위기야생식물이 서식하거나 중요식물이 군락을 형성하는 경우에는 최소면적 이하라도 표현하는 것이 필요하다. 환경영향평가에서는 흔히 1:5,000축척의 수치지형도를 사용하기 때문에 최소면적을 2,500㎡로 한다(ME 2024b).

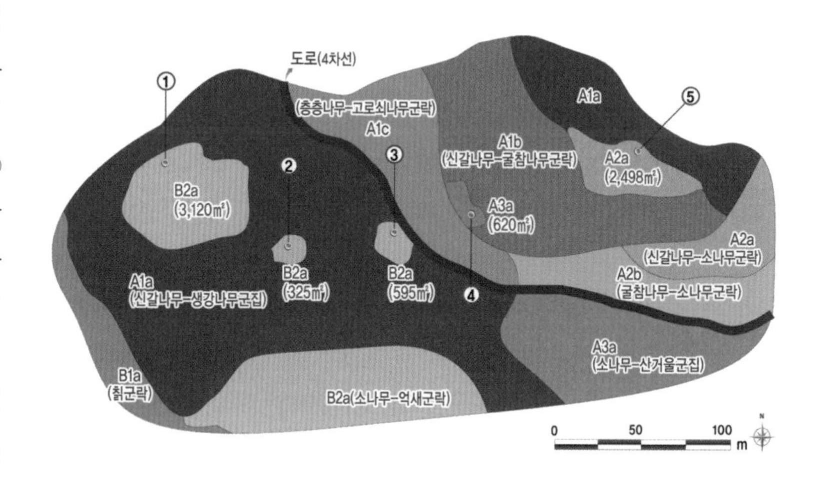

그림 5-39. 최소면적을 고려한 다각형사상의 표현. 다각형사상에서 ①은 최소면적(2,500㎡) 이상, ②는 동일 생태계 내에서 최소면적 이하, ③은 서로 다른 생태계 경계에서의 최소면적 이하, ④는 동일 생태계에서의 최소면적 이하, ⑤는 동일 생태계에서 최소면적에 근접한 다각형사상이다. 흔히 ①과 ③은 표현하고 ⑤는 선택적으로 표현해 줄 수 있다.

현존식생도 작성을 위한 현장조사는 동적 변이의 고려와 구분이 용이한 적기에 하는 것이 좋다.

식생의 동적 변이 | 식생은 식물종 구성과 시간적, 공간적 구조 측면에서 매우 역동적인 시스템이다. 현존식생도는 대상지역의 특정 시·공간 식생을 도면화하여 지역의 식생 분포 특성을 구체적으로 이해하는 것으로 식생의 동적 특성을 충분히 고려해서 작성해야 한다. 주요 동적 특성은 [01]계절적 변이와 [02]천이에 대한 것이다. 식물군락(범례)들은 뚜렷한 계절별 성장 및 개화 활동에 정점을 가지는데 식물종별 그 시기가 다르다(그림 5-40, 5-41 참조). 식물들의 생장은 태양에너지의 계절적 변화에 따르는데 추운지방에서는 그 차이가 보다 뚜렷하기 때문에 작성시기의 고려는 더욱 중요하다. 천이는 식물군락이 구조적·기능적으로 안정화될 때까지 식물종 구성이 교체되는 역동적인 과정으로 현장조사에서 이를 고려하여 식생유형을 판정하는 것이 필요하다.

전이대의 고려 | 전이대(轉移帶, ecotone)는 현존식생에서 식물군락의 경계를 불분명하게 만드는 요인 중의 하나이다. 전이대는 두 식물군락의 식물상을 공유하는 공간으로 하나의 다각형사상에서 20~40%의 면적에 해당된다(Kent and Cooker 1992). 전이대는 구분되는 하나의 독립된 식물군락보다 식물종이 더욱 풍부하며 별도의 식물군락으로 인식될 수도 있다(그림 5-56 참조). 인접한 두 식물군락의 식물상을 공유하는 전이대의 식생 특성으로 현존식생도에서 식생유형(범례)을 판정할 때 올바르게 파악하지 못하거나 과도하게 많은 식생유형으로 분류될 수 있다. 자연환경조사 및 환경영향평가의 조사 목적과 비용-효율성을 고려하면 과도하게 많은 식생유형의 분류는 오히려 정보의 전달력과 가독성을 떨어트릴 수 있다.

현존식생도 작성 시기 | 현존식생도 작성의 상관적 현장조사는 연중 가능하지만 낙엽 이후 겨울철에는 식물종 판정의 어려움과 오류 가능성이 높아진다. 겨울철은 소나무와 같은 상록침엽수림과 참나무류와 같은 낙엽활엽수림을 구분하기는 좋지만 낙엽활엽수림을 소분류 또는 중분류하기는 어렵다. 따라서 조사 대상지역의 식물종 구성에 따라 상관식생을 구분하는데는 지역별 적기가 있음을 인식해야 한다. 즉 지역의 삼림이 어떤 활엽수종(신갈나무, 졸참나무, 굴참나무, 상수리나무, 서어나무, 아까시나무, 밤나무 등)으로 구성되어 있느냐에 따라 상관적으로 명확히 구분되는 시기가 상이할 수 있다(그림 5-40, 5-41, 5-42)(그림 5-48, 5-49 참조). 흔히 산지의 식물은 생육초기와 개화기(일부 생장기)에 상관적 구분이 비교적 용이하다.

상관식생 구분의 적기와 식물사회학적 조사 | 상관식생을 구분하는 적기는 후술의 드론 최적 촬영시기와 내용이 유사하다. 흔히 봄철 싹이 나오는 생육초기에 상관식생을 구분하는 것이 적합하지만 생육이 늦은 식물종의 구분은 어렵다. 우리나라 중부지방에서는 산지의 주요 참나무류 중에서 신갈나무가 4월초에 비교적 빨리 싹(잎 또는 꽃)이 나고, 상수리나무가 다음으로 졸참나무, 갈참나무, 굴참나무, 떡갈

그림 5-40. 싹이나는 시기(좌: 양주시, 4.25)와 생육 초기(우: 양구군, 5.15)의 산지 전경. 생육 초기(4월~5월초)에는 상관적으로 식생 구분이 용이하지만 생육 중기(5월 중반 이후)에 접어들면 구분이 상대적으로 어렵다(그림 5-3, 5-50 참조).

그림 5-41. 아까시나무(좌: 원주시, 2024.5.8)와 밤나무(우: 합천군, 2023.6.14)가 개화한 전경. 우리나라 산지의 이차림에 고빈도로 출현하는 식재수종인 아까시나무와 밤나무는 지리적 위치에 따라 시기가 상이하지만 각각 5월 초중순과 5월 하순~6월 중순에 흰색으로 개화하기 때문에 상관적으로 구분이 용이하다(그림 5-77 참조).

그림 5-42. 상수리나무(좌: 구미시, 2016.6.24)와 굴참나무(우: 진천군, 2024.8.22). 상수리나무는 6~7월 가지 끝에 잎이 새로나면(연두색) 전년지에서 생장한 잎(진녹색)과 구분이 용이하다. 굴참나무는 잎뒷면이 분백색을 띄기 때문에 바람에 흔들리는 잎에 의해 구분이 용이하며 다른 식물에 비해 잎이 보다 진녹색을 띤다(흔히 8월에 새가지가 자람).

나무가 이어 생육을 시작하는 경향이 있다(그림 5-40). 아까시나무는 5월 초중순에, 밤나무는 5월 하순~6월 중순에 꽃이 피기 때문에 해당 시기에 상관적인 구분이 쉽다(그림 5-41). 상수리나무는 6월 중순~7월 상순에 새롭게 성장한 새가지 끝의 잎(연두색으로 진녹색의 전년지에 생장한 잎과 차이가 있음)에 의해 구분이 뚜렷하다. 굴참나무는 생육기에 바람이 불면 성모가 있는 잎뒷면에 의해 상관적으로 분백색을 띄기 때문에 구분이 명확하다(흔히 8월에 새가지가 자람)(그림 5-42). 이러한 식물종별 계절학적 차이는 하천과 습지의 주요종인 버드나무류에서도 뚜렷이 관찰된다(Lee and Kim 2005, Lee and Baek 2023)(그림 1-19 참조). 우리나라에서는 식물계절학적으로 싹이 나기 시작하는 4월과 생육 초기인 5월 중에 현존식생도 작성과 같은 식생 상관조사를 수행하고 이후 생육이 왕성한 5~9월에 삼림 내부에 대한 식물사회학적 조사와 현존식생도 보완 조사를 병행하는 것이 보다 정확한 식생 분류와 구분(식물군락 분류, 현존식생도 작성 등)을 가능하게 한다.

드론을 이용하면 최신의 정사영상을 확보하여 보다 정확한 현존식생 분류 및 분석이 가능하다.

영상의 활용과 드론 이용 | 현존식생을 보다 정확하게 작성하기 위해 각종 영상을 활용하는 것은 중요하다. 활용 가능한 온라인 영상은 구글어스, 카카오맵, 네이버지도, 국토지리정보원 등을 통해 확보할 수 있다(그림 5-43). 구글어스와 카카오맵 등은 과거의 시계열적 영상까지 이용 가능하다. 현존식생도 작성을 위한 영상은 해상도가 낮거나 촬영한 시점이 오래되면 활용성이 떨어진다. 소규모 면적의 환경영향평가에서 촬영 시기가 오래된 영상의 활용은 더욱 부적합할 수 있다. 최근에는 과학기술의 발달로 무인동력비행장치인 드론(drone)이 보편화, 정밀화, 실용화되면서 이를 적극 활용할 수 있다. 온라인에서 제공하는 각종 항공·위성영상들은 드론으로 직접 촬영하여 획득한 정사영상보다 해상도가 낮다. 상용화된 드론을 활용하면 비교적 낮은 비용으로 수 헥타르에 걸쳐 개별 식물종 또는 식생유형의 분포를 추정하는데 적절한 수준의 이미지 세부 정보를 이용할 수 있다(Anderson and Gaston 2013).

그림 5-43. 구글어스(좌), 카카오맵(중), 네이버지도(우)의 영상 비교(화성시청 남동지역 일대, 2024.8.1). 구글어스 영상이 가장 최신이지만 해상도는 촬영 시기가 비슷한 카카오맵 또는 네이버지도가 상대적으로 높다.

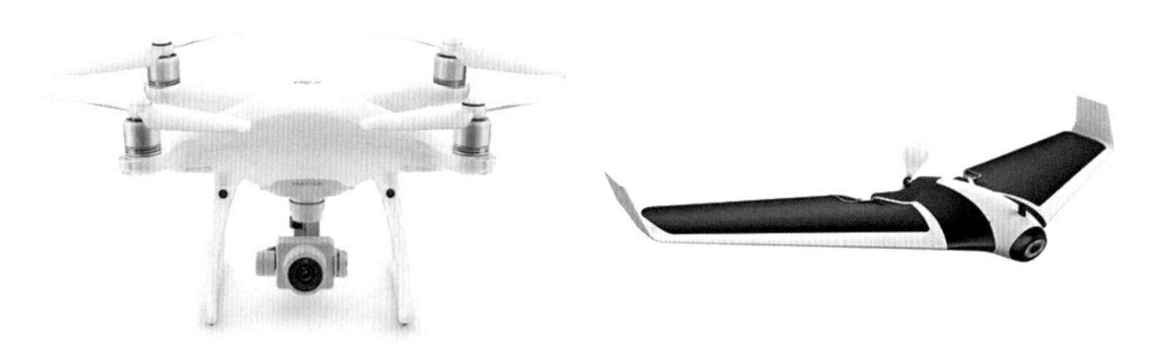

그림 5-44. 회전익 드론(좌: DJI Phamtom 4)과 고정익 드론(우: Parrot DISCO). 회전익 드론은 4개의 날개가 회전하는 헬리콥터 형태이고 고정익 드론은 일반 비행기와 유사한 날개가 고정된 형태이다.

드론의 선택 | 식생 분석을 위해 사용할 수 있는 드론의 종류는 다양하지만 사용에 적합하고 필요한 편리한 스펙(spec)들이 있다. 드론은 비행동력 형태에 따라 크게 [01]고정익(동체에 날개 고정: 비행기)과 [02]회전익(날개 회전: 헬리콥터)으로 나뉜다(그림 5-44). 고정익 드론은 양력을 얻어 비행할 수 있는 활주로와 같은 넓은 공간이 필요하고 회전익 드론은 수직으로 이·착륙하기 때문에 넓은 공간이 필요없다. 여러 회사의 제품들이 있지만 가장 많이 사용하는 드론은 회전익 형태의 DJI 제품군이다. 야외에서는 양력을 얻어 비행할 수 있는 넓은 공간이 부족하기 때문에 고정익 드론보다 회전익 드론을 추천한다. 야외는 항상 바람이 불기 때문에 드론은 10㎧ 정도의 바람에도 비행할 수 있는 것이 좋다. 드론은 흔히 3축 짐벌(무진동)이 있어 떨림이 없는 영상의 확보가 가능해야 하고 정지비행이 가능한 것이 좋다. 드론은 충분한 시간 동안 촬영할 수 있는 배터리 용량을 갖추어야 하는데 흔히 1~3개 여분의 배터리를 추가적으로 이용하여 촬영한다. 배터리가 부족한 경우에는 차량에서 직접 충전하여 빠르게 사용할 수도 있다.

드론 촬영을 위한 법적 사항 | 드론을 사용하기 위해서는 법적인 허가사항을 준수해야 한다. 무인동력비행장치(드론)를 이용하는데 안전사고 및 사생활 침해 등과 같은 각종 사회적 문제가 야기되면서 관련 법·제도적 장치들이 마련되었다. 무인동력비행장치에 대한 신고 기준이 있는데 현재는 영리 목적은 모두 신고해야 하고 비영리 목적(무인멀티콥터, 무인비행기, 무인헬리콥터)의 장치는 최대이륙중량이 2kg를 초과하는 경우에만 신고해서 사용한다(2021.1.1 시행). 신고 관련은 국토교통부 산하기관에서 운영하는 '드론 원스톱 민원서비스'(https://drone.onestop.go.kr)를 이용하면 된다. 드론 조종자는 비행에 관련된 교육을 이수해야 하고 보험에 가입하여 사용할 수 있다. 드론 조종자는 비행 전에 드론 및 비행 관련 교육, 비행금지구역 등의 전반적인 준수사항을 별도로 숙지해야 한다. 연구자가 드론으로 대상지를 영상으로

촬영하기 위해서는 별도의 신고와 허가 이후에 가능하다. 조건부 허가는 흔히 보안시설 및 비행고도 등과 관련된 제한으로 촬영 준수, 비행 사전 통지(연락) 등의 내용이다.

매핑을 위한 어플-소프트웨어의 사용과 유용한 기능 | 매핑(mapping)은 여러 분야에서 사용하는 의미가 다른데 여기에서는 지도 제작을 의미한다. 드론을 이용해 정사영상을 제작하기 위해서는 자신의 드론 장비가 제공하는 전용 소프트웨어(어플)를 사용할 수 있지만 보다 기능이 많은 별도의 유료 소프트웨어를 사용하기도 한다. 소프트웨어들은 드론 촬영 매핑을 자동으로 해주기 때문에 편리하지만 수동으로 매핑해도 무방하다. 자동은 별도 조정기(controller) 조작없이 촬영자의 설정(촬영구역, 비행경로, 중첩율 및 촬영고도 등)에 따라 스스로 매핑하기 때문에 편리하다. 오차가 작은 정밀한 영상을 확보하기 위해서는 수동을 권장하지 않는다. 현재 사용되는 전용 매핑프로그램은 Pix4D, DroneDeploy, Dji Gspro 등 다양한데 공통의 기능을 제공하지만 별도의 후처리에 특화된 기능을 제공하기도 한다. 무료이거나, 일정 기간만 무료 사용이 가능하거나, 일부 기능만 사용 가능하는 등의 차이가 있다. 특화되었거나 특수한 기능을 사용하기 위해서는 흔히 유료 버전의 소프트웨어를 사용해야 한다. 식생연구에서 많이 사용할 수 있는 유용한 기능은 매핑을 위한 자동 및 수동 촬영 외에도 파노라마 촬영, 사용자가 설정한 지점으로 자동 비행하여 설정 조건으로 촬영해주는 웨이포인트 촬영, 특정 구역을 벗어나지 못하도록 하는 제한비행, 정지비행, 장애물 회피, 자동 복귀, 특정 비행경로 및 촬영지점의 저장 등이다.

드론의 영상 촬영 | 드론의 영상은 공중에서 사선으로 촬영한 조감도샷(鳥瞰圖, bird's-eye view, 조류가 공중에서 지표를 보는 관점인 비스듬히 내려다보았을 때의 모습) 형태와 지표와 수직이 되도록 촬영한 항공샷 형태가 있다(그림 5-45). 현존식생도 작성을 위한 구글어스와 같은 영상은 촬영한 다수의 영상들을 하나의 항공샷 형태로 합성(정사영상)해서 사용하는데 이를 위해서는 수직으로 촬영한 항공샷 영상이 필요하다. 영상을 수동으로 촬영해도 되고 특정 소프트웨어(예: Pix4D)를 이용해서 자동으로 촬영해도 된다. 특정 소프트웨어로 자동 촬영하는 경우에는 촬영공간, 비행고도, 비행속도, 비행방향, 영상충접율 등을 설정하면 촬영소요시간 등이 자동 계산된다. 비행항로는 좌우전후 영상들이 중첩되도록 지그재그(zigzag)로 촬영해야 한다. 일반적으로 인접한 좌우전후의 영상들과 중첩율을 높여 촬영하면 실내에서 보다 고해상도 및 오류가 적은 정사영상(正射映像, orthophotograph)을 생성할 수 있다(그림 5-46). 영상중첩율은 지표의 형태 구분이 모호할수록 높여야 한다. 즉 지표의 형태가 유사한 갯벌지역을 촬영하는 경우는 상대적으로 구분이 명백한 주거지를 촬영하는 경우보다 중첩율을 높여야 한다. 연구 및 영상 촬영 목적에 따라 상이할 수는 있지만 일반적인 식생연구에서 영상의 중첩율은 60~80% 정도가 적당하다. 인접한 좌우전후 영상 간의 중첩율에 따라 획득되는 영상자료(파일)의 양이 달라진다. 촬영하는 공간은 목표로 하는 범위보다 넓은 공간을 촬영해야 목표 범위에 대한 정사영상 생성이 정확하다. 드론 조종 및 영상 촬영

그림 5-45. 드론을 이용한 조감도샷(좌)과 항공샷(우)의 형태(문경시, 문경새재자연생태공원). 조감도샷은 공중에서 조류가 보는 관점인 사선으로 촬영하는 형태이고 항공샷은 지표와 수직으로 촬영하는 방법으로 용도가 다르다.

그림 5-46. 드론의 비행경로와 항공촬영, 정사영상 생성. 정사영상 생성을 위해서는 인접영상과 60~80% 중첩되도록 비행경로를 설정해서 촬영해야 하고 정사영상 소프트웨어로 중첩된 많은 영상들을 이용한다. 위의 영상은 구글어스에 비행경로를 설정한 것이고 아래 영상은 합성된 정사영상으로 위에서 수직으로 본 모습을 출력하는 과정이다.

그림 5-47. 드론 촬영 높이별 해상도. 드론의 비행고도에 따라 영상의 해상도는 달라진다. 비행고도가 높을수록 보다 넓은 공간을 촬영할 수 있지만 해상도는 상대적으로 저하된다(촬영정보: 2015.6.21, DJI Phantom 3, 카메라 FC300X, F2, 1/30S, ISO 231, 4,000×2,250픽셀, 초점거리 20㎜).

과 관련된 각종 기술에 대해서는 많은 연습을 통한 체득화 및 자기 계발이 필요하다.

촬영 해상도의 결정 | 어느 해상도로 영상을 촬영해야 하는가?에 대한 질문은 드론이 제공하는 카메라의 해상도(1,000~2,000만 화소 적정)에 따라 다를 수 있다. 촬영하는 높이(상대고도) 역시 식생을 구분할 수 있는 해상도와 관련이 있다. 높은 곳에서 촬영하면 식생 구분의 해상도는 낮아지고 낮은 높이에서 촬영하면 해상도는 높아진다. 비행고도가 높으면 촬영하는 공간은 보다 넓어진다(그림 5-47). 삼림의 목본식생을 대상으로 하느냐, 초본식생을 대상으로 하는냐, 수생식물을 대상으로 하느냐 등에 따라 촬영고도를 달리해야 한다. 낮은 높이에서 대상지역을 촬영하는 경우에는 많은 영상자료가 필요하다. 저자의 경험으로 삼림식생을 촬영하는 경우에는 100~150m를, 초본식생을 촬영하는 경우에는 50~100m를, 수생식물을 촬영하는 경우에는 25~75m를 권장한다. 면적이 넓은 경우 150m를 초과하는 높이에서 촬영하면 해상도는 낮지만 필요한 영상자료의 양이 줄어들어 정사영상 생성에 효율적이다. 하지만 특별한 경우를 제외하고 우리나라에서는 드론의 비행고도를 150m 이내로 제한하고 있다.

촬영 시기의 결정 | 어느 시기에 영상을 촬영하면 식생에 대한 특성을 보다 명확히 구분할 수 있을까?를 결정해야 한다. 촬영 대상지역의 식생 특성에 따라 상이할 수는 있지만 일반적으로 식물이 생육을 시작하는 봄철(4월 중순~5월 상순)이 가장 좋다(그림 5-48, 5-49). 이 시기는 기온이 상승하여 대부분의 식

그림 5-48. 촬영 시기별 식생 경관(원주시, 2024년). 촬영 시기에 따라 상관적으로 식생의 구분 정도가 다르다. 우리나라에서 삼림은 일반적으로 생육초기인 4월 중순~5월 상순이 적기로 고려된다. 위의 영상에서도 4월의 영상에서 식물종(식생) 구분이 양호하고, 5월의 영상에서는 식물의 생육에 의해 구분이 점차 모호해지며, 6월의 영상에서는 구분이 뚜렷하지 않다. 5월과 6월의 숲에서 흰색을 띄는 수목은 아까시나무와 밤나무이다.

그림 5-49. 식물의 생육단계별 상수리나무군락 경관(원주시, 2024년). 시기에 따라 상수리나무군락(상수리나무 우점, 아까시나무 일부 혼생)의 상관적 구분이 다르다. 휴면기에는 수종별 구분이 어렵고, 발아기에는 상수리나무의 색상이 모두 황녹색을 띠고, 생육기에는 수종별 구분이 어렵고, 단풍기에는 상수리나무 개체에 따라 색상이 다르게 나타난다. 이와 같이 식물들은 생육단계에 따라 상관적 구분 정도가 다르지만 흔히 봄철 발아기에 구분이 가장 용이하다.

물은 잎에서 엽록체가 활성화되기 시작하기 때문이며 생육 시작이 늦은 일부 식물(예: 아까시나무, 밤나무)은 겨울철의 휴면 상태를 유지하기도 한다(그림 5-48의 4.9과 4.17 영상 참조). 특히 4월에 우리나라 산지식생은 새로 나는 참나무류의 잎 또는 꽃이 만들어낸 색깔로 멀리서도 상관적으로 구별이 비교적 뚜렷하다(그림 5-50). 흔히 4월 초에 신갈나무가 밝은 녹색으로 가장 먼저 일제히 싹이 나고, 다음으로 상수리

그림 5-50. 봄철 참나무류의 상관적 색상 구분(원주시, 2024.4.17). 우리나라 숲을 대표하는 참나무류는 생육 시작시기가 달라 봄철 새순의 잎과 꽃에 의해 보여지는 색상이 구별되어 상관적 구분이 비교적 용이하다. 조사 대상지역 및 조사시기에 따라 발아 및 생육 정도가 달라 상관적 패턴 등에도 차이가 있다.

나무가 황녹색을 띤다. 흔히 수일 늦게 졸참나무는 분녹색, 갈참나무는 연한 갈녹색, 굴참나무는 녹황색을 주로 띤다. 가장 늦게 떡갈나무는 녹황색을 띤다. 이러한 특성은 수변림에서도 잘 나타나는데 갯버들, 버드나무, 선버들, 왕버들 등의 계절성이 다르기 때문이다(Lee and Baek 2023)(그림 1-19 참조). 하절기 기온이 상승하면 식물의 잎에는 엽록체 밀도가 증가하여 잎은 진녹색으로 변하고 상관적으로 식물종별 구분이 어렵다(그림 5-48의 6.25, 5-49의 생육기 영상). 흔히 기온이 하강하여 단풍지는(흔히 일평균기온 5℃ 이하) 가을철에는 같은 식물종이라도 개체에 따라 다른 색깔의 단풍이 만들어질 수 있다. 이는 식물 개체가 생육하는 공간의 환경조건이 달라 기온이 하강하여 식물이 생육을 멈추는 시점(떨켜 abscission layer 생성)과 잎에 남아있는 엽록체 양의 차이 등으로 색깔이 다르게 나타나기 때문이다. 하지만 봄철에는 같은 식물종인 경우 거의 유사한 시기에 생육을 시작하기 때문에 관찰되는 상관의 패턴이 유사하여 식생 구분이 용이하다(그림 5-49). 이러한 특성으로 봄철이 거시적이고 상관적인 식생 구분이 가장 용이한 것이다. 하지만 초본이 우점하는 초지 또는 수변식생과 수생식물이 우점하는 공간에서는 생육이 왕성한 여름철에 식생의 구분이 비교적 용이할 수 있다. 특히 수생식물은 수온이 상승하는 7~8월에 생육이 가장 왕성하다(그림 5-31 영상).

영상의 여러 시기별 촬영 | 드론은 식물생태학에서 분석의 신속성, 정확성, 환경보전성, 정보 수집성 등에 대한 높은 활용 잠재력을 가진다. 드론은 최소한의 노력으로 획득되는 정보 수집력이 매우 높고, 식물 서식처 교란을 최소화하고, 비교적 정확한 서식처 지도를 생성할 수 있다. 전술의 식물 계절성에 따라 흔히 봄철 영상이 보다 정확한 서식처 구별과 식물종 분포에 대한 적절한 구분이 용이하지만 모든 식물종에 적용하기는 어렵다. 따라서 생육기 동안 여러 다른 시기에 영상을 촬영해서 분석하는 것이 가장 좋다. 여러 시기의 영상으로 잎, 꽃 또는 열매 구조를 다른 식물종과 구별할 수 있다면 영상으로 개별 식물종의 분포와 밀도를 도출할 수도 있다(Cruzan et al. 2016). 특히 식물상과 지형, 환경변화의 구배가 강한 경우에는 영상의 구별이 보다 뚜렷하게 나타난다.

정사영상 및 정규식생지수를 이용하면 식생 피복 및 특성을 보다 정확하게 분석할 수 있다.

정사영상의 개념과 생성 | 촬영한 영상(항공사진, 인공위성 등)들은 촬영 높이 및 각도 등의 지형 기복에 의한 기하학적 왜곡이 있기 때문에 지표의 모든 물체를 동일한 높이에서 수직으로 보는 모습의 영상

그림 5-51. 드론 항공촬영으로 생성한 정사영상. 그림 5-46에서 생성한 정사영상이며 출력하는 영상의 해상도와 크기 등에 따라 파일의 용량 및 품질이 달라진다.

그림 5-52. 구글어스에 중첩한 정사영상. 정사영상을 구글어스에 중첩하면 과거 영상과의 비교·분석이 가능하다.

으로 변환해야 하는데 이를 정사영상(正射寫眞, orthophotograph)이라 한다. 정사영상은 일정한 규격의 좌표 등을 기입한 것으로 수치 정사영상 표준 형식은 GeoTIFF(Geographic Tagged-Image File Format) 및 ASCII 헤더파일인 TFW(TIFF World file)를 포함한 TIFF(Tagged-Image File Format)와 JPEG2000(Joint Photographic Expert Group file 2000)이다(Lee and Son 2016). 좌표가 없는 영상자료는 원격탐사(遠隔探査, Remote Sensing, RS) 또는 GIS(지리정보체계, Geographic Information System) 프로그램(ArcGIS, Erdas 등)을 이용하여 지리기준(위치참조, 좌표참조, georeferencing)을 설정해서 사용할 수 있다. 드론으로 촬영한 영상은 좌표를 포함하고 있기 때문에 특정 프로그램(예: Pix4D, Metashape 등)으로 정사보정한 영상을 만들 수 있다(그림 5-51). 정사영상은 다량의 항공샷 영상을 이용하며 특정 프로그램에서 여러 과정을 거쳐 생성 가능하다. 해상도가 높은 정사영상을 만들기 위해서는 고사양의 PC는 물론 상대적으로 많은 시간이 소요된다. 이 프로그램들은 정사영상을 만드는 과정에서 수치표고모형(Digital Surface Model, DSM) 등을 생성할 수 있기 때문에 식생 분석에 보다 확장적으로 활용할 수도 있다. 정사영상을 구글어스 파일(kmz)의 형태로 저장하면 구글어스에서 과거 영상과 같이 중첩하여 토지이용 및 지형적 변화를 보다 구체적으로 분석할 수 있다(그림 5-52).

원격탐사 및 정규식생지수의 이용 | 원격탐사의 기법을 현존식생도 작성에 활용하면 좋다. 이를 위한 위성영상은 식물의 생장기간에 촬영한 최신의 것을 이용하고 기하보정(geometric correction), 방사보정(radiometric correction) 등의 전처리 과정을 거친 공간해상도 30m 이하인 것으로 활용한다(NIE 2023b). 최근은 위성영상을 이용한 원격탐사 분석이 일반적이며 다수의 분리된 밴드(band)로 촬영된 영상들을 이용한다. 식생에서 원격탐사는 대분류적 수준이며 주로 정규식생지수(Normalised Difference Vegetation Index, NDVI)로 분석한다. 식생지수는 흔히 위성영상의 RGB 및 근적외선 밴드를 조합하여 NDVI, EVI(Enhanced

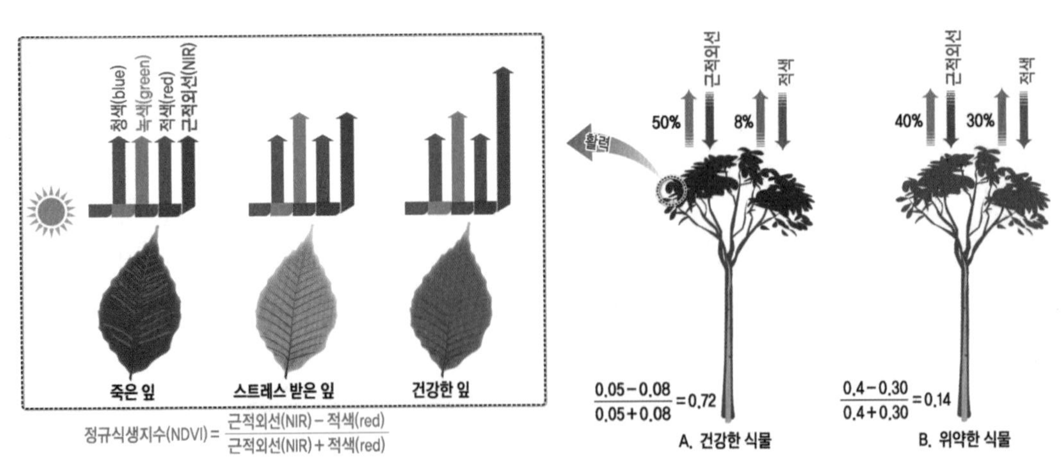

그림 5-53. 정규식생지수의 개념. 정규식생지수는 건강한 식물(A)에서 자연 적색광의 반사율이 낮고 스트레스를 받는 약한 식물(B)에서는 적색광의 반사율이 증가한다. 정규식생지수의 값이 높을수록 식물체가 건강하다는 것을 의미한다.

Vegetation Index) 등의 영상으로 제작하는 것이 일반적이다. 정규식생지수는 영상처리를 통해 식생의 유·무를 강조하는데 사용되는 기술로 근적외선과 적색광 밴드 값의 차이를 합한 값으로 나누어서 계산한다(Lee and Son 2016)(그림 5-53). 대체로 건강한 식물체(엽록소가 풍부한 식물종의 개체)는 스트레스를 받거나 고사한 잎을 가진 연약한 식물체보다 근적외선(近赤外線, Near Infrared Ray, NIR)과 녹색광을 더 많이 반사한다. 또한 식물종마다 반사하는 정도가 다르기 때문에 종별 구분이 가능하다는 개념이다. 하지만 동일한 식물종이라도 생육하는 공간 또는 단계에 따라 활력도(活力度, vitality)가 다르기 때문에 다른 식물로 인식할 수 있어 보조적 분석도구로 활용해야 한다. 정규식생지수의 이용은 공간적으로 거시적 또는 광역적 수준에서의 분석에 보다 효과적이다. 최근에는 근적외선을 포함한 다분광(multispectral) 촬영이 가능한 드론(DJI multispectral, MicaSense 등)으로 직접 영상을 확보할 수도 있다. 근적외선 촬영이 가능한 드론은 흔히 RGB로 촬영하는 일반 드론보다 해상도가 낮고 고가이며 근적외선을 포함한 다분광 영상 촬영이 가능한 경우이다. 특히 작물의 생육과 관련된 농업분야에서 많이 사용한다. 정규식생지수 관련 내용은 매우 광범위한 학술적 분야에 해당되며 별도의 자료를 참조하도록 한다.

현존식생도의 작성에 현장에서 다양한 스마트기기 및 어플을 이용하는 것이 좋 다.

스마트기기와 위치기반 어플의 지도 사용 | 현존식생도는 현존식생의 지리적 공간정보를 알 수 있도록 현장조사하고 지도화한 것이다. 과거에는 현장에서 정보를 기록한 종이지도와 실내에서 항공사진을 동시에 활용(항공사진판독기 이용)하여 현존식생도를 제작하였지만 현재는 과학기술의 발달로 모바일 스마트기기로 위성 및 항공영상의 쉽게 활용할 수 있다(그림 5-43 참조). 현존식생도 작성은 물론 다양한 주제의 식물 및 식생조사를 위해서도 적합한 기능이 있는 스마트기기를 이용하는 것이 좋다. 스마트기기의 경우 조사 대상의 위치정보를 비교적 정확히 파악하거나 기록할 수 있다. 이 때문에 스마트기기의 어플에서 제공하는 여러 위성 및 항공영상을 활용하면 조사자가 숲 속에 있더라도 숲에서의 위치와 주변의 식생 상관을 쉽게 파악할 수 있어 정밀도 높은 현존식생도 작성이 가능하다.

스마트기기의 사용 방법 | 스마트기기의 어플(소프트웨어)을 사용하는 방법은 크게 두 가지가 있다. [01]먼저 실내에서 조사지역을 파일의 형태로 저장하여 별도의 레이어(layer)를 만들어 수기로 바로 기록하거나 채색하는 방법이 있다. [02]두 번째는 어플을 이용하여 위성 및 항공영상을 직접 읽어들이고 웨이포인트 등의 기능을 사용하여 기록하는 방법이 있다. 이 방법은 GPS의 웨이포인트(지상점, waypoint) 기능을 주로 사용한다. 일반적으로 사용하는 GPS 웨이포인트 기록 어플은 위치정보와 식물 및 환경정보를 동시에 기록할 수 있기 때문에 실내에서 GIS 작업에서 효율성을 높일 수 있다(그림 3-63 참조). 보다 확장

된 방법은 폴리곤(polygon), 폴리라인(polyline), 포인트(point) 정보의 입력이 가능한 모바일 GIS 어플(Mergin Map, Qfield 등)을 이용하는 것이다(그림 3-64 참조). GIS 작업이 가능한 어플에서는 폴리곤(식물군락 경계 구분)과 포인트(조사지점)를 이용하여 식생정보를 기록하고 식물상은 대부분 포인트(조사지점 및 중요식물종 위치)로 정보를 기록한다. 모바일 통신이 되지 않는 지역에서는 온라인 영상지도를 이용할 수 없다는 단점이 있다. 통신이 불가능한 지역이면 미리 영상지도를 스마트기기에 다운받아 오프라인 상태로 이용할 수 있는데 이 기능을 지원하는 어플을 사용해야 한다. 연구자는 어플들의 장점과 단점, 세부적인 사용 방법에 대해서 별도의 자료를 참조하여 숙지하도록 한다.

현존식생도를 포함한 각종 식생도 작성에 GIS프로그램을 이용하는 것이 효과적이다.

현존식생도의 작성 과정 | 각종 식생도(현존식생도 등) 작성 과정은 크게 4단계로 구분하여 이해할 수 있다(그림 5-54). [01]단계-1은 사전 자료 분석 및 계획의 수립, [02]단계-2는 식생유형 분류 및 범례의 결정, [03]단계-3은 식생도 제작 및 공간자료 정보화, [04]단계-4는 주제도 제작과 분석 및 활용의 단계이다.

01 | 단계-1 | 문헌조사(선행연구 및 영상자료 등)를 통해 사전 자료를 분석하고 조사 대상지역에 대한 연구 목적과 활용, 시간, 비용-효율성 등을 고려한 조사계획의 수립이다. 특히 조사의 면적과 중요도에 따라 식생도 작성의 강도와 해상도가 결정된다. 중요한 산지습지 및 묵논습지 등이 존재하는 경우에는 정밀식생도를 작성하여 보전가치를 보다 정밀하게 판정할 수 있다. 문헌조사에서는 대상지역에 대한 식생 현황을 개괄적으로 파악한다. 위성 및 항공영상들을 이용하면 침엽수림과 활엽수림, 경작지, 초지, 주거지, 도로 등의 중분류적 생태계 수준에서 토지이용을 개략적으로 사전 파악할 수 있다.

02 | 단계-2 | 식물사회학적 현장 식생조사를 수행하여 식생자료를 수집하고 식생유형 분류 및 특성에 대해 분석한다. 문헌조사에서 식생의 개괄적 판단 이후 식물사회학적 식생조사로 식생유형을 보다 세밀하게 구분한다. 이를 통해 식생도 범례의 해상도와 종류를 결정한다.

03 | 단계-3 | 식생도 제작을 위한 현장 조사 및 드론 항공촬영을 실시하고 이전의 식생유형 분류와 임상도 등을 활용하여 각종 항공영상을 해석한다. 현장에서 기재한 식생도 원자료(原資料, raw data)는 위치정보에 기반한 매핑 및 정보화 과정을 거친다. 이 과정에서 범례를 최종 확정하고 현장 검수 및 보완조사를 수행할 수 있다.

04 | 단계-4 | 시각화 및 분석 과정으로 이해하면 된다. 입력한 자료의 무결성을 검토한 후 원하는 주제도(主題圖, thematic map)에 맞도록 분석하고 시각화한다. 현존식생도는 이러한 과정들의 검수 및 되먹임(feedback)을 통해 지속적으로 수정, 보완하여 최종 완성할 수 있다.

현존식생도 원자료의 작성 | 원자료는 현존식생도 작성의 기초가 되며 현장조사를 위한 도면(영상 및 수치지도 등)의 준비가 필요하다. 도면은 실내에서 명백히 구분되는 상관 영상 패턴을 사전 작업하여 현장조사용으로 출력하면 가장 효율적이다. 도면을 종이로 출력하여 펜으로 도면 위에 수기하거나 출력하지 않고 스마트기기로 파일 위에 별도 레이어에 전자펜으로 기록하는 방법이 있다(그림 5-55). 전자의 종이 또는 후자의 전자파일 형태는 환경영향평가의 기초자료에 해당된다. 현재는 과학기술의 발달로 스마트기기를 이용하는 경우가 많은데 이러한 스마트기기의 활용도와 편리성은 점차 증가할 것이다.

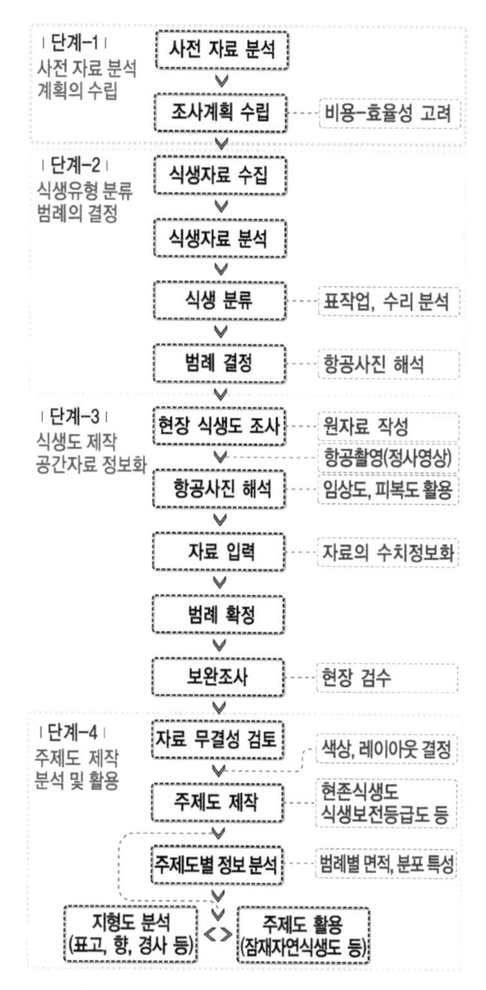

그림 5-54. 현존식생도 작성 과정. 현존식생도는 크게 4단계 과정이며 환경요인과의 관계, 실용적 주제도 생성 등에 다양하게 활용될 수 있다.

정밀도 높은 원자료 작성을 위한 보조자료 | 최신의 여러 영상자료(위성·항공영상 등)를 활용하면 현존식생도 원자료를 보다 정확히 작성 가능하며 보조적인 다양한 자료들이 존재한다. 식생지수(NDVI) 영상, 1:5,000축척의 정밀 임상도(산림청), 세분류 토지피복지도 및 구축된 현존식생도(환경부), 정밀 생태·자연도 개념의 도시생태현황도(지방자치단체)를 보조적 자료로 활용하면 식생유형별 분류 및 경계의 정밀도를 높일 수 있다. 이러한 자료들은 레스트(raster, 픽셀 단위의 이미지 파일 형태) 또는 벡터(vector, 크기와 방향을 가지고 있는 양적인 GIS 파일 형태) 형식으로 제공된다.

현존식생도 단위식생의 경계 구분 | 현존식생도의 작성은 식생학의 강력한 장점인 식물종조성의 차이에 의해 발생하는 상관의 패턴(색상) 차이로 단위식생(單位植生, vegetation unit, 범례)을 인식하는 것이다. 단위식생은 흔히 식생유형(vegetation type) 또는 식물군락(plant community)으로 구분 인식하는데 생육지의 환경조건 차이로 식물상 및 식물의 생활형이 다르고 상관적 차이가 발생하기 때문이다. n개의 환경조건을 갖는 자연상태에서 식물들은 각각에 대응하여 n개의 종풍부도 곡선으로 나타나고 이 환경조건들의 총합 결과로 식물종이 분포하는 것이다(Becking 1965). 자연상태에서 유사한 환경에는 유사한 생태적 진폭(ecological amplitute)을 갖는 식물종과 개체들이 군집화(clustering)된다(그림 5-4 참조). 하지만 자연상태에서는 엄격하게 구분 가능하도록 식물이 규칙분포하지 않고 임의분포하기 때문에 정확한 경계로 군집

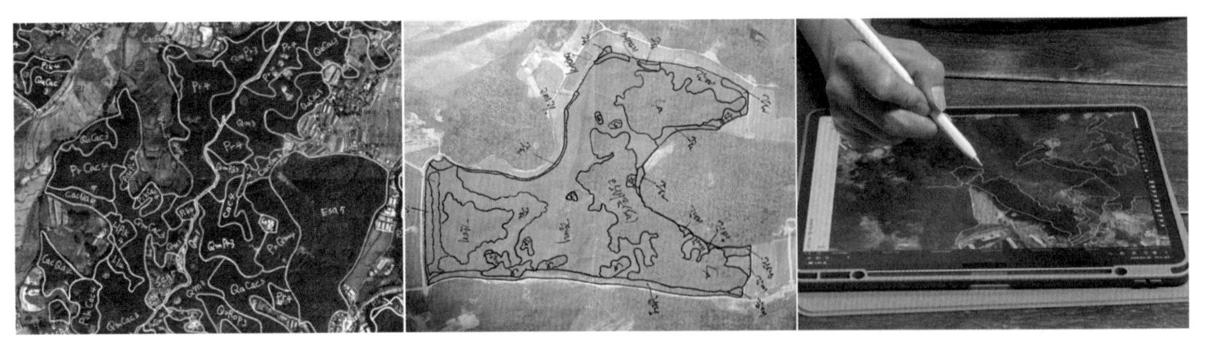

그림 5-55. 현존식생도 원자료 사례. 현장에서 작성한 현존식생도 원자료의 일부이다. 좌측은 종이로 출력한 카카오맵 항공사진에 직접 작성한 것이고, 중간의 것은 드론을 합성한 정사영상을 출력하여 직접 수기로 작성한 것이고, 우측은 스마트기기를 이용하여 카카오맵 항공영상 위에 현존식생도 원자료를 작성하는 과정이다.

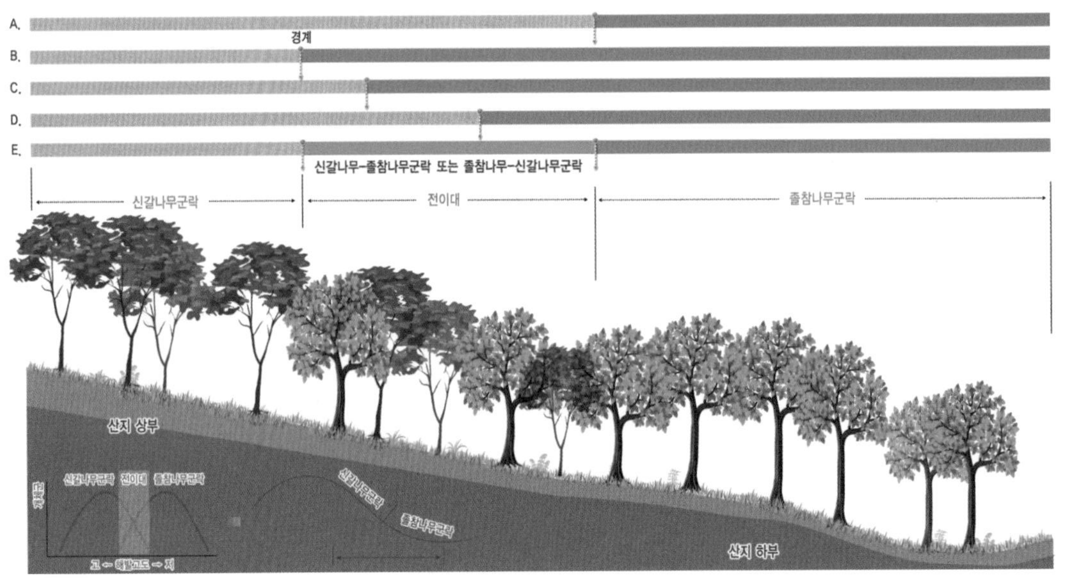

그림 5-56. 전이대에서의 식물군락 경계 설정. 두 식물군락 사이에 전이대가 존재하는 경우에는 적정한 것으로 판단되는 경계를 기준으로 설정하면 된다. 이러한 전이대로 조사자 간에 식물군락의 경계 설정에 차이가 있을 수 있다. A~D는 2개의 식물군락으로, E는 3개의 식물군락으로 구분되는 사례이다.

화하여 구분하는 것은 어렵다. 구분되는 두 개의 단위식생(다각형사상) 사이에는 전이대(ecotone)가 존재하며 전체의 20~40% 면적으로 인식한다(Kent and Cooker 1992). 이러한 특성 때문에 현존식생도에서 단위식생(식생형, 식물군락)에 대한 가장 이상적인 경계 구분은 연구자들 간에 차이가 있을 수 밖에 없다(그림 5-56).

환경영향평가 또는 각종 식생연구에서 현존식생도는 공간적인 경계 구분의 정확성이 아닌 전체적인 식생의 피복 패턴 또는 특성, 경향성을 이해하는 것에 보다 주요한 의미가 있음을 인지해야 한다.

원자료의 정보화 | 현장에서 수집한 원자료는 실내에서 CAD(Computer Aided Design) 또는 GIS(지리정보시스템, Geographic Information System) 등과 같은 매핑 프로그램을 이용하여 정보화할 수 있다. 웨이포인트 등은 사용하는 매핑 프로그램에 맞도록 이용 가능한 파일 형태로 변환해야 한다. 원자료는 수치지도와 동일한 좌표와 지상기준점에 맞춰 투영한 다음 수치화(digitizing)한다. 정보화 과정에서 원자료와 식생조사표, 현재 또는 과거 영상, 드론 정사영상, 문헌 등의 다양한 자료를 활용하여 식생도의 정밀도를 높여야 한다. 공간의 다양한 식생정보들을 정보화하는데 GIS프로그램이 유용하며 CAD프로그램보다 더욱 효율적이다. 현존식생도의 정보화 데이터베이스 필드(field, 독립변수)에는 기본적으로 일련번호, 상관식생형, 식물군락명, 식물군락기호, 생태학적 보전가치, 면적 등의 내용을 포함한다.

CAD와 GIS프로그램 | 보편적으로 사용하는 CAD프로그램(예: AutoCad)은 데이터베이스와 연결되어 있지 않고 별도의 레이어로 개별 사상들을 수치화한다. CAD프로그램은 컴퓨터를 이용해서 각종 설계(건축, 토목, 설비 등) 계산을 수행하고 도면을 자동화하는데 최적화된 시스템이다. CAD프로그램은 환경영향평가에서 토지이용계획 수립을 위한 각종 설계도면 작성에 널리 사용된다. CAD프로그램은 수치지도(좌표가 있는 수치지형도)의 지리기준(위치참조)에 맞추어 작업하기 때문에 실제 단위식생의 공간크기(면적)를 별도의 과정을 거쳐 산출할 수 있다. CAD프로그램 중에서 AutoCad Map은 데이터베이스와 연결되어 GIS프로그램과 같은 작업이 가능하지만 다양한 공간 분석 등에는 한계가 있다. 다양한 Raster, Vector 형태 자료에 대한 GIS프로그램의 공간 정보화는 개별 사상(feature)으로 수치화하는 것이다. 수치화된 개별 사상은 연결된 데이터베이스의 필드별 조건에 맞도록 각종 정보를 입력할 수 있다.

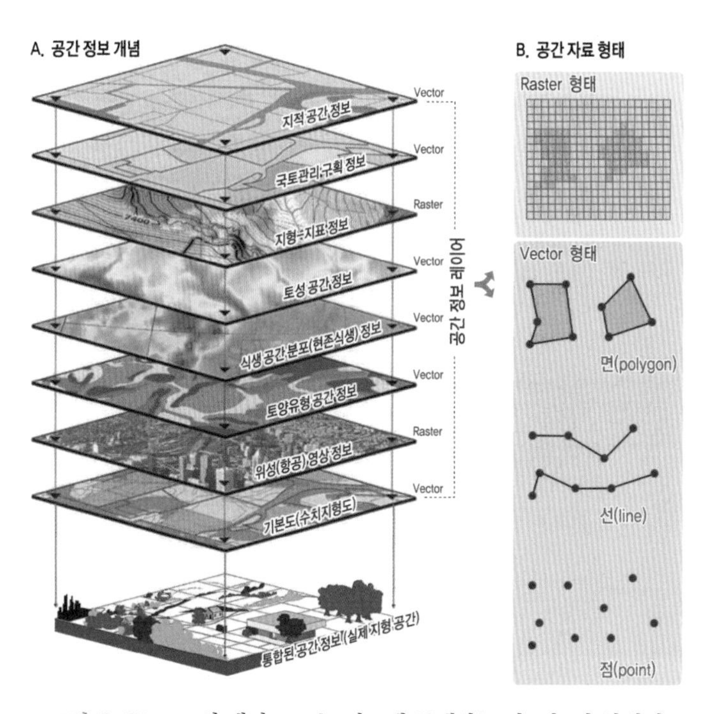

그림 5-57. GIS의 개념. GIS는 지표에 존재하는 점, 선, 면 형태의 다양한 Raster, Vector 형태의 공간정보들을 중첩하여 분석할 수 있는 매우 강력한 도구이다.

개별 사상들에 대해서는 면적 및 길이 등을 자동 산출할 수 있다. 즉 GIS프로그램은 CAD프로그램에 데이터베이스가 연결된 구조로 이해하면 된다.

GIS프로그램의 효용성 | GIS는 지리적으로 참조 가능한 모든 형태의 공간정보를 효과적으로 수집, 저장, 갱신, 조정, 분석, 표현할 수 있는 컴퓨터의 하드웨어와 소프트웨어, 지리적 공간자료, 인적자원 등의 통합체를 말한다(그림 5-57). GIS프로그램은 지표공간에 임의 위치를 점유하는 지리자료(geographic data)와 이에 관련된 속성자료(attribute data)를 통합하여 정보화한다. 정보화되는 대부분의 자료는 공간의 다양한 정보와 밀접한 관련이 있다. 활용 분야는 토지정보 관리, 시설물 관리, 교통계획, 도시계획, 자연환경, 농업, 재해 및 재난, 교육, 인구예측 분야 등 매우 광범위하다. 현재 식생학에서 널리 활용되는 GIS프로그램은 ArcGIS(유료)와 QGIS(무료)이다(그림 5-58). 또한 식생연구에서 공간의 식생정보와 환경정보의 동적인 관계를 보다 구체적으로 이해하는데 적극 활용할 수 있다. 예를 들어 사면 방향 또는 경사도 등에 따른 신갈나무와 굴참나무의 공간분포 차이(그림 5-3 참조)에 대한 분석이 가능하다. GIS의 개념, 특성, 활용 방법 등은 매우 광범위한 학문적 영역이기 때문에 별도의 자료를 참조하도록 한다.

현존식생 자료 속성과 정보화, 시각화 | GIS의 현존식생 자료들은 조사대상 공간에 분포하는 식생학적 정보를 지리자료와 속성자료로 정보화한 것이다. 원자료의 지리자료는 수치지도 또는 위성지도의 좌표정보를 토대로 범례에 따라 점(point), 선(polyline), 면(polygon, 다각형사상)의 개별 단위식생(사상, feature)으로 수치화한 것이다. 점은 식생 조사지점, 노거수, 수준점 등이, 선은 하천, 도로, 등고선 등이, 면은 식물군락, 법정보호지역, 저수지 등으로 이해하면 된다. 식생학의 강력한 실용성은 모든 지표공간을 면의 형태로 정보화 가능한 것이다. 환경영향평가 및 식물학적 연구에서의 현존식생 관련 자료들은 식물상 및 식생 조사지점, 노거수(보호수) 및 중요종(법정보호종 등), 피복하고 있는 식생유형, 식생구조,

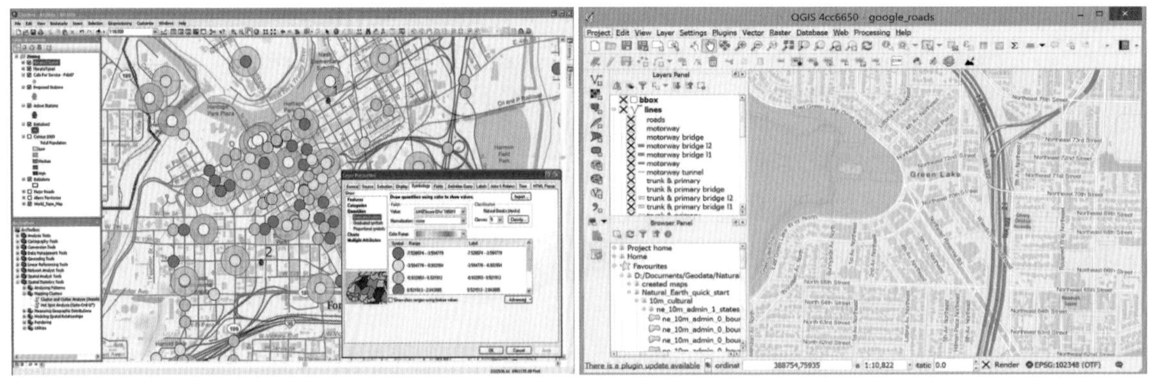

그림 5-58. 가장 많이 사용하는 GIS프로그램(자료: 홈페이지). 각종 식생도 제작 및 분석에 가장 많이 사용하는 GIS용 프로그램은 ArcGIS(좌: 유료)와 QGIS(우: 무료)이다.

생태학적 보전가치 평가 등이다. 예를 들어 식생 조사지점의 속성자료는 조사구번호, 조사날짜, 조사자, 식물군락명, 층구분 등이, 노거수 속성자료는 식물종명, 관리번호, 수고, 흉고직경, 수령, 행정주소, 관리자, 생육상태 등이다. 면분류되는 개별 단위식생의 속성자료는 식물군락명(한글, 학명, 약어 등), 계층구조, 보전생태학적 가치, 면적 등이다. 정보화된 현존식생 자료를 토대로 현존식생도 및 식생보전등급도와 같은 다양한 주제도(그림 5-78 참조)를 작성할 수 있다.

현존식생도와 같은 주제도에는 필수 표현 항목들이 있고 가독성이 있어야 한다.

현존식생도 도면화의 필수 표현 항목 | 현존식생도는 모든 지표공간(조사지역)의 토지이용(피복)을 범례에 따라 정보화하여 시각적으로 도면화(圖面化, map)한 주제도이다. 이러한 현존식생도의 도시화에 표현해야 할 여러 항목들이 있다(그림 5-59). 주제도에는 흔히 범례(legend), 좌표(위도 altitute, 경도 latitute), 실제와의 차이인 축척(scale), 방위(方位, cardinal direction), 조사 작성한 시점(time)의 기준일자, 조사자, 조사기관 등을 표시한다. 특히 범례, 좌표, 축척, 방위, 기준일자는 도면 하단 등의 적절한 공간에 표현하는 것이 좋다. 환경영향평가에서의 현존식생도에는 사업대상지의 공간적 위치와 조사시기를 본문에 제시하기 때문에 범례, 축척, 방위만을 제시하는 것이 일반적이다. 조사 공간의 면적이 넓은 경우에는 하나의 지도

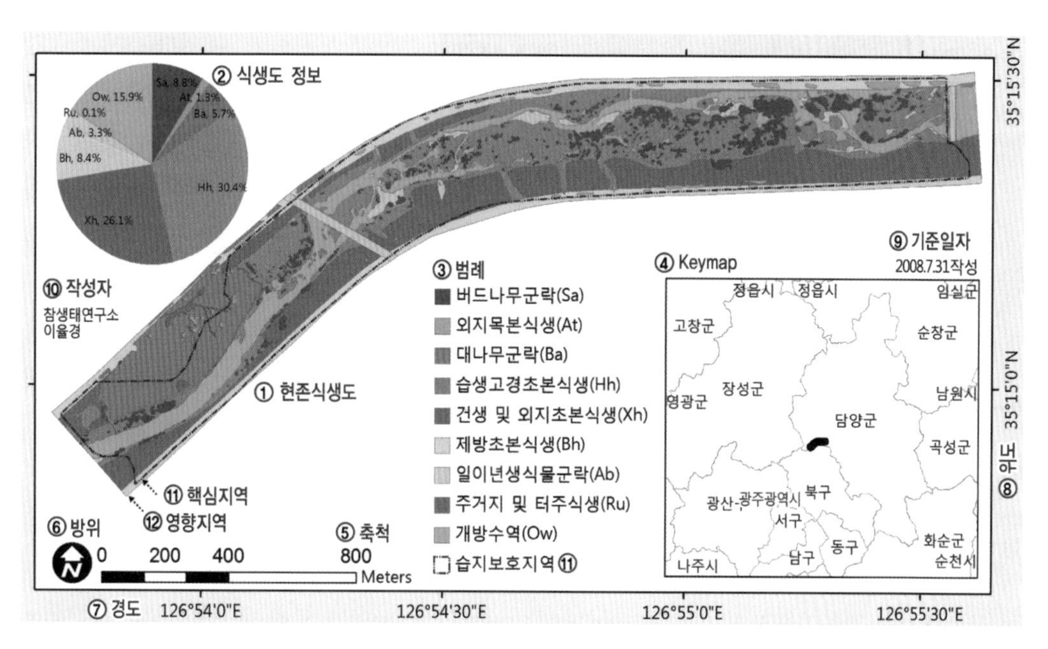

그림 5-59. 주제도에 표현해야 할 정보들. 현존식생도(담양하천습지, Lee and Ahn 2009)와 같은 주제도에는 표현해야 할 다양한 기본정보들이 있다. 주제도와 관련된 공간지도와 정보, 범례, Keymap, 축척, 방위, 위·경도, 작성한 기준일자, 식생도 정보, 작성자 등을 주로 표현한다.

로 표현하면 가독성이 떨어지기 때문에 구획을 나누어 여러 개의 지도로 표현하기도 한다.

넓은 표현공간에서의 현존식생도 표현의 가독성 | 현존식생도의 표현에 가독성이 떨어지는 경우는 도면에 표현해야 할 공간이 넓은 면적이거나 긴 경우이다. 환경영향평가에서 가독성이 떨어질 정도로 면적이 넓은 경우는 드물고 선형사업(도로, 송전선로, 철도 등)은 긴 경우에 해당한다. 선형사업에서 광범위한 공간을 하나의 도면에 표현하기 어렵기 때문에 일정한 크기의 구획(구간)으로 나누어 표현한다. 구획의 크기는 연구자가 판단한다. 연구자는 여러 크기의 구획으로 도면화하여 가독성을 판단한 이후 구획의 크기를 최종 결정한다. 구획을 나누어 도면화하면 그 위치를 알 수 있도록 적절한 위치에 Keymap(윤곽지도)으로 도면 상에 표현한다(그림 5-60).

식생도 시각화와 가독성 | 현존식생도는 가독성 있도록 시각화한다. 시각화는 범례의 유형과 수에 따라 방법을 달리하는데 수가 많으면 시각화에 어려움이 있다. 어떤 방법을 선택할지는 정보의 전달력과 표현의 가독성을 고려하여 연구자가 결정한다. 범례는 색상 또는 패턴, 색상과 패턴 혼용, 기호, 색상과 기호 혼용 등 다양한 방법으로 도시화할 수 있다(그림 5-61). 가독성 높은 시각화를 위해서는 다른 연구들의 많은 주제도(또는 layout)를 참조하는 것이 좋다. GIS 관련 책자 또는 홈페이지는 많은 도움이 된다. 색상은 삼림의 경우 초록색, 초지의 경우 노란색, 개발지의 경우 회색 계열을 주로 사용한다. 자주 사용하는 범례의 색상에 대해서는 Layout을 별도로 저장하거나 고정 RGB코드값(예: R: 235, G: 100 B: 50)을 사용하면 일관성 있는 시각화가 가능하다(표 5-23 참조). 공간적 위치에 대한 이해를 높이기 위해 현존식생도는 수치지형도 및 위성(항공)영상 등을 중첩시켜 도시화

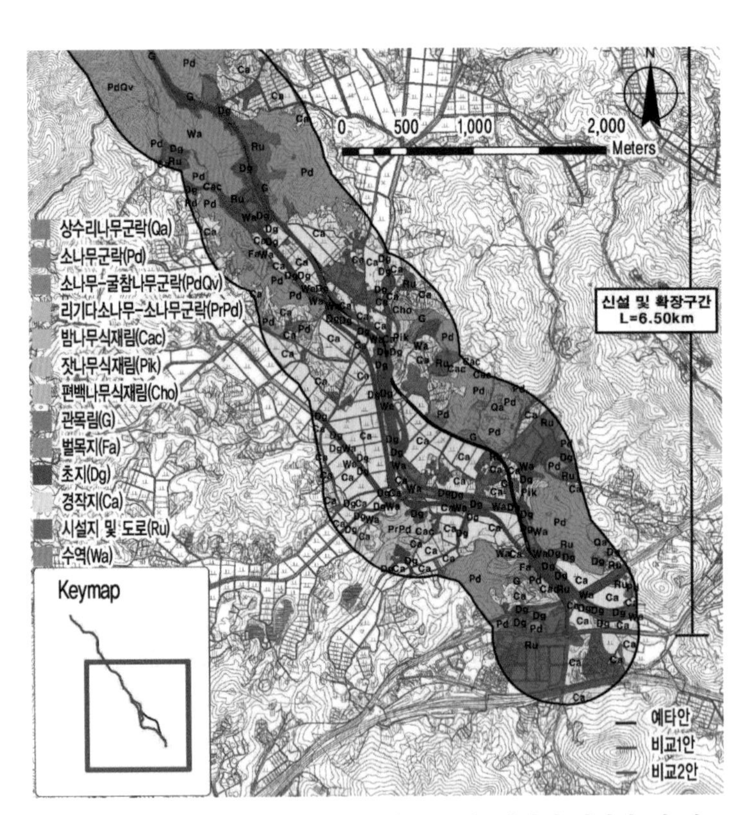

그림 5-60. Keymap을 이용한 주제도 표현. 면적이 넓거나 긴 선형지역을 조사하는 경우 가독성을 높이기 위해 Keymap(윤곽지도)으로 여러 개의 도면으로 구분하여 표현한다.

할 수 있다(그림 5-62). 등고선이 있는 수치지형도는 해발고도, 경사도, 사면방향 등과 같은 지형 요소와 식생 분포와의 관계를 이해하는데 도움이 된다. 흔히 수치지형도를 이용하여 표현하는 것이 일반적이며 위성영상의 사용은 상대적으로 사용빈도가 낮다. 위성영상은 흔히 조사지역의 토지이용을 직관적으로 이해하고 표현하는 수준에서 많이 사용한다.

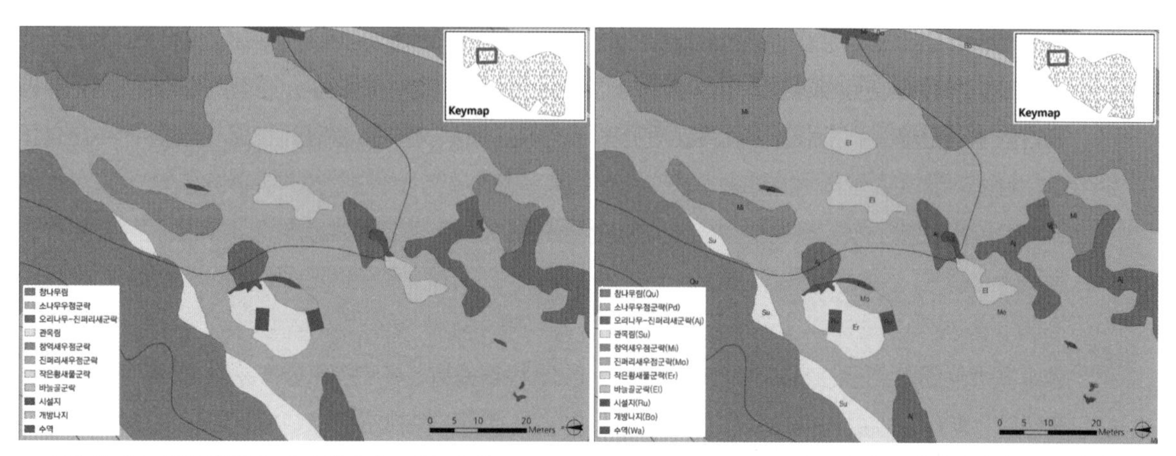

그림 5-61. **현존식생도 다각형사상 표현 사례**(울산시, 무제치늪 습지보호지역 제1늪). **현존식생도 다각형사상을 표현하는 방법으로 색상으로 하는 방법**(좌)**과 색상과 기호**(문자)**를 동시에 사용하는 방법**(우) **등이 있다.**

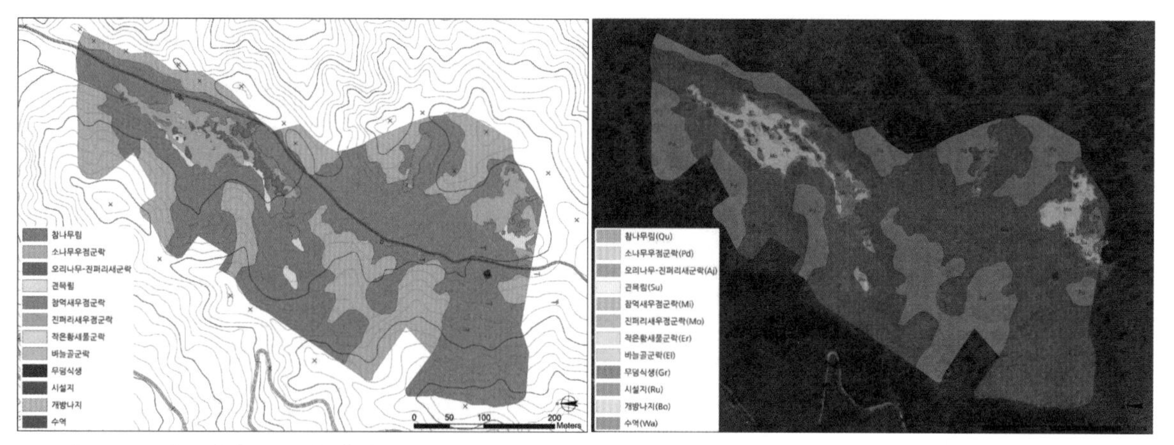

그림 5-62. **현존식생도 표현 사례**(울산시, 무제치늪 습지보호지역). **현존식생도는 수치지형도**(좌) **또는 위성**(항공)**사진**(우) **을 바탕으로 작성할 수 있지만 가독성이 높은 방법을 채택하는 것이 좋다. 흔히 수치지형도를 이용하여 표현하는 것이 일반적이며 위성영상의 사용은 상대적으로 사용빈도가 낮다.**

GIS프로그램을 이용하면 지형 등의 환경요소에 대응한 현존식생의 분포 특성을 이해할 수 있다.

지형 요소 분석 | 수치지형도를 이용하면 기본적인 지형정보에 대한 분석이 가능하다(그림 5-63). 해발고도, 경사, 사면방향에 대한 지형 분석이 가장 기본이다. 이를 위해서는 수치지형도의 코드 및 레이어에서 등고선(흔히 7111, 7114)의 자료를 이용하여 TIN(Triangulated Irregular Network) 기반의 DEM(수치표고모형, Digital Elevation Model) 생성이 최우선되어야 한다. 지형의 해발고도를 일정 크기(분석 단위면적인 cell size)로 나눈 DEM 값으로 경사, 사면방향 등의 Raster 형태의 자료를 추출하여 다양한 분석을 한다. 분석 Cell의 크기는 정사각형으로 5~25m×5~25m 단위로 분석하는 경우가 대부분이다. 연구 대상지역의 면적을

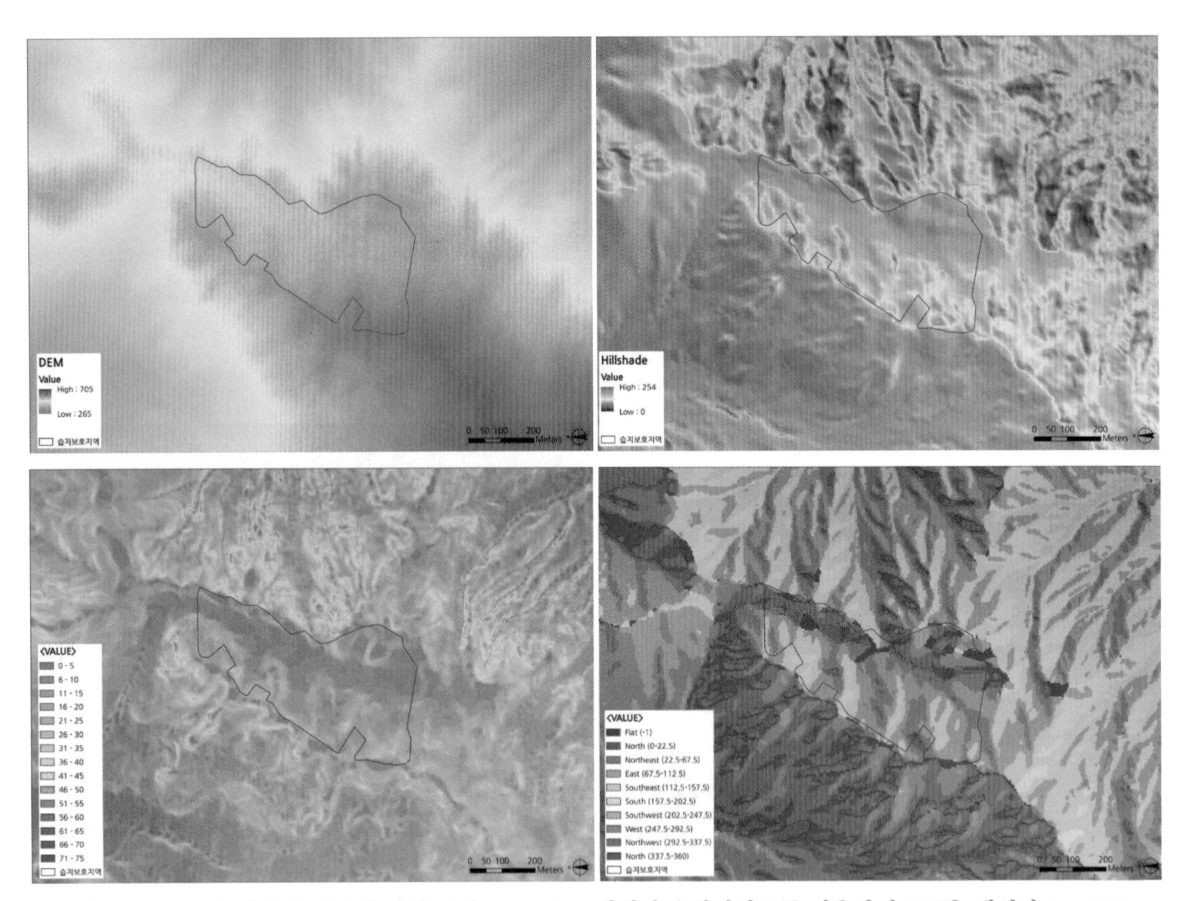

그림 5-63. TIN을 이용한 다양한 지형 분석. GIS프로그램에서 수치지형도를 이용하여 TIN을 생성하고 DEM(좌상), 음영기복도(우상), 경사도(좌하), 방위(우하) 등에 대한 분석(5m×5m cell 단위)이 가능하다. 위의 그림들은 무제치늪(울산시, 습지보호지역, 붉은색 선) 주변 일대에 대한 지형 분석이다. 이를 통해 습지의 발달을 가능하게 하는 지형과 습지 내에서의 식생 발달을 보다 구체적으로 이해할 수 있다.

고려하여 분석 Cell의 크기를 결정한다. 분석 방법에 대해서는 별도의 자료를 참조하도록 한다.

환경요소와 현존식생 관계 분석 | 지표를 피복하는 현존식생은 지형 요소를 반영한 결과로 나타난다. 흔히 굴참나무군락은 급경사 사면에 분포하고 신갈나무군락은 졸참나무군락에 비해 보다 추운 곳에 분포한다. GIS 분석으로 이러한 지형 및 환경요소와 식생 피복과의 관계를 보다 정량적으로 이해할 수 있다. 이 외에도 종분포모형(그림 3-55 참조) 등 식생 및 식물종과 공간정보에 대한 다양한 분석이 가능하며 흔히 GIS를 이용한 분석으로 가능하다.

우리나라의 핵심 생태축인 소백산~월악산~조령산~희양산 구간의 백두대간 전경이다.

4. 현존식생의 보전생태학적 가치 평가

▌현존식생에 대한 보전생태학적 가치 평가는 지속가능한 환경계획 수립에 중요하다.

보전생태학적 가치 평가의 의미 | 생태계와 생물다양성을 포함한 토지의 건전한 이용과 지속가능한 발전을 위해 지역 생태계, 식물종 및 식생 자원에 대한 올바른 가치 평가는 중요하다. 우선 식물자원들을 목록화하고 각각의 식물자원에 대해 보전생태학적 가치를 평가하는 것이다(그림 5-64). 특히 각종 개발로 발생되는 생태계의 영향을 평가, 예측하고 저감방안을 고려하는 환경영향평가 과정에서는 더욱 필요하다. 환경영향평가에서 식생(식물사회)을 통한 보전가치 평가는 개발사업의 가능 여부를 결정하는 강력한 도구로 활용된다. 식물사회의 종조성이나 구조, 천이 연구를 통해 해당 식물사회가 그 지역의 기후나 지형, 토양 등의 환경조건에 얼마나 잘 일치하는지의 파악으로 생태계의 안정성이나 자연성을 알 수 있다(Choung et al. 2006). 식생만을 고려한 자연성 평가 시도는 Tüxen(1956)의 대상군락도와 Ellenberg(1963)의 식물사회의 분류가 효시적인 연구이다(Bae 1989, Choung et al. 2006). 평가 방법들은 생태계를 해석하는 목적이나 방식에 따라 다양하다(표 5-16, 5-17, 5-20, 5-21, 5-22 참조).

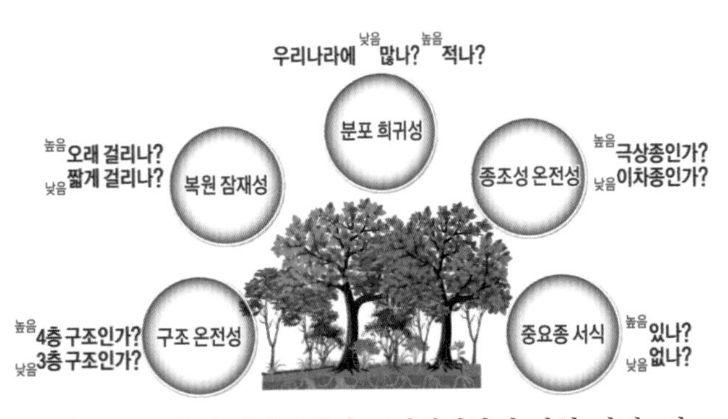

그림 5-64. 자연 삼림식생의 보전생태학적 가치 판정. 자연식생의 식분에 내재된 지리적 분포, 천이, 종조성 및 식생구조 등의 속성을 이용하여 보전생태학적 가치를 평가할 수 있다. 여기에 상대적 가치를 포함할 수 있다.

식물상 및 식생의 가치 평가 방법들 | 식물학적 관점에서 지역생태계의 질적, 양적 평가는 [01]식물상을 통한 분석과 [02]식생에 대한 분석으로 구분할 수 있다. 식생에 대한 분석에도 식물상을 포함하여 분석할 수 있다. 식물상적 분석은 다양한 관점에서의 해석이 가능한데 도시화, 습지발달 정도 등이 있을 수 있다. 도시화율, 귀화율, 인간간섭도(hemeroby class; Grabherr et al. 1998)와 같이 귀화식물을 이용한 분석, 우리나라 관속식물의 습지출현빈도에 따른 분석(Choung 2020, 2021), 식물구계학적 구분을 통한 분석(NIE 2023b), 식물기관(겨울눈, 뿌리 형태 등)의 생활형을 통한 분석(Raunkiaer 1904, 1937, Numata 1970) 등 다양하다. 식생을 통한 분석은 녹지자연도, 식생보전등급(표 5-16), 다항목매트릭스 식생평가기법(multicriterion evaluation matrix, M.-M.기법, Kim and Lee 1997, Kim and Lee 2006)(표 5-20), 임상도(林相圖, stock map) 등이 있다. 임

상도는 식물종, 경급, 영급, 소밀도 등으로 구분한 지도로 산림청에서 제작하고 활용한다. 이 외에도 국토환경성평가지도, 생태·자연도 등과 같이 식생을 포함한 생태환경 전반에 대한 보전가치 평가법들이 있다. 여기에는 과거 우리나라의 환경영향평가 및 환경부 자연환경조사 등에서 널리 사용되었던 녹지자연도에 대해 간략히 소개하고 현재 주로 사용하는 방법인 식생보전등급(植生保全等級, vegetation conservation class)에 대해 서술한다. 기타 방법들에 대해서는 Kim and Lee(2006) 등을 참조한다.

과거의 녹지자연도 | 녹지자연도(綠地自然度, degree of green naturality, DGN)는 일본의 Miyawaki(宮脇 1971)가 처음으로 사용하였고 초기에는 식생자연도도, 녹지자연도도, 녹지자연등급도 등의 용어로도 사용되었다. 녹지자연도는 식물사회학적 연구결과인 식물군락의 인간간섭 정도에 따라 자연성을 등급화한 것으로 인간간섭도와 속성이 유사하다(井手와 武內 1985, Kim and Lee 2006). 우리나라의 녹지자연도는 Choung and Sun(1982)에 의해 처음으로 소개되었고 Choung et al.(1984)에 의해 본격적으로 검토되었다. 하지만 녹지자연도 적용에 오류와 애로점 등 많은 문제점들이 제기되면서(Kim and Lee 2006) 그 대안으로 식생보전등급이라는 개념이 도입되었다. 식생보전등급은 근본적으로 녹지자연도를 토대로 하고 있고 등급별 구체적인 식생유형을 적시하고 있지만(Choung et al. 2006) 완전한 대안으로 자리메김하기에 부족한 부분이 있다. 하지만 현재 사회 보편적으로 이를 대체할 방법에 대한 검토가 부재한 것이 현실이다.

현재 사용하는 식생보전등급에 대한 탄생과 본질적인 속성을 정확히 이해해야 한다.

식생보전등급의 탄생과 변화, 생태·자연도 | 식생보전등급은 현재 환경부 자연환경조사 또는 환경영향평가에서 식생의 보전생태학적 가치를 평가하는 방법으로 사용된다. 국내에서 1998년 「자연환경보전법」 개정과 더불어 '생태·자연도'(이전 용어는 생태지도) 개념이 본격적으로 도입되었다. 이를 위해 환경부는 전국자연환경조사(이전 용어는 자연환경 전국기초조사)에서 분야별(식물상, 식생, 포유류, 조류, 양서류, 파충류, 어류, 곤충류, 저서성대형무척추동물, 해안생물, 지형경관)로 현장조사와 더불어 보전가치에 대한 등급을 판정하도록 하였다(Choung et al. 2006). 식생분야는 '식생보전등급'(초기 용어는 식생평가등급)이라는 용어로 체계화되어 제2차 전국자연환경조사(1997~2005년)에서부터 적용되었다. 식생보전등급은 크게 5등급으로 구분하며 로마자(Ⅰ, Ⅱ, Ⅲ, Ⅳ, Ⅴ)로 표현한다(표 5-16). 식생보전등급 사용 초기에는 식생보전Ⅴ등급이 가장 양호한 등급(Ⅰ등급이 가장 불량)이었고 이를 반영한 생태·자연도는 오히려 1등급(숫자)이 가장 양호한 등급이었다. 이러한 상호 혼동을 개선하기 위해 식생보전등급과 생태·자연도에서 높은 보전가치를 Ⅰ등급 또는 1등급으로 지정하도록 제3차 전국자연환경조사부터 서열을 수정했다. 이를 반영하여 현재는 식생보전Ⅰ등급이 가장 높은 보전가치를 가지고 Ⅴ등급이 가장 낮은 보전가치를 가진다. 생태·자연도 개념을 도입할 초기에는 5등급

화를 고려하였으나 행정에서 적용의 효율성을 위해 3등급화로 법제화하였다. 이 때문에 환경부에서 사용하는 많은 분류군별 보전가치의 평가등급(식생보전등급, 식물구계학적 특정식물 등급, 지형보전등급 등)이 5등급 체계로 이루어져 있다.

식생보전등급 평가의 속성 | 단위식생에 대한 식생보전등급 판정에 다양한 평가항목이 존재할 수 있다. 식생의 본질을 보느냐, 귀화식물의 분포를 보느냐, 훼손과 교란의 정도를 보느냐, 식물다양성을 보느냐 등과 같이 평가항목의 속성이 달라질 수 있다. 환경부는 식생의 본질을 고려하여 현재 6개 항목에 따라 식생보전등급을 판정하도록 권고하고 있으며 정성적인 평가이고 온전한 정량적인 평가는 아니다(표 5-16, 5-17). 이 때문에 현재 식생보전등급은 정교하지는 않지만 식생전문가의 경향성 있는 식견(識見)으로 판정하기 때문에 전문가의 지식 정도와 철학 등에 따라 서로 다른 등급으로 판정될 수 있다. 식생보전등급의 본질은 식분(stand)의 식생구조와 종조성을 강조하는 식물사회학에 기초하여 평가한다. 하지만 숲의 나이인 영급(齡級, age class)과 같은 임학(林學, forestry)적 관점에서 식생보전등급을 평가하기도 한다. 식생보전등급의 정량적 평가에 대해서는 환경부 차원에서 많은 전문가적 논의를 거쳐 그 기준이 보다 정교하게 마련되어야 한다. 식생에 대한 보전등급 평가는 주관적인 부분이 객관화되는 특성, 존재하지 않는 실체를 존재하는 유사유기체(pseudo-organism) 형태로 이해하는 특성, 지역별 상대적·문화적 가치 특성, 식생보전 가치관의 개인적 차이 등과 같은 다차원적 특성을 갖기 때문에 정량적 기준 마련이 쉽지는 않다. 이를 위해서는 환경부 산하에 한국식생평가위원회(가칭)와 같은 식생전문가 워킹그룹(working group)의 구성과 관련 해결 노력이 필요하다. 워킹그룹은 우리나라에 존재하는 모든 식생유형에 대한 분류기준과 보전가치 평가기준을 마련하거나 관련 사회적, 학술적 결정을 돕는 역할을 한다(NIER 2006). 이 부분에 대한 필요성은 지속적으로 강조되었고 관련 논의와 연구들이 일부 있었지만 현장 적용을 위한 구체적 해결책이 아직 없는 것이 아쉬운 상황이다. 환경부 제6차 전국자연환경조사(2024년 이후)에서는 이전보다 구체적 방법이 마련되어 있지만 더욱 세밀한 보완이 필요하다.

▮ 식생에 대한 보전생태학적 가치와 등급에는 많은 현장 실무 경험과 지식이 필요하다.

식생보전등급 평가항목 | 환경부 제6차 전국자연환경조사에서부터 자연식생의 식생보전등급 평가항목이 총 6개로 구성되어 있다(NIE 2023b)(표 5-17). 제5차 전국자연환경조사까지(~2023년)는 자연식생(자연림) 평가항목 5개, 조림식생(식재림) 평가항목 1개로 구성되어 있었다. 제6차에서 평가항목은 기존의 평가항목 중에서 '식재림 흉고직경'이 '일반 가치평가'로 변경되었다. 자연식생에 대한 평가항목으로만 이루어져 있지만 식재림에 대한 평가항목 역시 필요하다. 자연식생 대상 6개 평가항목은 식생의 자연성에

표 5-16. 식생보전등급의 등급별 분류 기준(NIE 2023b 일부 수정)

등급	분류 기준
Ⅰ등급	(1) 식생천이의 종국적인 단계에 이른 극상림 또는 그와 유사한 자연림 ㈎ 식생구조가 안정되어 있고 종조성이 해당지역의 잠재자연식생을 충분히 반영하고 있음 ㈏ 숲의 형성 역사가 오래되고 희소가치가 높은 안정된 식생 ㈐ 국지적으로 분포하고 안정된 식생 (2) 삼림식생 이외의 특수한 입지 등에 형성된 식생(이하, 특이식생) 중 인위적 간섭의 영향을 거의 받지 않아 자연성이 우수한 식생 ㈎ 해안사구, 단애지, 자연호소, 하천습지, 습원, 염습지, 석회암지대, 아고산초원, 자연암벽 등에 전형적으로 형성된 식생. 다만, 이와 같은 식생유형은 조사자에 의해 규모가 크고 절대보전가치가 있을 경우에만 지도에 표시하고 보고서에 기재 사유를 상세히 기술하여야 함 (3) 특이사항, 일반가치평가에 의해 등급을 상향 평가한 경우
	| 평가항목 기준 | 평가항목 중 '상(上) 4개 이상'에 해당하는 경우 ㈎ '상(上) 4개·하(下) 1개' 조건은 전문조사원 판단에 따라 Ⅱ등급 판정 가능(사유 상세히 기술 필요)
Ⅱ등급	(1) 자연식생이 교란된 후 2차 천이에 의해 다시 자연식생에 가까울 정도로 거의 회복된 상태의 삼림식생 ㈎ 식생구조가 안정되어 있고 종조성이 해당지역의 잠재자연식생을 어느 정도 반영하고 있음 ㈏ Ⅰ등급에 비해 숲의 형성 역사 및 자연성이 다소 낮은 식생 (2) 특이식생 중 인위적 간섭의 영향을 약하게 받고 있는 식생 (3) 특이사항, 일반가치평가에 의해 등급을 상·하향 평가한 경우
	| 평가항목 기준 | 평가항목 중 '상(上) 3개 이상' 또는 '상(上) 2개 및 중(中) 3개'에 해당하는 경우 ㈎ '상(上) 4개·하(下) 1개' 조건은 전문조사원 판단에 따라 Ⅰ등급 판정 가능(사유 상세히 기술 필요) ㈏ '상(上) 2개·하(下) 3개' 조건은 전문조사원 판단에 따라 Ⅲ등급 판정 가능(사유 상세히 기술 필요)
Ⅲ등급	(1) 자연식생이 교란된 후 2차 천이의 진행에 의하여 회복단계에 들어섰거나 인간에 의한 교란이 지속되고 있는 삼림식생 ㈎ 식생구조가 불안정하고 종조성이 해당지역의 잠재자연식생을 충분히 반영하지 못함 ㈏ 조림기원 식생이지만 자연식생에 가깝게 방치되어 회복단계에 있는 경우 (2) 특이식생 중 인위적 간섭의 영향을 강하게 받고 있는 식생 (3) 해당지역에 맞는 생태학적 적지적수 또는 자연에 가깝게 복원한 식생 (4) 특이사항, 일반가치평가에 의해 등급을 상·하향 평가한 경우
	| 평가항목 기준 | 다른 식생보전등급의 평가 항목기준 외에 해당하는 경우 ㈎ '상(上) 2개·하(下) 3개' 조건은 전문조사원 판단에 따라 Ⅱ등급 판정 가능(사유 상세히 기술 필요)
Ⅳ등급	(1) 인위적으로 조림된 식재림 ㈎ 다른 등급에 해당하지 않는 조림기원식생
	| 평가항목 기준 | 조림기원 식생에 대해 식재림 여부를 판정(식재림 외로 판정 시에는 평가항목 기준에 따라 다른 등급으로 판정)

등급	분류 기준
V등급	(1) 상시 인위적 영향을 받아 거의 훼손된 식생 ㈎ 2차적으로 형성된 키가 큰 초원식생 등(묵밭이나 훼손지 등의 억새군락이나 기타 잡초군락 등) ㈏ 2차적으로 형성된 키가 낮은 초원식생(골프장, 공원묘지, 목장 등) ㈐ 과수원이나 유실수 재배지역 및 묘포장, 조경식재지(도시근린공원 등) ㈑ 논·밭 등의 경작지(비닐하우스 등 시설재배 포함) ㈒ 크게 훼손된 초기 이차림(벌목지, 산불지 등) (2) 식생이 거의 없는 지역 ㈎ 주거지, 시가지 등의 개발지, 인공나지, 자연나지(모래톱, 자갈톱, 갯벌) 등 ㈏ 강, 호수, 저수지 등에 식생이 없는 수면과 그 하안 및 호안 (3) 특이사항, 일반가치평가에 의해 등급을 하향한 경우 | 평가항목 기준 | 평가항목 중 '하(下) 4개 이상'에 해당하는 경우 ㈎ '식생구조 온전성 및 복원 잠재성'이 모두 '하(下)'로 평가되는 경우에만 해당함

※ 비고

㈎ 식생보전등급 '평가항목 및 평가요령(표 5-17)' 과 연계하여 등급을 평가함

㈏ 등급 평가에 특이사항(평가항목 '일반가치평가' 포함)이 있는 경우에는 식생보전등급을 상·하향 평가할 수 있으며 그 평가 사유를 상세히 기술해야 함

㈐ 분포 기후대, 서식환경 등에 따른 식생 특성에 따라 평가항목별 평가 기준이 다르며 등급 평가에 해당 내용을 상세히 기술해야 함

㈑ 생태학적 적지적수(適地適樹) 식생은 생태계 보전 또는 복원을 목적으로 지역의 잠재자연식생 구성종 또는 자연환경 조건에 적합한 자연수종을 식재한 경우로 식재림(Ⅳ등급)으로 평가하지 않음

표 5-17. 자연식생에 대한 식생보전등급 평가항목 및 평가요령(NIE 2023b 일부 수정)

평가항목	평가요령	세부 평가기준	
(1) 분포 희귀성 (rarity)	(1) 평가 대상이 되는 식물군락이 한반도 내에서 분포하는 패턴으로 평가 (2) 분포면적이 국지적으로 좁으면 높게, 전국적으로 분포하면 낮게 평가	상	·국지적(특수 환경, 특정 기후대 등)
		중	·지역적(특정 기후대_난온대 상록수림 등)
		하	·광역적(전국 분포_냉온대 낙엽활엽수림 등)
(2) 식생복원 잠재성 (potentiality)	(1) 평가 대상이 되는 식물군락(식분)이 형성되는데 소요되는 기간(잠재자연식생의 형성기간)으로 평가 (2) 오랜 시간이 요구되면 높게, 짧은 시간에 형성되는 식물군락은 낮게 평가	상	·최상층 우점종의 연령(30년 이상)
		중	·최상층 우점종의 연령(10년 이상~30년 미만)
		하	·최상층 우점종의 연령(10년 미만)

평가항목	평가요령	세부 평가기준	
(3) 구성식물종 온전성 (integrity)	(1) 평가 대상이 되는 식물군락의 구성식물종(진단종군)이 해당 입지에 잠재적으로 형성되는 식물사회의 구성식물종인가에 대한 평가 (2) 이는 입지의 자연식생의 구성종을 엄밀히 파악하는 것으로 삼림의 경우, 흔히 천이 후기종(극상종)으로 구성되면 높게, 초기종의 구성비가 높으면 낮게 평가	상	·천이 후기종 등이 다수로 출현/천이 초기종 등이 소수로 출현(교란종, 천이 초기종, 호광성 선구종 등의 비율이 낮음: 25% 이하)
		중	·천이 중·후기종 등이 보통으로 출현(교란종, 천이 초기종, 호광성 선구종 등의 비율이 보통임: 25% 초과~50% 이하)
		하	·천이 후기종 등이 소수로 출현/천이 초기종 등이 다수로 출현(교란종, 천이 초기종, 호광성 선구종 등의 비율이 낮음: 50% 초과)
		·(진단종군 출현) 평가기준 상향 조정 적용 가능 ·교란종, 천이 초기종, 호광성 선구종 등의 비율 방법의 적용 시, 층위구조 및 생육형 고려	
(4) 식생구조 온전성	(1) 평가 대상이 되는 식물군락이 해당입지에 전형적으로 발달하는 식생구조(층위구조)가 얼마나 원형에 가까운가를 가지고 평가 (2) 삼림식생은 4층의 식생구조를 가지며, 각 층위는 고유의 식생고(height)와 식피율(coverage)을 가지고 있으므로 층위구조가 온전하면 보전생태학적으로 높게 평가	상	·3~4층위구조(3층위는 조건부) 및 층위별 식피율 10% 이상
		중	·2~3층위구조(2층위는 조건부) 및 층위별 식피율 10% 이상
		하	·2층위구조 이하 및 층위별 식피율 10% 이상
		·(층위 조건부) 해당 층위의 식피율이 10% 미만 또는 차하층위 식물종 중 상층위로 발달할 수 있는 식물종이 다수 분포하는 경우 ·식생유형별 기본 층위구조가 다를 수 있음	
(5) 중요종 서식	(1) 식물군락은 식물종의 구성으로 이루어짐으로 식물종 자체에 대한 보전생태학적 가치를 평가 (2) 그 분포면적이 좁거나, 중요한 식물종(멸종위기야생식물 I·II급 또는 식물구계학적 특정식물 등)이 포함되면 더욱 높게 평가	상	·멸종위기야생식물 1종 이상 출현 ·식물구계학적 특정식물(I~V등급), 국가생물적색목록의 관속식물 3종 이상 출현
		중	·식물구계학적 특정식물(I~V등급), 국가생물적색목록의 관속식물 1종 이상 출현
		하	·중요종(멸종위기야생식물, 식물구계학적 특정식물, 국가생물적색목록 등) 미출현
		·(진단종군 출현) 평가기준 상향 조정 적용 가능	
(6) 일반 가치평가	(1) 식물군락의 학술적·사회적·역사적 가치 등을 평가 (2) 가치가 있는 것으로 평가되는 경우, 식생 보전등급을 상향	·식생의 가치 유무에 따라 평가	

대한 관점들이다. [01]분포 희귀성(rarity), [02]식생복원 잠재성(potentiality), [03]구성식물종 온전성(integrity), [04]식생구조 온전성, [05]중요종 서식, [06]일반 가치평가이다. 일반 가치평가는 상대적인 항목이고 나머지는 식생 자연성 본질의 절대적인 평가항목이다. 장기적으로 [07]식재림 흉고직경에 대한 평가도 필요하다. 자연환경조사 및 환경영향평가에 변경된 내용 및 항목을 적용하기 위해서는 「자연환경조사방법 및 등급분류기준 등에 관한 규정」(KLIC 2024a)에서도 상호 연결된 온전한 변경이 필요하다.

식생보전등급 평가와 적용의 특성 | 식생보전등급 평가를 위해 평가항목에 대한 선별적 적용과 가중치 등은 학자들 간에 논란이 있을 수 있다. 제6차 전국자연환경조사 지침에서는 항목별 평가에 대해 이전보다는 객관적인 내용과 방법이 제시되어 있지만 식물군락에 대한 정밀한 보전가치 평가는 풍부한 경험치가 있는 식생전문가의 영역에 해당된다. 평가항목에 대한 양적 평가, 세부 기준의 적용 등은 전술의 식생전문가 워킹그룹에서 그 역할이 강조되어야 한다. 식생보전등급은 식생의 자연성에 대한 절대적인 가치뿐만 아니라 상대적인 가치를 포함할 수 있다. 절대적인 가치는 식생의 본질적인 자연성 자체에 대한 평가이다. 상대적인 가치는 전문가의 관점에 따라 편차가 크기 때문에 보다 객관화된 공감대 형성이 필요하다. 학술적 가치, 식생 경관적 가치, 생태역사적 가치, 문화적 가치, 지역적 희소가치, 생물서식공간적 가치, 휴양적 가치 등이 상대적인 가치에 해당될 수 있다(Choung et al. 2006).

자연식생의 식생보전등급 평가 방향 | 식생보전 I 등급은 자연림 또는 교란이 거의 없는 자연성이 우수한 식생을, 식생보전II등급은 미약한 간섭을 받아 자연성이 비교적 우수한 식생을 의미한다. 그에 반해 식생보전III등급은 인간의 교란이 지속되고 있는 삼림식생, 고해발 산지대의 관목림(이차초원) 등을 의미한다(그림 5-65). 산지 계곡부의 층층나무군락의 경우 자연성이 우수한 공간에 다층의 온전한 식생구조를 가지면 높은 등급을, 임도 건설로 발생한 사면에 교란된 구조 및 이차림적 종조성을 가지면 낮은 등급으로 평가될 수 있다. 갈대군락이 자연하구의 염습지에 발달하는 경우는 높은 등급을, 지형 변화가 있는 간척지에 발달하는 경우는 낮은 등급으로 평가될 수 있다(그림 5-69 참조). 이와 같이 식물군락

그림 5-65. 식생보전등급별 사례. 왼쪽에서부터 식생보전 I 등급(설악산, 아고산식생인 분비나무-눈잣나무군락), II등급(평창군, 고루포기산, 신갈나무-소나무군락), III등급(청주시, 저해발 산지의 상수리나무군락), IV등급(대구시, 잣나무 및 일본잎갈나무식재림), V등급(고양시, 건생초지 및 개발지) 사례이다. 학자들 간에 I 등급과 II등급, II등급과 III등급 평가에는 일부 차이가 있을 수 있다.

에 대한 식생보전등급은 절대적이지 않고 식분의 속성에 따라 다른 등급으로 평가될 수 있다. 산지에서 원시림은 수백 년 이상에 걸쳐 형성되지만 우리나라 대부분의 삼림은 한국전쟁 이후 식생천이에 의해 발달했기 때문에 식생보전Ⅰ등급에 해당되는 식분들은 희박하다. 우리나라는 국가 에너지 정책이 과거 화목에서 석탄, 석유, 가스 등으로 변하면서 삼림식생의 천이가 가속화되었다. 하지만 식생이 온전한 형태로 발달할 수 있는 충분한 시간이 부족하여 식생보전Ⅲ등급과 Ⅱ등급 사이의 식분들이 많다. 이 때문에 현장조사에서 식생보전등급 판정이 어렵거나 조사자 간에 이견이 존재할 여지가 많다.

식생보전등급 평가항목별 내용 | 환경부의 '식생보전등급 평가항목 및 평가요령'(표 5-17)(KLIC 2024a)에는 전반적인 경향성만을 제시하고 있으며 보다 구체적인 정성적인 평가의 내용은 여러 관련 자료들을 참조할 필요가 있다. 원칙적으로 보전가치는 현재의 식생환경(현존식생)에 대해 평가한다. 환경부 자연환경조사 지침(제6차)에는 하나의 자연식물군락에 대해 5개 절대가치 항목과 1개의 일반가치 항목으로 평가한다. 하지만 「자연환경조사방법 및 등급분류기준 등에 관한 규정」(KLIC 2024a)에는 일부 상이하거나 혼동되는 항목과 내용들이 존재한다. 항목별 판정 및 가중치 등은 아직까지 식생연구자의 객관적이고 논리적인 판단 또는 근거가 중요하게 작용한다.

(1) 분포 희귀성 개념과 적용 | 분포 희귀성(rarity)은 평가 대상이 되는 식물군락이 한반도 내에서 분포하는 패턴을 의미한다. 지리적 분포가 국지적으로 좁으면 높게, 전국적으로 분포하면 낮게 평가한다. 분포의 희귀성은 일반적으로 지리적 분포를 고려하지만 분포 중심이 석회암 또는 사문암 등의 특이지역은 서식처 자체가 국지적일 수도 있다. 우리나라 내에서 흔한 신갈나무군락, 소나무군락, 졸참나무군락, 굴참나무군락, 상수리나무군락 등은 기후대에 상관없이 전국적(광역적)으로 분포하기 때문에 분포의 희귀성은 낮다. 하지만 구상나무군락, 동백나무군락은 우리나라 내에서 특정 기후대에 분포하고 모감주나무군락, 측백나무군락 등은 서식처 자체가 비교적 국지적인 특수 환경(특이지식생)에 분포하기 때문에 분포의 희귀성은 비교적 높다(그림 5-66, 5-67). 즉 기후대와 상관없이 대규모로 전국에 분포하는 식물군락이면 낮게(하 下), 특정 기후대 또는 중규모 이상의 산발적인 분포를 갖는 식물군락이면 보통(중 中), 특수 환경 또는 소규모로 분포하는 식물군락이면 높게(상 上) 평가한다.

(2-1) 식생복원 잠재성의 개념 | 식생복원 잠재성(potentiality)은 평가 대상이 되는 현재 상태의 식물군락(식분, 임분)으로 발달하는데 소요되는 기간(잠재자연식생의 형성기간 고려)을 의미한다. 식생이 제거된 상태에서 인간이 배제되었을 때 현재의 기후와 토양환경 조건에서 평가 대상 식분의 식생구조로 발달(잠재자연식생 개념)할 수 있는 기간을 의미한다. 오랜 기간이 요구되면 높게, 짧은 기간에 형성되는 식물군락은 낮게 평가한다. 다만 식생 발달기원이 부영양화, 식재 등에 의한 것이면 상대적으로 낮은 가치로 평가

그림 5-66. 전국 분포하는 신갈나무군락(좌: 남원시, 지리산)과 국지적으로 분포하는 모감주나무군락(우: 영천시, 금호강). 신갈나무군락은 전국 산지에 넓게 분포하고 모감주나무군락은 하천 단애지의 특수 환경에 서식한다.

그림 5-67. 특정 기후대의 후박나무림(좌: 울릉도, 도동항)과 분비나무림(우: 평창군, 발왕산). 난온대 기후대의 후박나무림과 아한대(아고산대) 기후대의 분비나무림은 특정 기후대에 분포한다. 특히 분비나무는 우리나라의 고해발 산지에 보다 국지적으로 섬형태로 분포하기 때문에 보다 중요하게 보전해야 할 식생자원이다.

할 수 있다. 화전이 일어났던 지역에 발달한 진달래군락은 다층의 신갈나무군락에 비해 식생복원 기간이 짧다. 삼림식생은 진행천이(進行遷移, progressive succession)를 고려한 개념으로 이차적으로 발달한 식분은 천이 후기의 식분보다 낮은 보전가치로 평가되어야 한다(그림 5-68). 여기에는 서식처의 자연 지형 구조적 안정성까지 포함한 개념으로 서식공간의 발달기원을 고려해야 한다. 자연지형의 해안염습지와 지형이 변화된 간척지의 갈대군락은 서식환경의 발달기원이 다르기 때문에 식생복원의 잠재성이 다르다(그림 5-69). 하천의 하류구간 또는 호소(팔당댐 등)의 정체수역에 발달하는 줄군락 또는 애기부들군락은 부영양화에 기인한 것으로 식생복원에 대한 잠재성이 높아 식생보전 가치는 낮게 평가된다(그림

그림 5-68. 식생발달이 양호한 신갈나무-잣나무군락(좌: 남원시, 지리산)과 이차림의 신갈나무-잣나무군락(우: 울산시, 신불산). 동일한 신갈나무-잣나무군락으로 분류되지만 식생구조가 양호한 식분은 복원하는데 상대적으로 오랜 기간이 소요되기 때문에 보전가치는 보다 높게 평가되어야 한다.

그림 5-69. 해안염습지의 갈대군락(좌: 강진군, 탐진강 하구)과 간척지의 갈대군락(우: 진도군, 간척호). 같은 갈대군락이지만 지형적인 기원이 자연적인 곳에 서식하는 해안염습지의 갈대군락이 보다 높은 보전가치로 평가되어야 한다.

그림 5-70. 애기부들군락 및 줄군락(좌: 양평군, 팔당댐)과 끈끈이주걱군락(우: 울산시, 무제치늪). 애기부들군락 및 줄군락은 부영양화된 많은 저층습지에서 서식하지만 끈끈이주걱군락은 우리나라에서 드문 빈영양 산지습지인 고층습원에 서식하기 때문에 보다 높은 보전가치로 평가되어야 한다.

5-70 좌). 또한 지형 변화가 심한 곳에 서식하는 식물군락 역시 낮은 등급으로 평가한다. 하천의 수변 및 둔치와 같은 공간이 이러한 곳에 해당된다. 일반적으로 목본식물군락은 초본식물군락에 비해 높은 가치로 평가될 수 있다. 초본식물군락 중 고층습원의 끈끈이주걱군락, 이삭귀개군락과 같은 식충식물군락은 높게 평가된다(그림 5-70 우). 이러한 복원잠재성은 식물진화학의 C-S-R개념(Grime 1979)을 고려할 수 있는데 염습지의 갈대군락, 고층습원의 끈끈이주걱군락은 입지특성 상 대부분 스트레스내성종(stress tolerater species)으로 교란된 지역의 터주종(ruderal species)에 비해 높게 평가된다. 냉온대지역에서 일차천이(一次遷移, primary succession)로 온전한 삼림이 형성되는데 수백 년(약 700년)의 시간이 필요하고(Burbank and Platt 1964, Fonda 1974), 이차천이(二次遷移, secondary succession)는 약 20~30년이면 회복단계에 이른다(Bazzazz 1968, Harrison and Werner 1982, Inouye et al. 1987, Lee e t al. 2004, Choung et al. 2006). 산지에서 오래된 원시림은 오랜 시간에 걸쳐 발달, 유지되는데 화분(꽃가루, pollen)을 통한 식생사(vegetation history) 분석에서 적어도 수천 년간 개체들의 성장과 쇠퇴를 반복하면서 지속되어 왔음을 알 수 있다(奥田과 佐々木 1996).

(2-2) 식생복원 잠재성의 적용 | 환경부의 자연환경조사 기준에서는 삼림 최상층에 우점하는 해당 개체들의 평균 수령(나이)을 기준으로 평가한다. 수령이 30년 이상이면 높게(상), 10년 이상~30년 미만이면 보통(중), 10년 미만이면 낮게(하) 평가한다(NIE 2023b)(그림 5-68 참조). 수목의 흉고직경으로 수령을 개략적으로 추정 평가할 수는 있지만 수종별, 기후대별, 서식처별 차이가 있음을 인지해야 한다. 또한 우리나라 산지에서 이차림이 자연림의 형태로 숲이 발달하는 기간을 규정하는 것은 매우 어렵다. Lee et al.(2006)은 평창군(강원도) 묵밭 천이 연구(최장 80년차)에서 휴경 이후 35년이 경과되어야 교목층-아교목층-관목층-초본층으로 이루어지는 완전한 형태의 숲으로 발달하는 것으로 분석하였다. 초기 교목 단계는 15~25년차, 중기 교목 단계는 25~50년차, 후기 교목 단계를 50~80년차로 분석했다. 이를 감안한다면 우리나라 산지의 참나무림은 보편적 환경조건에서 상·중·하에 대한 기준을 15년(또는 25년) 미만, 15~50년(또는 25~50년), 50년 이상을 기준으로 복원잠재성 기간을 고려하는 것이 합당할 것이다.

(3-1) 구성식물종 온전성의 개념 | 구성식물종의 온전성(integrity)은 평가 대상이 되는 식물군락(식분)의 종조성(진단종군)이 해당 입지에 잠재적으로 형성되는 식물사회의 구성종인가에 대한 평가이다. 다층으로 이루어진 식분일지라도 구성식물종의 자연성을 고려해야 한다. 구성식물종에 대한 높은 자연성은 해당 입지에서 발달하는 천이 계열 상의 후기 식물종을 의미한다. 삼림에서 구성식물종이 대부분 천이 후기(자연림)에 발달하는 식물종으로 구성된 식분은 천이 초기~중기(이차림)에 발달하는 식물종으로 구성된 식분보다 높게 평가되어야 한다(표 5-18)(그림 5-71).

(3-2) 구성식물종 온전성의 적용 | 환경부 자연환경조사 지침(NIE 2023b)에서는 천이 후기종이 다수 출

그림 5-71. 자연림의 임상(좌: 인제군, 점봉산, 신갈나무군락)과 이차림의 임상(우: 대전시, 저해발 구릉산지, 상수리나무군락). 자연림의 임상은 이차림의 임상에 비해 구성식물종의 식피율과 종조성이 상이하게 나타난다. 자연성에 대한 식물군락별 식피율을 규정하기는 어렵지만 구성식물종 구성은 확연히 다르다.

표 5-18. 자연식생과 이차식생의 신갈나무군락의 식생조사표 비교 사례(2010년7월)

구분	자연식생 종구성(가평군, 명지산)	이차식생 종구성(안성시, 마국산)
수고/피도	교목층 | 18m, 90% 아교목층 | 9m, 50% 관목층 | 3m, 45% 초본층 | 0.8m 이하, 30%	교목층 | 15m, 85% 아교목층 | 8m, 15% 관목층 | 3m, 25% 초본층 | 0.6m 이하, 15%
교목층	신갈나무, 층층나무, 피나무, 황벽나무, 물푸레나무, 음나무	신갈나무, 물오리나무
아교목층	당단풍나무, 고로쇠나무, 까치박달, 신갈나무, 쪽동백	팥배나무, 신갈나무
관목층	생강나무, 복자기나무, 함박꽃나무, 지렁쿠나무, 고로쇠나무, 느릅나무, 국수나무, 병꽃나무, 쪽동백, 조록싸리, 참개암나무, 당단풍나무, 까치박달, 철쭉꽃	개암나무, 생강나무, 노린재나무, 산초나무, 개옻나무, 진달래, 졸참나무
초본층	천남성, 산수국, 산박하, 대사초, 뫼제비꽃, 단풍취, 병조희풀, 숙은노루오줌, 개별꽃, 용수염풀 sp., 오미자, 벌깨덩굴, 산개고사리, 잔털제비꽃, 물푸레나무, 산딸기나무, 노린재나무, 참취, 부채마, 갈퀴아재비, 미역줄나무, 까실쑥부쟁이, 실새풀, 넓은외잎쑥, 참반디, 족도리풀, 느릅나무, 송이풀, 둥굴레, 팥배나무, 금강초롱꽃, 선밀나물, 참나물, 참당귀, 큰천남성	생강나무, 꼬리고사리, 진달래, 신갈나무, 뫼제비꽃, 철쭉꽃, 왕머루, 산초나무, 산쑥바귀, 기름새, 닭의장풀, 당단풍나무, 갈참나무, 상수리나무, 주름조개풀

(비고) 자연식생에 일부 이차식생의 구성종을 포함하고 있음

현하거나 천이 초기종이 소수로 출현하면 높게(상) 평가하는데 교란종, 천이 초기종, 호광성 선구종 등의 비율이 25% 이하인 경우이다. 보통(중)은 25% 초과~50% 이하이다. 낮음(하)은 50% 초과인 경우이다. 비율 산출은 '교목성 수종(가중치 1.0)과 기타 식물종(가중치 0.5)'을 합한 값을 '층위별 출현종수' 합으로 나눈 백분율 값이다. 주변에서 흔히 관찰되는 상수리나무, 아까시나무, 밤나무, 진달래, 싸리, 참싸리, 붉나무, 두릅, 개암나무, 줄딸기, 산딸기, 주름조개풀, 참취, 고사리, 억새, 새, 큰까치수영, 미국자리공 등은 이차림의 구성종들이다. 산지에 발달하는 참나무 우점림 가운데 신갈나무, 졸참나무, 갈참나무, 떡갈나무는 자연림의 구성종으로 인식하지만 상수리나무, 굴참나무는 이차림으로 인식한다(Kim 2004)(그림 2-17 참조). 하지만 하천절벽과 같은 급경사지에 발달하는 굴참나무군락은 토지적 환경에 의해 유지되는 지속식물군락으로 인식하여 양호한 식생구조의 식분은 보다 높게 평가하는 것이 합당하다. 우리나라 내에서 갈참나무군락은 이차림 식생구조를 갖는 식분의 분포가 많다. 천이를 고려한 식물종들에 대한 자연성 평가는 별도로 구분된 기준목록이 없어 숙련된 연구자의 식생학적 기초지식을 토대로 한다. 이 때문에 개별 구성식물종의 온전성 평가는 난애한 항목에 해당된다.

(4-1) 식생구조 온전성의 개념 | 식생구조의 온전성은 평가 대상이 되는 식물군락(식분)이 해당 입지에 전형적으로 발달하는 식생구조(층위구조)의 원형에 얼마나 가까운가?로 판정한다. 삼림식생은 흔히 4층(교목층, 아교목층, 관목층, 초본층)의 식생구조를 가진다. 각 층위는 식생유형별로 고유의 식생고(height)와 식피율(coverage)을 가지는데 층위구조가 온전하면 보전생태학적으로 높게 평가한다. 층위별 식생고와 식피율에 대한 명확한 기준은 없다. 우리나라 평창군(강원도)의 묵밭천이에서는 35년이 경과되어야 다층의 식생구조로 발달한다(Lee et al. 2006). 식생고는 산지의 하부에 발달하는 식분이 상부 또는 능선에 발달하는 식분보다 높은 경향이 있다. 산지 상부~능선지역은 상대적으로 토심이 얕고 바람의 영향을 많

그림 5-72. 산지 사면 상부(좌: 점봉산, 인제군)와 하부의 식생구조(우: 인제군, 민통선지역). 산지 상부의 식생구조는 10m 이하의 낮은 식생고(부피생장)를 형성하지만 산지 하부의 식생구조는 흔히 15~20m의 식생고(길이생장)를 형성한다.

그림 5-73. 맹아지를 형성하는 이차림 구조(좌: 동두천시, 칠봉산)와 단일 줄기로 된 자연림 구조(우: 가평군, 명지산)(신갈나무림). 이차림의 식생구조에서는 맹아지를 형성하지만 자연림의 식생구조는 단일 줄기를 형성하는 경우가 많다.

이 받기 때문에 성목(成木)들은 길이생장보다 부피생장이 활발하다(그림 5-72). 이 때문에 수형은 사람의 키와 유사한 높이에서 줄기의 가지들이 옆으로 성장하는 형태가 많다. 일반적으로 천이 후기에 해당하는 삼림의 식분은 아교목층 및 관목층의 식피율이 과도하게 높지 않고 흔히 25~50% 정도를 형성한다. 초본층의 식피율은 입지 환경에 따라 상이하다. 경사도가 높은 사면지는 완만한 지형을 갖는 토양층이 발달한 적윤한 충적지보다 초본층의 식피율이 낮은 것이 일반적이다. 교란(소나무재선충 발생, 산불 등) 또는 간벌이 진행된 지역의 교목성 우점식물종들은 그루터기가 있거나 여러 줄기의 맹아지를 형성하는 경우가 많다. 맹아지는 흔히 2~7개 내외를 형성하는데 시간이 경과하면 가장 왕성하게 생장하는 맹아지만 생존하는 형태가 된다. 교목층의 우점 개체들이 맹아지를 형성하는 경우는 이차림의 형태로 볼 수 있다(그림 5-73). 소나무, 굴참나무와 같이 맹아지를 잘 형성하지 않거나 졸참나무, 신갈나무, 버드나무류와 같이 잘 형성하는 등 식물종의 특성에 따라 상이할 수 있다.

(4-2) 식생구조 온전성의 적용 | 환경부 자연환경조사 지침(NIE 2023b)에는 3~4층위구조(3층위구조는 조건부) 및 층위별 식피율이 10% 이상이면 높게(상), 2~3층위구조(2층위구조는 조건부) 및 층위별 식피율이 10% 이상이면 보통(중), 2층위구조 및 층위별 식피율이 10% 이상이면 낮게(하) 평가한다. 이러한 층위구조는 기후대, 서식 환경, 특이식생 등 식생유형에 따라 상이할 수 있다. 고산대 또는 아고산대 식생은 관목성 또는 아교목성 층위구조이고 냉온대 삼림식생은 교목성 층위구조가 많다. 하지만 모든 층위의 식피율을 10% 이상을 기준으로 설정하는 것은 합당하지 않다. 우리나라의 일반적인 4층위구조의 삼림에서 아교목층, 관목층, 초본층에는 적용 가능하지만 교목층에서의 적용은 적합하지 않다. 숲으로 기능하는 교목층에서는 50% 이상을 기준으로 설정하는 것이 합리적이며 보다 세분화된 식피율 기준이 필요하다.

(5-1) 중요종 서식 개념 | 식물군락은 식물종들의 조합으로 이루어지기 때문에 식물종 자체에 대한 보전생태학적 가치를 평가할 수 있다. 우리나라에서 지리적 분포 면적이 좁거나 개체수가 적은 식물종을 포함하는 경우에는 식물군락의 보전가치를 보다 높게 평가할 수 있다. 특히 식물 종분류학에서 멸종위기야생식물 및 식물구계학적 특정식물 V등급종 등은 보전생태학적으로 중요하지만 식물종들의 사회성을 강조하는 식생학(식물사회학)에서는 중요하게 취급하지는 않는다. 하지만 생물다양성 및 종보전 측면에서 각각의 식물종들은 현지내(in-situ) 보전이 우선되어야 하기 때문에 이들의 서식환경이라는 관점에서 해당 식분을 보다 높은 가치로 평가하는 것이 합당하다. 멸종위기야생식물은 I급과 II급으로 구분하며 각 식물종들은 서식환경을 달리한다. 매화마름은 논경작지, 단양쑥부쟁이는 하천, 가시연은 물정체습지, 산작약, 백부자, 망개나무, 구름병아리난초, 대흥란, 복주머니란, 광릉요강꽃 등은 산지가 주요 서식환경이다. 이 때문에 중요종이 서식한다는 조건만으로 식생보전 I등급 또는 II등급으로 해당 식분을 평가하는 것은 합당하지 않다. 환경영향평가에서는 이들의 무조건적인 원형보전이 아닌 공익을 목적으로 하는 사업에서 부득이한 훼손이 발생하면 이식 등으로 해당 종을 보전할 수 있도록 한다(「야생생물 보호 및 관리에 관한 법률」 제14조). 이런 경우에는 식물종별 특성에 맞는 현지내 또는 현지외(ex-situ) 보전대책을 마련해 법적인 이식 허가를 득해야 한다.

(5-2) 중요종 서식 적용 | 환경부 자연환경조사 지침(NIE 2023b)에서는 멸종위기야생식물 1종 이상이거나 식물구계학적 특정식물(I~V등급), 국가적색목록의 관속식물이 3종 이상이 서식하는 경우는 높게(상), 식물구계학적 특정식물(I~V등급), 국가적색목록의 관속식물이 1종 이상이 서식하는 경우는 보통(중), 미출현하는 경우는 낮게(하) 평가한다. 멸종위기야생식물의 포함은 적합하며 식물구계학적 특정식물은 IV~V등급(부록 참조), 또는 V등급으로 하는 것이 합당하다(전국자연환경조사의 식물상조사에서 중요종은 V등급종임; NIE 2023b). 국가적색목록은 산림청의 희귀식물 목록으로 대체 적용할 수 있다. 법과 최신 표준식물목록 간에 상이한 부분이 있으며 중요종의 범주는 위급(CR), 위기(EN), 취약(VU) 수준 이상이 적합하다. 참고로 현재 환경영향평가에서 주요 식물상 분석에 멸종위기야생식물, 식물구계학적 특정식물, 희귀식물, 특산식물을 대상으로 분석하여 관련 보전대책을 마련한다.

(6) 일반 가치평가 | 환경부 제6차 자연환경조사 지침(NIE 2023b)에 새롭게 제시된 항목이다. 식물군락의 학술적, 사회적, 역사적 가치 등을 평가하는 내용이며 전술의 절대적인 평가 항목들과 달리 상대적인 평가로 이해할 수 있다. 전술의 (1)~(5) 항목을 우선 평가한 이후 일반 가치평가를 수행한다. 일반가치가 높게 평가되면 기존의 식생보전등급을 보다 상향 조정할 수 있지만 그 근거가 명확해야 한다. 동일한 구조를 갖는 식물군락이면 일반적으로 대도심지의 식분이 산간 농촌지역의 식분에 비해 기능적, 문화적 가치가 높기 때문에 높은 보전가치를 부여한다(그림 5-74).

그림 5-74. 삼림의 상대적 가치. 도심지의 잔존 삼림(좌: 대구시, 두류산-금봉산 일대, 2002년)과 농촌지역의 넓은 삼림(우: 안성시, 국사봉에서 본 고삼면 일대, 2009년)의 가치는 다르기 때문에 보전생태학적 간접가치는 다르게 평가될 수 있다.

그림 5-75. 흉고직경에 차이가 있는 잣나무식재림. 잣나무식재림이더라도 숲으로 기능하는 오래된 식재림(좌: 인제군, 식생보전Ⅳ등급)과 숲으로 기능을 하지 못하는 초기 관목 상태의 식재림(우: 홍천군, 식생보전Ⅴ등급)은 보전가치는 다르며 이들의 흉고직경으로 숲의 나이(발달)를 추정할 수 있다.

(7) 식재림 흉고직경에 의한 식생보전등급 평가 | 환경부 자연환경조사 및 환경영향평가 등에서 생태적 적지적수(適地適樹) 개념을 제외하고 삼림녹화를 위해 식재한 경우는 식재림으로 평가한다. 식재림은 인위적으로 조림한 수종 또는 자연적(이차림)으로 형성되었더라도 아까시나무 등의 조림기원 도입종이나 개량종에 의해 식피율이 70% 이상인 식물군락이다(NIE 2019). 이 내용은 제6차 자연환경조사 지침(NIE 2023b)에서 삭제되었지만 그 개념의 적용은 유효하다. 우리나라 내에서 적지적수로 인정되는 경우는 소나무(내륙, 해안가), 곰솔(해안가)이 대부분이다. 일부 생태복원숲(생태모델숲) 등에 자연림의 구성종을 식재한 경우도 적지적수에 해당한다. 식재한 직후의 식재림은 다층의 숲(림 林)으로 기능하지 못하기 때문

그림 5-76. 자연수종과 식재수종 혼재(원주시, 2024.5.8). 고유종(갈참나무)과 외래종(아까시나무)이 혼재하면 드론으로 촬영·분석하여 보다 명확한 식피율 판정이 가능하다. A와 B의 우점종은 명백히 구분되지만 혼재하는 C와 D는 모호할 수 있다.

에 관목림 또는 이차초지 등의 형태로 식생보전Ⅴ등급으로 평가한다(그림 5-75). 숲의 개념이 적용 가능한 식생고 5m 이상의 다층구조(흔히 3층)를 가지는 식재림은 지역생태계에서 야생동물의 서식처 등으로 기여하며 경과년수에 따라 식생의 발달(안정화) 정도가 다르다. 우리나라의 많은 산지에 오래 전에 식재한 숲과 식재한지 수 년 경과된 숲을 모두 동일한 식생보전Ⅳ등급으로 평가하는 것은 합당하지 않다. 식재림의 평가에는 영급, 경급, 밀도 등 여러 항목들이 존재할 수 있고 수종에 따라 발달 정도가 다를 수 있지만 수목들의 흉고직경(DBH)으로 보전가치를 구분하여 판정하는 것이 가장 간편하고 효율적이다. 이를 토대로 식재림에 대한 식생보전등급의 상향 또는 하향 기준은 식생학자들 간에 지속적으로 논의되고 합의가 이루어져야 할 내용이다.

자연수종과 식재수종 혼재와 식생보전등급 평가 신뢰도 확보 | 개발사업이 진행되는 공간은 기존 개발·교란지(주거지, 농경지 등)와 저해발 구릉지의 삼림을 포함하는 경우가 많다. 이런 삼림에는 자연식생(자연림, 이차림)의 고유수종과 식재수종이 혼재하는 경우가 많은데 어떤 수종이 높은 식피율을 형성하는지 판단해

그림 5-77. 아까시나무와 밤나무 식재림의 개화기 경관(원주시). 주변에서 쉽게 관찰 가능한 아까시나무와 밤나무는 개화기에 상관 구분이 뚜렷하여 적절한 시기에 육안 또는 드론을 이용하면 군락의 경계 식별이 용이하다.

야 한다(그림 5-76). 흔히 관찰되는 주요 식재수종은 아까시나무(5월 초중순) 또는 밤나무(5월 하순~6월 중순)가 많기 때문에 개화시기를 맞추면 상관적으로 경계 및 양적인 구분이 보다 정확하다(그림 5-77). 이 외에도 일본잎갈나무, 잣나무, 리기다소나무, 은사시나무, 사방오리, 편백 등이 있으나 이들은 개화시기가 아니더라도 상관적 구분이 비교적 용이하다. 환경영향평가와 자연환경조사에서는 우점과 차우점 교목수종을 근거로 식물군락을 명명한다(표 5-13 참조). 따라서 우점하는 교목수종은 식생보전등급 판정에 큰 영향을 주기 때문에 이들의 정확한 피도 판정은 중요하다. 자연식생의 구성종이 우점하면 식생보전Ⅲ등급, 식재수종이 우점하면 식생보전Ⅳ등급으로 판정하기 때문이다. 예로 우점종-차우점종의 명명 기준으로 갈참나무-아까시나무군락은 식생보전Ⅲ등급, 아까시나무-갈참나무군락은 식생보전Ⅳ등급으로 판정된다. 이와 같이 식생보전등급의 판단이 애매한 경우에는 해상도 높은 항공사진이나 드론으로 상관을 파악하는 것이 좋다. 환경영향평가 등에서 드론 항공영상의 근접 사진, 개화기의 상관 전경 등을 함께 제시하면 식생보전등급 판정의 신뢰도 및 해상도를 높일 수 있다. 그에 반해 식생보전Ⅱ등급과 Ⅲ등급의 삼림식생은 진행천이 정도에 따라 등급 판정이 어려울 수 있기 때문에 숲의 상관, 식생구조, 식물종 등과 같은 관련 사진이나 기타 충분한 설명자료로 논리적 판정 근거를 제시하는 것이 좋다.

식생보전등급 항목별 세부평가 반영 기준 | 식생보전등급 판정에 보다 객관화된 전문가의 공통된 평가 잣대가 필요하다. 환경부 제6차 자연환경조사 지침에서 식생보전Ⅳ등급으로 평가되는 식재림을 제외하고 식생보전Ⅰ~Ⅲ등급, Ⅴ등급으로 평가되는 자연식생을 대상으로 구체적인 세부평가 반영 기준을 제시하고 있다(NIE 2023b). 5개 항목(분포 희귀성, 식생복원 잠재성, 구성식물종 온전성, 식생구조 온전성, 중요종 서식)의 상·중·하 세부평가(표 5-17 참조) 구성으로 등급을 최종 평가한다(표 5-19). Ⅰ등급은 주로 '상'이 4~5개로 구성되고, Ⅱ등급은 '상'이 2~4개로 구성되고, Ⅲ등급은 '상'이 2개 이하 또는 '중'으로 구

표 5-19. 식생보전등급 평가 항목별 반영표(NIE 2023b)

식생보전등급 및 사례 유형		세부평가 수 상	중	하	비고
Ⅰ	Type 01	5			
	Type 02	4	1		
	Type 03	4		1	연구자 판단 결정
Ⅱ	Type 04	4		1	연구자 판단 결정
	Type 05	3	2		
	Type 06	3	1	1	
	Type 07	3		2	
	Type 08	2	3		연구자 판단 결정
Ⅲ	Type 09	2	3		연구자 판단 결정
	Type 10	2	2	1	
	Type 11	2	1	2	
	Type 12	2		3	
	Type 13	1	4		
	Type 14	1	3	1	
	Type 15	1	2	2	
	Type 16	1	1	3	
	Type 17	1		4	
	Type 18		5		
	Type 19		4	1	
	Type 20		3	2	
	Type 21		2	3	
	Type 22		1	4	
Ⅳ	Type 23				'식재림 여부'로만 판정
Ⅴ	Type 24	1		4	'식재복원 잠재성 및 식생구조 온전성' 모두 '하'인 경우
	Type 25		1	4	위의 Type 24와 동일 조건
	Type 26			5	

성되어 있다. V등급은 식생복원 잠재성과 식생구조 온전성이 '하'인 경우에 한해 '상1하4' 또는 '중1하4'로 구성되거나 '하'가 5개인 경우이다. I~III등급 내에서도 연구자의 판단에 따라 일부는 등급을 상향 또는 하향 평가할 수 있다.

식생보전등급도의 작성 | 구분되는 식생유형에 대해 식생보전등급을 판정(표 5-16, 5-17 참조)하여 도면화할 수 있다. 먼저 범례별 식생유형에 따라 다각형사상(식분)으로 면분류하여 현존식생도를 작성한다. 각각의 다각형사상에 대해 식생보전등급을 부여하여 식생보전등급도(map of vegetation conservation class) 주제도를 생성한다(그림 5-78). 예를 들어 동일한 범례의 신갈나무-굴참나무군락일지라도 이차림 형태의 식분은 식생보전III등급일 수 있고 천이 후기의 건강하고 온전한 식분은 식생보전II등급일 수 있다. 또한 도면화된 식생 공간정보에 대해 식생보전등급별로 면적을 계산할 수 있다(표 6-11 참조).

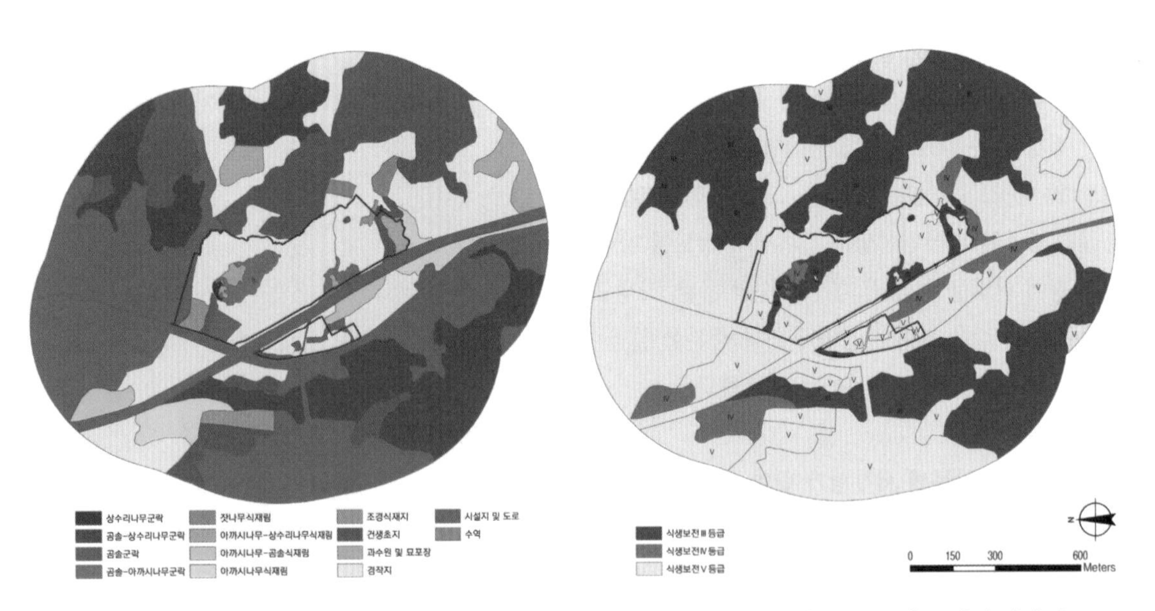

그림 5-78. 현존식생도(좌)와 식생보전등급도(우) 작성 사례(대전시). 먼저 사업지역(붉은색 선)과 주변의 영향권(주변 500m)을 고려한 조사지역에 대한 현존식생도를 작성한 후 각 식생유형의 각 다각형사상(식분)에 맞도록 식생보전등급을 부여하여 식생보전등급도의 주제도로 도면화한 것이다.

MM-기법으로 식생을 평가할 수 있으며 국가에서는 습지식생에 대해 별도 잣대로 평가한다.

MM-기법의 식생평가 | MM-기법(Multicriterion evaluation Matrix)은 '다항목매트릭스 식생평가기법' 이라고도 하며 육상생태계에서 관찰되는 모든 식생유형에 대해 자연성을 평가하도록 개발되었다(Kim and Lee 1997)(표 5-20). 이 기법의 평가항목은 총 4개로 식물군락(식분)의 [01]형성기원에 대한 자연성(naturalness), [02]한반도 내에서의 분포적 희귀성(rarity), [03]구성 식물종 다양성(species diversity), [04]훼손에 따른 식생복원의 잠재성(resilience)으로 구성되어 있다. 이 기법은 각 평가 항목에 대해 순차적(ordinal)으로 서열화(hierarchy)되어 있는 것이 특징이다(Kim and Lee 2006). 매트릭스(행렬표)의 행과 열에 각각 2개 평가항목을 서열화하여 식생자연도(vegetation naturalness)로 점수화(서열척도)한다. 점수는 급간을 나누어 식생등급(vegetation class)이라는 명칭으로 보전가치를 판정하며 전술의 식생보전등급과 같은 것으로 이해하면 된다. 하지만 현재의 식생보전등급과 달리 보전가치는 식생등급[I]이 가장 낮고 [V]가 가장 높다. 특히 MM-기법은 전술의 식생보전등급 판정 방법에 비해 학술적이고 수치적으로 판정하는 보다 객관적이고 효과적인 방법이지만 사회적으로 보편화되어 있지 않다.

국가의 습지식생 가치 평가 | 국가 내륙습지조사지침(RCW 2020)에서는 조사대상 습지 내에 분포하는 습지식생의 분포 양상을 조사하여 [01]식생회복력, [02]식생유지 기작, [03]희귀식생 포함 여부, [04]외지식생 분포면적을 중점 평가항목으로 식생의 보전가치를 평가한다. 식생회복력은 해당 식생의 서식 현황이 20년 이상일 경우에 장기, 10년 미만일 경우에 단기로 평가한다. 이 기준은 수변림의 발달 여부를 고려한 것이며 식생보전등급의 식생복원 잠재성 평가항목과 같은 개념이다. 식생유지 기작은 Grime(1979)의 C-S-R개념을 고려하여 습지에서 해당 식생의 유지 기작이 스트레스형(stress type)이면 교란형(disturbance type)인 경우보다 높게 평가한다. 이 기준은 식생보전등급의 식생복원 잠재성 평가항목에서 지형구조적 안정성을 고려한 개념과 유사하며 염습지의 갈대군락이 간척지 또는 하천 정체수역의 갈대군락보다 높은 가치로 평가되는 것과 같다. 희귀식생의 포함 여부에 따라 배점하는데 식생보전등급 평가항목의 중요종 서식과 같은 개념이다. 외지식생 분포면적은 육상식생자원 및 외래식물의 분포면적이 작으면 높은 배점으로 평가한다. 외지식생에 대해서는 Choung et al.(2012, 2020, 2021)이 미국의 습지식물 목록의 분류를 참조하여(Lee and Baek 2023) 우리나라에 서식하는 관속식물(4,145종, 729종이 습지식물)을 5가지(절대습지식물, 임의습지식물, 양생식물, 임의육상식물, 절대육상식물)로 구분한 것(표 2-1 참조)을 참조하여 적용할 수 있을 것이다. 이 기준은 식생보전등급 평가항목의 구성식물종 온전성과 같은 개념이다. 각각의 평가항목은 위계를 설정하여 식생회복력 〉 식생유지 기작 〉 희귀식생포함 〉 외지식생 분포면적 등의 순으로 평가 항목별 종속성을 부여한다(표 5-21, 5-22).

표 5-20. 식물군락에 대한 식생자연도 평가 매트릭스(Kim and Lee 1997 일부 수정). 식생자연도를 평가하고 급간별로 구분하여 식생등급(전술의 식생보전등급과 유사)을 판정할 수 있다.

[01]자연성					인공			야생		
[02]희귀성					전국적	지방적	국지적	전국적	지방적	국지적
				점수	0	1	2	3	4	5
[03] 식물종 조성 (중요종)	포함	[04] 식생 복원성	단기	0	0	1	2	3	4	5
			중기	1	1	2	3	4	5	6
			장기	2	2	3	4	5	6	7
	미포함		단기	3	3	4	5	6	7	8
			중기	4	4	5	6	7	8	9
			장기	5	5	6	7	8	9	10

| 식생등급 | I등급: 0~2점, II등급: 3~4점, III등급: 5점, IV등급: 6~7점, V등급: 8~10점

[01] | 식생기원의 자연성 | 식물군락의 형성 기원은 [01-1]문화적, 인위적(anthropogenic) 간섭이나 교란에 의한 것과 [01-2]인위적인 영향이 배제된 자연환경 조건인 야생(wilderness 또는 anthropobic)으로 구분됨. 습지생태계에서는 부영양화에 의해 발달하는 수생 식물군락이라면 인위적 것에 해당함. 인간간섭에 의해 유지·발달하는 식생은 자연적 기원의 식생보다 자연성 및 보전등급에서 낮은 순차적 계급이 부여됨. 임연식생은 불특정 인간간섭에 의해 지속될 수 있는 인위적 식생임

[02] | 희귀성 | 식물군락의 지리적 분포 중심(geographical distribution center)을 고려하여 공간적 희귀성에 따라 세 가지로 구분됨. [02-1]광역적으로 널리 분포하여 비교적 흔히 관찰되는 식물군락으로 두 개 이상의 특정 식생대(기후대)에 분포 중심지를 가지는 전국적 분포, [02-2]하나의 특정 식생대에 분포 중심지를 가지거나 인접하는 두 개의 식생대에 걸쳐 분포하지만 한쪽 식생대에 편향적 분포 경향을 나타내면 지방적 분포, [02-3]석회암지역 또는 고층습원 등에서 특징적으로 관찰되는 식생형처럼 특정한 생태적 서식처에 분포 중심지를 가지는 식물군락으로 그 분포 범위가 매우 제한적인 고유 식물군락과 특정 서식처에서 지소적으로 생육하는 식물군락의 분포양식이면 국지적 분포에 해당함

[03] | 식물종조성 | 식물종의 현지내 생육에 관한 평가로 특이종자원이 식물군락(조사구) 내에서의 혼생 유무로 판정함. 특이종자원은 환경부지정 보호종, 산림청 보호등재종과 감시대상 등급 [5] 이상으로 목록화되어 있는 감시대상식물종(Kim 2004)임. 환경부 식생보전등급의 중요종 서식으로 대체할 수 있음

[04] | 식생복원성 | 식물군락의 발달(군락동태 및 복원성 resilience)에서 소요되는 시간적 길이는 복원생태학적으로 중요 요소임. [04-1]1~5년의 단기, [04-2]6~25년의 중기, [04-3]26년 이상의 장기로 구분함. 일반적으로 경작지잡초군락(segetal plant community)은 단기, 임연식물군락은 중기, 다층의 삼림군락 또는 고층습원은 장기로 각각 구분함. 분포의 북방한계 또는 남방한계를 나타내는 식분 또는 relevé는 훼손 이후의 식생 복원성을 고려하여 식생등급을 한 단계 상향등급으로 판정함

표 5-21. 습지식생에 대한 보전가치 평가 항목 및 기준(RCW 2020)

평가항목	평가기준	평가지표
01 식생회복력	장기	식생이 20년 이상
	중기	10년 이상 ~ 20년 미만
	단기	10년 미만
02 식생 유지기작	스트레스형	대상 습지생태계의 식생유지 기작이 스트레스에 의해 유지되는 식생형
	교란형	대상 습지생태계의 식생유지 기작이 교란에 의해 유지되는 식생형
03 희귀식생 포함여부	포함	대상 습지 내에 분포하는 주요 식생자원이 국지적으로 분포하는 경우 (단. 희귀식생이 식생 공간 면적 중 최소한 2% 이상의 면적으로 분포하는 경우에 해당)
	미포함	대상 습지 내에 분포하는 주요 식생자원이 전국 또는 지방적으로 분포하는 경우(단. 희귀식생이 식생 공간 면적 중 최소한 2% 이상의 면적으로 분포하는 경우에 해당)
04 외지식생 분포면적	〈 5%	대상 습지 내 분포하는 식생자원이 고유의 습지식생이 아닌 육상식생자원 및 외래식물의 분포가 전체 식생면적의 5% 미만으로 분포할 경우
	〈 50%	대상 습지 내 분포하는 식생자원이 고유의 습지식생이 아닌 육상식생자원 및 외래식물의 분포가 전체 식생면적의 50% 미만으로 분포할 경우
	≥ 50%	대상 습지 내 분포하는 식생자원이 고유의 습지식생이 아닌 육상식생자원 및 외래식물의 분포가 전체 식생면적의 50% 이상으로 분포할 경우

표 5-22. 습지식생에 대한 식생평가표(RCW 2020).

		01 식생회복력			장기		중기		단기	
		02 식생유지기작			스트레스형	교란형	스트레스형	교란형	스트레스형	교란형
				점수	5	4	3	2	1	0
03 희귀식생 포함여부	포함	04 외지식생 분포면적	〈 5%	5	10	9	8	7	6	5
			〈 50%	4	9	8	7	6	5	4
			≥ 50%	3	8	7	6	5	4	3
	미포함		〈 5%	2	7	6	5	4	3	2
			〈 50%	1	6	5	4	3	2	1
			≥ 50%	0	5	4	3	2	1	0

| 등급별 평가점수 | 1등급: 8~10, 2등급: 6~7, 3등급: 3~5, 4등급: 0~2

5. 식생도 작성 및 분석 활용 자료

임상도와 토지피복분류도에는 토지이용에 대한 식생학적 정보가 포함되어 있다.

임상도 | 임상도(林相圖, stock map)는 우리나라의 대표적인 삼림지도로 다양한 속성 정보를 포함하고 있다. 지질도, 생태·자연도, 토지피복분류도 등과 더불어 국가기관에서 전국적 규모로 제작하는 주요 주제도 중 하나이다(KFS 2024c)(그림 5-79). 수종별 범례로 이루어진 나무지도(대축척 임상도, 1:5,000축척)는 소나무, 잣나무, 일본잎갈나무(낙엽송), 리기다소나무, 곰솔, 전나무, 편백, 삼나무, 가뭄비나무, 상수리나무, 신갈나무, 굴참나무, 오리나무, 고로쇠나무, 자작나무, 박달나무, 밤나무, 물푸레나무, 서어나무, 때죽나무, 층층나무, 아까시나무, 기타침엽수, 기타참나무류, 기타활엽수, 침활혼효림 등과 같은 형태로 구분되어 있다. 임상도의 속성은 임종(인공림, 천연림), 임상(침엽수림, 활엽수림, 혼효림), 수종(인공림은 모든 수종, 천연림은 주요 수종), 경급(인공림은 평균흉고직경급, 천연림은 상층 주림목의 평균흉고직경급), 영급(인공림은 조림년도를 고려한 임령급, 천연림은 상층 주림목의 평균임령급), 수관밀도(상층 주림목의 수관점유면적 비율) 정보를 포함하고 있다. 임상도에서의 천연림은 식생학에서의 자연식생과 이차식생, 인공림은 조림식생과 동일한 의미로 해석할 수 있다. 현재의 임상도는 산림공간정보서비스(https://map.forest.go.kr)에서 1:5,000축척의 shp 또는 pdf파일의 형태로 자료를 다운받을 수 있다. 산림공간정보서비스에서는 임상도를 제작한 차수별 시계열 항공영상 자료도 조회할 수 있다.

그림 5-79. 임상도 사례(안성시 일죽면, 이천시 모가면 일대)(2024.10.20 기준). 산림청에서 공간정보 형태로 제공하는 대축척의 정밀임상도에는 수종별로 공간이 구분되어 있어 현존식생도 작성에 활용도가 비교적 높다.

표 5-23. 세분류 토지피복분류도 분류체계(ME 2024c)

대분류(7항목)		중분류(22항목)		세분류(41항목)	분류 코드	색상코드 R	G	B	비고
시가화 건조 지역	100	주거지역	110	단독주거시설	111	254	230	194	
				공동주거시설	112	223	193	111	
		공업지역	120	공업시설	121	192	132	132	
		상업지역	130	상업·업무시설	131	237	131	184	
				혼합지역	132	223	176	164	
		문화체육휴양지역	140	문화체육휴양시설	141	246	113	138	
		교통지역	150	공항	151	229	38	254	
				항만	152	197	50	81	
				철도	153	252	4	78	
				도로	154	247	65	42	
				기타 교통·통신시설	155	115	0	0	
		공공시설지역	160	환경기초시설	161	246	177	18	
				교육·행정시설	162	255	122	0	
				기타 공공시설	163	199	88	27	
농업 지역	200	논	210	경지정리가 된 논	211	255	255	191	
				경지정리가 안 된 논	212	244	230	168	
		밭	220	경지정리가 된 밭	221	247	249	102	
				경지정리가 안 된 밭	222	245	228	10	
		시설재배지	230	시설재배지	231	223	220	115	
		과수원	240	과수원	241	184	177	44	
		기타재배지	250	목장·양식장	251	184	145	18	
				기타재배지	252	170	100	0	
산림 지역	300	활엽수림	310	활엽수림	311	51	160	44	
		침엽수림	320	침엽수림	321	10	79	64	
		혼효림	330	혼효림	331	51	102	51	
초지	400	자연초지	410	자연초지	411	161	213	148	
		인공초지	420	골프장	421	128	228	90	
				묘지	422	113	176	90	
				기타초지	423	96	126	51	
습지	500	내륙습지	510	내륙습지	511	180	167	208	
		연안습지	520	갯벌	521	153	116	153	
				염전	522	124	30	162	
나지	600	자연나지	610	해변	611	193	219	236	
				강기슭	612	171	197	202	
				암벽·바위	613	171	182	165	
		인공나지	620	채광지역	621	88	90	138	
				운동장	622	123	181	172	
				기타나지	623	159	242	255	
수역	700	내륙수	710	하천	711	62	167	255	
				호소	712	93	109	255	
		해양수	720	해양수	721	23	57	255	

그림 5-80. 세분류 토지피복분류도 사례(안성시 일죽면, 이천시 모가면 일대)(2024.10.20 기준). 토지피복분류도는 대분류, 중분류, 세분류 지도로 구분되며 주기적으로 위성영상을 이용하여 현행화를 수행하고 있다(범례별 색상은 표 5-23 참조). 토지피복분류도는 시가화 건조지역 및 농업지역, 나지 등과 같이 개발된 공간에 대한 분류가 비교적 상세하다. 그에 반해 삼림공간에 대한 분류는 활엽수림, 침엽수림, 혼효림과 같이 비교적 단순하다.

토지피복분류도 | 인공위성 영상을 이용하여 지표면의 상태를 지도로 표현할 수 있는데 이를 토지피복분류도(land cover map)라 한다. 토지피복분류(land cover classification)는 원격탐사 자료의 가장 대표적이고 전형적인 응용 방법이다. 숲, 초지, 콘크리트 포장과 같은 지표면의 물리적 상황을 효과적으로 분류한 것으로 수준에 따라 3단계로 나누는데 지표면의 상태를 7개 항목으로 나누는 대분류, 22개 항목으로 나누는 중분류, 41항목으로 나누는 세분류의 지도가 있다(ME 2024c)(표 5-23)(그림 5-80). 현재는 1:5,000축척의 세분류된 토지피복분류도가 제공되고 있으며 비삼림지역을 비교적 상세하게 분류하고 있다. 예를 들어 농업지역의 경우 논, 밭, 하우스재배지, 과수원, 기타재배지와 같이 분류가 비교적 상세하다. 하지만 삼림지역은 활엽수림, 침엽수림, 혼효림의 대분류 수준으로만 구분하고 있어 삼림에 대한 중·소분류 수준의 상관적 식생도 작성에는 활용성이 떨어진다. 토지피복분류도는 환경공간정보서비스(https://egis.me.go.kr)에서 shp파일의 형태로 자료를 다운받을 수 있다.

식생의 현황 및 보전가치 평가에 생태·자연도, 도시생태현황도 등을 활용할 수 있다.

생태·자연도 | 생태·자연도는 「자연환경보전법」에서 규정하고 있으며 "산·하천·내륙습지·호소(湖沼)·농지·도시 등에 대하여 자연환경을 생태적 가치, 자연성, 경관적 가치 등에 따라 등급화하여 작성된 지도"를 의미한다. 지도의 작성 기준은 별도의 지침(「생태·자연도 작성지침」)에 따른다. 생태·자연도는 3개의 등급과 별도관리지역을 포함하여 총 4개로 구분한다(ME 2024c)(표 5-24)(그림 5-81). 별도관리지역은 다른 법에서 보호, 관리하는 지역으로 자연공원, 천연기념물지역, 습지보호지역, 생태·경관보호지역, 백두대간보호지역, 야생생물보호구역 등을 의미한다. 생태·자연도는 전국을 1:25,000축척의 지형도에 지표

표 5-24. 생태·자연도 등급별 주요 내용

구분	생태·자연도 구분의 세부 기준	관리 기준
1등급	· 야생생물 보호 및 관리에 관한 법률 제2조제2호에 따른 멸종위기야생생물의 주된 서식지·도래지 및 주요 생태축 또는 주요 생태통로가 되는 지역 · 생태계가 특히 우수하거나 경관이 특히 수려한 지역 · 생물의 지리적 분포한계에 위치하는 생태계 지역 또는 주요 식생유형을 대표하는 지역 · 생물다양성이 특히 풍부하고 보전가치가 큰 생물자원이 존재·분포하는 지역 · 자연원시림 또는 이에 가까운 산림 및 고산초원 · 자연상태 또는 이에 가까운 하천·호소 또는 강하구	자연환경의 보전 및 복원
2등급	· 1등급 권역에 준하는 지역 - 완충보전지역 | 1등급 기준에 준하는 지역으로서 장차 보전의 가치가 있는 지역 또는 1등급 권역의 외부지역으로서 1등급 권역의 보호를 위하여 필요한 지역 - 완충관리지역 | 2등급권역 중 완충보전지역을 제외한 지역	자연환경의 보전 및 개발·이용에 따른 훼손 최소화
3등급	· 1등급 권역, 2등급 권역 및 별도관리지역으로 분류된 지역 외의 지역으로서 개발 또는 이용의 대상이 되는 지역 - 개발관리지역 | 개발 또는 이용의 대상이 되는 지역이나 부분적 관리가 필요한 지역 - 개발허용지역 | 3등급 권역 중 개발관리지역을 제외한 지역	체계적인 개발 및 이용
별도관리지역	· 「산림보호법」제7조제1항의 규정에 따른 산림보호구역 · 「자연공원법」제2조제1호의 규정에 따른 자연공원 · 「문화재보호법」제25조에 따라 천연기념물로 지정된 구역(보호구역 포함) · 「야생생물 보호 및 관리에 관한 법률」제27조제1항에 따른 야생생물특별보호구역과 동법 제33조제1항에 따른 야생생물보호구역 · 「국토의 계획 및 이용에 관한 법률」제40조의 규정에 따른 수산자원보호구역(해양에 포함되는 지역 제외) · 「습지보전법」제8조제1항의 규정에 따른 습지보호지역(연안습지보호지역 제외) · 「백두대간보호에 관한 법률」제6조의 규정에 따른 백두대간보호지역 · 「자연환경보전법」제12조의 규정에 따른 생태·경관보전지역 · 「자연환경보전법」제24조의 규정에 따른 시·도 생태·경관보전지역	해당 법에 따른 규정

공간의 생태적 가치를 4개 항목(지형, 멸종위기야생동·식물, 식생, 습지)으로 평가하여 제작한 것이다. 도면은 별도관리지역을 제외하고 공간을 1~3등급으로 평가하여 실선(식생, 지형, 습지) 또는 격자(멸종위기야생동·식물)로 구분한다. 공간을 구분한 다각형사상의 속성들 가운데 식생에 대해서는 식물군락명, 식생보전등급이 표현되어 있다(그림 5-81 아래). 식물은 이동성이 없고 큰 변화가 없기 때문에 이 정보를 참조하면 조사결과의 정확도를 높일 수 있다. 하지만 환경영향평가에서는 1:5,000축척의 수치지형도를 이용하기 때문에 1:25,000축척의 생태·자연도는 참조용으로만 활용하는 것이 좋다. 도엽별 생태·자연도 도면은 환경공간정보서비스에서 shp 또는 pdf 파일의 형태로 다운받을 수 있다.

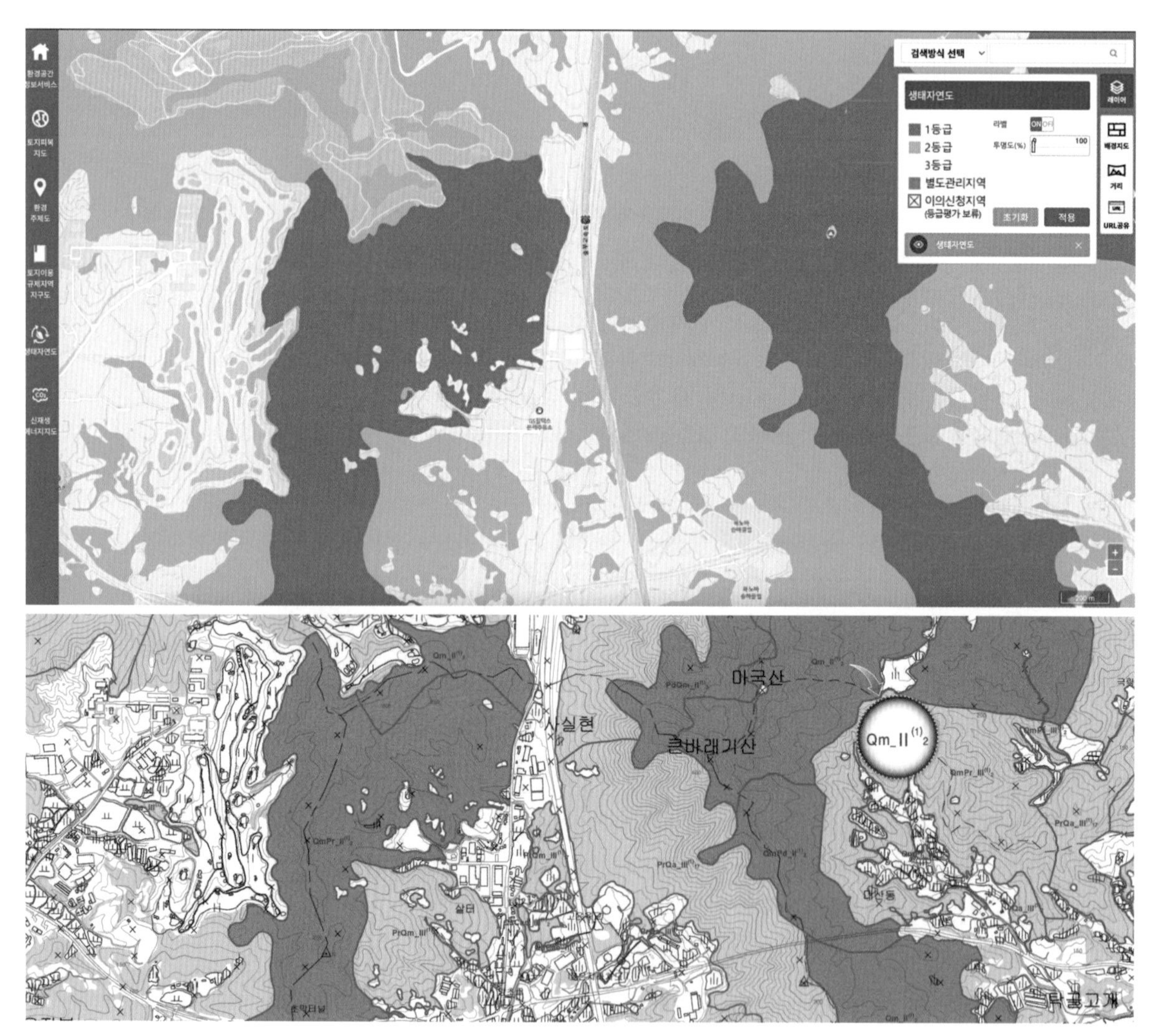

그림 5-81. 생태·자연도 사례(안성시 일죽면, 이천시 모가면 일대)(2024.10.20 기준). 환경공간서비스에서는 생태·자연도 현황만 확인(상)할 수 있지만 해당 도엽을 pdf 파일(하: 단월, 377142)로 다운받아 보면 식물군락명과 식생보전등급의 경계 확인이 가능하다. 마국산 동측은 신갈나무군락(Qm)의 식생보전 Ⅱ등급으로 지정되어 있다(붉은색 원 참조).

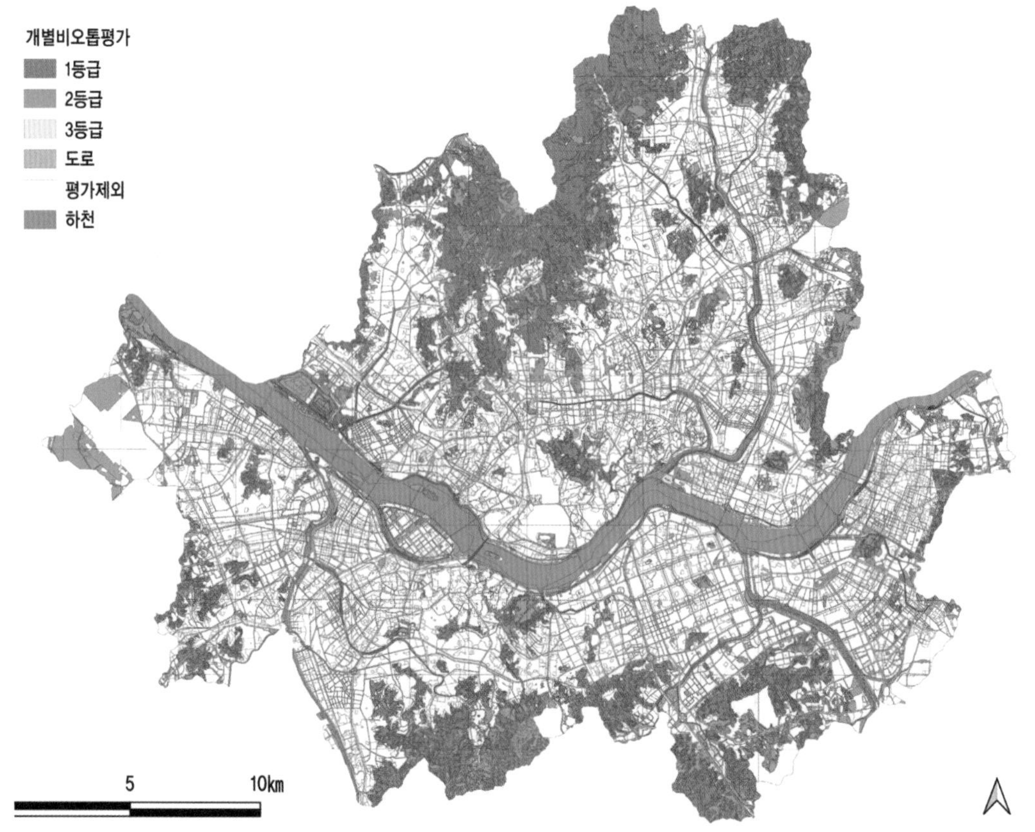

그림 5-82. 도시생태현황도의 개별비오톱평가 사례(서울시, 2020년 작성). 도시생태현황도는 공간의 각종 생태정보(식생, 동·식물상 등)를 토대로 비오톱유형평가도와 개별비오톱평가도를 작성한다. 개별비오톱평가도는 자연형과 근자연형 비오톱을 대상으로 자연보호 관점에서 크게 3등급으로 평가한 지도이다. 시·군에서는 주기적인 갱신 과정을 거치며 현행화한다.

도시생태현황도 | 도시생태현황도는 정밀한 생태·자연도 개념으로 이해할 수 있다(그림 5-82). 「자연환경보전법」에서 "환경부장관이 작성한 생태·자연도를 기초로 관할 도시지역의 상세한 생태·자연도(도시생태현황지도)를 작성"하는데 도시환경의 변화를 반영하여 5년마다 다시 작성하고 축척은 1:5,000 이상의 대축척 지도로 작성할 수 있다. 도시생태현황도(비오톱지도)의 효율적이고 실효성 있는 작성과 운영을 위한 방법 및 기준은 별도의 지침(「도시생태현황지도의 작성방법에 관한 지침」)에 제시되어 있다. 도시생태현황도 작성에는 다양한 분야의 생태적 정보가 기초자료로 이용되는데 특히 식생정보는 매우 중요한 역할을 한다. 도시생태현황도의 원자료 속성 정보는 대부분 공개되지 않으며 관할 행정기관(시·군)에 자료 협조 등으로 이용 가능하다. 세부자료 중에서 식생에 대한 속성 정보를 파악·활용하면 조사결과의 정확도를 높일 수 있다. 서울시의 경우에는 홈페이지에서 shp 또는 pdf 파일의 형태로 자료를 제공하고 있다.

국토환경성평가지도 | 국토환경성평가지도는 「환경정책기본법」에 의해 국토를 친환경적·계획적으로 보전하고 이용하기 위해 환경적 가치를 종합적으로 평가하여 5개 중요도 등급으로 구분한 지도이다. 지도는 색상을 달리 표시하여 알기 쉽게 작성하였고 관련 자료는 별도의 홈페이지(https://ecvam.neins.go.kr)에서 제공한다. 70개의 주제도를 토대로 작성하는데 주제도 중에서 가장 높은 등급을 최종 평가 등급으로 결정한다. 현재 환경부는 국토-환경계획 통합관리의 과학적 기반을 마련하기 위해 대축척의 1:5,000 국토환경성평가지도를 제작하였다.

■ 식물상과 식생 관련하여 여러 국가기관의 홈페이지 등에서 각종 자료를 다운받아 사용할 수 있다.

환경공간정보서비스와 국토환경성평가지도 | 환경공간정보서비스(https://egis.me.go.kr)는 환경부에서 운영한다. 생태·자연도, 토지이용 규제 지역·지구도(국립공원, 도립공원, 군립공원, 생태·경관핵심보전지역, 야생생물특별보호구역, 상수원보호구역, 습지보호구역 등), 토지피복지도, 환경주제도 등의 다양한 디지털 자료를 1:25,000 또는 1:5,000축척의 도엽단위로 자료를 다운받아 사용할 수 있다. 환경부·한국환경연구원에서 운영하는 국토환경성평가지도는 별도의 홈페이지(https://ecvam.neins.go.kr)에서 이용 가능하다.

산림공간정보서비스 | 산림청에서 운영하는 산림공간정보서비스(https://map.forest.go.kr)에는 임상도(나무지도), 산림토양도, 조림지도 등 다양한 정보를 확인할 수 있다. 홈페이지에서 직관적으로 현황을 파악할 수 있지만 식생도 작성을 위해서는 1:5,000축척의 도엽단위로 자료를 다운받아 사용하는 것이 좋다.

환경빅데이터플랫폼 | 환경빅데이터플랫폼(https://www.bigdata-environment.kr)에는 다양한 국가기관에서 제공하는 환경 및 생태계 관련 자료들을 검색하여 자료를 다운받을 수 있다. 생태·자연도는 물론 전국의 식생자료를 GIS 형태의 파일로 다운받을 수 있지만 최신 자료의 검색이 어려울 수 있다.

에코뱅크플랫폼 | 에코뱅크플랫폼(https://www.nie-ecobank.kr)은 환경부 산하 국립생태원에서 운영하고 있으며 기관에서 생성한 각종 GIS 형태의 파일들은 '데이터개방〉연구자료〉DOI발행자료' 등에서 검색 가능하다. 전국자연환경조사에서 수행한 전국의 식생도 파일을 shp형태의 파일로 다운받아 이용할 수 있으며 최신 자료의 갱신이 늦을 수 있다.

아고산식생(설악산국립공원). 우리나라 산지성 국립공원의 고해발지역에서 국지적으로 섬형태로 분포하는 식생보전 I 등급 수준의 아고산식생은 생태학적으로 보전가치가 매우 높은 식생자원이다. 이러한 식생을 보전하고 그 변화를 장기 조사하고 분석하는 것은 중요하다.

다양한 생태계 유형이 존재하는 어떤 지역에 대한 개발은 지속가능하고 건강한 친생태적 방향으로 계획해야 한다. 최근에 진행하는 일반적 개발사업들은 지형적으로 완만하고, 이미 훼손되었고, 지속적 교란이 진행되는 경작지 및 초지 등을 주요 이용 대상공간으로 개발계획을 수립한다(함안군, OOOO개발 예정부지).

제6장

현황 서술 | 영향예측 | 저감방안

Chapter SIX

1. 현황 서술의 기초
2. 식물상과 식생의 서술
3. 영향예측 및 저감방안
4. 식생의 보전과 복원

1. 현황 서술의 기초

식물연구 결과에 대해 서술하는데 글쓰기 전개의 기본 기술이 필요하다.

보고서의 글쓰기 기초 | 현황을 독자에게 쉽고 명확하게 전달하는 글쓰기는 중요하다. 연구결과에 대한 일반적인 현황 서술은 서론, 재료 및 방법(조사방법), 결과(현황), 결론 및 제언(영향예측 및 저감방안), 참고문헌, 부록의 순이다. 이러한 글쓰기는 명확성, 논리성, 객관성, 가독성, 목적성 등에 부합하도록 한다.

01 명확성 | 불필요한 복잡성을 배제하고 핵심 메시지를 명확히 전달하도록 한다.

02 논리성 | 전체 내용을 논리적 순서로 전개하고 각 문단(또는 주제)이 자연스럽게 연결되도록 한다.

03 객관성 | 주관적 의견을 배제하고 자료와 근거에 기반하는 내용은 작성한다.

04 가독성 | 문단을 적절하게 구분하고, 문장은 간결하게 작성하고, 표와 그래프, 그림을 적극 활용한다.

05 목적성 | 보고서(또는 글쓰기)의 목적과 독자의 필요에 맞춘 내용으로 작성한다.

문장의 서술 | 현황에 대한 보고서 등의 글쓰기에 고려해야 할 여러 사항들이 있다.

01 객관적인 자료에 기반하여 내용을 작성한다. 글의 서술에서 추측이나 개인적인 의견은 최소화한다. 특히 서술에서 자료나 내용의 인용에 신뢰할 수 있는 근거를 제시하는데 각주, 미주, 내주 등의 형식이 있다. 자연과학에는 내주의 형식을 많이 사용한다.

02 현황이 구분되도록 소제목을 활용한다. 긴 내용은 독자가 쉽게 이해하도록 내용을 분리 구성한다.

03 하나의 문단(文段, 단락, paragraph)은 길지 않도록 한다. 독립된 하나의 문단에는 하나의 주제(내용)만을 포함하도록 한다. 여러 내용을 포함하면 문단이 길어지고 내용 전달의 간결성이 떨어진다.

04 문단에서 핵심주제를 도입부에 서술한다. 자연과학 분야의 학술논문 및 보고서에 핵심주제를 먼저 서술하고 근거와 세부내용을 후술하는 연역적 글쓰기(두괄식)가 전달력은 물론 논리적 전개에 효과적이다. 그에 반해 귀납적 글쓰기(미괄식)는 독자에게 흥미를 유발하는 소설, 칼럼 등에 적합하다.

05 하나의 문장(文章, sentence)은 길지 않도록 한다. 하나의 문장을 여러 줄로 작성하면 독자가 이해하기 어렵기 때문에 부득이한 경우를 제외하고는 3줄을 넘기지 않도록 한다. 특히 여러 내용을 하나의 문장으로 연결하는 방식(~며 또는 ~고 등의 서술)은 지양한다. 3줄 이상의 문장은 흔히 가독성, 전달력, 독자 공감이 떨어지고 주어-술어(동사)의 불일치가 증가한다.

06 단순한 문장 구조로 주어와 술어를 일치시킨다. 하나의 문장에서 주어 생략이 가능하지만 되도록 표현하고 술어와 상호 일치시킨다. 예로 "신갈나무는 성장하는데 토양수분이 원인이다"에서 주어(신갈나무)와 술어(원인이다)가 불일치한다. "토양수분은 신갈나무의 성장 원인이다"로 수정해야 한다.

07 간결하고 명확한 문장을 사용한다. "수령은 20년인 것으로 추정된다"라는 모호한 문장보다 "수령은 20년으로 판단했다"라고 표현한다. 또한 "판단될 것으로 추정된다" 등의 표현은 지양한다.

08 적극적인 문장을 사용한다. "A의 결과로 인해 B가 발생했다"라는 표현보다는 "A는 B를 초래했다"로 표현한다. 또한 피동(수동)형 표현(~된다)보다 능동형 표현(~한다)으로 하고 이중 피동은 피한다. 예로 "보여진다"는 "보인다"로, "추정되어 진다"는 "추정 가능하다"로 표현하는 것이 좋다.

09 쉬운 언어를 사용하고 복잡하고 전문적인 용어는 사용을 자제한다. 독자가 이해할 수 있는 일반적 용어로 작성하고 부득이한 경우에만 전문적인 용어를 사용한다.

10 적절한 용어를 사용하고 의미 중복을 피한다. 표현 내용에 적합한 용어를 사용하고 "전술에서 설명하였듯이"와 같이 의미 중복 표현(전술: 앞에서 설명했음)을 제거한 "전술했듯이"로 표현한다.

11 일관성 있게 숫자와 단위를 표현한다. 숫자와 단위를 띄워쓰기 하든지, 붙여쓰기 하든지, 숫자로 표현하든지, 한글과 병행해서 사용하든지 통일성이 필요하다.

12 시각적으로 적절하고 일관된 형식을 유지한다. 특히 글꼴, 크기, 여백, 간격 등에 대해 일관된 형식을 유지한다.

13 단어는 띄워쓰기하고 반복사용에 유의한다. 일반적으로 단어와 단어 사이, 전문용어, 이론적 용어 등은 띄워쓰기를 한다. 같은 단어의 반복사용을 피하고 같은 의미를 갖는 다른 단어를 사용한다. 예로 정의는 규정 또는 뜻매김 등으로 대체 사용할 수 있다.

14 고급 어휘력을 갖는 단어를 사용하는데 한자를 적극 이용한다. 한글을 이용할 수도 있으며 사전을 적극 활용한다. 예로 "나타나고 있다" 또는 "드러나고 있다"는 "표출되고 있다"로 표현할 수 있다.

15 연구자는 다른 좋은 글과 글쓰기 방법들에 대해 적극 참조하는 습관이 필요하다.

각종 연구결과를 보여주는데 표와 그래프를 이용하는 것이 좋다.

표 작성 | 현황 서술에 자료를 표로 제시하면 좋으며 다음과 같은 내용을 인지한다.

01 표는 독자가 직관적으로 이해할 수 있도록 명확하게 작성한다. 불필요한 정보는 제외하고 필요한 자료만 포함하도록 간결하게 작성한다.

02 표의 제목 및 자료의 단위, 형식, 정렬 등을 일관되게 유지한다. 표의 제목, 열 제목, 행 제목, 그리고 필요한 경우 각주를 추가해 내용을 명확히 전달한다.

03 표에서 행(row, 가로)과 열(column, 세로)에 들어갈 자료의 구성을 이해해야 한다. 일반적으로 열에 포함될 요소는 변수/속성, 독립변수 등이다. 변수/속성은 비교하거나 분석 대상이 되는 측정 항목(예: pH, 온도, 식생고, 식피율 등)이고, 독립변수는 자료의 분류 기준이 되는 항목(예: 조사지점, 지역 등)이다. 추가 정보는 단위, 비율 등이다. 행에 포함될 요소는 관측치/사례, 종속변수 결과 등이다. 관측치/사례는 각 관측 자료이고 종속변수 결과는 열에 설정된 속성의 구체적 값(예: 연도별 또는 월별 관측치 등)이다. 생태학에서는 흔히 열에 조사지점, 행에 생물종을 나열한다.

04 표 안의 값에 대한 단위를 명시한다. 흔히 열 제목에 명시하는 경우가 많다(예: ℃, ㎡, ㎜, % 등).

05 표에서 숫자는 오른쪽 정렬하여 자릿수를 쉽게 비교 가능하도록 한다. 숫자는 쉼표를 이용하여 천단위로 구분하여 표현한다.

06 표 안에 내용은 왼쪽 정렬로 가독성을 높인다.

07 표의 크기는 적정 수준을 유지하는데 페이지가 넘어가는 경우 해당 표의 제목 또는 제목 행은 연속되는 페이지에도 유지되도록 한다.

08 표 안의 내용에서 중요한 값은 색상 및 굵기 등으로 강조 처리할 수 있다.

그래프 작성 | 분석한 자료를 그래프로 표현하면 좋으며 다양한 형태가 있지만(그림 6-1) 여기에는 가장 일반적인 형태만을 제시한다. 연구자는 분석 결과를 가장 잘 표현할 수 있는 그래프 형태를 선택한다. 그래프에서 기본 표현 항목(축의 설명, 단위 사용 등) 및 다중 Y축 설정 등의 세부적인 방법은 생략한다.

01 막대그래프(bar chart) | 범주형 자료(명목척도, 순서척도)를 비교할 때 적합하다. 식물종별 출현빈도를 막대그래프로 작성하는 경우이며 식물종별 값의 차이를 직관적으로 비교 가능하다.

02 선그래프(line chart) | 시간에 따른 자료의 변화 추세를 나타낼 때 적합하다. 월별 온도 변화, 식물 개체의 생장율 변화의 경우이며 자료의 증감 패턴 및 계절적 변동을 시각화한다. 막대그래프는 카테고리 간에 값이 독립적이지만 선그래프(꺾은선그래프)는 연결된 속성을 가진다.

03 박스그래프(box plot) | 박스그래프는 자료 분포와 이상치를 시각화할 때 적합하다. 박스그래프를 통해 자료의 중앙값, 사분위수 범위, 이상치, 표준편차 등의 파악이 가능하다.

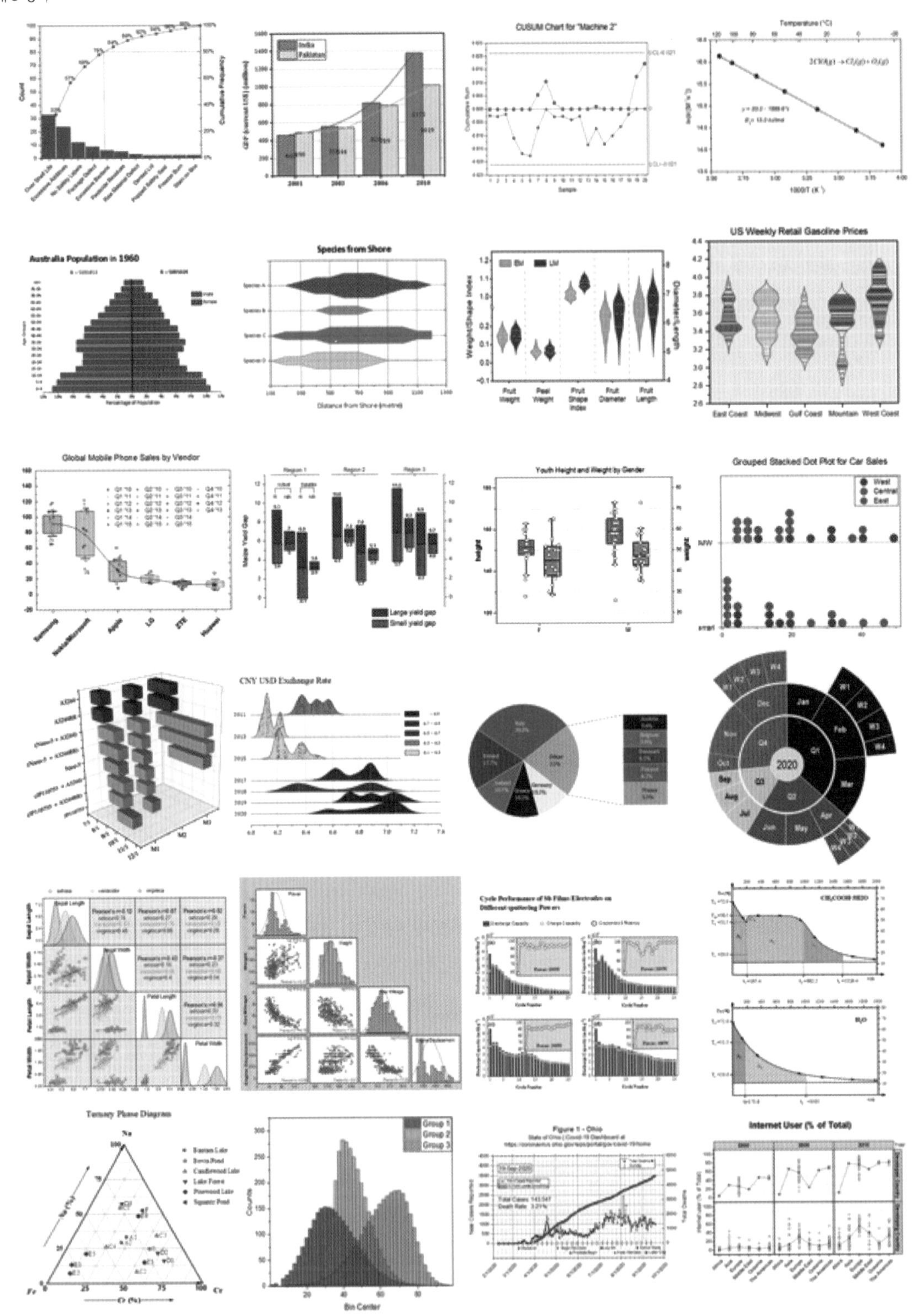

그림 6-1. 다양한 그래프 형태들(자료: OriginLab). 연구자는 결과를 가장 잘 설명하는 그래프를 선택한다.

04 산점도(scatter plot) | 산점도는 두 변수 간의 상관관계와 데이터 분포를 나타낼 때 적합하다. 이차원 그래프의 X값과 Y값의 랜덤 분포를 보여주는 경우이다. 자료 간의 패턴, 밀집도 및 관계를 파악하는데 양호하며 회귀분석, 상관관계분석, 서열분석 등이 이에 해당된다.

05 원형그래프(pie chart) | 원형그래프는 비율과 구성 비중을 직관적으로 표현할 수 있는 장점이 있지만 정확한 비교가 어렵고 자료가 많으면 복잡해지는 단점이 있기도 하다. 원형그래프는 상대적인 크기만 보여줄 수 있으며 도넛그래프(donut chart)와 유사하다.

06 막대그래프와 선그래프를 동시에 사용할 수도 있고 레이더차트(radar chart), 트리맵(treemap), 산키다이어그램(sankey diagram), 버블차트(bubble chart), 히트맵(heatmap), 간트차트(gantt chart), 캔들스틱차트(candlestick chart), 와플차트(waffle chart), 파레토차트(pareto chart), 바이올린플롯(violin plot), 네트워크그래프(network graph), 지역차트(area chart) 등 다양한 형태들이 있다.

식물 생육에 기초가 되는 조사지역의 환경 여건에 대한 분석이 필요하다.

조사지역의 환경 특성 이해 | 조사지역의 식물상 및 식생 현황을 이해하는데 각종 자연환경 및 인문환경 등에 대한 이해는 필요하다. 조사의 목적과 분석의 방향에 따라 필요한 여러 항목들이 있을 수 있다. 환경요인들은 지형, 기후, 지질, 토양, 수계, 인문·사회에 관한 것들이다. 지형은 주로 수치지도를 활용하여 해발고도, 사면향, 경사, 방위 등에 대한 분석이고(그림 5-63 참조), 지질은 지질도를 참조하고, 토양은 토양도를 참조하거나 토양분석을 수행하고, 수계는 흔히 수치지도 등을 활용한다. 여기에는 기후환경 중 기온과 강수량에 대한 분석 내용을 소개한다.

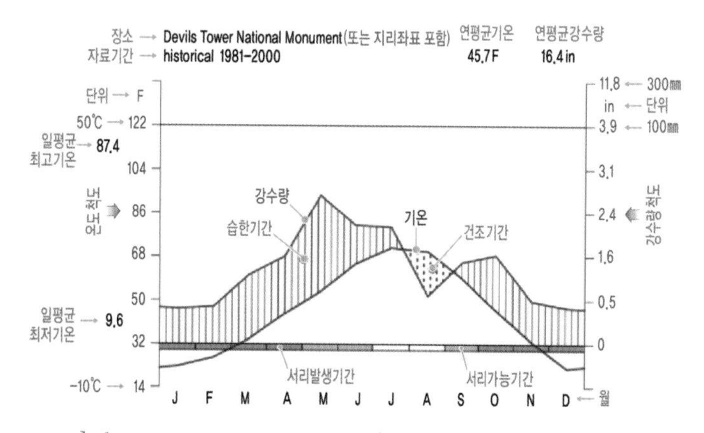

그림 6-2. Walter and Lieth(1960)의 기후도표. 가장 대표적인 기후도표이며 기온(붉은색)과 강수량(파란색)을 기준으로 도표를 작성한다. 여기에는 연평균기온 및 연평균강수량 등 많은 정보를 기재한다. 그래프에서 강수량이 기온보다 높으면 습하고 낮으면 건조하다. 기온이 낮은 기간에는 서리가 발생한다.

기후와 기후도표 | 조사 대상지역의 기후는 식물의 분포를 이해하는데 매우 중요하다(제2장 참조). 기후와 관련된 그래프를 기후도표(氣候圖表, climate diagram, climatic diagram, climatography)라 하며 기후자료를 수량적으로 정리하여 도표화한 것이다. 기후

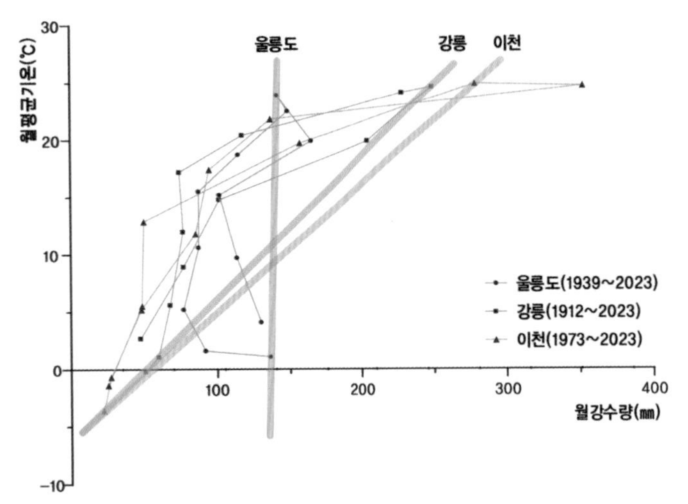

그림 6-3. 울릉도와 강릉, 이천의 하이더그래프. 1월과 8월의 월평균기온과 강수량 값을 이은선의 기울기가 대륙성인 이천이 해양성인 울릉도에 비해 양의 기울기(X축과의 각도가 낮음)를 갖는다.

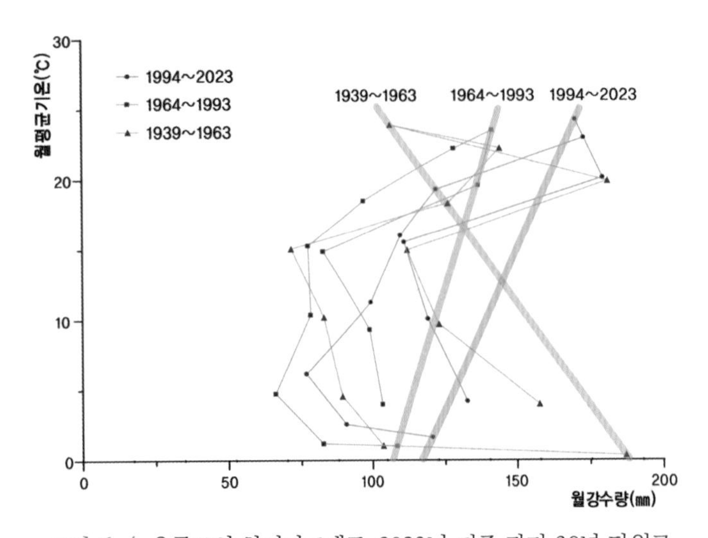

그림 6-4. 울릉도의 하이더그래프. 2023년 기준 과거 30년 단위로 월평균기온과 강수량 자료를 이용하여 하이더그래프를 작성하였고 1월과 8월의 값을 선으로 이었다. 1994~2003년(X축과의 각도가 〈90°)의 이은선이 1939~1963년(X축과의 각도가 〉90°)에 비해 기울기가 양의 형태로 대륙성 기후를 나타낸다.

요소는 기온, 강수, 습도, 풍속, 풍향 등 매우 다양하지만 가장 핵심적인 요소는 기온과 강수량이다. 지구적 수준에서 기온과 강수량에 의해 기후 특성이 대구분되어 거시적 생물모둠인 생물군계가 형성된다.

기후도표의 작성 | 가장 대표적인 기후도는 Walter and Lieth(1960)의 기후도표(클라이모그래프 climograph)이다(그림 6-2). 이 기후도표는 지역의 강수량과 기온에 대한 정보를 요약한다. 도표에 장소, 자료기간, 연평균기온, 연평균강수량, 일평균최고기온, 일평균최저기온 등의 정보를 일정 위치에 기재한다. 여름은 항상 도표의 중앙에 표시되고 북반구는 1월(남반구 7월)에 월을 시작한다. 도표에서 파란색 수직선은 습한기간을 나타내고 빨간색 점은 건조기간을 나타낸다. 월을 직사각 도형으로 구분하여 서리의 발생기간 및 가능기간을 표현한다. 이 외에도 월강수량을 X축(가로축), 월평균기온을 Y축(세로축)에 놓고 그래프를 그릴 수 있으며 하이더그래프(hithergraph)라고 한다. 그래프에서 1월과 8월에 해당하는 두 지점을 직선으로 이은 선의 기울기를 이용하여 해당지역이 해양성 기후(x축과 오른쪽 각도 〈90°, 양의 기울기)인지 대륙성 기후(x축과 오른쪽 각도 〉90°, 음의 기울기)인지를 규명하기도 한다(그림 6-3). 이를 토대로 울릉도가 과거 해양성 기후에서 대륙성 기후적 특성으로 변하는 것을 알 수 있다(그림 6-4)(Kim 2004). 기타 다른 형태

의 기상도표로도 이해할 수 있다. 일반 또는 정밀 자연환경조사·연구에서는 조사지역에 대한 기상청의 과거 관측자료를 검색하여 기후를 분석한다. 분석기간은 흔히 최근 30년간의 누적자료를 이용한다. 환경영향평가에서는 별도로 기후를 분석하지 않으며 특수 목적의 분석을 위해 HOBO를 이용하여 계측하기도 한다.

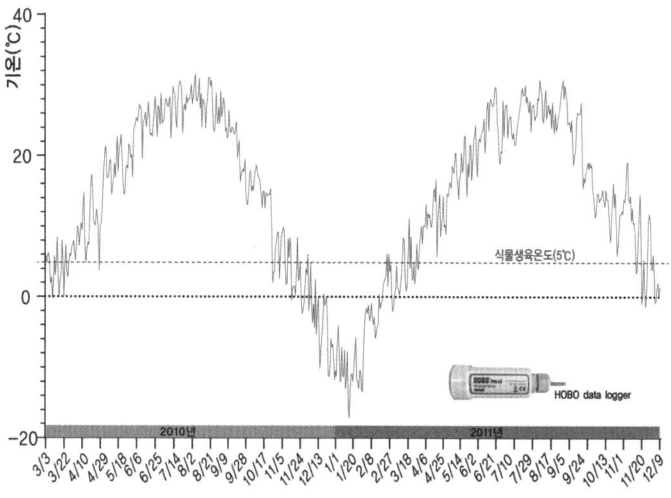

그림 6-5. 단양쑥부쟁이 자생지 기온 환경 변화. 단양쑥부쟁이 자생지에 HOBO데이터로거를 설치(기간: 2010.3.3~2011.12.9)하여 기온과 식물 생육과의 관계를 분석하였다.

HOBO데이터로거 활용 | 생태학적 연구에서 미기후에 대한 분석은 중요하다. 이를 위해 자동온도측정장비인 HOBO데이터로거를 적극 활용할 수 있다. HOBO데이터로거는 목적에 따라 다양한 종류를 선택할 수 있으며 흔히 기온 및 습도를 측정하거나 물속에서 수온을 측정한다. 기온 측정은 생활방수, 수중에 설치하는 것은 완전방수 기능이 있다. 야외에 설치하는 간단한 HOBO데이터로거는 소형 배터리를 이용한다. 측정하는 주기에 따라 사용기간은 달라지며 배터리는 교체 가능하다. 그림 6-5는 단양쑥부쟁이 자생지에 생육기 약 2년 동안 HOBO데이터로거를 설치(그림 6-6)하여 기온을 측정한 결과이다. 측정한 결과와 단양쑥부쟁이 생육과의 관계를 보다 구체적으로 이해할 수 있다.

그림 6-6. 단양쑥부쟁이 개체군 서식처의 자동온도관측시스템인 HOBO데이터로거. 단양쑥부쟁이 개체군 서식처의 기온을 측정하기 위해 HOBO데이터로거를 설치하고(좌) 데이터로거에 기록된 자료를 주기적으로 노트북을 이용하여 추출(우)하는 모습이다.

2. 식물상과 식생의 서술

식물 조사결과는 관속식물 및 현존식생 현황을 파악, 분석, 평가하고 도면화하는 것이다.

조사결과의 서술 | 조사대상 생태계에 대한 식물 요소의 현황 서술은 명백한 사실에 근거해야 하고 추정 등에 대한 서술도 논리적이어야 한다. 식물의 서술은 식물상과 식생에 대한 내용이며, [01]식물상 현황을 우선하고, [02]식생 현황을 다음으로 기술한다. 일반적으로 식물상 결과는 관속식물상 현황, 관속식물상 특성(생활형 등), 귀화식물 및 생태계교란식물 현황, 보호수(노거수, 천연기념물 포함) 현황, 주요 및 중요종(식물구계학적 특정식물, 멸종위기야생식물, 희귀식물 등 법정보호종) 현황, 보전생태학적 특성 및 관리 등의 순으로 기술한다. 식생 결과는 식생유형(식물군락) 현황 및 특성, 현존식생 분포 현황, 식생보전등급 현황, 중요 식생자원 현황, 보전생태학적 특성 및 관리 등의 순으로 기술한다.

환경영향평가에서의 서술 | 환경영향평가에서 식물분야는 크게 현황, 영향예측, 저감방안의 순으로 기술하는데 논리 구조적으로 연결되어야 한다. 현황은 식물상과 식생 현황으로 구분된다. 식물상과 식생의 서술은 전술의 결과들을 포함하는 것이 일반적이다. 환경영향평가의 식물상 결과에서 중요한 것은 생태계교란식물, 보호수, 중요종(멸종위기야생식물, 희귀식물 범주 중 위급(CR), 위기(EN), 취약(VU), 식물구계학적 특정식물 V등급종) 서식에 대한 정보이다. 식생 결과에 중요한 것은 삼림(식생보전Ⅲ, Ⅳ등급지), 우수식생(식생보전Ⅰ, Ⅱ등급지, 주요 습지식생) 및 특이식생 분포, 식생의 공간분포 특성 및 녹지축 형태 등이다. 또한 개발되는 삼림공간에서 교목성 개체군에 대한 훼손수목 수량 추정이 필요하다. 흔히 단위면적당 교목(일부 아교목) 식물종별 개체수로 훼손수목을 추정한다. 도출된 주요 식물 생태정보들을 토대로 개발에 따른 환경영향을 예측하고 그에 따른 지속가능한 개발을 보장하는 저감방안을 수립한다. 멸종위기야생식물이 훼손되는 경우에는 법적 절차를 통한 이식 등이 필요한데 후술을 참조한다. 서술에 대한 보다 구체적인 내용 파악을 위해서는 세부 목차적 흐름을 이해하는 것이 효과적일 것이다(도움글 6-1 참조).

식물상의 서술은 관속식물, 귀화식물, 생태계교란식물 현황, 중요종의 서식 여부 등이다.

식물상의 서술과 목록 | 조사 대상지역에 관찰되는 자생 관속식물상에 대한 종다양성(species diversity)과 서식 식물종이 지리적 분포에 적합한지를 파악해야 한다. 식물상에 대한 정리는 Engler의 체계에 따라

[도움글 6-1] **환경영향평가등의 작성에서 식물상 및 식생분야의 목차적 내용 서술**(ME 2024b에서 요약)

식물상의 서술

· 관속식물 현황, 식물상 특성(귀화식물, 생활형 등), 생태계교란식물 현황, 보호수 및 노거수 현황, 식물구계학적 특정식물 현황, 법정보호종(멸종위기야생식물[환경부], 희귀식물[산림청], 특산식물[산림청], 천연기념물[국가유산청] 등) 현황

식생의 서술

· 식물군락 분포 현황(식물군락별 또는 조사지점별), 현존식생도, 식생보전등급도, 중요식생(식생보전 I, II등급) 현황

영향예측의 서술

· 식물상 변화(감소 및 증감 추정), 중요종과 개체 영향, 귀화식물 및 생태계교란식물 증감 예측, 훼손수목 발생 추정

· 법정보호종, 보호수 및 노거수의 영향(분포면적, 개체수에 기준한 정량적 예측)

· 문헌조사에서 알려진 중요종 서식 가능성에 대한 예측

· 공사차량 등 건설장비로 발생되는 대기오염물질 발생에 따른 식물의 영향(광합성, 생육 저해 등)

· 하천정비에 따른 수변식물 영향 및 횡구조물 운영(댐에서의 수몰 등)에 따른 식물의 영향

· 현존식생도를 기준으로 사업 시행에 따른 직·간접적인 영향 분석(보전가치 높은 식생 포함)

· 현존식생도 및 식생보전등급의 변화 예측 등

저감방안 및 종합평가의 서술

· 소멸 또는 생육, 생식 장애가 예상되는 법정보호종에 대한 영향의 감소나 대체복원 등 현지내 및 현지외 보전 방안

· 지역적으로 가치있는 중요종이나 훼손수목 중 이식가치가 있는 수종에 대한 이식계획(이식수량, 유지관리 계획 등) 수립

· 보호수 및 노거수의 경우 가능한 원형보전하는 방향으로 토지이용계획 수립

· 생태계교란식물에 대한 구체적이고 실효성 있는 관리대책 수립(공사 전, 중, 후 구분)

· 조경 및 보전, 복원설계를 별도로 실시하여 세부도면에 적용하고 예산을 수립하여 사업계획에 반영

표로 정리하는데 양치식물, 단자엽식물, 쌍자엽식물 등에 따라 과, 속, 종, 변종, 아종 등으로 전체 분류군을 요약한다(표 6-1). 식물상 전체 목록은 부록에 제시하면 되는데 국가표준식물목록 순서에 따라 정리한다. 환경영향평가에서는 흔히 학명(속명, 종소명)만을 기재하지만 학술적인 연구에서는 명명자와 표본번호까지 포함하기도 한다. 환경영향평가에서는 식물 생활형(life form)(그림 2-4 참조) 특성을 분석하고 조사지역의 구성비와 남한 또는 라운키에르의 지구적 구성비와 비교할 수 있다(그림 6-7). 하지만 생활형은 주로 거시적 공간 수준(식물기후, phytoclimate)에서의 식물상 특성 및 환경 경향성에 대한 식물상 변화를 이해하는데 적합하다. 이 때문에 지소적 수준의 환경영향평가에서는 그 특성을 명확히 이해하기는 어려워 생략하기도 한다.

표 6-1. 조사지역의 관속식물 현황 요약 사례

구분	과(family)	속(genus)	종(species)	아종(subspecies)	변종(variety)	품종(forma)	분류군
속새식물	2	2	2	-	-	-	2
양치식물	7	10	11	-	1	-	12
나자식물	3	4	8	-	-	-	8
피자식물	80	231	289	10	26	4	329
쌍자엽식물	71	188	239	10	21	3	273
단자엽식물	9	43	50	-	5	1	56
합 계	92	247	310	10	27	4	351

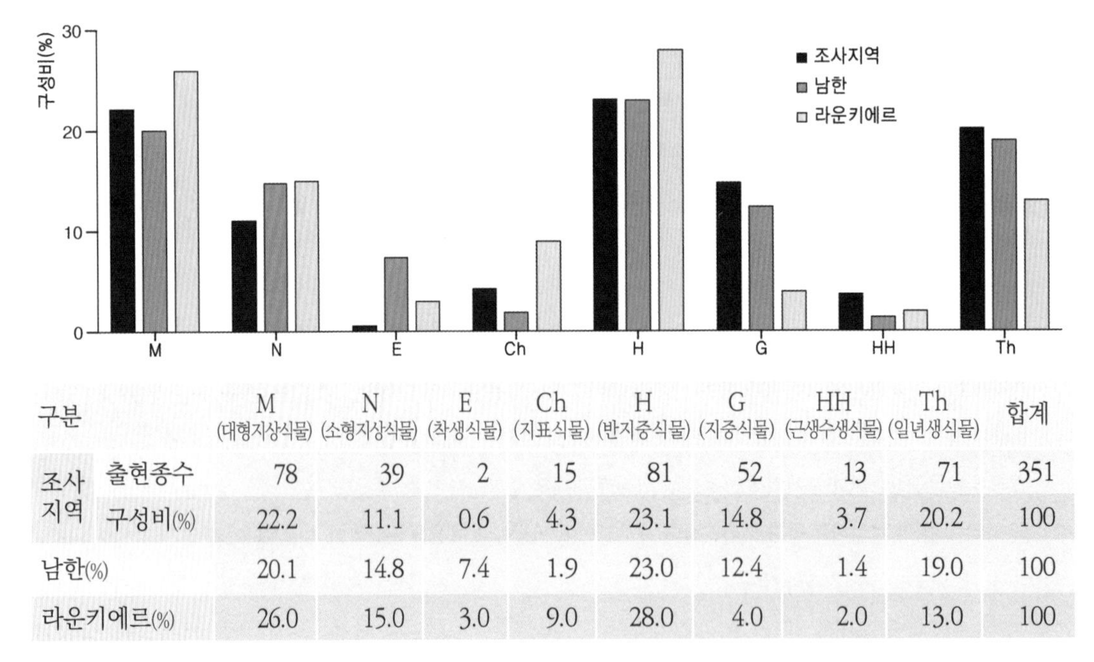

구분		M (대형지상식물)	N (소형지상식물)	E (착생식물)	Ch (지표식물)	H (반지중식물)	G (지중식물)	HH (근생수생식물)	Th (일년생식물)	합계
조사지역	출현종수	78	39	2	15	81	52	13	71	351
	구성비(%)	22.2	11.1	0.6	4.3	23.1	14.8	3.7	20.2	100
남한(%)		20.1	14.8	7.4	1.9	23.0	12.4	1.4	19.0	100
라운키에르(%)		26.0	15.0	3.0	9.0	28.0	4.0	2.0	13.0	100

그림 6-7. 조사지역 관속식물의 생활형 분석 사례. 조사지역 관속식물의 생활형은 남한 전체와 유사하며 H가 가장 많고, 다음으로 M과 Th 순이다. Th가 많은 것은 교란된 지역을 포함한다는 것이다.

습지식물의 서식 분석 | 관속식물상을 대상으로 습지출현빈도에 대한 특성 분석은 우리나라 관속식물 전체에 대해 분석한 보고서 또는 간행물을 기준으로 한다(표 6-2). Choung et al.(2020, 2021)은 우리나라의 모든 관속식물에 대해 습지생태계에서의 출현빈도를 기준으로 분류하였다. 이 외에도 생활형 분석(Lee 2016a, 2016b)을 통해서도 습지식물의 분포 특성 이해가 가능한데 근수생식물(HH)(그림 6-7)로 분류되는 식물종의 출현빈도로 이해할 수 있다.

귀화식물 및 생태계교란식물의 서술 | 관속식물상에서 귀화식물에 대해 분석한다(표 6-3). 귀화식물 현황 및 특성 분석에 환경부 지정 생태계교란식물도 동시에 파악한다(표 4-7 참조). 생태계교란식물은 개발사업으로 세력 확장이 예상되기 때문에 식물종별 분포도(위치 및 면적 등)를 작성하면 사후관리에 좋다(그림 6-8). 우리나라에 보고된 외래식물은 428종(귀화식물 254종, 국가생물종정보시스템, 2024.2.6 기준)으로 종수는 점차 증가한다. 귀화식물에 대한 도입시기, 도입목적 등에 대한 세부 속성별 분석은 학술적 연구 영역에 해당된다. 환경영향평가에서는 귀화식물 목록과 구성비로만 분석한다. 귀화식물은 그 구성비인 귀화율과 도시화지수로서 이해한다(식 4-1, 4-2 참조). 주거지, 농경지, 초지 등과 같은 높은 토지이용지역을 포함하는 공간에서는 흔히 망초류, 달맞이꽃류, 개불알풀류, 미국쑥부쟁이, 단풍잎돼지풀, 나팔꽃류, 토끼풀류, 냉이류 등이, 소하천 등을 포함하는 경우에는 소리쟁이류, 갓, 가시박, 미국가막사리, 도꼬마리류, 큰물칭개나물, 벳지, 털물참새피 등이 주로 관찰된다. 비교적 흔하게 관찰되는 생태계교란식물은 가시박(귀화식물), 단풍잎돼지풀(귀화식물), 돼지풀(귀화식물), 미국쑥부쟁이(귀화식물), 가시상추(귀화식물), 환삼덩굴(고유식물), 도깨비가지(귀화식물) 등이다.

중요종의 서술 | 중요종은 보호수 또는 노거수(개체 또는 개체군), 법정보호종(멸종위기야생식물, 특산식물, 희귀식물), 식물구계학적 특정식물 등에 대한 정보이다. 환경영향평가에서는 중요종 중 보전가치가 인정되는 식물에 대해 영향예측 및 저감

표 6-2. 조사지역 식물상의 습지출현빈도 분석 사례

구분(표 2-1 참조)	A지역		B지역	
	종수	구성비(%)	종수	구성비(%)
절대습지식물(OBW)	25	15.4	28	16.8
임의습지식물(FACW)	23	14.2	23	13.8
양생식물(FAC)	26	16.0	29	17.4
임의육상식물(FACU)	37	22.8	41	24.5
절대육상식물(OBU)	50	30.9	46	27.5
재배종	1	0.7	0	0.0
전 체	162	100.0	167	100.0

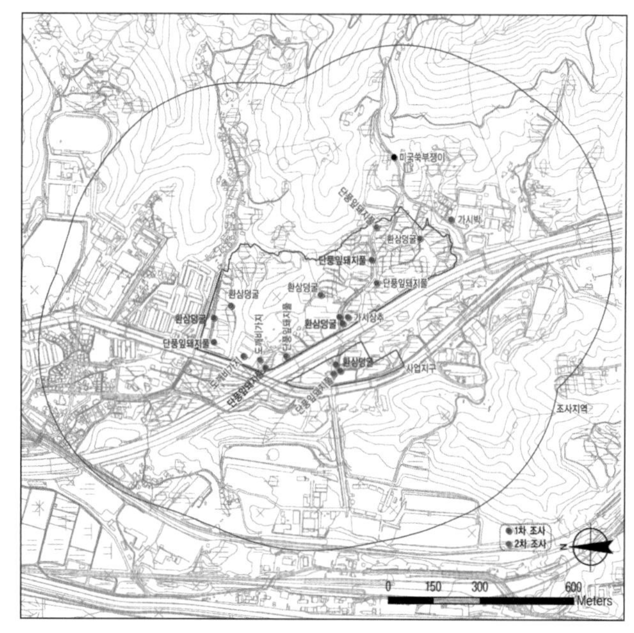

그림 6-8. 생태계교란식물 분포도 사례(대전시). 현장조사 차수를 구분하여 점의 형태로 분포를 표현했지만 면의 형태로도 작성 가능하다. 붉은색 선은 개발계획의 사업지구이며 조사지역은 주변 500m 범위이다. 조사지역 일대에는 단풍잎돼지풀, 환삼덩굴, 가시상추, 도깨비가지, 미국쑥부쟁이가 산발적으로 분포하고 있다.

표 6-3. 조사지역의 귀화식물 및 생태계교란식물 현황 사례(포천시 일대)(귀화식물목록은 국가생물종시식정보시스템 이용)

학명	국명	문헌조사			현지조사				비고
		1	2	3	St.1	St.2	St.3	전체	
Family Polygonaceae	마디풀과								
Rumex acetosella L.	애기수영	●							교란
Rumex crispus L.	소리쟁이	●	●	●	●	●	●	●	
Rumex obtusifolius L.	돌소리쟁이		●		●	●		●	
Family Phytolaccaceae	자리공과								
Phytolacca americana L.	미국자리공		●	●	●	●	●	●	
Family Caryophyllaceae	석죽과								
Stellaria media (L.) Vill.	별꽃		●			●		●	
Family Chenopodiaceae	명아주과								
Chenopodium album L.	흰명아주		●						
Chenopodium ficifolium Sm.	좀명아주						●	●	
Chenopodium glaucum L.	취명아주		●						
Family Amaranthaceae	비름과								
Amaranthus retroflexus L.	털비름			●					
Family Brassicaceae	배추과								
Lepidium apetalum Willd.	다닥냉이	●	●			●		●	
Lepidium virginicum L.	콩다닥냉이		●						
Thlaspi arvense L.	말냉이	●	●		●	●		●	
Family Rosaceae	장미과								
Potentilla supina L. subsp. *paradoxa*	개소시랑개비		●		●			●	
Family Fabaceae	콩과								
Medicago sativa L.	자주개자리	●							
Trifolium pratense L.	붉은토끼풀		●			●	●	●	
Trifolium repens L.	토끼풀	●	●	●	●	●	●	●	
Family Oxalidaceae	괭이밥과								
Oxalis corniculata L.	괭이밥	●	●			●	●	●	
Family Euphorbiaceae	대극과								
Euphorbia maculata L.	애기땅빈대		●						
Family Cucurbitaceae	박과								
Sicyos angulatus L.	가시박	●					●	●	교란
Family Onagraceae	바늘꽃과								
Oenothera biennis L.	달맞이꽃	●	●	●	●	●	●	●	
Family Rubiaceae	꼭두서니과								
Diodia teres Walter	백령풀						●	●	
Family Convolvulaceae	메꽃과								
Cuscuta campestris Yunck.	미국실새삼	●							
Ipomoea hederacea Jacq.	미국나팔꽃		●						

학명	국명	문헌조사			현지조사				비고
		1	2	3	St.1	St.2	St.3	전체	
Ipomoea lacunosa L.	애기나팔꽃		●						
Ipomoea nil (L.) Roth	나팔꽃	●	●						
Family Solanaceae	가지과								
Solanum nigrum L.	까마중	●	●			●	●	●	
Family Asteraceae	국화과								
Ambrosia artemisiifolia L.	돼지풀	●	●						교란
Ambrosia trifida L.	단풍잎돼지풀	●		●	●	●	●	●	교란
Bidens frondosa L.	미국가막사리		●	●	●	●	●	●	
Carduus crispus L.	지느러미엉겅퀴	●	●	●					
Conyza canadensis (L.) Cronquist	망초	●	●	●	●	●	●	●	
Eclipta thermalis Bunge	한련초		●				●	●	
Erigeron annuus (L.) Pers.	개망초	●	●	●	●	●	●	●	
Galinsoga parviflora Cav.	별꽃아재비	●							
Galinsoga quadriradiata Ruiz & Pav.	털별꽃아재비	●	●			●	●	●	
Senecio vulgaris L.	개쑥갓		●		●	●	●	●	
Sonchus asper (L.) Hill	큰방가지똥		●		●	●	●	●	
Sonchus oleraceus L.	방가지똥		●			●	●	●	
Symphyotrichum pilosum G.L.Nesom	미국쑥부쟁이	●	●	●	●	●	●	●	교란
Taraxacum officinale F.H.Wigg.	서양민들레	●	●	●	●	●	●	●	
Xanthium strumarium L.	도꼬마리		●			●	●	●	
Family Poaceae	벼과								
Dactylis glomerata L.	오리새	●	●	●		●	●	●	
Family Cannabaceae	삼과								
Humulus scandens (Lour.) Merr.	환삼덩굴	●	●	●		●	●	●	교란
출현과/종수		10/22	14/33	7/13	7/15	10/23	11/23	14/28	

※ 문헌조사의 세부 내용은 생략함

※ 교란은 생태계교란식물이고, 환삼덩굴은 고유식물로 귀화식물 출현과/종수에서는 제외함

방안을 수립하여 보전하고자 노력한다. 보전가치가 인정되는 식물종은 다음과 같다. 보호수는 천연기념물, 지자체 보호수 등이며, 보호수는 아니지만 보전가치가 인정되는 노거수를 포함하는 것이 합당하다. 멸종위기야생식물은 지정된 전체 식물종이며, 특산식물은 흔히 목록만을 제시하며, 희귀식물은 범주 중 위급(CR), 위기(EN), 취약(VU)으로 분류된 식물종이며, 식물구계학적 특정식물은 V등급종(일부에서는 Ⅳ등급종 포함)(부록 참조)이 주로 여기에 해당된다. 흔히 조사결과에는 조사지역의 관속식물상 중 식물구계학적 특정식물 목록을 모두 제시한다(표 6-4). 희귀식물은 법정 목록과 산림청에서 수정·보완하여 제공하는 최신화된 표준기준식물목록의 식물종별 범주 구분이 상이한 부분이 있다(예: 백부자, 매화마름, 깽깽이

표 6-4. 조사지역 식물상 중 식물구계학적 특정식물 목록 사례

번호	학명	국명	분포지	범주
1	*Thuja koraiensis* Nakai	눈측백	산지	V등급
2	*Ranunculus trichophyllus* var. *kadzusensis* (Makino)	매화마름	습지	
3	*Amsonia elliptica* (Thunb.) Roem. & Schult.	정향풀	숲가장자리	
4	*Rubus croceacanthus* (H. Lév.) H. Lév.	검은딸기	숲가장자리	Ⅳ등급
5	*Sanguisorba longifolia* Bertol.	긴오이풀	숲가장자리	
6	*Ulmus macrocarpa* Hance	왕느릅나무	산지	
7	*Rubus hongnoensis* Nakai	가시딸기	숲가장자리	Ⅲ등급
8	*Centella asiatica* (L.) Urb.	병풀	숲가장자리	
9	*Polygonum fusco-ochreatum* Kom.	큰옥매듭풀	숲가장자리	
10	*Farfugium japonicum* (L.) Kitam.	털머위	숲가장자리	
11	*Bupleurum longiradiatum* Turcz.	개시호	숲가장자리	Ⅱ등급
12	*Ixeris repens* (L.) A. Gray	갯씀바귀	해안	
13	*Weigela florida* (Bunge) A. DC.	붉은병꽃나무	숲가장자리	
14	*Tilia amurensis* Rupr.	피나무	산지	
15	*Euonymus pauciflorus* Maxim.	회목나무	산지	
16	*Lysimachia mauritiana* Lam.	갯까치수영	해안	Ⅰ등급
17	*Symplocos tanakana* Nakai	검노린재	산지	
18	*Camellia japonica* L.	동백나무	식재	
19	*Euscaphis japonica* (Thunb.) Kanitz	말오줌때	산지	
20	*Euonymus japonicus* Thunb.	사철나무	숲가장자리	
21	*Grewia parviflora* Bunge	장구밥나무	산지	
22	*Ruppia maritima* L.	줄말	습지	

풀 등)(표 4-5 참조). 이러한 중요종에 대해 분포도의 형태로 작성하면 보다 구체적인 서식 현황 및 특성을 이해할 수 있다(그림 6-8 사례 참조). 중요종 구분별 목록에 대해서는 별도의 자료 또는 관련 홈페이지 등을 참조하며 주기적인 개정을 반영한 최신 목록에 따라야 한다.

■ 식생 조사결과는 현존식생 현황을 파악, 분석하고 가치를 평가하여 도면화하는 것이다.

식생분류와 표작업 | 학술적인 조사에서는 온전한 식물상과 식생구조를 가지는 식생조사표(relevé)에 근거하여 조사 대상지역 전체에 대한 식생분류 과정이 필요하다(그림 5-7 참조). 가로(열 column) 축에 식생조사표를 두고, 세로(행 row) 축에 식물종을 목록화하고, 피도의 양적인 값을 기입하는 것이 최초 과정이다. 이 행렬표를 소표(raw table)라고 하고 가로와 세로의 이동을 통해 유사한 행동양식을 갖는 종그

표 6-5. 참식나무-느티나무군락의 총합군락표(summary table) 사례(Kim and Lee 2006). A는 느티나무-참식나무군락, A-1은 생달나무하위군락, A-2는 석산하위군락이다. 식생조사표를 토대로 표작업한 결과인 총합군락표의 표현 방식으로 대표적인 4가지 형태를 소개한다. 이 외의 표현 방법들도 있다.

(1) 상재도(피도 최소값~최대값)

식생단위	A	
	A-1	A-2
조사구수	4	2
평균출현종수	38	11
Differential species of community		
참식나무	**V(7~9)**	**V(7~9)**
느티나무	**V(2~3)**	**V(3~5)**
동백나무	V(2~5)	Ⅲ(5)
송악	Ⅳ(2~5)	V(2~5)
Differential species of sub-community		
생달나무	**V(2~5)**	·
석산	·	**V(8)**
Companion species		
마삭줄	V(2~5)	·
때죽나무	Ⅳ(2~3)	Ⅲ(3)
광나무	V(2~3)	·
작살나무	V(2)	·
·	·	·
·	·	·

(2) 상재도(피도 최대값)

식생단위	A	
	A-1	A-2
조사구수	4	2
평균출현종수	38	11
Differential species of community		
참식나무	**V(9)**	**V(9)**
느티나무	**V(3)**	**V(5)**
동백나무	V(5)	Ⅲ(5)
송악	Ⅵ(5)	V(5)
Differential species of sub-community		
생달나무	**V(5)**	·
석산	·	**V(8)**
Companion species		
마삭줄	V(5)	·
때죽나무	Ⅵ(3)	Ⅲ(3)
광나무	V(3)	·
작살나무	V(2)	·
·	·	·
·	·	·

(3) 상대기여도(피도 없음)

식생단위	A	
	A-1	A-2
조사구수	4	2
평균출현종수	38	11
Differential species of community		
참식나무	**100**	**100**
느티나무	**27.27**	**50**
동백나무	39.39	15.63
송악	22.73	43.75
Differential species of sub-community		
생달나무	**45.45**	·
석산	·	**100**
Companion species		
마삭줄	45.45	·
때죽나무	15.91	9.38
광나무	27.27	·
작살나무	24.24	·
·	·	·
·	·	·

(4) 상대기여도(피도 최소값~최대값)

식생단위	A	
	A-1	A-2
조사구수	4	2
평균출현종수	38	11
Differential species of community		
참식나무	**100(7~9)**	**100(7~9)**
느티나무	**27.27(2~3)**	**50(3~5)**
동백나무	39.39(2~5)	15.63(5)
송악	22.73(2~5)	43.75(2~5)
Differential species of sub-community		
생달나무	**45.45(2~5)**	·
석산	·	**100(8)**
Companion species		
마삭줄	45.45(2~5)	·
때죽나무	15.91(2~3)	9.38(3)
광나무	27.27(2~3)	·
작살나무	24.24(2)	·
·	·	·
·	·	·

룹을 만드는 과정인 표작업(table work)을 진행한다. 이 과정에서 진단종으로 구분되는 군집화된 구분표(differential table)가 만들어진다. 보고서의 결과에는 흔히 지역의 식물상과 식물군락에 대한 종합상재도표(summary constancy table) 또는 총합식물군락표(summary table, synoptic table)를 제시한다(표 6-5). 환경영향평가에서는 표작업을 수행하지 않기 때문에 종합상재도표(종합식물군락표)를 제시하지 않는 것이 일반적이다.

학술적 식생단위(식물군락)의 설명 | 자연상태에 존재하는 다양한 식물군락(식물군집)의 식생단위 설명에는 많은 현장 경험과 식생학적 지식을 토대로 해야 하며 위계적이고 체계적인 접근이 필요하다. 이러한 접근에는 기본적으로 7가지의 항목을 포함하여 설명하는 것이 좋으며(표 6-6) 식생보전등급 판정과도 관련이 있다. 학술적 연구에서는 주요 7가지 항목을, 환경영향평가에서는 식생보전등급 판정과 관련된 4~5개 항목을 주로 고려할 수 있다.

01 식생분류(syntaxonomy)는 국가식생분류체계에 따른 식생유형 분류(명명) 및 분류된 식생유형에 대한 진단종(diagnostic species) 그룹을 발굴하는 것이다. 이는 식물사회학적 연구의 본질이며 식생의 대분류, 중분류, 소분류, 세분류 수준에서의 접근이 가능하다.

02 식생체계(synsystematics)는 식생분류의 진단종을 기반으로 식생단위가 식생분류체계(국가식생분류체계) 상에 어떤 위치에 있는지를 체계적으로 기술한다. 식생분류와 유사하지만 분류된 식생단위가 어느 상급단위에 귀속되고 어떤 하급단위로 구분되는지 등의 분류체계에 대한 내용이다.

03 식생지리(syngeography)는 식생단위의 수평적(위도), 수직적(해발고도) 분포에 관한 경향성을 기술하고 기후변화에 대응한 과거와 현재, 미래의 분포 확장 및 소멸 등에 관한 정보 등을 포함한다.

04 식생생태(synecology)는 식생단위가 분포하는 입지의 물리적·화학적·생물적 특성에 관한 정보로서 수분 환경, 사면 방향, 토양조건, pH, 부영양화 정도 등과 같은 서식환경의 경향성을 기술한다.

표 6-6. 최종 식생단위(식물군집, 식물군락)에 대한 구체적 설명 요소(Kim and Lee 2006 수정)

항목 구분	관련 내용
01 식생분류	국가식생분류표준에 따른 식생유형 분류(명명)와 그에 따른 진단종 그룹을 기술
02 식생체계	진단종을 기반으로 식생단위가 식생분류체계 상에 어떤 위치에 있는지를 체계적으로 기술
03 식생지리	지리적으로 식생단위의 수평적(위도) 분포와 수직적(해발고도) 분포 경향성을 기술
04 식생생태	수분, 습도, pH, 토양, 지형, 암석노출, 경사 등과 같은 서식처의 환경 특성 및 경향성을 기술
05 식생형태	식생단위의 층위구조, 출현종의 혼생 양식 등에 관한 구조 형태적 특성을 기술
06 식생동태	식생단위의 발달과 인간간섭과의 상호관계에 따른 종조성적 특성 및 식생천이적 특성을 기술
07 식생관리 (식생보전)	식생단위의 자연성(인간간섭)과 온전성(전형성), 그리고 희귀성 등에 대한 속성 분석을 통해 식분의 보전생태학적 지속 관리에 대한 정보를 기술
08 기타사항	전술 외에 인문·사회적 내용 등을 포함하여 식생조사 연구자가 제안하는 특이사항을 기술

표 6-7. 신갈나무-애기감둥사초군락의 식생단위(식물군집, 식물군락)에 대한 설명 사례

항목 구분	관련 내용
상위분류	·군계형 | 냉온대 산지식생 ·상관형(대분류) | 산지활엽수림
층위구조	·식생고 | 교목층 11m, 아교목층 7m, 관목층 2.5m, 초본층 0.7m 이하 ·식피율 | 교목층 90%, 아교목층 15%, 관목층 40%, 초본층 70%
우점종	·교목층 | 신갈나무, 아교목층 | 물푸레나무, 관목층 | 비목나무, 초본층 | 애기감둥사초
흉고직경	·교목 우점종 | 최고 25㎝, 평균 18~20㎝, 최소 11㎝
식물종조성	·교목층 | 신갈나무, 물푸레나무 ·아교목층 | 물푸레나무, 신갈나무, 쇠물푸레나무 ·관목층 | 비목나무, 철쭉꽃, 산철쭉, 쇠물푸레나무, 생강나무, 노린재나무, 당단풍 ·초본층 | 애기감둥사초, 졸참나무, 신갈나무, 비목나무, 둥굴레, 여로, 실청사초, 용담, 노랑제비꽃, 산철쭉, 노린재나무, 쪽동백, 참회나무, 철쭉꽃, 산겨이삭, 실새풀, 각시붓꽃, 쥐똥나무, 억새, 애기나리, 산씀바귀, 미역줄나무, 조록싸리
식생분류	진단종군은 상급단위의 진단종을 포함하여 신갈나무, 철쭉꽃, 생강나무, 애기감둥사초이며 노랑제비꽃, 실새풀, 노린재나무, 쇠물푸레나무 등이 고빈도로 출현함. 애기감둥사초는 본 식생단위에 제한하여 분포하지 않고 인접한 소나무 우점군락 내에도 출현빈도가 비교적 높음
식생체계	본 군락은 신갈나무-철쭉꽃군목의 신갈나무-생강나무아군단 내에 포함되며 추가적인 연구로 별도 고유 식생단위인 새로운 식물군집으로 명명이 가능함
식생지리	지리적으로 우리나라 전역에 분포하지만 수직적으로 중·고해발 산지에 주로 분포함. 남부지방의 영남알프스 일대 산지에서는 상부 지역에 주로 분포함. 주요종인 신갈나무, 애기감둥사초 등은 우리나라 전역에 걸쳐 분포함
식생생태	산지의 중부~상부 완~중경사지에 주로 분포함. 미세지형은 평탄지가 많고 수분조건은 적윤함. 토양은 갈색산림토이고 암석노출은 5% 미만임. 다른 지역의 식생단위에서는 애기감둥사초의 식피율이 상대적으로 낮음. 그늘이 형성된 임상에는 일부 임연성, 호광성 및 이차림적 식물종(각시붓꽃, 미역줄나무, 애기나리, 산씀바귀, 산철쭉, 억새)을 포함. 오래 전에 숲이 교란된 이후 진행천이가 진행되어 이러한 식물종이 잔존하고 있음. 태풍 등의 자연적인 요인에 의해 숲 내부에 일부 간극(gap)이 발생하면 이러한 식물종의 혼생이 발생하기도 함
식생형태	본 군락의 층위구조는 흔히 불완전한 4층 구조(아교목층 발달 불량) 및 아교목층이 결여된 3층 구조를 가짐. 교목층의 수형은 바람이 많이 부는 산지 상부이기 때문에 교목층의 최우점종인 신갈나무는 부피생장을 하는 경우가 많아 식생고는 대부분 10m 이하임. 교목층 우점종인 신갈나무 개체의 줄기는 맹아지(2~4개)를 형성하는 경우가 일부 있음
식생동태	본 군락은 진행천이에 의해 식생의 구조 및 기능이 보다 안정화될 것임. 교목층은 자기솎음 및 종내경쟁을 동반한 부피생장의 수형 및 개체군 변화가 지속될 것임. 식생구조는 종구성 변화보다 식피율 변화로 일어날 것임. 임상에는 광엽형 식물종의 생육이 보다 확장될 것임
식생관리 (식생보전)	본 군락은 과거 산불 또는 벌목 등과 같은 인위적인 간섭 이후 장기간 자연방치되어 발달한 식생으로 지속적인 자연방치를 통한 복원을 유도함. 현재는 식생보전Ⅱ~Ⅲ등급으로 평가됨. 멸종위기야생식물의 서식이 확인되지 않지만 장기적으로 지역생물다양성 증진에 필요함
기타사항	주변에 화엄늪 습지보호지역이 위치하기 때문에 완충기능을 하도록 보전이 필요함

05 식생형태(synmorphology)는 식생단위의 계층 구조, 출현종의 혼생 양식 등에 관한 식물군락의 수직적 관점의 형태적인 특성 등을 주로 기술한다.

06 식생동태(syndynamics)는 식생단위의 자연적인 식생 발달과 인간간섭과의 상호관계에 따른 식물종 조성적 특성을 기술하고 식생천이에 관한 내용 등을 기술한다.

07 식생관리(synmanagement)는 식생단위의 자연성(인간간섭)과 온전성(전형성), 희귀성 등 식분의 보전생태학적 가치 평가요소에 대한 속성을 분석한다. 이를 통해 식생단위의 생태적 유지 및 지속 관리에 관한 정보를 기술하며 식생평가등급(식생보전등급 등)을 포함할 수 있다.

08 전술 외에 식생연구자가 인문·사회·경관·경제적인 내용 등을 종합적으로 포함하여 특이적으로 제안할 수 있는 기타사항을 기술할 수 있다.

학술연구에서 현존식생의 서술 | 식생조사표에 근거하여 총합식물군락표를 작성한 경우에는 전체 식생유형에 대한 다양성을 서술한다. 식생다양성은 표작업에 의해 분류된 모든 식생단위(식생유형, 식물군락)들을 의미하는데 연구지역의 식생 특성을 잘 이해할 수 있도록 경향성 있게 배열하여 서술한다. 자연식생, 이차식생, 대상식생 등의 순으로 서술하거나, 목본식생, 관목식생, 초본식생 등의 순으로 서술하거나, 삼림식생, 습지식생 등의 생태계 유형 순으로 서술할 수 있다. 표작업에 의해 분류된 식생단위에 대해서는 전술의 설명 요소별(식생분류, 식생지리, 식생생태, 식생형태 등)(표 6-6)로 현장감 있도록 설명한다(표 6-7). 학술적 연구는 식물사회성에 기초한 식생분류가 강조되기 때문에 많은 선행 학술연구에 대한 비교·분석이 필요하다. 하지만 국내에는 식생분류에 대한 식물사회학적 연구가 미흡하고 일본과 식물지리적으로 근접하고 있기 때문에 일본의 식생분류와 비교·분석하는 경우가 많다.

환경영향평가에서 현존식생의 서술 | 환경영향평가에서 현존식생은 식생단위에 내재된 속성은 물론 보전생태학적 가치를 동시에 서술하는 것이 좋다. 사업지구의 현존식생을 [01]식물군락(식생유형)별로 설명할 수 있지만(표 6-7, 6-8) [02]식생 조사지점별로 설명하는 경우가 많다(표 6-9). 전자는 학술적 연구에서, 후자는 환경영향평가에서 많이 사용하는 방법이다. 식생조사에서는 하나의 자연식생 식물군락에 대해 여러 개의 식생조사표를 획득할 수 있다(예로 곰솔-소나무군락의 4개 조사지점). 환경영향평가에서는 각각의 식생조사표(조사지점)에 대해 식생보전등급의 평가 항목(5~6개, 자연식생 대상)(표 5-17 참조)을 기준으로 정보를 서술하는 것이 식생정보를 이해하는데 보다 유리하다(표 6-9의 형태). 정보는 식생 조사지점별 식생구조(계층, 식피율), 식물종조성, 복원잠재성, 중요식물종 서식 여부 등에 대한 내용들이며 그 기초가 되는 식생조사표는 부록에 원자료를 스캔하여 제시한다(기초자료에 해당). 현존식생에 대한 전반적이고 보다 구체적인 분포 특성의 이해는 현존식생도 및 식생보전등급도를 근거로 한다.

표 6-8. 학술적 연구에서 조사지역의 식물군락별 특성 설명(사례: 곰솔-소나무군락)

일반적인 현황

- 식생조사표 | 총 4매(St.1, St.4, St.6, St.10) / (총합)식물군락 종조성표 생략(부록의 식생조사표 원자료 참조)
- 곰솔(*Pinus thunbergii*)은 우리나라 해안 및 도서지역에 주로 분포하는 식물종으로 염분에 강한 내성을 가지고 있음. 소나무보다 더 온난한 기후조건을 요구하며 해안지역에서 방풍림 조성에 널리 활용됨
- 소나무(*Pinus densiflora*)는 우리나라 내륙 및 해안 전역에 분포하고 있으며 자생(산지 능선부의 건조지 및 선상지, 내륙 사구지역 등)하는 식분도 많지만 육림의 목적으로 오래 전부터 식재한 경우가 많음
- 내륙지역(양산시)에 위치한 본 사업지역에 곰솔-소나무군락의 존재는 과거 식재에서 유래한 것으로 생태적 적지적수의 개념으로 보는 것이 합당함(양산시에서 곰솔은 생태적 적지적수의 개념으로 다소 부족할 수 있음)

식생구조 및 종조성 특성

- 상관(식생)형 | 냉온대 산지 상록침엽수림
- 본 식물군락의 계층구조는 온전하지는 않지만 대부분 3~4층(교목층-아교목층-관목층-초본층)의 형태를 가짐
- 교목층 우점종의 흉고직경은 대부분 20~23㎝ 정도이며 최대 30㎝를 형성하기도 함
- 식생고(식피율)는 교목층 14~17m 내외(85% 내외), 아교목층 8~9m 내외(10% 내외), 관목층 2.5~3.5m 내외(20~60%), 초본층 0.8m 이하(5~15%)임. 일부 식분은 아교목층이 결여됨
- 교목층은 주로 곰솔과 소나무가 우점하고 상수리나무가 혼생함. 아교목층은 졸참나무와 상수리나무가 주로 우점하고 때죽나무, 굴참나무 등이 혼생함. 관목층은 대부분 진달래와 졸참나무가 최우점하고 개암나무, 굴참나무, 산초나무, 청가시덩굴, 개옻나무, 때죽나무, 밤나무, 아까시나무 등이 혼생함. 초본층은 입지에 따라 주름조개풀 등의 여러 식물종이 우점하며 그늘사초, 주름조개풀, 진달래, 개암나무, 졸참나무, 산초나무, 청가시덩굴, 인동, 새, 억새, 아까시나무, 댕댕이덩굴, 참취, 미국자리공, 마삭줄, 구골나무 등이 혼생함

사업지구 내의 분포

- 본 식물군락은 사업지구 서측 구릉지의 동사면 또는 남사면에 치우쳐 분포하는 특성이 있음
- 분포 면적은 소규모 형태이며 상수리나무군락 및 졸참나무군락, 아까시나무군락과 접해 있음

기타 특이사항

- 일부 곰솔 또는 소나무 개체에서 소나무재선충 감염으로 인한 훈증처리의 흔적이 관찰됨
- 사람들의 인위적인 출입 등으로 인해 식분 내에 쓰레기가 일부 유입된 것으로 확인됨
- 가지치기 정도 수준의 약한 간벌 흔적이 확인됨

종합평가

- 분포 희귀성은 낮고, 식생복원 잠재성은 보통이고, 구성식물종 온전성은 낮고, 식생구조 온전성은 보통이고, 중요종은 서식하지 않아 본 식물군락의 보전생태학적 가치는 낮음~보통임
- 이를 종합적으로 판단하면 본 식물군락은 식생보전Ⅲ등급으로 평가됨

표 6-9. 환경영향평가에서 지점(식분)별 식생 설명(표 5-17, 5-19를 참조하여 등급 평가)

식물군락명	굴참나무군락	지점 번호	St.3
층위별	높이(m)	식피율(%)	우점종
교목층(T1)	16	70	굴참나무
아교목층(T2)	10	10	개벚나무, 굴참나무
관목층(S)	2.5	25	진달래
초본층(H)	0.8 이하	10	둥굴레

항목	평가	설명
분포 희귀성	하	본 식분은 우리나라 전역의 산지에서 경사도가 상대적으로 높은 건조한 입지에 흔하게 관찰되는 식물군락이기 때문에 '낮음'으로 평가됨
식생복원 잠재성	상	우점종인 굴참나무의 흉고직경은 최고 30㎝, 평균 25㎝ 정도로 자연적으로 복원하는데 소요시간이 약 40년 정도로 추정됨. 이는 삼림에서 '보통~높음'으로 평가됨
구성식물종 온전성	상	교목층은 굴참나무, 소나무가 혼생하고, 아교목층은 개벚나무, 굴참나무가 혼생함. 관목층은 진달래, 개벚나무, 개암나무, 조록싸리, 졸참나무, 갈참나무, 때죽나무 등이, 초본층은 둥굴레, 그늘사초, 큰기름새, 청가시덩굴, 진달래, 졸참나무, 산박하 등이 혼생하는데 이차림의 구성종을 일부 포함하고 있지만 '보통~높음'으로 평가됨
식생구조 온전성	상	식생구조는 4층의 구조를 가지나 교목층 및 아교목층, 초본층의 발달이 안정된 온전한 형태는 아니기 때문에 '보통~높음'으로 평가됨
중요종 서식	하	중요종(멸종위기야생식물, 식물구계학적 특정식물 V등급)의 미서식으로 '낮음'으로 평가됨
기타 특이사상	-	식생의 간접적 평가로서 학술적·사회적·역사적인 지역 가치가 인정되지 않으며 건조환경이 유지되면 본 식분은'지속식물군락'으로의 구조적 안정화가 진행됨
식생보전등급		종합하면 '식생보전Ⅱ등급'으로 평가됨(상·중·하의 평가는 표 5-17 기준에 따름)

그림 6-9. 식생 조사지점의 현장사진 유형(원주시, 상수리나무군락). 조사지점에 대한 식생정보를 보여주는 사진 촬영 방법은 다양하다. 위에서 오른쪽으로 원경, 숲구조를 보여주는 상향 근경, 수평 근경, 하향 근경이다. 아래에서 오른쪽으로는 임상, 임관(숲지붕), 드론을 이용한 조감도샷 원경, 항공샷 형태이다(사진에서 원이 조사지점에 해당).

조사지점의 현장사진 유형 | 현존식생의 서술에 설명과 함께 현장사진을 동시에 제시하는 것은 객관성 및 신뢰도 확보에 필요하다. 현장사진은 크게 [01]조사자가 직접 카메라로 촬영하는 형태와 [02]드론을 이용하는 형태로 구분할 수 있다(그림 6-9). 조사자가 직접 촬영하는 사진은 조사지점을 멀리서 보여주는 원경, 조사지점 내부 구조를 보여주는 상향 근경, 수평 근경, 하향 근경, 숲바닥의 식물을 보여주는 임상과 숲지붕을 보여주는 임관(식피율)이 있다. 드론을 이용한 사진은 멀리서 조사지점 전반을 보여주는 조감도샷과 조사지점의 위에서 아래로 촬영하여 보여주는 항공샷 형태가 있다(그림 5-45 참조). 또한 드론으로 촬영한 영상에 조사지점을 표현하면 이해가 보다 쉽고 결과의 정밀도를 높일 수 있다(그림 6-10). 자연환경조사 및 환경영향평가에서는 원경(식생상관), 수평 근경(식생구조), 임상(식물상) 등의 현장사진을 주로 제시한다.

그림 6-10. 항공사진에 조사지점의 표현(원주시). 드론으로 촬영한 항공사진에 조사지점을 표현하면 식생에 대한 보다 확장된 이해가 가능하다.

현존식생도와 식생보전등급 서술 | 현존식생을 도면화하여 이해하는 것은 보전생태학적으로 중요하다. 현존식생도는 구분된 식물군락을 포함한 식생지역과 비식생지역을 다양한 형태의 범례로 구분한 많은 다각형사상들의 집합체로 이루어진다. 각각의 사상들에는 공간분포 형태, 식생유형, 식생보전등급, 면적 등에 대한 정보를 포함한다. 이를 토대로 현존식생(현존식생도, 식생보전등급도)에 대한 질적, 양적인 정보 요약이 가능하다(표 6-10, 6-11). 식물군락으로 세분류한 현존식생 서술과 중분류적 수준인 상관으로 구분한 현존식생도 범례에 차이가 있으면 별도의 표(표 6-10의 형태)로 제시하는 것이 필요하다. 예로 침활혼효림에는 졸참나무-소나무군락과 곰솔-졸참나무군락 등이 포함될 수 있다. 양적인 평가단위인 식생유형별 면적은 주로 제곱미터(㎡) 단위로 표현하며 소수점은 없거나 1~2자리까지 표현하기도 한다. 특히 좁은 면적 공간에서 소수점 1~2자리까지 표현할 수 있다. 특히 현존식생도 및 식생보전등급도에 대한 도면(그림 5-78 참조), 내용과 요약들을 표 또는 그래프로 별도 제시하고 전반적인 분포와 특성, 경향, 의미, 중요지역 등을 체계적으로 서술하는 것이 좋다.

실제 지표와 수평 투영한 면적의 이해 | 도면화된 각종 주제도의 면적은 실제와 차이가 있다. 지형도(수치지도) 기반의 주제도는 지형기복의 정도를 양적으로 나타내지 못하는 하늘에서 지표를 수직으로 보

표 6-10. 상관형의 중분류적 수준에서의 현존식생도 범례 설명 및 현황(사례: 부산시)(Kim and Lee 2006 일부 수정)

식생 범례 및 약어		해당 범례 내의 식물군락 다양성	면적(㎢)
산지활엽수림	F1	신갈나무-애기감둥사초군락, 신갈나무-서어나무군락, 졸참나무군락, 상수리나무군락, 굴참나무-신갈나무군락, 졸참나무-비목나무군락, 층층나무군락, 서어나무-개서어나무군락, 떡갈나무-소사나무군락	24.23
상록침엽수림	F2	소나무-산거울군락, 소나무군락, 곰솔군락, 곰솔-사스레피나무군락	10.54
침활혼효림	F3	졸참나무-소나무군락, 신갈나무-소나무군락, 곰솔-졸참나무군락	9.80
침엽수인공림	A1	리기다소나무군락, 삼나무군락, 편백군락, 잣나무군락	7.91
활엽수인공림	A2	아까시나무군락, 사방오리군락, 자작나무군락	3.22
하천습지식생	W1	선버들-갈풀군집, 왕버들-선버들군집, 물억새군집, 달뿌리풀군집	8.12
경작지식생	C	미나리군락, 벼군락, 뚝새풀군락, 큰석류풀군락, 망초-개망초군락	90.23
건생초본식생	G1	잔디-꿩의밥군락, 억새군락, 솔새군락	4.21
습생초본식생	G2	진퍼리새군락	0.12
농촌-도시지역	R	그령군락, 새포아풀-은이끼군락	125.12
개방나지	B	수송나물군락	2.47
개방수역	W	마름군락, 말즘군락	5.72
합 계			291.69

표 6-11. 사업지역 및 주변 조사지역 일대의 현존식생 현황(홍천군, OOOO사업)

식생보전등급 / 식생유형		사업지역		조사지역	
		면적(㎡)	구성비(%)	면적(㎡)	구성비(%)
V등급	수역	1,453	0.35	110,662	1.32
	시설지 및 도로	88,755	21.51	942,544	11.28
	경작지	13,578	3.29	392,746	4.70
	초지	16,596	4.02	153,377	1.84
	관목림	16,366	3.97	81,078	0.97
	소 계	136,747	33.14	1,680,407	20.11
Ⅳ등급	리기다소나무식재림	3,569	0.86	12,712	0.15
	일본잎갈나무식재림	39,363	9.54	271,212	3.25
	잣나무식재림	57,917	14.04	1,234,358	14.77
	소 계	100,850	24.44	1,518,282	18.17
Ⅲ등급	굴참나무군락	3,652	0.89	40,630	0.49
	굴참나무-신갈나무군락	22,797	5.53	167,470	2.00
	소나무군락	79,595	19.29	1,559,599	18.64
	소나무-신갈나무군락	258	0.06	107,663	1.29
	소나무-잣나무군락	2,642	0.64	16,395	0.20
	소나무-잣나무군락	43,786	10.61	1,868,294	22.35
	신갈나무-굴참나무군락	16,300	3.95	518,633	6.21
	소 계	169,030	40.97	4,278,684	51.18
Ⅱ등급	신갈나무-소나무군락	5,988	1.45	856,342	10.25
	계곡림(층층나무군락)	-	-	23,993	0.29
	소 계	5,988	1.45	880,335	10.54
합 계		412,615	100.00	8,357,708	100.00

는 수평투영한 형태이다. 예를 들어 하천의 공격사면 급경사지역은 삼각형의 빗면에 해당되지만 삼각형의 밑면으로 표현되는 지형도 상의 수평투영은 좁은 띠의 다각형사상 형태로 나타난다. 즉 급경사지 사면의 실제 지표면적은 수평투영 면적보다 크다(그림 6-11). 이 때문에 경사면이 많은 삼림공간을 개발하는 경우 훼손되는 지표면적과 훼손수목의 양은 실제보다 적게 표현되는 경향이 있다.

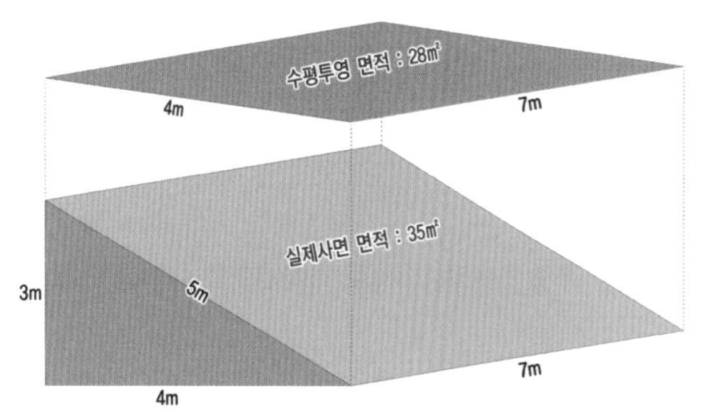

그림 6-11. 경사면에서 실제사면과 수평투영한 면적 간의 차이. 사면 형태의 지형에서 실제공간 면적은 수평투영되어 산출되는 면적과 차이가 있다. 그림에서와 같이 좁은 공간에서도 면적이 약 7㎡의 차이가 발생한다.

신자도(부산시, 습지보호지역). 신자도는 연안사주섬으로 좌측의 해양에서부터 해빈-사구식생-띠군락으로 이어지는 식생들의 공간분포가 비교적 뚜렷하다. 식생단위별 속성(환경요소, 식물종조성 등) 역시 차이가 뚜렷하다. 이러한 지역의 식생정보 및 환경정보에 기초한 수리·통계 분석 및 결과의 해석은 비교적 명쾌하게 나타난다.

3. 영향예측 및 저감방안

환경영향평가에서 개발사업의 유형에 따라 영향예측 및 저감방안에 일부 차이가 있다.

영향예측 | 수도권 일대의 대규모 도시개발사업들은 그린벨트를 해제하여 계획하는 경우가 많다. 이러한 지역들의 기존 토지이용은 농경지, 하천, 구릉지, 주거지 및 공장, 비닐하우스 등이며 흔히 고밀도·중밀도 주거 및 상업시설, 생태하천, 도로, 근린공원, 완충녹지 겸용 산책로 등으로 계획한다. 기존의 다양한 형태의 야생생물 서식공간이 다른 유형으로 변하기 때문에 올바른 영향예측 및 그에 따른

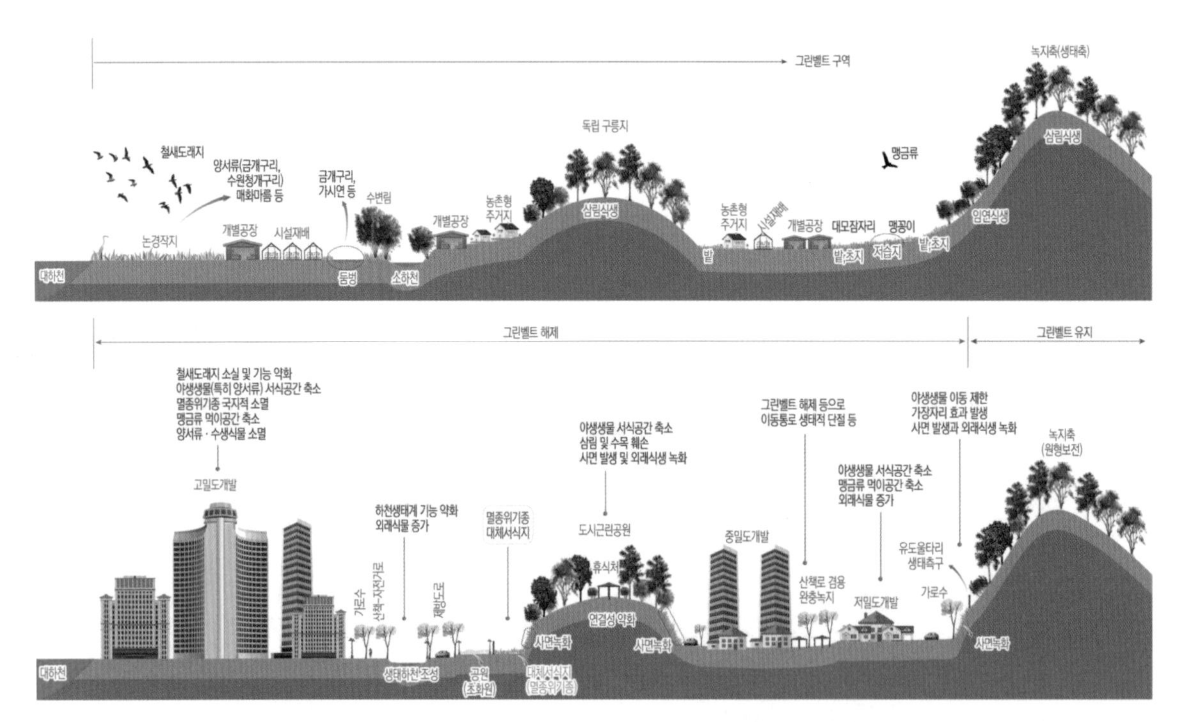

그림 6-12. 수도권의 대규모 도시개발사업에서의 토지이용 변화. 수도권에 그린벨트를 해제하여 도시개발사업을 하는 경우가 많다. 농경지, 하천, 구릉지, 주거지 및 공장, 비닐하우스 등의 기존 토지이용이 흔히 고밀도·중밀도 주거지 및 상업시설, 생태하천, 도로, 근린공원, 완충녹지 겸용 산책로를 조성하도록 계획한다. 이 과정에서 다양한 형태의 야생생물 서식공간이 다른 유형으로 변한다. 특히 식물은 수변림을 포함하여 삼림과 초지 및 농경지가 훼손되는 경우이며 훼손수목의 발생과 사면발생으로 인한 외래식물 녹화 등이다.

표 6-12. 환경영향평가에서 일반적인 식물분야의 영향예측 및 저감방안

구분	영향예측	저감방안
우수 생태계	대간·정맥축, 생태·녹지축 교란	토지이용계획 변경 및 기개발지 생태복원, 대체복원 등
	백두대간보호지역 등 보호지역 교란	토지이용계획 변경 및 기개발지 생태복원, 대체복원 등
	생태·자연도 1등급지 교란	토지이용계획 변경, 훼손면적 이상 대체녹지 조성
	주요 생물서식공간(습지, 사구 등) 교란	토지이용계획 변경, 원형보전 및 생태모니터링
식물상	비산먼지 등으로 보호수 및 노거수 생육 저해 등	방진막 설치 및 살수차 운행, 차량 운행속도 조절, 공사시 일시적 영향
	비산먼지 등으로 주변 자생식물 광합성 저해 등	살수차 운행 및 방진막 설치, 차량 운행속도 조절, 공사시 일시적 영향
	멸종위기야생식물 및 희귀식물 등과 같은 중요식물 훼손 및 영향	토지이용계획 변경 또는 개체 이식 및 모니터링, 멸종위기야생식물은 법적 절차를 거쳐 이식 진행
	귀화식물 및 외지식물 증가	일시적 현상으로 점차 안정화, 도시화지수 일정 유지
	생태계교란식물에 의한 교란	주기적인 인력 제거 작업 및 서식 모니터링
식생	삼림지역 및 서식 수목 훼손(벌목)	최대한 보전, 수목 이식(관리대장) 및 훼손수목의 효율적 활용
	우수 식생 훼손	훼손 면적 이상 대체녹지(생태모델숲 등) 조성
	식생 제거로 나지 및 사면 발생	토사유출 방지, 사면 및 나지에 식생녹화 등으로 빠른 식생 복원 및 안정화 유도, 기존 임도 이용 등
기타	근로자 및 행락객 식물 훼손	식물 훼손(남획) 방지 시설 설치 및 근로자 교육 실시, 행락객 관리, 출입문 조성 등
	생물서식처 소실로 생물다양성 감소	식물 및 서식처 훼손 최소화, 식이식물 및 생물다양성 유도 식물 식재, 다양한 서식공간(비오톱) 창출
	완충녹지 감소	다양한 기능을 하는 완충녹지(환경보전림)의 조성
	주요 생태공간에 대한 가장자리 효과	자연 구조의 완충녹지 조성 및 가장자리 식생 보강

최적의 저감방안을 수립해야 한다(그림 6-12). 환경영향평가 관련하여 개발에 따른 생태계 영향예측에서 식물은 우수(중요) 생태계 및 식물상, 식생에 대한 영향예측이 있다. 우수 생태계는 흔히 법정보호지역(산림보호구역, 자연공원, 습지보호지역, 생태·경관보전지역, 야생생물특별보호구역 등), 생태·녹지축, 대간·정맥축, 생태·자연도 1등급지, 주요 생물서식공간 등에 대한 영향예측이다. 식물상은 비산먼지 등에 의한 생육 저해, 멸종위기야생식물 및 희귀식물과 같은 중요 식물종의 보전, 귀화식물 및 생태계교란식물의 증감 등이다. 식생은 삼림지역에서 훼손되는 수목과 사면 및 나지 발생 등이다. 기타 근로자 식물 훼손 및 주요 생태공간에 대한 완충공간 부재로 인한 가장자리 효과 발생 등이다.

저감방안 | 환경영향평가 관련하여 저감방안은 영향예측의 항목에 대응하여 제시한다(표 6-12). 중요 식물 및 식생자원에 대해서는 토지이용계획을 변경하거나 훼손 면적 이상으로 생태모델숲 조성과 같은 형태로 대체복원을 시행하는 것이다. 식물상의 비산먼지에 대한 저감으로 방진막 설치, 살수차 운영, 차량 운행속도 조절 등을 제시하는데 대부분 공사 중의 일시적인 영향으로 예측한다. 생태계교란 식물은 주기적인 인력 제거와 그에 따른 모니터링을 제안한다. 식생에서는 훼손수목에 대해 일정 비율로 이식수목을 산정하여 보다 상세한 내용(가이식장, 관리대장, 정이식 설계도면 등)으로 이식계획을 수립한다. 기타 사업지구의 생물다양성 유지를 위해 다양한 친생태적 식재 및 조경 계획을 수립한다. 발생 사면에 대해서는 빠른 식생 복구와 복원, 안정화에 대한 계획을 수립한다. 기타 근로자 및 행락객에 의한 식물 훼손과 교란을 방지하기 위해 자연보호 교육 실시 및 유지관리 시설 설치 등을 시행한다.

개발사업이 진행되기 이전과 이후의 토지이용에 따른 식생의 피복 형태는 다르다.

개발에 따른 식생 변화 예측 | 개발에 따른 식생의 변화는 현존식생도와 그에 따른 식생보전등급에 대한 변화를 예상할 수 있다. 토지이용계획에 따라 토지이용은 원형보전, 개발지 또는 근린공원 등으로 변경될 수 있다. 개발 전과 후의 토지이용 변화를 현존식생도 및 식생보전등급도로 도면화 또는 수치화할 수 있다(그림 6-13). 개발되는 공간(주거지, 상업지, 도로 등)은 식생보전Ⅴ등급이고 생태복원지는 일정 기간이 경과되어 숲의 형태와 기능을 하게 되면 식생보전Ⅳ등급 또는 식생보전Ⅲ등급이 될 것이다. 즉 토지이용계획에 따른 이러한 식생의 변화 강도를 도면 등을 통해 보다 쉽게 이해할 수 있다.

식물에 대한 사후환경영향평가 조사 내용 | 환경영향평가(소규모환경영향평가 포함)에서 협의 이후 개발 과정에 실시하는 사후환경영향평가는 공사와 운영 단계로 구분된다. 공사 단계는 지형변화와 더불어 기존 식물이 제거되는 과정이고 운영 단계는 식생 및 식물이 안정화되는 과정이다. 흔히 사후환경영향평가에서 식물분야는 다른 분류군(분야)에 비해 전략 및 소규모 또는 환경영향평가 단계보다 조사량(현장조사 항목 및 대상지역 등)이 적고 단순하며 주로 다음과 같은 내용들을 조사한다.

01 기존에 협의되었던 계획과 동일하게 식물(식생)이 훼손 또는 제거되고 있는가?
02 이식수목은 적절하게 가이식(또는 정이식)되어 있는가?
03 가이식 또는 정이식한 개체 중에 생육이 불량한 개체는 없는가?
04 이식수목은 유지관리가 잘 되고 있는가? 관리대장의 운용은 잘 이루어지고 있는가?
05 발생 사면 또는 나지에 빠른 식생녹화가 진행되고 있는가? 토양세굴은 발생하지 않는가?
06 인위적으로 녹화 또는 식재한 식생 및 식물들의 정착은 불량하지 않은가?

그림 6-13. 개발 전(좌)과 후(우)의 식생보전등급 변화(대전시). 각종 환경영향평가 사업에서 개발 전과 후의 현존식생도 및 식생보전등급도를 작성하여 그 변화를 추정할 수 있다.

07 생태계교란식물이 서식하고 있는가? 서식이 확인되면 인위적인 제거 작업을 수행하는가?
08 개발 이전과 비교하여 관속식물상의 변화(관속식물상, 귀화식물 등)는 어떠한가?
09 중요식물 개체를 이식한 경우 이식 개체는 잘 생육하고 개화하는가?
10 개발지 주변에 기존 서식하는 중요식물종 및 주변 식생들의 생육은 양호한가?
11 비산먼지 등에 따른 보호수(노거수) 및 주변 식물들의 생육에 영향이 없는가?

개발되는 공간에서 훼손되는 수목은 이식 등을 통한 보전계획을 수립해야 한다.

훼손수목의 산정 | 훼손수목은 개발하고자 하는 지역에서 훼손되는 수목의 목록과 개체수를 추정하는 것이며 주로 삼림식생을 대상으로 추정한다(표 6-13). 훼손수목의 산정은 원래는 자연생태환경(식물분야)에 포함된 내용이 아니며 임목축척조사 분야 등에서 보다 정확히 산정할 수 있다. 식물종과 개체들은 자연상태에서 불연속적이고 불균질하게 분포하기 때문에 전수조사를 실시하지 않는 이상 산정된 훼손수목은 실제 현황과 명백한 차이가 있다. 따라서 산정된 훼손수목량은 개괄적인 추정치에 불과함을 인지해야 한다. 일반적으로 훼손수목은 교목층의 수목 개체를 대상으로 하지만 일부에는 아교목층, 관목층의 개체에 대해서도 추정하라는 의견을 제시하기도 한다.

관목의 훼손수목 추정 | 환경영향평가에서 이식수목의 산정에 일부에서는 관목 수종을 포함하도록 한다. 관목에 대해 이식수목을 산정하는 것은 개체수가 많고 맹아지를 형성하거나 영양생장을 하기 때문에 정확하게 계수하는 것은 난애하고 많은 시간이 소요된다. 관목층에는 교목성, 아교목성, 관목성, 덩굴성 식물종들이 포함될 수 있다. 관목층의 훼손수목은 모든 식물종을 대상으로 추정할 수 있지만 흔히 관목성 식물종만으로 산정하는 것이 합당할 수 있다. 관목층에 생육하는 교목성 및 아교목성 식물종은 일반적인 훼손수목에 반영되어 추정되기 때문이다. 하지만 관목층의 교목성 및 아교목성 개체들은 활착율이 높아 일반적으로 산출하는 교목성(아교목성) 훼손수목량과는 별도로 이식하는 것을 권장한다. 이러한 관목에 대한 효율적인 수량 추정방법이 필요하다. 현장조사에서 표본조사하여 수종별로 추산하거나 식생조사표의 관목층에서 수종별 피도로 추정하는 것이 가장 합리적일 것이다.

드론을 이용한 훼손수목 추정 | 드론으로 수관을 촬영한 영상이나 항공 라이다(LiDAR)를 이용한 수목탐지 기술은 다양한 분야에 활용되고 관련 기술이 개발되고 있다(Park 2021, Song et al. 2021). 국내에서는 수목개체 및 수고 측정, 수목 관리 및 변화, 가로수 정보 추출, 도시지역의 변화탐지 등 삼림이나 도시공간정보 분석에 주로 활용되고 있다(Yan et al. 2015, Park 2021). 국내의 선행연구들은 고가 장비인 라이다를 이용하는 경우가 많아 실제 환경영향평가에서는 적용하기 어려운 한계가 있다(Park 2021). 많은 연구

표 6-13. 훼손수목과 이식수목의 산정 사례(교목층 대상)(부산시, OOOO사업). 이식수목의 산정은 리기다소나무와 같이 식재수종(외래수종)을 제외하고, 소나무재선충을 고려하였고, 반올림한 값으로 산출하였다.

식물군락 및 식물종, 면적		주수 (100㎡당)	DBH (단위: ㎝)	훼손수량 (단위: 주)	이식수량 (단위: 주)	적용율	비고
굴참나무군락 (18,610㎡)	굴참나무	7	10~25	1,303	13	10%	
	졸참나무	1	20	186	19	10%	
	상수리나무	1	22	186	19	10%	
	아까시나무	1	18	186	0	0%	식재(외래)수종
상수리나무군락 (7,700㎡)	상수리나무	6	15~27	462	46	10%	
	졸참나무	2	18~20	154	15	10%	
리기다소나무군락 (9,916㎡)	리기다소나무	8	18~22	793	0	0%	식재(외래)수종
	소나무	3	17~22	297	15	5%	소나무재선충
아까시나무군락 (8,210㎡)	아까시나무	7	11~19	575	0	0%	식재(외래)수종
	상수리나무	2	19~24	164	16	10%	
	밤나무	1	19	82	0	0%	식재(외래)수종
	졸참나무	1	18	82	8	10%	
합	계	-	-	4,470	151	0~10%	

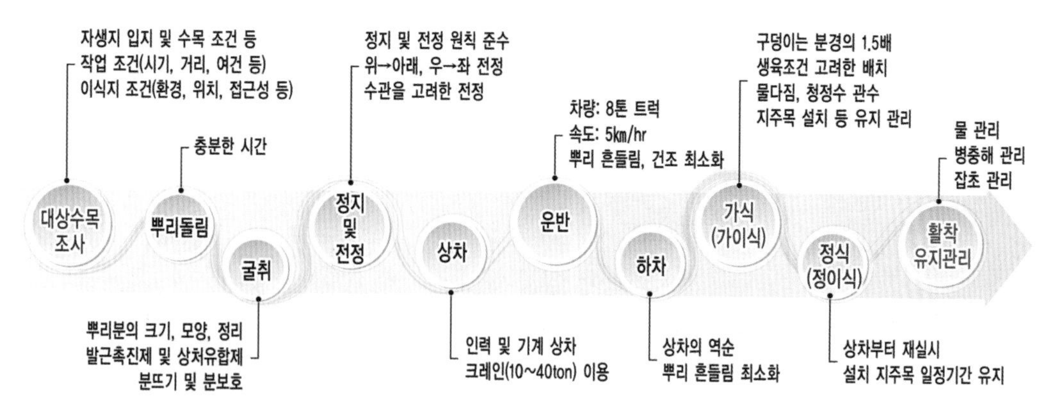

그림 6-14. 수목의 이식 절차도. 훼손되는 수목의 이식에는 대상수목 조사, 뿌리돌림, 굴취, 정지 및 전정 등의 사전 작업 이후 가이식장으로 상차, 운반, 하차한다. 가이식 이후 정이식지의 공사가 완료되면 최종적으로 정이식한다. 활착율을 높이기 위해서는 가이식 없는 정이식이 보다 유리하다.

들에서 삼림식생에 대한 훼손수목 추정 가능성에 대해 연구되었지만 수관층의 개체를 대상으로 하였고 주로 단일특이적 우점하는 식분인 조림식생을 대상으로 분석하였다. 환경영향평가에서의 삼림은 혼효림과 활엽수림인 경우가 많기 때문에 보다 확장된 연구방법의 개발과 적용이 필요하다.

수목의 이식 절차 | 수목의 이식 절차는 크게 [01]대상수목 조사, [02]가이식, [03]정이식, [04]유지관리로 이루어진다(그림 6-14). 대상지역에서 수목을 조사하여 이식 개체를 라벨링하는 것이 최우선이다. 개체 선정에 작업조건, 이식지 조건 등을 종합적으로 고려한다. 이식 개체가 결정되면 가이식장을 조성하여 수목을 뿌리돌림하고, 굴취하여 정지 및 전정, 상차, 운반, 하차하여 가이식하고, 지주목 설치 및 물다짐을 한다. 뿌리돌림한 개체는 형태가 최대한 유지되도록 표준방법에 맞추어 시행한다(그림 6-15, 6-16, 6-17). 운반은 뿌리 흔들림과 건조 최소화를 위해 8톤 트럭으로 5㎞/hr의 매우 느린 속도로 한다. 공사 기간에는 관리를 지속하여 가이식 수목의 생존율을 높인다. 공사 후반기에는 생태공원과 같은 적정 공간에 정이식하여 토양, 물, 병충해, 잡초에 대한 능동적이고 적극적인 활착 유지관리를 수행한다.

이식수목 산정 | 이식한 수목의 고사율을 줄이기 위해서는 이식수목은 크기가 작고, 수종은 식재종을 포함하여 확대시키고, 이식수목량은 자생수목량 대비 비율로 산정해야 하는 것으로 환경영향평가 이해관계자들(협의기관, 검토기관, 사업자·대행자) 및 환경부 관련기관에서 인식하고 있다(Mun et al. 2021, NIE 2023c). 이식수목량에서 재배종 또는 외래종을 포함하도록 하지만 실제 이식에서는 자생종 개체들을 최우선 채택하고 부족한 경우에만 재배종 또는 외래종을 이식하도록 계획한다. 또한 온실가스 흡수 및 저장

그림 6-15. 수목의 굴취(좌)와 굴취 완료하여 분을 뜬 개체(우)(여주시). 이식하는 수목의 활착율을 높이기 위해서는 적절한 크기로 분을 만들어야 하고 운반 과정에서 흔들려 가는뿌리가 훼손되지 않도록 유의해야 한다.

그림 6-16. 수목이식을 위한 가지치기(전정) 작업. 이식하는 수목의 경우 활착율을 높이기 위해 가지치기(좌: 산사나무, 문경시) 또는 많은 잎을 제거하기 때문에 자연적인 수형이 대부분 변형된다(우: 철쭉꽃, 정선군).

그림 6-17. 수목의 이식과 활착 관리. 좌에서 우로 분뜨기한 교목, 나근 형태의 관목, 식재한 이후 지주목 고정, 식재 이후 물다짐을 통해 이식수목의 빠른 정착을 유도하는 모습이다.

효율이 높은 잠재자연식생 구성의 활엽수종으로 선택하도록 한다(NIE 2023c). 현재의 이식수목은 흔히 교목수종을 대상으로 하고 전체 훼손수목의 10% 내외(자생수목량 또는 전체 훼손수목량)로 산정한다. 「환경영향평가서 작성 및 검토 매뉴얼」에서 이식수목량은 총 훼손수목량의 10% 이상을 이식 또는 재활용하도록 산정하고 이식대상 수목의 기준(수목 종류, 직경, 높이, 수관의 형태), 이식방법, 가이식 장소, 정이식 장소와 그 환경조건, 수목의 종류 및 개체수를 명시하도록 한다(NIE 2023c). 이식수목 중에서 교목 개체들은 수종별, 개체별 흉고직경이 다르지만 중·대경목인 흉고직경 20㎝ 내외인 경우가 많아 활착율이 떨어지는 문제점이 있다.

활착율과 소경목 이식의 효율성 | 자연숲에서 교목성 개체들은 대부분 15~20cm 이상의 중·대경목이 많아 고비용의 이식 대비 활착률이 현저히 낮기 때문에 그 효율성에 대한 의문은 지속적으로 제기되었다(Choung et al. 2007). 사람들은 흉고직경이 큰 개체를 이식하여 보전하는 것이 합리적인 것으로 인식하지만 생존 가능성, 경제성 등을 고려하면 오히려 비합리적이다. 흉고직경이 큰 수목은 고사율이 높고(그림 6-18), 여러 장비의 필요성, 이동의 어려움, 과도한 뿌리잘림 및 가지치기로 수형 변형 및 생육불량 등의 문제점이 있다. 이를 개선하는 방법은 아교목층이나 관목층에 속하는 흉고직경 10㎝ 이하인 수목의 이식(NIE 2023c)과 보상적 측면에서 삼림 훼손을 최소화하고, 대체녹지 또는 생태복원숲을 조성하는 등의 대안적 토지이용계획의 수립, 적정한 크기의 육묘한 자생수목의 충분한 대안식재일 것이다. 훼손수목 산정에 관목층에 생육하는 교목성 및 아교목성 개체들이 제외될 수 있지만 활착과 생존을 고려하면 이들 개체를 이용하는 것이 합리적이다. 설문조사에서 협의기관과 검토기관에서는 흉고직경(DBH, 지표로부터 1.3m 높이 직경) 11~15㎝, 실제 수목을 이식하는 사업자·대행자 그룹에서는 흉고직경 6~10㎝의 수목을 이식하는 것이 가장 적정하다고 인식하고 흉고직경 9.4㎝, 근원직경 10㎝ 이하의 개체에서 고사율이 가장 낮은 것으로 연구되었다(NIE 2023c)(그림 6-18). 자연상태의 교목성 개체들의 흉고직경은 흔히 10㎝ 이상이며 큰 개체는 30㎝ 이상을 형성한다. 하지만 수령이 오래된 큰 개체를 이식하는 경우 활착과 생존율이 현저히 떨어지기 때문에(Lee et al. 2015) 실제 근원직경(R로 표기. 지표면과 접한 줄기의 직경, cf. 흉고직경은 B로 표기)(표 6-20 참조) 10~15㎝ 이하의 어린 개체를 이식하는 것이 효과적이다. 흉고직경이 근원직경보다 작으며 조경에서는 수종에 따라 규격을 다르게 적용한다. 또한 다양한 개발사업들의 사후환경영향조사에서 가이식한 수목들이 고사하거나 생육이 불량한 경우가 빈번하게 확인된다(그림 6-19).

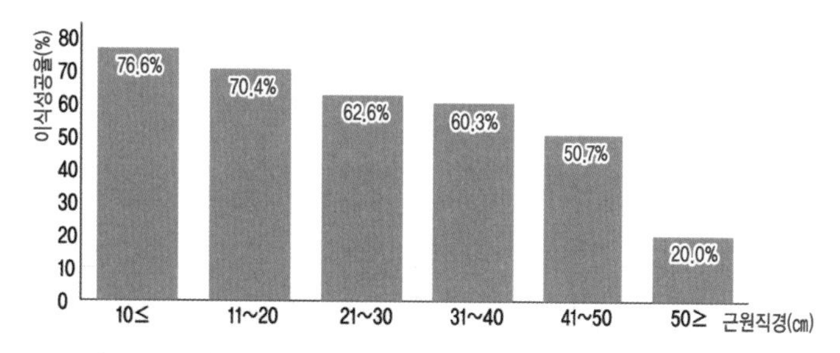

그림 6-18. 이식수목의 생존율(NIE 2023c). 이식수목의 크기가 작을수록 이식성공율은 높아진다.

그림 6-19. 수목 가이식(좌: 충주시, 가이식 직후, 우: 안성시, 가이식 이후 많은 개체 고사). 자생수목의 가이식 이후에는 물관리, 덩굴식물 제거 등의 적극적 관리로 생존율을 높이는 전략이 필요하다.

이식의 문제점 | 자생수목의 이식에는 여러 문제점이 있다. 이식수목의 선정과 및 수량 산정, 굴취의 어려움, 자생지에 비해 이식지의 토양 경화 및 영양물질 차이, 잔뿌리 잘림, 과도한 가지치기와 잎과 줄기 고사, 생육 불량, 맹아 발생 증가, 잡초 및 집중 관리 부실 등이다(NIE 2023c). 개발사업에서의 이식은 일반적으로 가이식 이후 정이식하기 때문에 이식수목의 활착율은 더욱 감소한다.

가이식과 정이식 | 자생수목의 이식(移植, 옮겨심기)에는 정이식과 가이식이 있다. 이식은 식물에게 강한 스트레스이며 공사 초기의 가이식은 1차, 후기의 정이식은 2차 스트레스에 해당된다(NIE 2023c). 훼손수목을 이식하는 경우에는 설계 및 공정을 조정하여 정이식하도록 하는 전략 수립이 가장 좋다. 현재 대부분의 공사에서는 가이식 이후 정이식하는데 이렇게 하면 바로 정이식하는 것에 비해 생존율이 현저히 떨어진다. 이식한 이후 1년 정도는 인위적이고 집중적인 유지관리가 필요하다.

수종별 이식수목량의 차이 | 실제 이식수목을 가이식하는 과정에서 수종별 이식수목량에 차이가 있을 수 있다. 이는 대표지점을 선정하여 훼손·이식수목량을 추정하여 실제의 수종별 분포 및 밀도와 다를 수 있거나 전술과 같이 이식 가능한 개체의 선정으로 차이가 있을 수 있기 때문이다. 이 경우에는 수종별 수량을 맞추는 경직된 접근보다는 적합한 수종으로 전체 수량을 맞추는 유연한 접근이 필요하다. 이는 이식수목의 활착율을 높이는데 보다 유리한 접근법이다.

공사현장에서 이식수목 부족 주장 | 공사현장에서 이식수목을 선정하고 굴취하는 과정에서 수량 부족을 호소하기도 한다. 이식수목량과 소요예산은 비례하기 때문에 사업자는 비용절감을 위해 환경영향평가 단계에서 훼손수목과 이식수목의 과다산정 오류를 주장한다. 환경영향평가에서는 이식수목의 크기와 수목을 굴취하는 입지 등을 고려하지 않고 단순히 수량만을 산정한다. 하지만 공사현장에서 이식수목을 결정하는데 흔히 급경사지역, 암반지역, 장비접근이 어려운 지역 등의 수목은 제외한다. 또한 수형이 양호하고 분뜨기 용이한 흉고직경 20㎝ 이하의 개체만을 주로 선정하기 때문에 이식수목

의 부족을 호소한다. 특히 실제의 지표와 수평투영한 면적에 차이가 있기 때문에 환경영향평가 단계에서 훼손수목 및 이식수목이 적게 추정되는 경향이 있다(그림 6-11 참조). 즉 원하는 형태의 이식수목이 부족할 수는 있지만 환경영향평가 과정에서 과다산정의 오류 주장에는 설득력이 떨어진다.

이식수목의 굴취 특성 | 토양환경이 양호한 완만한 산지 또는 충적지에 생육하는 수목은 이식이 상대적으로 쉽다. 하지만 급경사지, 토양층이 불량한 암반 위, 토양 내에 암설(岩屑, detritus)이 많은 지역의 식물 개체들은 이식을 위한 뿌리굴취(분뜨기, 掘取)가 어려운 경우가 많다. 굴취는 이식을 위해 수목 개체를 캐내는 작업으로 흔히 관목은 뿌리들이 얕은 토심에 분포하여 넓게 분을 뜨고 교목은 깊게 분을 뜬다. 일반적으로 식물뿌리의 95%는 토심 2m 이내에 분포하고(Schenk and Jackson 2002), 토심 60㎝ 이내에 90% 이상의 식물뿌리가 분포한다(Dobson 1995). 이를 인지해서 충분한 깊이로 뿌리를 굴취하도록 하고 물과 양분을 흡수하는 잔뿌리(가는뿌리)가 훼손되지 않도록 유의한다.

이식수목의 활착 | 이식한 수목들은 얼마나 활착할 수 있는가? 일반적으로 삼림에서 채취하는 이식수목은 올바른 과정을 거쳐 충분한 크기의 분으로 떠야하는데 입지의 토양환경은 분을 만들기 적합하지 않는 경우가 많다. 이 때문에 이식하는 식물 개체의 정착은 인위적으로 재배하여 식재한 조경수보다 생존율이 현저히 떨어진다. 흔히 육묘한 수목을 식재한 경우에서는 고사율이 낮지만 이식한 자생수목은 활착율이 떨어진다. 세종시 신도심(행정중심복합도시) 내에 식재한 조경수목의 하자율은 평균 5.6%이고 수종마다 다르다(Lee 2015). Lee et al.(2015)에 의하면 도로공사(7개 사업단)로 이식한 자생수목 총 22,521주 중에서 69%(15,519주)가 이식에 성공하였다. 형상에 따라서는 관목 또는 아교목보다 교목의 활착율이 떨어진다. 관목(어린 묘목 또는 소경목)의 경우에는 분이 없는 나근(裸根, bare-rooted)의 형태로 굴취해서 이식할 수 있다(그림 6-17 왼쪽 2번째). 활엽수는 근원직경이 5㎝ 미만의 개체가 대부분 여기에 해당된다. 나근의 형태로 굴취한 경우에는 수분이 있는 거적으로 뿌리를 덮어야 한다. 환경영향평가에서 훼손되는 수목을 최대한 보전하기 위해 이식을 권장하지만 실제 이식한 수목의 활착은 매우 더디

그림 6-20. 정이식한 수목의 생육(정선군). 이식수목은 열악한 환경이거나 적극적으로 관리하지 않으면 생육이 불량하다. 사진은 고해발 능선부에 약 4~5년 전에 정이식(신갈나무, 당단풍 등)하였지만 생육은 여전히 불량하거나 일부는 고사했다.

거나 고사하는 경우가 빈번하다(그림 6-20). 특히 환경이 열악한 곳(고해발지역, 영양분이 부족한 공간 등)에 이식한 수목의 활착은 더욱 어렵다. 이 때문에 이식이 아닌 보상적 보전계획 수립 차원에서 자생수종을 이용한 대체녹지의 조성, 육묘한 자생수목의 충분한 대안식재, 생태모델숲의 조성 등과 같은 실효적인 다른 방안을 강구하는 것이 합당할 것이다. 여기에는 수목 이식을 위한 개괄적 과정과 특성을 소개하고 세부적인 이식과 관리 등에 대해서는 관련 분야의 전문자료를 참조하도록 한다.

수목의 이식시기 | 수목의 경우 언제 이식하는 것이 가장 좋은가? 수목의 이식은 휴면 이후인 늦가을부터 휴면에서 깨어나기 이전인 이듬해 이른봄에 수행하는 것이 가장 좋다. 늦가을에 이식하게 되면 겨울철 강풍, 냉해 또는 서릿발 등에 의해 피해를 입을 수 있기 때문에 이른봄이 더 좋다. 이식수목의 활착율은 이식하는 시기와도 관련이 깊고 식물종에 따라서도 활착하는 능력이 다르다.

노거수의 이식 | 불가피하게 훼손되는 대형수목인 노거수를 이식하면 잘 정착하여 생존할 수 있을까?에 대한 의문은 항상 든다(그림 6-21). 노거수는 사람에 비유하면 체력과 면역력이 약한 고령의 노인과도 같기 때문에 이식을 통한 활착은 더욱 어렵다. 이 때문에 노거수는 가능한 원형보전하는 계획을 수립하도록 한다. 부득이한 경우에는 큰 장비를 이용하여 이식 수년 전부터 분을 크게 만들어 이식하는 매우 장기적인 전략의 수립이 필요하다. 이식한 노거수는 새로운 공간에 활착하는데도 오랜 시간이 필요하지만 활착율 역시 낮다. 노거수와 같은 대형수목의 이식에는 수차례의 뿌리돌림 및 이식공법 적용을 위한 구조역학(수목 중량, H-빔 받침틀 등) 계산, 세근 촉진공법 등의 적용이 필요하다(Lim et al. 2002). 또한 '보호수/노거수 이식 특기시방서' 등을 적극 참조해서 이식하도록 하고 장기적인 모니터링이 필요하다. 그림 6-21은 OO사업의 계획노선으로 불가피하게 훼손되는 노거수군의 일부 개체를 이식하

그림 6-21. 노거수 이식 전(좌)과 후(우)의 사례(김해시, OO사업). 계획노선으로 불가피하게 훼손되는 노거수군(푸조나무, 팽나무, 개서어나무 등)의 일부 개체를 이식했지만 생육은 매우 불량하거나 일부 고사(약 31%)한 것으로 나타난다.

였지만 이식한 개체들의 생육이 불량하거나 부분 고사한 것을 알 수 있다. 노거수 이식은 정밀한 건강 상태 분석과 계획 수립, 장기간에 걸친 실행 등 많은 시간과 비용, 인력이 소요된다.

이식대상과 방법의 생태학적 정보 | 식물 개체를 이식하기 위해서는 해당 식물종에 대한 많은 식물생태학적인 이해가 필요하다. 이식은 원칙적으로 다년생 식물을 대상으로 한다. 일이년생 식물은 평생 한 번 개화하는 단개화식물(monocarpic plant)이기 때문에 개화 결실한 종자를 이용해 번식(증식)을 유도하는 것이 합당하다. 식물종의 생태적 특성에 따라 이식하는 방법이 다를 수 있다. 대상식물이 초본성인지, 관목성인지, 교목성인지에 따라 이식방법이 다르다. 이식 이후에는 통기·통수성 유지를 위한 물, 토양 관리 및 병충해 피해에 대해 신경써야 한다. 수목 이식을 위한 분뜨기는 근원직경의 3~5배 넓이, 2~5배 깊이로 뿌리돌림하여 만든다. 분뜨기할 때는 잔뿌리(가는뿌리)를 최대한 보호하도록 수목의 상태에 따라 1~3년 동안 2~4회로 나누어서 서서히 뿌리돌림한다. 식물에서 굵은뿌리는 지탱의 역할을 하고 잔뿌리는 수분 및 영양분 흡수의 역할을 한다. 수목을 이식하거나 육묘한 조경수목을 식재하는 경우에는 이식하는 장소보다 평균기온이 낮은 고위도 지역(보다 추운지역)에서 발아 또는 생산한 개체가 생존율이 높다. 고위도 지역에서 생산한 개체가 추위에 보다 강한 내성을 가지기 때문이다(표 2-10 참조). 입지는 배수가 양호한 토양 또는 사면지역이 활착에 보다 유리하다.

수목 이식이 불가능한 경우 | 수목의 이식이 불가능하거나 어려운 경우는 소나무재선충(소나무材線蟲)과 참나무시들음병과 같은 심각한 병해충에 감염된 경우이다. 특히 소나무재선충에 감염된 반출금지구역의 소나무류는 법적으로 수목의 이동이 제한된다(그림 6-22). 소나무재선충은 소나무, 잣나무, 곰솔 등에 기생해 나무를 갉아먹는 선충이다. 솔수염하늘소, 북방수염하늘소 등의 매개충에 기생하며 매개충을 통해 나무에 옮긴다. 참나무시들음병은 참나무류가 급속히 말라 죽는 병으로 매개충인 광릉긴나무좀과 병원균인 *Raffaelea quercus mongolicae* 간의 공생작용에 의해 발병하며, 갈참나무, 신갈나무, 졸참나무에서 피해가 크다(Wikipedia 2025)(그림 6-23). 특히 소나무재선충감염지역은 반출금지구역으로 지정하여 관리하며 그 현황에 대해서는 산림청 홈페이지(https://www.forest.go.kr)에서 확인 가능하다.

그림 6-22. 소나무류 이동제한 안내(원주시). 소나무재선충에 감염된 지역의 소나무류는 다른 지역으로 이동이 제한된다.

그림 6-23. 소나무재선충(좌: 성주군)과 참나무시들음병(우: 파주시) 감염. 소나무재선충과 참나무시들음병(갈색으로 고사한 개체) 감염 개체는 훈증처리로 매개충의 확산을 방지해야 하기 때문에 이식수목에서 제외한다.

그림 6-24. 훼손수목을 활용한 목재더미 소생태계 조성(좌: 대구시)과 조경용 멀칭재료 생산(우: 합천군). 훼손수목을 활용한 목재더미 소생태계 조성과 식재식물의 생육을 돕는 멀칭재료 활용은 생물다양성 증진에 많은 도움이 된다.

훼손수목의 활용 | 이식수목에서 제외된 훼손수목(개체)은 여러가지 형태로 폐기 처분하여 활용한다(표 6-14). 나무장터 등을 이용하여 필요로 하는 조경업체 또는 지역주민들이 재활용(이식)하거나, 벌목하여 화목, 숯 생산 또는 버섯재배용 등으로 이용하거나, 나무더미를 만들어 소생태계를 조성하여 생태복원에 이용하거나, 폐수목을 잘게 부숴 멀칭에 이용하는 등의 형태로 위탁 처리하는 것이 일반적이다(그림 6-24). 이 중에서 벌목하여 활용하는 것보다는 지역에서 조경수로 활용하는 것이 가장 좋다.

표 6-14. 훼손수목의 다양한 활용. 훼손수목의 양과 종류에 따라 활용하는 방법이 다를 수 있다.

활용 구분	훼손수목 활용방안에 대한 내용
조경수 활용	·사업 시행(공사) 이전에 지역 조경업자들이 활용할 수 있는 수목(조경수)은 우선적으로 굴취하여 폐기보다는 재활용을 적극 유도 ·소나무를 우선 활용하는 경우가 많으며 소나무재선충 감염 여부 확인 필요 ·관목(진달래, 철쭉, 조팝나무, 찔레꽃 등)의 경우도 활용하도록 적극 권장
영농자재 활용	·톱밥 상태로 가공하여 지역농가에 공급하여 활용 ·비료용, 버섯균주 재배용, 축사깔개용, 사료용, 임목재배용 등으로 주로 활용
펄프원료 및 MDF 활용	·제지공장에서 종이의 원료가 되는 펄프의 원재료로 활용 ·MDF(Medium Density Fiberboard) 제작용 원재료로 활용 ·임목폐기물이 비교적 많이 발생되는 사업장에 적합할 수 있음
버섯재배 원목 활용	·인근 지역주민의 버섯재배장 접종목(균주 심는 재료)으로 활용 ·표고버섯 재배에는 훼손수목 가운데 흔히 참나무류를 이용
멀칭(mulching) 재료 활용	·임목폐기물(줄기, 뿌리, 가지 등)은 임목파쇄기를 이용하여 우드칩의 멀칭재료 생산 ·사업장 내(또는 주변) 조경지의 토양 피복과 보호로 식물생육 증진 재료로 활용
에너지 연료자원 활용	·열병합 발전시설에서 연료로 사용하거나 숯 등의 생활용으로 재활용 유도 ·화목용(숯 포함)으로 이용하는 수목은 주로 소나무류 및 참나무류가 적합
소생태계 조성	·수목을 일정 길이로 잘라 나무더미로 쌓아 소형동물의 서식처로 조성
기타 활용	·폐수목을 이용하여 건축용 인테리어 및 조각 등에 이용할 수 있음 ·자작나무는 실내 인테리어 용도로 많이 이용

중요식물이 불가피하게 훼손되면 이식, 모니터링 등의 세부 보전계획 수립이 필요하다.

중요식물의 보전 | 중요식물의 훼손이 예상되는 경우에는 해당 식물종에 맞는 보전계획을 수립해야 한다. 보전계획은 원형보전 또는 불가피한 훼손에 따른 식물 개체의 이식일 것이다. 식물종 중에서 희귀식물 및 식물구계학적 특정식물 V등급종(일부 Ⅳ등급종)은 법적인 보전 조치사항은 없지만 채취, 이식을 통한 모니터링 계획을 수립하는 것이 일반적이다. 모니터링은 사후환경영향평가에 포함하여 수행하거나 별도로 수행할 수 있다. 하지만 멸종위기야생식물의 경우에는 법적인 절차를 거쳐 이식해야 하는데 흔히 사후환경영향평가와 구분된 별도의 전문가 모니터링(흔히 3년간)을 수립한다. 식물종마다 이식 시기 및 이식 방법 등이 다르기 때문에 매우 신중하게 접근해야 한다. 이에 대해서는 후술한다.

멸종위기야생식물의 이식 보전 | 불가피하게 훼손되는 멸종위기야생식물의 경우 별도의 이식계획을 수립해서 적극적으로 보전해야 한다(그림 6-25). 환경영향평가에서 이식하는 멸종위기야생식물은 논경

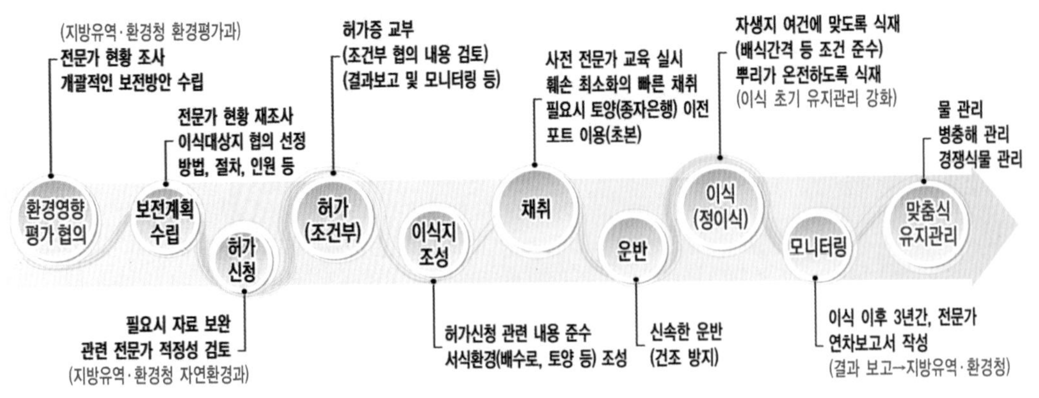

그림 6-25. 멸종위기야생식물(초본식물 위주)의 이식 절차도. 개발과정에서 멸종위기야생식물의 이식이 필요한 경우에는 법적인 절차를 거쳐 이식허가를 득해야 한다. 흔히 이식 이후 관련 모니터링을 3년간 실시하는데 횟수 등과 관련된 내용은 조건부협의 내용에 따른다.

작지에 주로 서식하는 매화마름이 많으며 가시연, 백부자, 복주머니란 등이 있다. 각 식물종 이식 보전에 대한 세부적인 내용은 식물종별 생태적 특성이 달라 별도의 연구가 필요하지만 여기에는 전반적인 과정만을 서술한다. 환경영향평가 과정(지방유역·환경청의 환경평가과)에서 이식을 통한 보전계획을 수립하면 실제 세부적인 이식 허가는 별도의 과정(지방유역·환경청의 자연환경과)으로 진행한다. 이식 보전을 위한 세부 수행계획서에 포함되어야 할 내용은 목적 및 배경, 해당 식물종 특성, 훼손되는 식물종의 분포 현황(추정 개체수, 공간분포 범위, 분포 면적) 및 서식처 특성(필요한 경우 물리환경 분석), 대체서식지(이주지), 이식 시기, 이식 횟수, 소요 인력, 채취 및 이식 방법, 유지관리 방법, 사후 모니터링 내용(횟수, 시기, 인력 등) 등이다. 이식 대상이 되는 멸종위기야생식물 가운데 대흥란과 같이 이식이 매우 까다로운 식물종도 존재한다.

법령 근거 | 멸종위기야생식물의 이식은 「야생생물 보호 및 관리에 관한 법률」 제14조(멸종위기 야생생물의 포획·채취 등의 금지)의 "① 누구든지 멸종위기야생생물을 포획·채취·방사·이식·가공·유통·보관·수출·수입·반출· 반입(가공·유통·보관·수출·수입·반출·반입하는 경우에는 죽은 것을 포함)·죽이거나 훼손(이하 "포획·채취 등"이라 한다)해서는 아니된다. 다만, 다음 각 호의 어느 하나에 해당하는 경우로서 환경부장관의 허가를 받은 경우에는 그러하지 아니하다"에 의한다. 흔히 학술연구는 1호, 개발사업은 3호에 해당한다. 1호는 "학술연구 또는 멸종위기야생생물의 보호·증식 및 복원의 목적으로 사용하려는 경우(학술연구, 보전·복원 사업)"이고, 3호는 "「공익사업을 위한 토지 등의 취득 및 보상에 관한 법률」 제4조에 따른 공익사업의 시행 또는 다른 법령에 따른 인가·허가 등을 받은 사업의 시행을 위하여 멸종위기야생생물을 이동시키거나 이식하여 보호하는 것이 불가피한 경우(개발사업)"이다.

이식허가신청서 및 세부 수행계획서의 작성 | 이식허가신청서(법에서는 '포획·채취 등 허가 신청서')를 작성하는 경우에는 「야생생물 보호 및 관리에 관한 법률 시행규칙」 '별지 제8호서식' (개정 2012.7.27)에 따라 신청해야 한다(그림 6-26). 신청서에는 동·식물의 멸종위기야생생물을 대상으로 하며 각종 개발사업의 경우 다음과 같은 내용을 포함한 별도의 세부 수행계획서를 첨부하여 신청해야 한다(NIE 2021).

01 사업목적

- 「야생생물 보호 및 관리에 관한 법률」 제14조 멸종위기야생생물의 포획·채취 등의 금지 제1항에 해당하는 경우 해당하는 허가 신청 목적(포획·채취·방사·이식) 기재

02 사업내용

- 개발사업의 경위, 대상지, 사업 면적, 사업시행자, 승인기관 등 사업 내용의 요약 기재

03 포획·채취 및 사업(공사)기간

- 대상 멸종위기야생생물 포획·채취 기간 및 사업(공사)기간 기재(시작과 종료 일자)
- 포획·채취 완료 후 시공을 원칙으로 하되 공사 중 대상 개체가 지속적으로 포획될 가능성이 높을 경우에는 공사기간 중 지속적인 포획, 이주를 실행해야 함
- 개발사업에 한해 현 서식지 보전이 어려울 경우 번식기(또는 산란기) 이전에 성체 및 아성체를 최대한 포획하여 이주시키는 방안을 강구해야 함

04 포획·채취 대상지

- 멸종위기야생생물을 포획·채취 대상지점(개발구역)의 행정구역 주소 및 상세 좌표, 위성사진(범위표시), 서식지 사진 등을 기재(작성 예시: 서울특별시 관악구 낙성대동 265(낙성대공원), 상세좌표(37.471136, 126.959342), 1:5,000 지형도 또는 위성사진(포획 지점 또는 범위 표시), 낙성대 공원 전경 사진 첨부)

05 환경영향평가 협의서

- 환경영향평가 협의 사항 기반으로 수행계획서가 작성되었는지 확인하기 위한 지방·유역환경청과 협의한 환경영향평가서 협의서 사본 첨부(단, 환경영향평가 당시 멸종위기야생생물 미발견된 경우는 제외함)

06 사전 모니터링 결과(의무사항)

- 해당년도 사업지 내 전체 또는 조사지점별 대상종의 개체수 조사 결과
- 사전 모니터링은 해당 분류군 전문가(식물분야는 식물 관련 박사학위자 적합) 입회 하에 실시 필요
- 대상지 내 대상종에 대한 위협 요인 평가 제출
- 육안 관찰 사진(종 동정 가능한 대상종, 알, 발자국, 배설물 등) 자료 제출
- 청음 자료의 경우 녹음 파일 제출

07 포획·채취 수량

- 사전 모니터링 결과에 따른 예상되는 포획·채취 대상종의 총 수량 기재(대상지 내 전수 포획을 목적으로 할 시 "포획 전 개체"로 표기)

■ 야생생물 보호 및 관리에 관한 법률 시행규칙 [별지 제8호서식] 〈개정 2012.7.27〉

멸종위기 야생생물 [ ]포획 [ ]채취 [ ]방사 [ ]이식 [ ]가공 [ ]유통 [ ]보관 [ ]수출 [ ]수입 [ ]반출 [ ]반입 [ ]훼손 [ ]고사 **허가신청서**

※ 뒤쪽의 작성방법을 읽고 작성하시기 바라며, [ ]에는 해당되는 곳에 √표를 합니다. 허가신청 목적 정의 참조 (앞쪽)

접수번호	접수일	처리기간 7일(검토 및 보완 기간 제외)

구분	내용	
신청인	① 성명(대표자) 신청자 대표 기입 ※ 대학교 소속 연구실일 경우 00대학교(교수) 기입	② 생년월일 주민등록번호 앞자리 6개 ※ 기관 및 업체의 경우 사업자 번호
	③ 상호(명 칭) 소속 기관 · 업체 명칭 기입	④ 전화번호
	⑤ 주소(사업장 소재지)	
신 청 명 세	⑥ 대상지역 도(시) 군(구 · 시) 면(읍 · 동) 리 번지 ※ 여러 곳일 경우 각각 기입하고 수행계획서 내 각 대상지역의 구체적인 위성사진 첨부	
	⑦ 대상종명 ※ 같은 분류군 끼리 묶어 신청(분류군이 다를 경우 개별 작성하고 묶어 일괄 신청)	
	⑧ 수량 00개체로 표기 ※시료의 경우는 크기, 양(cm, mL)도 함께 표기	⑨ 기간 포획 · 보관(수입 · 수출, 유통 · 반출 · 반입일) 기간 표기
	⑩ 목적 · 용도 허가목적(포획 · 채취 등)에 맞는 행위의 궁극적인 목적 기재	

구분	내용
⑪포획 · 채취시 추가사항	포획 · 채취방법 간략히 기재하고 수행계획서 내 상세 기술
	면적 ㎡ 포획 · 채취 대상지 면적(개발 사업의 경우) ※ 학술연구, 복원사업, 인공증식의 경우 포획지점으로부터 반경 2km의 면적 합산
⑫가공 시 추가사항	가공 명세 사체 또는 포획 대상을 박제, 표본을 만들 경우 박제, 표본 표기 ※ 인공증식된 식물을 약제 등 원료로 쓰기 위해 가공할 경우 가공품 명칭 표기
	입수 경위 인공증식된 멸종위기 야생생물이라는 사실 입증을 위한 인공증식증명서 및 거래명세서 첨부

구분			
⑬수출 · 반출 시 추가사항	품목번호(HS)	품 명	단 위
	단 가	수출국	거래상대방
	입수 경위 인공증식된 멸종위기 야생생물이라는 사실 입증을 위한 인공증식증명서 및 거래명세서 첨부		
⑭유통 시 추가사항	매수인 성명 거래 상대자 표기	입수경위 인공증식증명서 및 거래명세서 첨부	
	매수인 주소 거래 상대자 주소 표기		

「야생생물 보호 및 관리에 관한 법률」 제14조제1항 및 같은 법 시행규칙 제13조제1항에 따라 멸종위기 야생생물의 [ ]포획 [ ]채취 [ ]방사 [ ]이식 [ ]가공 [ ]유통 [ ]보관 [ ]수출 [ ]수입 [ ]반출 [ ]반입 [ ]훼손 [ ]고사의 허가를 신청합니다.

[ ]에는 해당되는 곳에 √표를 합니다. 허가신청 목적 정의 참조

년 월 일

신청인(대표자) (서명 또는 인)

유역환경청장 (지방환경청장) 귀하 ※ 포획 · 채취 대상지 또는 신청자 주소지(포획 · 채취 이외의 경우) 관할 환경청

신청인(대표자) 제출 서류	뒤쪽 참조	수수료 없음

210mm×297mm(백상지 80g/㎡, 재활용품)

그림 6-26. 이식허가신청서(NIE 2021). 멸종위기야생식물을 이식하는 경우에는 양식과 구체적인 수행계획서를 작성하여 해당 관청에 허가를 득해야 한다(뒷면 생략).

08 포획·채취 대상 멸종위기야생생물 특성 정보

- 대상 멸종위기야생생물의 학명, 지정(멸종위기야생생물, 천연기념물 등) 현황, 형태 및 생태 특성, 분포·서식 현황 및 위협요인 등을 기재

09 포획·이주 계획(의무사항)

- 포획·채취 일정표
- 포획·채취 방법(구체적인 포획·채취 도구, 트랩, 트랩 확인 주기 등 제시)
- 대체서식지 이동 방법
- 이동 간 스트레스 저감 방안
- 사후모니터링을 위한 개체 표식 방법(Visible Implant Elastomer(VIE) tag 등의 사용)

10 대체서식지 선정(안)(의무사항)

- 대체서식지의 행정구역상 주소 및 상세 좌표, 위성사진(범위 표시), 서식지 사진 등을 기재
- 기 서식 개체수에 대한 사전 조사 정보 제시
- 대체서식지 후보지(최소 3지점 이상)에 대한 서식지 평가표 작성 제시
- 선정 사유 및 전문가 자문 의견서(사업 참여 전문가 제외) 제시
- 사업지 내·외부에 대체서식지를 조성할 경우 조성 계획 및 조감도 제시
- 대체서식지는 개발 사업에 의한 위협 요인이 미치지 않는 곳을 선정하되 사후모니터링 이후 영구 서식지로서 기능을 가질 수 있도록 사전 고려하여 선정하여야 함

(대체서식지의 조성 여부는 담당 환경청에서 실사 검수 진행하므로 계획 사실과 다를 경우 포획·채취 등 허가 사항이 취소될 수 있음)

11 사후모니터링 계획(의무사항)

- 「야생생물 보호 및 관리에 관한 법률」 제15조에 근거 함
- 각 대상사업에 따른 사후모니터링 기간은 「환경영향평가법 시행규칙」 [별표 1] '사후환경영향조사의 대상사업 및 기간' 참조
- 구체적인 모니터링 조사방법 제시
- 사후모니터링 결과는 매년 2월말 담당 환경청에 필수적으로 제출하여 평가 및 환류(feedback)를 통한 보전 방안 마련 필요(사후모니터링 결과 이주 개체의 존속이 불가할 경우 피해대책 제시 필요)

12 포획·채취 및 이주를 위한 운반시 유의 사항

- 포획·채취 및 운반 시 개체 훼손, 스트레스 저감 등을 고려한 구체적인 운반 방법 기재
- 사진을 포함한 포획·채취 도구의 구체적인 정보 및 비상상황 발생 시 대처 방안 마련 필요
- 모니터링을 위한 대상 개체 표식은 개체 생존에 영향을 주지 않는 방법 권고
- 포획·채취 중 폐사 또는 고사하는 경우 개체수 및 사유, 처리방법 등을 담당 환경청에게 신고해야 함

13 기타 유의 사항

그림 6-27. 매화마름 이식 및 사후관리 관련 사진. 이식 및 유지관리에 다양한 작업들이 소요된다.

- 천연기념물로 지정된 멸종위기야생생물 및 지역의 경우 「문화재보호법」에 따라 문화재보호법 시행규칙에 해당되는 사항으로 「국가지정(등록)문화재 현상변경 허가신청」이 필요하며 「멸종위기야생생물 포획·채취 등 허가신청」에는 해당하지 않으나 담당 환경청에 관련 사실을 신고해야 함
- 멸종위기야생생물 267종 중 천연기념물 해당 여부는 별도 자료 참조

매화마름 이식 사례 | OO사업에 따라 불가피하게 훼손되는 멸종위기야생식물인 매화마름(II급)의 이식은 수행계획서와 이식허가증의 조건에 근거하여 다양한 작업 및 관리를 수행하였다(그림 6-27). 이식의 대상은 적정기간에 발아 또는 개화·결실한 개체를 포함하여 종자가 매토된 토양(주로 토심 15㎝ 이내)이며 연접한 대체서식지로 이식, 이동하는 계획을 수립하였다. 그에 따라 수차례 작업을 수행하였고, 적정 수문의 서식환경을 유지하였고, 이후 사후모니터링에서 발아·개화한 개체를 확인하였다. 이후 다른 식물종(돌피, 물피, 미국가막사리, 물달개비 등)과 경쟁에 약한 매화마름의 특성을 고려하여 주기적인 제초관리를 수행하였다(특히 애기부들과 같은 다년생초본식물 제거). 가장 합리적인 관리 방법은 농경시스템과 생활사를 같이 하는 매화마름의 생태적 특성을 고려하는 것이다. 개화하고 결실하는 시기는 모심기를 시작하는 즈음의 5월 중순~하순이기 때문에 이 시기에 대체서식지를 경운(논갈이)하는 것이 다른 식물의 침투를 제어하여 매화마름의 자생을 지속시키는 가장 효과적인 방법이다. 만일 매화마름 보호(protection, 원래대로 지킴)를 위해 대체서식지를 그대로 유지(자연방치)하여 경쟁식물을 제거하지 않으면 결국에는 매화마름은 소멸할 것이다. 즉 보전(conservation, 온전하게 유지함)을 고려한 생태학적 유지 방안은 관리주체를 설정하여 주기적인 경운 등으로 경쟁식물을 제거하는 것이다.

현지내 보전, 현지외 보전 | 환경부에서는 생물다양성 보전과 지속가능한 이용을 위해 국가적 수준의 보전 전략의 수립, 생물다양성 구성 요소의 조사 및 감시, 보호지역의 설정 등 현지내(in-situ) 보전 조치와 종자은행 설립 등 현지외(ex-situ) 보전 조치의 시행, 생물다양성 보전을 고려한 환경영향평가를 수행한다(ME 2023a). 환경부에서는 자생서식지 내에서 보전이 어려운 야생생물(특히 멸종위기야생생물)을 서식지 외에서 체계적으로 보전, 증식할 수 있도록 '서식지외보전기관'을 지정하여 관리하고 있다. 서식지외보전기관은 총 24개소, 식물을 대상으로 하는 기관은 12개소이다(표 6-15)(자료: KAECI 2024). 각 기관에서 관리하는 식물종 목록을 참조하여 이식·증식·유지관리 등과 같은 다양한 생태정보의 협조가 가능할 것이다. 환경영향평가에서 서식이 확인되어 불가피하게 훼손되는 멸종위기야생식물을 일부 또는 전부를 서식지외보전기관에 이식하기도 한다.

표 6-15. 식물 관련 서식지외보전기관 및 대상 식물종 현황(자료: KAECI 2024)

지역	기관명	종수	지정 대상 식물 목록
강원권	강원특별자치도 자연환경연구공원	7	왕제비꽃, 층층둥굴레, 기생꽃, 복주머니란, 제비동자꽃, 솔붓꽃, 가시오갈피나무
강원권	한국자생식물원	16	노란만병초, 산작약, 홍월귤, 가시오갈피나무, 순채, 연잎꿩의다리, 각시수련, 복주머니란, 날개하늘나리, 넓은잎제비꽃, 닻꽃, 백부자, 제비동자꽃, 제비붓꽃, 큰바늘꽃, 한라송이풀
수도권	평강식물원	6	가시오갈피나무, 개병풍, 노랑만병초, 단양쑥부쟁이, 독미나리, 조름나물
수도권	신구대학교식물원	11	가시연꽃, 섬시호, 매화마름, 독미나리, 백부자, 개병풍, 나도승마, 단양쑥부쟁이, 날개하늘나리, 대청부채, 층층둥굴레
수도권	(재)한택식물원	19	가시오갈피나무, 개병풍, 노랑만병초, 대청부채, 독미나리, 미선나무, 백부자, 순채, 산작약, 연잎꿩의다리, 가시연꽃, 단양쑥부쟁이, 층층둥굴래, 홍월귤, 털복주머니란, 날개하늘나리, 솔붓꽃, 제비붓꽃, 각시수련
전라권	한국도로공사수목원	8	노랑붓꽃, 진노랑상사화, 대청부채, 지네발란, 독미나리, 석곡, 초령목, 해오라비난초
전라권	함평자연생태공원	4	나도풍란, 풍란, 한란, 지네발란
충청권	(재)천리포수목원	4	가시연꽃, 노랑붓꽃, 매화마름, 미선나무
충청권	고운식물원	5	광릉요강꽃, 노랑붓꽃, 독미나리, 층층둥굴레, 진노랑상사화
경상권	기청산식물원	10	섬개야광나무, 섬시호, 섬현삼, 연잎꿩의다리, 매화마름, 갯봄맞이, 큰바늘꽃, 솔붓꽃, 애기송이풀, 한라송이풀
제주권	한라수목원	26	개가시나무, 나도풍란, 만년콩, 삼백초, 순채, 죽백란, 죽절초, 지네발란, 파초일엽, 풍란, 한란, 황근, 탐라란, 석곡, 콩짜개란, 차걸이란, 전주물꼬리풀, 금자란, 한라솜다리, 암매, 제주고사리삼, 대흥란, 솔잎란, 자주땅귀개, 으름난초, 무주나무 등
제주권	여미지식물원	10	한란, 암매, 솔잎란, 대흥란, 죽백란, 삼백초, 죽절초, 개가시나무, 만년콩, 황근

개발로 생태계교란식물의 확산이 예상되고 지속적이고 주기적인 제거 관리가 필요하다.

생태계교란식물의 관리 | 생태계교란식물은 식물종에 따라 제거 관리하는 방법이 다르다(표 6-16). 하지만 모든 식물종은 개화하여 종자를 생산하기 이전에 제거하는 것을 최우선으로 한다. 가장 기본적인 방법은 사람이 도구를 이용하여 뿌리째 뽑기로 제거한다. 특히 일년생 또는 이년생 식물종은 휴면아(겨울눈)를 형성하지 않기 때문에 반드시 개화 이전에 제거작업을 실시해야 한다. 휴면아를 생산하는 다년생 식물종은 개화 이전에 생장한 줄기를 낫이나 예초기 등으로 반복적이고 주기적으로 제거한다

(그림 6-28). 제거작업은 3~5년 이상, 매년 2~3회 이상 실시하는 것이 좋다. 토양 내에는 매토된 이들의 종자가 있기 때문에 토양 이동을 통한 확산과 발아 촉진을 제어해야 한다. 뿌리줄기 등으로 무성생식하는 식물종(털물참새피 등)은 제거 이후 영양번식체(기는뿌리 등)가 잔존하지 않도록 유의한다. 인력으로 제거할 때에는 식물의 가시(가시박, 환삼덩굴) 등에 의해 작업자가 상처받지 않도록 유의해야 한다.

표 6-16. 생태계교란식물 관리 방안(자료: NIE 2022 수정)

한글명	생활사	생육 특성	주요 관리 방안
단풍잎돼지풀	일년생	·도로변, 하천변, 공터 등 ·바람, 하천을 따라 확산 ·번식력 뛰어나 정착하면 제거 어려움	·종자생산 이전인 5~6월에 중점 제거 ·토양내 종자로 인한 확산에 유의 ·낫이나 예초기로 지상부 제거(결실 이전)
돼지풀	일년생	·도로변, 하천변, 경작지, 공터 등 ·주로 바람과 물길을 따라 확산	·종자생산 이전인 5~6월에 중점 제거 ·토양내 종자로 인한 확산에 유의 ·봄부터 개화 이전까지 뿌리까지 뽑기 반복 시행
도깨비가지	다년생	·건조한 토양 및 목장 등 ·뿌리, 종자로 확산, 제초제에 내성이 있음	·반복적이고 주기적인 전초 제거 ·매토종자를 제거
물참새피	다년생	·물정체습지(호소, 하류) ·종자, 지하경, 포복경 등으로 확산 ·주로 물로 확산	·반복적이고 주기적인 제거, 추수식물(경쟁식물)의 생육 촉진, 일정기간 수위상승을 통한 침수, 그늘 생성
털물참새피	다년생	·물정체습지(호소, 하류) ·종자, 지하경, 포복경 등으로 확산 ·주로 물로 확산	·반복적이고 주기적인 제거, 추수식물(경쟁식물)의 생육 촉진, 일정기간 수위상승을 통한 침수, 그늘 생성
서양등골나물	다년생	·숲, 숲가장자리, 돌담 등 반음지 ·바람으로 확산	·매토종자를 고려하여 반복 제거 ·초기에는 뿌리째 제거, 성장한 이후에는 낫이나 예초기로 지상부 제거
가시박	일년생	·하천변, 도로변, 숲가장자리, 경작지 등 ·물과 이동한 토양 내의 종자로 확산 ·다른 식물을 피복하여 고사시킴	·5~6월에 어린 개체를 집중적으로 제거 ·종자 결실 이전에 상류에 있는 개체를 선제거 또는 동시 제거 ·어린개체는 손으로 제거, 성체는 줄기자르기로 제거
미국쑥부쟁이	다년생	·길가, 도로변, 나지, 하천변, 밭, 숲의 내외 등 ·바람에 의해 쉽게 확산	·생육초기 예초기보다 뿌리째 뽑아 전초 제거
서양금혼초	다년생	·경작지, 도로변, 초지, 황무지, 공터 등 양지 ·바람에 의해 쉽게 확산	·생육 초기에 집중 전초 제거(뿌리째뽑기, 잔뿌리 제거), 꽃대 제거, 매토종자 제거, 5년 이상의 지속적인 제거
애기수영	다년생	·목초지, 경작지 ·토양 이동 및 바람과 물로 확산 ·척박한 토지와 산성토양의 지표식물	·생육초기 제거, 반복적이고 주기적인 전초 제거, 매토종자의 제거, 석회 사용을 통해 pH가 증가하면 생육 억제

한글명	생활사	생육 특성	주요 관리 방안
양미역취	다년생	·하천변, 경작지, 묵밭, 철로변 등 ·바람으로 확산	·뿌리째 뽑기로 제거, 제초제 검토 후 사용, 낫, 예초기로 지상부 제거, 매토종자 제거
가시상추	일년생 이년생	·도로변, 방조제, 하천변, 공한지 등 ·바람으로 확산, 지열이 높은 곳에 생육 가능	·종자 생산 이전에 제거, 가능한 전초를 제거함, 겨울철 근생엽 제거, 개화기 이전에 낫, 예초기로 지상부 제거, 매토종자 제거
갯끈풀	다년생	·갯벌, 무성생식으로 번식 가능, 12시간 침수되는 공간에서도 생육	·주변 지역까지 확장 관리, 개화 이전에 뿌리째 뽑기로 반복적이고 주기적인 제거 지속
영국갯끈풀	다년생	·갯벌, 무성생식으로 번식 가능, 9시간 침수되는 공간에서도 생육	·주변 지역까지 확장 관리, 개화 이전에 뿌리째 뽑기로 반복적이고 주기적인 제거 지속
환삼덩굴 (고유종)	일년생	·밭, 길가, 둑, 황무지, 들, 수원지, 정원, 산기슭, 숲가장자리 등	·종자 형성 이전에 줄기자르기, 뿌리째 뽑기 등으로 제거, 매토종자 제거까지 반복적이고 지속적인 제거, 제거 후 부직포, 차광목으로 피복하면 발생 억제 ·낫이나 예초기를 이용하여 제거
마늘냉이	일년생 이년생	·삼림 내부 ·사람이나 동물로 확산 ·매토종자의 생존기간 최대 30년	·생육 초기 또는 개화 이전에 뿌리째 뽑기로 제거, 최소 3년 이상 반복적이고 지속적인 제거, 매토종자의 제거
돼지풀아재비	일년생 이년생	·길가, 공터, 농경지 주변, 공사장 등 ·물, 동물, 농기계 등으로 확산 ·매토종자의 생존기간 8~10년 이상	·근생엽 단계, 생육 초기, 개화기 이전에 뿌리째 뽑기로 제거, 최소 3년 이상 반복적이고 지속적인 제거, 매토종자의 제거

그림 6-28. 생태계교란식물인 가시박의 제거(창녕군). 하천에 우점하는 가시박은 예초기 등으로 인위적으로 제거하거나(좌) 낫 등을 이용하여 줄기를 잘라(우) 지속적으로 제거해야 개체수가 줄어든다.

4. 식생의 보전과 복원

발생되는 사면 또는 나지 공간에는 빠른 안정화를 위한 식생녹화 등이 필요하다.

발생 사면의 인위적인 녹화 | 각종 개발사업으로 인해 발생되는 사면은 자연형과 인공형으로 나눌 수 있다. 자연형은 토양기반 조건에 따라 암반형과 토사형으로 구분되고 인공형은 식생블럭형과 목재(또는 돌)쌓기형 등으로 구분된다(표 6-17)(그림 6-29). 자연형에서 암반으로 이루어진 사면이 토사로 이루어진 사면에 비해 급경사의 형태로 계획할 수 있다. 식생복원에 이용되는 식물종은 대상지역의 잠재자연식생 여건을 고려해 선택해야 한다. 발생 사면에 따라 자연적인 식생천이를 유도하거나 식생의 빠른 정착을 위해 주로 종자분사 파종(seed spray) 공법 등을 적용할 수 있다. 이 공법에는 해당 지역에 적합한 고유식물 종자를 혼합하는 전략이 필요하다.

사면녹화 식물종 | 현재 종자분사 파종 등을 통한 사면복원에 이용되는 식물 종자들은 주로 외래식물이며 고유식물 종자를 이용한 식생복원이 어려운 것이 사실이다(그림 6-30). 주로 초본성 식물종은 큰김의털, 왕포아풀, 쥐보리, 능수참새그령, 오리새, 수레국화, 끈끈이대나물, 큰금계국, 자주개자리, 붉은토끼풀, 벌노랑이, 산국 등이고 목본성 식물종은 큰낭아초, 참싸리 등이다. 이 식물종 외에 자생식물의 종자를 혼합하여 사용하면 지역에 적합한 건강하고 빠른 식생복원이 가능하다. 사용 가능한 식물종은 소나무, 싸리, 참싸리, 붉나무, 국수나무, 쑥부쟁이, 구절초류, 도라

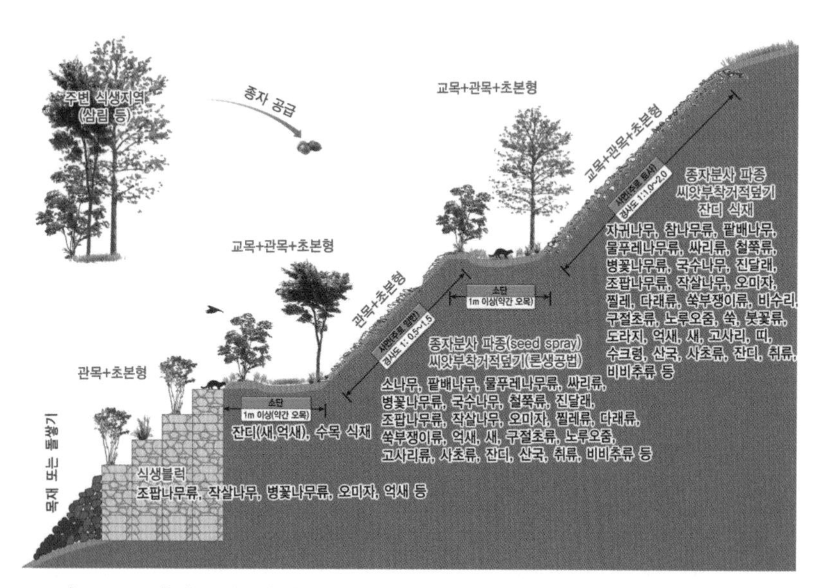

그림 6-29. 사면녹화. 사면녹화는 사면 형태에 따라 식생복원 방향이 상이하며 종자분사 파종 및 씨앗부착거적덮기 등의 방법을 주로 사용한다. 유지관리 단계에서 주변 식생지역에서 자연적 종자 유입을 적극 유도한다.

표 6-17. 사면 유형별 특성에 따른 식생 녹화방법(중부지방 및 고해발 산지)(그림 6-29 참조)

구분	유형	주요 내용
자연	암반형	·사면의 경사도는 1:0.5~1.5로 조성(주로 0.5~1.0으로 조성) ·종자분사 파종(seed spray), 씨앗부착거적덮기(론생공법) 등 ·아래 소단은 약간 오목형, 1m 이상 폭으로 조성 ⇒ 식생발달 촉진 ·장기적으로 관목과 초본이 혼생하는 형태로 발달 유도 ·주변에서 자연적으로 소나무의 침투가 예상될 수 있음 ·자귀나무, 참나무류, 팥배나무, 물푸레나무류, 싸리류, 철쭉류, 병꽃나무류, 국수나무, 진달래, 조팝나무류, 오미자, 찔레꽃, 다래류, 비수리, 구절초류, 노루오줌, 쑥, 붓꽃류, 비비추류 등
	토사형	·사면의 경사도는 1:1.0~2.0으로 조성(주로 1.0~1.5로 조성) ·종자분사 파종, 씨앗부착거적덮기(론생공법), 잔디 식재 등 ·아래 소단은 폭 1m 이상 약오목형으로 조성 ⇒ 식생 발달 촉진 ·장기적으로 교목, 관목, 초본이 혼생하는 형태로 발달 유도 ·주변에서 자연적으로 관목식물(미역줄나무 등)의 침투가 예상됨 ·소나무, 팥배나무, 물푸레나무류, 싸리류, 철쭉류, 병꽃나무류, 국수나무, 진달래, 조팝나무류, 오미자, 찔레꽃, 다래류, 구절초류, 노루오줌, 고사리류, 비비추류 등
인공	식생 블럭	·비교적 경사가 급한 경우로 소단마다 식생 정착이 가능하도록 조성 ·야생동물의 이동이 가능하도록 구조 개선 노력 필요 ·관목과 초본이 혼생하는 형태로 발달 유도 ·주변에서 자연적으로 관목식물(미역줄나무 등)의 침투가 예상됨 ·조팝나무류, 작살나무류, 병꽃나무류, 오미자, 억새류 등
	목재 (또는 돌) 쌓기	·식생 발달보다는 자연적인 형태로 조성하여 야생동물의 서식 및 이동 개선 ·지형 조건 등을 고려하여 목재 또는 돌쌓기 등의 형태로 조성 ·식생이 정착할 수 있는 토양 환경이 조성되어 있지 않아 주변에서 자연적으로 식생의 침투가 거의 일어나지 않음

그림 6-30. 발생 사면의 녹화(좌: seed spray, 충주시)와 식생 정착(우: 봉화군). 각종 개발사업으로 부득이 사면이 발생한다. 발생 사면의 빠른 녹화를 위해 다양한 식물종(큰금계국, 큰낭아초, 자주개자리 등)을 이용한 녹화공법이 적용될 수 있다.

그림 6-31. 발생 사면에서의 자연 식생복원. 일반적으로 도로 건설로 발생된 사면에는 붉나무의 자연복원(좌: 시흥시, 영동고속도로)이 빈번하지만 암반지역에서는 주변에서 유입된 종자에 의해 소나무의 자연복원(우: 칠곡군, 왜관 IC 인근)도 두드러진다.

지, 띠, 새, 억새, 수크령, 그늘사초, 청사초류, 실새풀, 산조풀 등이다. 빠른 안정화를 위해 외래식물로 사면 또는 나지를 녹화하더라도 외래식물 정착 이후 고유 목본식물(신갈나무, 당단풍 등 주변 삼림생태계 구성 식물종)을 포트묘로 고밀도 식재하면 더욱 빠르게 자연식생으로 복원·회복이 가능하다. 발생 사면의 공간에는 입지환경 여건에 따라 붉나무, 아까시나무, 소나무 등의 자연적인 수목 침투가 빠르게 일어나기도 한다(그림 6-31).

녹지·생태공간 보전 및 복원에 다양한 생태적 기능을 하는 비오톱(에코톱)의 계획은 좋다.

녹지·생태공간 계획의 원칙 | 생물다양성을 보전하기 위해 다양한 녹지·생태공간을 어디에 계획해야 하는가? 어느 규모로 계획해야 하는가? 어떤 형태로 계획해야 하는가? 등에 많은 의문점이 생긴다. 과거부터 많은 논쟁이 있었으며 SLOSS(single large or several small)논쟁으로 알려져 있다. 전체 면적이 같을 경우 하나의 큰조각(single large)이 좋은가? 여러 개의 작은조각(several small)이 좋은가?에 대한 논쟁이다. 일반적으로 다양한 서식공간 조성으로 생태복원을 하는 경우에 여러 작은조각이 유리할 수 있지만 가장자리효과(edge effect)의 제거 등을 감안한다면 큰조각이 보다 유리하다. 최근의 산업단지 및 도시개발과 같은 규모가 큰 개발계획에는 생태축을 강조하고 생물다양성 보전을 목표로 하는 지속가능한 개발이 필요하다. 토지이용계획에서 녹지·생태공간의 형

	좋음	나쁨	
큰조각			작은조각
융합형			분리형
인접형			격리형
공유형			비공유 직선형
연결형			독립형
원형			막대형
굴곡형			비굴곡형

그림 6-32. 녹지·생태공간 계획 원칙. 공간계획에 생물다양성 보전을 위한 효과적인 규모, 형태, 배치가 필요하다.

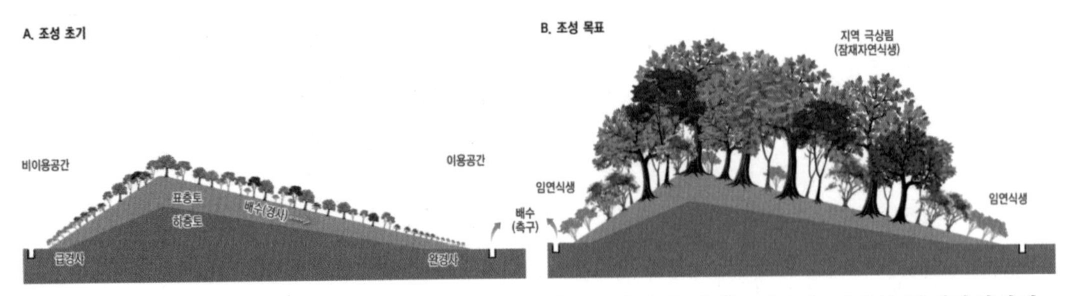

그림 6-33. 환경보전림과 생태모델숲의 조성 목표. 환경보전림과 생태모델숲은 지역의 잠재자연식생의 구성식물종을 이용하여 장기적으로 지역에서의 천이 극상림 형태를 구현하는 것이 목표이다. 비대칭의 구릉지는 사람이 이용하는 사면은 완경사로, 반대 사면은 보다 급경사로 지형을 조성한다.

태와 배치, 규모에 있어 일반적으로 큰조각, 융합된 형태, 인접형, 공유형, 연결형, 원형, 굴곡형이 생물다양성 보전에 더욱 유리하다(Primack 2004)(그림 6-32).

생태모델숲의 개념과 기능 | 생태모델숲(eco-model forest)은 자연림의 구조와 기능에 대한 정보를 토대로 이와 유사하게 조성된 숲을 의미한다. 일본의 환경보전림(environmental protection forest)과 유사한 개념이다. 생태모델숲은 지역의 자연환경 여건에 맞기 때문에 생물서식공간 제공, 미기후 조절 및 대기정화 기능, 방음 기능, 지구온난화 예방 기능, 어메니티 향상 기능, 생태환경 교육 기능 등 사람들에게 다양한 기능을 제공한다(Choung et al. 2007). 환경보전림과 생태모델숲은 해당지역의 잠재자연식생의 구성식물종을 이용하여 최종적으로는 천이 극상림 형태를 구현하는 것이 목표이다(그림 6-33). 조성을 위해서는 해당지역의 현존식생과 잠재자연식생을 파악하고 자생수종을 식재해야 한다. 미래의 숲으로 기능하기 위해 자생하는 다양한 교목류, 아교목류, 관목류를 동시에 선정해야 한다. 생태모델숲은 양묘한 자생수종 포트 유묘(어린 묘목)를 이용하여 밀식하는 저비용의 생태복원기법이다(그림 6-34 참조). 식재한 수목의 양호한 활착율과 빠른 생장을 도모하여 식재 이후 약 5년 이상 경과하면 자연발달하여 안정된 숲의 형태로 진입한다는 개념이다. 약 0.5~1m 내외의 묘목 식재는 3년이 경과하면 교목류가 약 4~5m 정도로 생장하며 5년 후에는 교목류가 6m 이상, 아교목류는 약 3~4m, 관목류가 약 2m 내외로 생장하여 어느 정도 숲의 형태를 갖추는 것으로 기대한다. 약 10년이 경과하면 거의 안정된 숲으로 발달하여 자연림과 유사한 식생구조일 것으로 기대한다(Choung et al. 2007). 우리나라의 낙엽활엽수림 지역에서 산불로 식생이 완전히 소실된 이후에 식생은 약 10~20년이 경과하면 교목층의 높이가 8m 이상으로 성장하여 숲의 계층구조를 갖춘다(Choung et al. 2002, Lee et al. 2004). 이를 감안한다면 우리나라 대부분의 산지에서는 자연방치 이후 10~20년 정도가 지나면 숲의 형태를 갖출 것이다.

표 6-18. 각종 생태복원숲 조성기법의 장·단점과 특징(Choung et al. 2007 일부 수정)

숲 조성 기법	특징 및 장·단점	비고
도시숲	기존 수림대 개선, 개발사업에 적용 한계, 도시 내에서 다양한 기능을 하는 숲을 통칭	근린공원 등
생태숲	기존 수림대를 특화, 개발사업에 적용 한계, 자연이 갖는 생물보전 및 생태적 기능을 강조한 산림청의 삼림정책사업에 적용	한라생태숲(제주도 용강동) 등
군락식재 및 생태적 식재기법	자연림과 유사, 고비용, 넓은 면적에 적용 한계, 수종 선정, 식재방법, 수목간 거리, 층위구조 등 식물생태학적 특성 고려	원효사지구(무등산 국립공원) 등
군락이식(복사이식)	자연림 이식, 고비용, 넓은 면적에 적용 한계, 기존 군락과 동일하게 토양층과 식물군락 전체(수종, 크기, 배치)를 동일하게 이식함	동탄신도시, 김포장기지구 등
모델식재	자연림과 유사, 고비용, 넓은 면적에 적용 한계, 기존 모델군락의 수종, 크기, 배치를 그대로 도입(식재 개체 수급이 어려움)	김포장기지구 등
생태모델숲	자연림과 유사, 저비용(경제적), 넓은 면적에 적용 가능	함양 상림 등

숲의 다양한 형태와 조성법 | 생태모델숲 외에도 도시숲, 생태숲, 삼림비오톱 등과 같은 다양한 이름과 기능을 목적으로 숲을 조성하지만 큰 틀에서는 유사한 개념으로 인식할 수 있다. [01]군락식재 및 생태적 식재기법(Oh and Kim 2007), [02]모델식재(Lee 2006), [03]군락이식(복사이식) 등이 있다(표 6-18). 생태모델숲에서와 같이 유묘가 아닌 기존 수림대의 기능을 개선하거나 성장한 묘목을 식재하는 등에서 차이가 있다. 군락식재 및 생태적 식재기법은 녹화식재 설계시 수종 선정, 식재 방법, 수목간 거리, 층위구조 등 식물생태학적 특성을 고려하여 식재하는 기법이다. 모델식재는 숲 조성지역의 식재수종, 개체 크기 및 배치 등을 모델로 하는 자연숲과 동일하게 하는 것이다(Choung et al. 2007). 군락이식은 복사이식, 삼림이식이라고도 하는데 일본에서 도입된 개념으로 식물군락 전체와 식물생육기반인 토양층까지 함께 이식하는 방법을 말한다(沼田眞 등 1996, Lee 2006, Oh and Kim 2007). 생태모델숲은 후술한 Miyawaki의 환경보전림과 유사한 유목의 잠재자연식생 구성식물종으로 혼식, 밀식하는 것이다(그림 6-33, 6-34). 입지의 지형 구조는 비대칭 구릉(mound)으로 만드는 것이 중요하다(그림 6-33). 사람들이 이용하는 방향의 경사는 완만하게 조성하는데 흔히 10~30°가 적당하다. 토양은 공기와 물의 순환이 좋은 양토 또는 사질양토를 이용하는 것이 좋다. 식재 초기에는 토양의 보습과 보온, 토양동물의 생육 촉진 등을 위해 생물재료(볏짚, 톱밥, 나뭇잎 등)를 이용하여 멀칭하는 것이 좋다.

생태모델숲의 설계 | 생태모델숲은 먼저 식재하는 자생수종들을 선정하고, 배식 간격 등의 배식설계를 하고(그림 6-34), 토양기반을 조성하고, 식물 묘목을 식재하고, 식재 이후에는 적절한 유지관리를 한다(Choung et al. 2007). 흔히 식재식물은 규격의 크기가 작은 개체일수록 가격은 현저히 낮고 활착율은 높다. 조

표 6-19. 생태모델숲(환경보전림) 조성 세부 내용

구분	세부 내용
입지 구조	·소규모 구릉(mound)을 조성하는데 단면은 비대칭(사람들 이용공간은 완경사)으로 계획함 ·구릉의 경사도는 10~30°, 지형의 구조적 변화는 급하지 않도록 완만한 구배로 계획함
입지 토양	·식물생장에 토양조건(특히, 산지의 갈색삼림토 및 사질양토나 양토)과 관리가 매우 중요함 ·토양은 통기성과 통수성을 양호하게 하여 식물체의 뿌리 호흡이 용이하도록 해야 함 ·토양층 가운데 A_1층에 해당되는 표토층 두께는 50㎝ 이상, 유효토층(뿌리성장 고려)은 100㎝ 이상을 확보(가능한 두꺼운 토양층을 형성하는 것이 좋음)하는 것이 좋음 ·식물생장을 위해 양분과 수분 조건을 양호하게 함
식물종 식재	·장기적인 계획 하에서는 포트에서 양묘한 묘목을 이용(변화된 환경적응력이 높음)하여 빠른 활착을 유도함. 지상부(줄기)는 20~40㎝, 지하부(뿌리)는 8~9㎝의 유목이 적합함. 도심지 내에 중기적인 계획 하에 생태숲을 조성한다면 교목은 R4~6㎝(근원직경)의 수목이 경제적임(표 6-20 참조). 관목은 지상부가 50㎝ 정도가 효과적이지만 최대 1m를 넘지 않도록 계획함 ·이용식물종은 지역 자생의 잠재자연식생을 구성하는 식물종으로 선정함 ·지상부보다 뿌리부의 발달이 양호한 개체를 선정하고 장기적인 계획 하에 조성하는 경우에는 유목(2~3년생)을 선정함. 중기적인 계획 하에 반입되는 교목종은 규격을 검수하고 분(뿌리돌림)의 상태가 양호한 개체를 선정하여 식재해야 함 ·초화류(초본식생)는 자연적 유입과 발생을 유도하는 것이 가장 합리적이지만 숲 안정화 이후 여러 식물종의 종자를 혼합하여 소극적으로 살포하는 방법(seed spray)도 고려할 수 있음 ·토양에 목본성 종자가 매토될 수 있도록 조성하며 종자살포시 이를 동시에 고려함
조성 방법	·식재 개체들은 장기적으로 자연적인 식생구조를 형성할 수 있도록 공간 배치함 ·종간·종내경쟁을 유도하기 위한 밀식(4~5본/m²)과 혼식(2~3종/m²)을 병행하며 중기적인 계획 하에 식재되는 경우는 근원직경 R4~6㎝, 간격은 1.5~2m로 밀식, 혼식함 ·미적효과(경관성)를 고려하여 사회성, 개화형, 개화시기에 따른 식물종의 공간배치를 고려함 ·사면의 지표토양 보호 및 보습, 보온, 강우 시 세굴 방지, 지속적인 영양분 공급을 위한 멀칭(낙엽, 나무껍질, 볏짚 등의 이용)을 적용함(필요시 다른 개선 방안 고려) ·토양 동물상(fauna)의 생육을 촉진하는 멀칭 및 관련 기법 등을 적극적으로 적용함 ·주변 환경들에 대한 물리·공간적 격리 및 주변 자연경관과 잘 조화되도록 계획함
유지관리	·조성한 생태모델숲에 맞는 공간별, 수종별, 시설물별, 시간별 특성을 고려한 종합 생태적 유지 관리메뉴얼 작성(구조 및 기능이 유지되도록 하는 메뉴얼) ·식재한 식물이 생장, 개화, 결실하여 자연적으로 종자발아할 수 있도록 유도함 ·식재한 수목의 유묘들이 생장하여 초기~중기에 종간 또는 종내경쟁으로 솎음이 발행하여 자연적인 식생구조로 발달하도록 유도하는 소극적인 관리를 시행함 ·가지치기는 수종별·수형별 전정메뉴얼에 따라 실시함 ·관리 이후 발생되는 잔여물은 최대한 이용하고 자연상태에서 분해되도록 유도함 ·균등한 수분 및 영양분 공급, 병해충 관리 등을 통해 식물들이 잘 생육하도록 고려함 ·조성 5~10년 경과 후 자연적 구조와 기능이 유지되도록 관리함

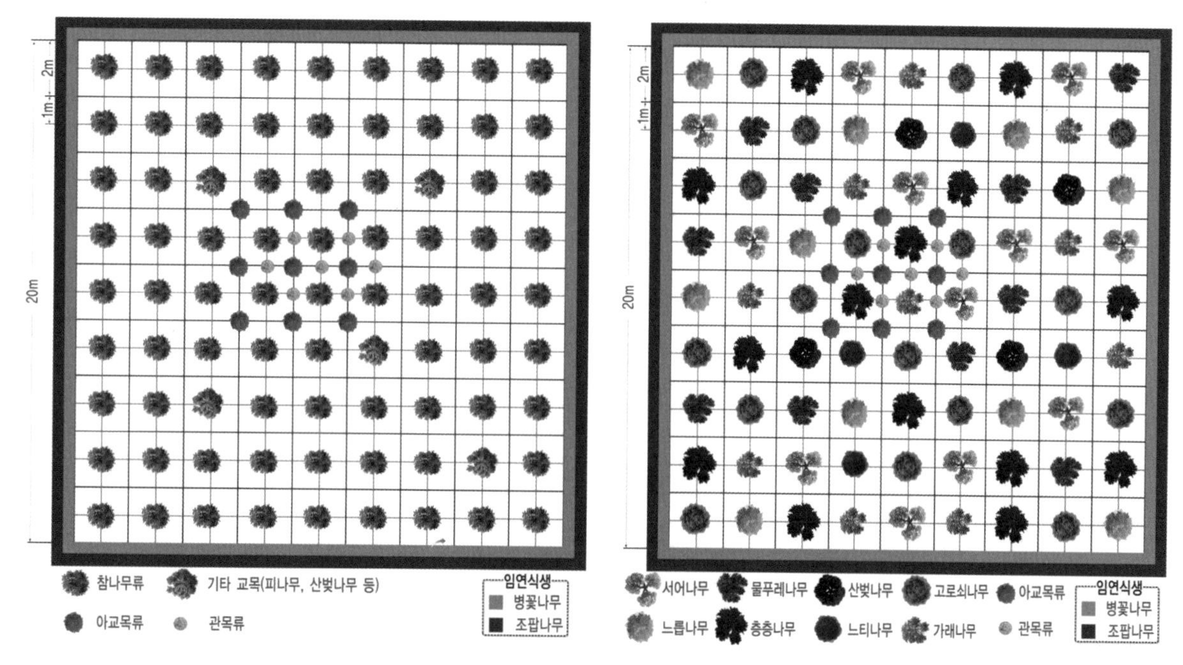

그림 6-34. 생태모델숲 배식설계 사례(Choung et al. 2007 수정). 참나무숲(좌)과 서어나무숲(우) 조성을 위해 교목성, 아교목성, 관목성 개체 및 가장자리에 임연성 수종을 배식설계한 사례이다. 왼쪽은 장기적으로 참나무류가 우점하는 참나무숲이 되고 오른쪽은 다양한 수종의 어우러진 서어나무숲으로 성장한다.

경수목 중 느티나무의 근원직경이 5㎝인 유목의 가격은 52,250원이지만 20㎝인 성목은 약 19배(직경은 약 4배)인 970,000원이다(2024년 기준)(표 6-20). 자생수종의 선택은 식물사회학적 정보에 기초하며 우리나라 기후를 대표하는 자생수종에 대한 묘목 생산과 공급은 매우 중요하다. 우리나라의 자생 낙엽활엽수종은 신갈나무-잣나무군단, 신갈나무-생강나무아군단, 졸참나무-작살나무아군단, 서어나무-개서어나무아군단의 진단종군이 여기에 해당될 수 있다. 신갈나무, 졸참나무, 굴참나무, 잣나무, 물푸레나무, 들메나무, 당단풍, 쪽동백나무, 철쭉꽃, 생강나무, 서어나무, 개서어나무, 작살나무 등이 여기에 속한다. 이 외의 주요종(참나무류, 느티나무, 팽나무, 푸조나무, 버드나무, 왕버들, 층층나무, 말채나무, 고로쇠나무, 모감주나무, 쇠물푸레나무, 때죽나무, 참느릅나무, 시무나무, 털꿩나무, 분꽃나무, 백당나무, 진달래 등) 중에서 조경용으로 적합한 다양한 수종을 개발해

표 6-20. 느티나무 규격별 단가(2024년 기준)

수고(m)	근원직경(㎝)	가격(원)
2.5	5	52,250
3.0	6	74,000
3.5	8	115,000
3.5	10	178,000
4.0	12	280,000
4.0	15	450,000
4.0	18	710,000
4.5	20	970,000
4.5	25	1,450,000
5.0	30	2,300,000
6.0	35	3,710,000

표 6-21. 우리나라 대표적인 생태모델숲의 유형과 제안된 종조성(Choung et al. 2007)

번호	참나무숲(낙엽활엽수림)	소나무숲	서어나무숲	상록활엽수림
1	신갈나무	소나무	서어나무	구실잣밤나무
2	졸참나무	쪽동백나무	물푸레나무	동백나무
3	당단풍	작살나무	산뽕나무	붉가시나무
4	생강나무	당단풍	함박꽃나무	생달나무
5	참회나무	털진달래	고추나무	센달나무
6	철쭉꽃	싸리	말채나무	식나무
7	노린재나무	개옻나무	층층나무	광나무
8	팥배나무	생강나무	고광나무	다정큼나무
9	물개암나무	산초나무	고로쇠나무	육박나무
10	쇠물푸레나무	노간주나무	복자기	천선과나무
임연식물	붉은병꽃나무	조팝나무	국수나무	돈나무

표 6-22. 차폐림 등의 환경보전림에 적용 가능한 다양한 식물종

구분	적합 식물종
교목 아교목	참나무류(신갈나무, 갈참나무, 졸참나무, 굴참나무, 상수리나무 등), 느티나무, 모밀잣밤나무, 구실잣밤나무, 후박나무, 단풍나무류(당단풍, 고로쇠나무, 섬단풍 등), 느릅나무류(느릅나무, 비술나무, 난티나무 등), 푸조나무, 팽나무류, 귀룽나무, (털)야광나무, 아그배나무, 비목나무, 가래나무, 층층나무, 말채나무, 곰의말채, 피나무, 팥배나무, 마가목, 모감주나무, 쉬나무, 때죽나무, 쪽동백나무, 산벚나무, (개)벚나무, 왕벚나무, (개)서어나무, 황벽나무, 굴피나무, 다릅나무, 물푸레나무, 들메나무, 망개나무, 소나무, 곰솔, 전나무, 잣나무, 동백나무, 사스레피나무, 쇠물푸레나무 등
관목 및 덩굴	(좀)작살나무, 생강나무, 덜꿩나무, 붉나무, 분꽃나무, 철쭉꽃, 감태나무, 진달래, 산철쭉, 말발도리류, 물참대, 백당나무, 보리수나무, (붉은)병꽃나무, 쥐똥나무, 이스라지, 산초나무, 초피나무, 호장근, 조팝나무, 참조팝나무, 꼬리조팝나무, 당조팝나무, 화살나무, 참회나무, 수수꽃다리, 회나무, 산수국 등
	장미과 식물이 많으며 찔레꽃, 복분자딸기, 덩굴딸기, 산딸기, 곰딸기, 해당화, 인가목, 개나리, (분홍)미선나무, 담쟁이덩굴, 마삭줄, 백화등, 송악, 오미자, 남오미자, 멀꿀 등
초본	종자살포하는 것이 좋으며 수급 가능한 고유식물의 종자를 선택함. 일반적으로 천이 초기에서 나타나는 양지성과 후기의 음지성 식물종을 혼합하여 살포함. 쑥부쟁이류, 붓꽃류(각시붓꽃, 금붓꽃, 타래붓꽃), 마타리, 뚝갈, 참나물, 도라지, 구절초류, 산국, 참취, 미역취, 원추리류, 비비추류, 사초과(그늘사초, 애기감둥사초, 실청사초 등), 벼과(새, 억새, 수크령, 실새풀, 산조풀, 잔디 등) 등

야 한다(표 6-21, 6-22). 이 수종들은 현재 조경용으로 사용되지 못하는 경우가 많기 때문에 묘목생산 농가에서 재배를 회피한다. 현재 여건에서 민간은 현실적으로 수익성이 낮아 묘목 수급이 어렵기 때문에 국가적 수준에서 생산과 공급체계 마련, 사회적 수요 증대 등의 노력이 이루어져야 할 것이다.

Miyawaki의 환경보전림 조성 개념과 과정 | 일본의 식생학을 깊이있고 다양한 관점에서 연구하고 집대성한 사람은 Miyawaki(宮脇)이다. 그는 식생학적 생태복원을 위해 환경보전림 개념을 도입하였고 그 방법을 제안했다. 환경보전림은 지역 향토의 잠재자연식생(potential natural vegetation)에 기초한 자생 고유림(native forest)을 창조하는데 어린 포트묘와 종자를 심어서 시작하는 것이 핵심이다(그림 6-35, 6-36 참조). 환경보전림은 자연 식물군락과 동일한 기능을 갖도록 조성하는데 일반적인 개념의 인공숲과는 다르며 식생학의 본질적인 개념을 이해해야 한다. 환경보전림은 크게 [01]현황조사 및 기본계획 수립, [02]실시·설계 시공, [03]사후 관리로 구분할 수 있다(표 6-23).

01 현황조사 및 기본계획 수립은 사업대상 지역 주변의 식생 및 토양 조사를 통해 숲조성의 마스트플랜을 작성하는 것이다. 잠재자연식생 및 토양 자원을 활용하여 종합적인 마스트플랜을 작성한다.

02 실시·설계 시공은 녹지의 기반 정비, 토양 정비, 묘목을 혼식 및 밀식하는 과정이다. 둔덕을 조성하여 배수가 잘 되도록 한다. 토양환경을 만들어 수림대와 임연대를 구분하여 식재한다.

03 사후 관리는 식재 후의 보호 및 양생, 초기 관리와 안정기 관리이다. 멀칭, 제초를 실시하며 최소한의 관리가 이루어지도록 한다.

표 6-23. 일본 환경보전림의 조성 과정(東京電力株式會社 2000, Choung et al. 2007 수정)

단계	주요 과정		과정별 주요 내용
현황조사 기본계획 수립	1	주변 식생조사	지역에 적합한 숲 계층별 수종 선택(자연식생, 잠재자연식생의 활용)
	2	토양조사	대상지역의 토양 현황 조사, 표토가 있는 경우 보전 재사용
	3	숲조성 마스트플랜 작성	시설 설치계획을 고려한 녹지 배치, 모델설계 등의 기본계획 작성
실시·설계 시공	4	녹지의 기반 정비	녹지의 기반을 둔덕(mound) 상에 조성, 배수대책의 충분한 마련
	5	토양 정비	유효토층(포층토, 하층토) 정비, 굴착잔토를 개량하여 사용, 필요하면 객토(客土, 딴흙) 또는 유기질 비료 사용
	6	묘목의 혼식·밀식	삼림 우점종을 주체로 하여 밀식, 가능한 많은 수종으로 혼식, 뿌리가 건강한 포트묘(유묘) 사용, 주요 수림대와 임연대 구분 배치
	7	식재 후의 보호·양생	지표에 충분한 멀칭(볏집 등), 바람이 심하면 방풍네트 설치
사후 관리	8	초기 관리	식재 후 2~3년 정도 제초 등의 관리 실시
	9	안정기 관리	자연적으로 유지(자연적 도태 및 솎음)되도록 인위적 관리 작업 최소화

표 6-24. 환경보전림에 대한 인식의 오류와 올바른 적용 개념(Garden City Conservation Society 2024 자료 요약)

순번	인공숲과 같은 오류적 인식	식생학의 본질을 이해한 올바른 적용 개념
1	대상지 조사없는 숲의 조성	지역 식생조사 수행을 통한 잠재자연식생 구성종을 식재하여 자연림 조성(단순한 식재는 식물농장과도 같음)
2	지역에 자라는 모든 식물을 자생종으로 인식	자연수종은 지역에 자라지만 식재종과는 구별됨
3	지역 묘상(苗床, nursery)에서 구할 수 있는 모든 것의 활용	화려한 비자생 조경수종은 쉽게 구할 수 있지만 진정한 미래숲은 자생수종 공급자에서 찾아야 함
4	지난 세기 동안 지역에 잘 자란다면 정착 또는 자생종으로 간주함	잠재자연식생은 인간이 배제된 상태에서 천년 이상 걸쳐 안정화된 식물종의 집합체를 의미함
5	3~5개/㎡의 묘목을 식재하면 Miyawaki 방법과 동일한 것으로 인식	밀식은 Miyawaki 방법이 아니고 지역 자연숲의 모델 식물군락의 종조성, 층구조 등을 완벽히 복제해야 함
6	토양 조성이 숲조성에 가장 중요함	식물종 선택에 절충을 했으면 토양 준비는 불필요함
7	정원수, 과수, 가로수 등으로 이용한 외지수종을 선택하여 숲을 만들 수 있음	자연숲은 고유종이 균형있게 혼합된 상태로 지역 일차림, 이차림에 자생하는 고유 식물상으로 구성해야 함
8	상업적 이익을 위해서는 Miyawaki 방법으로 조밀한 목재지 또는 과수원을 만들 수 있음	Miyawaki 방법은 상업적 이익을 위해 숲을 조성하는 것이 아님. 자연적으로 열매 생산, 꽃, 토양 생성, 조류 유인, 약용, 야생동물 서식처로서 기능을 해야 함
9	초본심기를 허용함	초본은 생태학적 천이의 초기단계이고 Miyawaki 방법은 천이의 극상단계의 복제임. 초기에 같이 식재하면 목본이 피해 입음. 초원은 별도 목적으로 조성해야 함
10	Miyawaki 방법은 속성수에 촛점을 맞춰 빠른 성장과 빠른 목표를 달성함	Miyawaki 방법은 기존 인공림에 비해 밀식으로 평균 성장률이 빠르지만 느리게 자라는 종을 포함
11	숲 조성을 위해 일정량의 물이 필요함	물 요구량은 지역마다 상이함. 연평균강수량, 토양 및 지형 등에 따라 계산됨
12	인공비료, 살충제, 살균제 등을 사용함	어느 시점에서든 인공비료, 살충제, 살균제 등을 사용하면 회복할 수 없는 피해와 파괴가 발생 가능함
13	숲의 잎은 흠집이 없고 녹색이어야 함	숲은 많은 곤충 및 야생동물들의 먹이원과 보금자리로 나뭇잎, 꽃, 씨앗, 나무 소비 등은 자연적인 현상임. 계절에 따른 잎의 변화 역시 자연적인 현상임
14	스프링쿨러와 점적관수를 사용함	뿌리에만 물을 주는 점적관수와 달리 숲의 모든 부분에 물을 공급함
15	잡초의 생육을 허락함	숲이 성숙하면서 스스로 생육을 억제하는 시기까지 잡초를 제거함
16	물로 숲을 범람시킴	숲에는 과도한 물보다 충분한 수분이 필요함. 범람(홍수)은 식물뿌리와 토양미생물을 죽임
17	간벌(솎기) 및 가지치기	관리하지 않는 것이 가장 좋은 관리로 숲에서는 절대 간벌과 가지치기를 하지 않음. 처음 2~3년 후에 적극적으로 관리하는 숲은 가짜숲임
18	숲 바닥의 제거 관리	숲 바닥에서 멀칭이나 숲의 유기물을 절대 제거하지 않음. 토양의 낙엽층-유기물층의 발달이 필요함

그림 6-35. 노지의 묘목(좌: 남양주시, 소나무-금강송)과 온실에서의 포트묘(우: 춘천시, 느티나무 등) 생산. 환경보전림 또는 생태모델숲 조성을 위해서는 지역에 적합한 자생식물을 직접 생산할 수 있는 묘목 공급 전략 마련이 필요하다.

Miyawaki 환경보전림의 기능과 발달 | 환경보전림은 광합성을 통한 유기물 생성, 탄소동화작용에 의한 산소 형성, 이산화탄소 흡수, 기후 조절, 방풍, 방음, 방재, 해풍(海風) 중의 염분 여과, 수분 저장 및 조절, 오염물 흡착과 환원, 심미적 안정, 환경 변화에 따른 경보 등 다양한 기능을 한다(宮脇 1977). 신일본제철(Nippon Steel Corporation)의 요청으로 최초로 환경보전림이 조성(1972년)되었고 성토한 둔덕에 30㎝ 크기의 묘목(후박나무 *Machilus tunbergii*, 모밀잣밤나무 *Castanopsis cuspidate*, 가시나무 *Quercus myrsinifolia*, 푸른일본참나무류 blue Japanese oak 등)을 3개/㎡의 밀도로 혼식했다. 자연생태계의 식물사회에서 경쟁이 일어나듯이 이들 묘목들은 성장하면서 자연적 도태 및 솎음이 일어나 일정기간 이후 자연숲과 같은 안정화 단계에 들어선다. 토양은 짚으로 멀칭(3~4㎏/㎡)하여 종자발아 유도, 냉해 방지, 토양유실 방지, 토양 유기질 공급, 잡초생육 억제 등의 기능을 하도록 한다. 뿌리가 잘 발달한 지역 고유자생(향토)수목의 묘목으로 밀식, 혼식하는 방식의 환경보전림 조성 방식은 일본에서 보편화되어 다양한 지역에 적용되었다. 특히 사전 식생조사 여부, 자생종의 개념, 식재 방법, 비료 및 살충제 등의 사용법, 임상 관리 등과 같은 환경보전림에 대한 올바른 인식은 매우 중요하다(표 6-24). 이 방식은 우리나라의 생태모델숲(Choung et al. 2007)의 개념과 매우 유

그림 6-36. 졸참나무 종자발아. 지역 고유수종인 졸참나무 종자에서 자연적인 지상발아로 숲의 발달을 촉진할 수 있다.

사하다. 자생식물의 종자는 지역의 건강한 수목에서 채취하여 사용하고 묘목은 양묘장에서 포트 형태로 발아 재배한다(그림 6-35). 토양에 향토수목의 종자를 혼합하여 자연발아를 유도하거나 결실종자가 지표로 떨어져 자연발아하는 것을 병행한다(그림 6-36).

차폐림의 조성 | 차폐림(遮蔽林)은 혐오시설을 가리거나 바람을 막고 소음을 차단하는 등 다양한 목적으로 조성한 숲을 의미한다. 가장 대표적인 것이 바닷가의 방풍림(防風林, windbreak forest) 또는 고속도로 휴게소와 도로 사이에 조성한 차폐림이다(그림 6-37). 차폐림(방풍림)은 둔덕 형태의 지형구조에 다층 형태의 식생구조로 조성한다. 단면적으로 중앙에서 외곽 방향으로 교목-아교목-관목-초본의 형태로 이어지도록 한다(그림 6-38). 방풍림은 01 내륙방풍림과 02 해안방풍림으로 구분할 수 있다. 내륙방풍림에는 농작물의 바람 피해를 막기 위한 경지방풍림, 과수원이나 목장을 위한 방풍림, 가옥을 보호하는 주거방풍림, 철도와 도로를 보호하는 방풍림, 조림지역을 보호하는 방풍림 등이 있는데 경지방풍림이 가장 많다(Encyclopedia 2024). 해안방풍림은 강한 해풍이나 모래 등을 막기 위해 해안지역에 조성한다. 내륙방풍림은 의성 사촌마을 가로숲(그림 6-39 좌), 해안방풍림은 남해 물건리 방풍림(그림 2-39 우)이 대표적이다. 환경영향평가에서 해안가에 조성하는 산업단지 또는 주택단지에 흔히 방풍림을 조성하는데 대표적인 사례로 부산명지지구 도시개발사업(그림 2-39 좌)에서 볼 수 있다. 특히 방풍림의 수종은 키가 크고 성장이 빠르며 바람을 이기는 수세가 좋은 것이 좋다. 낙엽수보다 상록수가 좋으며 수명이 긴 침엽수가 더욱 좋다. 수종에 대해서는 해당 지역 일대의 마을숲 또는 천연기념물 숲에 서식하는 적절한 수종을 선택하면 좋다.

그림 6-37. 차폐림 사례(문경휴게소). 고속도로의 휴게소와 도로 사이에 조성하는 숲이 대표적 차폐림이다.

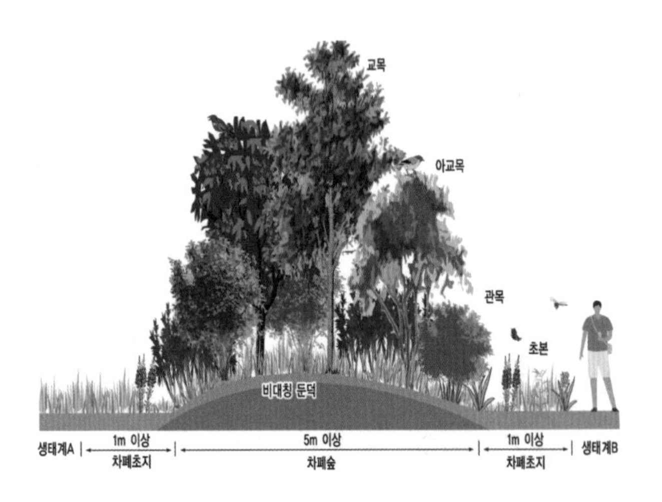

그림 6-38. 차폐림 조성 기법. 차폐림은 다층의 숲형태로 조성해야 하며 중앙에서 외곽으로 교목-아교목-관목-초본의 형태로 식생구조가 이어진다.

천연기념물 숲과 식물종 정보 | 국가유산청에 의하면 천연기념물로 지정된 숲에는 다양한 형태가 있다. [01]성황림, [02]호안림, [03]방풍림, [04]어부림, [05]보해림, [06]역사림 등 다양하다(KHS 2023). 성황림(城隍林)이란 숲이 마을을 보호해 준다고 믿어 숲 안에 성황당(서낭당, 당집 등)이 있다. '원주 성남지의 성황림'(제93호), '완도 주도 상록수림'(제28호) 등이 있다. 호안림(護岸林)이란 홍수 때 하천의 범람을 방지하고 제방을 보호하여 마을을 안전하게 하는 숲이다. 제방을 따라 긴 띠형태로 되어 있다. '담양의 관방제림'(제366호) 등이 있다. 방풍림(防風林)이란 바람이 많은 곳에 조성하여 강풍을 막아주는 역할을 하는데 호안림과 유사하게 띠모양으로 조성된 것이 대부분이다. 어부림(魚付林)이란 바닷가에 조성되어 있는 숲으로 해안의 강풍을 막고 물고기가 살 수 있는 쾌적한 환경을 형성하여 주는데 마을 사람들은 이러한 숲에 대부분 풍어제를 지낸다. '남해 물건리 방조어부림'(제150호)이 대표적이며 방풍림, 방조림, 어부림 역할을 한다. 보해림(補害林)이란 풍수지리설에 따라 마을의 지형적인 결함을 보완하기 위해 조성한 숲이다. '함평 대동면의 줄나무'(제108호)가 이에 해당된다. 역사림(歷史林)이란 숲과 관련된 특별한 고사나 전설 등이 전해지는 숲이다. '함양 상림'(제154호)이 대표적이고 신라시대 최치원이 조림했다고 전해진다. 이러한 숲들을 구성하는 식물종은 대부분 지역의 기후에 맞는 자생수종들로 이루어져 있어 식물(식생) 복원에 중요한 정보를 제공한다. 여기에 천연기념물로 지정된 몇 군데의 숲을 소개한다.

01 **남해 물건리 방조어부림** | 경상남도 남해군 삼동면 물건리(북위 34°47'46'' 동경 128°03'01'')에 위치한다(표 6-25)(그림 2-39 우). 너비 약 30m, 길이 약 1,500m로 300년 전에 해풍에 의한 각종 염해, 해일 등의 피해를 막고자 조성된 숲으로 해안가를 따라 초승달 모양으로 조성되어 있다. 팽나무, 푸조나무, 참느릅나무, 말채나무, 상수리나무, 느티나무, 이팝나무, 무환자나무 등의 낙엽활엽수와 상록수인 후박나무가 주를 이루고 있다. 그 밖에 소태나무, 때죽나무, 가마귀베개, 구지뽕나무, 모감주나무, 생강나무, 검양옻나무, 초피나무, 윤노리나무, 갈매나무, 쥐똥나무, 붉나무, 누리장나무, 보리수나무, 예덕나무, 병꽃나무, 두릅나무, 화살나무 등의 낙엽활엽수와 청미래덩굴, 배풍등, 청가시덩굴, 댕댕이덩굴, 멀꿀, 복분자딸기, 계요등, 노박덩굴, 개머루, 송악, 마삭줄 등의 덩굴식물류가 자란다.

02 **함양 상림** | 경상남도 함양군 함양읍 일대(북위 35°31'27'' 동경 127°43'10'')에 위치한다. 상림은 울창한 낙엽활엽수림이다(표 6-26)(그림 6-39 우). 수령(樹齡)이 100년에서 500년 이상의 졸참나무, 개서어나무, 이팝나무, 말채나무, 느티나무, 밤나무, 까치박달나무, 굴참나무, 물푸레나무, 다릅나무, 단풍나무, 회화나무, 산벚나무, 느릅나무 등이 상층목을 형성하고 있다. 그 아래층은 쪽동백나무, 국수나무, 자귀나무, 개암나무, 산초나무, 싸리류, 개옻나무, 병꽃나무, 작살나무, 찔레류, 청미래덩굴, 인동, 칡, 머루, 조릿대 등으로 이루어져 있다. 상림의 식생유형은 15개 식물군락으로 분류되는데 졸참나무-개서어나무군락이 31.9%로 가장 우점하고 있다. 졸참나무군락 14.5%, 개서어나무-졸참나무군락 7.6%, 개서어나무군락 2.2%, 졸참나무-갈참나무-개서어나무군락 2.1%, 느티나무-이팝나무군락 1.6%, 졸참나무-느티나무군락 1.4%의 분

포 비율을 보인다. 기타 식물군락은 졸참나무-갈참나무군락, 갈참나무군락, 상수리나무군락, 느티나무군락, 느티나무-졸참나무군락, 느티나무-상수리나무군락이다(NONGUPIN 2023).

03 **의성 사촌리 가로숲** | 경상북도 의성군 점곡면 사촌리(북위 36°25'27'' 동경 128°45'31'')에 위치한다(그림 6-39 좌). 구성 수종은 상수리나무, 갈참나무, 느티나무, 팽나무, 왕버들, 회화나무, 말채나무 등 500여 그루가 있는데 평균 수령이 300~400년으로 추정된다. 낙엽활엽수림으로 고목과 노거수가 많아 나무 일부가 고사하기도 하나 생육상태는 비교적 양호하다.

표 6-25. 남해 물건리 방조어부림의 식생구조

교목 제1층(T1)의 높이(피도)			16m(80%)			조사구 면적		8m × 40m
교목 제2층(T2)의 높이(피도)			8m(30%)			방위(경사도)		L(0)
관목층(S)의 높이(피도)			4.5m(40%)			조사일자		2005. 9.19
초본층(H)의 높이(피도)			0.8m(80%)			조사장소(조사자)		남해군 삼동면 물건리(이율경)
푸조나무	T1	7	마삭줄	S	1	주름조개풀	H	3
	T2	5		H	8	개머루	H	2
	S	5	계요등	S	1	송악	H	2
	H	3		H	1	으아리	H	1
느티나무	T1	5	쥐똥나무	S	4	청가시덩굴	H	1
	T2	4	찔레나무	S	1	산형과 sp.	H	2
	H	2	광대싸리	S	1	줄딸기	H	1
이팝나무	T1	5	돌외	S	1	배풍등	H	1
	T2	4	생강나무	S	2	새모래덩굴	H	1
멀구슬나무	T1	3	예덕나무	S	2	누리장나무	H	1
	T2	2	까마귀밥여름나무	S	2	쥐꼬리망초	H	1
	H	1	박쥐나무	S	2	명아주	H	1
고욤나무	T2	2		H	1	콩다닥냉이	H	1
	S	2	작살나무	S	1	매듭풀	H	2
참느릅나무	T2	3	옻나무	S	1	괭이밥	H	1
	S	1	감태나무	S	1	바랭이	H	1
자귀나무	T2	2	꾸지뽕나무	S	2	질경이	H	1
모감주나무	T2	3	윤노리나무	S	1	멍석딸기	H	1
	H	1	푸조나무	S	2	칡	H	1
팽나무	T2	3	무릇	H	4	쑥	H	1
	S	3	쇠무릎	H	3	갯메꽃	H	1
	H	1	소엽맥문동	H	3	며느리밑씻개	H	1
쉬나무	S	3	인동	H	2	아까시나무	H	1
산수유나무	S	2	담쟁이덩굴	H	1	껍질용수염	H	1
						둥굴레	H	1

그림 6-39. 천연기념물 숲(좌: 의성군, 사촌리 가로숲, 우: 함양군, 상림). 과거 조림기원의 숲이라도 지역 고유수종으로 식재한 오래된 숲은 보전가치가 매우 높기 때문에 양호하고 건강한 숲을 천연기념물로 지정한 경우가 많다.

표 6-26. 함양 상림의 식생구조

교목 제1층(T1)의 높이(피도)	16m(85%)	조사구 면적	30m × 15m
교목 제2층(T2)의 높이(피도)	8m(35%)	방위(경사도)	L(0)
관목층(S)의 높이(피도)	4.5m(35%)	조사일자	2006. 9. 5
초본층(H)의 높이(피도)	0.8m(10%)	조사장소(조사자)	함양군 함양읍 상림(이율경)

개서어나무	T1	6	복자기나무	T2	3	조록싸리	S	1
	T2	3		S	1	상사화	H	2
	H	1	쪽동백나무	T2	3	꽃무릇	H	2
느티나무	T1	6		S	2	청가시덩굴	H	1
	T2	5	청시닥나무	T2	1	사초 sp.	H	1
	H	3	때죽나무	S	4	둥굴레	H	1
졸참나무	T1	4	가막살나무	S	3	조릿대	H	1
갈참나무	T1	6		H	1	개여뀌	H	1
밤나무	T1	3	쥐똥나무	S	2	닭의장풀	H	1
상수리나무	T1	3	국수나무	S	1	환삼덩굴	H	2
	S	2	생강나무	S	2	큰개별꽃	H	1
물푸레나무	T1	2	병꽃나무	S	1	호제비꽃	H	1
이팝나무	T1	2	산수유	S	1	까실쑥부쟁이	H	1
	T2	2		H	1	계요등	H	1
갈참나무	T1	1	산초나무	S	1	도둑놈의갈구리	H	1
사람주나무	T2	6	팽나무	S	1	대사초	H	1
	S	6	개머루	S	1	각시붓꽃	H	1
	H	2	작살나무	S	2	나래새	H	1
윤노리나무	T2	3	당단풍	S	1	인동	H	1
감태나무	T2	3	화살나무	S	1	찔레꽃	H	1
	H	2	칡	S	1	푼지나무	H	1
						새팥	H	1

04 **담양 관방제림** | 전라남도 담양군 담양읍 담양천 제방(북위 35°19'19.8'' 동경 126°59'16.1'')에 위치한다(그림 2-38 좌). 푸조나무(111그루), 팽나무(18그루), 벚나무(9그루), 음나무(1그루), 개서어나무(1그루), 곰의말채, 갈참나무 등으로 약 420여 그루가 자라고 있다. 현재 천연기념물로 지정된 구역안에는 185그루의 오래되고 큰 나무가 자라고 있다.

환경정화수종 및 대기오염정화수종 | 다양한 기능을 하는 숲 중에는 환경정화 및 대기오염정화 등을 목적으로 하기도 한다. 이들 기능을 하는 숲에 대한 논의는 과거부터 지속되었으며 KICOX(2007)에서 목록을 제시하기도 하였다(표 6-27, 6-28). 수종은 대기오염에 강한 수종, 풍해에 강한 수종, 이식이 용이하고 전정에 잘 견디는 수종, 생장속도가 빠르고 병충해에 강한 수종, 시장성이 좋은 수종을 선정 기준으로 한다(Choung et al. 2007). 하지만 은행나무, 튜울립나무, 양버즘나무, 은단풍, 칠엽수, 회화나무, 자두나무, 박태기나무, 매화나무, 낙상홍, 협죽도, 산수유 등과 같은 다양한 외래 식재수종을 포함한다. 이들은 자연숲을 만들기 위한 수종이 아닌 도시숲을 조성하기 위한 수종으로 이해해야 한다. 수목

표 6-27. 환경정화수종(KICOX 2007, Choung etl al. 2007). 자생수종 외에 외래수종을 다수 포함하고 있다.

구분		오염농도가 높은 곳에 알맞은 수종	오염농도가 심하지 않은 곳에 알맞은 수종
전국 분포	교목	은행나무, 튜울립나무, 양버즘나무, 은단풍, 가죽나무, 상수리나무, 졸참나무, 참느릅나무	느티나무, 팽나무, 오동나무, 배롱나무, 밤나무, 백목련, 벚나무, 서어나무, 칠엽수, 회화나무, 감나무, 때죽나무, 층층나무, 자두나무
	관목	무궁화, 개나리, 낙상홍, 라일락, 산수유	매화나무, 박태기나무, 자목련
남부지방 분포	교목	소귀나무, 가시나무류, 태산목, 녹나무, 후박나무, 먼나무, 아왜나무	
	관목	꽝꽝나무, 사철나무, 광나무, 협죽도, 차나무, 팔손이	

표 6-28. 대기오염정화수종(KICOX 2007, Choung etl al. 2007). 자생수종 외에 외래수종을 다수 포함하고 있다.

구분	수종
SO_2에 내성이 강한 수종	라일락, 광나무, 팽나무, 박태기나무
SO_2에 내성이 약한 수종	벽오동나무, 무궁화, 병꽃나무, 대추나무, 산사나무, 모과나무, 미선나무
SO_2에 감수성이 강한 수종	미선나무, 조팝나무, 모과나무, 들메나무, 산사나무, 병꽃나무, 아왜나무, 마가목
SO_2에 감수성이 약한 수종	라일락, 광나무, 박태기나무
대기 중 황 축척성이 높은 수종	가죽나무, 양버즘나무, 은단풍, 산철쭉, 느티나무, 개나리, 벽오동나무, 자작나무, 조팝나무, 층층나무, 낙상홍, 백당나무, 산사나무
대기오염정화수종	자작나무, 양버즘나무, 수원포푸라, 두충, 느티나무, 황금포도, 박태기나무, 광나무

이 피해받을 정도로 대기오염이 심각한 수준이면 사람에게는 더욱 위험한 상태이기 때문에 수종에 대한 효과에 의문이 제기되는 경우가 많다(Choung et al. 2007). 장기적으로는 자생수종을 대상으로 한 연구와 관련된 다양한 수종의 개발이 필요하다.

하천습지와 묵논습지의 올바른 인식이 필요하고 주로 생태습지를 계획한다.

습지의 올바른 인식 | 각종 개발사업에서 하천습지를 보전해야 하는가? 또는 묵논습지를 보전해야 하는가?에 대한 문제 인식이 필요하다(그림 6-40). 우리나라에서 보전가치가 인정되는 하천습지에 대해서는 국립생태원(국립습지센터)에서 높은 보전가치를 부여하였다. 이러한 하천습지의 대부분은 물흐름을 저해하는 횡구조물(물막이보, 댐)에 의해 횡구조물 상부의 퇴적지역에 형성된 것들이다. 하천의 종적 연결성을 저해한다는 명목으로 인공구조물인 횡구조물의 제거는 오히려 하천작용(침식, 운반, 퇴적)을 변화시켜 추수성 습지식생(주요식물: 줄, 애기부들, 갈대, 마름, 노랑어리연 등)의 쇠퇴를 초래한다. 이 때문에 하천습지에 대한 정확한 보전생태학적 유지시스템의 인식이 필요하다. 환경영향평가에서 문제 제기되는 묵논습지는 대부분 산간계곡에 천수답(天水畓) 형태로 존재하고 용천수와 같은 유지유량이 있다면 다양한 야생동물들이 이용한다. 묵논습지가 멸종위기야생생물의 서식처는 아니지만 지역에서 다양한 야생생물의 서식처 역할 및 생물종 다양성을 증진시킨다는 여러 증거들이 있으며 가능한 보전하도록 계획하는 것이 좋다. 묵논습지는 흔히 폐경작 이후 5~10년 사이에 버드나무류(버드나무, 왕버들 등) 또는 오리나무림으로 이루어지는 습생림(濕生林, wetland forest)이 발달한다(Lee and Baek 2023). 이러한 묵논습지는 습생천이(濕生遷移, hydrarchy succession)에 의해 결국에는 육상화되어 지역에 적합한 참나무림으로 발달할 것이다.

그림 6-40. 하천습지(좌: 안동시, 구담습지)(Lee and Baek 2023)와 묵논습지(우: 울진군). 하천습지와 묵논습지는 흔히 자연적 또는 인위적 교란 이후 안정화되어 발달하며 우리나라 내에서는 버드나무류가 우점하는 숲이 대부분이다.

표 6-29. 습지식물의 생활형별 다양한 기능 구분(Ahn et al. 1998 일부 수정)(■: 강함, +: 약함)

기능	세부 기능	수변림	수변 식물	추수 식물	부엽 식물	침수 식물
동물의 서식처	물고기, 새우류의 산란과 치어, 유생의 서식처			■	■	■
	야생조류의 둥지, 생육지, 은신처	■	■	■	+	
	야생조류의 먹이 공급	■	■	■	■	■
	곤충류, 양서류의 서식처와 먹이 공급	■	■	■	■	■
	저서생물이나 패류에게 먹이 공급	+	+	■	■	■
	부착생물의 착생			■	■	■
수질 정화	토사나 오염물질의 유입 방지	■	■	■	■	+
	유기물의 분해 정화		■	■	■	■
	호수와 바닥의 진흙으로부터 영양염류의 흡수			■	■	■
	식물플랑크톤 번식 억제			■	■	+
호안 보호	밀생한 식물체에 의한 침식 방지	■	■	■		
	밀생한 식물체에 의한 파도(물보라) 감소	■	■	■	+	+
자원 공급	사람들에게 다양한 음식재료 및 식량자원 제공	■	■	■	■	■
	생활용품으로서의 이용	■	■	■	+	+
	가축의 먹이와 농업용 유기물 비료 제공	■	■	■	■	■
기타	정취있는 수변경관의 형성	■	■	■	■	+

생태정화습지의 조성과 습지식물의 기능 | 생태정화습지는 환경보전림과 같이 다양한 이름으로 사용된다. 환경생태습지, 수질정화습지, 생태정화습지, 생태습지, 수질정화비오톱, 습지비오톱 등 용어가 다양하다. 일부 기능이 다르지만 본질적으로는 유사하다. 대부분 생물을 이용하여 생태적으로 수질을 정화하는 기능과 더불어 다양한 생물서식처 제공, 수생식물을 통한 생물다양성 증진, 탄소 저장, 홍수 저감, 생태학습 등의 복합적인 기능을 한다. 인공적으로 조성하는 습지를 의미하며 수질정화를 위해 추수식물(갈대, 줄, 애기부들 등) 및 수생식물(부엽식물 및 침수식물 등)을 식재하는 경우가 많다. 최근에는 경관 개선을 위해 노랑붓꽃, 부처꽃, 수련, 노랑어리연, 연 등을 식재하는 경우가 많다. 습지식물은 동물서식처, 수질정화, 호안보호 등 생활형적 특성에 따라 다양한 기능을 한다(표 6-29).

국내·외의 생태정화습지 | 국내에는 다양한 인공습지가 조성되어 있다(Oh 2014). 사례로 시화호 인공습지는 축산폐수 및 생활하수의 자연적인 정화를 위해, 파주 운정지구 인공습지는 신도시의 물순환 시스템 구축의 일환으로 조성하였다. 주암호 인공습지는 복내천하수처리장 등에서 유입되는 비점오염원의 저감을 위해, 동복호 인공습지는 광주시(전라)의 주요 상수원인 동복호 수질개선을 위해 유입하천 말단에 조성하였다. 대청호 인공습지는 수질개선을 위해 지류 및 소류지 등에 조성하였다. 팔당댐

으로 유입되는 광주시(경기) 경안천 말단에는 다기능의 수질정화습지를 조성하여 한강의 수질을 개선한다(그림 6-41). 국외 사례로 미국의 Incline Village(네바다주), Houghton Lake(미시간주), Las Gallinas Valley(켈리포니아주), Lakeland Wetland(플로리다주), 일본의 동경도항 야조공원, 영국의 Gillespie Park, Barm Elems 등이 있다(Lee and Baek 2023). 최근의 수질정화습지들은 강우시 하천, 호소로 유입되는 비점오염물질을 정화하기 위한 인공습지, 침강지 등의 자연정화시설을 조성한다. 오염물질의 농도가 높은 초기 강우유출수는 인공습지에서 정화되고 인공습지 설계유량 이상의 초과유량은 침강지를 거쳐 호소로 유입되는 구조를 갖는 경우가 많다(Kim et al. 2012).

그림 6-41. 생태정화습지(경기 광주시, 경안천 말단)(Lee and Baek 2023). 최근의 생태정화습지는 수질정화 및 생물다양성 증진을 목적으로 조성하는 경우가 많다.

식물의 수질정화 능력 | 수질과 관련해 부영양화(富營養化, eutrophication)를 줄이기 위한 노력들이 활발히 진행되고 있다. 대표적인 억제가 질소(N)와 인(P)의 제거이다. 식물의 수질정화 능력은 종에 따라 상이한데 식물조직 내의 영양염류 함량은 서로 다르다(표 6-30, 6-31). 질소와 인의 제거능은 갈대, 큰잎부들, 부레옥잠 등이 높다(Brix 1993). 갈대와 줄은 질소 0.5g/㎡·day, 인 0.05~0.08g/㎡·day, 부레옥잠은 최성기에 질소 1~2g/㎡·day, 인 0.2~0.5g/㎡·day의 수질정화 능력이 있다(奧田과 佐々木 1996). 수생식물별 물질의 함량 차이는 있지만 수질개선을 위해서는 연간 지상부(줄기, 잎 등) 생체량이 크게 증가해야 하는데 갈대, 줄, 애기부들과 같은 추수식물이 이에 해당된다(Byeon 2008). 우리나라 서낙동강에서도 갈대, 줄과 같은 추수식물에서 영양염류의 흡수능이 높고 하천의 상류에서 하류로 갈수록 이들의 생체량이 증가한다(Kim et al. 2006). 영산강 지류에서도 갈대의 질소, 인의 제거 효율이 상대적으로 높게 나타난다(Ihm et al. 1996). 이러한 추수식물의 영양염류 흡수를 통한 수질개선은 여름과 가을의 생장기에 활발하다. 부유식물은 식물의 뿌리 발달이 제거능에 영향을 미친다(USEPA 1988).

수질정화습지 제거 효율 | 침수식물이 우점한 저류형 습지에서는 유입수를 2~3일 체류시켜 영양물질을 직접 흡수함으로써 비점오염원을 제거할 수 있다. 총질소(T-N)를 제외한 암모니아성 질소(NH_4-N), 총인(T-P), 인산염(PO_4-P) 모두 약 70%의 높은 제거 효율이 있다(Lee et al. 2010). 도시에서 발생하는 폐수의 총질소 중 60% 정도는 암모니아의 형태(Reed et al. 1995)로 침수식물을 이용한 제거가 효과적이다. 주암생태습지(주암호) 운영 시 유입수가 습지를 통과하는 동안 평균 정화 효율은 부유물질(SS) 5.8~41.3%와

표 6-30. 수생식물의 영양염류 흡수능(Brix 1993)(Joo(2008) 재인용)

식물 유형	영양염류 흡수능(kg ha^{-1} yr^{-1})	
	질소(N)	인(P)
파피루스(Cyperus papyrus)	1,100	50
갈대(Phragmites australis)	2,500	120
큰잎부들(Typha latifolia)	1,000	180
부레옥잠(Eichhornia crassipes)	2,400	350
물상추(Pistia strationtes)	900	40
솔잎가래(Potamogenton pectinatus)	500	40
붕어마름(Ceratophylum demersum)	100	10

표 6-31. 수생식물의 영양염류 함량(Reddy and DeBusk1987, Mun et al. 1999, Shin et al. 2001)(Joo(2008) 재인용)

식물 유형	조직 영양염류 함량(g/kg)	
	질소(N)	인(P)
부레옥잠(Eichhornia crassipes)	10~40	1.4~12.0
물상추(Pistia strationtes)	12~40	1.5~11.5
피막이속(Hydrocotyle sp.)	15~45	2.0~12.5
좀개구리속(Lemna sp.)	25~50	4.0~15.0
생이가래속(Salvinia sp.)	20~48	1.8~9.0
부들류(Typha)	5~24	0.5~4
골풀(Juncus effusus var. decipiens)	15	2
고랭이류(Scirpus)	8~27	1~3
갈대(Phragmites australis)	18~21	2~3
올방개(Eleocharis kroguwai)	9~18	1~3
줄(Zizania latifolia)	14~40	0.5~1.6

총질소 41.5~59.3%로 봄부터 가을까지 제거효율이 양호하다. 총인은 수생식물의 생육과 미생물들의 활동이 미진한 봄철을 제외하고 여름철 13.8%, 가을철 47.0%의 수질개선 효과를 나타낸다(NWC 2017). 수질개선 목적의 생태정화습지는 습지식생의 면적을 85%까지 극대화하고 생물다양성 목적은 개방수면을 50% 내외로 유지하는 것이 좋다(Cho 2013). Choi et al.(2010)의 연구에서 물흐름이 있는 습지에서는 BOD의 개선 효율이 높게 나타난다. 국내 양어장 배출수 처리를 위한 수질정화습지에서 생산력 및 영양염류 흡수능은 애기부들에 비해 줄이 보다 효과적인 식물종이다(Choung and Roh 2002).

질소와 인의 제거 방법 | 습지에서 [01]질소의 제거는 식물과 부착미생물에 의한 흡수(uptake), 암모니아의 휘발(ammonia volatilization), 질산화와 탈질반응(nitrification, denitrification)의 3가지 기작에 의해 일어난다(Joo 2008). 식물은 직접 질소를 제거하기도 하지만 뿌리 주변에서 질산화와 탈질반응을 촉진시킨다(Reed et al. 1995). [02]인산염인은 주로 식물과 미생물 흡수에 의한 생물학적 기작과 흡착 금속이온과 결합, 침전의 물리·화학적 기작을 통해 제거되는데(Kadlec and Knight 1996), Song and Kang(2005)의 연구에서 습지에서는 식물생장이 느리지만 인산염의 제거율이 높은 것으로 나타났다.

생태습지의 바닥 방수 | 생태습지 조성에 중요한 것은 습지 바닥의 방수처리이다. 습지의 유량 유지를 위해서는 방수처리는 필수요건이며 식생이 정착할 수 있는 환경으로 만들어 준다. 상대적으로 비용이 저렴하고 시공이 쉬운 [01]콘크리트방수는 식생 정착에 불리하여 배제하도록 한다. 많이 사용하는

표 6-32. 생태습지 조성을 위한 세부 방법

구분	세부 내용
입지 구조	지형적인 구조의 다양성 유지(인공섬 조성, 수심의 다양성, 가장자리 굴곡화 등) 및 확보
	시각적 다양성을 고려한 각종 요소의 공간적 배치 계획
	수변부(가장자리)는 완만한 경사를 둠(최소 1:3 이하의 저경사로 조성, 1:7~1:10 적당함)
	입지의 물리적 특성 변화가 완만하도록 조성(급격한 환경구배 변화 방지)
	일부 공간은 수심이 1~2m되는 곳을 조성하는 것이 좋음
입지 토양	방수처리에 식물이 정착가능한 표토층 확보(최소 50㎝ 이상, 1m 이상 권장)
	습지 주변의 육지는 추후 답압에 의해 토양경화가 발생하지 않도록 고려
	토양은 양토(loam: 점토, 실트를 포함) 이용하여 투수·통기 기능이 양호하도록 조성
식물 식재	잠재자연식생을 구성하는 식물종을 선정하여 토지환경에 맞는 식재 계획
	다양한 생태기능을 하는 교목·관목숲을 조성
	수변부에는 여과식생대(filtering vegetation)를 조성하여 오염물(토양) 등의 직접적인 유입을 일차적으로 차단, 세굴방지 등 다양한 기능을 하도록 함
	식생구조의 완만한 변화를 유도하고 혼식(식물사회), 중첩하는 생태기법 적용
	초장이 유사한 것끼리 식재(종간경쟁을 통한 피압 방지)
조성 내용	습지 내로 공급되는 유량이 지속 유지되도록 하는 생태적 방수처리(식생정착 가능한 방수는 점토방수, 시트방수, S/B점토방수 등) 시행
	수위조절 기능을 하는 유입구와 유출부의 조성에서 유입구에는 과도한 퇴적물의 유입, 유출부에는 주변에 세굴이 발생되지 않도록 조성. 유출부는 유입부보다 작게하는 것이 좋으며 부득이한 경우 수문시설을 함
	유입되는 다양한 영양물질이 습지 바닥에 침전되어 물질순환과 에너지 흐름이 원활하게 발생되도록 하는 것이 유리하지만 과도하면 제어해야 함
	징검다리 또는 목재데크를 설치하여 습지생태를 직접 관찰 가능하도록 조성
	다양한 자연재료(인공재료의 최소화)를 이용하여 조성
	시설물의 안정성 및 위험요소를 제거하여 안전사고 예방
	어류의 생육을 고려한 하상물질 및 서식처 구조(거석, 돌틈 등) 조성
	습지 주변에 돌무더기, 목재더미 등을 조성하여 곤충과 같은 미소동물 서식을 유도
	습지의 규모가 조류의 서식이 가능한 경우(일정면적 이상) 횃대를 설치
	습지에 인공식물섬을 조성하는 것도 생물다양성을 높일 수 있음
생태 관리	적정 수질 및 수온의 유지(물의 순환 고려). 특히 식물 최성육기인 7~8월에 집중 관리
	동절기 동안 일정수면이 동결되지 않도록 관리하여 수생물 보전
	수생식물의 과도한 번성시 부분 제거(수면의 약 50~70%가 적정)하여 어류 및 곤충 등의 야생동물 서식의 다양성을 유도
	해충(모기)의 과도한 발생 시 생태적 방제 처리(미꾸라지 방생 등)
	생태습지 기능이 유지되도록 하는 지속적인 생태관리메뉴얼 개발 및 보완
	생태환경적 수용범위를 고려한 적정 이용

방법은 [02]방수시트를 이용하는 것으로 바닥을 깊게 파내어 잡석 또는 굵은 모래로 배수가 잘 되도록 기초한 다음 두꺼운 방수시트(두께 2~4mm)를 깐다. 그 위에 식생이 정착 가능하도록 토양을 충분한 두께로 깔아주는 것이다. 습지의 규모와 식재 식물종에 따라 토양 두께의 정도 차이는 있지만 일반적으로 50㎝ 이상으로 하는 것이 좋다. 이 외에 많이 사용하는 방법은 [03]S/B(토양-벤토나이트)방수이다. 상대적으로 고비용이지만 식생 정착에 매우 좋으며 방수효율도 높은 편이다. 고래로부터 가장 많이 사용하는 방법은 [04]진흙방수(논방수)로 다짐질을 많이 할수록 방수효과가 높아진다. 경험적으로 볼 때 바닥의 지하수위가 간헐적으로 높아지거나 우천시 지하수가 용출되는 장소, 토양에 굵은입자(거석 또는 호박돌)의 퇴적물이 많은 하천변에는 진흙방수를 하지 않는 것이 좋다. 이는 습지 바닥에 누수현상이 빈번하게 발생하여 잦은 보수가 필요하기 때문이다. 특히 생태습지를 횡단하는 데크시설물을 설치하는 경우 시설물의 기초 아래에 방수층을 만드는 등 누수 방지에 더욱 신중해야 한다.

생태습지의 조성 및 관리 | 생태습지는 다른 서식처 유형에 비해 생물다양성이 높은 생태공간이다. 생태습지의 조성은 목적에 따라 규모, 지형적 형태, 식재 식물종, 유지관리 방향 등의 세부 방향이 상이할 수 있다(표 6-32). 사람들이 친생태적으로 이용하는 친수공간이냐? 자연적으로 생물천이가 진행되도록 계획하는 야생공간이냐? 수질개선의 기능이 강한 정화공간이냐? 등에 따라 다를 수 있다. 습지를 조

그림 6-42. 중규모의 생태습지 조성 단면도. 중규모 생태습지는 1m 이상의 수심이 유지되는 일정 공간을 만들어주는 것이 좋다(안전사고 발생 유의). 생태습지는 수질정화는 물론 시민들에게 생태체험 및 생태학습, 휴식 등 다양한 기능을 수행할 수 있다.

성하는 방향, 규모 등에 따라 중규모 또는 소규모 생태습지로 구별할 수 있다(그림 6-42, 6-43).

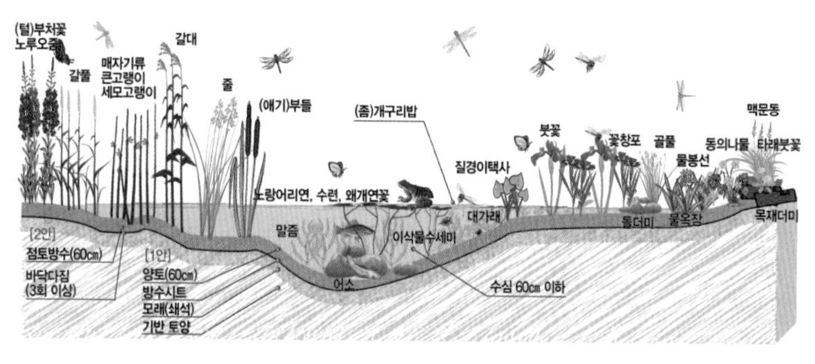

그림 6-43. 소규모의 생태습지 조성 단면도. 소규모 생태습지는 흔히 곤충(잠자리)비오톱의 개념으로 주로 수심이 50~60㎝ 이하가 대부분이다. 자연적인 안정화가 진행되면 습지식물이 과도하게 증식할 수 있다.

01 **규모 및 서식처 다양성** | 습지는 생물다양성 증대 기능이 높은 서식처이기 때문에 형태 및 미세지형들을 다양하게 조성한다. 습지 가장자리의 굴곡화와 더불어 수심을 다양하게 만든다. 서식공간의 다양성을 위해서는 일부 수심이 깊은 공간을 가지는 중규모의 생태습지를 조성하는 것이 효과적이다. 습지가 일정 규모 이상이면 습지 중간에 섬이나 인공섬(부도)을 만드는 것도 좋은 방법이다. 또한 곤충류를 포함한 소형동물의 다양성을 증대시키기 위해 습지 가장자리에 다공질의 돌더미 또는 나무더미를 두는 것도 효과적이다.

02 **수변식물의 식재와 유지** | 이용하는 식물자원은 잠재자연식생을 구성하는 고유식물자원으로 한다. 식생구조의 변화는 완만하게 하고 혼식하거나 중첩하여 식재한다. 이는 자연식생 구조에서와 같은 자연적 어울림을 창출할 수 있는 기법이다. 초본류 식재 시에는 종간경쟁에 따른 피압(被壓, suppressed) 방지를 위해 초장(초본식물의 높이)이 유사한 것끼리 식재하는 것이 좋다. 자연상태에서 초본식생은 대부분 2층 구조를 가진다. 초본 제2층은 낮은 피도를 갖는데 조성 이후에 안정화 단계에서 자연 발생하도록 유도한다. 토양이 습한 곳에는 겨울철 서릿발에 의해 식물 및 시설물의 피해가 발생할 수 있다. 약습~적윤한 수변부에 식재하는 식물은 서릿발에 의해 피해가 발생하지 않도록 식재시기 뿐만 아니라 식재의 깊이도 적절해야 한다. 이른 봄 보리밟기를 하듯이 서릿발이 선 식재지를 밟아 주는 것도 적절한 방법이다. 또한 식재한 식물이 아닌 다른 식물이 자연발아 또는 도입된 경우 식재식물의 안정화까지는 인위적인 제거관리가 필요하다. 벼과 식물을 식재한 경우 분류학적 지식이 없으면 발아초기 또는 완전한 성체 단계에도 정확한 동정이 어려워 유의해야 한다.

03 **야생동물 다양성 유도 식재** | 수변부에 식재하는 식물종(수목)은 육질이 풍부한 열매식물(야광나무류, 돌배나무, 아그배나무, 보리수나무 등)을 선정하여 야생조류의 서식을 유도하도록 한다. 식재는 최소 3그루 이상으로 군식한다. 식재의 공간배치는 시각적 다양성은 물론 야생생물의 관점에서 차폐, 차음되도록 한다. 하천의 주요종인 버드나무류는 봄철 꿀벌들의 중요한 밀원이며 암꽃(암

나무)보다 수꽃(수나무)이 밀원이 풍부하다. 조류의 도피거리 확보가 가능한 습지 규모라면 내부에 횃대를 설치하는 것이 좋다. 자연적인 도피거리보다 근거리에서 야생조류를 관찰할 수 있는 관찰대를 설치하는 것이 좋다. 차폐수목을 식재하더라도 담쟁이덩굴 등으로 시설물은 은폐하고 어두운 색의 목재 재질로 계획하여 야생조류들에게 위협적이지 않도록 한다.

04 **수문체계 및 수질 관리** | 습지의 수문체계는 유입부보다 유출부를 작게 하는 것이 일반적이다. 만일 집중강우에 과도한 유량의 유입이 예상되는 장소이면 유입 또는 유출량을 조절하는 별도의 간이 수문시설을 설치하는 것이 좋다. 또한 생태습지에서 식생의 정착과 천이 조절에 중요한 요소는 수질과 수온이다. 관리 운영 시에 수질과 수온의 관리 범위를 설정하고 이를 넘어서는 경우에만 적절한 생태적 제어가 필요하다. 수질 관리를 위해 습지 가장자리에는 세력이 좋은 초본류(골풀 등)를 식재하여 과도한 영양분이 습지 내로 직접 유입되는 것을 막는 여과대(filtering zone)를 만드는 것이 좋다.

05 **생태학적 방제** | 사람들이 이용하는 친수공간에 부득이하게 해충 방제가 필요한 경우에는 가능한 생물학적 방제를 실시한다. 사례로 모기가 과다 발생하면 모기 유충인 장구벌레를 제거하는 것이 가장 효과적인데 물속에서 이를 먹이로 대량 섭취하는 미꾸라지를 방생하면 높은 방제효과를 나타낸다.

06 **탐방로 시설** | 사람들의 친생태적 이용을 위해 목재데크를 설치하여 직·간접적으로 관찰, 체험하도록 한다. 목재데크는 물속생태계 관찰을 위해 수면과 30cm 높이 이하가 적당하다. 수면이 없는 단순 관찰로는 지면과 50~100㎝ 높이가 적당하다. 수면 또는 지면과 목재데크 바닥의 높이 차이가 1m 이상이면 추락 방지 안전난간을 설치하도록 한다. 습지에서 목재데크가 통과하는 구간은 안전사고 예방과 야생생물 보호를 위해 얕은 수심을 유지하도록 한다. 특히 깊은 수심으로 익사사고의 우려가 있는 경우에는 빈 공간이 적은 튼튼한 안전난간으로 설치한다. 일반적인 마닐라로프 자연재료 난간은 느슨하게 약간 늘어지도록 설치한다. 마닐라로프는 수분을 머금으면 팽창하여 길이가 줄어드는 성질이 있기 때문이다.

07 **체험 시설** | 습지 내부의 물속생물을 관찰할 수 있는 시설을 하는 것은 체험학습에 효과적이다. 식재한 식물 또는 서식 야생생물을 이해할 수 있는 명패 또는 해설판을 설치하여 자가탐방을 유도하거나 현장 생태해설의 보조재료로 이용하는 것도 효과적이다.

08 **관리 시설물** | 산지에 인접하여 조성된 생태습지는 조성 초기 고라니, 노루, 멧돼지 등의 야생동물로 인한 각종 피해가 발생될 수 있어 전기철책과 같은 관리 시설물이 필요할 수 있다. 특히 먹이가 부족한 이른 봄 수생식물(특히 연꽃류, 세모고랭이 등)의 지상부나 육상식물의 새순을 먹어 식물 생장에 악영향을 끼칠 수 있다. 또한 야생동물의 답압 등에 의한 이차적인 피해를 입기도 한다.

생태습지의 식물 관리 | 생태습지에서 생물다양성 증대 및 수질정화 효율을 개선하기 위해서는 추수식물 및 수생식물에 대한 인위적인 관리가 필요하다. 부영양습지에서 역동적인 종간경쟁과 영양번식에 의한 빠른 개체군 확장 등으로 다른 식물들이 피압되는 현상이 발생할 수 있다. 이로 인해 특정 식물종의 단일특이적(monospecific) 우점으로 생물다양성을 감소시킬 수 있다. 또한 수질정화를 목적으로 하는 생태습지에 대해서는 효율 개선을 위한 주기적인 식물관리가 필수적이다.

01 **추수식물의 지상부 제거 관리** | 수질정화를 목적으로 하는 생태습지에서 추수식물을 이용해 수질을 개선하기 위해서는 여름철에 지상부를 수확하는 것이 좋다. 절단하는 높이를 수면 아래로 하면 잠긴 줄기의 개체는 죽는다. 절단하여 수확한 식물체(줄기, 잎 등)는 계(생태습지) 밖으로 제거해야 영양염류 총량이 감소하여 수질개선 효과가 있다. 팔당호와 같은 대형호소에서 수질개선 등을 위해 설치한 인공수초섬(수초재배섬)은 연간 2~3회 예초작업을 통한 최대생물량을 얻음으로써 수중의 영양염류 제거에 효과가 있다(Byeon 2007). 시화호 인공습지에서 갈대의 건량과 질소, 인의 흡수량은 생장기인 여름부터는 증가하지만 비생육기인 가을에는 감소한다. 갈대는 생장기에 상당한 양의 질소와 인을 제거하지만 비생장기 동안에는 갈대 고사체(줄기, 잎 등)가 토양으로 환원되어 영양염류가 재방출될 가능성이 높기 때문에 수질정화를 위해서는 생육기간 중에 갈대를 수확(계 밖으로 제거)하는 방안이 합리적이다(Ro et al. 2002).

02 **수생식물과 개방수면 유지 관리** | 일반적으로 수질이 부영양화되면 추수식물은 점진적으로 증가하지만 부엽·부유식물은 급속히 증가하는 특성이 있어 단기간에 단일특이적으로 우점하여 수면을 덮는다. 침수식물은 초기에는 증가하지만 부엽·부유식물이 수면을 덮으면 수중으로 유입되는 광량이 감소하여 그 양은 현저히 줄어든다. 부엽·부유식물이 과도하게 피복하는 경우에는 전체 수면의 약 70% 내외로 식피되도록 적절한 제거관리가 필요하다. 나머지 30%를 개방수면의 형태로 유지시키는 것은 다양한 곤충의 서식을 가능하게 한다. 일부에서는 50%를 제안하기도 한다.

03 **습지식물 제한을 위한 수심 관리** | 규모가 작거나 수심이 얕은 습지는 습생식물 및 수생식물이 과도하게 번성할 수 있다(그림 6-43). 얕은 수심의 습지(흔히 저층습지)는 식물체의 유기퇴적물 및 토양의 무기퇴적물이 지속적으로 침적되어 수심은 점차 얕아진다. 이 과정에서 습지는 추수식물의 세력이 확장되고 개방수면의 공간이 거의 없는 습생초지원의 형태가 될 것이다. 이를 방지하기 위해서는 주기적이고 적절한 추수식물 제거관리 또는 수심을 1m 이상으로 유지하는 것이 좋다. 또한 수생식물의 과도한 번식을 제거하는 방법은 영양번식이 일어나지 않도록 하는 것이다. 일반적인 방법은 식물뿌리의 생육공간을 제한하도록 큰 화분에 수생식물을 식재하여 화분을 물속에 넣어 관리하는 것이다. 이 외의 방법으로 수생 및 추수식물의 서식공간이 제한되도록 토양환경을 제어할 수도 있다.

생태습지에 적합한 식물 | 생태습지에는 입지의 환경여건에 적합하도록 적절한 식재 계획을 수립한다(그림 6-42, 6-43 참조). 지역 여건에 맞는 고유의 자생 식물자원을 이용하도록 한다. 여기에는 수변 또는 수중에 적합한 대표적인 식물종만을 나열하며 이 외에도 다른 식물종들이 있을 수 있다.

01 **교목 및 관목식물** | 버드나무류, 오리나무, 물푸레나무, 들메나무, 팽나무, 신나무, 모감주나무, 층층나무, 황벽나무, 느릅나무, 귀룽나무, (물)황철, 굴피나무, (털)야광나무, 아그배나무, 때죽나무, 보리수나무, 분꽃나무, (개)쉬땅나무, 병꽃나무, 작살나무, 좀작살나무, 조팝나무, 꼬리조팝나무, 산초나무, 초피나무, 찔레꽃, 쥐똥나무, 산철쭉 등이다. 버드나무류는 수변림의 가장 대표적인 식물로 분류학적으로 동정이 매우 난애한 식물종이다. 관목종을 교목종으로 오인하거나 교목종을 관목종으로 오인하는 경우에는 수변림 조성의 온전한 식생구조를 달성할 수 없을 수 있고 관리에 많은 비용을 지불해야 한다. 청계천(서울시) 수변부 식재에 적합한 수종은 관목성인 키버들이지만 아교목식물인 선버들 또는 교목식물인 왕버들인 경우가 있었다. 이로 인해 수리적 안전성 등을 위해 지속적인 제거(전정)관리가 필요하다.

02 **초본식물** | 침수식물, 부유식물은 자연적인 서식을 유도한다. 부득이한 경우 외부에서 채취한 개체를 소량 식재해 주면 빠르게 정착하여 개체군을 확장시킨다. 수변에 식재 가능한 다년생 추수식물 또는 육상식물은 갈대, 물억새, 억새, 갈풀, 흰갈풀, 애기부들, 부들, 큰고랭이, 세모고랭이, (큰)매자기, 새섬매자기, 층층고랭이, 도루박이, 줄, 달뿌리풀, 진퍼리새, 산조풀, 수크령, (털)부처꽃, 박하, 노루오줌, 숙은노루오줌, 벌개미취, 금불초, 께묵, 붓꽃, 꽃창포, 창포, 골풀, 미나리, 노랑어리연, 어리연, 가시연, 왜개연꽃, 수련 등이다.

도로 및 철도 사업에서 터널 상부에 생육하는 식물에 피해가 발생하는가?

터널로 인한 상부식생의 변화 | 도로 및 철도 건설로 발생되는 터널이 통과하는 상부의 식물고사 등과 같은 생태적 피해를 초래하는가?에 대한 문제 제기는 항상 존재한다(그림 6-44). 하지만 터널로 교통시설을 설계하지 않으면 물류비 증가는 물론 산허리에 대규모 절토가 발생하여 자연생태계 피해는 더욱 커진다(Go et al. 2008). 일반적으로 지하수 흐름 변동으로 지하수위(地下水位, 지하수면, ground water level) 저하 및 상승이 발생해 터널 상부에 서식하는 식물 개체들의 고사와 같은 영향을 받는다고 인식한다. 식물의 고사 등은 매우 복잡한 요인에 의해 발생하기 때문에 그 원인이 터널인지 정량적으로 측정하고 그 원인과 과정을 규명하는 것은 매우 어려운 일이다. 일반적으로 터널 건설에 따른 자생식물 및 인접 과수원의 피해 발생은 직접적인 영향으로 보기는 어렵지만 간접적인 영향에 대한 개연성은 있다. 제기되는 생태적 문제는 터널 상부의 식물 고사 또는 상부에 산지습지 등이 존재하는 경우 습지의 건조

그림 6-44. 터널상부의 식생(좌: 의정부시, 서울외곽순환도로, 사패산터널, 우: 양산시, 천성산 터널 상부 화엄늪 습지보호지역). 철도 및 도로 건설에 터널이 통과하는 상부 지역에는 건생의 삼림이 대부분이지만 일부 습생의 산지습지가 분포할 수 있다. 이 두 지역에 대한 많은 사회적·환경생태적 논란은 별도의 자료를 참조한다.

화 등의 영향들이다. 과거 경부고속철도 터널노선(원효터널, 양산시)이 천성산을 통과함으로 상부에 산지습지인 화엄늪(습지보호지역)의 건조화에 대한 문제 제기가 대표적이지만 터널 건설 이후 습지시스템의 수문 및 생태적 변화는 거의 없는 것으로 알려져 있다.

좁은 면적이더라도 양호한 식생을 반드시 보전해야 하는가?

양호한 식생의 훼손과 보전 | 사업계획 지역에서 국지적으로 분포하는 양호한 식생공간(식생보전II등급 수준)의 존재로 토지이용계획이 매우 비합리적일 수 있다. 이 경우에 아주 좁은 면적의 양호한 식생을 보전하는 것이 과연 타당한가?에 대해 합리적으로 고민할 필요가 있다. 국지적으로 존재하는 양호한 식생은 현존식생도 표현의 최소면적 규모 정도이기 때문에 다각형사상으로 표현되지 않을 수도 있다. 먼저 양호한 식생의 국지적인 규모에 대한 면적의 규정이 필요하다. 면적은 현존식생도에서 표현되는 최소면적(1:5,000축척 지도에서 2,500㎡) 정도를 국지적인 규모로 규정하는 것이 좋다. 개발되는 공간(토지이용지역)에서 양호한 식생을 정밀하게 표현할 수 있다. 그 면적이 625㎡(온대림 식생고를 고려한 25m×25m 기준) 이상인 경우에는 표현하는 것이 좋다(그림 5-39 표현의 최소면적). 공간에 대한 효율적인 토지이용계획은 양호한 식생을 보전하는 것보다 삼림공간을 총량적으로 보전하는 것이 더 중요할 수 있다. 즉 양호한 식생자원이 훼손되는 것에 대한 적극적인 보상계획을 수립하는 것이다. 훼손되는 면적 이상으로 대체녹지를 조성하거나, 삼림공간을 원형보전하거나, 전체 녹지면적을 높이는 등의 보전 또는 복원 노력일 것이다.

조경 및 녹지 계획에서 생물다양성을 증진하는 수목을 식재하도록 하자.

곤충 밀원식물 | 밀원식물(蜜源植物, honey plant)은 흔히 꽃과 꽃가루를 통해 꿀벌의 생산을 돕는 식물을 의미한다. 꽃에 꿀을 많이 분비하는 교목식물은 버드나무류, 아까시나무, 밤나무, 피나무, 벚나무류, 단풍나무, 피나무, 감나무, 오동나무, 때죽나무, 헛개나무 등이고, 관목식물은 싸리류, 버드나무류, 산초나무, 초피나무, 붉나무, 찔레꽃, 산딸기, 진달래, 좀목형, 복분자, 조팝나무 등이고, 초본식물은 토끼풀, 자주개자리, 유채 등이다(Jang 2008). 양봉 밀원식물은 벌꿀 생산에 중요한 역할을 하는 주요밀원(major honey plant)과 보조밀원(minor honey plant), 화분원(pollen source)으로 구분한다(Kim and Lee 1989, Ryu 2003). Lee(1998)는 국내 밀원식물을 주요밀원 25종, 보조밀원 153종, 화분원 40종으로 구분하였다. Choi et al.(2021a)의 연구에서는 회양목, 벚나무, 산딸기, 철쭉꽃, 고추나무, 아까시나무, 찔레꽃, 엉겅퀴, 토끼풀, 미국낙산홍, 대추나무, 피나무, 모감주나무, 메밀, 들깨, 구절초에서 꿀벌의 방화활동(訪花活動, foraging activity)이 활발한 것으로 확인하였다.

조류 먹이식물 | 조류의 종다양성 및 서식환경 개선을 위해 식재하는 식물은 곤충류의 다양성을 유도할 수 있고 과육이 풍부한 것이 좋다. 봄철 또는 가을철에 조류가 이용할 수 있도록 계절별 특성을 고려하여 수목을 식재하는 것이 좋다(표 6-33). 최근 NIFOS(2023)는 최근 15년간(2005~2019) SNS상에서 국민이 올린 26,800건의 사진 중 조류와 식물종을 분석하여 건강한 도시숲의 기준이 될 수 있는 지표조류

표 6-33. 조류(주로 열매 대상)의 먹이원이 되는 식물들. 계획된 식물을 유형별, 계절별로 구분하여 식재하면 조류 및 곤충의 다양성을 증가시키는데 많은 도움이 된다.

구분	식물종 목록
여름 (6-8월)	회양목, 귀룽나무, 뽕나무, 앵도나무, 왕벚나무, 올벚나무, 산벚나무, 개느삼, 딱총나무, 매화나무, 살구나무, 이스라지, 자두나무, 팥꽃나무, 황벽나무, 주목, 댕댕이덩굴, 오미자, 담쟁이덩굴 등
가을 (9-11월)	만병초, 애기동백, 동백나무, 곰솔, 비자나무, 소나무, 주목, 개다래, 다래나무, 개머루, 인동, 칡, 등나무, 가막살나무, 감태나무, 산초나무, 초피나무, 개암나무, 고추나무, 덜꿩나무, 댕강나무, 때죽나무, 마가목, 말채나무, 매발톱나무, 매자나무, 멀구슬나무, 목련, 물푸레나무, 아그배나무, 들메나무, 미선나무, 밤나무, 백당나무, 병꽃나무, 병아리꽃나무, 분꽃나무, 비목나무, 산사나무, 생강나무, 쇠물푸레나무, 옻나무, 수수꽃다리, 순비기나무, 쉬땅나무, 이팝나무, 자귀나무, 정향나무, 조록싸리, 조팝나무, 졸참나무, 신갈나무, 굴참나무, 쪽동백, 찔레꽃, 층층나무, 팥배나무, 함박꽃나무, 흰말채나무, 사철나무, 노박덩굴, 댕댕이덩굴, 으름, 줄사철, 감나무, 개오동, 고욤나무, 곰의말채, 누리장나무, 노각나무, 두릅나무, 모감주나무, 오동나무, 오리나무, 은행나무, 음나무, 작살나무, 좀작살나무, 쥐똥나무, 참빗살나무, 콩배나무, 팽나무, 회화나무, 화살나무, 머귀나무, 구실잣밤나무, 모밀잣밤나무 등

6종과 먹이식물 173종류를 발표했다. 지표조류는 오색딱다구리, 동고비, 흰배지빠귀, 박새, 붉은머리오목눈이, 꿩이며 이들 조류의 먹이식물은 감나무, 소나무, 산수유, 팥배나무, 찔레꽃, 참느릅나무 등의 순이다(표 6-34). 이러한 식물종을 도시개발 등에 조성하는 근린공원 또는 조경공간에 식재한다면 이들 지표조류들이 많이 찾아오는 건강한 생태공간으로 기능할 것이다.

표 6-34. 도시근린공원 지표조류(오색딱다구리, 동고비, 흰배지빠귀, 박새, 붉은머리오목눈이, 꿩) 먹이식물 적합도 우선 순위(NIFOS 2023). 이 식물들에서 고유종을 우선 선택하는 것을 권장한다.

순위	식물종	관찰 기록	관찰 비율(%)
1	감나무	28	4.19
2	소나무	26	3.89
3	산수유	22	3.29
4	팥배나무	21	3.14
5	찔레꽃	18	2.69
6	참느릅나무	18	2.69
7	노박덩굴	15	2.24
8	측백나무	15	2.24
9	주목	14	2.09
10	팽나무	14	2.09
11	느티나무	11	1.64
12	단풍나무	11	1.64
13	때죽나무	11	1.64
14	말채나무	11	1.64
15	사철나무	11	1.64
16	왕벚나무	11	1.64
17	피라칸다	11	1.64
18	보리밥나무	10	1.49
19	아그배나무	10	1.49
20	배롱나무	9	1.35

우리나라의 대표적인 삼림식물종인 층층나무. 층층나무는 수형이 아름다운 교목식물로 다양한 곤충 및 조류의 서식을 가능하게 한다. 이 식물종은 한반도 계곡성 삼림식물의 주요종이다.

백두대간에 해당되는 대관령 일대의 토지이용. 한반도에서 백두대간에 위치한 대관령(평창군) 일대는 지형적으로 고위 평탄지에 해당된다. 완만한 지형 덕분에 옛부터 사람들이 화전, 목장 등으로 토지를 고강도로 이용하였다. 해발고도가 높고 바람이 많기 때문에 최근에는 풍력발전단지를 집중 건설하였다.

참고문헌

References

Anderson, K. and K.J. Gaston (2013) Lightweight unmanned aerial vehicles will revolutionize spatial ecology. Frontiers in Ecology and the Environment, 11: 138-146.

Ahn, B.W., W.K. Shim, T.G. Song, E.I. Kim, and Y.S. Choi (Transl.) (1998) 생태환경계획설계론-자연환경복원기술. 도서출판 누리에.

Ahn, K.H. and J.W. Kim (2005) Classification and characteristics of the roadbed plant communities in Daegu, Korea. The Korean Journal of Ecology, 28(1): 31-36. (in Korean)

Austin, M.P. (1991) Vegetation theory in relation to cost-efficient surveys. In: C.R. Margules and M.P. Austin (eds.) Nature conservation: cost effective biological surveys and data analysis. Commonwealth Scientific and Industrial Research Organization, Melbourne, Australia, pp.17-22.

Bae, B.H. (1989) 식생자연도에 관한 제문제의 고찰. 건국대학교 중원연구소 논문집, 8: 175-189. (in Korean)

Balke, T., P.M.J. Herman, and T.J. Bouma (2014) Critical transitions in disturbance-driven ecosystems : Identifying windows of opportunity for recovery. Journal of Ecology, 102(3): 700-708.

Barbour, M.G., J.H. Burk, W.D. Pitts, F.S. Gilliam, and M.W. Schwartz (1998) Terrestrial plant ecology (3rd edn.). Benjamin Cummings, 688p.

Barkman, J.J., J. Moravec, and S. Rauschert (1973) Code of phytosociological nomenclature. Vegetatio, 32(3): 131-185.

Barrett, S.C.H. and L.D. Harder (1996) Ecology and evolution of plant mating. Trends Ecol. Evol., 11: 73-79.

Batalha, M.A. and F.R. Martins (2004) Floristic, frequency and vegetation life-form spectra of a Cerrado site. Braz. J. Biol., 64(2): 203-209.

Bazzaz, F.A. (1968) Succession on abandoned fields in the Shanee hills Southern Illinois. Ecology, 49: 924-936.

Beals, E.W. (1984) Bray-Curtis ordination: an effective strategy for analysis of multivariate ecological data. Advances in Ecological Research, 14: 1-55.

Becking, R.W. (1957) The Zürich-Montpellier school of phytosociology. Botanical Review, 23(7): 411-488.

Becking, R.W. (1965) Time, a concept in ecosystem analysis. Paper, AAAS meetings, Dec. 30, 1965 Berkeley, Calif. mimeo, 8pp.

Bhadra, A.K. and S.K. Pattanayak (2016) Abundance or dominance: which is more justified to calculate importance value index (ivi) of plant species? Asian Journal of Science and Technology, 07(09): 3578-3601.

Bourgeron, P.S. and L.D. Engelking (1993) A preliminary series level classification of the Western U.S. Unpublished report prepared by the Western Heritage Task Force for The Nature Conservancy. Boulder, Colorado, USA.

Brady, N.C. and R.R. Weil (2019) Elements of the nature and properties of soils (4th edn.). Pearson Education, 768p.

Braun-Blanquet, J. (1921) Prinzipien einer systematik der pflanzengesellschaften auf fioristischer grundlage. Jahrb.- St. Gall. Naturwiss. Ges.

Braun-Blanquet, J. (1951) The plant communities of Mediterranean France. C.N.R.S., Paris.

Braun-Blanquet, J. (1965) Plant sociology: the study of plant communities. (Transl. rev. and ed. by C.D. Fuller and H.S. Conard), Hafner, London.

Bray, J.R., and J.T. Curtis (1957) An ordination of the upland forest communities of southern Wisconsin. Ecol. Mon., 27: 325-349.

Bredenkamp, G., M. Chytrù, H. Fischer, Z. Neuhäuslová, and E. van der Maarel (1998) Vegetation mapping: Theory, methods and case studies. Applied Vegetation Science, 1: 161-266.

Brix, H. (1993) Macrophyte-mediated oxygen transfer in wetlands : Transport mechanisms and rates. In: G.A. Moshiri (eds.) Constructed wetlands for water quality improvement. Lewis Publishers, pp393-398.

Bullock, J.M. (2006) Plant. In: W.J. Sutherland (eds.) Ecolgical census techniques a handbook(2nd edn.). Cambridge University Press, pp.186-213.

Burbank, M.P. and R.B. Platt (1964) Granite outcrop communities on the Piedmont Plateau in Georgia. Ecology, 45: 292-305.

Byeon, M.S. (2007) Study on the improvement of aquatic environment by Macrophyte-vegetated Floating Island (MFI) in lake Paldang. Ph.D. Dissertation, Kangwon University, Chuncheon. (in Korean)

Byeon, M.S. (2008) 수생식물을 이용한 수질정화(Water purification using aquatic plants). Korean Journal of Nature Conservation, 142: 33-39. (in Korean)

Byeon, S.Y. and C.W. Yun (2018) Community structure and vegetation succession of *Carpinus laxiflora* forest stands in South Korea. Korean J. Environ. Ecol., 32(2): 185-202. (in Korean)

Cain, S.A. (1938) The species-area curve. The American Midland Naturalist, 19(3): 573-581.

Carleton, T.J., R.H. Stitt, and J. Nieppola (1996) Constrained indicator species analysis (COINSPAN): an extension of TWINSPAN. Journal of Vegetation Science, 7(1): 125-130.

Chmielewski, F.-M., A. Müller, and E. Bruns (2004) Climate changes and trends in phenology of fruit trees and field crops in Germany, 1961-2000. Agricultural and Forest Meterology, 121: 69-78.

Cho, D.K. (2013) 습지보전 계획 및 설계 : 생물종 서식처의 복원 및 창출을 중심으로. In: 국립습지센터. 습지 이해. 창녕, pp.165-219.

Cho, E.S., M.J. Kim, D.H. Moon, J.H. Cho, Y.J. Ji, D.G. Cho (2021) A study on vegetation community structure for forest restoration in the temperate central region, Seoul, Korea. 한국환경생태학회 학술발표논문집, 2021(2): 9-10. (in Korea)

Cho, H.J., S.N. Jin, H. Lee, R.H. Marrs, and K.H. Cho (2018) The relationship between the soil seed bank and above-ground vegetation in a sandy floodplain, South Korea. Ecology and Resilient

Infrastructure, 5(3): 145-155. (in Korean)

Cho, N.H., E.S. Kim, B.R. Lee, J.H. Lim, and S.K. Kang (2020a) Predicting the potential distribution of *Pinus densiflora* and analyzing the relationship with environmental variable using MaxEnt model. Korean Journal of Agricultural and Forest Meteorology, 22(2): 47-56. (in Korean)

Cho, S.H., J.Y. Park, J.H. Park, Y.G. Lee, L.M. Mun, S.H. Kang, G.H. Kim, and J.G. Yun (2015) A study for continue and decline of *Abies koreana* Forest using species distribution model - Focused in Mt. Baekwun Gwangyang-si, Jeollanam-do -. Journal of Korean Forestry Society, 104(3): 360-367. (in Korean)

Cho Y.C., S.H. Jung, D.H. Lee, H.G. Kim, and J.H. Kim (2020b) Forest of Korea (VI) Biogeography of Korea: flora and vegetation. Korea National Arboretum, Pocheon. (in Korea)

Cho, Y.J. and H.S. Kim (2018) A study on the vegetation succession of Daeheuksan Island. Journal of National Park Research, 9(3): 352-364. (in Korea)

Choi, B.K. (2013) Syntaxonomy and syngeography of warm-temperate evergreen broad-leaved forests in Korea. Ph.D. Dissertation, Keimyung University, Daegu. (in Korea)

Choi, B.K., J. Kim, Y.O. Seo, E.Y. Lim, J.E. Yang, M.J. Park, C.B. Lee, J.Y. You, K.H. Kim, H.M. Yang, and I.G. Lee (2021) 난아열대 상록활엽수 쉽게 구별하기. 국립산림과학원, 연구신서 제123호, 257p. (in Korea)

Choi, D.H., H. Kang, and K.S. Choi (2010) Case study on the improvement of pollutant removal efficiency in Sihwa constructed wetland. Journal of Wetlands Research, 12(2): 25-33. (in Korean)

Choi, J.Y., K.Y. Lim, M.S. Oh, and S.H. Lee (2021a) Foraging activity of honeybee and seasonal composition of major honey plants in central area of South Korea. Journal of Apiculture, 36(3): 125-139. (in Korea)

Choi, W.I., E.S. Kim, C.W. Park, N.I. Koo, and J.B. Jung (2021b) 제2차 산림의 건강·활력도 진단·평가 보고서. 국립산림과학원, 국립산림과학원 연구자료 제 977호. (in Korea)

Choung, H.I., Y.Y. Choi, J.E. Ryu, and S.W. Jeon (2020) Accuracy evaluation of potential habitat distribution in *Pinus thunbergii* using a species distribution model: Verification of the Ensemble Methodology. Journal of Climate Change Research, 11(1): 37-51. (in Korean)

Choung, H.R., J.S. Song, K.S. Lee, I.T. Kim, J.H. Kim, K.C. Yang, and Y.M. Chun (2006) Review on the conservation value and assessment criteria of vegetation. Journal of Environmental Impact Assessment 15(5): 339-355. (in Korea)

Choung, H.R., Y.H. Kwon, J.K. Chio, B.H. Rho, H.W. Lee, and H.N. Park. (2007) 식물사회학적 이론에 의한 생태모델숲 조성기법. 한국환경정책·평가연구원, 기초연구 2007-05. (in Korea)

Choung, S.Y., J.W. Lee, Y.H. Kwon, H.T. Shin, S.J. Kim, J.B. Ahn, and T.I. Heo (2016) Invasive alien plants in South Korea. The Korea National Arboretum(KNA), Korea Forest Service, Pocheon, 267p. (in Korean)

Choung, Y.H., Y.J. Yim, T.W. Kim, and E.B. Lee (1984) 충청남도 녹지자연도 사정에 관한 연구. Korean Journal of Nature Conservation, 6: 5-180. (in Korea)

Choung, Y.H. and B.Y. Sun (1982) 시설개발예정지의 녹지자연도에 관한 연구. Korean Journal of Nature Conservation, 4: 155-182. (in Korea)

Choung, Y.S., B.M. Min, K.S. Lee, K.H. Cho, K.Y. Joo, J.O. Hyun, H.R. Na, H.K. Oh, G.H. Nam, J.S. Kim, S.Y. Cho, J.S. Lee, S.Y. Jung, and J.Y. Lee (2020) Wetland preference and life form of the vascular plants in the Korean Peninsula. NIBR(National Institute of Biological Resources), Incheon, 235p. (in Korean)

Choung, Y.S. and C.H. Rho (2002) Application of macrophytes for the treatment of drained water from a freshwater fish-farm : II. Growth and nutrient uptake on floating beds of two emergent plants, *Zizania latifolia* and *Typha angustata*. Korean J. Environ. Ecol., 25(1): 45-49. (in Korea)

Choung, Y.S., B.M. Min, K.S. Lee, K.H. Cho, K.Y. Joo, J.O. Hyun, H.R. Na, H.K. Oh, G.H. Nam, J.S. Kim, S.Y. Cho, J.S. Lee, S.Y. Jung, and J.Y. Lee (2021) Categorized wetland preference and life forms of the vascular plants in the Korean Peninsula. Journal of Ecology and Environment, 45(8): 72-77. (in Korean)

Choung, Y.S., C.H. No, H.K. Oh, and K.S. Lee (2002) 동해안 산불피해 생태계의 효과적인 자연복원 기법. Korean Journal of Nature Conservation, 110: 34-41. (in Korean)

Choung, Y.S., W.T. Lee, K.H. Cho, K.Y. Joo, B.M. Min, J.O. Hyun, and K.S. Lee (2012) Categorizing vascular plant species occurring in wetland ecosystems of the Korean peninsula. Center for Aquatic Ecosystem Restoration, 243p. (in Korean)

Chu, Y.S., Y.H. Cho, T.H. Lee, E.H. Jang, and J.K. Kim (2019) A study on survey and analysis of designated status of wildlife protected by City/Do ordinance. Journal of Environmental Impact Assessment, 28(3): 299-311. (in Korean)

Clements, F.E. (1916) Plant succession: Analysis of the development of vegetation. Carnegie Institution of Washington Publication Sciences, 242: 1-512.

Clements, F.E. (1928) Plant succession and indicators. H.W. Wilson, New York.

CNVC(Canadian National Vegetation Classification) (2024) 국가식생분류: 홈페이지(http://cnvc-cnvc.ca/). Retrieved 2024-2-27.

Connell, J.H. (1978) Diversity in tropical rain forests and coral reefs : High diversity of trees and corals is maintained only in a nonequilibrium state. Science, 199(4335): 1302-1310.

Connor, E.F. and E.D. McCoy (2001) Species-area relationships. Encyclopedia of Biodiversity, 5: 397-411.

Corenblit, D., A. Baas, T. Balke, T. Bouma, F. Fromard, V. Garófano-Gómez, E. González, A.M. Gurnell, B. Hortobágyi, F. Julien, D. Kim, L. Lambs, J.A. Stallins, J. Steiger, E. Tabacchi, and R. Walcker (2015) Engineer pioneer plants respond to and affect geomorphic constraints similarly along water-terrestrial interfaces world-wide. Global Ecology and Biogeography, 24(12): 1363-1376.

Corenblit, D., E. Tabacchi, J. Steiger, and A.M. Gurnell (2007) Reciprocal interactions and adjustments between fluvial land-forms and vegetation dynamics in river corridors : A reviewof complementary approaches. Earth Science Reviews, 84(1-2): 56-86.

Corenblit, D., J. Steiger, A.M. Gurnell, and R.J. Naiman (2009) Plants intertwine fluvial landform dynamics with ecological succession and natural selection : A niche construction perspective for riparian systems. Global Ecology and Biogeography, 18(4): 507-520.

Cottam, G., F. Glenn Goff, and R.H. Whittaker (1978) Wisconsin comparative ordination. In: R.H. Whittaker (eds.). Ordination of plant communities. Junk, The Hague, pp.185-214.

Cronk, J.K. and M.S. Fennessy (2001) Wetland plants : Biology and ecology. CRC Press, New York, 482p.

Cruzan, M.B., B.G. Weinstein, M.R. Grasty, B.F. Kohrn, E.C. Hendrickson, T.M. Arredondo, and P.G. Thompson (2016) Small unmanned aerial vehicles (micro-UAVs, drones) in plant ecology. Appl Plant Sci., 4(9): apps.1600041.

Curtis, J.T. and R.P. McIntosh (1951) An upland forest continuum in the prairie-forest border region of Wisconsin. Ecology, 32:476-496.

Dial, R. and J. Roughgarden (1988) Theory of marine communities : The intermediate disturbance hypothesis. Ecology, 79(4): 1412-1424.

Davies, N.M.J., C. Drinkell, and T.M.A. Utteridge (2023) The herbarium handbook. Royal Botanic Gardens Kew, England, 256p.

Dobson, M. (1995) Tree root systems. Arboriculture Research and Information Note 130, Arboricultural Advisory and Information Service, Farnham.

Doopedia(두산백과) (2023) 생활형(life form) : 홈페이지. Retrieved 2023-12-28.

Doopedia(두산백과) (2024) 아고산식생 : 홈페이지. Retrieved 2024-8-13.

Douhovnikoff, V., J.R. Mcbride, and R.S. Dodd (2005) *Salix exigua* clonal growth and population dynamics in relation to disturbance regime variation. Ecology, 86(2): 446-452.

Ellenberg, H. (1963) Vegetation Mitteleuropas mit den Alpen in kausaler, dynamischer und historischer Sicht. Ulmer Verlag, Stuttgart.

Elzinga, C.L., D.W. Salzer, and J.W. Willoughby (1998) Measuring and monitering plant populations. Bureau of Land Management, U.S. Department of the Interior.

EIASS(환경영향평가정보지원시스템) (2024) 사업 사례 검색 : 홈페이지(https://www.eiass.go.kr). Retrieved 2024-8-13.

E-Nara (2024) 우리나라의 개발제한구역 변화: e-나라지표-지표누리 홈페이지. Retrieved 2024-4-8.

Encyclopedia(Encyclopedia of Korean Culture, 한국민족문화대백과사전) (2023) 환경영향평가제도. Retrieved 2023-8-5.

Encyclopedia(Encyclopedia of Korean Culture, 한국민족문화대백과사전) (2024) 방풍림(防風林). Retrieved 2024-9-29.

Environmental Systems Research Institute (1994) Field methods for vegetation mapping: USGS/NPS vegetation mapping program. United States Department of Interior Unite States Geological Survey and National Park Service, New York.

Eom, B.C. and J.W. Kim (2020) A phytoclimatic review of warm-temperate vegetation zone of Korea. Korean Journal of Ecology and Environment, 53(2): 195-207. (in Korean)

FGDC(Federal Geographic Data Committee) (2008) National vegetation classification standard (Ver. 2). Federal Geographic Data Committee: Vegetation Subcommittee, FGDC-STD-005-2008.

Fitter, A.H., R.S.R. Fitter, I.T.B. Harris, and M.H. Williamson (1995) Relationships between first flowering date and temperature in the flora of a locality in central England. Functional Ecology, 9(1): 55-60.

Fonda, R.W. (1974) Forest succession in relation to river terrace development in Olympic National Park, Washington. Ecology, 55: 927-942.

Forel, F.A. (1901) Handbuch der Seenkunde. Allgemeine Limnologie. Stuttgart.

Garden City Conservation Society (2024) Miyawaki method of forest creation. https://gardencitylands.ca/gccs/miyawakimethod.pdf. Retrieved 2024-1-24.

Gillison, A.N. and K.R.W. Brewer (1985) The use of gradient directed transects or gradsects in natural resource survey. Journal of Environmental Management, 20:103-127.

Gingrich, S.F. (1971) Management of upland hardwoods.

USDA For. Servo Res. Pap. N.E.-195, 26p.
Gleason, H.A. (1917) The structure and development of the plant association. Bulletin of the Torrey Botanical Club, 44: 463-481.
Gleason, H.A. (1926) The individualistic concept of the plant association. Bulletin of the Torrey Botanical Club, 53: 7-26.
Gleason, H.A. (1939) The individualistic concept of the plant association. American Midland Naturalist, 21: 92-110.
Go, J.H., J.H. Jeoung, and G.J. Bae (2008) 특집 : 터널건설과 식생 환경 복원. Journal of Korean Tunnelling and Underground Space Association, 10(3): 12-20. (in Korean)
Good, R. (1931) A theory of plant geography. New Phytologist, 30(3): 149-171.
Good, R. (1947) The geography of the flowering plant. Longmans, London, New York and Toronto, 403p.
Goodall, D.W. (1954) Objective methods for the classification of vegetation. III. An essay in the use of factor analysis. Austral. J. Bot., 1: 39-63.
Grabherr, G., G. Koch, H. Kirchmeir, and K. Reiter (1998) Hemerobie österreichischer Wald ökosysteme. Veröffentlichungen des österreichischen MaB-Programms Band 17, Universitätsverlag Wagner·Innsbruck, p.493.
Grime, J.P. (1979) Plant strategies and vegetation processes. John Wiley & Sons, Chichester.
GSK(The Geological Society of Korea, 대한지질학회) (2023) 지질학 백과 : 양치식물. Retrieved 2023-3-22.
Harrison, J.S. and P.A. Werner (1982) Colonization by oak seedlings into a heterogeneous successional habitat. Can. J. Bot., 62: 559-563.
Hill, M.O. (1979) TWINSPAN - A fortran programme for arranging multivariate data in an ordered two-way table by classification of individuals and attributes. Cornell University, Ithaca, New York.
Hori, Y. and H. Tsuge (1993) Photosynthesis of bract and its contribution to seed maturity in *Carpinus laxiflora*. Ecological research, 8(1): 81-83.
Ihm, B.S., J.S. Lee, K.H. Suh, and H.S. Kim (1996) Distribution and nutrient removal capacity of aquatic plants in relation to pollutant load from the watershed of Youngsan River. Journal of Ecology and Environment, 19(5): 487-496. (in Korean)
Inouye, R.S., N.J. Huntly, D. Tilman, J.R. Tester, M. Stillwell, and K.C. Zinnel (1987) Old-field succession on a Minnesota sand plain. Ecology, 68: 12-26.
Jang, K.J. (2007) Phytosociological studies on the *Quercus mongolica* forest in Korea. Ph.D. Dissertation, Kangwon University, ChunCheon. (in Korea)
Jang. J.W. (2008) 한국의 밀원식물에 관한 연구: 국내 밀원식물의 종류와 화분의 전자현미경적 형태구조를 중심으로. Ph.D. Dissertation, Daegu University, Daegu, 146p. (in Korea)
Janger, P., K. Pall, and E. Dumfarth (2004) A method of mapping macrophytes in large lakes with regard to the requirements of Water Framework Directive. Limnologica, 34: 140-146.
Joo, E.J. (2008) 수생식물의 영양염류 제거능. Korean Journal of Nature Conservation, 142: 40-45.
Jung. Y.K. (1995) 남한의 임연군락에 대한 군락분류학적 연구. Ph.D. Dissertation, Kyongbook University, Daegu, 183p. (in Korea)
Jung. Y.K and J.W. Kim (2001) Syntaxonomical reconsideration of the Rosetalia rugosae. Journal of Ecology and Environment, 24(5): 267-271. (in Korea)
Kadlec, R.H. and R.L. Knight (1996) Treatment

Wetlands. Lewis Publishers, Boca Raton, 893p.

KAECI(Korean Association for Ex-situ Conservation Instutution) (2024) 지역별 지부 현황 : (사)한국서식지외보전기관협회 홈페이지. Retrieved 2024-8-11.

Kang, B.H. and S.I. Shim (2002) Overall status of naturalized plants in Korea. Korean J. Weed Sci., 22: 207-226. (in Korean)

Kang, E.S., S.R. Lee, S.H. OH, D.K. Kim, S.Y. Jung, and D.C. Son (2020a) Comprehensive review about alien plants in Korea. Korean J. Pl. Taxon., 50(2): 89-119. (in Korean)

Kang, H.S., W.S. Lee, I.H. Oh, and K. Jung (Transl.) (2016) 생태학, 9판. 라이프사이언스, 서울, 676p.

Kang, H.M., D.H. Kim, and S.G. Park (2020b) Characteristics of *Quercus mongolica* dominant community on the ridge of the Nakdong-Jeongmaek -Focusing on the Baekbyeongsan, Chilbosan, Baegamsan, Unjusan, Goheonsan, Gudeoksan. Korean J. Environ. Ecol., 34(4): 318-333. (in Korean)

Kang, Y.H. (eds.) (2014) 생명과학대사전(초판 2008) 개정판. 아카데미서적, 서울.

KEITI(한국환경산업기술원) (2016) 기후변화에 따른 한국 아고산 생태계 모니터링을 위한 센서네트워크 기반 플랫폼 기술 개발. 국민대학교 산학협력단, 서울.

Kent, M. and P. Coker (1992) Vegetation description and analysis: Practical approach. John Wiley & Sons Ltd., Great Britain, 363p.

Kerner, A. (1863) Plant life of the Danube basin. (Transl. by H. S. Conard, 1951. The background of plant ecology. Iowa State Univ. Press, Ames, Iowa, 238p.

KFS(Korea Forest Service, 산림청) (2023a) 조림권장 수종 : 홈페이지. Retrieved 2023-3-22.

KFS(Korea Forest Service, 산림청) (2023b) 보호수 : 홈페이지. Retrieved 2023-7-4.

KFS(Korea Forest Service, 산림청) (2024a) 산림경영의 목표 : 홈페이지. Retrieved 2024-5-24.

KFS(Korea Forest Service, 산림청) (2024b) 산림토양의 층위 구분: 산림토양의 층위(Horizon) 발달 및 특징: 홈페이지. Retrieved 2024-6-27.

KFS(Korea Forest Service, 산림청) (2024c) 임상도: 홈페이지. Retrieved 2024-8-13.

Khan, S.M., S. Page, H. Ahmad, Z. Ullah, H. Shaheen, M. Ahamd, and D.D. Harper (2013) Phyto-climatic gradient of vegetation and habitat specificity in the high elevation Western Himalayas. Pakistan Journal of Botany, 45: 223-230.

KHS(Korea Heritage Service, 국가유산청) (2023) 천연기념물 어떻게 정하고, 분류하는 거죠?: 홈페이지. Retrieved 2023-7-4.

KICOX(Korea Industrial Complex Corporation, 한국산업단지공단) (2007) 환경정화수종.

Kim. B.C., Y.S. Choung, K.H. Cho, G.K. Ahn, G.J. Choung, J.G. Kim, J.Y. Lee, S.M. Ryu, S.M. Choung, H.S. Shin, H.S. Ko, H.H.M Lee, Y.S. Choi, J.S. Eom, M.S. Kim, G.E. Lee, S.N. Jin, J.H. Han, J.W. Choi, W.K. Mun, D.Y. Bae, S.E. No, D.H. Kim, R.A. Jiangmeilan, Y.H. Lee, B.Y. Kim, Y.S. Yun, S.H. Kim, H.M. Song, J.E. Lee, S.D. Kwak, C.S. Park, D.G. Go, Y.J. Yun, E.Y. Choi, C.H. Lee, J.Y. Kim, K.J. Ji, J.H. Choi, D.B. Kim, A.R. Seo, W.H. Lee, J.H. Kim, H.J. Song, Y.J. Kang, H.J. Kim, H.H. Kwon, E.J. Sin, D.B. Choung (2014) 호수생태계 통합적 건강성 평가기법 개발. 강원대학교 수생태복원사업단, 춘천시.

Kim, C.S., J.Y. Ko, J.S. Lee, J.B. Hwang, S.T. Park, and H.W. Kang (2006) Screening of nutrient removal hydrophyte and distribution properties of vegetation in tributaries of the west Nakdong River. Korean Journal of Environmental Agriculture, 25(2): 147-156. (in Korean)

Kim, D.B. and K.A. Koo (2021) A study on the current

status and improvement of ecosystem disturbance species. Journal of Environmental Policy and Administration, 29(4): 59-81. (in Korean)

Kim, E.S., J.S. Lee, G.E. Park, and J.H. Lim (2019) Change of subalpine coniferous forest area over the Last 20 Years. J. Korean Soc. For. Sci., 108(1): 10-20. (in Korea)

Kim, E.S., K.B. Si, S.D. Kim, and H.I. Choi (2012) Water quality assessment for reservoirs using the Korean Trophic State Index. Journal of Korean Society on Water Environment, 28(1): 78-83. (in Korean)

Kim, H.G., D.K. Lee,, Y.W. Mo, S.H. Kil, C. Park, and S.J. Lee (2013) Prediction of landslides occurrence probability under climate change using MaxEnt model. Journal of Environmental Impact Assessment, 22(1): 39-50.

Kim, H.J (2009) Study on the flora and forest vegetation classification of Mt. Munsu and Mt.Okseok. Master's Thesis, University of Kongu, Korea, 96p. (in Korean)

Kim, H.S., S.M. Lee, and H.K. Song (2011) Actual vegetation distribution status and ecological succession in the Deogyusan National Park. Korean Journal of Environment and Ecology, 25(1): 37-46. (in Korean)

Kim, H.Y., S.T. Yu, M.H. Yi, G.S. Kim, H.T. Shin, and B.D. Kim (2015) A study on the change of warmth index·coldness index in Korea. Journal of Climate Research, 10(2): 153-164. (in Korean)

Kim, J.G., J.H. Park, B.J. Choi, J.H. Shim, K.J. Kwon, B.A. Lee, Y.W. Lee, and E.J. Joo (2004) 생태조사방법론. 도서출판 보문당, 서울.

Kim, J.H. (2008) A comparative study on the knowledge classification and library classification system of botany. Journal of Korean Library and Information Science Society, 39(3): 369-386. (in Korean)

Kim, J.H., B.C. Lee, and S.M. Lee (1996) The comparative evaluation of plant species diversity in forest ecosystems of Namsan and Kwangneung. Jour. Korean For. Soc., 85(4): 605-618. (in Korean)

Kim, J.H., S.D. Ko, H.S. Lee, K.H. Oh, H.T. Mun, B.S. Lim, K.J. Cho, D.S. Cho, B.M. Min, J.S. Lee, Y.S. Choung, C.S. Lee, K.H. Cho, T.C. Ryu, K.S. Lee, Y.H. Ryu, and J.W. Kim (1997) 현대 생태학 실험서. 교문당, 서울, 286p.

Kim, J.H. and D.J. Lee (Transl. from 宝月欣二) (2002) 호소 생물의 생태학. 북스힐.

Kim, J.W. (1990) 한국산 참나무속 유식물의 수분스트레스에 대한 조정능의 비교. Master's Thesis, University of Seoul, Korea, 62p. (in Korean)

Kim, J.W. (1992) Vegetation of Northeast Asia, on the syntaxonomy and syngeography of the oak and beech forests. Ph.D. Dissertation of the University of Vienna, 314p.

Kim. J.W. (1993) 우리나라의 자연환경현황 분석 연구. 한국환경정책·평가연구원, 서울.

Kim. J.W. (1998) 환경영향평가 속에 나타난 생태계 평가항목의 비과학성. Korean Journal of Nature Conservation, 103: 12-16.

Kim. J.W. (2004) 산림, 조경, 생태, 환경을 위한 식물사회학적 녹지생태학. 월드사이언스, 서울. 308p.

Kim. J.W. (2013) 한국식물생태보감 Ⅰ. 자연과 생태, 서울, 1200p.

Kim. J.W., J.C. Jegal, B.Y. Lee, Y.K. Lee, and K.H. Mun (2001) Vegetation of Mok-do island its spatial distribution and monitoring for vegetation conservation. Journal of Ecology and Environment, 42(5): 259-265. (in Korean)

Kim, J.W., J.H. Kim, J.C. Jegal, Y.K. Lee, K.R. Choi, K.H. Ahn, and S.U. Han (2005) Vegetation of Mujechi Moor in Ulsan : Actual vegetation map and *Alnus japonica* population. Journal of Ecology and Environment, 28(2): 99-103. (in Korean)

Kim. J.W. and E.J. Lee (1997) Multicriterion matrix technique of vegetation assessment - A new evaluation technique on the vegetation naturalness and its application -. Journal of Ecology and Environment, 20(5): 303-313. (in Korean)

Kim, J.W. and Y.I. Manyko (1994) Syntaxonomical and synchorological characteristics of the cool-temperate mixed forest in the Southern Sikhote Alin, Russian Far East. Korean Journal of Ecology, 17: 391-413.

Kim. J.W. and Y.K. Lee (2006) 식물사회학적 식생조사와 평가 방법. 월드사이언스, 240p.

Kim, M.H., S.K. Choi, M.K. Kim, J.U. Eo, S.J. Yeob, and J.H. Bang (2021) Predicting the potential distribution of *Bromus unioloides* under climate change scenarios in South Korea. 한국환경농학회 학술발표논문집, 2021(0): 239-239. (in Korean)

Kim, N.S., D.U. Han, J.Y. Cha, Y.S. Park, H.J. Cho, H.J. Kwon, Y.C. Cho, S.H. Oh, and C.S. Lee (2015) A detection of novel habitats of abies koreana by using species distribution models(sdms) and its application for plant conservation. Journal of the Korea Society of Environmental Restoration Technology, 18(6): 135-149. (in Korean)

Kim, S.Y. (2012) Syntaxonomy of subalpine Vegetation in Korea. Ph.D. Dissertation of the University of Keimyung, Daegu, 145p. (in Korean)

Kim, T.W. and Y.M. Lee (1989) The state and propagation plans of honey plants in Korea. Korean Journal of Apiculture, 4(1): 9-18. (in Korean)

Kim, Y.H. and J.W. Kim (2017) Distributional uniqueness of deciduous oaks(Quercus L.) in the Korean Peninsula. Journal of the Korean Society of Environmental Restoration Technology, 20(2): 37-59. (in Korean)

Kira, T. (1991) Forest ecosystems of east and southeast Asia in a global perspective. Ecological Research, 6(2): 185-200.

KLIC(The Korean Law Information Center, 국가법령센터) (2024a) 자연환경조사방법 및 등급분류기준 등에 관한 규정 : 홈페이지. Retrieved 2023-8-14.

KLIC(The Korean Law Information Center, 국가법령센터) (2024b) 희귀식물, 특산식물: 홈페이지. Retrieved 2023-8-14.

KMA(기상청) (2021) 기상과학 이야기 : [알기쉬운 기상상식] 푄현상과 높새바람. 기상청 블로그(https://blog.naver.com/kma_131), Retrieved 2021-1-20.

KNA(Korea National Arboretum) (2024) IUCN red list, 특산식물, 희귀식물, 귀화식물: 국가생물종정보시스템 홈페이지. Retrieved 2024-5-24.

Ko, H.S., M.S. Jhun, and H.C. Jeong (2015) A comparison study for ordination methods in ecology. The Korean Journal of Applied Statistics, 28(1): 49-60. (in Korean)

Ko, S.Y., S.H. Han, W.H. Lee, S.H. Han, H.S. Shin, and C.W. Yun (2014) Forest vegetation classification and quantitative analysis of *Picea jezoensis* and *Abies hollophylla* stand in Mt. Gyebang. Korean J. Environ. Ecol., 28(2): 182-196. (in Korean)

Kong, W.S., G.O. Kim, S.G. Lee, H.N. Park, H.H. Kim, and D.B. Kim (2017) Vegetation and landscape characteristics at the peaks of Mts. Seorak, Jiri and Halla. Journal of Climate Change Research, 8(4): 401-414. (in Korean)

Krebs, C.J. (2008) Ecology : The experimental analysis of distribution and abundance (6th eds). Addison-Wesley, Boston, USA, 704p.

Kwon, H.S., J.E. Ryu, C.W. Seo, J.Y. Kim, D.O. Lim, and M.H. Suh (2012) A study on distribution characteristics of *Corylopsis coreana* using

SDM. Journal of Environmental Impact Assessment, 21(5): 735-743. (in Korean)

Kwon, Y.A. (2006) The spatial distribution and recent trend of frost occurrence days in South Korea. Journal of the Korean Geographical Society, 41(3): 361-372. (in Korean)

Lazarina, M., A. Charalampopoulos, M. Psaralexi, N. Krigas, D.-E. Michailidou, A.S. Kallimanis, and S.P. Sgardelis (2019) Diversity patterns of different life forms of plants along an elevational gradient in crete, Greece. Diversity, 11(10): 200.

Lee. C.S. and A.N. Lee (2003) Ecological importance of water budget and synergistic effects of water stress of plants due to air pollution and soil acidification in Korea. Journal of Ecology and Environment, 26(3): 143-150. (in Korean)

Lee, C.W., C.H. Lee, and B,K. Choi (2017) Distribution patterns and ecological characters of *Paulownia coreana* and *P. tomentosa* in Busan metropolitan city using MaxEnt model. Journal of Korean Institute of Traditional Landscape Architecture, 35(2): 87-97. (in Korea)

Lee, D.K. and H.G. Kim (2010) Habitat potential evaluation using MaxEnt model : Focused on riparian distance, stream order and land use. Journal of the Korea Society of Environmental Restoration Technology, 13(6): 161-172. (in Korea)

Lee, E.J. and C.H. Ho (2003) Climate change and earlier spring in Seoul. Proceedings of an International Symposium on Nature and Society in the changing environment, Seoul National University, Graduate School of Enviromental Studies, Seoul, pp.12-17.

Lee, G.Y. (2020) Syntaxonomical and synchorological studies on the coastal vegetation in South Korea. Ph.D. Dissertation of the University of Keimyung, Daegu. (in Korea)

Lee, H.T. (2015) 세종시 신도심 수목 식재 하자율 평균 5.6%: 중도일보 2015-09-07. Retrieved 2023-12-12.

Lee, K.J. (1998) Seasonal distribution of flowering and classification of 198 woody species into honey-producing and pollen-collecting plants in Korea. Korean J. Apic., 13(2): 121-132. (in Korea)

Lee, K.J. (2006) 김포 장기지구 복사이식 및 모델식재 연구. 한국토지공사, 187p.

Lee, K.J., S.S. Han, J.H. Kim, and E.S. Kim (1996) Forest Ecology. Hyangmunsa, Seoul, Korea, 335p. (in Korean)

Lee, K.S. (2006) Changes of Species Diversity and Development of Vegetation Structure during Abandoned Field Succession after Shifting Cultivation in Korea. Journal of Ecology and Environment, 29(3): 227-235. (in Korean)

Lee, K.S., Y,S. Choung, S.C. Kim, S.S. Shin, C.H. Ro, and S.D. Park (2004) Original research : development of vegetation structure after forest fire in the east coastal region, Korea. Journal of Ecology and Environment, 27(2): 99-106. (in Korean)

Lee, K.W. and H.W. Son (2016) 지형 공간정보체계 용어사전. 구미서관.

Lee, S.B. (2021) 지속가능한 국토관리를 위한 개발제한구역 해제 문제점 분석 및 개선방안. EIA Review Vol.3. 한국환경연구원, 세종.

Lee, S.C., B.Y. Jo, and S.H. Choi (2015) A study of establishment ratio of native tree transplant. Journal of the Korean Institute of Landscape Architecture, 43(2): 23-29. (in Korean)

Lee, S.H. (2012) 기후학(개정판). (주)푸른길, 서울.

Lee, Y.K. (2005) Syntaxonomy and synecology of the riparian vegetation South Korea. Ph.D. Dissertation, Keimyung University, Daegu. 168p. (in Korean)

Lee, Y.K. and H.M. Baek (2023) Dynamic adaptation

and ecology of plants in stream and wetland. Institute of Chamecology, Anyang, 512p. (in Korean)

Lee, Y.K. and J.W. Kim (2005) 한국의 하천식생. 계명대학교출판사, 대구.

Lee, Y.K. and K.H. Ahn (2009) 습지보호지역 정밀조사: 담양하천습지·두웅습지. 국립환경과학원, 인천.

Lee, Y.K. and Y.J. Kim (2019) 2019년 습지보호지역 정밀조사: 두웅습지. 국립습지센터, 창녕.

Lee, Y.M., S.M. Lee, and K.J. Sung (2010) Effects of submerged plants on water environment and nutrient reduction in a wetland. Journal of Korean Society on Water Quality, 26(1): 19-27. (in Korean)

Lee, Y.M., S.H. Park, S.Y. Jung, S.H. Oh, and J.C. Yang (2011) Study on the current status of naturalized plants in South Korea. Korean J. Pl. Taxon., 41(1): 87-101. (in Korean)

Lee, W.C. (1996a) 한국식물명고(Ⅰ). 아카데미서적, 서울.

Lee, W.C. (1996b) 대한식물명고집. 아카데미서적, 서울.

Lee, W.C. and Y.J. Yim (2002) 식물지리. 강원대학교 출판부, 412p.

Lichvar, R.W., N.C. Melvin, M.L. Butterwick, and W.N. Kirchner (2012) National wetland plant list indicator rating definitions. US Army Corps of Engineers, Engineer Research and Development Center, Wetland Regulatory Assistance Program, Washington, DC, 14p.

Lim, J.G, M.J. Kim, and P.B Kim (2024) Study on the Ecological Characteristics and Management Strategies of the Early Restoration Phase of Sanbakbeol in Upo Wetland. Journal of Wetlands Researh, 26(4): 478-501. (in Korea)

Lim, J.H., J.K. Lee, and H.H. Kim (2002) A study on the transplantation methods of large trees - The case of *Celtis sinensis* in Chonan and *Ginkgo biloba* in Andong -. Journal of the Korean Institute of Landscape Architecture, 30(4): 92-104. (in Korean)

Lindeman, R.L. (1941) The developmental history of cedar creek bog, Minnesota. American Midland Naturalist, 25(1): 101-112.

Lindsey, A.A., J.D. Barton, and S.R. Miles (1958) Field efficiencies of forest sampling methods. Ecology, 39: 428-444.

Ludwig, J.A. and J.F. Reynolds(1988) Statistical ecology. John Wiley and Sons, New York, 337p.

MacArthur, R.H. and E.O. Wilson (1967) The theory of island biogeography. Princeton University Press, Princeton, NJ.

Mackey, B.G., H.A. Nix, J.A. Stein, and S.E. Cork (1989) Assessing the representativeness of the wet tropics of Queensland World Heritage Property. Biological Conservation, 50: 279-303.

Margalef, R. (1958) Information in biology. Gen. Syst., 3: 36-71.

Matlack, G.R. and J.L. Harper (1986) Spatial distribution and the performance of individual plants in a natural population of *Silene dioica*. Oecologia, 70(1): 121-127.

Mason, F. (2002) Dinamica di una foresta della Pianura Padana. Bosco della Fontana, Centro Nazionale Studio Conservazione Biodiversità Forestale - Corpo Forestale Stato, Verona.

McCune, B. and J.B. Grace (2002) Analysis of ecological communities. MJM Software Design, Oregon, USA.

McDonald, R.C., R.F. Isbell, J.G. Speight, J. Walker, and M.S. Hopkins (1990) Australian soil and land survey field handbook (2nd edn.). National Committee on Soil and Terrain, Inkata Press.

McNaughton, S.J. (1967) Relationship among functional properties of california glassland. Nature, 216: 168-144.

ME(Ministry of Environment, 환경부) (2024a) 서식지외보전기관: 홈페이지. Retrieved 2024-1-21.

ME(Ministry of Environment, 환경부) (2024b) 환경영향평가서등의 작성 등에 관한 안내서. 세종, 455p.

ME(Ministry of Environment, 환경부) (2024c) 토지피복분류도, 생태·자연도: E-gis 홈페이지. Retrieved 2024-2-21.

Miller-Rushing, A.J. and R.B. Primack (2008) Global warming and flowering times in Thoreau's Concord: a community perspective. Ecology, 89: 332-341.

Min, J.K., D.H. Kim, J.S. Moon, J.Y. Kim, and D. Kong (2018) Classification of Korean benthic macroinvertebrate types using the TWINSPAN clustering and discriminant analysis of environmental factors affecting the distribution of the types. J. Korean Soc. Water Environ., 34(6): 602-620. (in Korean)

Mitsch, W.J. and J.G. Gosselink (2007) Wetlands (4th edn.). Hoboken, NJ: John Wiley & Sons, Inc.

Molles., M.C.Jr. (2008) Ecology : Concepts and applications (4th edn.). McGraw-Hill Higher Education.

Mueller-Dombois, D. and H. Ellenberg (1974) Aims and methods of vegetation ecology. John Wiley and Sons, New York. 547p.

Mun, A.R., Y.K. Lee, J.M. Park, and C.G. Jang (2012) The analysis of the plant distributional pattern in Yugu Stream (Gongju, Chungnam). Korean J. Environ. Biol., 30(2): 107-120. (in Korean)

Mun, H.T., J. NamGung, and J.H. Kim (1999) Production, nitrogen and phosphorus absorption by macrohydrophytes. Korean journal of environmental biology, 17(1): 27-34. (in Korean)

Mun, Y.J., H.J. Park, J.G. Cha, J.J. Na, and S.M. Lee (2021) Stakeholder perception on the transplanting damaged trees. Journal of Environmental Impact Assessment, 30(6): 361-379. (in Korean)

Munoz, F., C. Violle, P.-O. Cheptou (2016) CSR ecological strategies and plant mating systems: outcrossing increases with competitiveness but stress-tolerance is related to mixed mating. Oikos, 125(9): 1296-1303.

NGII(국토지리정보원) (2020) 대한민국 국가지도집 Ⅱ. 국토교통부 국토지리정보원, 수원.

NHC(Natural Heritage Center) (2023) 천연기념물, 명승 지정 현황(22.8.31) : 천연기념물센터 홈페이지. Retrieved 2023-7-4.

NIBR(국립생물자원관) (2024) IUCN Red list, 특산식물 : 홈페이지. Retrieved 2024-1-15.

NIBR(국립생물자원관) (2025) 상수리나무 : 홈페이지. Retrieved 2025-1-5.

NIE(국립생태원) (2016) 자연환경조사 30년(1986~2016). 환경부, 서천, p325.

NIE(국립생태원) (2018) 아고산 관목군락(subalpine shrub communities). 환경부, 서천, 160p.

NIE(국립생태원) (2019) 제5차 전국자연환경조사 지침: 식물상, 식생. 환경부, 서천.

NIE(국립생태원) (2021) 멸종위기야생생물 포획·채취 등 허가신청 절차 안내서. 환경부, 서천.

NIE(국립생태원) (2022) 생태계교란 외래생물. 환경부, 서천, 183p.

NIE(국립생태원) (2023a) 멸종위기 야생생물 전국 분포조사 가이드라인: 육상식물. 환경부, 서천, 154p.

NIE(국립생태원) (2023b) 제6차 전국자연환경조사지침: 식물상, 식생. 환경부, 서천.

NIE(국립생태원) (2023c) 환경영향평가 시 훼손 수목 이식 가이드북(Ver. 1.0). 환경부, 서천.

NIER(국립환경과학원) (2006) 제3차 전국자연환경조사 지침. 환경부, 인천, 298p.

NIFOS(국립산림과학원) (2020) 2020 한국의 산림자원(개정판). 서울시.

NIFOS(국립산림과학원) (2023) 국립산림과학원 도시숲 지표 조류 6종과 먹이식물 173종 제시. 산림청 보도자료(2023.3.6).

NONGUPIN(농업인신문) (2023) 함양 상림 : 홈페이지 (https://www.nongupin.co.kr). Retrieved 2024-6-25.

Numata, M. (1970) Illustrated plant ecology. Ashakura Book Co. Tokyo.

NWC(National Wetland Center, 국립습지센터) (2017) 습지의 기능과 현명한 이용 사례. 창녕군, p114.

Odum, E.P. (1971) Fundamentals of Ecology, Third Edition. W.B. Saunders Co., Philadelphia, 574p.

Oh, H.J. (2014) 남원천 비점오염원 저감을 위한 효과적인 인공습지 조성방안 수립. 당진시(환경정책과).

Oh, K.G. and D.G. Kim (2007) 생태녹화공학. 광일문화사, 370p.

Ohba, T., A. Miyawaki, and R. Tüxen (1973) Pflanzengesellschaften der Japanischen Dünen-Küsten. Vegetatio, 26: 1-143.

Oliver, C.D. (1981) Forest development in North America following major disturbances. Journal of Forest Ecology and Management, 3: 153-168.

Oliver, C.D. and B.C. Larson (1996) Forest stand dynamics (update edn.). John Wiley and Sons, New York, 521p.

Osada, T. (1976) Colored illustrations of naturalized plants of Japan. Hoikusha, Osaka. (in Japanese)

Owusu, B. (2019) An introduction to line transect sampling and its applications. https://www.math.montana.edu/grad_students/writing-projects/2019/Owusu2019.pdf. Retrieved 2023-11-30.

Palaghianu, C. (2012) Individual area and spatial distribution of saplings. Forestry review, 43: 15-18.

Palmer, M.W. (2023) Ordination Methods - An overview : 홈페이지(http://ordination.okstate.edu/overview.htm). Retrieved 2023-7-13.

Palmer, M.W. and P.S. White (1994) On the existence of ecological communities. Journal of Vegetation Science, 5: 279-282.

Pancel, L. (2016) Forest restoration and rehabilitation in the tropics. In: Pancel, L., Köhl, M. (eds.) Tropical Forestry Handbook. Springer, Berlin, Heidelberg.

Park, B.C., C.H. Oh, and C.W. Cho(2009) Community structure analysis of *Carpinus laxiflora* communities in Seoul. Korean Journal of Environment and Ecology, 23(4): 333-345. (in Korean)

Park, B.I. (2008) 기후 요소. In: 김종욱, 이민부, 공우석, 김태호, 강철성, 박경, 박병익, 박희두, 성효현, 손명원, 양해근, 이승호, 최영은, 한국의 자연지리. 서울대학교출판문화원, 서울, pp.125-152.

Park. B.K., Y.J. Yim, W. Kim, and S.O. Park (1989) 생태학 실험. 영설출판사, 서울, 175p.

Park. H.C. (2016) Development and application of climate change sensitivity assessment method for plants using the species distribution models : Focused on 44 plants among the climate-sensitive biological indicator species. Ph.D. Dissertation, Kangwon University, ChunCheon, 172p. (in Korean)

Park. H.C., E.O. Kim, and W.C. Kim (2020) A study on plant community structure based on the fourth national park resource survey plots in Mt. Jirisan National Park. Korean Journal of Plant Resources, 33(5): 482-500. (in Korean)

Park, H.C., H.Y. Lee, N.Y. Lee, H. Lee, and J.Y. Song (2019) Survey on the distribution of evergreen conifers in the major national park - A case study on Seoraksan, Odaesan, Taebaeksan, Sobaeksan, Deogyusan, Jirisan National Park. Journal of National Park Research, 10(2): 224-231. (in Korea)

Park, H.C., J.H. Lee, and G.G. Lee (2014) Predicting the suitable habitat of the *Pinus pumila* under climate change. Journal of Environmental Impact Assessment, 23(5): 379-392.

Park, M.K. (2021) Comparison of accuracy between analysis tree detection in uav aerial image analysis and quadrat method for estimating the number of trees to be removed in the environmental impact assessment. Journal of Environmental Impact Assessment, 30(3): 155-163. (in Korean)

Park, S.U., K.A. Koo, and W.S. Kong (2016a) Potential impact of climate change on distribution of warm temperate evergreen broad-leaved trees in the Korean Peninsula. Journal of the Korean Geographical Society, 51(2): 201-217. (in Korean)

Park, S.U., K.A. Koo, C.W. Seo, and W.S. Kong (2016b) Potential impact of climate change on distribution of *Hedera rhombea* in the Korean Peninsula. Journal of Climate Change Research, 7(3): 325-334. (in Korean)

Pavão, D.C., R.B. Elias, and L. Silva (2019) Comparison of discrete and continuum community models: Insights from numerical ecology and Bayesian methods applied to Azorean plant communities. Ecological Modelling, 402: 93-106.

Phillips, S.J., R.P. Anderson, and R.E. Schapire (2006) Maximum entropy modeling of species geographic distributions. Ecological Modelling, 190: 231-259.

Pielou, E.C. (1975) Ecological diversity. John Wiley and Sons, New York, 165p.

Pielou, E.C. (1977) Mathematical ecology. John Wiley and Sons, New York, 377p.

Primack, R.B. (2004) A primer of conservation biology. Oxford University Press, 320p.

Raunkiaer, C. (1904) Biological types with references to the adaptation of plants to survive the unfavorable season. In: Raunkiaer, 1934, Life forms of plants and plant geography. Oxford Clarendon Press, pp.1-2.

Raunkiaer, C. (1937) Plant life forms. Nature, 140: 1035-1035.

RCW(Research Center for Wetland, 국립습지센터) (2020) 내륙습지조사지침. 국립생태원. 창녕군.

Reddy, K.R. and W.F. DeBusk (1987) Plant nutrient storage capabilities. In: K.R. Reddy and W.H. Smith (eds.) Aquatic plants for water treatment and resource recovery. Magnolia publishing Inc., Orlando, Florida.

Reed, S.C., R.W. Crites, and E.J. Middlebrooks (1995) Natural systems for waste management and treatment. McGraw-Hill, New York.

Reed, P.B. (1988) National list of plant species that occur in wetlands : National summary. U.S. Fish & Wildlife Service. Biol. Rep., 88(24), 244p.

Ricklefs, R.E. (2008) The economy of nature (6th edn.). W. H. Freeman and Company, New York.

Ro, H.M., W.J. Choi, E.J. Lee, S.I. Yun, and Y.D. Choi (2002) Uptake patterns of N and P by reeds (*Phragmites australis*) of newly constructed Shihwa tidal freshwater marshes. Journal of Ecology and Environment, 25(5): 359-364. (in Korean)

Rodwell, J.S. (2006) National vegetation classification: Users' handbook. Joint Nature Conservation Committee, Peterborough, UK.

Ryu, J.B. (2003) Classification of honey plants in Korea. Korean J. Apic., 18(1): 5-22. (in Korean)

Ryu, K.J. (2021) 특집: 개발제한구역 반세기. 국토연구원, 477: 6-13.

Ryu, T.B., J.W. Kim, and S.E. Lee (2017) The exotic flora of Korea : Actual list of neophytes and their ecological characteristics. Korean J. Environ. Ecol., 31(4): 365-380. (in Korean)

Schenk, H.J. and R.B. Jackson (2002) The global biogeography of roots. Ecological Monographs, 72(3): 311-328.

Scott, W.A., J.K. Adamson, F. Rollinson, and T.W. Parr (2002) Monitoring of aquatic macrophytes for detection of long-term change in river system. Environmental Monitoring and Assessment, 73: 131-142.

Sculthorpe, C.D. (1967) The biology of aquatic vascular plants. Edward Arnold Publishers Ltd., London, 610p.

Shannon, C.E. and W. Wiener (1949) The mathematical theory of communication. University of Illinois Press.

Shin, J.Y., Y.I. Cha, and S.S. Park (2001) A Study on the nutrient removal efficiency of riparian vegetation for ecological remediation of natural streams. Journal of Korean Society of Environmental Engineers, 23(7): 1231-1240. (in Korean)

Shin, M.S., C.W. Seo, M.W. Lee, J.Y. Kim, J.Y. Jeon, P. Adhikari, and S.B. Hong (2018) Prediction of potential species richness of plants adaptable to climate change in the Korean Peninsula. Journal of Environmental Impact Assessment, 27(6): 562-581. (in Korean)

Smith, L.B and R.J. Downs (1977) Tillandsioideae (Bromeliaceae). Flora Neotropica, Monograph, 14(2): 663-1492.

Song, K.Y. and H.J. Kang (2005) Nutrient removal efficiencies in marsh- and pond- type wetland microcosms. Journal of Korean Wetlands Society, 7(4): 43-50.

Son, Y.H., C.D. Koo, C.S. Kim, P.S. Park, C.W. Yun, and K.H. Lee (2016) Forest ecology. Hyangmunsa, Seoul, Korea, 346p. (in Korean)

Song, C., S.Y. Kim, S.J. Lee, Y.H. Jang, and Y.J. Lee (2021) Extraction of individual trees and tree heights for *Pinus rigida* forests using UAV images. Korean Journal of Remote Sensing, 37(6-1): 1731-1738.

Spellerberg, I.F. and P.J. Fedor (2003) A tribute to Claude Shannon (1916-2001) and a plea for more rigorous use of species richness, species diversity and the 'Shannon-Wiener' Index. Global Ecology & Biogeography, 12: 177-179.

Strahler, A.N. (1957) Quantitative analysis of watershed geomorphology. EOS, Transactions American Geophysical Union, 38(6): 913-920.

Takhtajan, A. (1986) Floristic regions of the world. California Press, Berkeley.

Ter Braak, C.J.F. (1986) Canonical correspondence analysis: anew eigenvector technique for multivariate direct gradient analysis. Ecology, 67: 1167-1179.

Ter Braak, C.J.F. (1987) The analysis of vegetation-environment relationships by canonical co-rrespondence analysis. In: Prentice, I.C., van der Maarel, E. (eds.) Theory and models in vegetation science. Advances in vegetation science, vol 8, Springer, Dordrecht.

Theurillat, J.-P., W. Willner, F. Fernández-González, H. Bültmann, A. Čarni, D. Gigante, L. Mucina, and H. Weber (2021) International code of phytosociological nomenclature. 4th edition. Applied Vegetation Science, 24(1), pages62.

Tiner, R.W. (1991) The concept of a hydrophyte for wetland identification. BioScience, 41(4): 236-247.

Tüxen, R. (1956) Die heutige potentiale nat rliche vegetation als gegenstand der vegetation als gegenstand der vegetation-skartierung. Angewandte Pflanzenoziologic, 13: 9-42.

USEPA(U.S. Environmental Protection Agency) (1988) Design manual : Constructed wetlands and aquatic plant systems for municipal wastewater treatment. pp.47-76.

van der Maarel, E. (1979) Transformation of cover-abundance values in phytosociology and its

effects on community similarity. Vegetatio, 39(2): 97-114.
van der Maarel, E. (1990) Ecotones and ecoclines are differnt. Journal of Vegetation Science, 1: 135-138.
Walter, H. and H. Lieth (1960) Klimadiagramma-Weltatlas. G. Fischer Verlag, Jena.
Westhoff, V. and F. van der Maarel (1973) The Braun-Blanquet approach. In: R.H. Whittaker (eds.) Handbook of Vegetation Science. Part V Ordination and classification of communities. Dr W. Junk, The Hague, pp.617–726.
Westhoff, V. and E. van der Maarel (1980) The Braun-Blanquet approach. In: Whittaker, R.H. (eds.) Classification of plant communities. Dr W. Junk. Hague, pp.287-399.
Whittaker, R.H. (1953) A consideration of climax theory: the climax as a popultion and pattern. Ecological Monographs, 23: 41-78.
Whittaker, R.H. (1956) Vegetation of the Great Smoky Mountains. Ecological Monographs, 26(1): 1-80.
Whittaker, R.H. (1967) Gradient analysis of vegetation. Biol. Rev., 42: 207-64.
Whittaker, R.H. (1972) Evolution and measurement of species diversity. Taxon, 21: 213-251.
Whittaker, R.H. and S.A. Levin (1977) The role of mosaic phenomena in natural communities. Theoretical Population Biology, 12: 117-139.
Wikipedia (2023a) Diversity index: Homepage. Retrieved 2023-7-13.
Wikipedia (2023b) Tree crown measurement: Homepage. Retrieved 2023-7-13.
Wikipedia (2023c) Plant taxonomic system - APG IV: Homepage. Retrieved 2023-10-25.
Wikipedia (2024) Raunkiær plant life-form : Homepage. Retrieved 2024-1-20.
Wikipedia (2025) 참나무시들음병 : Homepage. Retrieved 2025-1-5.
Woo, H.S. (2008) White river, green river? Magazine of Korea Water Resources Association, 41(2): 38-47.
Yan, W.Y., A Shaker, and N. El-Ashmawy (2015) Urban land cover classification using airborne LiDAR data: A review. Remote Sensing of Environment, 158: 295-310.
Yim, Y.J. and T. Kira (1975) Distribution of forest vegetation and climate in the Korean peninsula. I. Distribution of some indices of thermal climate. Jap. J. Ecol., 25: 77-88.
Yim, Y.J. and J.U. Kim (1992) The vegetation of Mt. Chiri National Park. The ChungAng University Press, 200p. (in Korean)
Yin, Y., J.S. Winkelman, and H.A. Langrehr (2000) Long term resource monitoring program procedures: Aquatic vegetation monitoring. U.S. Geological Survey, Upper Midwest Environmental Sciences Center, La Crosse, Wisconsin, April 2000, LTRMP 95-P002-7, 8 pp, + Appendixes A-C.
Yun, C.W., H.J. Kim, B.C. Lee, J.H. Shin, H.M. Yang, and L.J. Hwan (2011) Characteristic community type classification of forest vegetation in South Korea. Jour. Korean For. Soc., 100(3): 504-521. (in Korea)
Zelený, D. (2024a) Analysis of community ecology data in R: Ordination diagrams, (https://www.davidzeleny.net/anadat-r/doku.php/en:ordiagrams). Retrieved 2024-6-24.
Zelený, D. (2024b) Vegetation Ecology: 6. Vegetation classification and vegetation maps. Wikipages (https://www.davidzeleny.net/wiki/doku.php/vegecol:materials:classification). Retrieved 2024-3-1.
宮脇 昭 (1971) 藤澤市大庭城山地區保全のための植物社會學的硏究. 藤澤市西部開發事務局, p.43.
宮脇 昭 (1977) 熊本縣菊池郡大津町本田技硏工業(株)熊本

製作所環境保全林形成のための植物社會學的基礎調査(豫備調査)報告. 本田技研工業(株), 東京, 18p.

奥田重俊, 佐々木寧 (編) (1996) 河川環境と水邊植物 : 植生の保全と管理. ソフトサイエンス社, 東京.

東京電力株式會社 (2000) 鄕土の森づくりをざして-發電所における環境保全林-. 15p.

沼田眞, 中村俊彦, 長谷川雅美 (1996) 都市につくる自然-生態園の自然復元と管理運營 -. 信山社, pp.14-16.

井手久登 , 武內和彦 (1985) 自然立地的 土地利用計劃. 東京大學出版會.

복원 중인 산지 능선부의 관목림(울산시). 본 지역은 고위평탄지로 영남알프스의 신불산 일대이다. 과거 화전에 의해 이차초원이 지속되었지만 화전이 중지된 이후 육상의 진행천이에 의해 소나무, 신갈나무와 같은 수목들이 침투하여 지속적인 식생 안정화가 이루어지고 있다. 바람이 많이 부는 산지 능선부에 위치하여 식생의 안정화는 더디다.

부 록

Appendix

1. 식물구계학적 특정식물 Ⅳ등급과 Ⅴ등급 식물

2. 전국자연환경조사 식물군락 목록

| 표 1 | 식물구계학적 특정식물 Ⅳ등급과 Ⅴ등급종 목록(가나다 순)(한글명 및 학명, 적색목록: 국가생물종지식정보시스템 이용)

한글명	학명	등급	멸종등급	적색목록
가거꼬리고사리	*Asplenium yoshinagae* Makino	Ⅴ		
가는다리장구채	*Silene jenisseensis* Willd.	Ⅳ		취약(VU)
가는동자꽃	*Lychnis kiusiana* Makino	Ⅴ	멸종Ⅱ급	위급(CR)
가는바디	*Ostericum maximowiczii* (F. Schmidt) Kitag.	Ⅳ		
가는범꼬리	*Bistorta alopecuroides* (Besser) Kom.	Ⅳ		
가는잎개고사리	*Athyrium iseanum* Rosenst.	Ⅳ		
가는잎개별꽃	*Pseudostellaria sylvatica* (Maxim.) Pax	Ⅳ		취약(VU)
가는잎향유	*Elsholtzia angustifolia* (Loes.) Kitag.	Ⅳ		취약(VU)
가는회리바람꽃	*Anemone reflexa* var. *lineiloba* Y.N. Lee	Ⅳ		
가시개올미	*Scleria rugosa* R. Br. var. *rugosa*	Ⅳ		
가시나무	*Quercus myrsinifolia* Blume	Ⅳ		
가시딸기	*Rubus hongnoensis* Nakai	Ⅳ		
가시연	*Euryale ferox* K.D. Koenig & Sims	Ⅴ	멸종Ⅱ급	취약(VU)
가시오갈피나무	*Eleutherococcus senticosus* (Rupr. & Maxim.) Maxim	Ⅴ	멸종Ⅱ급	위기(EN)
가야참나물	*Tilingia tsusimensis* (Y. Yabe) Kitag.	Ⅴ		
가지괭이눈	*Chrysosplenium ramosum* Maxim.	Ⅳ		
각시괴불나무	*Lonicera chrysantha* Ledeb.	Ⅳ		
각시수련	*Nymphaea tetragona* var. *minima* (Nakai) W.T. Lee	Ⅴ	멸종Ⅱ급	위급(CR)
각시제비꽃	*Viola boissieuana* Makino	Ⅳ		
갈기조팝나무	*Spiraea trichocarpa* Nakai	Ⅳ		
갈매나무	*Rhamnus davurica* Pall.	Ⅳ		
갈퀴아재비	*Asperula lasiantha* Nakai	Ⅴ		
갑산포아풀	*Poa ussuriensis* Roshev.	Ⅳ		
개가시나무	*Quercus gilva* Blume	Ⅴ	멸종Ⅱ급	위기(EN)
개가시오갈피나무	*Eleutherococcus divaricatus* (Siebold & Zucc.) S.Y. Hu	Ⅴ		
개꽃	*Tripleurospermum limosum* (Maxim.) Pobed.	Ⅳ		
개느삼	*Sophora koreensis* Nakai	Ⅴ		위기(EN)
개버무리	*Clematis serratifolia* Rehder	Ⅳ		

한글명	학명	등급	멸종등급	적색목록
개벼룩	*Moehringia lateriflora* (L.) Fenzl	Ⅳ		
개병풍	*Astilboides tabularis* (Hemsl.) Engl.	Ⅴ		위기(EN)
개부싯깃고사리	*Cheilanthes chusana* Hook.	Ⅴ		취약(VU)
개석송	*Lycopodium annotinum* L.	Ⅳ		
개아마	*Linum stelleroides* Planch.	Ⅳ		
개연꽃	*Nuphar japonicum* DC.	Ⅳ		
개정향풀	*Apocynum lancifolium* Russanov	Ⅴ		
개제비란	*Coeloglossum viride* var. *virescens* (Willd.) Luer	Ⅳ		
개종용	*Lathraea japonica* Miq.	Ⅳ		취약(VU)
개차고사리	*Asplenium oligophlebium* Baker	Ⅴ		취약(VU)
개차꼬리고사리	*Asplenium tripteropus* Nakai	Ⅳ		
개톱날고사리	*Athyrium sheareri* (Baker) Ching	Ⅳ		
개통발	*Utricularia intermedia* Hayne	Ⅴ		위급(CR)
개현삼	*Scrophularia grayana* Korn.	Ⅳ		
갯강활	*Angelica japonica* A. Gray	Ⅳ		
갯금불초	*Wedelia prostrata* Hemsl.	Ⅳ		
갯대추	*Paliurus ramosissimus* (Lour.) Poir.	Ⅳ		위기(EN)
갯마디풀	*Polygonum polyneuron* Franch. & Sav.	Ⅳ		
갯봄맞이꽃	*Glaux maritima* var. *obtusifolia* Femaid	Ⅴ	멸종Ⅱ급	
갯제비쑥	*Artemisia japonica* ssp. *littoricola* (Kitam.) Kitam.	Ⅳ		
갯취	*Ligularia taquetii* (H. Lév.&Vaniot) Nakai	Ⅳ		취약(VU)
갯활량나물	*Thermopsis lupinoides* (L.) Link.	Ⅳ		위급(CR)
거문도개미자리	*Sagina saginoides* (L) H. Karst.	Ⅳ		
거문도닥나무	*Wikstroemia ganpi* (Siebold & Zucc.) Maxim.	Ⅳ		
거미란	*Taeniophyllum aphyllum* (Makino) Makino	Ⅴ		
거지딸기	*Rubus sorbifolius* Maxim.	Ⅳ		
검양옻나무	*Toxicodendron succedaneum* (L.) Kuntze	Ⅳ		
검은도루박이	*Scirpus sylvaticus* L.	Ⅳ		
검은딸기	*Rubus croceacanthus* H. Lév	Ⅳ		
검은별고사리	*Cyclosorus interruptus* (Willd.) H. Itô	Ⅴ	멸종Ⅱ급	취약(VU)
검은재나무	*Symplocos prunifolia* Siebold & Zucc.	Ⅳ		취약(VU)
검정개관중	*Polystichum tsus-simense* (Hook.) J. Sm.	Ⅴ		
검정방동사니	*Fuirena ciliaris* (L.) Roxb.	Ⅴ		
검정비늘고사리	*Diplazium virescens* Kunze	Ⅴ		
겨이삭여뀌	*Polygonum taquetii* H. Lév.	Ⅳ		
겨자냉이	*Eutrema wasabi* (Siebold) Maxim.	Ⅳ		
겹개구리사초	*Carex echinata* Murray	Ⅳ		
계곡고사리	*Dryopteris subexaltata* (H. Christ) C. Chr.	Ⅴ		
계방나비나물	*Vicia linearifolia* Y.N. Lee	Ⅳ		

한글명	학명	등급	멸종등급	적색목록
고산구슬붕이	*Gentiana wootchuliana* W.K. Paik	IV		
골개고사리	*Athyrium otophorum* (Miq.) Koidz.	V		
곳섬잔고사리	*Diplazium nipponium* Tagawa	IV		
광릉요강꽃	*Cypripedium japonicum* Thunb.	V	멸종 I 급	위기(EN)
괴불이끼	*Crepidomanes latealatum* (Bosch) Copel.	IV		
구골나무	*Osmanthus heterophyllus* (G. Don) P.S. Green	IV		
구름꿩의밥	*Luzula oligantha* Sam.	IV		
구름떡쑥	*Anaphalis sinica* var. *morii* (Nakai) Kitam.	V		위기(EN)
구름병아리난초	*Gymnadenia cucullata* (L.) Rich.	V	멸종II급	위기(EN)
구름송이풀	*Pedicularis verticillata* L.	V		
구상난풀	*Monotropa hypopithys* L.	V		
구슬꽃나무	*Adina rubella* Hance	IV		
구실바위취	*Saxifraga octopetala* Nakai	IV		
국화바람꽃	*Anemone pseudoaltaica* H. Hara	IV		
국화방망이	*Sinosenecio koreanus* (Kom.) B. Nord.	IV		취약(VU)
귀박쥐나물	*Parasenecio auriculatus* (DC.) H. Koyama	IV		
금강봄맞이	*Androsace cortusifolia* Nakai	V		위기(EN)
금강분취	*Saussurea diamantiaca* Nakai	IV		
금강초롱꽃	*Hanabusaya asiatica* (Nakai) Nakai	IV		취약(VU)
금자란	*Gastrochilus fuscopunctatus* (Hayata) Hayata	V	멸종 I 급	위급(CR)
금혼초	*Hypochaeris ciliata* (Thunb.) Makino	IV		
기생꽃	*Trientalis europaea* ssp. *arctica* (Hook) Hultén	V	멸종II급	
긴갯고들빼기	*Crepidiastrum lanceolatum* (Houtt.) Nakai	IV		
긴갯금불초	*Wedelia chinensis* (Osbeck) Merr.	IV		
긴다람쥐꼬리	*Huperzia integrifolia* (Matusuda) Z. Satou	IV		
긴목포사초	*Carex formosensis* H. Lév. & Vaniot	V		
긴서어나무	*Carpinus laxiflora* var. *longispica* Uyeki	IV		
긴수염잠자리피	*Tripogon longearistatus* Honda	IV		
긴오이풀	*Sanguisorba longifolia* Bertol.	IV		
긴잎갈퀴	*Galium boreale* L.	IV		
긴제비꿀	*Thesium refractum* C.A. Mey.	IV		
긴흑삼릉	*Sparganium japonicum* Rothert	IV		
김의난초	*Cephalanthera longifolia* (L.) Fritsch	IV		
깃고사리	*Asplenium normale* D. Don	V		
깃돌잔고사리	*Microlepia marginata* var. *bipinnata* Makino	IV		
깃반쪽고사리	*Pteris excelsa* Gaudich.	V		
까락사초	*Carex pallida* C.A. Mey.	IV		
깔끔좁쌀풀	*Euphrasia coreana* W. Becker	V		위급(CR)
깽깽이풀	*Jeffersonia dubia* (Maxim.) Benth.	IV		

한글명	학명	등급	멸종등급	적색목록
꼬리겨우살이	Loranthus tanakae Franch. & Sav.	V		취약(VU)
꼬리말발도리	Deutzia paniculata Nakai	IV		취약(VU)
꼬리진달래	Rhododendron micranthum Turcz.	IV		
꼬마냉이	Cardamine tanakae Franch. & Sav.	IV		
꼬인용담	Gentianopsis contorta (Royle) Ma	V		
꼭지연잎꿩의다리	Thalictrum ichangense Oliv.	IV		
꽃개회나무	Syringa wolfii C.K. Schneid.	IV		
꽃꿩의다리	Thalictrum petaloideum L.	IV		위기(EN)
꽃대	Chloranthus serratus (Thunb.) Roem. & Schult.	V		
꽃싸리	Campylotropis macrocarpa (Bunge) Rehder	IV		
꽃장포	Tofieldia nuda Maxim.	IV		위기(EN)
꿩고사리	Plagiogyria euphlebia (Kunze) Mett.	V		
끈끈이귀개	Drosera peltata var. nipponica (Masam.) E. Walker	V	멸종II급	취약(VU)
나도범의귀	Mitella nuda L.	V	멸종II급	위급(CR)
나도승마	Kirengeshoma koreana Nakai	V	멸종II급	위급(CR)
나도씨눈란	Herminium monorchis (L.) R. Br.	IV		위기(EN)
나도양지꽃	Waldsteinia ternata (Stephan) Fritsch	IV		
나도여로	Zigadenus sibiricus (L.) A. Gray	IV	멸종II급	위급(CR)
나도은조롱	Marsdenia tomentosa C. Morren & Decne.	IV		취약(VU)
나도풍란	Sedirea japonica (Linden & Rchb. f.) Garay & H.R. Sweet	V	멸종I급	위급(CR)
나비난초	Ponerorchis graminifolia Rchb. f.	IV		
나사미역고사리	Polypodium fauriei H. Christ	V		취약(VU)
나제승마	Cimicifuga austrokoreana H.-W. Lee & C.-W. Park	IV		
나한송	Podocarpus macrophyllus var. maki Siebold & Zucc.	V		
낙동나사말	Vallisneria spinulosa S.Z. Yan	IV		
난장이붓꽃	Iris uniflora var. caricina Kitag.	V		취약(VU)
날개하늘나리	Lilium dauricum Ker Gawl.	V	멸종II급	위급(CR)
날개현호색	Corydalis alata B.U. Oh &W.R. Lee	IV		
남가새	Tribulus terrestris L.	V		위기(EN)
남도톱지네고사리	Dryopteris hangchowensis Ching	V		
남방개	Eleocharis dulcis (Burm. f.) Hensch.	IV		
남방바람꽃	Anemone flaccida F. Schmidt	V		
남흑삼릉	Sparganium fellax Graebn.	V		
너도밤나무	Fagus engleriana Seemen	IV		
너도양지꽃	Sibbaldia procumbens L.	V		
너도히초미	Polystichum pseudomakinoi Tagawa	IV		
넓은긴잎갈퀴	Galium boreale var. amurense (Pobed.) Kitag.	IV		
넓은잎개고사리	Athyrium wardii (Hook.) Makino	IV		
넓은잎제비꽃	Viola mirabilis L.	V	멸종II급	위기(EN)

한글명	학명	등급	멸종등급	적색목록
넓은잎쥐오줌풀	*Valeriana dageletiana* F. Maek.	Ⅳ		
노란별수선	*Hypoxis aurea* Lour.	Ⅴ		
노랑만병초	*Rhododendron aureum* Georgi.	Ⅴ	멸종Ⅱ급	위급(CR)
노랑무늬붓꽃	*Iris odaesanensis* Y.N. Lee	Ⅳ		
노랑미치광이풀	*Scopolia lutescens* Y.N. Lee	Ⅳ		
노랑붓꽃	*Iris koreana* Nakai	Ⅴ	멸종Ⅱ급	위기(EN)
노랑팽나무	*Celtis edulis* Nakai	Ⅴ		
녹나무	*Cinnamomum camphora* (L.) J. Presl.	Ⅳ		
누운괴불이끼	*Crepidomanes radicans* (Sw.) K. Iwats.	Ⅳ		
누운기장대풀	*Isachne nipponensis* Ohwi	Ⅳ		
눈갯쑥부쟁이	*Aster hayatae* H. Lév. & Vaniot	Ⅳ		
눈범꼬리	*Bistorta suffulta* (Maxim.) H. Gross	Ⅳ		
눈썹고사리	*Asplenium wrightii* Hook.	Ⅴ	멸종Ⅱ급	위급(CR)
눈양지꽃	*Potentilla anserina* L.	Ⅳ		
눈잣나무	*Pinus pumila* (Pall.) Regel	Ⅴ		위급(CR)
눈측백	*Thuja koraiensis* Nakai	Ⅴ		취약(VU)
눈포아풀	*Poa palustris* L.	Ⅳ		
눈향나무	*Juniperus chinensis* var. *sargentii* A. Henry	Ⅴ		취약(VU)
느리미고사리	*Dryopteris tokyoensis* (Makino) C. Chr.	Ⅳ		취약(VU)
다도해비비추	*Hosta jonesii* M.G. Chung	Ⅳ		
단양쑥부쟁이	*Aster altaicus* var. *uchiyamae* Kitam.	Ⅴ	멸종Ⅱ급	위급(CR)
단풍딸기	*Rubus palmatus* Thunb.	Ⅳ		
단풍터리풀	*Filipendula palmata* (Pall.) Maxim.	Ⅳ		
달구지풀	*Trifolium lupinaster* L.	Ⅳ		취약(VU)
담팔수	*Elaeocarpus sylvestris* var. *ellipticus* (Thunb.) H. Hara	Ⅳ		취약(VU)
당광나무	*Ligustrum lucidum* W.T. Aiton	Ⅳ		
당마가목	*Sorbus amurensis* Koehne var. *amurensis*	Ⅳ		
닻꽃	*Halenia corniculata* (L.) Cornaz	Ⅴ		
대구돌나물	*Tillaea aquatica* L.	Ⅴ		
대반하	*Pinellia tripartita* (Blume) Schott	Ⅳ		
대성쓴풀	*Anagallidium dichotomum* (L.) Griseb.	Ⅴ	멸종Ⅱ급	위기(EN)
대암사초	*Carex chordorrhiza* L. f.	Ⅴ		위급(CR)
대청부채	*Iris dichotoma* Pall.	Ⅴ	멸종Ⅱ급	위기(EN)
대청지치	*Thyrocarpus glochidiatus* Maxim.	Ⅴ		
대택사초	*Carex limosa* L.	Ⅳ		
대흥란	*Cymbidium macrorrhizon* Lindl.	Ⅴ	멸종Ⅱ급	위기(EN)
댕댕이나무	*Lonicera caerulea* ssp. *edulis* (Herder) Hultén	Ⅳ		
덕산풀	*Scleria rugosa* var. *glabrescens* (Koidz.) Ohwi & T. Koyama	Ⅳ		
덕우기름나물	*Peucedanum insolens* Kitag.	Ⅳ		

한글명	학명	등급	멸종등급	적색목록
덤불오리나무	Alnus mandshurica (C.K. Schneid.) Hand.-Mazz.	IV		
덤불조팝나무	Spiraea miyabei Koidz.	IV		
덩굴모밀	Polygonum chinense L.	IV		취약(VU)
덩굴민백미꽃	Cynanchum japonicum C. Morren & Decne.	IV		취약(VU)
덩굴옻나무	Toxicodendron orientale Greene	V		취약(VU)
덩굴용담	Tripterospermum japonicum (Siebold & Zucc.) Maxim.	IV		
도깨비부채	Rodgersia podophylla A. Gray	IV		
독미나리	Cicuta virosa L.	V	멸종II급	취약(VU)
돌갈매나무	Rhamnus parvifolia Bunge	IV		
돌마타리	Patrinia rupestris (Pall.) Juss.	IV		
돌좀고사리	Asplenium ruta-muraria L.	IV		
돌채송화	Sedum japonicum Miq.	IV		
돌토끼고사리	Microlepia strigosa (Thunb.) Presl.	IV		
동강고랭이	Scirpus dioicus Y.N. Lee & Y.C. Oh	IV		
동강할미꽃	Pulsatilla tongkangensis Y.N. Lee & T.C. Lee	V		위기(EN)
동래엉겅퀴	Cirsium toraiense Kitam.	IV		
된장풀	Desmodium caudatum (Thunb.) DC.	IV		
두메닥나무	Daphne pseudomezereum var. koreana (Nakai) Hamaya	IV		
두메대극	Euphorbia fauriei H. Lév. & Vaniot	V		위기(EN)
두메애기풀	Polygala sibirica L.	IV		
두메오리나무	Alnus maximowiczii C.K. Schneid.	IV		
두메우드풀	Woodsia ilvensis (L.) R. Br.	IV		
두잎감자난초	Oreorchis coreana Finet	IV		위기(EN)
두잎약난초	Cremastra unguiculata (Finet) Finet	V	멸종II급	위급(CR)
둥근인가목	Rosa spinosissima L.	IV		
둥근잎꿩의비름	Hylotelephium ussuriense (Kom.) H. Ohba	V		취약(VU)
둥근잎택사	Caldesia parnassifolia (L.) Pari.	IV		위기(EN)
둥근잔대	Adenophora coronopifolia (Roem. & Schult.) Fisch.	V		
드문나도히초미	Polystichum ovato-paleaceum (Kodama) Sa. Kurata	V		
들바람꽃	Anemone amurensis (Korsh.) Kom.	IV		
들완두	Vicia bungei Ohwi	IV		
들쭉나무	Vaccinium uliginosum L.	V		취약(VU)
들통발	Utricularia pilosa (Makino) Makino	V		취약(VU)
등	Wisteria floribunda (Willd.) DC.	IV		
등대시호	Bupleurum euphorbioides Nakai	IV		위기(EN)
등포풀	Limosella aquatica L.	IV		취약(VU)
땃두릅나무	Oplopanax elatus (Nakai) Nakai	V		취약(VU)
땅귀개	Utricularia bifida L.	IV		
떡조팝나무	Spiraea chartacea Nakai	IV		

한글명	학명	등급	멸종등급	적색목록
뚜껑별꽃	*Anagallis arvensis* L.	Ⅳ		
뚝사초	*Carex thunbergii* var. *appendiculata* (Trautv.) Ohwi	Ⅳ		
마키노국화	*Dendranthema makinoi* (Matsum.) Y.N. Lee	Ⅴ		
만년콩	*Euchresta japonica* Regel	Ⅴ	멸종Ⅰ급	위급(CR)
만리화	*Forsythia ovata* Nakai	Ⅴ		위기(EN)
만주송이풀	*Pedicularis mandshurica* Maxim.	Ⅴ		위기(EN)
말오줌나무	*Sambucus siebolidiana* var. *pendula* (Nakai) T.B. Lee	Ⅳ		
망개나무	*Berchemia berchemiifolia* (Makino) Koidz.	Ⅳ		
매미꽃	*Coreanomecon hylomeconoides* Nakai	Ⅳ		
매화마름	*Ranunculus trichophyllus* var. *kadzusensis* (Makino) Wiegleb	Ⅴ	멸종Ⅱ급	
먹넌출	*Berchemia floribunda* (Wall.) Brongn.	Ⅴ		취약(VU)
먼나무	*Ilex rotunda* Thunb.	Ⅳ		
목련	*Magnolia kobus* DC.	Ⅴ		
몽고뽕나무	*Morus mongolica* (Bureau) C.K. Schneid.	Ⅳ		
묏꿩의다리	*Thalictrum sachalinense* Lecoy.	Ⅳ		
묏대추나무	*Zizyphus jujuba* Mill.	Ⅳ		
무등풀	*Scleria mutoensis* Nakai	Ⅴ		
무주나무	*Lasianthus japonicus* Miq.	Ⅴ	멸종Ⅱ급	위급(CR)
문수조릿대	*Arundinaria munsuensis* Y.N. Lee	Ⅴ		
문주란	*Crinum japonicum* (Baker) Hannibal	Ⅳ		
물고사리	*Ceratopteris thalictroides* (L.) Brongn.	Ⅴ	멸종Ⅱ급	취약(VU)
물꼬리풀	*Dysophylla stellata* (Lour.) Benth.	Ⅴ		
물머위	*Adenostemma lavenia* (L.) Kuntze	Ⅳ		
물석송	*Lycopodiella cernua* (L.) Pic. Serm.	Ⅴ	멸종Ⅱ급	
물엉겅퀴	*Cirsium nipponicum* (Maxim.) Makino	Ⅳ		
물여뀌	*Polygonum amphibium* L.	Ⅳ		
물잎풀	*Hygrophila salicifolia* (Vahl) Nees	Ⅳ		
물황철	*Populus koreana* Rehder	Ⅳ		
미선나무	*Abeliophyllum distichum* Nakai	Ⅴ		위기(EN)
미역고사리	*Polypodium vulgare* L.	Ⅳ		
민구와말	*Limnophila indica* (L.) Druce	Ⅳ		
민긴잎갈퀴	*Galium boreale* var. *lanceolatum* Nakai	Ⅳ		
민망초	*Erigeron acer* L.	Ⅳ		
민솜방망이	*Tephroseris flammea* var. *glabrifolius* (Cufod.) K.-J. Kim	Ⅴ		
바늘까치밥나무	*Ribes burejense* F. Schmidt	Ⅴ		취약(VU)
바늘명아주	*Chenopodium aristatum* L.	Ⅳ		
바람꽃	*Anemone narcissiflora* L.	Ⅴ		취약(VU)
바위말발도리	*Deutzia grandiflora* var. *baroniana* (Diels) Rehder	Ⅳ		
바위미나리아재비	*Ranunculus crucilobus* H. Lév.	Ⅳ		

한글명	학명	등급	멸종등급	적색목록
바위솜나물	Tephroseris phaeantha (Nakai) C. Jeffrey & Y.L. Chen	V		
바위수국	Schizophragma hydrangeoides Siebold & Zucc.	IV		
바위종덩굴	Clematis calcicola J. S. Kim	V		
바위틈고사리	Dryopteris goeringiana (Kunze) Koidz.	IV		
박달목서	Osmanthus insularis Koidz.	V		위기(EN)
반들깃고사리	Asplenium boreale (Sa. Kurata) Nakaike	V		
반디미나리	Pternopetalum tanakae (Franch. & Sav.) Hand.-Mazz.	IV		
밤일엽	Neocheiropteris ensata (Thunb.) Ching	IV		
밤일엽아재비	Microsorum buergerianum (Miq.) Ching	V		
방울꽃	Strobilanthes oliganthus Miq.	IV		
방울난초	Habenaria flagellifera Makino	V	멸종II급	위급(CR)
배암나무	Viburnum koreanum Nakai	IV		
백부자	Aconitum coreanum (H. Lév.) Rapaics	V	멸종II급	취약(VU)
백서향나무	Daphne kiusiana Miq	IV		위기(EN)
백양꽃	Lycoris sanguinea var. koreana (Nakai) T. Koyama	IV		
백양더부살이	Orobanche filicicola J.O. Hyun, H.C. Shin & Y.S. Im	V	멸종II급	위기(EN)
백운란	Vexillabium yakusimense var. nakaianum (F. Maek.) T.B. Lee	V	멸종II급	위기(EN)
버들개회나무	Syringa fauriei H. Lév.	IV		취약(VU)
버들바늘꽃	Epilobium palustre L.	IV		
버들일엽	Loxogramme salicifolia (Makino) Makino	IV		위기(EN)
버들잎엉겅퀴	Cirsium lineare (Thunb.) Sch. Bip.	IV		
벌깨냉이	Cardamine glechomifolia H. Lév.	IV		
벌깨풀	Dracocephalum rupestre Hance	V		취약(VU)
벌사초	Carex lasiocarpa var. occultans (Franch.) Kük.	IV		
변산붙살이풀	Monochasma sheareri (S. Moore) Franch. & Sav.	V		
변산향유	Elsholtzia byeonsanensis M. Kim	IV		
별사초	Carex tenuiflora Wahlenb.	IV		
병아리다리	Salomonia oblongifolia DC.	IV		취약(VU)
병아리풀	Polygala tatarinowii Regel	IV		
병풍쌈	Parasenecio firmus (Kom.) Y.L. Chen	IV		
복사앵도	Prunus choreiana H.T. Im	IV		
복주머니란	Cypripedium macranthos Sw.	V	멸종II급	위기(EN)
복천물통이	Elatostema densiflorum Franch. & Sav.	IV		
봉래꼬리풀	Pseudolysimachion kiusianum var. diamantiacum (Nakai) Tamaz.	IV		위급(CR)
부채붓꽃	Iris setosa Link	IV		위기(EN)
분홍바늘꽃	Chamerion angustifolium (L) Holub	IV		위기(EN)
분홍장구채	Silene capitata Kom.	V	멸종II급	취약(VU)
붉은골풀아재비	Rhynchospora rubra (Lour.) Makino	IV		
붉은사철란	Goodyera biflora (Lindl.) Hook. f.	IV		

한글명	학명	등급	멸종등급	적색목록
비고사리	*Lindsaea odorata* var. *japonica* (Baker) K.U. Kramer	V		
비늘석송	*Lycopodium complanatum* L.	V		취약(VU)
비로용담	*Gentiana jamesii* Hemsl.	V		위급(CR)
비술나무	*Ulmus pumila* L.	IV		
비양나무	*Oreocnide frutescens* (Thunb.) Miq.	V		위기(EN)
비자란	*Thrixspermum japonicum* (Miq.) Rchb. f.	V	멸종 I 급	위급(CR)
비진도콩	*Dumasia truncata* Siebold & Zucc.	IV		
비쭈기나무	*Cleyera japonica* Thunb.	IV		
빌레나무	*Maesa japonica* (Thunb.) Moritzi & Zoll.	V		취약(VU)
뿔고사리	*Cornopteris decurrenti-alata* (Hook.) Nakai	IV		
사창분취	*Saussurea calcicola* Nakai	IV		
사철고사리	*Asplenium pekinense* Hance	IV		
사철잔고사리	*Dennstaedtia scabra* (Wall. ex Hook.) T. Moore	V		
산개나리	*Forsythia saxatilis* Nakai	IV		위기(EN)
산겨릅나무	*Acer tegmentosum* Maxim.	IV		
산고사리삼	*Botrychium robustum* (Rupr.) Underw.	IV		
산괴불이끼	*Hymenophyllum oligosorum* Makino	IV		
산꼬리사초	*Carex shimidzensis* Franch.	IV		
산닥나무	*Wikstroemia trichotoma* (Thunb.) Makino	IV		
산마늘	*Allium microdictyon* Prokh.	IV		위기(EN)
산매자나무	*Vaccinium japonicum* Miq.	IV		
산묵새	*Festuca japonica* Makino	IV		
산복사	*Prunus davidiana* (Carriére) Franch.	IV		
산분꽃나무	*Viburnum burejaeticum* Regel. & Herd	V	멸종II급	취약(VU)
산삼	*Panax ginseng* C.A. Mey.	V		
산사초	*Carex canescens* L.	IV		
산솜다리	*Leontopodium leiolepis* Nakai	V		취약(VU)
산솜방망이	*Tephroseris flammea* (DC.) Holub	V		
산외	*Schizopepon bryoniifolium* Maxim.	IV		
산작약	*Paeonia obovata* Maxim.	V	멸종II급	위기(EN)
산중개고사리	*Athyrium epirachis* (H. Christ) Ching	V		
산지치	*Eritrichium sichotense* Popov	IV		
산호수	*Ardisia pusilla* A. DC.	IV		
산황나무	*Rhamnus crenata* Siebold & Zucc.	IV		
산흰쑥	*Artemisia sieversiana* Willd.	IV		
삼백초	*Saururus chinensis* (Lour.) Bail.	V	멸종II급	위기(EN)
삼쥐손이풀	*Geranium soboliferum* Kom.	IV		
삼지구엽초	*Epimedium koreanum* Nakai	IV		
새깃아재비	*Woodwardia japonica* (L. f.) Sm.	V	멸종II급	취약(VU)

한글명	학명	등급	멸종등급	적색목록
새둥지란	*Neottia indus-avis* var. *manshurica* Kom.	V		
새방울사초	*Carex vesicaria* L.	IV		
새우나무	*Ostrya japonica* Sarg.	IV		
생열귀나무	*Rosa davurica* Pall.	IV		
서울개발나물	*Pterygopleurum neurophyllum* (Maxim.) Kitag.	V	멸종II급	위급(CR)
석곡	*Dendrobium moniliforme* Sw.	V	멸종II급	위기(EN)
선둥굴레	*Polygonatum grandicaule* Y.S. Kim, B.U. Oh & C.G. Jang	IV		
선모시대	*Adenophora erecta* S.T. Lee, J.K. Lee & S.T. Kim	IV	멸종II급	위급(CR)
선연리초	*Lathyrus komarovii* Ohwi	IV		
선제비꽃	*Viola raddeana* Regel	V	멸종II급	위급(CR)
선주름잎	*Mazus stachydifolius* (Turcz.) Maxim.	IV		
선포아풀	*Poa nemoralis* L.	IV		
설악눈주목	*Taxus cuspidata* var. *caespitosa* (Nakai) Q.L. Wang	V		
설악솜다리	*Leontopodium seorakensis* Lim, Hyun, Kim & Shin	IV		
설앵초	*Primula modesta* var. *hannasanensis* T. Yamaz.	V		위기(EN)
섬개벚나무	*Prunus buergeriana* Miq	IV		
섬개야광나무	*Cotoneaster wilsonii* Nakai	V	멸종II급	위급(CR)
섬개현삼	*Scrophularia takesimensis* Nakai	V	멸종II급	위급(CR)
섬공작고사리	*Adiantum monochlamys* D.C. Eaton	IV		
섬광대수염	*Lamium takesimense* Nakai	IV		위기(EN)
섬괴불나무	*Lonicera insularis* Nakai	IV		
섬국수나무	*Physocarpus insularis* (Nakai) Nakai	IV		위급(CR)
섬기린초	*Sedum takesimense* Nakai	IV		
섬까치수염	*Lysimachia acroadenia* Maxim.	IV		
섬꼬리풀	*Pseudolysimachion insulare* (Nakai) T. Yamaz.	IV		위기(EN)
섬꿩고사리	*Plagiogyria japonica* Nakai	V		취약(VU)
섬나무딸기	*Rubus takesimensis* Nakai	IV		
섬남성	*Arisaema takesimense* Nakai	IV		
섬노린재	*Symplocos coreana* (H. Lév.) Ohwi	IV		
섬다래	*Actinidia rufa* (Siebold & Zucc.) Miq.	IV		취약(VU)
섬단풍나무	*Acer takesimense* Nakai	IV		
섬딸기	*Rubus ribisoideus* Matsum.	IV		
섬말나리	*Lilium hansonii* Baker	IV		
섬바디	*Dystaenia takeshimana* (Nakai) Kitag.	IV		
섬바위장대	*Arabis serrata* var. *hallaisanensis* (Nakai) Ohwi	IV		
섬벚나무	*Prunus takesimensis* Nakai	IV		
섬시호	*Bupleurum latissimum* Nakai	V	멸종II급	위급(CR)
섬쑥부쟁이	*Aster glehnii* F. Schmidt	IV		
섬양지꽃	*Potentilla dickinsii* var. *glabrata* Nakai	IV		

한글명	학명	등급	멸종등급	적색목록
섬오갈피나무	*Eleutherococcus gracilistylus* (W.W. Sm.) S.Y. Hu	IV		위기(EN)
섬자리공	*Phytolacca insularis* Nakai	IV		취약(VU)
섬잔고사리	*Diplazium hachijoense* Nakai	IV		
섬잔대	*Adenophora taquetii* H. Lév.	V		취약(VU)
섬잣나무	*Pinus parviflora* Siebold & Zucc.	IV		
섬장대	*Arabis takesimana* Nakai	IV		
섬조릿대	*Sasa kurilensis* (Rupr.) Makino & Shibata	IV		
섬쥐깨풀	*Mosla japonica* var. *thymolifera* (Makino) Kitam.	IV		
섬쥐똥나무	*Ligustrum foliosum* Nakai	IV		
섬쥐손이	*Geranium shikokianum* Matsum.	IV		
섬천남성	*Arisaema negishii* Makino	V		
섬초롱꽃	*Campanula takesimana* Nakai	IV		
섬포아풀	*Poa takeshimana* Honda	IV		
섬피나무	*Tilia insularis* Nakai	IV		
섬향나무	*Juniperus procumbens* (Endl.) Miq.	V		취약(VU)
섬현호색	*Corydalis filistipes* Nakai	V		위기(EN)
섬회나무	*Euonymus chibai* Makino	V		
성긴포아풀	*Poa tuberifera* Hack	IV		
성널수국	*Hydrangea luteovenosa* Koidz.	V		취약(VU)
성주풀	*Centranthera cochinchinensis* var. *lutea* (H. Hara) H. Hara	V		위기(EN)
세바람꽃	*Anemone stolonifera* Maxim.	V		
세복수초	*Adonis multiflora* Nishikawa & Koji Ito	IV		
세뿔투구꽃	*Aconitum austrokoreense* Koidz.	V	멸종II급	
세수염마름	*Trapella sinensis* Oliver	IV		취약(VU)
세잎개발나물	*Sium temifolium* B.Y. Lee & S.C. Ko	IV		
세잎승마	*Cimicifuga heracleifolia* var. *bifida* Nakai	IV		
소귀나무	*Myrica rubra* (Lour.) Siebold & Zucc.	IV		취약(VU)
소란	*Cymbidium ensifolium* (L.) Sw.	V		위급(CR)
소엽풀	*Limnophila aromatica* (Lam.) Merr.	IV		
손바닥난초	*Gymnadenia conopsea* (L.) R. Br.	V	멸종II급	위급(CR)
솔나리	*Lilium cernuum* Kom.	IV		
솔붓꽃	*Iris ruthenica* var. *nana* Maixim.	V		
솔비나무	*Maackia fauriei* (H. Lév.) Takeda	IV		
솔송나무	*Tsuga sieboldii* Carriére	IV		
솔잎난	*Psilotum nudum* (L.) P. Beauv.	V	멸종II급	
솜다리	*Leontopodium coreanum* Nakai	V		취약(VU)
송양나무	*Ehretia acuminata* var. *obovata* (Lindl.) I.M. Johnst.	V		
쇠고사리	*Arachniodes amabilis* (Blume) Tindale	IV		
쇠뿔현호색	*Corydalis cornupetala* Y.H. Kim & J.H. Jeong	IV		

한글명	학명	등급	멸종등급	적색목록
수수고사리	*Asplenium wilfordii* Kuhn	Ⅳ		
수염마름	*Trapella sinensis* var. *antennifera* (H. Lév.) H. Hara	Ⅳ		
수정목	*Damnacanthus major* Siebold & Zucc.	Ⅳ		
순채	*Brasenia schreberi* J.F. Gmel.	Ⅴ	멸종Ⅱ급	위기(EN)
숟갈일엽	*Loxogramme duclouxii* H. Christ	Ⅴ		위기(EN)
숫돌담고사리	*Asplenium prolongatum* Hook.	Ⅴ		
숲개별꽃	*Pseudostellaria setulosa* Ohwi	Ⅳ		
숲바람꽃	*Anemone umbrosa* C.A. Mey	Ⅴ		
승마	*Cimicifuga heracleifolia* Kom.	Ⅴ		
시로미	*Empetrum nigrum* var. *japonicum* K. Koch	Ⅳ		위기(EN)
시베리아살구나무	*Prunus sibirica* L.	Ⅳ		
시베리아여뀌	*Knorringia sibirica* (Laxm.) Tzvelev	Ⅳ		
신안새우난초	*Calanthe aristulifera* Rchb. f.	Ⅴ	멸종Ⅱ급	위급(CR)
실꽃풀	*Chionographis japonica* (Willd.) Maxim.	Ⅳ		취약(VU)
실별꽃	*Stellaria filicaulis* Makino	Ⅳ		
실사리	*Selaginella sibirica* (Milde) Hieron.	Ⅴ		취약(VU)
실피사초	*Carex longerostrata* var. *pallida* (Kitag.) Ohwi	Ⅳ		
쌍동이바람꽃	*Anemone rossii* S. Moore	Ⅳ		
아마풀	*Diarthron linifolium* Turcz.	Ⅴ		
아물고사리	*Dryopteris amurensis* H. Christ	Ⅳ		
알록큰봉의꼬리	*Pteris cretica* var. *albolineata* Hook.	Ⅳ		취약(VU)
암고사리	*Diplazium chinense* (Baker) C. Chr.	Ⅳ		
암매	*Diapensia lapponica* var. *obovata* F. Schmidt.	Ⅴ	멸종Ⅰ급	위급(CR)
애기개올미	*Scleria caricina* (R. Br.) Benth.	Ⅳ		
애기기린초	*Sedum middendorffianum* Maxim.	Ⅳ		
애기더덕	*Codonopsis minima* Nakai	Ⅴ		위급(CR)
애기등	*Wisteria japonica* Siebold & Zucc.	Ⅳ		
애기물꽈리아재비	*Mimulus tenellus* Bunge	Ⅳ		
애기방울난초	*Habenaria iyoensis* Ohwi	Ⅴ		
애기송이풀	*Pedicularis ishidoyana* Koidz. & Ohwi	Ⅴ	멸종Ⅱ급	취약(VU)
애기수염이끼	*Hymenophyllum polyanthos* (Sw.) Sw.	Ⅳ		
애기십자고사리	*Polystichum yaeyamense* (Makino) Makino	Ⅳ		
애기어리연	*Nymphoides coreana* (H. Lév.) H. Hara	Ⅴ		
애기우산나물	*Syneilesis aconitifolia* (Bunge) Maxim.	Ⅳ		
애기자운	*Gueldenstaedtia vema* (Georgi) Boriss.	Ⅳ		
애기장대	*Arabidopsis thaliana* (L) Heynh.	Ⅳ		
애기지네고사리	*Dryopteris decipiens* var. *diplazioides* (H. Christ) Ching	Ⅴ		
애기천마	*Chamaegastrodia shikokiana* Makino & F. Maek.	Ⅳ		위기(EN)
야고	*Aeginetia indica* L.	Ⅳ		

한글명	학명	등급	멸종등급	적색목록
양덕사초	*Carex stipata* Willd.	IV		
양뿔사초	*Carex capricornis* Maxim.	IV		취약(VU)
어리병풍	*Parasenecio pseudotamingasa* (Nakai) B.U. Oh	IV		취약(VU)
여름새우난초	*Calanthe reflexa* Maxim.	V		위기(EN)
여우꼬리사초	*Carex blepharicarpa* var. *stenocarpa* Ohwi	IV		
여우꼬리풀	*Aletris fauriei* H. Lév. & Vaniot	V		
연영초	*Trillium tschonoskii* Maxim.	IV		
연잎꿩의다리	*Thalictrum coreanum* H. Lév.	V	멸종II급	위기(EN)
연화바위솔	*Orostachys iwarenge* (Makino) H. Hara	IV		
영아리난초	*Nervilia nipponica* Makino	V		
영주갈고리	*Hylodesmum laxum* (Candolle) H. Ohishi & R.R. Mil	IV		
영주제비란	*Platanthera brevicalcarata* Hayata	IV		
영주풀	*Sciaphila nana* Blume	IV		
왕김의털	*Festuca rubra* L.	IV		
왕느릅나무	*Ulmus macrocarpa* Hance	IV		
왕다람쥐꼬리	*Huperzia cryptomeriana* (Maxim.) R.D. Dixit	V		취약(VU)
왕벚나무	*Prunus yedoensis* Matsum.	IV		
왕삿갓사초	*Carex rhynchophysa* C.A. Mey.	IV		
왕자귀나무	*Albizzia kalkora* Prain	V		취약(VU)
왕제비꽃	*Viola websteri* Hemsl.	V	멸종II급	취약(VU)
왕초피	*Zanthoxylum coreanum* Nakai	IV		
왕호장근	*Fallopia sachalinensis* (F. Schmidt) Ronse Deer.	IV		
왜갓냉이	*Cardamine yezoensis* Maxim.	IV		
왜방풍	*Aegopodium alpestre* Ledeb.	IV		
왜솜다리	*Leontopodium japonicum* Miq.	IV		
외잎쑥	*Artemisia viridissima* (Kom.) Pamp.	IV		
우단석위	*Pyrrosia davidii* (Baker) Ching	V		
우산고로쇠	*Acer okamotoanum* Nakai	IV		
우산물통이	*Elatostema umbellatum* Blume	IV		
우산제비꽃	*Viola woosanensis* Y.N. Lee & J. Kim	IV		
울릉국화	*Dendranthema zawadskii* var. *lucidum* (Nakai) J.H. Pak	V		위기(EN)
울릉산마늘	*Allium ochotense* Prokh.	IV		위기(EN)
울릉장구채	*Silene takesimensis* Uyeki & Sakata	IV		
울릉포아풀	*Poa ullungdoensis* I.C. Chung	IV		
원지	*Polygala tenuifolia* Willd.	IV		취약(VU)
월귤	*Vaccinium vitis-idaea* L.	V		취약(VU)
위도상사화	*Lycoris uydoensis* M. Kim	IV		취약(VU)
으름난초	*Cyrtosia septentrionalis* (Rchb. f.) Garay	V	멸종II급	위기(EN)
이노리나무	*Crataegus komarovii* Sarg.	V		위급(CR)

한글명	학명	등급	멸종등급	적색목록
이른범꼬리	*Bistorta tenuicaulis* (Bisset & S. Moore) Nakai	V		
이삭귀개	*Utricularia racemosa* Walp.	IV		
이삭단엽란	*Malaxis monophyllos* (L.) Sw.	IV		취약(VU)
일엽아재비	*Haplopteris flexuosa* (Fee) E.H. Crane	IV		취약(VU)
입술망초	*Peristrophe japonica* (Thunb.) Bremek.	IV		
잎갈나무	*Larix gmelini* var. *olgensis* (A. Henry) Ostenf. & Syrach	IV		
자란	*Bletilla striata* (Thunb.) Rchb. f.	IV		
자리공	*Phytolacca acinosa* Roxb.	IV		
자병취	*Saussurea chabyoungsanica* H.T. Im	IV		
자주개황기	*Astragalus adsurgens* Pall.	IV		
자주땅귀개	*Utricularia yakusimensis* Masam.	V	멸종II급	위기(EN)
자주종덩굴	*Clematis ochotensis* (Pall.) Poir.	IV		
자주황기	*Astragalus davuricus* (Pall.) DC.	IV		
작은황새풀	*Eriophorum gracile* Roth	V		위기(EN)
잔디갈고리	*Desmodium heterocarpon* (L.) DC.	IV		
장백제비꽃	*Viola biflora* L.	V	멸종II급	위급(CR)
전주물꼬리풀	*Dysophylla yatabeana* Makino	V	멸종II급	위급(CR)
정향풀	*Amsonia elliptica* (Thunb.) Roem. & Schult.	V	멸종II급	위기(EN)
제비꼬리고사리	*Pseudocyclosorus subochthodes* (Ching) Ching	IV		
제비동자꽃	*Lychnis wilfordii* (Regel) Maxim.	V	멸종II급	위기(EN)
제비붓꽃	*Iris laevigata* Fisch. & C.A. Mey.	V	멸종II급	위기(EN)
제주검정곡정초	*Eriocaulon glaberrimum* var. *platypetalum* (Satake) Satake	IV		
제주고사리삼	*Mankyua chejuense* B.-Y. Sun, M.H. Kim & C.H. Kim	V	멸종I급	위급(CR)
제주골무꽃	*Scutellaria tuberifera* C.Y. Wu & C. Chen	V		
제주달구지풀	*Trifolium lupinaster* var. *alpinum* (Nakai) M. Park	IV		
제주무엽란	*Lecanorchis kiusiana* Tuyama	IV		
제주물부추	*Isoetes jejuensis* H.K. Choi, C. Kim & J. Jung	V		
제주방울란	*Habenaria chejuensis* Y.N. Lee & K. Lee	V		위급(CR)
제주산딸기	*Rubus nishimuranus* Koidz.	IV		
제주산버들	*Salix blinii* H. Lév.	IV		위급(CR)
제주상사화	*Lycoris chejuensis* K.-H. Tae & S.C. Ko	IV		취약(VU)
제주양지꽃	*Potentilla stolonifera* var. *quelpaertensis* Nakai	IV		
제주큰물통이	*Pilea taquetii* Nakai	IV		
제주피막이	*Hydrocotyle yabei* Makino	IV		
제주황기	*Astragalus membranaceus* var. *alpinus* Nakai	V		위급(CR)
조도만두나무	*Glochidion chodoense* J.S. Lee & H.T. Im	V		위급(CR)
조름나물	*Menyanthes trifoliata* L.	V	멸종II급	위기(EN)
좀갈매나무	*Rhamnus taquetii* (H. Lév.) H. Lév.	IV		위급(CR)
좀굴거리	*Daphniphyllum teijsmannii* Teijsm. & Binn.	IV		

한글명	학명	등급	멸종등급	적색목록
좀다람쥐꼬리	*Huperzia selago* (L.) Schrank & Mart.	Ⅳ		
좀미역고사리	*Polypodium virginianum* L.	Ⅳ		
좀민들레	*Taraxacum hallaisanense* Nakai	Ⅳ		
좀새풀	*Deschampsia caespitosa* (L.) P. Beauv.	Ⅳ		
좀쇠고사리	*Arachniodes sporadosora* (Kunze) Nakaike	Ⅳ		
좀조개풀	*Coelachne japonica* Hack.	Ⅳ		취약(VU)
좀쥐손이	*Geranium tripartitum* Kunth	Ⅳ		
좀쪽동백나무	*Styrax shiraianus* Makino	Ⅴ		
좀털쥐똥나무	*Ligustrum ibota* Siebold & Zucc.	Ⅳ		
좀향유	*Elsholtzia minima* Nakai	Ⅳ		
좁은잎덩굴용담	*Pterygocalyx volubilis* Maxim.	Ⅴ		
좁은잎말	*Potamogeton alpinus* Balb.	Ⅳ		
좁은잎사위질빵	*Clematis hexapetala* Pall.	Ⅳ		
주걱댕강나무	*Abelia spathulata* Siebold & Zucc.	Ⅴ		취약(VU)
주걱비름	*Sedum tosaense* Makino	Ⅳ		취약(VU)
주름제비란	*Gymnadenia camtschatica* (Cham.) Miyabe & Kudô	Ⅳ		취약(VU)
죽대아재비	*Streptopus koreanus* (Kom.) Ohwi	Ⅴ		
죽백란	*Cymbidium lancifolium* Hook.	Ⅴ	멸종Ⅰ급	위급(CR)
죽절초	*Sarcandra glabra* (Thunb.) Nakai	Ⅴ	멸종Ⅱ급	위급(CR)
줄고사리	*Nephrolepis cordifolia* (L.) C. Presl	Ⅴ		
줄댕강나무	*Zabelia tyaihyonii* (Nakai) Hisauti & H. Hara	Ⅴ		취약(VU)
줄석송	*Huperzia sieboldii* (Miq.) Holub	Ⅴ		
중국물부추	*Isoetes sinensis* Palmer	Ⅴ		
중나리	*Lilium leichtlinii* var. *maximowiczii* (Regel) Baker	Ⅳ		
쥐꼬리풀	*Aletris spicata* (Thunb.) Franch.	Ⅳ		
지네발란	*Cleisostoma scolopendrifolium* (Makino) Garay	Ⅴ	멸종Ⅱ급	취약(VU)
지느러미고사리	*Asplenium unilaterale* Lam.	Ⅴ		취약(VU)
지리터리풀	*Filipendula formosa* Nakai	Ⅳ		
진노랑상사화	*Lycoris chinensis* var. *sinuolata* K.-H. Tae & S.C. Ko	Ⅴ	멸종Ⅱ급	위기(EN)
진퍼리개고사리	*Deparia okuboana* (Makino) M. Kato	Ⅳ		취약(VU)
진퍼리사초	*Carex arenicola* F. Schmidt	Ⅳ		
진퍼리잔대	*Adenophora palustris* Kom.	Ⅴ		위기(EN)
쪽버들	*Salix maximowiczii* Kom.	Ⅳ		
쪽잔고사리	*Asplenium ritoense* Hayata	Ⅳ		
차걸이란	*Oberonia japonica* (Maxim.) Makino	Ⅴ	멸종Ⅱ급	위급(CR)
차꼬리고사리	*Asplenium trichomanes* L.	Ⅳ		
참개싱아	*Aconogonon microcarpum* (Kitag.) H. Hara	Ⅳ		
참고추냉이	*Cardamine koreana* (Nakai) Nakai	Ⅴ		
참골담초	*Caragana koreana* Nakai	Ⅳ		

한글명	학명	등급	멸종등급	적색목록
참기생꽃	Trientalis europaea L.	V		위기(EN)
참꽃나무	Rhododendron weyrichii Maxim.	IV		
참꽃받이	Bothriospermum secundum Maxim.	IV		
참나무겨우살이	Taxillus yadoriki (Maxim.) Danser	V		
참물부추	Isoetes coreana Y.H. Chung & H.K. Choi	V	멸종II급	위기(EN)
참바위취	Saxifraga oblongifolia Nakai	IV		
참배암차즈기	Salvia chanroenica Nakai	IV		
참우드풀	Woodsia macrochlaena Kuhn	IV		
참작약	Paeonia lactiflora var. trichocarpa (Bunge) Stem	IV		
참좁쌀풀	Lysimachia coreana Nakai	IV		
창고사리	Colysis simplicifrons (H. Christ) Tagawa	V		
채진목	Amelanchier asiatica (Siebold & Zucc.) Walp.	V		취약(VU)
처진물봉선	Impatiens furcillata Hemsl.	IV		취약(VU)
청닭의난초	Epipactis papillosa Franch. & Sav.	IV		
청피사초	Carex macrandrolepis H. Lév. & Vaniot	IV		
초령목	Michelia compressa (Maxim.) Sarg.	V	멸종II급	위급(CR)
추분취	Rhynchospermum verticillatum Reinw.	IV		
측백나무	Platycladus orientalis (L.) Franco	IV		취약(VU)
층실사초	Carex remotiuscula Wahlenb.	IV		
층층고란초	Crypsinus veitschii (Thunb.) Copel.	V		취약(VU)
층층고랭이	Cladium chinense Nees	IV		
층층둥굴레	Polygonatum stenophyllum Maxim.	IV		
칠보치마	Metanarthecium luteo-viride Maxim.	V	멸종II급	위기(EN)
콩짜개란	Bulbophyllum drymoglossum M. Ôkubo	V	멸종II급	위기(EN)
콩팥노루발	Pyrola renifolia Maxim.	IV		취약(VU)
큰개고사리	Diplazium mesosorum (Makino) Koidz.	IV		
큰개관중	Polystichum tsus-simense var. mayebarae (Tagawa) Sa. Kurata	IV		
큰개수염	Eriocaulon hondoense Satake	IV		
큰검정사초	Carex meyeriana Kunth	IV		
큰고란초	Crypsinus engleri (Luerss.) Copel.	IV		
큰노루귀	Hepatica maxima (Nakai) Nakai	IV		
큰달뿌리풀	Phragmites karka (Retz.) Steud.	V		
큰두루미꽃	Maianthemum dilatatum (A.W. Wood) A. Nelson & J.F. Macbr.	IV		
큰뚝사초	Carex humbertiana Ohwi	IV		
큰바늘꽃	Epilobium hirsutum L.	V	멸종II급	위기(EN)
큰쐐기풀	Girardinia diversifolia ssp.suborbiculata (C.J. Chen) C.J. Chen & Friis	IV		
큰연영초	Trillium camschatcense Ker Gawl.	IV		위기(EN)
큰원추리	Hemerocallis middendorfii Trautv. & C.A. Mey.	IV		
큰잎쓴풀	Swertia wilfordii A. Kern.	V		

한글명	학명	등급	멸종등급	적색목록
큰제비고깔	*Delphinium maackianum* Regel	Ⅳ		
큰제비란	*Platanthera sachalinensis* F. Schmidt	Ⅳ		
큰졸방제비꽃	*Viola kusanoana* Makino	Ⅳ		
큰처녀고사리	*Thelypteris quelpaertensis* (H. Christ) Ching	Ⅳ		취약(VU)
큰톱지네고사리	*Dryopteris dickinsii* (Franch. & Sav.) C. Chr.	Ⅳ		
탐라란	*Gastrochilus japonicus* (Makino) Schltr.	Ⅴ	멸종Ⅰ급	위급(CR)
탐라별고사리	*Cyclosorus dentatus* (Forssk.) Ching	Ⅳ		
탐라사다리고사리	*Thelypteris angustifrons* (Miq.) Ching	Ⅳ		
태백기린초	*Sedum latiovalifolium* Y.N. Lee	Ⅳ		
태백이질풀	*Geranium taebak* S.J. Park & Y.S. Kim	Ⅳ		
태백취	*Saussurea grandicapitula* W.C. Lee & H.T. Im	Ⅳ		
털가침박달	*Exochorda serratifolia* var. *oligantha* Nakai	Ⅳ		
털기름나물	*Libanotis seseloides* (Turcz.) Turcz.	Ⅳ		
털긴잎갈퀴	*Galium boreale* var. *koreanum* Nakai	Ⅳ		
털동자꽃	*Lychnis fulgens* Spreng.	Ⅳ		
털복주머니란	*Cypripedium guttatum* Sw.	Ⅴ	멸종Ⅰ급	위급(CR)
털비늘고사리	*Arachniodes mutica* (Franch. & Sav.) Ohwi	Ⅴ		
털연리초	*Lathyrus palustris* ssp. *pilosus* (Cham.) Hultén	Ⅳ		
털조장나무	*Lindera sericea* (Siebold & Zucc.) Blume	Ⅳ		
토현삼	*Scrophularia koraiensis* Nakai	Ⅳ		
톱바위취	*Saxifraga nelsoniana* D. Don	Ⅳ		
통발	*Utricularia japonica* Makino	Ⅴ		취약(VU)
통영볼레나무	*Elaeagnus pungens* Thunb.	Ⅴ		
파초일엽	*Asplenium antiquum* Makino	Ⅴ	멸종Ⅱ급	위급(CR)
펠리온나무	*Pellionia scabra* Benth.	Ⅳ		
푸른가막살	*Viburnum japonicum* (Thunb.) C.K. Spregel	Ⅳ		
푸른개고사리	*Deparia viridofrons* (Makino) M. Kato	Ⅳ		
푸른몽울풀	*Elatostema laetevirens* Makino	Ⅳ		
풍란	*Neofinetia falcata* (Thunb.) Hu	Ⅴ	멸종Ⅰ급	위기(EN)
피막이	*Hydrocotyle sibthorpioides* Lam.	Ⅳ		
피뿌리풀	*Stellera chamaejasme* L.	Ⅴ	멸종Ⅱ급	위급(CR)
한계령풀	*Gymnospermium microrrhynchum* (S. Moore) Takht.	Ⅳ		위기(EN)
한들고사리	*Cystopteris fragilis* (L.) Bernh.	Ⅳ		위급(CR)
한라개승마	*Aruncus aethusifolius* (H. Lév.) Nakai	Ⅳ		위기(EN)
한라고들빼기	*Lactuca hallaisanesis*	Ⅳ		
한라꽃장포	*Tofieldia fauriei* H. Lév. & Vaniot	Ⅴ		
한라돌쩌귀	*Aconitum japonicum* ssp. *napiforme* (H. Lév.&Vaniot) Kadota	Ⅴ		
한라물부추	*Isoetes hallasanensis* H.K. Choi, C. Kim & J. Jung	Ⅴ		
한라새둥지란	*Neottia hypocastanoptica* Y.N. Lee	Ⅴ		

한글명	학명	등급	멸종등급	적색목록
한라솜다리	Leontopodium hallaisanense Hand.-Mazz.	V	멸종 I 급	위급(CR)
한라송이풀	Pedicularis hallaisanensis Hurus.	V	멸종II급	
한라옥잠난초	Liparis auriculata Miq.	V	멸종II급	위급(CR)
한라장구채	Silene fasciculata Nakai	V	멸종II급	위급(CR)
한라천마	Gastrodia verrucosa Blume	V		취약(VU)
한란	Cymbidium kanran Makino	V	멸종 I 급	위기(EN)
해녀콩	Canavalia lineata (Thunb.) DC.	IV		취약(VU)
해란초	Linaria japonica Miq.	IV		
해변노간주	Juniperus rigida var. conferta (Pari.) Patschke	V		
해오라비난초	Habenaria radiata (Thunb.) Spreng.	V	멸종II급	위급(CR)
해오말	Halophila nipponica J. Kudo	IV		
헐떡이풀	Tiarella polyphylla D. Don	V		취약(VU)
혹난초	Bulbophyllum inconspicuum Maxim.	V	멸종II급	위기(EN)
홀아비바람꽃	Anemone koraiensis Nakai	IV		
홍귤	Citrus tachibana Tanaka	V		
홍노도라지	Peracarpa carnosa (Wall.) Hook. for. & Thomson	IV		
홍노족제비고사리	Dryopteris formosana (H. Christ) C. Chr.	IV		취약(VU)
홍도까치수염	Lysimachia pentapetala Bunge	IV		취약(VU)
홍월귤	Arctous alpinus var. japonicus (Nakai) Takega	V	멸종II급	취약(VU)
황근	Hibiscus hamabo Siebold & Zucc.	V		취약(VU)
황새고랭이	Scirpus maximowiczii C.B. Clarke	IV		
황철나무	Populus maximowiczii A. Henry	IV		
회리바람꽃	Anemone reflexa Stephan	IV		
흰꽃광대나물	Lagopsis supina (Willd.) Knorring	IV		
후추등	Piper kadsura (Choisy) Ohwi	IV		
후피향나무	Ternstroemia gymnanthera (Wight & Arn.) Sprague	IV		
흑난초	Liparis nervosa (Thunb.) Lindl.	IV		위기(EN)
흑산도비비추	Hosta yingri S.B. Jones	IV		취약(VU)
흑오미자	Schisandra repanda (Siebold & Zucc.) Radik.	V		위급(CR)
흰괴불나무	Lonicera tatarinowii var. leptantha (Rehder) Nakai	IV		
흰그늘용담	Gentiana chosenica Okuyama	IV		
흰꽃물고추나물	Triadenum breviflorum (Wallich & Dyer) Y. Kimura	IV		
흰땃딸기	Fragaria nippoinca Makino	IV		취약(VU)
흰비늘고사리	Ctenitis maximowicziana (Miq.) Ching	V		
흰이삭사초	Carex metallica H. Lév.	IV		
흰인가목	Rosa koreana Kom.	IV		위기(EN)
흰잎엉겅퀴	Cirsium vlassovianum DC. var. vlassovianum	IV		
흰참꽃	Rhododendron tschonoskii Maxim.	IV		
히어리	Corylopsis glabrescens var. gotoana (Makino) T. Yamanaka	IV		

| 표 2 | 전국자연환경조사의 식물군락별 대분류 현황(자료: 제5차 전국자연환경조사 결과 일부 수정, 세부 목록은 **부록 표 3** 참조)

대분류 명칭	주요 분포지역	군락수	비고
아고산침엽수림	아한대 산지	24	분비나무군락, 눈잣나무군락, 눈측백군락 등
아고산활엽수림	아한대 산지	8	사스레나무군락, 꽃개회나무군락
산지낙엽활엽수림	냉온대 산지	421	신갈나무군락, 졸참나무군락, 굴참나무군락 등
산지침엽수림	냉·난온대 산지	124	소나무군락, 곰솔군락 등
상록활엽수림	난온대 산지	65	구실잣밤나무군락, 후박나무군락 등
고층습원식생(중간습원식생)	냉온대 산지	2	진퍼리새군락 등
산지관목림	냉·난온대 산지	18	미역줄나무군락, 붉나무군락 등
산지초원식생	냉·난온대 산지	11	억새군락, 이대군락, 참억새군락 등ㄹ
석회암지식생	전국 석회암지역	4	측백나무군락, 회양목군락 등
암벽식생	냉·난온대 산지	1	암벽식생
식재림(상록 또는 활엽)	냉·난온대 산지	602	일본잎갈나무식재림, 잣나무식재림 등
산지습성림	냉·난온대 산지	354	가래나무군락, 개서어나무군락, 고로쇠나무군락 등
하반림	물흐름습지	38	버드나무군락, 왕버들군락, 선버들군락 등
저층습원식생	물정체습지	3	갈대군락 등
수생식물군락	물흐름·정체습지	10	골풀군락, 마름군락, 줄군락 등
염습지식생	서해·남해안 갯벌	1	칠면초군락
해안사구식생	해안 사구지역	2	순비기나무군락, 좀보리사초군락 등
기타식생	전국 산지, 평지	15	다래군락, 칡군락, 벌채지, 휴경지 등
비식생	전국	7	개발지, 수역, 암석지 등
총합계		1,710	

※ 현재는 19개의 대분류 유형으로 분류하였다. 하지만 우리나라 여건에 맞는 서식처에 기반한 보다 정밀한 중·대분류적 분류가 필요하다.

※ 분류된 식물군락의 수도 대분류 유형에 따라 많거나 적다. 특히 산지낙엽활엽수림, 산지침엽수림, 식재림, 산지습성림의 식물군락이 많은 것을 알 수 있다. 석회암지식생, 암벽식생, 저층습원식생, 염습지식생, 해안사구식생은 상대적으로 적은 수로 분류되었다.

※ 식물군락 목록의 대부분은 상관에 따라 구분하였지만 일부는 식물사회학적 종조성에 따라 분류(예: 왕느릅나무-세뿔투구꽃군락, 붉가시나무-진퍼리새군락)하였다.

| 표 3 | 전국자연환경조사 식물군락 현황(일부 수정)

대분류 및 식물군락 한글명	군락기호
│ 아고산침엽수림 │	
구상나무군락	Ak
구상나무-사스래나무군락	AkBe
구상나무-신갈나무군락	AkQm
구상나무-잣나무군락	AkPk
구상나무-주목군락	AkTc
눈잣나무군락	Ppu
눈측백군락	Tk
눈향나무군락	Jcs
분비나무군락	An
분비나무-사스래나무군락	AnBe
분비나무-신갈나무군락	AnQm
잣나무-갈참나무군락	PkQal
잣나무군락	Pk
잣나무-리기다소나무군락	PkPr
잣나무-밤나무군락	PkCac
잣나무-상수리나무군락	PkQa
잣나무-소나무군락	PkPd
잣나무-신갈나무군락	PkQm
잣나무-일본잎갈나무군락	PkLl
전나무군락	Ah
전나무-신갈나무군락	AhQm
전나무-졸참나무군락	AhQs
전나무-층층나무군락	AhCoc
주목군락	Tc
│ 아고산활엽수림 │	
꽃개회나무군락	Sw
사스래나무군락	Be
사스래나무-굴참나무군락	BeQv
사스래나무-물푸레나무군락	BeFrr
사스래나무-분비나무군락	BeAn
사스래나무-신갈나무군락	BeQm
사스래나무-자작나무군락	BeBp
사스래나무-전나무군락	BeAh
│ 산지낙엽활엽수림 │	
거제수나무군락	Bc
거제수나무-들메나무군락	BcFrm
거제수나무-박달나무군락	BcBs
거제수나무-신갈나무군락	BcQm
거제수나무-졸참나무군락	BcQs
거제수나무-층층나무군락	BcCoc
고욤나무군락	Dl
굴참나무-가래나무군락	QvJum
굴참나무-갈참나무군락	QvQal
굴참나무-개서어나무군락	QvCt
굴참나무-거제수나무군락	QvBc
굴참나무-고로쇠나무군락	QvAm
굴참나무-고욤나무군락	QvDl
굴참나무-곰솔군락	QvPt
굴참나무-구실잣밤나무군락	QvCcs
굴참나무-구주소나무군락	QvPs
굴참나무군락	Qv
굴참나무-굴피나무군락	QvPls
굴참나무-노간주나무군락	QvJr
굴참나무-느릅나무군락	QvUd
굴참나무-느티나무군락	QvZs
굴참나무-다래군락	QvAca
굴참나무-당단풍나무군락	QvAcp
굴참나무-동백나무군락	QvCj
굴참나무-때죽나무군락	QvSj
굴참나무-떡갈나무군락	QvQd
굴참나무-리기다소나무군락	QvPr
굴참나무-말채나무군락	QvCw
굴참나무-망개나무군락	QvBb
굴참나무-물박달나무군락	QvBd
굴참나무-물오리나무군락	QvAlh
굴참나무-물푸레나무군락	QvFrr
굴참나무-박달나무군락	QvBs
굴참나무-밤나무군락	QvCac
굴참나무-버드나무군락	QvSk
굴참나무-벚나무군락	QvPss
굴참나무-부처손군락	QvSin
굴참나무-붉나무군락	QvRc
굴참나무-사방오리군락	QvAf
굴참나무-산벚나무군락	QvPrs
굴참나무-산뽕나무군락	QvMb
굴참나무-산팽나무군락	QvCa
굴참나무-삼나무군락	QvCrj
굴참나무-상수리나무군락	QvQa
굴참나무-서어나무군락	QvCl
굴참나무-소나무군락	QvPd
굴참나무-소사나무군락	QvCao
굴참나무-신갈나무군락	QvQm
굴참나무-신나무군락	QvAg
굴참나무-아까시나무군락	QvRop
굴참나무-오동나무군락	QvPac

대분류 및 식물군락 한글명	군락기호
굴참나무-오리나무군락	QvAlj
굴참나무-왕대군락	QvPb
굴참나무-왕벚나무군락	QvPry
굴참나무-은사시나무군락	QvPot
굴참나무-일본잎갈나무군락	QvLl
굴참나무-자작나무군락	QvBp
굴참나무-잣나무군락	QvPk
굴참나무-전나무군락	QvAh
굴참나무-졸참나무군락	QvQs
굴참나무-측백나무군락	QvTo
굴참나무-층층나무군락	QvCoc
굴참나무-칡군락	QvPth
굴참나무-팥배나무군락	QvSa
굴참나무-팽나무군락	QvCs
굴참나무-편백군락	QvCho
굴참나무-회양목군락	QvBk
굴피나무-갈참나무군락	PlsQal
굴피나무-고로쇠나무군락	PlsAm
굴피나무-고욤나무군락	PlsDl
굴피나무-곰솔군락	PlsPt
굴피나무군락	Pls
굴피나무-굴참나무군락	PlsQv
굴피나무-느릅나무군락	PlsUd
굴피나무-느티나무군락	PlsZs
굴피나무-때죽나무군락	PlsSj
굴피나무-밤나무군락	PlsCac
굴피나무-사방오리군락	PlsAf
굴피나무-산벚나무군락	PlsPrs
굴피나무-상수리나무군락	PlsQa
굴피나무-소나무군락	PlsPd
굴피나무-신갈나무군락	PlsQm
굴피나무-아까시나무군락	PlsRop
굴피나무-일본잎갈나무군락	PlsLl
굴피나무-졸참나무군락	PlsQs
굴피나무-층층나무군락	PlsCoc
굴피나무-칡군락	PlsPth
굴피나무-팽나무군락	PlsCs
귀룽나무군락	Pp
귀룽나무-물푸레나무군락	PpFrr
귀룽나무-밤나무군락	PpCac
귀룽나무-산벚나무군락	PpPrs
귀룽나무-산뽕나무군락	PpMb
꾸지뽕나무군락	Cut
난티나무군락	Ul

대분류 및 식물군락 한글명	군락기호
너도밤나무군락	Fc
너도밤나무-섬노루귀군락	FcHep
너도밤나무-솔송나무군락	FcTsi
너도밤나무-우산고로쇠군락	FcAo
너도밤나무-피나무군락	FcTa
노각나무군락	Stk
느릅나무군락	Ud
느릅나무-리기다소나무군락	UdPr
느릅나무-물박달나무군락	UdBd
느릅나무-물푸레나무군락	UdFrr
느릅나무-산뽕나무군락	UdMb
느릅나무-신나무군락	UdAg
다릅나무군락	Ma
다릅나무-아까시나무군락	MaRop
다릅나무-오리나무군락	MaAlj
다릅나무-황벽나무군락	MaPha
당단풍나무-고로쇠나무군락	AcpAm
당단풍나무군락	Acp
당단풍나무-다래군락	AcpAca
당단풍나무-박달나무군락	AcpBs
당단풍나무-신갈나무군락	AcpQm
당단풍나무-층층나무군락	AcpCoc
당단풍나무-피나무군락	AcpTa
두릅나무군락	Ae
때죽나무-고로쇠나무군락	SjAm
때죽나무-곰솔군락	SjPt
때죽나무-구실잣밤나무군락	SjCcs
때죽나무군락	Sj
때죽나무-굴피나무군락	SjPls
때죽나무-느티나무군락	SjZs
때죽나무-리기다소나무군락	SjPr
때죽나무-비목나무군락	SjLe
때죽나무-상수리나무군락	SjQa
때죽나무-서어나무군락	SjCl
때죽나무-신갈나무군락	SjQm
때죽나무-예덕나무군락	SjMja
때죽나무-졸참나무군락	SjQs
때죽나무-참식나무군락	SjNs
때죽나무-팥배나무군락	SjSa
떡갈나무-갈참나무군락	QdQal
떡갈나무-개서어나무군락	QdCt
떡갈나무-곰솔군락	QdPt
떡갈나무군락	Qd
떡갈나무-굴참나무군락	QdQv

대분류 및 식물군락 한글명	군락기호
떡갈나무-굴피나무군락	QdPls
떡갈나무-느티나무군락	QdZs
떡갈나무-동백나무군락	QdCj
떡갈나무-리기다소나무군락	QdPr
떡갈나무-물박달나무군락	QdBd
떡갈나무-물푸레나무군락	QdFrr
떡갈나무-밤나무군락	QdCac
떡갈나무-상수리나무군락	QdQa
떡갈나무-소나무군락	QdPd
떡갈나무-소사나무군락	QdCao
떡갈나무-신갈나무군락	QdQm
떡갈나무-자작나무군락	QdBp
떡갈나무-잣나무군락	QdPk
떡갈나무-졸참나무군락	QdQs
만주고로쇠-가래나무군락	ActJum
만주고로쇠군락	Act
만주고로쇠-다래군락	ActAca
만주고로쇠-물푸레나무군락	ActFrr
멀구슬나무군락	Maz
멀구슬나무-아까시나무군락	MazRop
모감주나무군락	Kp
물박달나무-갈참나무군락	BdQal
물박달나무군락	Bd
물박달나무-까치박달군락	BdCc
물박달나무-상수리나무군락	BdQa
물박달나무-신갈나무군락	BdQm
물박달나무-신나무군락	BdAg
물박달나무-오리나무군락	BdAlj
물박달나무-잣나무군락	BdPk
물박달나무-층층나무군락	BdCoc
비술나무군락	Up
뽕잎피나무군락	Tt
산딸나무군락	Ck
산벚나무-갈참나무군락	PrsQal
산벚나무-곰솔군락	PrsPt
산벚나무군락	Prs
산벚나무-굴참나무군락	PrsQv
산벚나무-리기다소나무군락	PrsPr
산벚나무-버드나무군락	PrsSk
산벚나무-상수리나무군락	PrsQa
산벚나무-신갈나무군락	PrsQm
산벚나무-아까시나무군락	PrsRop
산벚나무-졸참나무군락	PrsQs
산뽕나무-가래나무군락	MbJum

대분류 및 식물군락 한글명	군락기호
산뽕나무-고로쇠나무군락	MbAm
산뽕나무군락	Mb
산뽕나무-물푸레나무군락	MbFrr
산뽕나무-잣나무군락	MbPk
산뽕나무-칡군락	MbPth
상수리나무-가래나무군락	QaJum
상수리나무-갈참나무군락	QaQal
상수리나무-개서어나무군락	QaCt
상수리나무-고로쇠나무군락	QaAm
상수리나무-곰솔군락	QaPt
상수리나무-구실잣밤나무군락	QaCcs
상수리나무군락	Qa
상수리나무-굴참나무군락	QaQv
상수리나무-굴피나무군락	QaPls
상수리나무-까치박달군락	QaCc
상수리나무-느티나무군락	QaZs
상수리나무-때죽나무군락	QaSj
상수리나무-떡갈나무군락	QaQd
상수리나무-리기다소나무군락	QaPr
상수리나무-말채나무군락	QaCw
상수리나무-물박달나무군락	QaBd
상수리나무-물푸레나무군락	QaFrr
상수리나무-밤나무군락	QaCac
상수리나무-버드나무군락	QaSk
상수리나무-벚나무군락	QaPss
상수리나무-붉가시나무군락	QaQac
상수리나무-사방오리군락	QaAf
상수리나무-산벚나무군락	QaPrs
상수리나무-삼나무군락	QaCrj
상수리나무-서어나무군락	QaCl
상수리나무-소나무군락	QaPd
상수리나무-신갈나무군락	QaQm
상수리나무-아까시나무군락	QaRop
상수리나무-예덕나무군락	QaMja
상수리나무-왕대군락	QaPb
상수리나무-왕벚나무군락	QaPry
상수리나무-은사시나무군락	QaPot
상수리나무-은행나무군락	QaGb
상수리나무-이태리포플라군락	QaPoe
상수리나무-일본목련군락	QaMo
상수리나무-일본잎갈나무군락	QaLl
상수리나무-자작나무군락	QaBp
상수리나무-잣나무군락	QaPk
상수리나무-전나무군락	QaAh

대분류 및 식물군락 한글명	군락기호
상수리나무-졸참나무군락	QaQs
상수리나무-참식나무군락	QaNs
상수리나무-측백나무군락	QaTo
상수리나무-층층나무군락	QaCoc
상수리나무-칡군락	QaPth
상수리나무-팥배나무군락	QaSa
상수리나무-팽나무군락	QaCs
상수리나무-편백군락	QaCho
서어나무-리기다소나무군락	ClPr
섬개벚나무군락	Prb
섬단풍나무군락	Acta
섬단풍나무-마가목군락	ActaSc
섬벚나무군락	Prt
섬피나무-곰솔군락	TiPt
섬피나무-느티나무군락	TiZs
소사나무-곰솔군락	CaoPt
소사나무-구실잣밤나무	CaoCcs
소사나무군락	Cao
소사나무-굴참나무군락	CaoQv
소사나무-느티나무군락	CaoZs
소사나무-동백나무군락	CaoCj
소사나무-때죽나무군락	CaoSj
소사나무-떡갈나무군락	CaoQd
소사나무-밤나무군락	CaoCac
소사나무-붉가시나무군락	CaoQac
소사나무-비목나무군락	CaoLe
소사나무-소나무군락	CaoPd
소사나무-신갈나무군락	CaoQm
소사나무-졸참나무군락	CaoQs
소사나무-칡군락	CaoPth
소사나무-팥배나무군락	CaoSa
솔비나무군락	Mf
쉬나무군락	Ed
시무나무군락	Hda
시무나무-굴참나무군락	HdaQv
신갈나무-가래나무군락	QmJum
신갈나무-갈참나무군락	QmQal
신갈나무-개서어나무군락	QmCt
신갈나무-거제수나무군락	QmBc
신갈나무-고로쇠나무군락	QmAm
신갈나무-곰솔군락	QmPt
신갈나무-구상나무군락	QmAk
신갈나무-구주소나무군락	QmPs
신갈나무군락	Qm

대분류 및 식물군락 한글명	군락기호
신갈나무-굴참나무군락	QmQv
신갈나무-굴피나무군락	QmPls
신갈나무-까치박달군락	QmCc
신갈나무-느릅나무군락	QmUd
신갈나무-느티나무군락	QmZs
신갈나무-다래군락	QmAca
신갈나무-당단풍나무군락	QmAcp
신갈나무-들메나무군락	QmFrm
신갈나무-때죽나무군락	QmSj
신갈나무-떡갈나무군락	QmQd
신갈나무-루브르참나무군락	QmQr
신갈나무-리기다소나무군락	QmPr
신갈나무-말채나무군락	QmCw
신갈나무-물박달나무군락	QmBd
신갈나무-물오리나무군락	QmAlh
신갈나무-물푸레나무군락	QmFrr
신갈나무-박달나무군락	QmBs
신갈나무-밤나무군락	QmCac
신갈나무-버드나무군락	QmSk
신갈나무-벚나무군락	QmPss
신갈나무-분버들군락	QmSr
신갈나무-분비나무군락	QmAn
신갈나무-비목나무군락	QmLe
신갈나무-뽕잎피나무군락	QmTt
신갈나무-사방오리군락	QmAf
신갈나무-사스래나무군락	QmBe
신갈나무-산벚나무군락	QmPrs
신갈나무-산철쭉군락	QmRy
신갈나무-상수리나무군락	QmQa
신갈나무-생강나무군락	QmLo
신갈나무-서어나무군락	QmCl
신갈나무-소나무군락	QmPd
신갈나무-소사나무군락	QmCao
신갈나무-신나무군락	QmAg
신갈나무-아까시나무군락	QmRop
신갈나무-애기감둥사초군락	QmCg
신갈나무-오리나무군락	QmAlj
신갈나무-왕벚나무군락	QmPry
신갈나무-은사시나무군락	QmPot
신갈나무-일본잎갈나무군락	QmLl
신갈나무-잎갈나무군락	QmLg
신갈나무-자작나무군락	QmBp
신갈나무-잣나무군락	QmPk
신갈나무-전나무군락	QmAh

대분류 및 식물군락 한글명	군락기호
신갈나무-조릿대군락	QmSb
신갈나무-졸참나무군락	QmQs
신갈나무-주목군락	QmTc
신갈나무-찰피나무군락	QmTm
신갈나무-철쭉꽃군락	QmRs
신갈나무-층층나무군락	QmCoc
신갈나무-칡군락	QmPth
신갈나무-털대사초군락	QmCci
신갈나무-팥배나무군락	QmSa
신갈나무-편백군락	QmCho
신갈나무-피나무군락	QmTa
예덕나무-곰솔군락	MjaPt
예덕나무군락	Mja
예덕나무-때죽나무군락	MjaSj
예덕나무-멀구슬나무군락	MjaMaz
예덕나무-보리장나무군락	MjaEg
예덕나무-아까시나무군락	MjaRop
예덕나무-진달래군락	MjaRm
예덕나무-칡군락	MjaPth
왕느릅나무-세뿔투구꽃군락	UmAau
음나무군락	Ks
자작나무-소나무군락	BpePd
자작나무-신갈나무군락	BpeQm
졸참나무-가래나무군락	QsJum
졸참나무-갈참나무군락	QsQal
졸참나무-개서어나무군락	QsCt
졸참나무-거제수나무군락	QsBc
졸참나무-고로쇠나무군락	QsAm
졸참나무-곰솔군락	QsPt
졸참나무-구상나무군락	QsAk
졸참나무군락	Qs
졸참나무-굴참나무군락	QsQv
졸참나무-굴피나무군락	QsPls
졸참나무-귀룽나무군락	QsPp
졸참나무-까치박달군락	QsCc
졸참나무-노각나무군락	QsStk
졸참나무-느릅나무군락	QsUd
졸참나무-느티나무군락	QsZs
졸참나무-다래군락	QsAca
졸참나무-당단풍나무군락	QsAcp
졸참나무-동백나무군락	QsCj
졸참나무-들메나무군락	QsFrm
졸참나무-때죽나무군락	QsSj
졸참나무-떡갈나무군락	QsQd
졸참나무-리기다소나무군락	QsPr
졸참나무-멀구슬나무군락	QsMaz
졸참나무-모밀잣밤나무군락	QsCct
졸참나무-물박달나무군락	QsBd
졸참나무-물푸레나무군락	QsFrr
졸참나무-박달나무군락	QsBs
졸참나무-밤나무군락	QsCac
졸참나무-버드나무군락	QsSk
졸참나무-벚나무군락	QsPss
졸참나무-붉가시나무군락	QsQac
졸참나무-비목나무군락	QsLe
졸참나무-사방오리군락	QsAf
졸참나무-산벚나무군락	QsPrs
졸참나무-상수리나무군락	QsQa
졸참나무-서어나무군락	QsCl
졸참나무-소나무군락	QsPd
졸참나무-소사나무군락	QsCao
졸참나무-신갈나무군락	QsQm
졸참나무-아까시나무군락	QsRop
졸참나무-예덕나무군락	QsMja
졸참나무-오리나무군락	QsAlj
졸참나무-왕대군락	QsPb
졸참나무-은사시나무군락	QsPot
졸참나무-이태리포플라군락	QsPoe
졸참나무-일본잎갈나무군락	QsLl
졸참나무-잣나무군락	QsPk
졸참나무-전나무군락	QsAh
졸참나무-조릿대군락	QsSb
졸참나무-참식나무군락	QsNs
졸참나무-층층나무군락	QsCoc
졸참나무-칡군락	QsPth
졸참나무-털진달래군락	QsRmc
졸참나무-팥배나무군락	QsSa
졸참나무-편백군락	QsCho
졸참나무-피나무군락	QsTa
졸참나무-합다리나무군락	QsMeo
찰피나무-가래나무군락	TmJum
찰피나무-고로쇠나무군락	TmAm
찰피나무군락	Tm
찰피나무-신갈나무군락	TmQm
털조장나무군락	Ls
팥배나무군락	Sa
팥배나무-굴참나무군락	SaQv
팥배나무-느티나무군락	SaZs

대분류 및 식물군락 한글명	군락기호
팥배나무-때죽나무군락	SaSj
팥배나무-소사나무군락	SaCao
팥배나무-아까시나무군락	SaRop
팥배나무-졸참나무군락	SaQs
팥배나무-층층나무군락	SaCoc
피나무-가래나무군락	TaJum
피나무-고로쇠나무군락	TaAm
피나무군락	Ta
피나무-물푸레나무군락	TaFrr
피나무-섬단풍나무군락	TaActa
피나무-소나무군락	TaPd
피나무-신갈나무군락	TaQm
피나무-층층나무군락	TaCoc
함박꽃나무-잣나무군락	MasPk
합다리나무-곰솔군락	MeoPt
합다리나무-소태나무군락	MeoPq
헛개나무군락	Hod
헛개나무-아까시나무군락	HodRop
| 산지침엽수림 |	
곰솔-가시나무군락	PtQmy
곰솔-갈참나무군락	PtQal
곰솔-개서어나무군락	PtCt
곰솔-곰의말채나무군락	PtCm
곰솔-구실잣밤나무군락	PtCcs
곰솔군락	Pt
곰솔-굴참나무군락	PtQv
곰솔-굴피나무군락	PtPls
곰솔-까마귀쪽나무군락	PtLj
곰솔-노랑원추리군락	PtPv
곰솔-느티나무군락	PtZs
곰솔-다릅나무군락	PtMa
곰솔-동백나무군락	PtCj
곰솔-때죽나무군락	PtSj
곰솔-떡갈나무군락	PtQd
곰솔-리기다소나무군락	PtPr
곰솔-멀구슬나무군락	PtMaz
곰솔-물오리나무군락	PtAlh
곰솔-밤나무군락	PtCac
곰솔-벚나무군락	PtPss
곰솔-붉가시나무군락	PtQac
곰솔-비목나무군락	PtLe
곰솔-사방오리군락	PtAf
곰솔-사스레피나무군락	PtEj
곰솔-산벚나무군락	PtPrs

대분류 및 식물군락 한글명	군락기호
곰솔-삼나무군락	PtCrj
곰솔-상수리나무군락	PtQa
곰솔-서어나무군락	PtCl
곰솔-섬벚나무군락	PtPrt
곰솔-소나무군락	PtPd
곰솔-소사나무군락	PtCao
곰솔-신갈나무군락	PtQm
곰솔-아까시나무군락	PtRop
곰솔-예덕나무군락	PtMja
곰솔-오리나무군락	PtAlj
곰솔-왕대군락	PtPb
곰솔-왕벚나무군락	PtPry
곰솔-우산고로쇠군락	PtAo
곰솔-은사시나무군락	PtPot
곰솔-이대군락	PtPj
곰솔-이태리포플러군락	PtPoe
곰솔-일본잎갈나무군락	PtLl
곰솔-잣나무군락	PtPk
곰솔-졸참나무군락	PtQs
곰솔-종가시나무군락	PtQug
곰솔-참식나무군락	PtNs
곰솔-칡군락	PtPth
곰솔-테다소나무군락	PtPint
곰솔-팥배나무군락	PtSa
곰솔-팽나무군락	PtCs
곰솔-편백군락	PtCho
곰솔-후박나무군락	PtMt
노간주나무군락	Jr
비자나무군락	Tn
섬잣나무군락	Ppa
섬잣나무-너도밤나무군락	PpaFc
섬잣나무-섬단풍나무군락	PpaActa
섬잣나무-솔송나무군락	PpaTsi
소나무-가래나무군락	PdJum
소나무-갈참나무군락	PdQal
소나무-개서어나무군락	PdCt
소나무-고로쇠나무군락	PdAm
소나무-곰솔군락	PdPt
소나무-구실잣밤나무군락	PdCcs
소나무-구주소나무군락	PdPs
소나무군락	Pd
소나무-굴참나무군락	PdQv
소나무-굴피나무군락	PdPls
소나무-까치박달군락	PdCc

대분류 및 식물군락 한글명	군락기호
소나무-꼬리진달래군락	PdRmi
소나무-노간주나무군락	PdJr
소나무-노랑원추리군락	PdPv
소나무-느티나무군락	PdZs
소나무-대나무군락	PdBa
소나무-동백나무군락	PdCj
소나무-때죽나무군락	PdSj
소나무-떡갈나무군락	PdQd
소나무-루브르참나무군락	PdQr
소나무-리기다소나무군락	PdPr
소나무-말채나무군락	PdCw
소나무-물박달나무군락	PdBd
소나무-물오리나무군락	PdAlh
소나무-물푸레나무군락	PdFrr
소나무-박달나무군락	PdBs
소나무-밤나무군락	PdCac
소나무-버드나무군락	PdSk
소나무-벚나무군락	PdPss
소나무-붉가시나무군락	PdQac
소나무-사방오리군락	PdAf
소나무-산벚나무군락	PdPrs
소나무-삼나무군락	PdCrj
소나무-상수리나무군락	PdQa
소나무-서어나무군락	PdCl
소나무-소사나무군락	PdCao
소나무-솔나리군락	PdLc
소나무-쉬나무군락	PdEd
소나무-신갈나무군락	PdQm
소나무-아까시나무군락	PdRop
소나무-오리나무군락	PdAlj
소나무-왕대군락	PdPb
소나무-왕벚나무군락	PdPry
소나무-은사시나무군락	PdPot
소나무-은행나무군락	PdGb
소나무-이대군락	PdPj
소나무-일본목련군락	PdMo
소나무-일본잎갈나무군락	PdLl
소나무-자작나무군락	PdBp
소나무-잣나무군락	PdPk
소나무-전나무군락	PdAh
소나무-졸참나무군락	PdQs
소나무-중국단풍군락	PdAb
소나무-참식나무군락	PdNs
소나무-층층나무군락	PdCoc

대분류 및 식물군락 한글명	군락기호
소나무-칡군락	PdPth
소나무-큰기름새군락	PdSsi
소나무-팽나무군락	PdCs
소나무-편백군락	PdCho
소나무-피나무군락	PdTa
소나무-호두나무군락	PdJs
소나무-후박나무군락	PdMt
솔송나무군락	Tsi
솔송나무-너도밤나무군락	TsiFc
향나무군락	Jch
향나무군락-보리밥나무	JchEm
| 상록활엽수림 |	
가시나무군락	Qmy
구실잣밤나무-가시나무군락	CcsQmy
구실잣밤나무-개서어나무군락	CcsCt
구실잣밤나무-곰솔군락	CcsPt
구실잣밤나무군락	Ccs
구실잣밤나무-동백나무군락	CcsCj
구실잣밤나무-때죽나무군락	CcsSj
구실잣밤나무-붉가시나무군락	CcsQac
구실잣밤나무-상수리나무군락	CcsQa
구실잣밤나무-소나무군락	CcsPd
구실잣밤나무-소사나무군락	CcsCao
구실잣밤나무-종가시나무군락	CcsQug
구실잣밤나무-참가시나무군락	CcsQsa
구실잣밤나무-참식나무군락	CcsNs
구실잣밤나무-팽나무군락	CcsCs
구실잣밤나무-후박나무군락	CcsMt
굴거리나무군락	Dm
녹나무군락	Cca
녹나무-종가시나무군락	CcaQug
동백나무군락	Cj
동백나무-사스레피나무군락	CjEj
동백나무-졸참나무군락	CjQs
동백나무-후박나무군락	CjMt
모밀잣밤나무군락	Cct
보리밥나무군락	Em
붉가시나무-개서어나무군락	QacCt
붉가시나무-곰솔군락	QacPt
붉가시나무-구실잣밤나무군락	QacCcs
붉가시나무군락	Qac
붉가시나무-굴참나무군락	QacQv
붉가시나무-동백나무군락	QacCj
붉가시나무-서어나무군락	QacCl

대분류 및 식물군락 한글명	군락기호
붉가시나무-소나무군락	QacPd
붉가시나무-소사나무군락	QacCao
붉가시나무-졸참나무군락	QacQs
붉가시나무-진퍼리새군락	QacMj
붉가시나무-참가시나무군락	QacQsa
붉가시나무-참식나무군락	QacNs
붉가시나무-후박나무군락	QacMt
사스레피나무군락	Ej
종가시나무-곰솔군락	QugPt
종가시나무-구실잣밤나무군락	QugCcs
종가시나무군락	Qug
종가시나무-참식나무군락	QugNs
종가시나무-팽나무군락	QugCs
종가시나무-후박나무군락	QugPtt
참가시나무군락	Qsa
참가시나무-동백나무군락	QsaCj
참식나무-곰솔군락	NsPt
참식나무군락	Ns
참식나무-동백나무군락	NsCj
참식나무-붉가시나무군락	NsQac
참식나무-사스레피나무군락	NsEj
참식나무-상수리나무군락	NsQa
참식나무-서어나무군락	NsCl
참식나무-팽나무군락	NsCs
참식나무-후박나무군락	NsMt
황칠나무군락	Dt
후박나무-구실잣밤나무군락	MtCcs
후박나무군락	Mt
후박나무-보리밥나무군락	MtEm
후박나무-동백나무군락	MtCj
후박나무-생달나무군락	MtCij
후박나무-참식나무군락	MtNs
후박나무-팽나무군락	MtCs
| 고층습원식생 |	
진퍼리새군락	Mj
진퍼리새-삿갓사초군락	MjCd
| 산지관목림 |	
미역줄나무군락	Tr
병꽃나무-붉나무군락	WsRc
병꽃나무-칡군락	WsPth
붉나무군락	Rc
붉나무-다래군락	RcAca
붉나무-일본잎갈나무군락	RcLl
붉나무-칡군락	RcPth

대분류 및 식물군락 한글명	군락기호
산철쭉군락	Ry
산철쭉-참억새군락	RyMs
싸리군락	Lb
조록싸리군락	Lm
진달래군락	Rm
진달래-철쭉꽃군락	RmRs
철쭉꽃군락	Rs
철쭉꽃-진달래군락	RsRm
털진달래군락	Rmc
황철쭉군락	Rhj
희어리군락	Co
| 산지초원식생 |	
산지초원식생(여러 식물종 혼재 경우)	Gr
섬조릿대군락	Sku
억새군락	Mis
이대-곰솔군락	PjPt
이대군락	Pj
이대-굴참나무군락	PjQv
이대-상수리나무군락	PjQa
이대-소나무군락	PjPd
이대-아까시나무군락	PjRop
참억새군락	Ms
참억새-산철쭉군락	MsRy
| 석회암지식생 |	
측백나무군락	To
측백나무-굴피나무군락	ToPls
회양목군락	Bk
회양목-소나무군락	BkPd
| 암벽식생 |	
암벽식생	Rv
| 식재림 |	
가래나무-물오리나무식재림	JmAlh
가래나무-밤나무식재림	JmCac
가래나무식재림	Jm
가래나무-아까시나무식재림	JmRop
가문비나무식재림	Pje
가죽나무-고로쇠나무식재림	AaAm
가죽나무-밤나무식재림	AaCac
가죽나무식재림	Aa
가죽나무-아까시나무식재림	AaRop
갈참나무식재림	Qual
갈참나무-잣나무식재림	QualPk
개잎갈나무-소나무식재림	CdePd
개잎갈나무식재림	Cde

대분류 및 식물군락 한글명	군락기호
개잎갈나무-아까시나무식재림	CdeRop
계수나무식재림	Cja
고로쇠나무식재림	Acm
곰솔-굴참나무식재림	PitQv
곰솔-굴피나무식재림	PitPls
곰솔-리기다소나무식재림	PitPr
곰솔-밤나무식재림	PitCac
곰솔-사방오리식재림	PitAf
곰솔-삼나무식재림	PitCrj
곰솔-상수리나무식재림	PitQa
곰솔-소나무식재림	PitPd
곰솔식재림	Pit
곰솔-신갈나무식재림	PitQm
곰솔-아까시나무식재림	PitRop
곰솔-은사시나무식재림	PitPot
곰솔-일본잎갈나무식재림	PitLl
곰솔-잣나무식재림	PitPk
곰솔-졸참나무식재림	PitQs
곰솔-튜울립나무식재림	PitLit
곰솔-편백식재림	PitCho
구상나무식재림	Abk
구주소나무-굴참나무식재림	PsQv
구주소나무-버드나무식재림	PsSk
구주소나무-소나무식재림	PsPd
구주소나무식재림	Ps
구주소나무-졸참나무식재림	PsQs
굴거리나무식재림	Dma
굴참나무-곰솔식재림	QuvPt
굴참나무식재림	Quv
굴참나무-오동나무식재림	QuvPac
굴참나무-잣나무식재림	QuvPk
굴참나무-편백식재림	QuvCho
꾸지뽕나무식재림	Ctr
낙우송식재림	Td
너도밤나무-마가목식재림	FmuSc
너도밤나무식재림	Fmu
느릅나무-두충식재림	UdjEu
느릅나무-리기다소나무식재림	UdjPr
느릅나무식재림	Udj
느티나무-갈참나무식재림	ZesQal
느티나무-리기나소나무식재림	ZesPr
느티나무-밤나무식재림	ZesCac
느티나무-벚나무식재림	ZesPss
느티나무-산벚나무식재림	ZesPrs
느티나무-소나무식재림	ZesPd
느티나무식재림	Zes
느티나무-신갈나무식재림	ZesQm
느티나무-아까시나무식재림	ZesRop
느티나무-왕벚나무식재림	ZesPry
느티나무-일본잎갈나무식재림	ZesLl
느티나무-잣나무식재림	ZesPk
다릅나무식재림	Maa
단풍나무식재림	Aip
대나무-상수리나무식재림	BaQa
대나무식재림	Ba
대나무-아까시나무식재림	BaRop
독일가문비나무-밤나무식재림	PaCac
독일가문비나무-상수리나무식재림	PaQa
독일가문비나무식재림	Pa
두릅나무식재림	Are
두충-밤나무식재림	EuCac
두충식재림	Eu
들메나무-독일가문비식재림	FmaPa
들메나무식재림	Fma
등나무식재림	Wf
등나무-아까시나무식재림	WfRop
떡갈나무식재림	Qud
떡갈나무-자작나무식재림	QudBp
떡갈나무-잣나무식재림	QudPk
루브르참나무-다래식재림	QrAca
루브르참나무-상수리나무식재림	QrQa
루브르참나무-소나무식재림	QrPd
루브르참나무식재림	Qr
루브르참나무-신갈나무식재림	QrQm
루브르참나무-아까시나무식재림	QrRop
루브르참나무-일본잎갈나무식재림	QrLl
루브르참나무-잣나무식재림	QrPk
루브르참나무-편백식재림	QrCho
리기다소나무-가래나무식재림	PrJum
리기다소나무-갈참나무식재림	PrQal
리기다소나무-곰솔식재림	PrPt
리기다소나무-굴참나무식재림	PrQv
리기다소나무-굴피나무식재림	PrPls
리기다소나무-노간주나무식재림	PrJr
리기다소나무-다래식재림	PrAca
리기다소나무-대나무식재림	PrBa
리기다소나무-떡갈나무식재림	PrQd
리기다소나무-루브르참나무식재림	PrQr

대분류 및 식물군락 한글명	군락기호
리기다소나무-물오리나무식재림	PrAlh
리기다소나무-밤나무식재림	PrCac
리기다소나무-사방오리식재림	PrAf
리기다소나무-삼나무식재림	PrCrj
리기다소나무-상수리나무식재림	PrQa
리기다소나무-서어나무식재림	PrCl
리기다소나무-소나무식재림	PrPd
리기다소나무식재림	Pr
리기다소나무-신갈나무식재림	PrQm
리기다소나무-아까시나무식재림	PrRop
리기다소나무-왕대식재림	PrPb
리기다소나무-왕벚나무식재림	PrPry
리기다소나무-은사시나무식재림	PrPot
리기다소나무-은행나무식재림	PrGb
리기다소나무-일본잎갈나무식재림	PrLl
리기다소나무-자작나무식재림	PrBp
리기다소나무-잣나무식재림	PrPk
리기다소나무-전나무식재림	PrAh
리기다소나무-졸참나무식재림	PrQs
리기다소나무-칡식재림	PrPth
리기다소나무-튜울립나무식재림	PrLit
리기다소나무-편백식재림	PrCho
리기다소나무-후박나무식재림	PrMt
리기테다소나무식재림	Pir
마가목식재림	Sco
매실나무식재림	Prm
멀구슬나무-꾸지뽕나무식재림	MeaCut
멀구슬나무식재림	Mea
멀구슬나무-아까시나무식재림	MeaRop
메타세쿼이아식재림	Mg
물박달나무-리기다소나무식재림	BdaPr
물박달나무식재림	Bda
물박달나무-신갈나무식재림	BdaQm
물오리나무-가래나무식재림	AlhJum
물오리나무-갈참나무식재림	AlhQal
물오리나무-굴참나무식재림	AlhQv
물오리나무-다릅나무식재림	AlhMa
물오리나무-밤나무식재림	AlhCac
물오리나무-버드나무식재림	AlhSk
물오리나무-산벚나무식재림	AlhPrs
물오리나무-상수리식재림	AlhQa
물오리나무-소나무식재림	AlhPd
물오리나무식재림	Alh
물오리나무-아까시나무식재림	AlhRop
물오리나무-은사시나무식재림	AlhPot
물오리나무-일본잎갈나무식재림	AlhLl
물오리나무-자작나무식재림	AlhBp
물오리나무-잣나무식재림	AlhPk
물오리나무-졸참나무식재림	AlhQs
물오리나무-층층나무식재림	AlhCoc
물푸레나무식재림	Fra
물푸레나무-신갈나무식재림	FraQm
박달나무식재림	Bes
박달나무-일본잎갈나무식재림	BesLl
밤나무-가래나무식재림	CacJum
밤나무-가죽나무식재림	CacAa
밤나무-갈참나무식재림	CacQal
밤나무-고로쇠나무식재림	CacAm
밤나무-고욤나무식재림	CacDl
밤나무-곰솔식재림	CacPt
밤나무-국수나무식재림	CacSi
밤나무-굴참나무식재림	CacQv
밤나무-굴피나무식재림	CacPls
밤나무-까치박달식재림	CacCc
밤나무-노랑원추리식재림	CacPv
밤나무-느티나무식재림	CacZs
밤나무-다래식재림	CacAca
밤나무-다릅나무식재림	CacMa
밤나무-단당풍식재림	CacAcp
밤나무-대나무식재림	CacBa
밤나무-떡갈나무식재림	CacQd
밤나무-루브라참나무식재림	CacQr
밤나무-리기다소나무식재림	CacPr
밤나무-말채나무식재림	CacCw
밤나무-물박달나무식재림	CacBd
밤나무-물오리나무식재림	CacAlh
밤나무-물푸레나무식재림	CacFrr
밤나무-버드나무식재림	CacSk
밤나무-벚나무식재림	CacPss
밤나무-복자기나무식재림	CacAt
밤나무-붉나무식재림	CacRc
밤나무-뽕나무식재림	CacMoa
밤나무-사방오리식재림	CacAf
밤나무-산벚나무식재림	CacPrs
밤나무-산뽕나무식재림	CacMb
밤나무-삼나무식재림	CacCrj
밤나무-상수리나무식재림	CacQa
밤나무-서어나무식재림	CacCl

대분류 및 식물군락 한글명	군락기호	대분류 및 식물군락 한글명	군락기호
밤나무-소나무식재림	CacPd	복자기나무식재림	At
밤나무-소사나무식재림	CacCao	붉나무식재림	Rhc
밤나무-스트로브잣나무식재림	CacPis	뽕나무-두릅나무식재림	MoaAe
밤나무식재림	Cac	뽕나무-붉나무식재림	MoaRc
밤나무-신갈나무식재림	CacQm	뽕나무-상수리나무식재림	MoaQa
밤나무-신나무식재림	CacAg	뽕나무식재림	Moa
밤나무-아까시나무식재림	CacRop	사방오리-갈참나무식재림	AfQal
밤나무-양버즘나무식재림	CacPo	사방오리-곰솔식재림	AfPt
밤나무-오동식재림	CacPac	사방오리-굴참나무식재림	AfQv
밤나무-오리나무식재림	CacAlj	사방오리-굴피나무식재림	AfPls
밤나무-왕대식재림	CacPb	사방오리-느티나무식재림	AfZs
밤나무-은사시나무식재림	CacPot	사방오리-리기다소나무식재림	AfPr
밤나무-은행나무식재림	CacGb	사방오리-밤나무식재림	AfCac
밤나무-이대식재림	CacPj	사방오리-버드나무식재림	AfSk
밤나무-일본잎갈나무식재림	CacLl	사방오리-벚나무식재림	AfPss
밤나무-자작나무식재림	CacBp	사방오리-산벚나무식재림	AfPrs
밤나무-잣나무식재림	CacPk	사방오리-상수리나무식재림	AfQa
밤나무-전나무식재림	CacAh	사방오리-소나무식재림	AfPd
밤나무-졸참나무식재림	CacQs	사방오리식재림	Af
밤나무-층층나무식재림	CacCoc	사방오리-신갈나무식재림	AfQm
밤나무-칡식재림	CacPth	사방오리-아까시나무식재림	AfRop
밤나무-튜울립나무식재림	CacLit	사방오리-왕벚나무식재림	AfPry
밤나무-편백식재림	CacCho	사방오리-은사시나무식재림	AfPot
밤나무-푸조나무식재림	CacApa	사방오리-졸참나무식재림	AfQs
방크스소나무식재림	Pib	사방오리-칡식재림	AfPth
버드나무-뽕나무식재림	SakMoa	사방오리-편백식재림	AfCho
버드나무식재림	Sak	사스래나무식재림	Bee
버드나무-아까시나무식재림	SakRop	산딸나무식재림	Cok
버드나무-일본잎갈나무식재림	SakLl	산벚나무-곰솔식재림	PrsaPt
버드나무-잣나무식재림	SakPk	산벚나무식재림	Prsa
벚나무-갈참나무식재림	PssQal	산철쭉식재림	Rhy
벚나무-곰솔식재림	PssPt	삼나무-가래나무식재림	CrjJum
벚나무-느티나무식재림	PssZes	삼나무-갈참나무식재림	CrjQal
벚나무-단풍나무식재림	PssAcp	삼나무-곰솔식재림	CrjPt
벚나무-밤나무식재림	PssCac	삼나무-굴참나무식재림	CrjQv
벚나무-버드나무식재림	PssSk	삼나무-굴피나무식재림	CrjPls
벚나무-병꽃나무식재림	PssWs	삼나무-때죽나무식재림	CrjSj
벚나무-상수리나무식재림	PssQa	삼나무-리기다소나무식재림	CrjPr
벚나무-쉬나무식재림	PssEd	삼나무-밤나무식재림	CrjCac
벚나무식재림	Pss	삼나무-상수리나무식재림	CrjQa
벚나무-신나무식재림	PssAg	삼나무식재림	Crj
벚나무-아까시나무식재림	PssRop	삼나무-예덕나무식재림	CrjMja
벚나무-일본목련식재림	PssMo	삼나무-참식나무식재림	CrjNs
벚나무-일본잎갈나무식재림	PssLl	삼나무-편백나무식재림	CrjCho

대분류 및 식물군락 한글명	군락기호	대분류 및 식물군락 한글명	군락기호
상수리나무-곰솔식재림	QuaPt	아까시나무-곰솔식재림	RopPt
상수리나무-느티나무식재림	QuaZs	아까시나무-구실잣밤나무식재림	RopCcs
상수리나무-대나무식재림	QuaBa	아까시나무-굴참나무식재림	RopQv
상수리나무-리기다소나무식재림	QuaPr	아까시나무-귀룽나무식재림	RopPp
상수리나무-소나무식재림	QuaPd	아까시나무-느티나무식재림	RopZs
상수리나무식재림	Qua	아까시나무-다래식재림	RopAca
상수리나무-아까시나무식재림	QuaRop	아까시나무-루브르참나무식재림	RopQr
상수리나무-예덕나무식재림	QuaMja	아까시나무-리기다소나무식재림	RopPr
상수리나무-은행나무식재림	QuaGb	아까시나무-메타세콰이어식재림	RopMg
상수리나무-잣나무식재림	QuaPk	아까시나무-물오리나무식재림	RopAlh
상수리나무-튜울립나무식재림	QuaLit	아까시나무-물푸레나무식재림	RopFrr
소나무-갈참나무식재림	PidQal	아까시나무-밤나무식재림	RopCac
소나무-곰솔식재림	PidPt	아까시나무-버드나무식재림	RopSk
소나무-굴참나무식재림	PidQv	아까시나무-벚나무식재림	RopPss
소나무-굴피나무식재림	PidPls	아까시나무-사방오리식재림	RopAf
소나무-느티나무식재림	PidZs	아까시나무-산벚나무식재림	RopPrs
소나무-대나무식재림	PidBa	아까시나무-산뽕나무식재림	RopMb
소나무-리기다소나무식재림	PidPr	아까시나무-상수리나무식재림	RopQa
소나무-밤나무식재림	PidCac	아까시나무-소나무식재림	RopPd
소나무-상수리나무식재림	PidQa	아까시나무식재림	Rop
소나무식재림	Pid	아까시나무-신갈나무식재림	RopQm
소나무-신갈나무식재림	PidQm	아까시나무-싸리식재림	RopLb
소나무-싸리식재림	PidLb	아까시나무-오동식재림	RopPac
소나무-아까시나무식재림	PidRop	아까시나무-왕대식재림	RopPb
소나무-은사시나무식재림	PidPot	아까시나무-왕벚나무식재림	RopPry
소나무-일본잎갈나무식재림	PidLl	아까시나무-은사시나무식재림	RopPot
소나무-자작나무식재림	PidBp	아까시나무-은행나무식재림	RopGb
소나무-잣나무식재림	PidPk	아까시나무-일본잎갈나무식재림	RopLl
소나무-졸참나무식재림	PidQs	아까시나무-자작나무식재림	RopBp
소나무-편백식재림	PidCho	아까시나무-잣나무식재림	RopPk
소태나무식재림	Piq	아까시나무-전나무식재림	RopAh
소태나무-신갈나무식재림	PiqQm	아까시나무-졸참나무식재림	RopQs
솜대식재림	Pn	아까시나무-중국단풍식재림	RopAb
솜대-아까시나무식재림	PnRop	아까시나무-참억새식재림	RopMs
스트로브잣나무-리기다소나무식재림	PisPr	아까시나무-층층나무식재림	RopCoc
스트로브잣나무-소나무식재림	PisPd	아까시나무-칡식재림	RopPth
스트로브잣나무식재림	Pis	아까시나무-튜울립나무식재림	RopLit
신갈나무식재림	Qum	아까시나무-팥배나무식재림	RopSa
신갈나무-잣나무식재림	QumPk	아까시나무-편백식재림	RopCho
신나무-버드나무식재림	AcgSk	아까시나무-후박나무식재림	RopMt
신나무식재림	Acg	양버즘나무-버드나무식재림	PoSk
아까시나무-가래나무식재림	RopJum	양버즘나무-상수리나무식재림	PoQa
아까시나무-가죽나무식재림	RopAa	양버즘나무식재림	Po
아까시나무-갈참나무식재림	RopQal	양버즘나무-은사시나무식재림	PoPot

대분류 및 식물군락 한글명	군락기호
양버즘나무-은행나무식재림	PoGb
오갈피나무식재림	As
오동나무-다래식재림	PacAca
오동나무-밤나무식재림	PacCac
오동나무-소나무식재림	PacPd
오동나무식재림	Pac
오동나무-은사시나무식재림	PacPot
오동나무-칡식재림	PacPth
옻나무식재림	Tov
왕대-곰솔식재림	PbPt
왕대-굴참나무식재림	PbQv
왕대-느티나무식재림	PbZs
왕대-리기다소나무식재림	PbPr
왕대-밤나무식재림	PbCac
왕대-상수리나무식재림	PbQa
왕대-소나무식재림	PbPd
왕대식재림	Pb
왕대-아까시나무식재림	PbRop
왕대-이대식재림	PbPj
왕대-잣나무식재림	PbPk
왕대-칡식재림	PbPth
왕대-편백식재림	PbCho
왕버들-소나무식재림	SchPd
왕버들식재림	Sch
왕벚나무-곰솔식재림	PryPt
왕벚나무-굴참나무식재림	PryQv
왕벚나무-사방오리식재림	PryAf
왕벚나무-상수리나무식재림	PryQa
왕벚나무-소나무식재림	PryPd
왕벚나무식재림	Pry
왕벚나무-아까시나무식재림	PryRop
왕벚나무-졸참나무식재림	PryQs
우산고로쇠식재림	Aio
우산고로쇠-잣나무식재림	AioPk
은사시나무-갈참나무식재림	PotQal
은사시나무-곰솔식재림	PotPt
은사시나무-느티나무식재림	PotZs
은사시나무-다래식재림	PotAca
은사시나무-대나무식재림	PotBa
은사시나무-리기다소나무식재림	PotPr
은사시나무-물박달나무식재림	PotBd
은사시나무-밤나무식재림	PotCac
은사시나무-버드나무식재림	PotSk
은사시나무-산벚나무식재림	PotPrs
은사시나무-상수리나무식재림	PotQa
은사시나무-소나무식재림	PotPd
은사시나무식재림	Pot
은사시나무-신갈나무식재림	PotQm
은사시나무-신나무식재림	PotAcg
은사시나무-아까시나무식재림	PotRop
은사시나무-양버즘나무식재림	PotPo
은사시나무-일본잎갈나무식재림	PotLl
은사시나무-자작나무식재림	PotBp
은사시나무-잣나무식재림	PotPk
은사시나무-졸참나무식재림	PotQs
은사시나무-튜울립나무식재림	PotLit
은행나무-느티나무식재림	GbZs
은행나무-밤나무식재림	GbCac
은행나무식재림	Gb
은행나무-아까시나무식재림	GbRop
은행나무-일본잎갈나무식재림	GbLl
음나무식재림	Kas
이대-굴참나무식재림	PsjQv
이대-소나무식재림	PsjPd
이대식재림	Psj
이대-아까시나무식재림	PsjRop
이태리포풀라식재림	Poe
일본목련-밤나무식재림	MoCac
일본목련-삼나무식재림	MoCrj
일본목련식재림	Mo
일본사시나무식재림	Psi
일본잎갈나무-가래나무식재림	LlJum
일본잎갈나무-가죽나무식재림	LlAa
일본잎갈나무-갈참나무식재림	LlQal
일본잎갈나무-고로쇠나무식재림	LlAm
일본잎갈나무-곰솔식재림	LlPt
일본잎갈나무-굴참나무식재림	LlQv
일본잎갈나무-다래식재림	LlAca
일본잎갈나무-떡갈나무식재림	LlQd
일본잎갈나무-리기다소나무식재림	LlPr
일본잎갈나무-물오리나무식재림	LlAlh
일본잎갈나무-물푸레나무식재림	LlFrr
일본잎갈나무-밤나무식재림	LlCac
일본잎갈나무-버드나무식재림	LlSk
일본잎갈나무-붉나무식재림	LlRc
일본잎갈나무-삼나무식재림	LlCrj
일본잎갈나무-상수리나무식재림	LlQa
일본잎갈나무-소나무식재림	LlPd

대분류 및 식물군락 한글명	군락기호
일본잎갈나무식재림	Ll
일본잎갈나무-신갈나무식재림	LlQm
일본잎갈나무-아까시나무식재림	LlRop
일본잎갈나무-오리나무식재림	LlAlj
일본잎갈나무-은사시나무식재림	LlPot
일본잎갈나무-은행나무식재림	LlGb
일본잎갈나무-자작나무식재림	LlBp
일본잎갈나무-잣나무식재림	LlPk
일본잎갈나무-전나무식재림	LlAh
일본잎갈나무-졸참나무식재림	LlQs
일본잎갈나무-측백나무식재림	LlTo
일본잎갈나무-층층나무식재림	LlCoc
일본잎갈나무-칡식재림	LlPth
일본잎갈나무-편백식재림	LlCho
일본전나무-자작나무식재림	AbfBp
자귀나무-아까시나무식재림	AjRop
자작나무-갈참나무식재림	BpQal
자작나무-곰솔식재림	BpPt
자작나무-굴참나무식재림	BpQv
자작나무-리기다소나무식재림	BpPr
자작나무-물오리나무식재림	BpAlh
자작나무-밤나무식재림	BpCac
자작나무-사방오리식재림	BpAf
자작나무-상수리나무식재림	BpQa
자작나무-소나무식재림	BpPd
자작나무식재림	Bp
자작나무-신갈나무식재림	BpQm
자작나무-아까시나무식재림	BpRop
자작나무-왕벚나무식재림	BpPry
자작나무-은사시나무식재림	BpPot
자작나무-일본잎갈나무식재림	BpLl
자작나무-잣나무식재림	BpPk
자작나무-전나무식재림	BpAh
자작나무-졸참나무식재림	BpQs
자작나무-편백식재림	BpCho
잣나무-가래나무식재림	PikJum
잣나무-가죽나무식재림	PikAa
잣나무-갈참나무식재림	PikQal
잣나무-고로쇠나무식재림	PikAm
잣나무-곰솔식재림	PikPt
잣나무-굴참나무식재림	PikQv
잣나무-굴피나무식재림	PikPls
잣나무-귀룽나무식재림	PikPp
잣나무-까치박달식재림	PikCc
잣나무-너도밤나무식재림	PikFc
잣나무-느티나무식재림	PikZs
잣나무-다래식재림	PikAca
잣나무-떡갈나무식재림	PikQd
잣나무-루브르참나무식재림	PikQr
잣나무-리기다소나무식재림	PikPr
잣나무-물박달나무식재림	PikBd
잣나무-물오리나무식재림	PikAlh
잣나무-물푸레나무식재림	PikFrr
잣나무-박달나무식재림	PikBs
잣나무-밤나무식재림	PikCac
잣나무-버드나무식재림	PikSk
잣나무-벚나무식재림	PikPss
잣나무-사방오리식재림	PikAf
잣나무-산벚나무식재림	PikPrs
잣나무-상수리나무식재림	PikQa
잣나무-서어나무식재림	PikCl
잣나무-소나무식재림	PikPd
잣나무-스트로브잣나무식재림	PikPis
잣나무식재림	Pik
잣나무-신갈나무식재림	PikQm
잣나무-신나무식재림	PikAg
잣나무-아까시나무식재림	PikRop
잣나무-은사시나무식재림	PikPot
잣나무-은행나무식재림	PikGb
잣나무-일본목련식재림	PikMo
잣나무-일본잎갈나무식재림	PikLl
잣나무-자작나무식재림	PikBp
잣나무-전나무식재림	PikAh
잣나무-졸참나무식재림	PikQs
잣나무-층층나무식재림	PikCoc
잣나무-칡식재림	PikPth
잣나무-편백식재림	PikCho
잣나무-피나무식재림	PikTa
전나무-갈참나무식재림	AbhQal
전나무-구상나무식재림	AbhAk
전나무-굴참나무식재림	AbhQv
전나무-느티나무식재림	AbhZs
전나무-리기다소나무식재림	AbhPr
전나무-밤나무식재림	AbhCac
전나무-벚나무식재림	AbhPss
전나무-상수리나무식재림	AbhQa
전나무-소나무식재림	AbhPd
전나무식재림	Abh

대분류 및 식물군락 한글명	군락기호
전나무-신갈나무식재림	AbhQm
전나무-은사시나무식재림	AbhPot
전나무-일본잎갈나무식재림	AbhLl
전나무-잣나무식재림	AbhPk
전나무-졸참나무식재림	AbhQs
전나무-층층나무식재림	AbhCoc
족제비싸리-버드나무식재림	AmfSk
족제비싸리식재림	Amf
졸참나무-벚나무식재림	QusPss
졸참나무식재림	Qus
졸참나무-이태리포풀라식재림	QusPoe
졸참나무-잣나무식재림	QusPk
종비나무식재림	Pko
주목식재림	Tac
중국단풍식재림	Abu
중국단풍-잣나무식재림	AbuPk
참죽나무식재림	Ces
측백나무식재림	Tho
층층나무식재림	Cco
층층나무-은사시나무식재림	CcoPot
칠엽수식재림	Atu
테다소나무-상수리나무식재림	PintQa
테다소나무식재림	Pint
튜울립나무-리기다소나무식재림	LitPr
튜울립나무-소나무식재림	LitPd
튜울립나무식재림	Lit
튜울립나무-일본잎갈나무식재림	LitLl
튜울립나무-잣나무식재림	LitPk
튜울립나무-졸참나무식재림	LitQs
팽나무-멀구슬나무식재림	CsiMaz
팽나무식재림	Csi
편백-갈참나무식재림	ChoQal
편백-곰솔식재림	ChoPt
편백-굴참나무식재림	ChoQv
편백나무-신갈나무식재림	ChoQm
편백-때죽나무식재림	ChoSj
편백-리기다소나무식재림	ChoPr
편백-밤나무식재림	ChoCac
편백-비목나무식재림	ChoLe
편백-삼나무식재림	ChoCrj
편백-상수리나무식재림	ChoQa
편백-소나무식재림	ChoPd
편백식재림	Cho
편백-아까시나무식재림	ChoRop

대분류 및 식물군락 한글명	군락기호
편백-왕대식재림	ChoPb
편백-왕벚나무식재림	ChoPry
편백-은사시나무식재림	ChoPot
편백-일본잎갈나무식재림	ChoLl
편백-잣나무식재림	ChoPk
편백-졸참나무식재림	ChoQs
편백-칡식재림	ChoPth
편백-튜울립나무식재림	ChoLit
피나무식재림	Tia
향나무식재림	Juc
호두나무-밤나무식재림	JsCac
호두나무식재림	Js
화백식재림	Cp
황벽나무식재림	Pam
황칠나무식재림	Dtr
회양목-소나무식재림	BukPd
회양목식재림	Buk
| 산지습성림 |	
가래나무-갈참나무군락	JumQal
가래나무-개다래군락	JumAp
가래나무-고로쇠나무군락	JumAm
가래나무-곰솔군락	JumPt
가래나무군락	Jum
가래나무-굴참나무군락	JumQv
가래나무-느릅나무군락	JumUd
가래나무-다래군락	JumAca
가래나무-당단풍나무군락	JumAcp
가래나무-리기다소나무군락	JumPr
가래나무-말채나무군락	JumCw
가래나무-물박달나무군락	JumBd
가래나무-물오리나무군락	JumAlh
가래나무-물푸레나무군락	JumFrr
가래나무-밤나무군락	JumCac
가래나무-버드나무군락	JumSk
가래나무-붉나무군락	JumRc
가래나무-뽕나무군락	JumMoa
가래나무-산뽕나무군락	JumMb
가래나무-소나무군락	JumPd
가래나무-신갈나무군락	JumQm
가래나무-신나무군락	JumAg
가래나무-아까시나무군락	JumRop
가래나무-일본잎갈나무군락	JumLl
가래나무-잣나무군락	JumPk
가래나무-졸참나무군락	JumQs

대분류 및 식물군락 한글명	군락기호
가래나무-찰피나무군락	JumTm
가래나무-층층나무군락	JumCoc
가래나무-칡군락	JumPth
가래나무-피나무군락	JumTa
갈참나무-가래나무군락	QalJum
갈참나무-가죽나무군락	QalAa
갈참나무-갯버들군락	QalSgr
갈참나무-고로쇠나무군락	QalAm
갈참나무-곰솔군락	QalPt
갈참나무군락	Qal
갈참나무-굴참나무군락	QalQv
갈참나무-굴피나무군락	QalPls
갈참나무-까치박달군락	QalCc
갈참나무-느티나무군락	QalZs
갈참나무-다래군락	QalAca
갈참나무-떡갈나무군락	QalQd
갈참나무-리기다소나무군락	QalPr
갈참나무-물박달나무군락	QalBd
갈참나무-물오리나무군락	QalAlh
갈참나무-물푸레나무군락	QalFrr
갈참나무-박달나무군락	QalBs
갈참나무-밤나무군락	QalCac
갈참나무-버드나무군락	QalSk
갈참나무-붉나무군락	QalRc
갈참나무-사방오리군락	QalAf
갈참나무-산벚나무군락	QalPrs
갈참나무-산뽕나무군락	QalMb
갈참나무-상수리나무군락	QalQa
갈참나무-서어나무군락	QalCl
갈참나무-소나무군락	QalPd
갈참나무-소사나무군락	QalCao
갈참나무-신갈나무군락	QalQm
갈참나무-신나무군락	QalAg
갈참나무-아까시나무군락	QalRop
갈참나무-오리나무군락	QalAlj
갈참나무-왕벚나무군락	QalPry
갈참나무-은사시나무군락	QalPot
갈참나무-이대군락	QalPj
갈참나무-일본잎갈나무군락	QalLl
갈참나무-자작나무군락	QalBp
갈참나무-잣나무군락	QalPk
갈참나무-전나무군락	QalAh
갈참나무-졸참나무군락	QalQs
갈참나무-철쭉꽃군락	QalRs

대분류 및 식물군락 한글명	군락기호
갈참나무-층층나무군락	QalCoc
갈참나무-칡군락	QalPth
갈참나무-피나무군락	QalTa
개서어나무-고로쇠나무군락	CtAm
개서어나무-곰솔군락	CtPt
개서어나무-구실잣밤나무군락	CtCcs
개서어나무군락	Ct
개서어나무-굴참나무군락	CtQv
개서어나무-느티나무군락	CtZs
개서어나무-당단풍나무군락	CtAcp
개서어나무-때죽나무군락	CtSj
개서어나무-붉가시나무군락	CtQac
개서어나무-산벚나무군락	CtPrs
개서어나무-섬개벚나무군락	CtPrb
개서어나무-소나무군락	CtPd
개서어나무-졸참나무군락	CtQs
개서어나무-층층나무군락	CtCoc
개서어나무-편백군락	CtCho
거제수나무-까치박달나무군락	BcCc
고로쇠나무-가래나무군락	AmJum
고로쇠나무-갈참나무군락	AmQal
고로쇠나무-개서어나무군락	AmCt
고로쇠나무-곰의말채나무군락	AmCm
고로쇠나무군락	Am
고로쇠나무-굴참나무군락	AmQv
고로쇠나무-굴피나무군락	AmPls
고로쇠나무-느릅나무군락	AmUd
고로쇠나무-느티나무군락	AmZs
고로쇠나무-다래군락	AmAca
고로쇠나무-당단풍나무군락	AmAcp
고로쇠나무-때죽나무군락	AmSj
고로쇠나무-물푸레나무군락	AmFrr
고로쇠나무-산뽕나무군락	AmMb
고로쇠나무-소나무군락	AmPd
고로쇠나무-솔비나무군락	AmMf
고로쇠나무-신갈나무군락	AmQm
고로쇠나무-신나무군락	AmAg
고로쇠나무-아까시나무군락	AmRop
고로쇠나무-일본잎갈나무군락	AmLl
고로쇠나무-잣나무군락	AmPk
고로쇠나무-졸참나무군락	AmQs
고로쇠나무-찰피나무군락	AmTm
고로쇠나무-층층나무군락	AmCoc
고로쇠나무-피나무군락	AmTa

대분류 및 식물군락 한글명	군락기호
곰의말채나무-곰솔군락	CmPt
곰의말채나무군락	Cm
곰의말채나무-산뽕나무군락	CmMb
까치박달-갈참나무군락	CcQal
까치박달군락	Cc
까치박달-당단풍나무군락	CcAcp
까치박달-리기다소나무군락	CcPr
까치박달-물푸레나무군락	CcFrr
까치박달-상수리나무군락	CcQa
까치박달-서어나무군락	CcCl
까치박달-소나무군락	CcPd
까치박달-아까시나무군락	CcRop
까치박달-일본잎갈나무군락	CcLl
까치박달-잣나무군락	CcPk
까치박달-졸참나무군락	CcQs
까치박달-층층나무군락	CcCoc
까치박달-팥배나무군락	CcSa
느티나무-갈참나무군락	ZsQal
느티나무-개서어나무군락	ZsCt
느티나무-고로쇠나무군락	ZsAm
느티나무-곰솔나무군락	ZsPt
느티나무군락	Zs
느티나무-굴참나무군락	ZsQv
느티나무-굴피나무군락	ZsPls
느티나무-다래군락	ZsAca
느티나무-때죽나무군락	ZsSj
느티나무-마가목군락	ZsSc
느티나무-말채나무군락	ZsCw
느티나무-물푸레나무군락	ZsFrr
느티나무-밤나무군락	ZsCac
느티나무-버드나무군락	ZsSk
느티나무-벚나무군락	ZsPss
느티나무-비목나무군락	ZsLe
느티나무-산벚나무군락	ZsPrs
느티나무-상수리나무군락	ZsQa
느티나무-서어나무군락	ZsCl
느티나무-소나무군락	ZsPd
느티나무-소사나무군락	ZsCao
느티나무-쉬나무군락	ZsEd
느티나무-신갈나무군락	ZsQm
느티나무-아까시나무군락	ZsRop
느티나무-오리나무군락	ZsAlj
느티나무-왕대군락	ZsPb
느티나무-왕버들군락	ZsSg

대분류 및 식물군락 한글명	군락기호
느티나무-우산고로쇠군락	ZsAo
느티나무-일본잎갈나무군락	ZsLl
느티나무-잣나무군락	ZsPk
느티나무-졸참나무군락	ZsQs
느티나무-참식나무군락	ZsNs
느티나무-층층나무군락	ZsCoc
느티나무-칡군락	ZsPth
느티나무-팽나무군락	ZsCs
느티나무-푸조나무군락	ZsApa
느티나무-후박나무군락	ZsMt
들메나무-거제수나무군락	FrmBc
들메나무-고로쇠나무군락	FrmAm
들메나무군락	Frm
들메나무-굴참나무군락	FrmQv
들메나무-서어나무군락	FrmCl
들메나무-신갈나무군락	FrmQm
들메나무-졸참나무군락	FrmQs
들메나무-층층나무군락	FrmCoc
들메나무-피나무군락	FrmTa
마가목-우산고로쇠군락	ScAo
말채나무-고로쇠나무군락	CwAm
말채나무군락	Cw
말채나무-들메나무군락	CwFrm
말채나무-산벚나무군락	CwPrs
말채나무-신갈나무군락	CwQm
망개나무군락	Bb
물푸레나무-가래나무군락	FrrJum
물푸레나무-갈참나무군락	FrrQal
물푸레나무-고로쇠나무군락	FrrAm
물푸레나무군락	Frr
물푸레나무-굴참나무군락	FrrQv
물푸레나무-까치박달군락	FrrCc
물푸레나무-느릅나무군락	FrrUd
물푸레나무-느티나무군락	FrrZs
물푸레나무-다래군락	FrrAca
물푸레나무-떡갈나무군락	FrrQd
물푸레나무-물박달나무군락	FrrBd
물푸레나무-박달나무군락	FrrBs
물푸레나무-밤나무군락	FrrCac
물푸레나무-버드나무군락	FrrSk
물푸레나무-산뽕나무군락	FrrMb
물푸레나무-서어나무군락	FrrCl
물푸레나무-소나무군락	FrrPd
물푸레나무-신갈나무군락	FrrQm

대분류 및 식물군락 한글명	군락기호
물푸레나무-신나무군락	FrrAg
물푸레나무-아까시나무군락	FrrRop
물푸레나무-오리나무군락	FrrAlj
물푸레나무-일본잎갈나무군락	FrrLl
물푸레나무-자작나무군락	FrrBp
물푸레나무-잣나무군락	FrrPk
물푸레나무-졸참나무군락	FrrQs
물푸레나무-층층나무군락	FrrCoc
물푸레나무-칡군락	FrrPth
물푸레나무-피나무군락	FrrTa
박달나무-가래나무군락	BsJum
박달나무-고로쇠나무군락	BsAm
박달나무군락	Bs
박달나무-굴피나무군락	BsPls
박달나무-까치박달나무군락	BsCc
박달나무-물푸레나무군락	BsFrr
박달나무-산벚나무군락	BsPrs
박달나무-서어나무군락	BsCl
박달나무-신갈나무군락	BsQm
박달나무-아까시나무군락	BsRop
박달나무-전나무군락	BsAh
박달나무-졸참나무군락	BsQs
박달나무-층층나무군락	BsCoc
비목나무군락	Le
비목나무-느티나무군락	LeZs
비목나무-다래군락	LeAca
사시나무군락	Pda
산뽕나무-버드나무군락	MbSk
산팽나무군락	Ca
서어나무-갈참나무군락	ClQal
서어나무-개서어나무군락	ClCt
서어나무-고로쇠나무군락	ClAm
서어나무-곰솔군락	ClPt
서어나무군락	Cl
서어나무-굴참나무군락	ClQv
서어나무-까치박달군락	ClCc
서어나무-느티나무군락	ClZs
서어나무-들메나무군락	ClFrm
서어나무-때죽나무군락	ClSj
서어나무-떡갈나무군락	ClQd
서어나무-물푸레나무군락	ClFrr
서어나무-밤나무군락	ClCac
서어나무-붉가시나무군락	ClQac
서어나무-상수리나무군락	ClQa
서어나무-소나무군락	ClPd
서어나무-소사나무군락	ClCao
서어나무-신갈나무군락	ClQm
서어나무-일본잎갈나무군락	ClLl
서어나무-잣나무군락	ClPk
서어나무-조릿대군락	ClSb
서어나무-졸참나무군락	ClQs
서어나무-참식나무군락	ClNs
서어나무-층층나무군락	ClCoc
서어나무-팥배나무군락	ClSa
서어나무-피나무군락	ClTia
소태나무-신갈나무군락	PqQm
신나무-가래나무군락	AgJum
신나무군락	Ag
신나무-느릅나무군락	AgUd
신나무-다래군락	AgAca
신나무-다릅나무군락	AgMa
신나무-동백나무군락	AgCj
신나무-물박달나무군락	AgBd
신나무-물푸레나무군락	AgFrr
신나무-밤나무군락	AgCac
신나무-버드나무군락	AgSk
신나무-산뽕나무군락	AgMb
신나무-소나무군락	AgPd
신나무-아까시나무군락	AgRop
신나무-층층나무군락	AgCoc
신나무-칡군락	AgPth
오리나무-가죽나무군락	AljAa
오리나무-갈참나무군락	AljQal
오리나무-곰솔군락	AljPt
오리나무군락	Alj
오리나무-다래군락	AljAca
오리나무-때죽나무군락	AljSj
오리나무-떡갈나무군락	AljQd
오리나무-물박달나무군락	AljBd
오리나무-물푸레나무군락	AljFrr
오리나무-밤나무군락	AljCac
오리나무-산벚나무군락	AljPrs
오리나무-서어나무군락	AljCl
오리나무-일본잎갈나무군락	AljLl
오리나무-졸참나무군락	AljQs
오리나무-진퍼리새군락	AljMj
오리나무-층층나무군락	AljCoc
오리나무-팥배나무군락	AljSa

대분류 및 식물군락 한글명	군락기호
우산고로쇠-곰솔군락	AoPt
우산고로쇠군락	Ao
우산고로쇠-난티나무군락	AoUl
우산고로쇠-너도밤나무군락	AoFc
우산고로쇠-마가목군락	AoSc
우산고로쇠-섬벚나무군락	AoPrt
우산고로쇠-층층나무군락	AoCoc
우산고로쇠-풍게나무군락	AoCej
우산고로쇠-피나무군락	AoTa
우산고로쇠-후박나무군락	AoMt
층층나무-가래나무군락	CocJum
층층나무-갈참나무군락	CocQal
층층나무-개서어나무군락	CocCt
층층나무-고로쇠나무군락	CocAm
층층나무-국수나무군락	CocSi
층층나무군락	Coc
층층나무-굴참나무군락	CocQv
층층나무-굴피나무군락	CocPls
층층나무-느티나무군락	CocZs
층층나무-다래군락	CocAca
층층나무-들메나무군락	CocFrm
층층나무-리기다소나무군락	CocPr
층층나무-말채나무군락	CocCw
층층나무-물오리나무군락	CocAlh
층층나무-물푸레나무군락	CocFrr
층층나무-박달나무군락	CocBs
층층나무-밤나무군락	CocCac
층층나무-버드나무군락	CocSk
층층나무-비목나무군락	CocLe
층층나무-산벚나무군락	CocPrs
층층나무-산뽕나무군락	CocMb
층층나무-상수리나무군락	CocQa
층층나무-서어나무군락	CocCl
층층나무-소나무군락	CocPd
층층나무-신갈나무군락	CocQm
층층나무-신나무군락	CocAg
층층나무-아까시나무군락	CocRop
층층나무-양버즘나무군락	CocPo
층층나무-오리나무군락	CocAlj
층층나무-일본잎갈나무군락	CocLl
층층나무-잣나무군락	CocPk
층층나무-전나무군락	CocAh
층층나무-졸참나무군락	CocQs
층층나무-찰피나무군락	CocTm

대분류 및 식물군락 한글명	군락기호
층층나무-칡군락	CocPth
층층나무-피나무군락	CocTa
팽나무-곰솔군락	CsPt
팽나무군락	Cs
팽나무군락-일본잎갈나무군락	CsLl
팽나무-느티나무군락	CsZs
팽나무-상수리나무군락	CsQa
팽나무-예덕나무군락	CsMja
팽나무-은사시나무군락	CsPot
팽나무-졸참나무군락	CsQs
팽나무-종가시나무군락	CsQug
팽나무-참식나무군락	CsNs
팽나무-푸조나무군락	CsApa
푸조나무-개서어나무군락	ApaCt
푸조나무군락	Apa
푸조나무-예덕나무군락	ApaMja
푸조나무-팽나무군락	ApaCs
풍게나무군락	Cej
풍게나무-동백나무군락	CejCj
풍게나무-후박나무군락	CejMt
하반림	
갯버들-선버들군락	SgrSn
당키버들군락	Sp
당키버들-밤나무군락	SpCac
당키버들-신나무군락	SpAg
버드나무-가래나무군락	SkJum
버드나무-갈대군락	SkPc
버드나무-갈참나무군락	SkQal
버드나무-갯버들군락	SkSgr
버드나무군락	Sk
버드나무-굴참나무군락	SkQv
버드나무-꼬리조팝나무군락	SkSs
버드나무-느티나무군락	SkZs
버드나무-다래군락	SkAca
버드나무-다릅나무군락	SkMa
버드나무-물박달나무군락	SkBd
버드나무-물오리나무군락	SkAlh
버드나무-물푸레나무군락	SkFrr
버드나무-밤나무군락	SkCac
버드나무-뽕나무군락	SkMoa
버드나무-산뽕나무군락	SkMb
버드나무-상수리나무군락	SkQa
버드나무-소나무군락	SkPd
버드나무-신갈나무군락	SkQm

대분류 및 식물군락 한글명	군락기호
버드나무-신나무군락	SkAg
버드나무-아까시나무군락	SkRop
버드나무-오리나무군락	SkAlj
버드나무-은사시나무군락	SkPot
버드나무-일본잎갈나무군락	SkLl
버드나무-자작나무군락	SkBp
버드나무-잣나무군락	SkPk
버드나무-졸참나무군락	SkQs
버드나무-줄군락	SkZi
버드나무-층층나무군락	SkCoc
버드나무-칡군락	SkPth
선버들-갯버들군락	SnSgr
선버들군락	Sn
왕버들군락	Sg
왕버들-메타세쿼이아군락	SgMg
| 저층습원식생 |	
갈대군락	Pc
갈대-버드나무군락	PcSk
저층습원	Wet
| 수생식물군락 |	
갈대-줄군락	PcZc
골풀군락	Jd
달뿌리풀군락	Phj
마름군락	Tj
부들-갈대군락	TyoPc
부들군락	Tyo
연-갈대군락	NnPc
연군락	Nn
자라풀-마름군락	HdTj
줄군락	Zi
| 염습지식생 |	
칠면초군락	Suj
| 해안사구식생 |	
순비기나무군락	Vir
좀보리사초군락	Cpu
| 기타식생 |	
2차초지(이차초지)	Seg
농경지(논, 밭 등)	Cva
다래군락	Aca
다래-칡군락	AcaPth
벌채지(벌목지)	Fcl
조경식재지	Ga
칡군락	Pth
칡-굴피나무군락	PthPls

대분류 및 식물군락 한글명	군락기호
칡-다래군락	PthAca
칡-오동나무군락	PthPac
칡-졸참나무군락	PthQs
칡-참억새군락	PthMs
칡-팽나무군락	PthCs
칡-환삼덩굴군락	PthHj
휴경지(묵정논, 묵정밭)	Aba
| 비식생 |	
개발지	Da
나지	Bag
산불지역	Bua
수역(개방수역)	Wa
암석지	R
조사제외지역(군부대 등)	Esa
주거지	Rea

백두대간 일대의 고랭지채소밭(태백시). 본 지역은 한반도에서 백두대간 일대이다. 지형적으로는 고위평탄지에 해당되며 현재 고랭지 채소밭으로 집중적인 토지이용을 하고 있다. 원래의 자연식생은 신갈나무-생강나무군단의 식물사회가 발달하지만 인위적인 토지이용으로 지속적으로 교란받는 밭경작지 식생에 형성되어 있다.

찾아보기(색인)

I n d e x

| ㄱ |

| ㅇ |

| ㅈ |

식물자원 보전을 위한 생태조사와 분석
-자연생태조사 및 환경영향평가 실무서-

Ecological Survey and Analysis for Plant Resource Conservation
- Practice Manual for Natural Ecosystem Survey and Environmental Impact Assessment -

| 발행일 | 2025년 5월 23일
| 지은이 | 이 율 경 (Lee, Youl-Kyong)
| 펴낸곳 | (주)참생태연구소
| 편　집 | (주)참생태연구소
| 연락처 | 경기도 안양시 동안구 시민대로 260, 안양금융센터(AFC) 614호 (우)14067
전화 031-360-2135 | http://chameco.co.kr | chamecology@gmail.com
이율경 ecorism@gmail.com
| ISBN | 979-11-982459-7-7 (93480)

가격은 뒷표지에 있으며 파본은 구입하신 곳에서 교환해 드립니다.